工业和信息化部"十二五"规划教材
国家卓越工程师教育培养计划——装甲车辆工程专业系列教材

U0267790

装甲车辆设计 慕课版（第2版）

魏　巍　闫清东
刘　城　徐丽丽　　主编 ●━━━━━━━━━━━━━━━━━━━━━

北京理工大学出版社
BEIJING INSTITUTE OF TECHNOLOGY PRESS

图书在版编目（CIP）数据

装甲车辆设计：慕课版／魏巍等主编．--2版．--
北京：北京理工大学出版社，2022.4
　ISBN 978-7-5763-1232-4

　Ⅰ．①装… Ⅱ．①魏… Ⅲ．①装甲车—设计 Ⅳ．
①TJ811.02

　中国版本图书馆 CIP 数据核字（2022）第 060750 号

出版发行／北京理工大学出版社有限责任公司
社　　址／北京市海淀区中关村南大街 5 号
邮　　编／100081
电　　话／（010）68914775（总编室）
　　　　　　（010）82562903（教材售后服务热线）
　　　　　　（010）68944723（其他图书服务热线）
网　　址／http：//www.bitpress.com.cn
经　　销／全国各地新华书店
印　　刷／保定市中画美凯印刷有限公司
开　　本／787 毫米×1092 毫米　1/16
印　　张／35　　　　　　　　　　　　　　　　责任编辑／多海鹏
字　　数／822 千字　　　　　　　　　　　　　文案编辑／多海鹏
版　　次／2022 年 4 月第 2 版　2022 年 4 月第 1 次印刷　　责任校对／周瑞红
定　　价／88.00 元　　　　　　　　　　　　　责任印制／李志强

PREFACE

前言

本书叙述了坦克装甲车辆传动系统、变速机构、转向机构、操纵系统、悬挂系统以及履带推进系统等系统和部件的设计特点。本书以坦克为主，兼顾其他装甲车辆内容，包括对设计的要求，方案的选择和设计，性能和强度计算，结构设计及其分析评价等，共10章内容，由闫清东编写第1~4章，魏巍编写第5~10章。本书中慕课由魏巍录制第1~8章，刘城录制第9~10章，徐丽丽录制虚拟仿真试验教学部分。全书由闫清东拟定大纲并统稿。

本书是北京理工大学特种车辆研究所（军车室）在先前编写的《坦克设计》（1976）、《坦克系统设计》（1988）、《坦克设计》（1994）、《坦克装甲车辆》（2003）、《坦克构造与设计》（2007）、《装甲车辆设计》（2020）几部教材和著作的基础上，结合十余年来在坦克装甲车辆领域的教学、科研探索以及理论与实践整理而成的。在编写过程中，作者得到了所在车辆传动国家级重点实验室、相关院校以及兵器集团相关研究所和工厂的大力帮助，并得到了工业和信息化部"十二五"规划教材项目、《坦克学》国家级精品课程项目、北京理工大学教育教学建设项目——信息技术与教育教学深度融合专项等项目的支持，在此一并表示衷心感谢！

本书可供装甲车辆工程或相关专业高年级本科生和研究生学习参考，也可供同行包括研究、设计、试验与制造工作者讨论和参考，借此推动我国坦克装甲车辆技术领域的发展。

由于水平有限，书中不妥之处在所难免，恳请读者批评指正。

编　者

2021 年 12 月 2 日

于北京理工大学

目　录
CONTENTS

第1章 绪 论

1.1 坦克装甲车辆设计制造过程

装甲车辆设计的指导
思想和设计过程

坦克装甲车辆是具有火力、机动、防护、信息功能的集机、电、液、光等技术于一体的复杂武器系统，其战术技术性能要求上百项；其设计是以当代科学技术研究为基础，在满足战术技术性能要求的条件下，创造性地应用多方面技术来解决和处理各种矛盾，确定技术文件和工程图纸。设计不但要处理各种性能之间、总体与局部及部件与部件结构之间的相互关系，而且还要处理使用和生产之间，即产品的性能先进性和生产的可能性之间的矛盾——既要使产品的综合性能达到高水平，又要经济地制造出来，只有这样，研制出的坦克装甲车辆才能成批地装备和有效地使用，并在战斗中很好地完成任务。

坦克装甲车辆的技术综合性和结构复杂性决定了它的设计制造是一个研究创新的过程。达到产品设计定型和生产定型所需要的时间，对于设计制造一种新车型来讲，通常需 3~5 年；达到现代高技术水平所需要的时间更长，约为 10 年；而对已有车型进行改进，或利用基准车型设计变型车，研制周期会短一些。通常参加研制的各种技术人员达几百人。

坦克装甲车辆的设计制造过程分为五个阶段，如图 1-1 所示。

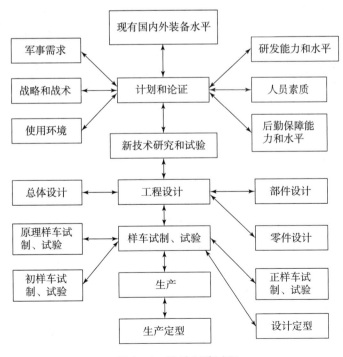

图 1-1 设计制造过程

1.1.1　计划和论证阶段

从提出需要某种坦克装甲车辆，甚至从形成某种新车辆的概念开始，对军事需求、战略和战术观点、地理和气候条件、科学技术水平、生产制造能力、国防经费投入、部队的素质以及后勤保障能力和水平等进行充分的调研、比较和讨论，明确列入坦克装甲车辆的型谱规划和装备发展计划。

根据使用目的和方法，结合我军的作战特点和我国的地域特点，进行装备战斗效能和对抗的仿真试验，提出相应的战术技术要求，明确具体性能指标，并经过程序化的评审和批准，以作为研制的依据。

1.1.2　研究阶段

在研制任务下达之前，根据对需求和科技发展方向的预测，按计划课题进行新技术、新部件的预先研究和试验，做好技术准备。当接受任务后，以已开展的预先研究为基础，对总体方案与关键技术有针对性地进行研究和试验，验证新技术、新部件和总体方案的可行性，为下一步研制工作打好基础。

1.1.3　设计阶段

根据论证的战术技术要求，在已有坦克装甲车辆和预研成果的技术基础上，首先进行总体设计，确定总体方案。在总体方案和工程设计评审通过后，开始部件设计和零件设计。在完成设计计算和工程图纸的过程中，对总体方案、部件结构进行完善或修改。

1.1.4　试制试验阶段

试制试验阶段一般分为原理样车阶段、初样车阶段和正样车阶段，有时也同时试制一种以上方案的不同部件和样车。对于重要部件需先进行台架试验，经台架试验表明关键技术已经突破、功能及性能指标已满足要求后才能装车试验。通过试制和试验，可以检验设计、工艺等各方面的合理性和经济性，及其能否达到战术技术要求指标，暴露可能存在的各种问题，以便进行修改，有时甚至需要大改，直至满足性能要求。经过全面试验，包括热区、寒区等特殊环境适应性试验并合格后，才能设计定型。

1.1.5　生产阶段

工厂根据设计定型图纸和技术文件进行生产准备，主要是生产定线、协作定点，包括确定工艺及工艺流程，设计或改进生产线，设计、制造或采购新的工艺装备，研究和掌握新的工艺技术，同时安排定点协作和材料供应，组织生产。

首先试行小批量生产，并装备部队试用，等生产工艺稳定、产品质量基本达到要求后，才能批准产品生产定型，正式大批量生产，并陆续装备部队。即使在产品生产定型后，也还会有一些产品的图纸可能需要修改。

1.2　坦克装甲车辆设计指导原则和类型

坦克装甲车辆的设计指导思想是：满足新时期军事需求，适合我军的作战特点，适应我国地理和气候条件，正确处理坦克装甲车辆的火力、机动、防护诸性能间的关系及总体与部件的关系。

1.2.1　设计指导原则

1. 系统论证、综合性能优化的原则

坦克装甲车辆是多方面的复杂矛盾结合为一体的武器系统，其设计的最终目的就是要对车辆总体性能和各分系统的性能进行系统分析、建模和优化，获取最优的综合性能：一方面，要以作战效能为目标，对火力及火力机动性能、机动性能、防护性能、电子信息性能及使用维修性能等进行系统论证和优化；另一方面，在保证各性能的同时，要综合考虑质量、成本、工艺性及可靠性等，尽量减小车辆和各分系统的体积、质量和成本。

2. 先进性、可行性和时效性相统一的原则

坦克装甲车辆设计必须面向未来战争的需求，积极采用新技术成果，保证研制的坦克装甲车辆具有先进的技术水平和较长的寿命周期，辩证地处理好先进性和可行性的关系，在可行性和研制周期允许的前提下追求先进性，尽快研制出性能先进的坦克装甲车辆，避免在研制过程中出现大的方案变动和反复，导致研制周期过长。特别要注意的是，在开始研制时，性能指标很先进，但因缺乏技术储备和加工生产能力低，故使产品研制周期拖长，到产品生产定型装备部队时性能水平已经落后了，所以在坦克装甲车辆设计制造过程中，特别是在总体方案的论证和设计时，应进行全面调研，充分考虑已有的研究基础、研制手段和能力，切不可盲目追求先进性而无限制地延长研制周期，加大研制费用。因此，先进性、可行性和时效性三者是相辅相成的、统一的，坚持这一原则，充分利用成熟的新技术成果和现有的研制能力，既可使研制的坦克装甲车辆性能先进、结构合理、使用可靠，又有良好的效费比和较长的寿命。

3. 坚持独立自主、自力更生的原则

坦克装甲车辆的设计应从适应未来战争的特点和需求出发，以增强部队纵深突击、快速反应和空地一体化作战能力，提高坦克装甲车辆的总体效能和作战适应性为目的。以我为主，以新技术为指导，渐进发展与创新相结合，立足于独立自主、自力更生的原则发展高新技术，以现代科学技术的最新成果来提高坦克装甲车辆的总体性能。发展坦克装甲车辆不应拘泥于国外科技与武器装备的发展步伐，亦步亦趋。可根据需要与实际可能，加速发展的过程，不能长期停留在仿制与改进的基础上。有许多高新技术不必重复走别人走过的道路，可跨越十几年或几十年的时间，迎头赶上。

目前，技术发展国际化趋势越来越明显，迅速发展的新科技革命表明人类已进入以经济全球化和知识化为特征的新时代。我国改革开放的政策也为引进国外先进技术创造了条件。但引进先进技术必须及时转入消化吸收和创新阶段，才能摆脱受制于人的局面，自立于世界高科技兵器之林。开阔视野、革新思路、技术创新是发展坦克装甲车辆的永恒主题。无论是过去、现在还是将来，坚持独立自主、自力更生，并结合国情研制开发，走有中国特色的发展坦克装甲车辆技术的道路，是一条根本性的原则。

4. 军民融合、寓军于民的原则

在进行坦克装甲车辆设计时，要考虑采用一些性能较好、技术较成熟、能进行批量生产的民用产品的部件。这样，一方面可缩短坦克的研制周期，降低研制成本；另一方面在发生战争时便于大规模生产。

在满足总体性能要求的前提下，兼顾军民结合，选用技术含量高、质量好、性能优的民用产品部件来装备坦克装甲车辆，对军用车辆也是一种补充。对车辆上的一些共性技术，在研究时也要考虑向民品推广应用。

5. 贯彻标准化、通用化、系列化、模块化的原则

零件标准化、部件通用化、产品系列化及结构模块化可简化生产，提高工效，保证产品质量，降低生产成本，减少配件品种，方便维修保障，利于产品的改进和变型。

"零件标准化"是指在设计中广泛采用标准件，以利于组织生产、提高质量、降低造价和方便维修。

"部件通用化"是指在同一系列或总质量相近的一些车型上，采用通用的总成或部件，以简化生产。

"产品系列化"是将产品合理分档，组成系列和型谱，并考虑各种变型。如传动装置的产品系列有我国自行研制的军用履带式车辆传动装置 Ch 系列——Ch300、Ch400、Ch500、Ch700、Ch1000，美国阿里逊公司的 X 系列——X – 200、X – 300、X – 700、X – 1100，德国 ZF 公司的 LSG 系列——LSG1000、LSG1500、LSG2000、LSG3000，德国伦克公司的 HSWL 系列——HSWL106、HSWL256、HSWL295、HSWL354 等。

"结构模块化"是指将相对独立的结构模块按标准接口简单、可靠地组合，实现新的功能和结构单元，以提升车辆可靠性和维修保障性能。模块是模块化设计与建造的基础。模块可以定义为：由标准件和非标准件经设计组合，具有某种特定功能及结构的单元，它能够与其他组件（或模块）通过标准接口构成更大的组件、部件或系统。模块通过搭积木方式既可组成系列化、标准化产品，也可以配套组成在性能、结构上有较大差别且能满足不同要求的产品。各模块具有相对的独立性，可以进行独立的设计和组织生产；具有广泛的通用性和良好的互换性，可以根据需要组合成新的功能或结构单元；具有标准的接口结构，通过简单而可靠的连接形式实现模块之间的组合；满足可靠性、维修性和保障性要求。坦克装甲车辆进行模块化设计，便于产品的系列化和通用化，不但可以大大降低新车型研制和后勤保障的成本，还可提高车辆迅速恢复战斗力的能力。

如德国 ZF 公司采用模块化设计原理设计的第一款传动装置 LSG3000 由 11 个模块组成，每个独立总成都装在箱体内；有两种不同形状的箱体和可变化的输入、输出组件，能同时适合动力传动前置和动力传动后置车辆使用，给车辆的总体设计和改进提供了更大的方便性。

1.2.2 设计类型

坦克装甲车辆的设计类型主要有三种：基准车型的变型设计、基准车型的改进设计及新车型设计。

1. 基准车型的变型设计

基准车型的变型设计是指利用基准车型的部件，通过重新改变基准车辆的总体布置，添加或改变少数部件，成为一种新型号来满足新的需求的设计。

根据任务要求，常以原来车型为基准型，利用其底盘改变局部设计，特别是通过改变总体布置、主要武器、火控系统及战斗室的布置，增加或改变少数部件，来得到新用途的变型车。若干种变型车和原来的基准型共同成为一个产品系列，或称为一个车族。实际上满足不同用途的同一底盘各有不同的作业装备，即对应有不同的型号或名称，这样给生产或使用都带来了方便，也比较经济。例如，动力传动装置后置的坦克，可改成动力传动装置前置、战斗室在后的自行火炮等，其与原型号有部件通用化的关系，仍属于同一系列或同一车族。

例如利用 M60 坦克生产的变型车辆有：

（1）ROBAT 遥控扫雷车，采用 M60A3 坦克底盘，去掉了炮塔，以一块厚装甲板替代，并在装甲板上安置了两个钢制装甲箱，内装扫雷直列炸药。整个扫雷系统由扫雷滚轮系统、火箭拖曳的 M58A1 扫雷直列装药和通路标识装置三部分组成。

（2）M60 装甲架桥车，在 M60 坦克底盘上安装了液压架设机构和铝合金剪式桥，桥质量为 14 470 kg，桥展开后全长 19.2 m，可跨越 18.288 m 宽的壕沟，架桥时间为 2 min。

（3）M728 战斗工程车，该车有短身管 M135 式 165 mm 工事破坏炮，可发射 M123A1 碎甲弹，专门用于破坏障碍物、桥梁、铁路设施和敌方的坚固支撑点，但不适用于应对活动目标。

2. 基准车型的改进设计

基准车型的改进设计是渐进式发展，是产品改进而不是产品更新。

在设计定型以后的成批生产和使用过程中，设计人员可以根据生产和使用过程中出现的一些工艺问题、结构问题和质量问题等开展进一步的研究工作，不断完善产品的性能，提高产品的质量，直到停止生产之日才能彻底结束修改工作，通常称为产品图纸的管理工作。此外，也可能会出现一些可供采用的新部件、新元件和新材料，技术发展也会提供一些新的条件，特别是针对主要武器及火控系统、动力传动及其控制系统、装甲防护系统等进行改进设计，成为原车的改进型，例如：原来叫 I 型，现在改进以后就区别为 II 型或 IA 型，以致将来再改进为 III 型或 IB 型等。

例如 M60 系列主战坦克，该系列主战坦克是美国陆军 20 世纪 60 年代以来的主要制式装备，它包括 M60、M60A1、M60A2 和 M60A3 等几种车型；美国的 M1 系列主战坦克，包括 M1、M1IP、M1A1、M1A2、M1A2 SEP 等几种车型；德国的"豹"1 系列主战坦克，包括"豹"1、"豹"1A1、"豹"1A2、"豹"1A3、"豹"1A4、"豹"1A5、"豹"1A6 等几种车型；德国的"豹"2 系列主战坦克，包括"豹"2、"豹"2A1、"豹"2A2、"豹"2A3、"豹"2A4、"豹"2A5、"豹"2A6、"豹"2A7、"豹"2A7 + 等几种车型。

基准型车的改进所达到的性能水平是有限的，所解决的使用和生产之间的矛盾是暂时的。随着技术水平，尤其是潜在敌人的装备水平的不断提高，原车型越来越不能满足发展的需要，而技术水平又提供了比较彻底地改变旧结构来提高战术技术性能的可能，这就需要设计新一代的车型。

3. 新车型设计

基准车型的变型设计和改进设计这两种设计方法，因为整个底盘或主要部件已得到考验，设计和生产已有基础，所以设计、试制、试验、投产都较为迅速、简便，成功的把握大，出现问题少，得到新车既快又经济。特别是使用原型车和变型车部队的行军速度、适用范围和条件相同，因此对于使用变型车辆，无论是训练、作战还是后勤和技术保障都得到了简化。这种设计的缺点主要是基准型车难以满足各种变型车的需要，特别是车重不符合需要时，会使变型车的一些性能受到限制。

只有当车重相差悬殊，或变型设计会使车辆性能很不合理，而新车的需要总数量又相当大时，才适于另外设计新的车型。这样的设计工作量较大，得到新车需要的时间较长，但性能上的迁就和限制较少，故能达到更高的水平。当然，此时也应该争取使部件、零件和一些装置通用化或系列化。

旧一代车型发展为新一代车型，是较低水平的矛盾统一让位于较高水平的矛盾统一，且新一代型号也将改进并发展成新系列。即便新一代车辆投产、旧一代车型停产以后仍要供应修理换用的零部件，直到旧一代车型完全被淘汰撤出装备为止。同时，在新一代车型设计和试制周期中，已开始酝酿更新一代车型。

具有较高性能水平的新一代车型，若在旧一代车型的基础上开展研制工作，则较易实现定型。凡不是必须改变的地方，均应尽量保持继承性，这样新车型设计试制周期较短，也比较经济。这被称为渐进式的发展方法，在一定的阶段为各国所采用。例如：美国从 M46、M47、M48 到 M60 坦克，苏联从 T-44、T-54、T-55 到 T-62 坦克都是如此。

渐进式发展是一种较可靠但发展较缓慢的方法，不是完全的产品更新，有一部分部件是在原有部件基础上进行改进得到的。由于长期渐进研制过程中的改进潜力渐尽，同时旧结构也会限制性能改进，故必然越来越落后于发展的需要。到一定时间后，为摆脱落后的困境和争取装备更为先进，不得不重新进行总体设计，采用新的先进部件，改变大量的结构，较全面地设计新的型号以谋求较彻底的更新和提高。这并不排斥固有的运用观点、技术特长、工业条件和设计风格，新车仍具有一定的继承性，包括采用原有的一些零件、元件或部件。例如：美国从 M4 到 M46~M60 坦克，再到 M1 坦克；苏联从 T-34 到 T-54~T-62，再到 T-64/72 坦克；英国从"逊邱伦"到"奇伏坦"，再到"挑战者"坦克；日本从 74 式到 90 式，再到 10 式坦克等都是新车型设计。许多从头开始，或中断多年再开始的车型，如 AMX30、"豹"1、Strv103、Pz58、61 式等也都采用新车型设计。这样发展的成果显著，但难度比渐进式要大。若提高的性能幅度过大，或发展新技术的难度太大，往往会导致成本过高或可靠性较差。产品更新往往涉及增加新的生产技术和改建生产线的问题，由于组织合作或经济上的因素等，常导致设计失败，或研制后不生产。例如，法国研制的 AMX50，美、德合作研制的 MBT-70，20 世纪 80 年代初德、法合作新车型的研制等。

为了降低难度，过去有些新设计是分成两步来完成的：第一步是用新发动机等部件来设计新底盘，战斗部分暂用已有的炮塔或较小的火炮；第二步是在成功的底盘上设计新的战斗部分，有时甚至再次改进战斗部分而仍保留底盘基本不动。

从开始设计的时间算起，一代坦克装甲车辆的正常寿命至少也在 20 年以上，甚至超过 30 年，少数国家至今还装备有 20 世纪第二次世界大战后期的 T-34 和 M4A3 坦克。更换装备既费钱又需要时间，是很不容易进行的事，设计之初，不能不作长远的考虑。例如，有的专家主张新型主战坦克的计划和论证应针对 28 年后的战场，所设计坦克装甲车辆的战术技术性能不但应超过敌人的现役最新装备，还应争取在试制、生产和大量装备部队的若干年后，压倒那时在战场上出现的敌人新型坦克装甲车辆。这对设计者和有关人员而言是一项相当艰巨的任务。

1.3　坦克装甲车辆理论和设计技术的发展

坦克装甲车辆的设计理论是用于指导坦克装甲车辆设计实践的，而坦克装甲车辆设计实践经验的长期积累及其生产技术的发展与进步，又使坦克装甲车辆的设计理论得到不断的发展与提高。坦克装甲车辆的设计技术是坦克装甲车辆设计的方法和手段，是坦克装甲车辆设计实践的软件与硬件。

　　早期坦克装甲车辆的设计是以经验设计为主，即产品的设计是以生产技术经验数据为依据，运用一些附有经验常数的经验公式进行设计计算的一种传统的设计方法，这样的设计没有建立在严密的理论基础上，缺乏精确的设计数据和科学的计算公式。为了强调零件的可靠性，往往在设计中取偏大的安全系数，结果虽然安全，却增加了所设计零件的质量。一种新车型的开发往往要经过设计—试制—试验—改进设计—试制—试验等多次循环，反复修改图纸，完善设计后才能定型，研制周期长、质量差、成本高。

　　随着科学技术的发展，新的设计方法和手段不断涌现，给传统的结构设计、强度分析、性能分析、试验等带来了新的变化，产品的设计由静态设计向安全寿命设计的动态设计过渡，由校验型设计向预测型设计过渡。现代设计理论和方法已成为坦克装甲车辆及各分系统提高性能和可靠性的前提条件，也是产品由粗放型设计向精细化设计转变的重要环节。利用现代设计理论和方法，逐步建立各类数据库、专家知识库、设计规范、设计方法、设计准则、试验规范和工艺规范，形成规范的现代设计体系和虚拟试验体系，实现由"经验设计"向"预测和创新设计"的转变。图1-2所示为总体设计与评价的一般流程，图1-3所示为基于数字仿真技术的设计与评价流程，图1-4所示为基于虚拟样机技术设计与评价流程。

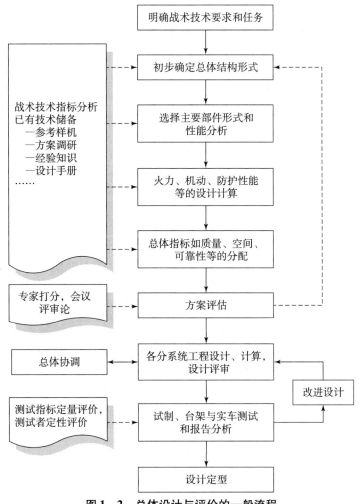

图1-2　总体设计与评价的一般流程

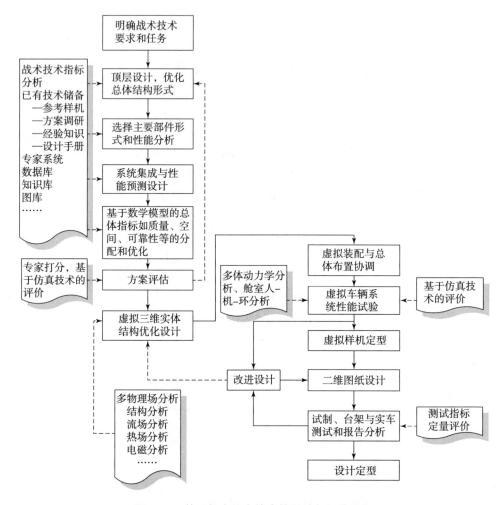

图 1-3　基于数字仿真技术的设计与评价流程

　　经过几十年全行业的共同努力，我国坦克装甲车辆理论和设计技术研究从无到有，并形成了较完善的理论和技术体系。我国自 20 世纪 50 年代引进苏联坦克，60 年代完成坦克的自主设计研究，至今已经形成了坦克装甲车辆的系列产品，使我国坦克装甲车辆技术跻身世界先进之列。在这些坦克装甲车辆的研发过程中，传统的设计方法与理论得到了丰富和发展，也积累了大量的宝贵经验，在此基础上，北京理工大学特种车辆研究所陆续出版了《坦克设计》《坦克系统设计》《坦克行驶原理》《车辆传动系统分析》《车辆液力传动》及《坦克构造与设计》等专著和教材。近年来行业内广泛采用了 CAD/CAM/CAE 等数字仿真设计以及虚拟样机、虚拟现实等现代设计、制造和分析技术，大幅提高了坦克装甲车辆设计的水平和产品的质量，缩短了研制周期。

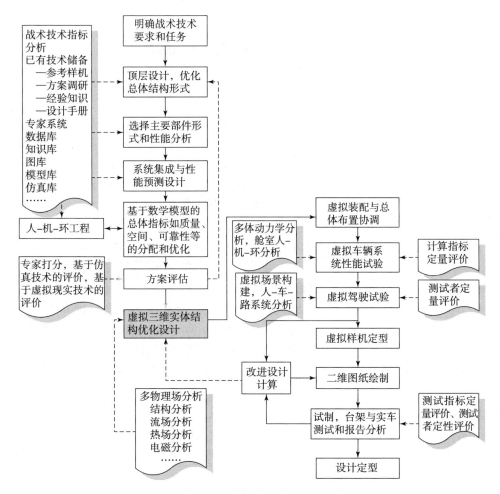

图 1-4 基于虚拟样机技术的设计与评价流程

第 2 章　战术技术要求

2.1　概　述

装甲车辆的战术技术
要求（战技指标）

　　坦克装甲车辆的战术技术要求，又称战技指标，是军方从作战使用和技术两个方面，对准备研制的坦克装甲车辆提出的各项性能的质和量的目标。它是进行研究、设计、试制、试验的基本依据，对于已研制完成的车辆，称为战术技术性能。

　　战术技术要求的形式、内容，以及提出和确定程序，在不同国家和不同情况下不尽相同。通常根据军事参谋部门按照军事理论、作战经验、敌我条件等方面制定的未来作战的设想和对武器装备的总要求，由专门技术部门根据战术运用，结合科学技术和生产水平、具体使用条件和经济能力等因素，进行调查研究、系统分析、评比选择、模拟对抗、理论计算和试验验证等工作，最后制定出战技指标，这就是战技指标的论证工作。参加论证的主要有装备论证部门、使用部门以及科研和生产部门等。其过程可能需要多次反复，视战技指标水平、复杂程度，特别是条件成熟程度等而定。战技指标经过批准后，一般以文件形式下达给参加研制的部门。

　　较全面的战术技术指标一般包括以下三个方面的内容：

　　（1）作战指导思想和用途目的的说明，包括作用、使用方法、作战对象和作战地区等。

　　（2）具体战术技术指标，包括总体、火力、防护和机动等性能指标。

　　（3）补充性说明，例如对一些部件或技术的倾向性或否定性意见，以及对进度、步骤或一些问题的说明等。

　　制定坦克装甲车辆的战技指标，是对作战经验的总结，是时代军事战略战术思想的部分体现，也是对技术发展和工业生产的正确估计，它不规定将来的产品具体是什么样子，也不规定应该怎样制造，但在一定条件下基本决定了产品的方向和特征。坦克装甲车辆战术技术性能是否符合正确的发展方向，往往要在若干年后，甚至在实战中才能得到证明，而在这个方向上性能水平的高低，更多应由研究、设计和制造的水平决定。适当的战技指标应能发挥研究设计与制造的积极性和创造性。如果战技指标是用已有的方案来表达的，就缺乏了生命力和超前性，难以满足未来战争的需求。提出合理的战技指标，需要具有军事、战术、科学、技术、生产、经济、使用等多方面的知识和能力；战技指标要求过低，将直接影响一代装备的水平或部队的战斗能力；战技指标要求过高或缺乏根据，可能与客观实际不符或不能实现。没有抓住未来的主要发展方向，研制成功部署部队之后也经不住较长时间的考验。装备建设的偏向和失误不但会使经济损失大，而且若干年后即使发现了问题也难以补救。比较容易出现的是战技指标过高、过急，导致长期研制不成，或带来成本、使用上的许多问题。此外，还要争取战技指标能较长时期不变。发展一代坦克装甲车辆常需几年或十几年，改变一次往往就会带来几年时间及相当的经费和人力的浪费，因此只有科学、合理的战术技术指标，才能保持比较稳定的发展。战术技术指标包含的内容很多，履带装甲车辆常用的指标有100余项，对于不同种类的装甲车辆，其战术技术指标的构成和内容也有所不同。

2.2　一般性能

一般性能反映车辆概况或总面貌，不属于某一部件、某一系统或个别方面，通常列于战术技术要求之首，包括战斗全质量、乘（载）员人数、外廓尺寸、车底距地高、履带中心距及履带接地长等。

2.2.1　战斗全质量

战斗全质量原称战斗全重，指载有额定数量的乘员和载员（包括乘/载员随身制式装备），加满规定数量的各种油、脂、冷却液等，配齐一个基数的弹药，并且携带全部随车附件、配件、工具和装载额定载物时的车辆总质量。

战斗全质量会影响铁道列车及通过桥梁和船渡在内的车辆的运输性，以及包括单位功率、加速性、对地单位压力在内的车辆的机动性，是最重要的战技指标之一，通常希望能在具有一定战技指标水平的前提下尽量小一些。较重要的限制是公路桥梁的承载能力和车辆对地面的单位压力。从保证机动性能的角度分析，战斗全质量每增加 1 t，发动机就必须增加 20 ~ 25 kW 的功率。随着发动机功率的提高，发动机的质量、体积就会相应增加，油耗也随之提高，从而形成恶性循环。

战斗全质量影响装甲车辆各种矛盾性能的取舍处理，不同等级的战斗全质量往往形成用途不同的装甲车辆。例如轻型坦克装甲车辆受战斗全质量限制，火炮口径较小、装甲较薄，但机动性较好，比较适于侦察及在水网地区和山地等复杂地形使用。较轻的轻型坦克可以水陆两用，也可以空运和空降。重型坦克装甲车辆可以装备口径较大的火炮和较厚的装甲，更适于做突击攻坚用。坦克装甲车辆许多性能的提高都是以增加质量为代价的。第二次世界大战前，坦克装甲车辆战斗全质量一般不超过 30 t；第二次世界大战中，战斗全质量迅速增加；第二次世界大战后，一些主要的坦克装甲车辆战斗全质量发展情况如图 2 - 1 所示。现代较轻的主战坦克战斗全质量正逐渐增加到 45 t 左右，较重的已发展到 50 ~ 65 t。现代轻型坦克、装甲输送车及步兵战车的战斗全质量为 10 ~ 28 t。如何在提高性能的同时又控制战斗全质量不再增加甚至降低，即轻量化技术将是坦克装甲车辆研制中的关键技术。

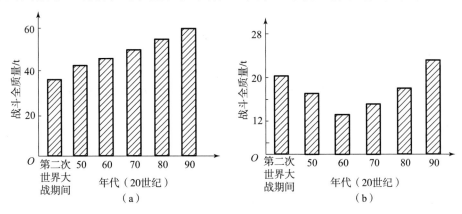

图 2 - 1　履带式坦克装甲车辆战斗全质量发展情况

（a）主战坦克；（b）步兵战车和装甲输送车

履带式坦克装甲车辆战斗全质量的概算公式：

$$M = 2b\left[\frac{L}{B}(W - b)\right]\frac{p}{g} \qquad (2-1)$$

式中，M——战斗全质量，t；

p——履带对地面的单位压力，Pa，单位压力 p 受车辆通过沼泽、水田、松沙、深雪等松软地面的限制，一般小于 0.9×10^5 Pa；

b——履带板宽度，m，履带板宽 b 受可用的车体宽度限制，一般不超过 0.7 m；

L——履带接地长度，m；

B——履带中心距，m，根据转向要求，$L/B \leqslant 1.8$，否则转向困难；

W——车宽，m，车宽受铁道运输限制，一般不大于 3.4 m；

g——重力加速度，$g = 9.81$ m/s^2。

根据上述条件，可得到履带式坦克装甲车辆的战斗全质量 M 的极限为 50～60 t。

2.2.2　乘（载）员人数

乘员指每辆坦克装甲车辆上的额定操作人员，一般包括驾驶员和战斗人员或作业人员。载员是指不编制在车上操作，需要离车去执行任务的额定携载人员。在车上未设置固定位置的临时额外搭乘人员不算乘（载）员。

乘（载）员人数会影响作战任务的分工、装备保养操作和部队的编制，另外也会影响车内空间的大小、装甲防护设置及战斗全质量的大小。

坦克乘员人数一般为 4 人，20 世纪 70 年代前后部分坦克装甲车辆上装备了自动装弹机，乘员人数减少为 3 人，即车长、炮长和驾驶员。随着科学技术的不断发展及自动化技术、计算机技术的深入应用，乘员人数会进一步减少为 2 人或 1 人，甚至无人驾驶。

自行火炮乘员通常比坦克多，主要是增加了装填手。装甲输送车和步兵战车的乘员只有 2～3 人，其他属于载员，通常是一个步兵班。坦克和自行火炮一般没有载员。火炮牵引车的载员是火炮操作人员。

载员人数主要影响所需载员舱室的面积或车内空间、装甲车辆外廓尺寸的大小和部队的编制，所占面积或空间一般不能安装其他战斗装备或作业设备。

2.2.3　外廓尺寸

外廓尺寸是指车辆在长、宽、高方向的最大轮廓尺寸。每个方向的外廓尺寸有多种算法，其原因是受影响的因素很多，例如随炮塔回转的外伸炮管、可俯仰或卸下的高射机枪，以及一些可卸装置（如侧面的屏蔽装甲板等）。图 2-2 所示为坦克的一些外廓尺寸，适用于不同场合，如行驶、运输及库存等。

1. 车长

车长是坦克装甲车辆的最大纵向尺寸。当火炮可以回转时，坦克装甲车辆的车长可分为车长（炮向前）、车长（炮向后）、车体长（不计外伸火炮）。两栖车辆按照车前防浪板打开或收回两种情况计算车长，一些特殊作业车辆按照作业机械的不同状态来计算车长。

车长会影响坦克装甲车辆在居民区、森林、山区等地域的机动性及运输装载空间和车库大小。

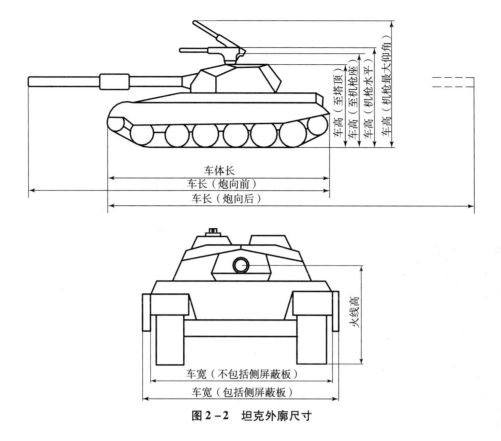

图2-2　坦克外廓尺寸

车体长是坦克装甲车辆的基本实体尺寸，主要由驾驶室、战斗室、动力—传动室3个长度环节组成，包括在炮塔回转到最小半径方位时不干涉吊装动力—传动装置所需的间距；有时也不计焊在车体前后的附座、支架、牵引钩和叶子板等。车长是外廓尺寸中受限制较小、变化幅度较大的一个尺寸。

现代大多数主战坦克的车长：车体长为6~8 m，炮向前车长为9~10.5 m，炮向后车长为8.5~9.5 m。

大多数轻型坦克的车长为4.5~8.5 m。

2. 车宽

车宽是车辆的最大横向尺寸，一般有包括和不包括侧面可卸屏蔽装甲的两种计算方法，各适用于战斗和运输等状况。

车宽会影响车辆的通过性和转向性。为了通过窄道，希望车宽小些；为利于通过松软地面，则希望加宽履带从而加大车宽；车宽不能超过铁道运输宽度限制标准，否则受到桥梁、隧道、月台、信号设施等的阻碍，会在运输中产生困难。我国铁道运输标准宽度为3.4 m，如图2-3所示。不同国家铁道标准限制不同，在欧洲大陆，多数国家符合伯尔尼国际轨距标准规定的最大宽度3.15 m，按TZ轨距标准则为3.54 m。多数国家有自己的规定，如俄罗斯为3.414 m、英国为2.74 m、美国为3.25 m等。然而车宽也不能受到铁道运输的绝对限制。有的坦克采用专用履带来运输（德国虎Ⅰ、虎Ⅱ等坦克），有的在装车以后拆掉一半行走装置（如美国M103坦克等），但这些措施会给部队带来不便。另外，车宽还受汽车拖车运输及空中运输和舰船运输的限制。

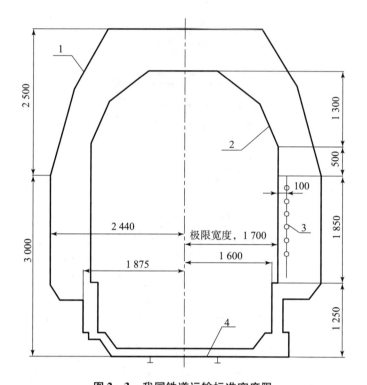

图 2-3　我国铁道运输标准宽度限

1—固定设施限；2—车辆限；3—信号限；4—轨面

目前主战坦克的车宽为 3.1 ~ 3.6 m，其中不少属于轻度超铁道标准宽度级别。轻型坦克车宽最小约为 2 m，履带式装甲输送车和步兵战车的车宽为 2.5 ~ 3.2 m。

3. 车高

车高是坦克装甲车辆在战斗全质量状态下，停在水平坚硬的地面上，车底距地高为额定值时，由地面到车辆顶点的高度。对不同车辆或同一车辆的不同顶点，有不同的计算方法。例如具有炮塔的车辆，计算到炮塔顶、指挥塔顶、瞄准镜顶、高射机枪支座顶、高射机枪在水平位置或最大仰角时的最高点等，各适用于计算命中率、比较车高、进入库房门、通过立交桥下等不同情况，其中常用的是计算地面到炮塔顶的高度。

车高是最重要的外廓尺寸，对防护性能影响较大。若车高较高，则目标显著，防护性差。

车辆在长、宽、高度方向的装甲厚度不同，根据坦克的统计数据分析，单位长度、宽度、高度的车体的质量比为 1 :（2 ~ 3）:（5.5 ~ 7），车体高度每降低 100 mm，可减轻质量约 1 000 kg；长度每缩短 100 mm，可减轻质量约 200 kg。由此可见，车高对战斗全质量的影响较大。

车高受到车底距地高、乘员身材、发动机和火炮外形及布置等限制。过去的装甲车辆比较高，如美国 20 世纪 40—50 年代的坦克，至炮塔顶高为 2.7 ~ 3.0 m；现代主战坦克至炮塔顶车高一般为 2.2 ~ 2.5 m；步兵战车及装甲输送车车高为 1.7 ~ 2.7 m，其中较低的数值属于无炮塔或小炮塔的情况。

2.2.4 车底距地高

车底距地高是车辆在战斗全质量状态下，停在水平坚硬地面上车体底部最低的基本平面或最低点到地面的距离。但不考虑接近两侧履带或轮子的向下凸出物，如平衡时支座等。

车底距地高表示车辆克服各种凸出于地面上的障碍物（如纵向埂坎和岩层、石块、树桩、反坦克障碍物等）的能力。车底距地高较小时，在深耕水田、沼泽、松雪、松沙地行驶会下陷造成托底及履带打滑。现代主战坦克的车底距地高一般为 0.4~0.55 m。

2.2.5 履带中心距

履带中心距是履带式车辆两侧履带中心线之间的距离，它与通过性能和转向性能等有关。履带中心距越大，车辆侧倾行驶和急转弯行驶时的稳定性越好，转向也更容易。增大履带中心距受车宽限制。现代主战坦克的履带中心距一般为 2.5~2.9 m，装甲输送车和步兵战车的履带中心距一般为 1.7~2.7 m。

2.2.6 履带接地长

履带接地长是履带式车辆在战斗全质量状态下，停在水平坚硬地面上的履带支持段长度。一般按车辆在静平衡状态下同侧的第一和最后一个负重轮的中心距再加一块履带板的长度来简便计算履带接地长。

实际履带接地长是一个变化值，其原因是多方面的。例如：一块履带板在负重轮下有不同的位置，在各种松软地面还有不同的下陷量，车辆行驶中的纵向角振动使第一和最后一个负重轮的平衡肘转动，这些因素都会造成接地长度的变化。

现代主战坦克的履带接地长一般为 3.8~5 m，相当于车体长的 55%~65%，主要受第一和最后一个负重轮位置的限制。

履带接地长是构成履带式车辆行驶性能显著不同于轮式车辆的根本因素。它使车辆对地面的单位压力显著降低，利于越野、通过松软地面，也使得履带式车辆易于跨越壕沟，由此带来与轮式车辆完全不同的转向方式，传动机构及转向操纵也就不同。履带接地长越大，车辆直线行驶稳定性越好，但转向较困难，克服转向阻力所需要的转向功率也越大。因此，需保持适当的履带接地长 L 对履带中心距 B 的比值。现代履带式装甲车辆的 L/B 比值为 1.03~1.92，多数为 1.4~1.65。

2.3 火力及火力机动性能

火力及火力机动性能是指坦克装甲车辆的武器在战斗中对目标构成的毁伤能力，是车辆战斗能力的主要体现，包含火力威力和机动性，由主要武器、辅助武器及其弹药和观瞄、控制系统等的装备情况和性能决定。它们反映战斗车辆及早发现、迅速捕捉、精确命中、有效消灭、摧毁或压制各种主要目标的能力。

火力威力是指战斗车辆武器在战斗中压制和摧毁各种目标的能力，它主要取决于武器的威力，对于主战坦克来说，它的主要武器是火炮，火力威力主要取决于火炮威力。

火力机动性能是指战斗车辆根据战场出现的情况和变化，灵活改变火力使用的方向和高低射界，快速、准确地捕捉和跟踪目标，以便迅速发射的能力。它包括火力机动的范围、速度、观瞄装置和火力控制装置的性能等。

火力和火力机动性内容随着战斗车辆的种类不同而不同，影响它们的因素是多方面且较为复杂的。除战术技术指标中列出的以外，武器、弹药和装备的产品质量，车辆悬挂系统性能，战斗室的布置，乘员操作和环境条件，都与火力及火力机动性能的发挥有关。

2.3.1　主要武器性能

主要武器性能是坦克装甲车辆装备的主要武器的类型、口径、主要弹种及其初速和穿甲能力等性能的总称，它们大体代表坦克装甲车辆上的主要火力特点和威力。

不同战斗车辆的作战重点对象不同，目标一般可分为敌坦克和各种装甲车辆、步兵和炮兵及其武器、火箭、导弹武器发射点、空中目标、各种野战工事、各种建筑物和交通设施等。多数情况需要在不同距离上对直接观察到的目标进行直接瞄准射击，有些则需要间接射击；有的着重要求能够穿透日益加强的装甲防护，有的只要求能摧毁轻装甲和一般目标；有的以在短暂时间内捕捉住高速的空中目标为主，有的偏重摧毁面积或远程毁伤。各种战斗车辆可能要求具有各种不同的武器，以输送或作业为主的非战斗车辆往往只要求具有自卫武器。

主战坦克一般都要求采用长身管的加农炮，20世纪70年代以来大多由线膛炮改用滑膛坦克炮，其身管长度为口径的50～60倍，火炮口径为105～125 mm。坦克火炮口径的发展如图2-4所示。

穿甲弹的弹丸初速，指弹丸离炮口一个很短距离内继续受到火药气流的推力所达到的最大速度。初速对依靠动能穿甲的能力有最重要的影响，也会在一定程度上影响直射距离或有效射程。直射距离指最大弹道高等于规定目标高时的射程。几十年来，坦克炮弹的初速也从约500 m/s的水平不断迅速提高，坦克炮穿甲弹初速的发展趋势如图2-5所示。现代坦克滑膛炮用尾翼稳定的长杆式超速脱壳穿甲弹为主要弹种，它的初速度已达到1 600～1 800 m/s，直射距离达到1 800～2 200 m。对付装甲的另一弹种是空心装药的聚能破甲弹，其配备数量较少。对付大量的非装甲目标的主要弹种是爆破（榴）弹。现在常要求的是破甲弹和爆破（榴）弹合二为一的多用途弹，可以减少弹种，对实现自动装填也有意义。

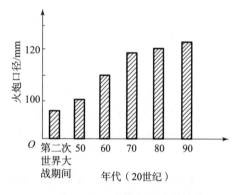

图2-4　坦克火炮口径的发展

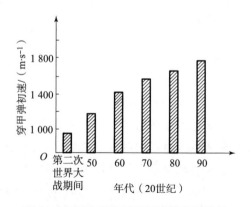

图2-5　坦克炮穿甲弹初速的发展趋势

为了延伸坦克在战斗中攻击对方坦克的作战距离，也就是扩大其反坦克作战火力范围和提高远距离打击的精度，现代坦克普遍采用反坦克导弹，主要有普通反坦克导弹和炮射导弹。目前，炮射导弹的最大射程可达 4 000 ~ 5 000 m，破甲厚度达 700 mm 以上，命中概率约为 90%。

自行火炮的主要武器种类有很多，如加农炮、加榴炮、小口径多管高射炮、大口径远程炮及迫击炮等。近年来，各种反坦克导弹、地对空导弹、地对地导弹等也多趋于自行化。

步兵战车常要求装备 20 ~ 35 mm 口径的自动炮，并有继续增大口径的趋势。输送车、牵引车、指挥车、工程车等则通常只要求装备高射和平射两用的 12.7 mm 口径的机枪。

2.3.2　辅助武器

除主要武器火炮外，其他武器统称为辅助武器，通常以机枪为主，也包括炮射导弹、车载反坦克导弹、自动榴弹发射器及遥控武器站等。装辅助武器主要是为了对付较分散的有生力量，消灭与压制敌人的近战反坦克兵器和轻装甲的各种目标，以及对低速的空中目标进行射击等。辅助武器的威力主要以它的种类、口径和数量等表示。

现代坦克最主要的辅助武器是由炮长使用的同轴机枪，又称并列机枪，其口径一般为 7.62 mm（法国主战坦克用 20 mm 炮），射界和俯仰运动与主要火炮完全同步，密切配合火炮的使用，发挥作用较大。其次的辅助武器是高平两用的高射机枪，口径一般为 12.7 mm，也有用 7.62 mm 或 14.5 mm 或 20 mm 口径的，由装填手或车长使用，可以开窗手控射击或在指挥塔内电控射击。过去曾要求在驾驶员旁固定一挺前机枪，又称航向机枪，但其作用不显著。英国坦克过去常用与火炮并列安装的测距机枪，按它的实际射击弹道来装定和修正火炮的射击。现代坦克常在炮塔前侧装备若干烟幕发射筒，要求能在几十米距离内构成弧形的烟幕墙。

自行火炮、步兵战车和歼击车等的辅助武器一般要求不如坦克多，通常只有一挺机枪或小口径火炮。轻型装甲车辆的火炮口径较小，不足以与敌坦克相抗衡，可用反坦克导弹作为辅助武器，以加强对付厚装甲目标的能力。输送车、牵引车等辅助车辆和部分工程车辆一般不要求装设火炮，有的装一挺可以环射的高平两用机枪以便自卫，载员下车后也可以提供火力支援。

炮射导弹是精确制导技术与常规坦克炮和反坦克导弹发射技术的有机结合，与常规炮弹相比，其具有射程远、命中精度高、杀伤威力大等优点。一方面保留了坦克炮原系统反应快、火力威力大的特点，且不改变其成员建制和分工，不过多地增加系统的复杂性，但却拓宽了常规坦克炮的远距离对抗能力，使坦克可以在野战中攻击武装直升机、防御坦克歼击车，以及在隐蔽阵地上对敌坦克实施远距离射击。

车载反坦克导弹是指在装甲车辆上发射的反坦克导弹，其作用是对坦克、机械化部队进行火力支援，消灭敌坦克和其他装甲目标，与坦克火力配合以形成较强的反坦克火力体系。目前车载反坦克导弹的发展趋势是提高破甲威力、夜战能力、抗干扰能力，并发展远距离攻击集群坦克的反坦克导弹。

自动榴弹发射器在坦克装甲车辆上具有机枪和机关炮所没有的特点，它是一种可以曲射的面杀伤性武器，可以发射破甲弹毁伤轻型装甲车辆，还可以用以对付低空飞行目标。

遥控武器站是一种具有安装便捷、操作简单和使用范围广等优点的模块化武器系统，可以配备机枪、自动榴弹发射器、机关炮及导弹等多种武器和包括彩色摄像机、昼用光学瞄准具、红外仪、热像仪、激光测距仪及稳定系统等的火力控制系统，具有目标搜索、识别、跟踪、瞄准和行进间稳定射击的遥控操作功能，并具有专门的操作员控制站和大型弹药箱。遥控武器站安装于炮塔外部，可使操作手在车体内对武器进行控制、瞄准和射击，也可用于无人炮塔和无人作战系统。

另外，各种车辆的乘员一般都配备步兵轻武器，包括自动步枪、手枪、手榴弹、信号枪等。步兵战车为载员携带的武器备有射击孔。

2.3.3　弹药基数

单车一次携带的炮弹、枪弹等弹药的额定数量称为弹药基数，它对作战持久能力影响很大。

现代主战坦克的炮弹基数为40～60发；机枪弹药基数现在一般为几千发，有的坦克如M1和梅卡瓦达到一万发；高射机枪弹常为几百发到一千多发。

步兵战车自动炮的弹药基数为300～1 250发。携带反坦克导弹为辅助武器时，一般只要求几发。多管自行高炮由于射速很高，一般要求弹药基数较多，对20～40 mm口径武器常达500～2 200发，其中口径越大基数越小。57 mm口径高炮弹药基数约为100发。一般的压制和支援性自行火炮的弹药基数要求比坦克大，有些则由随行的输送车供应。

2.3.4　弹药配比

坦克装甲车辆的弹药基数内，各种炮弹额定数量的比例称为弹药配比，这是按弹药效能随作战对象预定，并随弹药技术的发展而改变的。当代坦克的弹药配比中，超速脱壳穿甲弹和爆破（榴）弹的比例一般较大，破甲弹的比例较小，三类弹药的参考配比为4∶3∶3。有的坦克装甲车辆用多用途弹替代爆破弹和破甲弹，或配备少数碎甲弹、烟幕弹等。随着反装甲车辆直升机的大量使用，将来会配备防空的弹种。

各种机枪弹通常不标识配比，但实际在弹盒或弹链上也是按配比依次排列装好的，例如间隔几发有一发曳光弹或燃烧弹等。由于不同炮弹的尺寸、形状有差异，故不同的配比会对弹药的储存和自动装弹机的设计带来影响。

2.3.5　射击精度

坦克装甲车辆的射击精度是指武器，主要是火炮在一定条件下射击的精度，包括准确度和密集度，准确度用平均弹着点对预期命中点的偏离量来表示，单位为m；密集度用射弹散布面积的大小来表示，单位为m^2，密集度千米立靶射弹散布中间偏差取值范围目前为0.20～0.30 m^2。

对于直瞄射击为主的火炮，其射击密集度一般用立靶密集度来度量，分为高低密集度和方向密集度。高低密集度一般用高低标准偏差与立靶距离之比的密位数表示，方向密集度一般用方向标准偏差与立靶距离之比的密位数表示。其中密位（mit）是测量角度的单位是由毫弧度转化的，有两种计算方法即1 mit = 360/6 000（俄制）和1 mit = 360/6 400（法制）。我国目前采用俄制算法，西方国家采用法制算法。坦克主炮千米立靶密集度参考值为0.2～0.6 mit。

射击准确度主要与射手操作火炮及有关仪表的状况有关，射击密集度主要与火炮自身的弹道和结构性能及振动情况有关。射击精度主要决定于火炮系统的性能、射手的操作水平及外界射击条件等因素。

2.3.6　命中率

命中率是在一定条件下（例如目标距离、车辆行驶速度等）射击，命中一定目标的可能性，一般用百分比表示。坦克炮通常在 2 000 m 作战距离内具有较高的命中率。而对坦克装甲车辆而言，特别重视首发命中率这一指标。首发命中率是在一定条件下（例如目标距离、车辆行驶速度等）射击，第一发炮弹命中目标的概率。静止坦克对固定目标的首发命中率为 85% ~ 90%，行进间对运动目标的首发命中率为 65% ~ 85%。除武器本身的射击精度外，不同的测距和火控装置，以及乘员操作熟练程度等对命中率的影响较大。现代的先进火控装置已使坦克炮的命中率接近理论极限。

2.3.7　穿甲和破甲厚度

穿甲厚度是指利用动能破坏装甲的穿甲弹在一定距离等条件下，能够穿透一定材料装甲靶板的最大厚度。破甲厚度是指利用空心锥形装药来聚能破坏装甲的破甲弹所能击穿一定材料装甲靶板的最大厚度。二者是用以表示对付装甲的主要武器的威力性能的指标，代表车辆摧毁敌人目标的能力水平。现代尾翼稳定超速脱壳穿甲弹在 1 000 m 距离上的垂直穿甲厚度达 500 mm 以上，破甲厚度达 800 mm。

2.3.8　高低射界

高低射界是指武器俯仰运动的最大允许角度范围，以从水平位置算起的正、负度数表示，现代坦克炮高低射界分别为 +17° ~ +20° 和 -5° ~ -10°。

最大仰角可以保证向山坡上、高层建筑或远距离射击的需要，最大俯角可以保证向山谷、低地或在隆起地形后面隐蔽射击的需要。

2.3.9　方向射界

方向射界是指武器相对于车体水平回转的最大允许角度范围，越接近车体正前方，越是重要的射击方向。向后的射界的大小随车辆的用途不同而不同。在战场上战术位置前出的战斗车辆，如作突击使用的主战坦克和侦察坦克等，要求方向射界为 360°；在战场上位置不太前出、跟进的坦克装甲车辆，如自行火炮等，只要求向左、右的有限转角的方向射界。

2.3.10　炮塔最大、最小回转角速度

炮塔稳定回转的最大角速度代表坦克装甲车辆炮塔上武器火力能够迅速调转和近距离跟踪瞄准高速度运动目标的极限能力；炮塔稳定回转的最小角速度（不包括手动）代表火力能精确瞄准和跟踪远距离、慢速度运动目标的极限能力。二者都属于火力机动性的重要内容。在应用计算机和稳定器控制的火控系统中，回转角速度关系到车辆转向运动中跟踪目标和修正精度等性能。目前主战坦克炮塔最大回转角速度为 10°/s ~ 36°/s，炮塔最小回转角速度为 0.05°/s ~ 1°/s；自行高炮的炮塔最大回转角速度可达 100°/s。

2.3.11 火控系统类型和性能

火控系统类型和性能指坦克装甲车辆所采用火控系统的组成特征、功能类别、组成部件的型号，以及火控系统整体和各部件所具有的主要性能。

坦克装甲车辆火控系统是火力系统的一个重要组成部分，广义来说，就是一套使被控武器发挥最大效能的装置，是指安装在车内，用于完成观察、搜索、瞄准、跟踪、测距，提供弹道修正量，解算射击诸元，自动武装，控制武器指向并完成射击等功能的一套装置。按功能来说，主要由光电观瞄装置、激光测距仪、夜视设备、火炮稳定装置、火控计算机和各种弹道修正传感器等部分组成。按工作方式不同，火控系统可分为扰动式、非扰动式和指挥仪式三种。坦克装甲车辆的火力威力不仅取决于武器，而且在很大程度上取决于完善的火力控制系统。现代火控系统可极大地提高命中率，但成本也很高，达到了整车成本的1/3。

火控系统的主要性能包括瞄准、测距、稳定、反应时间、命中率、修正功能和速度特性等，其中最重要的是命中率。图2-6所示为不同火控系统的命中率随射击距离的变化示意图。这些性能将会直接影响坦克装甲车辆迅速和准确地发挥火力的能力。

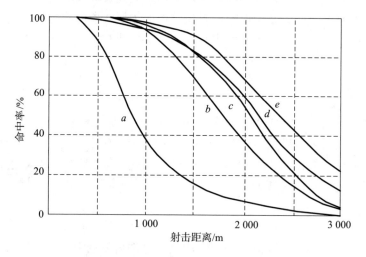

图2-6 不同火控系统的命中率示意图

a—目测静止目标；b—激光测距运动目标；c—激光测距静止目标；
d—简易火控系统运动目标；e—综合火控系统运动目标

现代战争对火控系统的主要要求如下：

（1）满足武器系统的基本要求。

（2）抢先发现敌方目标。

（3）对目标进行停止和行进间射击。

（4）首发命中率高。

（5）具有夜战能力。

（6）适应各种气候环境。

2.3.12　观瞄装置性能

观瞄装置性能是指为坦克装甲车辆各乘员配备的各种潜望镜、指挥镜、瞄准镜等光学仪器的型号、数量、昼夜视界、夜视距离、倍率和瞄准精度等性能。它们对观察外界、搜索敌情、发现和识别目标、跟踪和瞄准目标等具有重要意义。现代坦克装甲车辆应用了红外线或微光夜视、激光测距等新技术，实现了昼夜观瞄一体化。

2.3.13　装弹方式

主战坦克装弹方式有人工装弹和自动装弹机装弹两种类型。

自动装弹机又分为车体弹仓式和炮塔尾仓弹仓式两种类型：车体弹仓式的弹仓不易被敌方反坦克武器命中，适合分装式炮弹，但装弹速度较慢，约为 8 发/min；炮塔尾仓弹仓式的特点与车体弹仓式相反，输弹速度较快，理论装弹速度为 15 发/min。

自动装弹机的性能主要包装装弹方式、装填操作、装弹条件、自动线性能、自动装弹速度、大修时间等。

2.4　机动性能

坦克装甲车辆的机动性通常包括动力装置性能、单位功率、最大速度、平均速度、加速性、制动性、转向性、通过性、水上性能、最大行程和百公里耗油量等。广义来说，机动性能还包括环境适应性和运载适应性。

从使用特点来看，坦克装甲车辆机动性分为战役机动性和战术机动性。战役机动性指坦克装甲车辆沿道路行军和移动时的快速性及最大行程，对装甲部队和机械化步兵部队战役计划方案的实施和成败起着重要的作用，以平均速度及最大行程性能为主。战术机动性指坦克装甲车辆在各种气候、地形和光照条件下，在战场上灵活运动和克服障碍的能力，以加速性、转向性、制动性和通过性等性能为主。

坦克装甲车辆的机动性主要取决于车辆的动力、传动、操纵、悬挂及行走等装置的性能，也受外廓尺寸和战斗全质量等的影响。

2.4.1　动力装置性能

现在坦克装甲车辆的动力装置主要还是柴油发动机，随着电池及电驱技术的发展及电磁炮和电热化学炮的应用，混合动力系统在坦克装甲车辆上将得到广泛的应用。

柴油发动机动力装置包括发动机及其辅助系统。在战术技术性能中，表示其特点和性能的重要项目有发动机类型、主要特征（如气缸直径、冲程数、气缸数、气缸排列方式、冷却方式、燃料种类等）、主要工作特性（如额定功率、额定转速、燃油消耗率、最大转矩和相应转速等）、发动机外形尺寸和质量、燃料和润滑油箱容量、辅助系统的类型等。

主战坦克动力装置的标定功率近年来提高较快，其发展情况如图 2-7 所示，现已达到 1 103 kW，燃油消耗率为 230~260 g/(kW·h)。

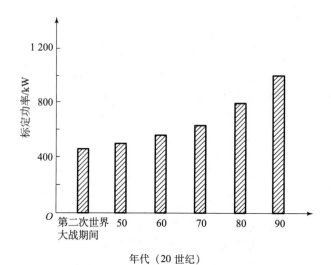

图 2 - 7　动力装置的标定功率变化

2.4.2　单位功率

单位功率是车辆用于行驶驱动的动力装置额定功率与战斗全质量的比值，又称吨功率，它代表不同车辆间可比的主要动力性能。单位功率的大小会影响车辆的最大速度、平均速度、加速度、最大爬坡度和转向性能主要的机动性能指标，同时也会间接影响装置车辆的火力性能和防护性能。增大单位功率以提高机动能力是现代坦克装甲车辆发展的基本趋势，单位功率在近年来提高较快，一般为 11 ~ 18 kW/t，较高的已接近 22 kW/t，其发展情况如图 2 - 8 所示。

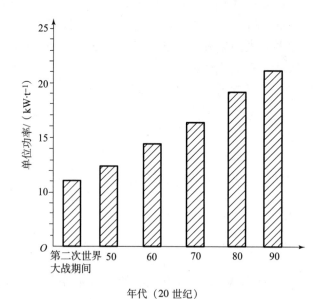

图 2 - 8　单位功率的发展

2.4.3 最大速度

最大速度是在一定路面和环境条件下，发动机达到最高的稳定转速或车辆在最高挡时的最大行驶速度，理论上为在接近水平的良好沥青或水泥路面（$f \approx 0.043$）上，发动机在额定转速时的车辆最高挡的稳定车速，它是车辆快速性的重要标志。

随着单位功率的提高及传动装置和悬挂装置的发展，最大速度也在不断提高。目前，主战坦克的最大速度已达 75 km/h，轻型履带式车辆的最大速度可达到 80 km/h，轮式装甲车辆的最大速度可达到 100 km/h。

2.4.4 平均速度

平均速度是在规定比例的各种路面和规定环境条件下，车辆的总行驶里程与总行驶时间（停车的时间除外）的比值，分为公路平均速度和越野平均速度。它们代表车辆在该类条件下能够发挥的实际速度效果，是车辆机动性的一项重要综合指标。

影响平均速度的因素有很多，如最大速度、转向性、加速性、制动性、操纵性、平稳性及通过性等。平均速度需通过实车试验得到。根据统计结果，现代履带式坦克装甲车辆的公路平均速度一般按最大速度的 70% ~ 80% 估算。其越野平均速度比公路平均速度小，一般按最大速度的 50% ~ 70% 估算。履带式装甲车辆的公路平均速度比轮式车辆的低，但越野平均速度比轮式车辆的高。

2.4.5 加速性

加速性是指车辆在一定时间内加速至给定速度的能力。坦克装甲车辆加速性指标有：加速过程的加速度大小及由原地起步或某一速度加速到预定速度所需要的时间或所经过的距离和由起步到行驶一定距离所需要的时间等。车辆的加速性越好，在战场上运动越灵活，分散和集结越迅速，可以减少被敌人命中的机会，提高生存能力。

现在较常用的加速性指标是在规定路面和环境条件下，车辆在战斗全质量状态下行驶时，从起步加速到 32 km/h 速度时所需要的时间（s）。在 20 世纪 60 年代以前，这个加速时间一般大于 15 s，在 20 世纪 80 年代以后，现代履带式坦克装甲车辆单位功率有了很大提高，而且采用了先进的传动装置和操纵装置，使车辆加速时间缩短到了 6 s 左右。

2.4.6 转向性

转向性是指坦克改变或修正行驶方向的能力。转向性能对平均速度的影响较大，且转向是否灵活也与规避反坦克导弹的命中有关。车辆转向性通常用最大转向角速度、最小规定转向半径和规定转向半径的多少及变化特点等来评价。转向性的好坏与车辆结构、动力装置、传动装置、转向机构及地面条件等密切相关，常用具有一定性能特点的转向机构类型及其半径等来表示。

2.4.7 制动性

利用制动器或减速机构，从一定行驶速度降低车速或制动到停车的性能称为制动性，其不包括实际可能使用的一些其他辅助制动方法，例如分离离合器利用地面阻力使车辆减速，或利用发动机制动等。制动性常用制动机构的类型、坡道驻车的制动功率、制动减速度或由其速度制动与停车的行驶距离来表示。

2.4.8　通过性

通过性又称越障能力或越野能力，指车辆不用辅助装置克服各种天然和人工障碍的能力。它包括单位压力、最大纵向爬坡度、最大侧倾行驶坡度、过垂直墙高度、越壕宽度、涉水深度和潜水深度等性能指标。

通过性往往决定车辆适用的地理环境，会影响车辆发挥作用的大小，也会影响到工程保障任务的规模和时间等许多方面。克服障碍的时间越短，机动越有保证。通过性主要取决于车辆的动力传动性能、结构几何参数及正确的驾驶方法。

1. 单位压力

坦克装甲车辆的单位压力是指行走系统名义单位接地面积上的平均负荷，即车辆在战斗全质量状态下的重力与履带名义接地面积的比值，又称平均单位压力或压强。

单位压力越大，在松软地面上下陷越深，车辆运动阻力也越大。单位压力会影响车辆通过沼泽、泥泞地、沙漠、雪地、水田和简易桥梁等，用各负重轮下最大单位压力的平均值表征车辆对松软地面的通过性，称为平均最大单位压力。即使当不同车辆的单位压力相同时，平均最大单位压力一般也不相同。

履带式车辆的平均最大单位压力估算式为

$$p_{\mathrm{mm}} = \frac{12.6G}{2nbc\sqrt{ld}} \times 10^5 \tag{2-2}$$

式中，p_{mm}——平均最大单位压力，Pa；

　　　G——车辆重力，N；

　　　n——每侧负重轮数；

　　　b——履带板宽度，m；

　　　c——地面性质参数；

　　　l——履带板节距，m；

　　　d——负重轮外径，m。

现代坦克的平均最大单位压力为 $(2 \sim 2.5) \times 10^5$ Pa。

2. 最大爬坡度

最大爬坡度指对一定地面，车辆不利用惯性冲坡所能通过的最大纵向坡道角，又称最大上坡角。这是车辆克服许多障碍地形和地物所必需的重要性能。当车辆的动力条件一定时，低挡车速越慢，所能攀登的坡道角越大。车辆实际上的最大爬坡度受坡道地面附着条件的限制。在一般地面附着条件下，履带式车辆的最大爬坡度通常为 $30° \sim 35°$，相应车辆在最低挡，车速通常在 10 km/h 以下。单位功率较大的车辆，可以设计较大的爬坡速度，但受地面附着条件的限制，其不能攀登更大爬坡度的坡度。

3. 最大侧倾行驶坡度

最大侧倾行驶坡度是指在侧滑量的一定范围内，能安全地侧倾直线行驶的最大横向坡度角，它会影响车辆在复杂地形活动的能力。在车宽一定的情况下，车辆侧倾行驶的最大横向坡度角主要取决于车辆的重心高度和地面横向附着能力及车辆的操纵性等，一般坦克装甲车辆的最大侧倾行驶坡度为 25°~30°，而轮式车辆为 15°~25°。

4. 过垂直墙高度

过垂直墙高度又称攀高或过垂直壁高，即车辆在不做特殊准备的情况下，所能攀登水平地面上坚实垂直壁的最大高度。它会影响通过的地形或地物，如田埂、堤岸、岩坎、建筑物地基、残余墙基、台阶、月台和码头等。这个高度通常由前轮中心高度决定，也与附着力和车辆重心位置等有关，如图 2-9 所示。过垂直墙高度一般为 0.7~1.1 m。

5. 越壕宽度

越壕宽度是指车辆以低速行驶能跨越水平地面上硬边缘壕沟的最大宽度，约等于车辆重心到主动轮和诱导轮中心的两段距离中的较小的一段长度，如图 2-10 所示。由于履带在车辆中段连续接地，故在越壕时起支撑作用比较方便，一般越壕宽度可达车体长度的 40%~45%，即主战坦克为 2.7~3.2 m。

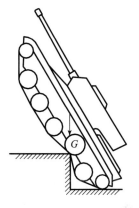

图 2-9　过垂直墙

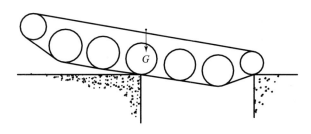

图 2-10　越壕宽度

6. 涉水深

涉水深通常指不利用辅助设备、器材和不做特殊准备的情况下，车辆所能安全涉渡通过的最大水深。装甲车体构成密封盒体的车辆，涉水深一般决定于车体门窗位置、发动机排气管口位置和驾驶员受水浪影响的情况。现代主战坦克涉水深一般为 1.1~1.4 m。

有准备的涉水深，则是用辅助器材进行一些专门准备，主要是在密封车体门窗、保护发动机排气管口等以后能安全涉渡通过的最大水深。具有这种准备的现代坦克装甲车辆可以经过炮塔门窗和隔板向发动机供气。这个深度主要决定于炮塔门窗受水浪影响的情况，一般为 2.2~2.4 m，随车高而定。

7. 潜水深

潜水深是指利用潜渡辅助器材，经专门准备后，车辆沿水底行驶通过深过车顶的最大水深。辅助器材一般包括由若干段连成的进气管、不能密闭的门窗的附加密封装置、发动机排气管单向活门、排水泵、航向仪及救生器材等。由于发动机排气受水压限制，故一般潜水深为 4~5.5 m。

2.4.9　最大行程

最大行程是指坦克装甲车辆在战斗全质量状态下，一次加满额定数量的燃料，在一定道路和环境条件下，以一定车速所能行驶的最大里程。它会影响车辆的作战或执勤范围、持久能力和可能发展战果的大小，也会影响长途行军的能力和依赖后勤供应、运输等的程度。现代主战坦克沿公路的最大行程为 300 ~ 600 km，沿土路的最大行程降低 30% ~ 40%，沿越野地约降低 60%。

2.4.10　百公里耗油量

百公里耗油量是指对于一定道路和环境条件，车辆在战斗全质量状态下，用一定速度行驶 100 km 所消耗的燃料的平均数量。它会影响后勤供应和最大行程等。百公里耗油量取决于车辆战斗全质量发动机性能、传动系统性能、道路和环境条件、动力传递系统效率及驾驶技术等。

2.4.11　水上机动性

水上机动性是对本身具有浮性或加装少量漂浮器材后具有浮性的两栖坦克装甲车辆，在水面上和出、入水运动性能的总称。水陆两用坦克装甲车辆一般以陆上为主，水上只要求能克服一般水障碍或越河战斗。对于登陆车辆，要求适用于沿海和岛屿，能登陆抢占滩头阵地或封锁水上要道等。

坦克装甲车辆构成密封车体比较方便，一般车辆质量在 16 t 以下，本身就具有足够的浮性；接近 20 t 的坦克装甲车辆，需利用辅助的浮箱、中空的车轮等来增加浮力，才能具有足够的浮性；质量接近 30 t 及以上的车辆，必须额外加装大量漂浮器材才能具有足够的浮性。

1. 浮力储备

具备浮渡能力的坦克装甲车辆，在战斗全质量状态下停在静水中，假设载荷使车辆水平下沉到干舷等于零，即到窗口或甲板进水前所加载的质量，称为浮力储备。它表示在吃水线以上车体部分所提供的储备的浮力，一般用浮力储备与车辆战斗全质量的百分比，即浮力储备系数来表示：

$$浮力储备系数 = \frac{加载质量}{战斗全质量} \times 100\% = \frac{储备排水量}{实际排水量} \times 100\%$$

浮力储备系数的大小取决于设计水线以上能密封不进水部分的容积，而水线则决定于车辆质量和水下部分的容积。当浮力储备较大时，可以保证车辆能较好地在风浪中行驶，水上战斗中车体有破损时下沉较慢，水上射击倾斜危险也比较小。一般要求浮力储备不小于 20%。

2. 水上推进方式

目前水上推进方式主要有履带划水推进、螺旋桨推进和喷水推进三种。

（1）履带划水推进。由于水上和陆上共用一个推进装置，不占用车内空间，因此结构最简单，是具有浮水性能的车辆应用最多的推进方式。这种推进方式通过改变两侧履带的速度进行转向；缺点是推进效率低，约为 10%，速度慢，最高速度不大于 7 km/h，转向和倒车性能较差。

（2）螺旋桨推进。通过螺旋桨的旋转产生推力，从而推动车辆在水上行驶。这种推进方式用转向舵来转向，结构简单，推进效率较高，行驶速度较快，最大速度可达 10 km/h；缺点是螺旋桨暴露在车外，安装困难，易于损坏。

（3）喷水推进。利用喷水装置产生的水的动量变化，形成车辆在水上行驶的动力。喷水推进具有防护性好、推进效率较高、速度快、水上倒车和转向性能较好、不影响陆上性能等优点。因此，近代高速两栖坦克装甲车辆广泛采用喷水推进方式。

3. 最大航速

最大航速是指具有浮渡能力的坦克装甲车辆在战斗全质量状态下，按一定航行条件，在静水中直线航行的最大速度。由于在水中行驶的运动阻力随速度的增大而迅速增大，故持续航行应该以发动机不超负荷过热为限，最大航速随车辆采用的水上推进方式及车体形状不同而不同，一般只能达到 5～12 km/h 的速度，先进的两栖车辆航速可达 40 km/h 以上。

4. 最大航程

最大航程是指坦克装甲车辆在战斗全质量状态下，一次加满额定数量的燃料，以一定速度在静水中航行的最大里程。

5. 水上倾角

倾角是指具有浮渡能力的坦克装甲车辆，在静水中悬浮平衡的情况下，由于重心偏离浮心，使车体纵横基线与水平面形成的角度。当重心偏前时，形成前倾，将会使车辆航行前进时阻力增大；重心偏后时，形成后倾，可使车辆前进时的阻力减小，适当的后倾角随航速而定；重心在横向偏向一侧时，形成侧倾，它对在风浪中航行和射击等的影响较大，应该尽量避免或减小。

6. 抗风浪能力

抗风浪能力是指具有浮渡性能的坦克装甲车辆，在战斗全质量状态下，在水上抗御风浪、安全航行的能力，一般以保障安全航行条件下能抗御的最大风浪级别或浪高来表示。两栖车辆抗风浪能力一般应不小于 3 级风和约 1.3 m 的浪高。

7. 入水角、出水角

入水角、出水角是指坦克装甲车辆在战斗全质量状态下，能够安全地从坡岸进入水中和从水中攀登上坡岸的最大坡道角，安全的主要条件是水不从某一窗口进入车内，例如，驾驶窗、百叶窗等。对于只要求越过水障而不需要在水中长途航行的装甲车辆，克服坡岸的能力比水中行驶性能更重要。入水角一般为 20°～25°，出水角一般为 25°～30°。坦克入水比出水容易，理论上，若坦克处于密封状态，可由任何坡度驶入水中；出水除了考虑密封性能之外，还要考虑附着性和动力性能。

2.4.12　环境适应性

环境适应性表示坦克装甲车辆适用的环境条件。它一方面表明车辆能够机动的地域范围，另一方面也说明车辆能给乘员和载员提供的乘坐环境条件。

1. 使用环境气温范围

坦克装甲车辆的各种机构和设备、仪器等能正常工作的气温范围，包括寒冷地区的冬季最低温度和炎热地区的夏季最高温度，一般为 −43～50℃。温度低，则道路被冰雪覆盖，行动部分打滑，爬坡度约减小一半，光学仪器及设备结霜结冰，橡胶变硬，金属变冷脆，油料过稠，蓄电池被冻坏，弹道变近，发动机难以起动，乘员易冻伤等；温度高，则发动机功率不足，容易过热，光学仪器与电器易生锈和发霉，橡胶老化变质，油料稀薄，容易漏油、漏水，弹道变远等。要求适应的温度范围越大，技术难度和成本代价也越大。

2. 特殊地区适应性

除一般平原、丘陵地区外，坦克装甲车辆还需要适应一些不同地区的气候、地理和地形等条件，要能克服一些可能遇到的问题。例如：在热带丛林地区，多雨、潮湿、易发霉、观察距离或范围小、水障碍和泥泞多、林木妨碍转向和妨碍火炮回转等；在沙漠地区，冬夏和昼夜温差大、水和液体蒸发快、干燥缺水、沙面松散、沙丘背风面坡陡、地面阻力大、易陷车和履带脱落、空气滤清器堵塞、发动机易过热、最大行程和速度减小、不能爬陡坡和不能在侧倾坡行驶、风沙尘土大妨碍机件运动或操作费力，甚至出现炮塔不能回转、枪炮不能射击或不能退壳等；在高山和高原地区，空气稀薄、气压低，发动机功率降低、后燃严重，水的沸点低、易过热，速度和爬坡度降低等；在海边地区，海滩多污泥和坡道，风浪使车内进水，而沾海水后盐层吸潮迅速锈蚀，盐雾腐蚀，光学仪器和电器发霉等；在水网稻田地区，泥泞厚而黏、转向阻力大、转向困难、水渠河流多、沟岸陡直、桥梁小、道路窄等；在山区，道路窄，弯急、坡陡、各种地形障碍多，以及目标水平高度的差距悬殊等。

3. 乘员环境条件

乘员环境条件除会影响乘员运动学和动力学的空间几何尺寸外，主要指温度、湿度、噪声、振动和空气污染等方面的情况。

（1）温度和湿度：车内乘员和载员的密闭空间温度受车辆环境以及工作机械的影响很大。车内最好保持 18 ～ 25 ℃的温度和 40% ～ 50% 的相对湿度。

（2）空气污染：车内密闭空间的空气经常被严重污染，包括油料挥发蒸气、漏出的发动机废气，特别是枪炮射击所产生的火药气体，其中一氧化碳等的危害最大。为此，车内空气不但需要流通，使所产生的污染空气能在不长的时间内得到清理，而且车外污染空气进入车内需要滤毒。

（3）噪声：高速履带式车辆的噪声一般很大，其噪声源主要是动力传动系统和履带推进系统，特别是高速行驶时履带与主动轮、诱导轮、托带轮、负重轮对车轮和地面的撞击。为保护听力和能进行通信联系，需要治理噪声源和采取保护听力措施。车内噪声声压级及频率的范围如图 2 - 11 所示。

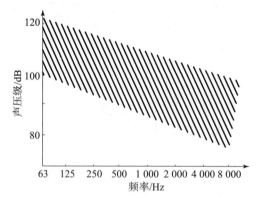

图 2 - 11 车内噪声声压级及频率的范围

（4）振动：振动会影响乘员的工作能力和行进间射击的精确度。振动频率较高时会使乘员很快地感到疲乏，但低频率又可能会引起乘员晕车。比较适当的频率是符合人的正常行走的节奏，即 50 ～ 120 步/min，相应振动周期为 1.2 ～ 0.5 s。振动加速度过大，可能会影响人体器官；振动频率越高时，人所能忍受的加速度便越小。

2.4.13　运输适应性

按规定或标准坦克装甲车辆适用于各种运输工具，例如铁路列车、公路车辆、飞机和轮船等运输的可能性，称为运输适应性。适于运输可以提高坦克装甲车辆的战略机动能力，扩大坦克装甲车辆的作战使用范围，增加发挥作用的机会，也可使行驶里程和寿命有限的坦克装甲车辆能够保留更多的有效战斗或作业能力。影响坦克装甲车辆运输适应性的主要因素是外形尺寸和质量。目前适于一般运输的工具如载货汽车的只是较轻、较小的车辆。较困难运输的是重型坦克装甲车辆，需要有适当的大型运输机和机场等。

2.5　防护性能

防护性能是指保护车辆、车内人员和各种装置，避免或减少受杀伤破坏的能力。需要防御的对象有各种枪弹及枪榴弹、炮弹及弹片、反坦克导弹和火箭、手雷、地雷、航弹、核武器、化学毒气、生物毒剂等。采用不同厚度和倾角的各种材料的装甲车体和炮塔、三防装置、烟幕和灭火抑爆装置等，可获得不同的防护性能。其中，最基本的是装甲防护，防护性能的构成如图 2-12 所示。

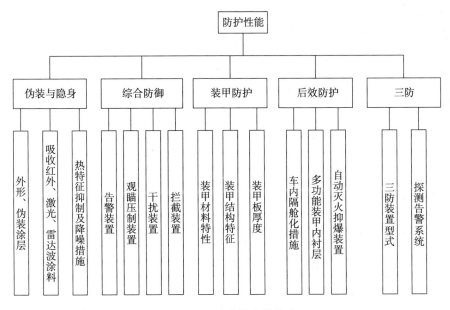

图 2-12　防护性能的构成

目前，对防护性能有所扩充，提出了人员和车辆系统在战斗中能保持战斗状态概率的"生存能力"。扩充的防护性能的层次为防侦察、防探测、防命中、防击穿、防损伤，也就是不易被探测或发现，发现后不易被命中，命中后不易被击穿，击穿后不易发生二次效应损伤人员和主要设备。防护性能的不同层次如图 2-13 所示。

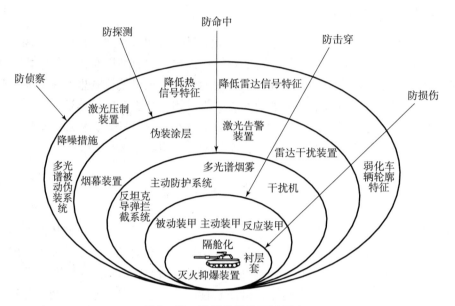

图 2-13 防护性能的不同层次

2.5.1 装甲防护

坦克装甲车辆面临的威胁来自三维空间的诸兵种战斗武器，防护的对象有：从正面、侧面和后面来的反坦克穿甲弹、导弹和破甲弹，其他武器发射的火箭弹、导弹、碎甲弹、爆炸成型弹丸；来自坦克顶部的各种无制导弹药和遥感灵巧攻顶弹药；针对坦克底部的各种反坦克地雷，或是核武器和爆震武器；激光武器、粒子束和微波等新概念武器。装甲防护的对象主要是各种弹道武器发射的弹药，大体可以分成穿甲弹、破甲弹和碎甲弹三种。装甲防护的原则是：突出正面防护，兼顾侧面防护，加强顶部防护，考虑底部防护；防护能力的分配为：正面防护为45%，侧面防护为25%，顶部防护为15%，尾部防护为10%，底部防护为5%。现代坦克装甲车辆用于防护的质量约占战斗全质量的45%。

1. 装甲设置

装甲设置是指车体和炮塔用作防护的装甲的分布情况，包括车辆各方向和部位采用装甲的类别、厚度、连接形式、倾斜角，以及对某些武器弹药的防护能力等。

现代主战坦克外形低矮，正面投影面积小，呈流线型，可以降低命中的可能性。一般前装甲较厚，倾斜较大，防弹能力和承受冲击的能力都较好。目前，主战坦克前上装甲对水平面的倾斜角都小于45°，水平厚度达到200~300 mm。前部设置复合装甲，可达到水平厚度500 mm以上钢质装甲的防护性能。

2. 防护距离

车体、炮塔的某一部分防护某一武器，使车内不致受到杀伤和破坏时，该武器与车辆的最小距离称为防护距离，通常指装甲能防穿甲弹的最小距离。目前主战坦克的防护距离一般要求不大于1 500 m。

2.5.2　三防能力

三防能力是指对核武器、生物武器、化学武器（即核弹、细菌、毒气）的特殊防护能力。三者中以防核武器最重要，包括防冲击波、光辐射、早期核辐射以及放射性沾染物质对乘（载）员的伤害。其中，防沾染物质与防细菌和毒气基本是一致的，只是进入车内空气中的需要滤清的毒物有区别。

三防装置分个人式和集体式两种。个人三防是指在车内穿防毒衣并戴面具，设备简便，但工作不便，毒物也会沾染在车内。集体三防包括车体炮塔密封、建立车内超压环境等，常用的指标有滤清效率、滤毒通风装置风量、反应时间、车内超压值及防毒持续时间等。对于现代坦克装甲车辆来讲，滤毒通风装置风量一般在 $100 \sim 200 \ \mathrm{m^3/h}$，车内超压值大多在 $300 \sim 600 \ \mathrm{Pa}$，防毒持续时间不小于 $12 \ \mathrm{min}$。

2.5.3　后效防护

坦克装甲车辆的装甲被击穿后，碎片造成的机件毁坏、乘（载）员损伤、车内起火和弹药爆炸，统称为"二次效应"，也就是所谓的"后效"。后效防护就是防止在车内引发"二次效应"的能力，包括隔舱化要求、多功能装甲内衬层和灭火抑爆装置。

（1）隔舱化要求，主要包括就是把乘员与弹药隔开，把战斗室的备用弹药储存在隔舱里，并在隔板上预设裂点，以便当压力达到一定限度时从裂点爆开排出压力。

（2）多功能装甲内衬层，是指装在驾驶室、战斗室内的一种柔性的黏合或缝合的纤维织物，具有较高的抗拉强度、良好的耐疲劳能力，能防火，不易溶，质量轻，易于加工成型。其主要作用是减少碎片的数量、降低碎片的速度、隔热防火、降低噪声、衰减中子以及 γ 射线的侵彻。

（3）灭火抑爆装置，是用于扑灭车内由于弹丸命中或其他原因引起的火焰，防止弹药爆炸和可燃物燃烧，以保证乘员和车辆安全的装置，包括动力舱灭火抑爆装置和战斗室灭火抑爆装置，通常要求表明其类型、探测装置数量和位置、探测灵敏度、灭火时间、抑爆时间、灭火瓶数量和位置等。

各国新一代坦克装甲车辆基本都采用自动灭火抑爆装置，其能在 $5 \ \mathrm{ms}$ 内做出反应，在 $80 \sim 120 \ \mathrm{ms}$ 内完成灭火。

2.5.4　伪装与隐身性能

伪装与隐身防护用于对付战场上的先进侦察器材的探测，减小被发现的概率及被制导反装甲弹药命中的概率。伪装与隐身性能是指通过伪装与隐身降低本身特征，而使坦克装甲车辆不被发现的性能。其评价指标为被发现的概率，即在特定条件下，被发现的坦克装甲车辆的数量占被侦察的装甲车辆的总数量的百分比。

坦克装甲车辆的本身特征包括外形、噪声、光源及热源。坦克装甲车辆上的热源有动力传动装置、行动装置、车内的电气设备、乘（载）员及射击后的火炮身管。坦克装甲车辆运动时，发动机排气管出口部位的温度高达 $800 \ ℃$，其他部位的表面温度一般也高于环境温度 $4 \sim 25 \ ℃$。火炮每发射一发炮弹，温度即升高 $5 \ ℃$ 以上；乘员产生的热辐射能量约为 $300 \ \mathrm{J}$。

1. 伪装防护技术

伪装防护技术是指在坦克装甲车辆上采取的隐蔽自己和欺骗、迷惑敌方的技术措施，通常包括普通烟幕、伪装涂层和伪装遮障。

（1）烟幕装置性能是指用以阻碍敌人视线来掩护自己行动的烟幕施放装置的性能，通常用烟幕施放装置的种类或数量、形成时间、烟幕范围等来表示。

（2）伪装涂层是指用涂料来改变坦克装甲车辆表面的波谱特性，使敌方不易探测所实施的伪装措施。通常根据不同的季节和地区，用不同颜色的涂料，即按要求在坦克装甲车辆表面涂刷成大小不一、互不对称的斑块和条带形图案，从而改变车辆的视觉效果，增加光学与红外等观测器材探测和识别坦克装甲车辆的难度。伪装图层有两个要素：色彩和图形，通常将这两个要素进行不同组合来满足不同车辆的需求。

（3）伪装遮障是一种设置在坦克装甲车辆上或其附近的伪装器材，由线绳或合成纤维编织的网和支撑杆组成，网上有与背景颜色相近的图案和饰物。

2. 隐身防护技术

隐身防护技术是在伪装防护技术基础上逐步形成的，是指为减小或抑制坦克装甲车辆的目视、红外、激光、声响、热、雷达等观测特性而采取的技术措施，包括车辆外形设计技术、材料技术、涂层技术等，是一门新兴的综合军事技术。它与伪装防护技术既有密切的联系，又存在着明显的区别。伪装防护技术主要是采用制式器材进行隐蔽，减小目标的可探测性；隐身防护技术则是在设计坦克装甲车辆时所采取的减小车辆可探测性的技术措施。

3. 伪装与隐身防护的主要要求如下：

（1）涂层要有三种以上不同的颜色，所构成的图案能在可见光、红外光谱区内分割车辆的外形；反射率应能适应不同作战地区和不同季节的需要。

（2）能干扰或模糊 3～5 μm 和 8～14 μm 的热成像系统的探测和观测。

（3）能干扰或减小 8 mm 雷达波信号。

2.5.5　综合防御系统性能

综合防御系统主要包括激光、红外、雷达波辐射告警、激光压制观瞄、激光干扰、红外干扰、烟雾施放、反坦克导引投成、中央处理等装置，是一个以计算机为基础的多功能智能化数据管理系统，可大幅度提高车辆的战场生存能力，降低战斗全质量。

综合防御系统性能是坦克装甲车辆的一种特殊防护性能，主要包括激光、红外辐射、雷达波辐射告警性能，激光压制观瞄性能，红外、激光干扰性能，对来袭导弹的拦截性能以及特殊烟幕释放性能等，具体要求如下。

（1）激光、红外辐射、雷达波辐射告警装置性能。

①灵敏度要高，当接收到微弱电磁辐射时能迅速将其捕获。

②作用距离要远，视场要大。

③作用范围要广，能响应各种波长的激光、红外辐射和雷达波辐射。

④要能识别敌我，即仅对敌方的电磁辐射进行告警。

⑤误警率要低，对灯光、爆炸闪光等能进行识别，不予告警。

（2）激光压制观瞄装置性能。

①反应时间短，一般应在接到指令后 1～2 s 内即能开始工作。

②工作波长宽，以适应战场的需要。

③作用距离远，一般要能对 10 km 外的目标起作用。

④连续工作时间长。激光压制观瞄装置一般需间歇工作，而在战场上需要能够较长时间工作的激光器。

⑤可靠性高，故障少，对环境的适应性强。

（3）红外干扰装置性能。

①干扰波段宽，应大于或等于制导弹药的工作波段。

②作用距离远，在制导弹药的全射程中都能有效地实施干扰。

③干扰空域大，应能对大范围的来袭弹药进行干扰。

④干扰成功率高，一旦实施干扰，成功率应达到合适的水平。

（4）对来袭导弹的拦截性能。

①拦截率高。其中拦截率是指成功拦截次数与来袭反坦克导弹总数之比。

②误动率低。其中误动率是指对不应拦截的来袭飞行物如枪弹、炮弹碎片等拦截的次数与该类飞行物总数之比。

③附带损伤小。其中附带损伤是指拦截时，对车辆内外部件及乘员所造成的损伤。

（5）烟幕装置性能。

烟幕凭借大量的烟粒、对激光、红外辐射、毫米波产生吸收和散热作用，把目标信号衰减到观瞄及探测系统不能可靠工作的程度，从而起到干扰作用。

①形成有效烟幕所需时间要短，一般不大于 2 s。

②烟幕持续时间要长，最低不小于 1 min。

③遮断能力要强，要能有效地掩蔽己方的目标。

④功能要全，要能对多种频谱的电磁辐射有遮蔽作用。

2.6　观察、通信与电子信息性能

观察、通信与电子信息性能是坦克装甲车辆的观察装置、通信装置和电子信息系统性能的总和，体现了坦克装甲车辆在战场上获取、处理和使用信息以及信息对抗的能力。在现代化战争中，信息性能已成为坦克装甲车辆的一项重要性能，及时获取、正确处理、有效使用和交换战场信息已成为坦克装甲车辆指挥和控制以及发挥作战部队和武器系统最大效能的基础。

2.6.1　观察性能

观察装置主要用于观察和搜索目标，其性能指标以视场、倍率及夜视视距表示。另外，由于现代战争的发展需求，还要求观察装置具备防强激光照射、防意外撞击等能力，并具有良好的密封性。

2.6.2　通信性能

坦克装甲车辆通信系统包括车载式无线电台和车内通话器，坦克装甲车辆通信包括车内通信和车际通信。车内人员之间，车内和车外人员之间，以及其他车辆、指挥部门及协同作战的其他军、兵种之间的通信联络手段和能力，总称为通信性能。通信性能包括通信工作方式与通道、通信距离、抗电磁干扰能力、保密通信、车内联络方式及辅助联络手段。

1. 电台性能

无线电台是最主要的通信装置，对通信性能影响较大。要求电台具有强保密性、高抗干扰能力及远距离通信能力等。目前在微电子技术迅速发展、集成电路广泛应用的情况下，电台工作要求高度可靠和自动化，尽量减少乘员操作，以便集中精力进行战斗。

2. 车内联络方式

车内联络包括车内乘（载）员之间的通话和信号联系等。车内联络方式最主要的是通话器联络，要求能避免噪声的干扰，语音清晰、不失真。

3. 辅助联络手段

除无线电台、车内通话器等常用的对外、对内主要通信联络工具外，坦克装甲车辆应具有其他补充或辅助性联络手段，如信号枪、专用闪光指示灯、步兵电话、遥控电缆、音响信号设备和手旗等，以适用于不同的对象和情况，其随不同车辆的用途需要而定。

目前，在坦克装甲车辆上采用的通信技术有调幅通信技术、调频通信技术、单边带通信技术、跳频通信技术、保密通信技术及主动降噪技术等。随着科学技术与兵器技术的发展，未来战争对军事通信的要求越来越高，融合计算机技术的发展和应用，目前已经或即将应用到车辆通信中的新技术有卫星通信、扩频通信、网络通信、时分及码分多路通信，以及自适应技术、闲置信道扫描、零位天线、模拟/数字信号自动识别与控制等技术。纵观国内外通信技术的现状与发展趋势可以看出，多功能化、网络化和数字化是坦克装甲车辆通信技术发展的大方向。

2.6.3　电子信息性能

现代高技术条件下的战场将是信息化、数字化的战场。在信息化的战场上，战争的结果越来越取决于对战场信息的获取、传输、控制和有效利用的能力。电子信息系统是一种综合性的人机交互系统，即用数字技术来完成对信息的收集、传输、控制、处理和利用，以发挥作战部队和武器系统的最大效能。

坦克装甲车辆综合电子系统为开放体系结构，以数据总线为核心，将车内的电子、电气系统和指挥、控制、计算机、情报监视、侦察等设备或电子系统进行系统集成，形成一个分布式计算机网络系统，以单车为基点实现指挥自动化，并通过车际信息系统与上级电子信息系统相连，实现车内、车际信息共享。

坦克装甲车辆综合电子系统包含定位导航、火力控制、综合防御、车际信息、电源分配及管理、动力传动集成控制、弹药管理、战场管理及故障诊断等分系统。

2.7　电气系统性能

坦克装甲车辆的电气设备通常是电源装置、用电设备、检测仪表和辅助器件的总称，主要由电源及其控制系统、用电设备及其管理系统、动力传动工况显示和故障诊断系统等组成。现代坦克装甲车辆电气系统组成的简图如图 2 - 14 所示。电气系统特性要求国内外均以军用标准的形式做出明确而具体的规定，并作为装甲车辆研制和使用的依据，如美国军用标准 MIL - STD - 1275A（AT）、中国 GJB 298—1987《军用车辆 28 伏直流电气系统特性》。

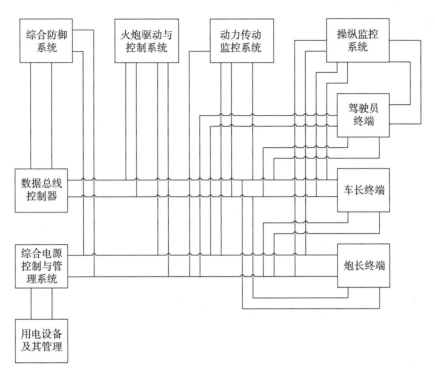

图 2 - 14　现代坦克装甲车辆电气系统组成简图

2.8　电磁兼容性能

坦克装甲车辆的电磁兼容性是指坦克装甲车辆上的不同装置、电器、仪器间的电磁兼容性能，主要包括通信系统、计算机系统、综合防御系统、火炮驱动与控制系统、动力传动控制系统及定位导航系统间的电磁兼容。

现代战争电磁环境十分复杂，电磁空间已成为与海、陆、空并列的第四维战场空间，坦克装甲车辆在研制、试验和部队使用过程中，曾因电磁干扰而产生严重后果。例如：坦克火控计算机工作干扰电台部分通话信道、电转炮塔导致电台遥控盒误动作，以及操作转换开关导致火炮误击发等。随着电子产品在坦克装甲车辆上的广泛应用，电磁兼容性已成为影响坦克装甲车辆性能及作战使用的重要因素。

坦克装甲车辆总体的电磁兼容性要求如下：

1. 电线和电缆布线

必须根据电线或电缆的干扰与敏感度特性，把信号导线、电缆与强电路分开设置，并注意走线方式，尽量减少耦合现象产生。

2. 电源

电源在运行中的稳态、纹波和浪涌电压应符合电气系统特性规定，不得出现电源设备与用电不匹配造成的非稳态运行状态，更不允许产生用电设备敏感的浪涌电压。

3. 尖峰电压

当电气系统运行中出现抛载或突然加载的瞬态过程时，系统产生的尖峰电压不得超过 ± 250 V。当 ± 250 V 尖峰电压输入到电气系统时，系统工作也不得出现异常。

4. 搭接和接地

搭接是指坦克装甲车辆金属结构部件、设备、附件与车体之间有低阻抗通路的可靠连接；接地是指把设备的负线、壳体或结构部件连接到车体，为设备与车体之间提供低阻抗通路，以防止产生电磁干扰电平，其也是防止电击、静电防护、雷电防护以及保证电台天线性能最佳的必要措施。

5. 雷电防护和静电防护

对人员、燃料、武器和军械分系统应采用雷电防护和静电泄放的措施。

6. 人体防护

为保证人员不受射频、电磁、静电荷电击危害，要求分系统和设备的设计必须满足对人体的安全规定。

7. 对军械分系统的电磁防护

系统设计中应包括对军械分系统的防护措施，避免由于任何形式的电磁或静电能量引起意外击发或击发失效，考虑的有关因素包括布线、敷设电缆、加载、运输、测试、预发射等。

8. 外界环境

系统设计应考虑到系统外部的电磁环境，因为外界电磁环境可能降低系统效能。

9. 抑制元件选型

应选择符合系统要求的、对电磁干扰抑制效果好的抑制元件。

对分系统和设备的电磁兼容性要求按 GJB 151A—1997《军用设备和分系统电磁发射和敏感度要求》中关于对陆军地面装备要求执行。

2.9 使用维修性能

武器装备部署到部队后，应该要求故障少、易维护、可保障，才能真正充分发挥其固有性能及作用。若在紧急军事任务关键时刻出现故障，则其严重后果甚至可能超出本身存亡的范围。同时，坦克装甲车辆的结构复杂、质量和功率大、工作条件和环境恶劣，维修保养工作量大，耐久性或寿命问题也突出。一般用平均寿命、大修期、平均故障时间、战斗准备时间、主要部件更换时间、自救能力、储存性能和经济性能等指标来衡量坦克装甲车辆的使用维修性能。

2.9.1 平均寿命

平均寿命是指在战斗全质量状态下，坦克装甲车辆的某些装置或设备在使用中两次相邻损坏间的平均行驶里程或使用时间，它标志着使用的经济性和可靠性。在正常情况下，平均寿命决定于装置和设备中的磨损零件或易损件，与工作条件、使用情况、结构和生产技术等有关。

2.9.2　大修期

大修期是指在一般正常使用情况下，从新车（或大修车）开始，到需要进行各大系统的大修（即全面检查修复）的预定时间或里程。随坦克装甲车辆技术和产品质量水平不同，一般为 300～500 h 或 6 000～10 000 km。

2.9.3　平均故障时间

平均故障时间是指影响坦克装甲车辆正常执行任务的两次相邻技术故障间的平均行驶时间，它是车辆使用可靠程度的一种标志。平均故障间隔太短，表明技术不够成熟，或试验改进工作不够，难以发挥使用性能。

2.9.4　储存性能

坦克装甲车辆在一定环境条件下存储的可能性、对储存技术和保管条件的要求，以及保持一定的无故障车辆概率的储存时间、费用等，统称为储存性能。

2.9.5　自救能力

自救能力是坦克装甲车辆利用自救器材和工具可以自行脱离行驶中陷入的困境或危险地形，恢复正常行驶的能力，常用所装设的动力绞盘、钢丝绳及圆木等自救装置和器材来表示。

2.9.6　战斗准备时间

战斗准备时间是指在一定环境条件下，坦克装甲车辆由战斗间隙停放的状态，到可以起步和投入战斗状态所需要的时间，包括进入战斗岗位、预热启动和正常运转有关装置等必要的时间。战斗准备时间反映坦克装甲车辆迅速应战或投入使用的能力。

2.9.7　相对可用时间

相对可用时间是指坦克装甲车辆在两次大修间隔期间的使用时间与总使用维修时间的比值。使用时间等于总使用维修时间减去规定的保养和修理总时间。相对可用时间与坦克装甲车辆各部件和装置的不易损坏、无须保养、易于拆装、易于调整等技术成熟性及所需要的备件能否及时供应等有关。

2.9.8　主要部件更换时间

主要部件更换时间是指在一定环境条件下，利用一定工具、设备拆卸和安装、调整该部件所需要的时间。它与部件的整体装配性、工具和设备的有效性、更换部件的供应和环境条件、工作人数和技术熟练程度等有关。

2.9.9　经济性能

经济性能是指发展或购买一定数量的一种坦克装甲车辆所花费的资金，包括研制费用、生产费用和使用维修费用。坦克装甲车辆越来越先进和复杂，并且一般不是流水线生产而只能达到中、小批量生产，这样即带来各种费用的迅速增长，故现代坦克装甲车辆是一种昂贵的装备。一种坦克装甲车辆能否发展，往往不仅取决于技术水平及其能否成功，还常取决于经济性。

第3章　装甲车体与炮塔

坦克装甲车辆的车体与炮塔是防御敌人各种武器攻击的"盾"，用以保护乘员和设备尽量不受伤害，是车辆防护系统的主要组成部分。同时，车体和炮塔既为乘员提供活动空间，又是支撑用的壳体，用以安装各种武器和部件，承受射击和行驶时的负荷。在必要时，车体前部可直接冲击障碍。

一般而言，防护系统是坦克装甲车辆上用于保护乘员及设备免遭或降低反坦克武器损伤的所有装置的总称，主要包括装甲防护、伪装与隐身、综合防御（或称光电对抗）、二次效应防护和三防等。其中，除车体与炮塔等提供的装甲防护外的其他防护技术统称为特种防护技术。防护技术也可分为硬防护技术和软防护技术，前者指装甲防护，其余则对应软防护技术。此外，防护技术还可分为主动防护技术和被动防护技术，主动防护技术指综合防御技术，其余则为被动防护技术。

早期的防护系统仅指装甲防护一项内容，其主要目的是对抗机枪弹的攻击；随后为了减少发动机经常起火等造成的损失，又在坦克内增设了灭火器；核武器出现后，又安装了三防装置；中东战争以后，坦克上用于防护的设备和技术不断增加，如迷彩涂料、隐身涂料、复合装甲、自动灭火抑爆装置、烟幕装置、红外干扰装置和反坦克导弹拦截装置等。这些装置和技术有效降低了坦克装甲车辆在战场被探测、捕获、击中、击穿乃至被击毁的概率，极大地提升了坦克装甲车辆的战场生存能力。

对装甲车辆和炮塔设计的要求：

（1）具有战术技术要求所规定的防护性。

（2）具有足够的强度和刚度，以承受各种负荷。

（3）质量尽量轻。

（4）较小的防弹外形尺寸和较大的内部容积。

（5）可靠的密封，同时能保证行驶、战斗和维修等需要。

（6）结构性能优良，制造简便，战时动员民用工厂较易于生产。

（7）对一些隔板，有时要求绝热、隔声。

研究装甲车体与炮塔，首先应该研究它的矛盾对立面——反坦克武器，也包括敌方的坦克。

3.1　反坦克武器概述

穿甲现象和抗弹
能力的表征

古代战车上的甲士和步兵及骑兵等具有各种盔甲，构成了攻防能力兼备的机动战斗力。他们的盔甲可以抵抗以人力为动力源的武器的打击或刺杀。自从枪、炮武器等利用火炸药为动力源以后，足以抵抗这些武器的装甲质量已经超过人、畜和畜力车辆的负载能力。直到热机动力的船、车出现和推广以后，它们所能承担的厚而重的装甲又重新为机动武器提供了足够的防御枪炮武器的能力。因此，坦克在汽车和拖拉机出现之后迅速出现绝非偶然。从此，装甲和枪炮武器的竞赛又开展了数十年，直到现在。作为以坚强防护为特点的地面机动武器系统，坦克装甲车辆能够担负许多特殊战斗任务，特别是领先突击进攻的任务。它对敌威胁大，故吸引了许多敌人，力图破坏其装甲。装甲车体和炮塔不同于火炮、动力、传动等相对独立的部件，是与车辆总体紧密联系、难以分开的特殊技术内容。

坦克装甲车辆是比较难以对付的武器系统，常有一种观点认为，最好的反坦克武器就是坦克。反坦克是武器研究发展中的一大难题。攻击地面目标的武器，常以能够破坏坦克装甲车辆的装甲防护为重要指标。坦克已成为众矢之的。除组成各兵种协同作战集体来消灭这些反坦克武器之外，坦克装甲车辆本身的防护能力也在不断提高，以抵抗这些反坦克武器。研究和设计坦克装甲车辆，需要研究各种可能受到的伤害，这是以设计装甲防护来提高其生存力并以保证坦克的战场优势为出发点的。

科学技术的迅速发展会敏锐地反映到军事装备的领域，但在将来的战场上仍会大量使用现今装备的大多数武器。除核武器以外，常规战场的不同距离上可能遇到的主要攻击武器如图 3 – 1 所示。过去对坦克装甲车辆的威胁主要来自中、近距离的地面，而在发展和应用反坦克导弹之后，反坦克的空中袭击也在迅速发展，这些攻击已具有大纵深、立体化、全方位的多手段特点。

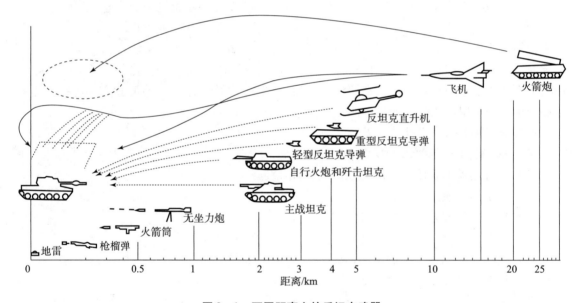

图 3 – 1 不同距离上的反坦克武器

3.1.1 反坦克手榴弹和反坦克地雷

反坦克手榴弹或手雷一般是碰炸，其空心装药可能破甲厚度为 75 ~ 125 mm，破坏的部位主要是坦克装甲车辆的炮塔和车体顶装甲。它投掷距离有限，但携带方便，有少数国家一直将其配备给步兵使用。反坦克地雷在采取新烈性炸药、空心装药等措施后，质量减轻，威力增大，这给机械化和远距离布雷等提供了条件。例如，车辆抛雷、大口径火炮布雷、火箭布雷、飞机和直升机布雷等。地雷可以迅速封锁坦克装甲车辆进攻或撤退的地区，诱逼其运动方向，阻滞坦克部队及其支援和后勤车辆。地雷的引信可以是压炸的，也可能是磁力、音响、振动等非触发引爆的，甚至还可能用红外线或毫米波传感器来引爆。地雷主要分为反坦克履带地雷和反坦克车底地雷，也有两用的。除常规地雷外，可撒布地雷常有自毁或自失效装置；也有各种特殊地雷，如法国的反侧装甲地雷，可布置在沥青或水泥铺面的道路旁，能在 40 m 半径内击穿厚度为 75 mm 的装甲。一些地雷是用非金属零件制成的，较难发现。相应地，除坦克在需要时安装扫雷器外，各种排雷技术也迅速发展，包括燃料空气爆炸的大面积扫雷等。

3.1.2 反坦克枪和枪榴弹

发射穿甲弹的 14.5 ~ 20 mm 反坦克枪，是早期用以在 100 m 内的较近距离，对付 40 ~ 45 mm 以下厚度的轻装甲车辆的武器。现在有些国家常用枪榴弹来装备步兵，枪榴弹携带方便，可装在枪口上发射，弹径一般为 40 ~ 75 mm，射程在 100 m 以上，其空心装药可能穿透中等厚度装甲，但破坏力较小。它能使持枪的步兵具有反装甲车辆的手段，但对坦克的威胁不大。

3.1.3 火箭筒和无坐力炮

火箭筒的成本低、质量轻、携带方便，是步兵班的主要反坦克装备之一。火箭筒弹径一般大于筒的口径，为 65 ~ 90 mm；弹用空心装药可以在 200 ~ 300 m 距离穿透厚为 250 ~ 300 mm 的装甲。新发展的火箭筒有的弹径超过 100 mm，可在 400 m 距离内穿透厚度为 400 mm 的装甲。火箭筒的主要性能见表 3 - 1。

表 3 - 1 火箭筒的性能

型号	弹径/mm	初速/(m·s⁻¹)	有效射程/m	最大破甲厚度/mm
美 M21A1B1	- 88.9	102	183 ~ 274	279
美 M72	66	152	250 ~ 325	279
法 M50	73	160	200 ~ 300	250
法 LRAC89	88.9	300	600	7 400
英 MK2	88.9	102	100 ~ 150	279
英 LAW80	94	330	300 ~ 500	600
日 M20	88.9	102	200	280
苏 РПГ - 7	85	120 ~ 130	180 ~ 200	280
苏 РПГ - 7B	85	300	500	320
苏 РПГ - 18	64	114	200	280
西德 "长矛"	67	168 ~ 210	300 ~ 400	370
西德 "钢铁拳"	110	165 ~ 250	300 ~ 400	700
美 Viper	70	280	250	400
瑞典 M2	84	310	300	400

无坐力炮由于膛压低、炮管薄而不太重，被应用为步兵反坦克武器。其口径一般在 100 mm 左右，初速常不超过 500 m/s，直射距离只有 400～700 m，为加大射程而加长身管到几米长后，携带又不太方便；由于弹速低，故不能利用动能穿甲，通常它只配备空心装药破甲弹来对付装甲目标，破甲厚度可以达到 300～400 mm；无后坐力炮发射时，向后喷的火焰能伤人，也容易暴露目标，使用受到限制。无坐力炮的主要性能见表 3 - 2。

表 3 - 2 无坐力炮性能

型号	口径/mm	弹丸质量/kg	初速/(m·s⁻¹)	距离/m	破甲厚度/mm
瑞典 PV - 1110	90	3.1	71	有效 900	550
瑞士 B - 11	107	13.6		有效 450	380
美 M40	105	9.86		有效 1 100	400
美 M67	90			有效 400	320
美 M27，M27A1	105		381	有效 1 000	
苏 S7	57		350	有效 600	70
苏 Б10	82	3.89	320	直射 400	300
苏 Б11	107	7.56	400	直射 450	380

3.1.4 坦克炮和反坦克炮

在第二次世界大战中损失的坦克多数是被火炮击毁的，中东战场损失的坦克中有相当大的比例也是由火炮击毁的。除航空炮和一些轻型战斗车辆的火炮口径较小外，一般坦克和反坦克炮口径大多在 75 mm 以上。

射击装甲目标主要采用穿甲弹种，穿甲弹的穿甲能力主要取决于弹体结构、材料特性、着靶比动能以及着靶姿态。过去普通穿甲弹（AP）和被帽穿甲弹（APC）的初速不超过 1 000 m/s，可以穿透稍大于其口径的装甲厚度，弹丸与碎片可以杀伤乘员和破坏机件，也可能引起燃烧。现代穿甲弹由次口径穿甲弹、脱壳穿甲弹（APDS）发展成为尾翼稳定的长杆式脱壳穿甲弹（APFSDS），其初速达到 1 600～1 800 m/s 以上，穿甲厚度成倍提高；弹芯材料从低密度的钢（7.8 g/cm³）发展为高密度的钨（17.6 g/cm³）、铀（18.6 g/cm³）芯，到整体锻造钨、铀合金结构，弹芯长细比不断加大，已达到 30～40；发射穿甲弹的火炮口径以 105 mm、115 mm、120 mm 等为主，将来可能出现 140 mm、145 mm 等更大口径的火炮。随着初速的提高和新技术的应用，射弹密集度逐步提高，概率误差一般在 0.2 密位以内。

此外，锥形装药破甲弹也得到广泛发展。它不依靠弹丸的动能冲击装甲，而是靠炸药的聚能作用来破坏装甲，破甲厚度可达弹径的 5～8 倍。碎甲弹击中装甲时，贴在装甲表面上爆炸，使装甲背面崩落，飞出碎块，起到杀伤破坏作用。

为大口径炮兵火炮研制的末端制导或末敏弹已可进入实用阶段，它们有的由激光主动或半自动制导命中目标；有的则在目标上空炸裂之前，由传感器检测目标方向，使碎片命中目标；有的子母弹在目标上空炸裂成许多自动寻的小炸弹。它们的攻击方位多半以坦克顶装甲为主。

一些火炮及炮弹的性能分别见表 3-3 和表 3-4。

表 3-3 坦克的穿甲弹性能

型号	弹种	弹丸重 /kg	初速/ (m·s⁻¹)	在不同距离上垂直穿甲厚度/mm					
				100	300	500	1 000	1 500	2 000
美 20 航空炮	穿甲弹			在 365.7 m 时穿甲 22.3 mm					
美 37 加农炮	穿甲弹	0.87	884	在 914 m 时穿甲 51 mm					
美 75 加农炮	穿甲弹	6.78	619			~83	~75		
美 76 加农炮	穿甲弹 超速穿甲弹	6.98	792			~119	~117 134/60°	~100	
美 76 加农炮	穿甲弹 超速穿甲弹	6.5 3.02	655 955	77 119	73 104	69 89	61	52 60	46
苏 85 加农炮	穿甲弹 超速穿甲弹	9.2 4.99	800 1 050	126 167	118 152	111 139	94 108	78 83	66
美 90 加农炮	穿甲弹 超速穿甲弹	10.81 5.54	930 1 250			176 ~280	162.8 ~250	144.1	132
苏 100 加农炮	穿甲弹	15.88	895	172	163	155	135	116	99
美 105 加农炮	超速穿甲弹	9.07	1 470			404	389	373	357
美 120 加农炮	穿甲弹	22.65	1 067			263.6	227.5	210	197
苏 122 加农炮	穿甲弹	25	800	160	156	155	138	128	118
苏 152 檀炮	穿甲弹	48.96	600	139	136	132	123	114	107
美 155 加农炮	穿甲弹	45.44	853			~193	~190	~182	

表 3-4 坦克的破甲弹性能

坦克型号	火炮口径 /mm	弹丸种类或型号	初速/ (m·s⁻¹)	全弹质量 /kg	弹丸质量 /kg	侵彻威力
苏 T-62	115 滑膛炮	破甲弹	1 070	25.3	12	400/0°
苏 T-72	125 滑膛炮	破甲弹	905	—	19	500/0°
西德"豹"1	105 线膛炮	改进长鼻式破甲弹 （美 M456）	1 174	21.7	10.3	北约三层型靶
西德"豹"2	120 滑膛炮	DM12 破甲弹（美 XM830）	1 154	23	13.5	220/60°
西德 M48	90 线膛炮	长鼻式破甲弹	1 204	14.4	5.74	—

续表

坦克型号	火炮口径/mm	弹丸种类或型号	初速/(m·s^{-1})	全弹质量/kg	弹丸质量/kg	侵彻威力
法 AMX30	105 线膛炮	—	1 000	22	10.95	400/0° 150/60°
法 AMX109	90 线膛炮	长尾翼式破甲弹	950	8.95	3.65	320/0° 120/65°
比 M41	90 线膛炮	NR181 长鼻式破甲弹 OCC90 - 62	1 000	12.3	5.9	400/0°
比 V - 150	90 线膛炮	NR478	900	7.6	4.1	300/0°
美 M60	105 线膛炮	M456A1	1 173	—	10.25	177/60°

3.1.5　反坦克导弹

中东战争的坦克损失表明，被步兵携带的反坦克导弹击毁的坦克比例有上升到主要地位的趋势。在 20 世纪 50 年代末 60 年代初开始装备的第一代反坦克导弹现仍在服役中，如苏联的"赛格"、西德的"柯步拉"等。20 世纪 70 年代开始装备的第二代反坦克导弹，如美国的"陶"和德法联合研制的"米兰""霍特"等，它们都需要用目测瞄准、有线传输指令，但第一代为目视跟踪、手柄操纵，第二代为红外线跟踪。

在研制中比较理想的反坦克导弹是全自动导引，即发射后不用人管，其是第三代反坦克导弹。它们采用红外线成像或毫米波制导，或光电制导技术，在飞行中能自动探测目标信息，或自行发射和接收信号，因而能自动跟踪和追击。如苏联装备的空对地"AT - 8"和美国研制的"马伐瑞克 D"等。由于这种反坦克导弹技术难度大、造价昂贵，所以又产生了激光半自动制导的类型，如美研制的空对地"海尔法"、英比联合研制的"阿特拉斯"、苏联研制的空对地"AT - 6"等。此外，各国也在研制采用遥感技术和自锻破片攻击坦克顶部的导弹，如瑞典的"RBS56Bill"和美国的"坦克破坏者"等。一些反坦克导弹的性能见表 3 - 5。

表 3 - 5　反坦克导弹的性能

型号	直径/mm	射程/m	速度/(m·s^{-1})	破甲厚/mm	弹质量/kg	弹长/mm	发射方式	制导方式
苏"赛格"	120	400 ~ 2 500	200	500	11.3	760	轨式	目瞄，有线
苏"赛格 AT - 3"	86	500 ~ 3 000	120	400		870	轨式，车载，机载	目瞄，有线
苏"赛格 AT - 4"	120	100 ~ 2 000	~200	500 ~ 600		1 200	管式	红外，半自动
苏"拱肩 AT - 5"	135	100 ~ 4 000	~250	600 ~ 700		1 300	管式	红外，半自动
德"眼镜蛇"	100	400 ~ 2 000	85	47	10.6	950	步兵	目瞄，有线

续表

型号	直径/mm	射程/m	速度/(m·s⁻¹)	破甲厚/mm	弹质量/kg	弹长/mm	发射方式	制导方式
德"法米兰"	90	25~2 000	200	352	12	770	步兵	红外，半自动
德"马姆巴"	120	70~3 000	180	475	11.2	955	步兵	
德"法霍特"	136	75~4 000	200	>800	6.65	755	车载	红外，半自动
美"龙"	127	60~1 000		500	6.3	744	步兵	红外，半自动
美"陶"	152	65~3 750	350	600	18.4	1 160	步兵，车载	红外，半自动
"鹀式"	130	75~3 000	290		16.5	1 380	步兵	
"阿克拉"	142	25~3 300	500	450	26	1 250	车载	
美"海尔法"	183	5 000			36.3	1 768	直升机	

一般反坦克导弹最远射程达 2 000~4 000 m，比火炮更适于远距离使用；飞行速度低（100~300 m/s），只能用锥形装药聚能破甲；由于药型罩锥底直径较大，故破甲厚度可达 500~600 mm；又由于在 10 多秒的飞行过程中需要人工不断制导修正，坦克除可采用一些特殊装甲措施外，还采取烟幕、规避等措施来避免受到攻击。

为了能够大面积反击集群坦克，美国研制远程反坦克子母导弹"突击破坏者"，先用一枚战术导弹飞抵纵深几十到一百多千米的集群坦克上空，再释放出几十枚子导弹，它们无动力装置，靠惯性飞行，采用末端制导技术各自击中目标。

3.1.6　反坦克直升机和飞机

自越南和中东战争以来，反坦克直升机发展迅速。根据局部战争经验和模拟对抗的结论，一般认为由于视野、速度、机动和射程的优势，直升机在坦克射程外摧毁过去设计的坦克时占有绝对优势。例如，在隐蔽的贴地飞行中，在距目标 2 500 m 外，其上升到不超过 60 m 高度发射坦克导弹，命中目标后急转弯下滑再隐蔽飞行寻找攻击机会。直升机与飞机的小口径机炮和火箭弹主要是作其他地面攻击用，也可以对坦克进行攻击。目前装备和研制的一些武装直升机及其武器装备见表 3-6。

表 3-6　武装直升机及其武器装备

国别	型号	类型	武器
美国	休斯 500MD	反坦克	4 枚陶氏（14 mm×70 mm 火箭，1 mm×40 mm 榴弹发射器或 1×7.62 mm 机炮）；
	得克萨斯突击队员	多用途军用	4 枚陶氏（14 mm×70 mm 火箭或 4×7.62 mm 机炮或 4 枚空空导弹）；
	AVH-76	多用途军用	8 枚陶氏或海尔法（火箭发射器或机枪和机炮吊舱）；
	AH-1S	反坦克	8 枚陶氏（1 mm×20 mm 炮或 70 mm 火箭，或导弹与火箭组合）；
	AH-64A	先进攻击	16 枚海尔法（1 mm×30 mm 炮和 76 mm×70 mm 火箭或导弹与火箭组合）

续表

国别	型号	类型	武器
法国	SA365M 海豚2 小羚羊 AS355M 松鼠	多用途军用 多用途军用 多用途军用	8枚霍特（2 mm×22 mm×68 mm 火箭发射器）； 4～6枚霍特（2 mm×70/68 mm 火箭吊舱或 2 mm×7.62 mm 机枪或 1×20 mm 炮）； 4枚陶氏（2 mm×7.62 mm 机枪或火箭发射器）
西德	BO－105P	反坦克	6枚霍特或陶氏（2 mm×7.62 mm 机枪或火箭发射器）
德法	HAP－HPC－PAH2	支援保护/反坦克	8枚霍特（北方空空导弹和30 mm 炮）
意大利	A－109MKII A－129	多用途军用 反坦克 攻击侦察	4～8枚陶氏（2 mm×7.62 mm 或 12.7 mm 机枪或火箭弹）； 8枚陶氏或霍特或6枚海尔法（2挺机枪或机炮吊舱和2/4个火箭发射器或榴弹发射器）
英国	山猫 AHMK1	陆军通用	8枚陶氏和机内8枚备份导弹（1挺机枪或机炮和2个火箭发射器、空空导弹）
苏联	米－8 河马E 米－24 雌鹿D	多用途武装 多用途武装	4枚斯瓦特或螺旋（ mm1×12.7 mm 机枪和6个火箭发射器）； 4枚螺旋（1 mm×12.7 mm 机枪和4个火箭发射器）

战斗机和强击机用以攻击纵深在 15～100 km 集结地的坦克。所用武器，如美国 WASAP 导弹，用毫米波导引，射程 12 km；小牛 AGM－65D 导弹，用红外成像，射程 40 km；以及射程为 6 km 的高超声速导弹等。俄罗斯 AS－7 导弹用无线电指控，射程为 10 km。

战斗轰炸机可以用炸弹攻击集群坦克。所谓"灵巧"炸弹的母弹爆出若干子弹，子弹在降落伞上旋转寻找目标。它们多属正在研制的产品，因成本较高，故使用的广泛程度尚难估计。

对于这些空中攻击，除坦克本身的武器外，更需依赖野战防空体系，包括自行高炮、地空导弹发射车、单兵防空导弹，以及飞机和直升机等来对抗。

3.1.7 火箭炮

第二次世界大战以来研发的多管远程火箭炮，能在短时间内提供很大的摧毁力，其中反坦克主要采用子母弹。轻型火箭炮的射程为 4～15 km，如苏联16管的 БМ－27 型轮式车载火箭炮的射程为 35～40 km，美国 MLRS 型履带式车载火箭炮的射程为 30～40 km。

现在常规反坦克武器的各种发展及其区别，许多都是以发射或运送以及制导手段为基础形成的。研究防护着重要归纳各种常规攻击武器破坏坦克装甲车辆的原理，主要有动能穿甲、聚能破甲和振动波碎甲三种。除长身管加农炮的超速穿甲弹是以动能穿甲外，其他凡是不能获得高速动能的各种弹，包括上述七个方面的反坦克武器，都采用锥形空心装药的聚能原理来破坏装甲。火炮的碎甲弹现在使用较少。

此外，核武器和化学、生物武器的破坏方式是爆炸气浪、辐射和空气传播。

3.2　装甲防护能力表征

各种穿甲弹都是利用长身管火炮发射。它是用所获得的高速飞行动能来穿透装甲及起杀伤作用的。弹丸在冲击装甲前具有的动能 E_k 为

$$E_k = \frac{1}{2}mv_c^2 \tag{3-1}$$

式中，m——弹丸质量，kg；

$\quad\quad v_c$——弹丸冲击装甲的速度，m/s。

弹丸的动能在穿甲过程中消耗于许多方面，包括破坏装甲、弹丸本身的变形、装甲板的弹性振动、碰撞及摩擦发热等。其中，破坏装甲做功是主要的消耗。

如图 3-2 所示，从力学的观点看，装甲受破坏的应力可能有挤压应力 σ_z、剪切应力 τ、径向应力 σ_n 和周向应力 σ_m 几种形式，其中挤压应力有

$$\sigma_z = 4F/(\pi d^2)$$

剪切应力有

$$\tau = F/(\pi db)$$

式中，F——弹丸对装甲的作用力；

$\quad\quad d$——弹丸直径；

$\quad\quad b$——装甲厚度。

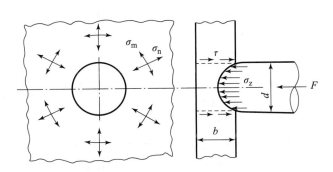

图 3-2　穿甲时的几种应力

当弹丸碰撞装甲时，这几种应力会同时出现，但其中哪一种首先达到极限值造成破坏，则随弹丸与装甲的材料性质和尺寸等的不同而不同。实际的装甲损坏形式大致有以下规律：

（1）延性扩孔：主要由于挤压应力 σ_z 起作用，金属受弹丸挤压塑性流动，有的堆集于入口处，有的从出口处挤出，孔径约等于弹径 d。这一般发生在装甲较厚而韧、弹较尖而硬和装甲厚度 b 稍大于弹径 d 时。如图 3-3（a）所示。

（2）冲塞穿孔：主要是超过剪切应力 τ 所引起的破坏作用，装甲被弹丸冲出一块大体成圆柱形的塞子，其出口稍大于弹径 d。这一般发生在中等厚度的装甲具有相当硬度、弹头较钝及装甲板厚 b 略小于弹径 d 时。如图 3-3（b）所示。

（3）花瓣形孔：主要是周向应力 σ_m 的作用，出现径向裂纹，装甲板卷向孔后，孔径等于弹径 d。这一般发生在装甲薄而韧、弹丸速度较低时。如图 3-3（c）所示。

（4）整块崩落：当装甲不太厚和韧性较差时，由于径向应力 σ_n 的作用使其产生圆周形裂纹，装甲被穿成超过弹径 d 若干倍的大洞。如图 3-3（d）所示。

（5）背后碎块：当较厚装甲的强度足够而韧性不足时，弹丸命中时所产生的振动应力波可使装甲背面崩落碎块并飞出，起到杀伤作用。这时板前的孔不大，也可能未被穿透。如图 3-3（e）所示。

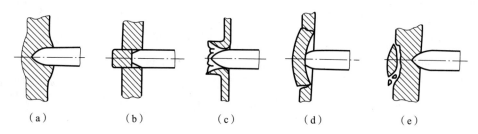

(a)　　　　(b)　　　　(c)　　　　(d)　　　　(e)

图 3-3　不同的穿甲孔

实际出现的穿甲现象也可能是以上几种情况的不同综合。一般穿甲弹在常规装甲的厚度和硬度条件下，穿甲孔主要是前两种情况的综合，即先延性扩孔，当穿甲进行到装甲剩余厚度略小于弹径时，继之以冲塞成孔。对于薄装甲，穿孔一般以花瓣或冲塞为主，这要视弹丸直径与装甲厚度的相对比例而定。不常产生整块崩落的原因是过分硬脆的薄装甲难以加工，易于出现裂纹，不适于切割和焊接成车体。碎甲弹破坏装甲以背后碎块为主，这属于不穿透装甲的特殊破坏形式。在一般穿甲弹射击装甲时，除装甲背部有生产中的金属缺陷外，极少出现穿甲现象。

在研究装甲防止弹丸穿透时，为能计算和试验，需要有一种表示抗弹能力的计量标准。实用表示方法是分别用每一特定装甲板来表示，即某板的抗弹能力为"对某炮某弹的 v_c 为多少"。这种特定装甲以能承受一定最大命中速度（称为着速）的弹丸而不被穿透的表示方法，是在靶场大量射击试验中产生的。试验时，用一特定炮和弹射击一特定的靶板，逐渐增加发射药量来提高弹丸速度，直到刚刚穿透该板（或弹落点在板后近处如 5 m 内）为止，该发射的 v_c 就用来表示该装甲板的抗弹能力。当然，板越厚、材料越好时，需要 v_c 越高才能穿透。

装甲抗弹能力可由不同厚度时一特定装甲板抵抗不同速度和直径的弹丸的能力表征，如图 3-4 所示。利用这一规律，靶场试验出现少数准确值时，可以推算出不同板厚下的抗弹能力。

对于较薄的装甲板，如厚度 $b < 30$ mm 的，一般常用枪来试射（若口径过大，一定穿透，试不出临界速度）。但枪弹不能改变发射药量，即弹丸离管口的初速为一定，不能改变。因此，只能利用弹丸飞行中空气阻力造成的较大的速度

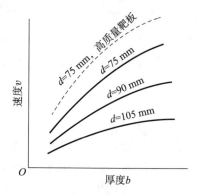

图 3-4　装甲抗弹能力

降，即改变距离 S 来得到不同的命中速度。因此，这时的抗弹能力可用"某枪弹（击穿的）最小距离"表示，如图 3-5（a）所示。

在试验中，有时若改变距离不方便，也可以固定距离而改变靶板的命中角度。在图 3-5（b）中，命中角 α 越大，越难穿透靶板。因此，这时的抗弹能力又可以用"某枪弹某距离（击穿）的 α 角"来表示。

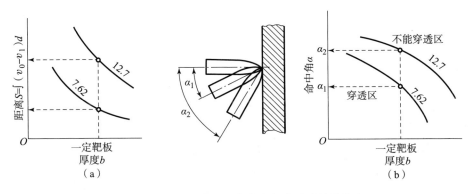

图 3-5　改变距离或改变命中角来试验抗弹能力

不管用以上哪一种方式来表示抗弹能力，均需要明确解决"穿透"的标准问题。通常有以下两种标准：

（1）背面强度极限：装甲受弹丸冲击时，未损坏装甲板背面金属的连续性，即无裂纹、无凸起等时的弹丸最大速度，用 m/s 或相应的 m（距离）或（°）（角度）表示。

（2）击穿强度极限：装甲受弹丸冲击时，不被弹丸头部穿透，即弹丸消耗完能量而装甲不出现孔洞的最大速度，用 m/s 或相应的 m（距离）或（°）（角度）表示。

这里的前一种情况主要与装甲板的韧性有关，而后一种情况更多与板强度有关。后一种标准的速度值一般大于前一种标准的速度值，是开始具有杀伤后效的标准。现主要采用后一种标准的击穿强度极限。

3.2.1　穿甲弹的防护

在终点弹道学中，弹丸对装甲有效的撞击速度，也就是穿透装甲的最低速度为弹道极限，其也对应着前面体积的击穿强度极限。在设计时，当没有敌炮或敌装甲可以试射，也没有数据或曲线可查时，我们需要用公式来计算。但由于影响穿甲的因素很多，故目前还没有得到一个比较完善的计算公式，即在实际工程计算中还仍然利用着一些经验公式。这样，有了试验数据以后，对于一定直径和速度的弹丸射击一定材料和厚度的装甲，也可以通过这些经验公式计算而不必再对不同的弹丸和不同的装甲厚度及倾角都一一进行破坏性试验。

1. 克虏伯（Krupp）公式

按照火炮生产历史上著名的德国克虏伯公司提出的穿甲计算公式，当弹丸较大、装甲稍薄，即 b/d 值较小时，装甲被弹丸以冲塞方式破坏。依此假设，参见图 3-6，冲塞过程中力 F 每冲 $\mathrm{d}x$ 距离所做的功为 $\mathrm{d}W$，是一个变量，即

$$\mathrm{d}W = F \cdot \mathrm{d}x$$

式中，阻力 F 与装甲板在冲塞过程中的剩余厚度成正比，即

$$F = \pi d(b-x)\tau$$

则将塞子完全冲掉的总功为

$$W = \pi d\tau \int_b^0 x\mathrm{d}x = \frac{\pi d\tau b^2}{2}$$

当弹丸动能完全消耗冲塞做功时，得到克虏伯公式

$$v_c = \sqrt{\pi\tau}d^{0.5}bm^{-0.5} = Kd^{0.5}bm^{-0.5} \qquad (3-2)$$

式中，K——装甲抗弹能力系数，随装甲材料而定。

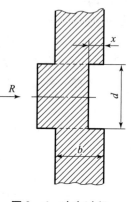

图3-6 冲塞过程

由式（3-2）可以分析弹丸和装甲的攻防关系。如果整理式（3-2）将"矛"和"盾"分别表示在等号的两端，则有

$$Kb = \frac{v_c m^{0.5}}{d^{0.5}}$$

由于一般不同直径的弹丸形状近似，即 $m \propto d^3$，故得

$$v_c \cdot d \propto K \cdot b \qquad (3-3)$$

可见，攻方应该加大左端的火炮口径和弹速；而防御的一方则应加大右端的装甲厚度和改善装甲材料，如采用优质的特殊装甲钢来穿透或阻止。

如果式（3-3）的左端值很大，则一定能穿透装甲；如果式（3-3）的右端很大，则一定能阻止穿透。这两种情况都不用计算。一般需要计算的是介于穿透与不穿透的情况，以便确定临界值，或作出判断。这种情况对于普通穿甲弹和装甲来说，一般发生在装甲厚度 b 等于或稍大于弹径 d 时。

克虏伯公式是较原始的穿甲计算公式，它只适于低速弹丸在小的 b/d 值时判断穿甲，现在已不再使用，但它是理解穿甲计算的基础。

当弹丸改为细长形状，大体保持原质量而减小弹径，同时加大 v_c 时，由公式可见其攻击能力可以迅速提高。近代的穿甲弹，如次口径弹等，就是沿着这个方向发展的。

2. 德马尔（Jacob de Marre）公式

德马尔公式是德马尔于1886年创建的，其假设弹丸是刚性的，在碰击靶板时不发生变形，所有的动能都消耗在穿透靶板上；靶板的材质是均质的且固定牢固；弹丸只做直线运动而不旋转。

这样，对于通常需要计算的装甲厚度 b 大于弹径 d 的情况，穿甲之初不是冲塞，而是以挤压为主；穿甲过程中弹速下降，弹头形状也逐渐变钝，到剩余装甲厚度略小于弹径时才冲出塞子。整个穿甲过程接近于挤压与冲塞的复合。

当完全按挤压破坏考虑时，破坏装甲的总功与弹丸动能存在以下关系：

$$W = \frac{\pi d^2}{4}\sigma_z = \frac{1}{2}mv_c^2$$

可以得到

$$v_c = Kdb^{0.5}m^{-0.5} \qquad (3-4)$$

与克虏伯公式比较，我们发现除 K 有所不同外，装甲厚度 b 和弹径 d 的指数也不一致。

当把德马尔公式理解为冲塞与挤压二者的综合，即破坏阻力和冲塞圆周长值（剪切应力 τ）与圆面积值（挤压应力 σ_z）均有关系时，根据经验修改即得德马尔公式

$$v_c = Kb^{0.7}d^{0.75}m^{-0.5} \qquad (3-5)$$

德马尔公式也可写成下列形式

$$b = \frac{v_c^{1.43}m^{0.715}}{K^{1.43}d^{1.07}} \qquad (3-6)$$

式中，b 和 d 单位常用分米 dm（＝100 mm），v_c 用 m/s，m 用 kg 计算。

这时装甲抗弹能力系数 K 成为代表装甲材料物理性能的综合系数，它应由射击试验决定，而不能按某一种应力计算。资料推荐的 K 值见表 3－7。

表 3－7　典型装甲材料的装甲抗弹能力系数

装甲材料	装甲抗弹能力系数 K
低碳钢板	1 530
镍钢板	1 900
一般均质装甲	2 000 ~ 2 400[①]
经表面处理的装甲	2 400 ~ 2 600
①其中较低值适用于低或中硬度装甲，而较高值适用于高硬度的薄装甲。	

德马尔公式至今仍广泛使用，是抗弹能力计算的基本公式。

若将德马尔公式的矛盾双方改写成等式的两端来分析，则有

$$bK^{1.43} = \frac{v_c^{1.43}m^{0.715}}{d^{1.07}}$$

与原克彪伯公式相比较

$$Kb = \frac{v_c m^{0.5}}{d^{0.5}}$$

从不同的指数可见，增加 K 比增加 b 的防御效果显著。当弹丸的弹径一定时，提高 v_c 的效果显著，而增加 m 的效果小；若 m 增加，则弹在膛内加速慢，导致 v_c 减小。当 v_c 和 m 为一定时，减小弹径 d 也能提高攻击能力。

德马尔公式中的指数不是整数，这使得计算不太方便。为此定义装甲相对厚度 C_b 为

$$C_b = \frac{b}{d}$$

并定义弹丸相对质量 C_m 为

$$C_m = \frac{m}{d^3}$$

代入德马尔公式后，得到乌波尔尼可夫公式

$$v_c = KC_b^{0.7}C_m^{-0.5}d^{-0.05} \qquad (3-7)$$

在一定穿透和一定不能穿透装甲的两种情况下都不用计算其抗弹能力，需要计算的是可能穿透也可能穿不透的 C_b 值的范围。一般弹形近似时的 C_m 值变化范围也不太大。因此，我们对取某一定标准的 K 和 d 值，按变化范围不太大的 C_b、C_m 值列表来查 v_c，就可以避免作小数指数的计算。然后需要时再将于表中查出的 v_c 值按非标准情况的 K 和 d 值作

修正。

　　现在暂取 $K = 2\,200$（或 $2\,400$）及 $d = 1$ dm 为标准状况列表，绘成图 3 − 7，由 C_b、C_m 值引直线可直接查出 v_c。

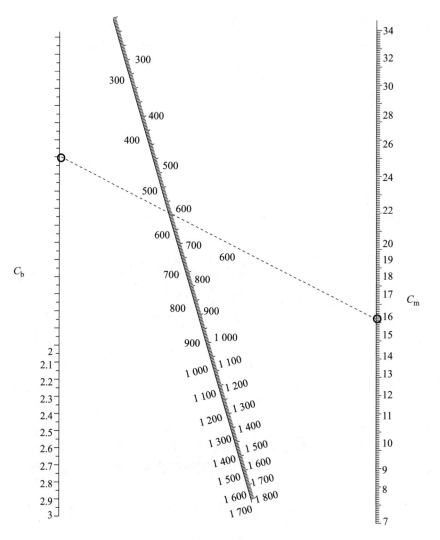

图 3 − 7　计算抗弹能力的图表

对非标准情况的修正如下：

①当 $K \neq 2\,200$ 或 $K \neq 2\,400$ 时，查出 v_c 乘以 $K/2\,200$ 或 $K/2\,400$ 值来修正；

②当 $d \neq 1$ dm 时，查出 v_c 乘以 $d^{-0.05}$ 值来修正。

　　进行装甲设计，在已知敌方弹丸的 d、m、v_c，以及装甲的 K 值时，利用图表也可查出防御这种弹丸的装甲厚度 b 值。

3. 倾斜装甲的德马尔（Jacob de Marre）公式

由于反坦克炮弹的初速高、弹道低深，故一般可考虑成水平命中目标。当装甲与水平面成 β 角倾斜时（见图 3 − 8），弹丸中心线也与装甲板表面呈 β 角（β 角称为"装甲倾斜角"，亦即"弹丸命中角")。当 $\beta = 90°$ 时称为垂直装甲和垂直命中。弹丸与装甲板法线之间的 α 角称为"法线角"或"着角",这是抗弹能力计算所常用的角度。α 和 β 互为余角。

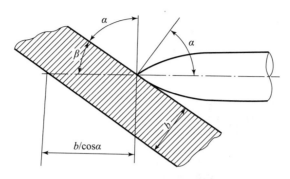

图 3－8　弹丸命中倾斜装甲时的几何参数

当装甲板呈倾斜状态时,弹丸穿透装甲所经过的距离增长,且装甲厚度由 b 增加到 $b/\cos\alpha$ 时,装甲的抗弹能力增加。对于这种倾斜装甲,德马尔公式修正为

$$v_c = \frac{K b^{0.7} d^{0.75}}{m^{0.5} \cos^n \alpha} \qquad (3-8)$$

式中,着角余弦的指数 n 与装甲相对厚度 C_b、装甲类型和弹丸形状等有关,一般由试验测得。

对于普通弹形弹丸的 n 值可以参考图 3－9 做出选择。

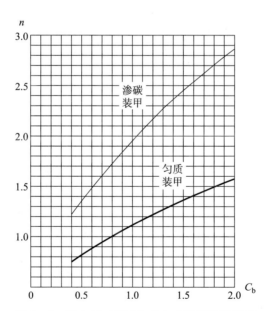

图 3－9　弹丸相对厚度与着角余弦指数的关系

着角余弦的指数 n 的值会受"跳弹"效应的影响。但当弹丸接触并开始破坏倾斜装甲时,装甲对弹丸具有反作用力,其合力与弹丸的惯性力组成力偶。当着角 α 不大时,特别是钝头穿甲弹,这个力偶将使弹丸向增大着角 α 的方向转动,使穿透距离增长,甚至在力偶大

到一定程度时会使弹丸反射跳走，形成"跳弹"。装甲越硬、越厚时，越能形成足够大的反力，越易发生"跳弹"。

钝头弹既不容易发生"跳弹"，也不像尖头弹那样容易碰碎以致不能穿入。钝头的直径可达 $0.8d$，常另加尖头的薄防风帽来减小飞行阻力。防风帽一碰即毁，对穿甲不起作用。图 3-10 中有的弹丸头部有增加硬质合金的被帽，其目的是改善穿甲性能。

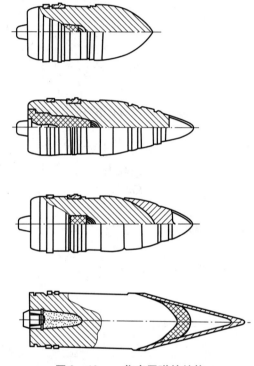

图 3-10　一些穿甲弹的结构

作为抗弹的一方，其也一直在改善其装甲材料及制造工艺，在价格和加工允许的条件下，务求能有较大的 n 值造成跳弹。此外，在增加装甲厚度以增大 C_b 的同时，一直采用越来越小的 β 角，即加大被命中时的 α 角以造成跳弹。在图 3-11 中，不管装甲倾角 β 如何改变，装甲的水平厚度相同，对应截面积和质量也相同。但着角 α 越大，$\sec\alpha$ 越大，越容易造成跳弹。也就是说，装甲板的倾斜度，特别是 α 角大到 $50°\sim60°$ 时，装甲的抗弹能力会迅速增强。这是倾斜装甲比垂直装甲对抗穿甲弹效果更好的原因。

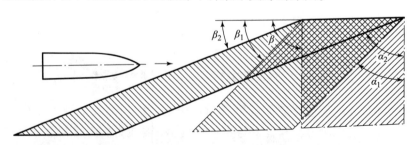

图 3-11　不同倾角的水平厚度相同的装甲板

现代长杆式超速穿甲弹的速度成倍增长，在高速碰击装甲时，跳飞的常是不断形成的碎块，而剩余的杆式弹体仍继续向前穿甲，转正效应比一般穿甲弹强。这是现代有些新坦克不一定追求装甲倾斜而采用其他增强抗弹能力措施的原因之一。

4. 贝尔金公式

在弹速不太高时德马尔公式的计算结果与实际情况误差不大，其准确度往往取决于 K 值的选用。K 值来源于试验，其已将许多复杂的实际因素包括在内，可以保证计算有相当的准确度。但是这种试验是破坏性的，所计算的每批或每种装甲也不一定都能通过试验获得 K 值。因此，有的改进工作就企图把装甲与弹丸材料的一般机械性能反映到公式中去，其中之一为 K. A. 贝尔金公式：

$$v_c = 215 \sqrt{K_1 \sigma_s (1 + \varphi)} \cdot \frac{b^{0.7} d^{0.75}}{m^{0.5} \cos\alpha} \tag{3-9}$$

式中，σ_s——装甲屈服极限，MPa；

φ——反映弹丸相对质量和装甲相对厚度的系数，$\varphi = 6.16 C_m / C_b = 6.16 \, m/bd^2$；

K_1——考虑弹丸结构特点和装甲受力状态的效力系数，当 b 与 d 不太悬殊时，普通穿甲弹射击均质装甲时的 K_1 值可以采用表 3-8 中的推荐值。

表 3-8　效力系数 K_1

穿甲弹类型	效力系数 K_1
尖头弹（头部母线半径 =（1.5~2.0）d）	0.95~1.05
钝头弹（钝化直径 =（0.6~0.7）d，头部母线半径 =（5~6）d）	1.20~1.30
被帽穿甲弹	0.9~0.05

K_1 值也可以用下列公式计算：

对尖头穿甲弹：

$$K_1 = \frac{2}{3}\sqrt{2} \cdot C_b^{0.5} \left(\frac{2.6i}{1 + \varphi} + 0.333 \right) \tag{3-10}$$

对钝头穿甲弹：

$$K_1 = \frac{2}{3}\sqrt{2} \cdot C_b^{0.5} \left(\frac{2.2i}{1 + \varphi} + 0.333 \right) \tag{3-11}$$

式中，i——弹形系数，对尖头弹：

$$i = \frac{8}{n_1} \sqrt{2n_1 - 1}$$

对钝头弹：

$$i = \frac{8 - 5n_1}{15n_1} \sqrt{(1 - n_2)(2n_1 - n_2 - 1) + n_2^2}$$

对被帽弹：

$$i = (0.9 \sim 0.95) \frac{8}{n_1} \sqrt{2n_1 - 1}$$

式中，n_1——弹头部曲率和弹丸直径之比 r/d；

n_2——弹头部钝化直径和弹丸直径之比 d'/d。

贝尔金公式归为德马尔公式应用于倾斜装甲抗弹能力计算的变形之一，其应用不如德马尔公式或上述倾斜装甲计算公式广泛。

5. 次口径穿甲弹的穿甲公式

由德马尔公式可知，弹丸着速 v_c 越大，弹丸 m 越重而直径 d 越小，则能够穿透的装甲厚度越大。第二次世界大战后期出现的超速穿甲弹，也叫"次口径弹"，就是向这个方向发展的。

次口径弹有一个比火炮口径小而又特别重的硬质合金弹芯，它包在较软的弹体之内，如图 3-12 所示。弹丸总重比同口径的普通穿甲弹轻，故在炮管内加速快 30% ~ 40%，能获得较大的初速（1 200 m/s 左右）。次口径弹穿甲时，由直径较小的弹芯穿甲，弹体只帮助推送弹芯而不穿甲，留在装甲外面。因此，装甲单位面积上承受的破坏动能显著增大，即显著提高了穿甲性能。但是由于弹丸较轻，故在飞行中受空气阻力造成的速度降也比较显著。如第二次世界大战中德国虎Ⅱ型坦 88 mm 炮的次口径弹与一般带风帽的被帽穿甲弹的穿甲性能的比较，随射程增大，其优势显著降低。

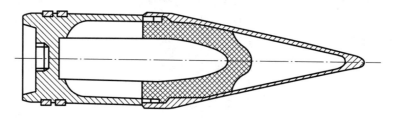

图 3-12　次口径超速穿甲弹

次口径弹也靠动能穿甲，所以原计算公式仍然适用，但有特殊性。计算时，弹丸直径用弹芯直径 d_c，而计算弹丸质量时，除用弹芯质量 m_1 外，由于还有部分弹体动能帮助推动弹芯穿甲，所以还应该计入弹体质量 m_2 的一部分 Δm_2，这个弹体利用系数 Δ 一般取 0.25，随弹丸的结构而定。当弹径较小时应用高一些的数值，弹径较大时则用较低的值，可根据具体弹丸的参数选用。当应用查表法计算时，相应有

$$C_m = (m_1 + \Delta m_2) / d_c^3, \quad C_b = b / d_c$$

次口径穿甲弹的穿甲公式为

$$v_c = \frac{Kb^{0.7} d_c^{0.75}}{(m_1 + \Delta m_2)^{0.5} \cos\alpha} \tag{3-12}$$

6. 长杆式次口径穿甲弹的穿甲公式

为克服次口径超速穿甲弹弹丸总质量轻、速度快、惯性小所产生的飞行速度下降大的问题，第二次世界大战后应用了超速脱壳穿甲弹，简称 APDS。这种弹的次口径弹芯外面的壳体或弹托分瓣合成圆形，弹托外面由在炮膛内保证气密的软金属弹带包围。弹托推送弹芯出炮口后，在弹丸旋转离心力和空气阻力作用下，既保证了速度高和穿甲动能集中的优点，也可以改进速度降过大的缺点。这种弹的初速度可以达到 1 400 ~ 1 500 m/s，有效射程大、穿甲力强，但脱落的弹托可能会误伤车前 100 ~ 200 m 内的人员。

脱壳穿甲弹的弹芯如果再细长一些，就可以进一步提高穿甲能力。弹芯的质心在中部而飞行中风阻的作用中心在头部，这会导致弹芯在飞行中产生翻转的不稳定力矩。线膛炮是靠炮管膛线迫使弹丸高速旋转的陀螺效应来保持稳定的。弹芯越细长，不稳定力矩越大，而稳

定力矩越小。现代炮弹的旋转速度可达 10 000 r/min，如果用增高弹芯转速的方法来补救，就需要减小膛线的螺旋导程。导程越小，膛线侧壁在射击过程中所受的法向分力越大，将使火炮的寿命缩短。因此，不能大幅度提高弹丸的转速。飞行稳定问题使得线膛炮这种脱壳穿甲弹的弹芯长径比不能大于 5 ~ 6，这使增加弹芯质量和减小直径以进一步提高穿甲能力受到限制。解决的办法之一是弹芯采用比重大的硬质合金材料，如碳化钨等。目前最重的弹芯材料是贫铀，其比重达 18.4。

在 20 世纪 60 年代，苏联 T-62 坦克首先采用不用膛线的滑膛炮。滑膛炮不用膛线使弹丸高速旋转，而采用尾翼稳定的超速脱壳穿甲弹（Armor Piercing Fin Stabilized Discarding Sabot，APFSDS），其穿甲能力突破了线膛炮脱壳穿甲弹的水平。弹芯的尾翼可与火炮口径相同，也可设置折叠式尾翼，它离开炮口张开后的翼展可超过火炮口径。尾翼稳定使导致弹丸不稳定的风阻中心移到弹丸质心之后，就不需要弹丸再高速旋转保持稳定了。弹不旋转或仅微旋可提高命中精度，其长径比可达 12 ~ 16，即形成长杆式弹，其以较大质量和高速形成的动能（初速达到 1 400 ~ 1 800 m/s）集中在小面积上破坏装甲，穿甲能力进一步得到提高；弹芯口径只为火炮口径的 25% ~ 40%，在内弹道阶段有一个全口径的弹托，其质量占全弹丸质量的一半以下，甚至可低至 5%，可在弹丸离开炮口后从弹芯分散脱落。当这种所谓的"杆式弹"穿甲时，接触应力超过装甲材料的破坏极限很多，杆的头部也不断地破碎飞溅，而没有破碎的部分继续撞击装甲，最后只剩一段杆尾穿入车内。这种弹能保证着角 $\alpha = 65°$ 时不跳弹，并有明显的转正现象。另外，弹丸飞行时不高速旋转，不会影响锥形装药聚能破甲性能。此外，也有在弹上安装无法承受太大转速的精密制导装置和传感器等仪器的可能性。

在开发了滑膛炮的尾翼稳定超速脱壳穿甲弹后，线膛炮也努力克服其脱壳穿甲弹长径比不能增大的问题（关键是不能依靠旋转稳定而应该使用尾翼稳定）。为此，20 世纪 70 年代西方许多国家研制了线膛弹的滑动弹带。这种气密用弹带可以在弹上的环形槽中做周向滑动，即在射击时膛线使弹带旋转，而惯性较大的弹体不太旋转。只微旋的弹即可采用尾翼稳定，从而提高长径比和穿甲能力。

长杆式尾翼稳定脱壳穿甲弹在现代主战坦克上已成为主要武器装备，其性能数据见表 3-9。

表 3-9　国外长杆式尾翼稳定脱壳穿甲弹性能数据

国别	火炮口径及型式	弹丸型号	全弹质量/kg	弹丸质量/kg	飞行弹丸质量/kg	弹杆直径/mm
苏联	125 mm 滑		19.5	5.68		44
美国	90 mm 线	EP190				26
西德	120 mm 滑	DM13 式	18.6	7.1	4.5	38
以色列	105 mm 线		18.7	6.3	4.2	33
英国	105 mm 线	PPL64 式	18 ~ 18.9	5.7 ~ 6.12		28
法国	105 mm 线	OFL-105	17.1	5.8	3.8	27

续表

国别	膛压 1×10^4 Pa	初速/ ($m \cdot s^{-1}$)	威力		长细比	弹杆材料
			距离/m	靶板/mm		
苏联		1 800	3 000	北约三层靶 10，25，80，(65°)	12	碳化钨
美国	3.483	>1 470	1 500	150 (60°)		钨合金
西德	5.403	1 650~1 680	2 200	北约三层靶 10，25，80 (65°)	12	钨合金
以色列	4.415	1 455		北约三层靶 10，25，80 (65°)	12.6	整体钨合金
英国	4.199	1 490	2 000	T-2坦克前装甲	14	整体钨合金
法国		1525	2 000	北约三层靶 10，25，80 (65°)	20	钨合金

图3-13所示为长杆式超速脱壳穿甲弹穿甲孔的实际情况，这已不是普通穿甲弹的挤压加冲塞的方式。当开始命中时，弹速较高，成坑较大，直径达2~3倍杆径，在侵彻过程中，杆不断破碎飞溅，侵彻坑越深时，弹速越低，向两侧飞溅的阻力也增加，坑的锥角减小，形成如图3-13所示的中段孔形，其直径为杆径的1.5倍以上，这是融化和飞溅的结果；弹继续深入，速度更低于塑性波传播速度，即产生一般的低速破坏形式——塑性变形及冲塞；长杆逐渐破碎以后，只余弹尾，随高温金属碎片和冲塞，以剩余的但仍可能相当大的速度一起飞入装甲起杀伤作用。

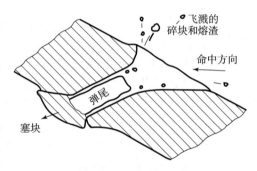

图3-13　杆式弹的穿孔

杆式穿甲弹与普通穿甲弹相比，冲塞穿孔成为次要方式，破碎情况和挤压也不完全相同，转正效应比较显著，因而原来的基本公式不能应用。据有限范围靶场试验反推，对于 $d = 0.25 \sim 0.45$ dm，$v_c = 1\,200 \sim 1\,600$ m/s，$b \approx 1$ dm，$\alpha \approx 60°$ 的情况，可用下式计算：

$$v_c = \frac{K(d + 0.25)b^{0.5}}{m^{0.5}\cos(0.85 \cdot \alpha)} \quad\quad\quad (3-13)$$

式中，K 的取值为 2 200~2 400。

7. 防护距离计算

分析坦克装甲车辆的防护性能（或火力性能）时，通常还需要计算防护距离（或穿甲距离）。在这个防护距离以外，一定的火炮（已知口径、弹种、初速、弹丸质量等）不能射穿已知的装甲（材料、厚度、倾斜角等），而在这个距离以内，该火炮就能穿透该装甲。

在以上装甲抗弹能力计算的基础上，防护距离取决于外弹道学的降速规律，这属于空气动力学的一个特殊分支。弹丸降速的影响因素很多，例如气压（包括海拔高度）、气温、风向、风速，特别是弹形、弹质量、射角、速度等，甚至包括地球的转动。

如果先求出装甲防御这种弹的强度极限（着速 v_e），根据已知初速 v_0 即可求出飞行中的

空气阻力，而从 v_0 降低到 v_c 的距离 δ 就是防护距离。根据外弹道学建立的公式为

$$\delta = \frac{f(v_c) - f(v_0)}{C} \qquad (3-14)$$

式中，$f(v_c)$ ——弹丸着速函数；

$\quad f(v_0)$ ——弹丸初速函数；

$\quad C$——弹道系数。

函数 $f(v_c)$ 和 $f(v_0)$ 取决于弹丸的外弹道特性，一般用标准弹丸试验获得外弹道数据。图 3-14 所示为根据西亚齐主函数表绘成的弹道函数值，已知 v_0 或 v_c 都可以从表中查出其函数值。

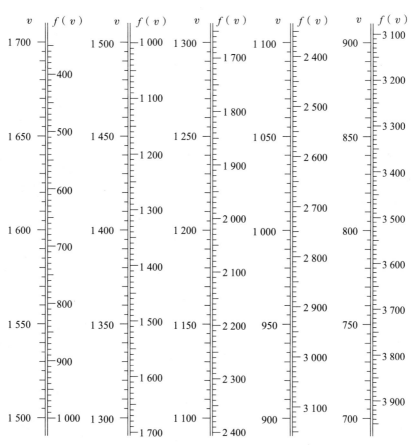

图 3-14 根据西亚齐主函数表绘制的弹道函数值

弹道系数 C 随弹丸不同而不同，对于一般弹丸可按下式求出：

$$C = \frac{10 \cdot i \cdot d^2}{m} \qquad (3-15)$$

式中，i——弹形系数；

$\quad d$——弹丸直径，dm；

$\quad m$——弹丸质量，kg。

弹形系数 i 与直径无关，其取决于弹丸形状，定型生产的弹丸均有按西亚齐阻力定律确

定的 i 的试验值。各种口径的一些弹丸的 i 值及计算出的 C 值见表 3－10。

表 3－10 一些弹丸的弹道参数

口径/mm	弹丸质量/kg	初速/(m·s⁻¹)	i 值	C 值
ШКАС 7.62	0.009 6	825	0.48	2.9
КБ 12.7	0.045 1	825	0.45	1.56
уБ 12.7	0.049 5	850	0.51	1.6
М－3 12.7	0.045 1	780	0.46	1.56
М17、Б－20	0.095 5	800	0.81	3.39
20	0.125 5	860	0.76	2.45
АМ、НС、НР 23	0.199	690	0.63	1.67
ВЯ 23	0.199	890	0.63	1.67
Н－37	0.758	690	0.50	0.89
37	0.758	1 020	0.56	1.0
М－4 37	0.78	500	0.82	1.5
57	2.8	1 000	0.57	0.66
76.2	6.2	655	0.7	0.66
85	9.2	792	0.51	0.54
100	15.88	895	0.62	0.39
122	25	781	0.54	0.40
152	48.96	600	0.6	

如无数据，则可按图 3－15 中的弹形系数与弹形比例关系曲线，根据弹形比例选取。其中 H 是弹丸锥形部分的长度。对一定口径的弹丸，H 越长，i 值越小，C 值也小，表示飞行阻力小、降速慢，因而穿甲距离也较大。但是这样的弹头头部脆弱，容易碰毁。

次口径脱壳穿甲弹的 d 较小，使 H/d 较大，这样的弹形系数 i 小，而 d^2 使 C 更小，所以降速的距离显著增大。

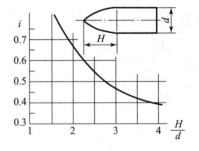

图 3－15 弹形系数与弹形比例关系

对于 H/d 值一定的弹丸，当 m 值增大时，C 值减小，而由一定速度降计算得到的距离 D 也增大。这是弹丸常用铅弹或重质合金的原因。

若弹丸比例形状一定，但弹径较小，例如枪弹，由于质量大体和 d^2 成比例，即式（3－15）中的分子小得更多一些，其结果，C 增大使 D 减小。这是枪弹不如炮弹射程远的原因。通常远射程炮都是大口径的。现代主战坦克火炮的口径日益增大，较从前更宜于远战，这也推动了坦克火控装置提高其射击精度。

8. 装甲对穿甲弹的防护

总结以上穿甲情况，从防御的一方来看，除争取在防护距离 D 外就把敌人消灭掉外，增强防护性的措施主要有以下几个方面：

（1）增加装甲厚度。从各穿甲公式均可看出，加大 b 值可以提高防御能力。这就是多年来坦克装甲一再增厚的原因。但是，这将使战斗全质量显著增加，而对防护力的增强却不是很显著，对于超速脱壳穿甲弹更是如此。

（2）改善装甲质量。提高抗弹能力 K 值，改进装甲的强度、硬度和韧性，或采用复合装甲等，都可以加强防护力。这也与倾斜装甲的 n 值有关。

（3）减小装甲倾角、增大着角。可以显著提高装甲防护力，如装甲倾角由 90° 改为 40°或 20°，可以使击穿强度极限增加 2～4 倍。由图 3 - 16 可以看出其效果是比较显著的，倾斜角在 20° 以内的装甲较难被击穿。

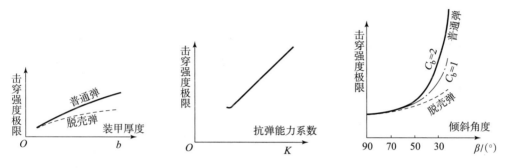

图 3 - 16　装甲击穿强度极限与 b、K 和 α 的关系

3.2.2　破甲和碎甲弹的防护

一般情况下，破甲弹是指成型装药破甲弹，也称聚能破甲弹或空心装药破甲弹，简称 HEAT（High - Explosive Anti - Tank）。破甲弹和穿甲弹是击毁装甲目标的两种最有效的弹种。破甲弹是靠成型装药的聚能效应压垮药型罩，形成一束高速金属射流来击穿装甲，不要求弹丸必须有很高的弹着速度，因此，被广泛应用于各种坦克炮、加农炮、无坐力炮、子母弹（雷）、反坦克火箭筒、导弹和末敏弹等中。

破甲弹伴随坦克装甲的发展而发展，如为应对复合装甲和反应装甲爆炸块，出现了串级聚能装药破甲弹；为提高远距离攻击装甲目标能力，出现了末端制导破甲弹和攻击远距离坦克群的破甲子母弹；为了提高破甲弹的后效作用，出现了炸药装药中加杀伤元素或燃烧元素等随进物的破甲弹；为克服破甲弹旋转给破甲威力带来的不利影响，采用了错位式抗旋药型罩和旋压药型罩等。成型装药的结构和技术也在不断发展，从早期变壁厚药型罩、喇叭形和双锥形药型罩，到后来的串联成型装药药型罩、截锥药型罩、分离式药型罩和大锥角自锻破片药型罩等；破甲深度也由原来的 4～6 倍装药直径提高到 7～9 倍装药直径。

破甲战斗部之所以能够击穿装甲，得益于空心装药爆炸时的聚能效应。也就是说，在弹丸中装填炸药时留出一个接近倒锥形的中空的空间，其锥底朝向目标的一方，底径长度接近弹径。当装药爆炸时，产生的高温、高压爆轰产物迅速压垮金属药型罩，使其在轴线上闭合并形成能量密度更高的金属射流，从而侵彻直至穿透装甲。

1. 破甲厚度的计算

现代广泛应用改进的空心装药技术，是利用金属药型罩来形成锥形的空间，其药型罩材料一般为相对延伸率高达45%～60%的铜基合金，锥顶角常在30°～60°，或大到120°，视用途而定。

当弹丸触及装甲后，在后部的引信将炸药引爆，爆炸波的强度为20万～30万个大气压，以1 000～2 500 m/s的速度向轴心聚集，并陆续将锥形装药药型罩压实成为一个密实的杵状体。杵状体前端细而速度大的，称为金属射流，占罩的质量的20%～30%，直径通常为3～5 mm，温度近1 000℃，金相分析呈半固半液态。射流头部速度高达7 000～9 000 m/s，而后部速度只有500～2 000 m/s，因而，在前进中越拉越长，但在相当距离内并不断裂。除20%～30%的药型罩金属形成射流外，其他金属大部分形成一个杵状体，在射流之后以约420 m/s的速度前进。射流的头部高速碰击甲板的局部压力可高达数10万～100万个大气压，远远超过装甲板金属的强度极限，使金属板成为固、液转化状态，被冲成孔，并向四周流动。具有动能的射流一面消耗，孔一面加深，直到剩余射流速度低到冲击不动装甲为止。以上所述的过程实际发生时间不超过0.000 3 s，孔的穿透速度比射流低得多，但也达到1 500 m/s左右。破甲过程如图3-17所示。

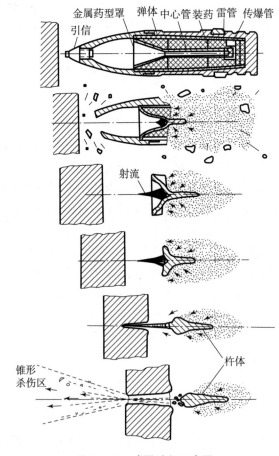

图3-17　破甲过程示意图

若装甲板不太厚，最后一层装甲可能向内鼓包或爆裂，剩余杵体（20%～30%罩金属的剩余部分）和装甲的碎渣一起在锥顶角90°～110°内以1 500～2 000 m/s的速度向车内散射，起到杀伤作用，这称为后效，而弹体本身留在装甲外侧。当装甲厚度等于通常用以表明破甲能力的"最大破甲深度"时，后效为零，几乎再无杀伤作用。反之，剩余射流越多，越能起到破坏作用。

为得到良好的聚能效果，爆炸时锥底到装甲面的距离（也称为炸高）应该为药型罩锥底直径 d' 的 $2 \sim 3$ 倍，或随锥角而定位到某一定范围内。在弹不旋转的情况下可以造成 $3 \sim 5.5$ 倍 d' 的孔深，即破甲厚度相当于 $3 \sim 5$ 倍的弹径 d。破孔基本上是圆形或椭圆形的，进口直径约为 $d'/3$，最大孔深处直径约为 $d'/10$。例如，120 mm 口径炮的锥底直径最大可能为 100 mm，孔径从入口到出口为 $35 \sim 10$ mm。

根据理想的不可压缩定常流体理论，可得到连续射流与装甲靶材相互作用界面的运动速度——侵彻速度 u 与射流速度 v 的关系式：

$$u = \frac{v}{1 + \sqrt{\dfrac{\rho_2}{\rho_1}}} \tag{3-16}$$

式中，ρ_1——金属射流密度，kg/m^3；

ρ_2——装甲靶材密度，kg/m^3。

若射流长度为 l，总破甲时间为 t，则 $t = l/(v - u)$，对应的破甲深度为 $b = ut$，即

$$b = l\sqrt{\frac{\rho_1}{\rho_2}} \tag{3-17}$$

即破甲深度 b 按材料密度及射流长度而定，这称为"密度定律"，可见破甲深度取决于射流的长度和金属射流密度与装甲靶板密度之比，与实际相符。但这个公式是比较粗略的，因为射流长度 l 在破甲过程中是变化的，且未考虑材料强度和射流速度对破甲深度的影响，这一点与实际情况不符。研究射流破甲性能时常采用侵彻行程—时间曲线及 $b-t$ 曲线。在侵彻初期射流速度很高时，可以忽略靶板强度的影响，对应破甲初期 $100 \sim 200$ mm 深度内，材料强度基本不起作用，起作用的主要是材料密度，如式（3-17）所示。超过这个范围，由于射流速度的降低及靶板坑底以侵彻速度 u 向前运动，使压力迅速下降，这时材料的抗拉强度对破甲影响就开始明显起来，并随破甲深度的增加而作用越来越大，成为影响破甲过程的一个重要因素，使理论曲线偏离了实验曲线。

在工程设计中，常用一些简单的经验公式初步估算设计方法的破甲深度，如新 40 破甲弹总结的静破甲平均深度 b 的经验公式为

$$b = 1.7\left(\frac{1}{2\tan\alpha} + \gamma\right)d_k \tag{3-18}$$

式中，α——药型罩半锥角；

γ——与药型罩锥角有关的系数；

d_k——药型罩口部内径。

在式（3-18）的基础上进一步修正计算破甲深度的公式较多，但都比较复杂，且不便于应用或仍不太准确，原因是影响因素很多。作为非专门研究的一般应用，通常掌握最大破甲深（厚）度为锥底直径的倍数，即 b/d 值即可。例如，近代破甲弹破甲厚度 $b/d = 4 \sim 6$，而现代的高水平已发展到 $7 \sim 9$，实际杀伤力随装甲厚度小于这个最大能力的值而定。

2. 影响破甲深（厚）度的因素

1）药型罩

在破甲深度计算公式中，从弹的一方看，药型罩最好能采用密度（ρ_1）大、延展性好且在形成射流过程中不气化的材料。材料的延展性好，可以使射流长度（l）加长而不断裂分散。例如，铜罩就比铝罩好。对于采用 TNT（50/50）药柱、装药直径 36 mm、药量 100 g、装药密度 1.6 g/cm³、药型罩锥角 40°、罩壁厚 1 mm、罩口直径 30 mm 和炸高 60 mm 的试验，其结果表明：紫铜的密度较高，塑性好，破甲效果最好；铝虽然延展性较好，但密度太低，熔点低；铅虽然密度高，延展性也好，但由于其熔点和沸点都很低，在形成射流的过程中易气化，所以铝和铅的药型罩破甲效果不好。相关不同罩材料的破甲效果试验结果见表 3-11。

表 3-11　不同材料药型罩的破甲试验结果

罩材	破甲深度/mm			试验发数
	平均	最大	最小	
紫铜	123	140	103	23
生铁	111	121	98	4
钢	103	113	96	5
铝	72	73	70	5
锌	79	93	66	5
铅	91	—	—	1

为了提高破甲弹的破甲效果，也可以采用"复合材料药型罩"，即药型罩内层用紫铜、外层用铝合金、镁合金、钛合金和锆合金等具有燃烧效能的低燃点的金属材料，现代常用的材料是相对延伸率为 45%～60% 的合金——铜和砷、铜和钛、低碳钢和钛、铜和锌、铜锡锌、铜镍锌等。

除材料外，药型罩的形状、锥角、壁厚、材料和加工质量等也对破甲威力具有显著影响。

药型罩的形状是多种多样的，有半球形、截锥形、喇叭形和圆锥形等，如图 3-18 所示。

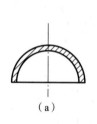 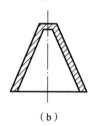 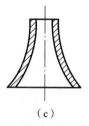 

（a）　　　　　　（b）　　　　　　（c）　　　　　　（d）

图 3-18　常用药型罩形状

（a）半球形；（b）截锥形；（c）喇叭形；（d）圆锥形

不同形状的药型罩，在相同装药结构的条件下得到的射流参数不同，见表 3-12。例如，对装药（聚能装药）直径为 30 mm、长度为 70 mm、壁厚为 1 mm（钢板）的药型罩所做的试验表明：喇叭形药型罩所形成的射流速度最高，圆锥形次之，而半球形最差。

表 3-12 药型罩形状对射流速度的影响

药型罩形状	药型罩参数		射流头部速度/(m·s⁻¹)
	底部直径/mm	锥角/(°)	
喇叭形	27.2	—	9 500
圆锥形	27.2	60	6 500
半球形	28	—	3 000

虽然喇叭形药型罩具有母线长、炸药装药量大和变锥角等优点，但其工艺性不好，难以保证加工质量。因此，在国内外装备的破甲弹中大多采用相对易于制造且能满足破甲威力要求的圆锥形药型罩。为进一步提高成型装药破甲弹的侵彻能力，在一些破甲弹上还采用了双锥药型罩，如图 3-19 所示。

圆锥形药型罩锥角的大小，对所形成的射流的参数、破甲效果以及后效作用都有很大影响。当锥角小时，所形成的射流速度高，破甲深度也大，但因其破孔直径小，故后效作用及破甲稳定性较差；当锥角大时，虽然破甲深度有所降低，但其破孔直径大，后效作用及破甲稳定性都较好。对药型罩锥角的研究表明：其锥角在 35°～60° 内选取为好，如对中、小口径破甲弹可取 35°～44°，对中、大口径破甲弹可取 44°～60°。采用隔板时锥角宜大些，否则锥角宜小些。

药型罩的壁厚与药型罩的材料、锥角、罩口径和装药有无外壳有关。总的说来，药型罩壁厚随罩材密度的减小而增大，随罩锥角、罩口径的增大而增大，随外壳的加厚而增大。为了改善射流性能，提高破甲效果，在实践中通常采用变壁厚药型罩，如图 3-20 所示。试验结果表明：采用顶部厚、底部薄的药型罩，其穿孔浅；采用顶部薄、底部厚的药型罩，只要壁厚变化适当，穿孔进口变小，随之出现鼓肚现象，且收敛较慢，能够提高破甲效果，但如果壁厚变化不合适，则破甲深度降低。

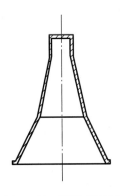

图 3-19 双锥药型罩

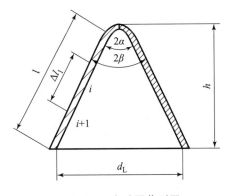

图 3-20 变壁厚药型罩

药型罩一般采用冷冲压、旋压法和数控机床切削加工法制造。用旋压法制造的药型罩具有一定的抗旋作用，这是因为在旋压过程中改变了金属药型罩晶粒结构的方向，形成了内应力。药型罩的壁厚差易使射流扭曲，影响破甲效果，所以在加工时应严格控制壁厚差（一般要求不大于 0.1 mm），特别是靠近锥顶部的壁厚差。

2）炸药装药

选用适当药型罩材料后，形成的射流及其速度与装药的密度有关，良好的精装药可以在相当程度上提高破甲效果，见表3-13。

表3-13 炸药性能对破甲威力的影响

炸药	密度/(g·cm⁻¹)	爆压/(×10⁸ Pa)	破甲深/mm	孔容积/cm³	试验发数
B炸药	1.71	232	144±4	35.1±1.9	8
RDX/TNT 80/20	1.662	209	136±9	29.8±1.7	4
RDX/TNT 50/50	1.646	194	140±4	27.5±1.2	5
RDX/TNT 20/80	1.634	171	138±7	23.5±0.7	5
TNT	1.591	152	124±7	19.2±1.2	10
RDX	1.261	123	114±5	12.6±0.9	10

为形成较长的射流长度，锥底直径d'一般尽量扩大到接近允许的弹径d。随着d加大，破甲深度b也成比例地增加。目前坦克炮口径日益增大，这不但有利于穿甲，而且有利于破甲。同时，反坦克导弹的直径也在加大，有的已发展到175 mm。

3）炸高

另外，炸高对破甲威力影响也很明显。所谓炸高，是指聚能装药在爆炸瞬间，药型罩的低端面至靶板的距离。静止试验时的炸高称为精炸高，实弹射击时的炸高称为动炸高。炸高对破甲威力的影响可从两个方面分析：一方面随炸高增加，射流伸长，从而破甲深度增加；另一方面随炸高增加，射流产生径向分散和摆动，延伸到一定程度后出现断裂，从而使破甲深度降低。在较大炸高时，射流长度l的值也大。只要射流不断裂和分散，就能提高破甲深度b。一般来说，在适当的锥角时，可以在一定炸高下得到最大的破甲深度；锥角过小，最大破甲厚度及其相应炸高也都小；大锥角时的炸高虽大，但破甲深度却不大。不同罩锥角时炸高与破甲深度的关系如图3-21所示。

与最大破甲深度相对应的炸高，称为最有利炸高。影响最有利炸高的因素有很多，如药型罩锥角、材料、炸药性能和有无隔板等。图3-22给出了罩锥角为45°时，不同材料药型罩的破甲深度与炸高的关系曲线。一般来说，破甲孔径和破甲厚度成反比，即调整锥角以增大破甲厚度时，穿孔的直径及相应杀伤力在减小。一般情况下，最有利炸高的数值常根据试验结果来确定。

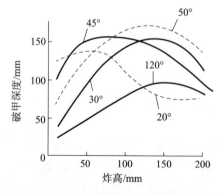

图3-21 不同罩锥角时炸高与破甲深度的关系

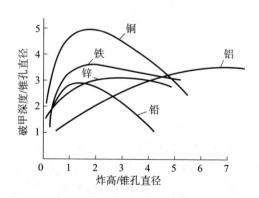

图3-22 不同罩材时炸高与破甲深度关系

因此，从防护措施方面来说，可以针对具有最大破甲厚的一定炸高来采取措施。现代坦克常采用屏蔽装甲，即在主要的基本装甲之外一定距离处，设置提前引爆锥形装药引信的薄板。例如：在履带行驶装置之外、叶子板下安装的屏蔽裙板，可以使锥形装药的各种炮弹、反坦克导弹、火箭筒等触发引爆，而侧装甲的主体尚在裙板之后 0.5 m 以外的远处，相当于比预定的破甲炸高额外增加了几倍于弹径 d 的炸高，使破甲弹射流于对侧屏蔽装甲之外。如苏联的 T - 72 坦克采用可以依靠弹簧外张的屏蔽装甲板，使前侧方飞来的锥形装药弹的炸高增加；瑞典 S 坦克、法国勒克莱尔坦克、美国 M1A1 坦克和 M2A1 步兵战车等在城市战中都采用栅栏屏蔽装甲，其由间隔较小的高密度钢管焊接而成，可以提前引爆破甲弹，使射流失稳，避免或降低车体和炮塔中弹的概率。

4）引信

引信与破甲弹的结构、性能都有密切的关系。首先，引信直接关系到破甲弹的破甲威力，引信的作用时间对炸高有影响，引信雷管的起爆能量、起爆的对称性、传爆药等都会直接影响破甲威力和破甲稳定性，所以应根据具体的装药结构选择合适的引信。其次，引信的头部机构和底部机构在破甲弹上通常是分开的，在设计破甲弹结构时必须考虑构成引信回路这一因素。

适合破甲弹破甲威力要求和机构要求的首选引信是压电引信，其作用原理是由引信顶部的压电晶体在撞击装甲板时受压所产生的电荷，经导线回路传到破甲弹底部的电雷管，以起爆成型炸药。压电引信瞬发度高，不需要弹上的电源，靠晶体受压产生电压，结构简单、作用可靠，因而在破甲弹上得到广泛应用。

5）隔板

隔板是指在炸药装药时，在药型罩与起爆点之间设置惰性体或低速爆炸物，一般采用塑料或低爆速炸药制成的活性隔板。隔板的作用在于改变在药柱中传播的爆轰波形，控制爆轰方向和爆轰到达药型罩的时间，提高爆炸载荷，从而加快射流速度，以达到提高破甲威力的目的。

隔板的形状可以是圆柱形、半球形、球缺形、圆锥形和截锥形等，目前多采用截锥形。图 3 - 23 所示为爆轰波在装药中的传播示意图。无隔板装药的爆轰波形式为由起爆点发出的球面波，波阵面与罩母线的夹角为 φ_1；有隔板装药的爆轰波传播方向分为两路，一路是由起爆点开始经过隔板向药型罩传播，另一路是由起爆点开始绕过隔板向药型罩传播，结果可能形成

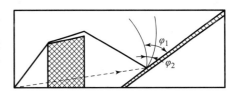

图 3 - 23 爆轰波传播示意图

具有多个前凸点的爆轰波，这时作用于药型罩的波阵面与罩母线的夹角为 φ_2，显然有 $\varphi_2 < \varphi_1$。

隔板直径的选择与药型罩锥角有很大关系，一般随罩锥角的增大而增大。当药型罩锥角小于 40° 时，采用隔板会使破甲性能不稳定，因而设置隔板的必要性不大。实践表明：在采用隔板时，隔板直径以不小于装药直径的一半为宜。

隔板厚度与材料的隔爆性有关，过薄或过厚都不好。过薄会降低隔板的作用，过厚可能产生反向射流，同样会降低破甲效果。

在确定隔板时，应合理选择隔板的材料和尺寸，尽量使爆轰波形合理、连续光滑，不出现节点，一般应保证药型罩从顶至底的闭合顺序，充分利用罩顶药层的能量。

6）壳体

试验表明：装药有壳体和无壳体相比，破甲效果有很大差别，这主要是由弹底和隔板周围部分的壳体所造成的。

壳体对破甲效果的影响是由通过壳体对爆轰波形的影响而产生的，主要表现在爆轰波形成的初始阶段。壳体对于破甲性能的影响可以从两个方面进行分析：对于光药柱可以通过试验使得爆轰波形与药型罩压合之间获得良好配合；而当药柱带有壳体时，由于爆轰波在壳体壁面上发生反射，并且稀疏波进入推迟，从而使靠近壳体壁面的爆轰能量得到加强。这样一来，侧向爆轰波较之中心爆轰波提前达到药型罩壁面，损害罩顶各部分的受载情况，迫使罩顶后喷，形成反向射流，从而破坏了药型罩的正常压垮顺序，使最终形成的射流不集中、不稳定，导致破甲威力下降；另一方面，当药柱增加壳体后，将减弱稀疏波的作用，而且如果适当改变装药结构，也可以提高破甲性能。在同样条件下，减小隔板的直径和厚度可降低壳体的影响，从而有利于提高炸药的能量利用率。

7）装甲靶板

相当倾斜的装甲可以使射流偏转失效，这既存在倾斜装甲使弹体在聚能瞬间倾斜的问题（但可采用压电引信等迅速引爆补救），也有装甲对射流抵抗力不平衡的问题。因此，当装甲倾斜角小于 20°～25° 时，就能比较有效地防护破甲。在坦克不便于设置屏蔽装甲之处，如车体前装甲，常采用小角度的倾斜装甲。

8）旋转效应

影响破甲厚度的另外一个重要因素是线膛炮破甲弹的旋转转速。转速越高并且直径越大时，射流越不能很好地聚集，且横断面积增大而密度减小，从而显著影响破甲，大口径火炮采用破甲弹因此发生困难，必须采取相应的措施：如采用冲压成型的反旋药罩，在聚能时可以减小转速的影响；或者采用可在弹体上滑动的弹带，减少弹的旋转速度；或者在弹的外壳与内部装药之间设置滚动轴承，弹壳仍高速旋转，可以保证飞行中的陀螺效应，内部只微旋，不影响聚能破甲。但无论采取什么措施，都会不同程度地造成结构上的复杂。在这个问题上，不旋转或微旋的尾翼稳定弹就比较方便。这是促使滑膛炮和尾翼稳定弹得到发展的原因之一。

3. 聚能破甲的发展

能有效防护聚能破甲的复合装甲出现之后，聚能破甲又在提高炸高、破甲厚度及增大后效等方面进行了研究。例如，双锥角药型罩的应用、炸药能量的二次释放原理、多层炸药在小锥角药型罩上的应用等。图 3-24 所示为双药型罩串联的锥形装药，其后部的装药先爆，射流穿过前中心孔破甲，前部装药后爆，射流再继续扩深破甲孔，或对装甲板起杀伤作用。此外，也有的结构是利用前部先爆的向后能量引爆后部装药。

目前，值得注意的是大锥角成型装药，又称自锻破片技术。这种大至 120° 锥角的装药可以使药型罩翻转聚集，如图 3-25 所示。这种装药所形成的金属体或弹片虽不如一般破甲弹所能达到的厚度，但炸高可以达到几十倍弹径，金属体经过这个距离的空气冷却过程称为"自锻"，其并不会像射流那样断裂分散，可以在相当大的距离内都具有破坏能力。它最后破坏装甲的机理也是依靠动能，因而其作用可以认为是介乎破甲弹与穿甲弹之间。目前，它主要用于开发攻击坦克装甲车辆顶部的子母弹，贯穿能力约等于其口径，足以穿透厚度在 3～40 mm 以内的顶装甲，这将构成相当大的威胁。

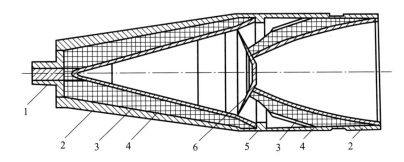

图 3 - 24　二级串联的锥形装药结构

1—雷管接头；2—第一级和第二级外壳；3—LX - 07 炸药；
4—第一级和第二级药型罩；5—连接器；6—截断器

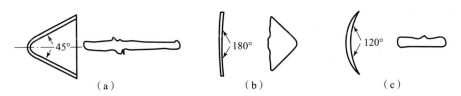

（a）　　　　　　　（b）　　　　　　　（c）

图 3 - 25　金属射流、翻转弹与杵形弹

（a）金属射流；（b）翻转弹；（c）杵形弹

　　破甲弹的另一发展方向是多用途弹。若采取一些措施，例如在弹体上刻制专门的槽纹以形成许多杀伤碎片，或沿空心装药的周围增添一些预先制好的杀伤元件等，则可以在几乎不降低其破甲能力的同时，利用其爆破能力对有生力量产生较大的杀伤作用，这对破坏装甲没有什么改变，但在坦克的弹药储备中就可以将爆破（榴）弹和破甲弹合为一种，为实现自动装弹机构和后勤供应带来好处。

4. 碎甲弹的防护

　　另一种反坦克弹种是塑性炸药碎甲弹，如图 3 - 26 所示，它有时也曾兼作爆破（榴）弹用。碎甲弹的头部弹体较薄，常用低碳钢制造，易于变形。弹内大部分空间装有较多的高能量塑性炸药。当击中装甲时，弹头被压扁和扩大，使炸药贴向装甲表面，其接触面积可达弹断面的 2 倍，在炸药大量堆贴在装甲表面的瞬间，引信准时将炸药引爆，强烈的爆炸振动使装甲内表面崩落一块几十毫米、质量几千克的钢饼和一些小碎块，以几百米每秒的速度飞出，产生较大的杀伤破坏作用。

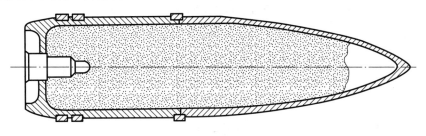

图 3 - 26　塑性炸药碎甲弹

为什么装甲未被穿透而内部会崩落呢？装甲局部受猛烈的爆炸冲击，形成强大的压缩应力波，使装甲内的质点和波的方向一致地向内部运动，如图3－27的实线波所示。压缩应力波传播到装甲内表面时发生反射，向回传播又引起拉伸应力波，使装甲质点又向外运动，如图3－27的虚线所示。压缩应力波和拉伸应力波叠加，在装甲内产生裂纹和崩落，并被压缩应力波推动使碎块飞出。由此可见，碎甲原理和穿甲、破甲原理根本不同。

碎甲弹的结构简单、成本低，足够的装药量一般能对厚度为一倍多口径的装甲起作用，其效果不受弹丸旋转的影响，且对20°以上的倾斜装甲的效果也很好。但是，弹体变形时如果炸药不能很好地大面积贴近装甲，或不是正在贴近的瞬间准时爆炸，就不能很好地形成最强的应力波。由于爆炸时间要求准确，受命中角度和着速等因素变化的影响，难以在各种距离和不同情况下都能达到好的效果，故通常只能限制这种弹的初速，如有的不大于 800 m/s，这就会影响其命中率和远距离使用。

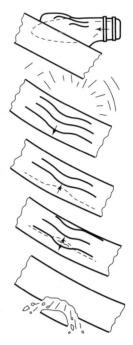

图3－27　碎甲过程示意图

针对碎甲特点，装甲的防护措施除加大倾角以外，主要是破坏应力波的传播。双层、多层或间隙装甲以及复合装甲等都能较好地防御碎甲弹。屏蔽装甲的防护效果更好，这和防护空心装药破甲弹的原理是基本一致的。

3.3　装甲防护与特种防护

装甲的主要功能是防止弹丸及其弹片对受保护物体和人员造成损伤，以及在不同程度上避免或减轻其损伤的程度。

装甲材料的
要求和种类

装甲防护是在与反坦克武器的矛盾对抗中发展起来的，随着反坦克武器弹药威力的增加，坦克装甲防护水平也在不断提高，从金属装甲向非金属材料过渡，由单纯合成材料向合成材料与金属装甲板陶瓷护片等复合系统发展。目前，各国采用的复合装甲、间隙复合装甲、模块式复合装甲、屏蔽和附加式复合装甲等种类繁多，所用的材料多为装甲钢、陶瓷材料和树脂基复合材料。复合装甲技术使现代坦克破防能力提高了 2～3 倍，防穿甲能力提高了 1.1～2 倍。坦克装甲防护技术的发展情况见表3－14。

表3－14　坦克的装甲防护水平（等效防护钢装甲厚度，mm）

坦克	防穿甲	防破甲
第一代	首上装甲 76～127，炮塔正面装甲 110～220	
第二代	300	500
第三代	500～600	800～1 000
第四代（预计）	900～1 000	1 300～1 400

装甲的防护对象是多方面的。从作用原理方面来看，对常规武器首先是防穿甲和破甲作用，而对核武器主要是衰减辐射渗透。其他的碎甲、光辐射、冲击波等的威胁不太大，或只能在一定距离上保持防护。各种污染防护，基本属于结构设备而不是装甲本身的问题。装甲的用途不同于一般机械，首先对其材料的要求特别高。这些要求如下：

（1）抗弹性能高。抗弹性能，一般是指在一定的射击参数下抵抗弹丸冲击而不被破坏的性能。在防御最基本的穿甲和破甲时，装甲在高压、高速和高温的作用下，发生塑性变形（金属流动）、破裂，甚至部分熔化或气化。能量吸收形式和破碎或变形的类型随各种载荷条件的改变而变化。材料的变形是通过大塑性流动（如挤压）还是通过脆性破坏（如冲塞）的方式，取决于材料本身的性质，同时也取决于弹丸所施加的载荷条件。因此，某些在一般载荷下本来不重要的性能，如密度、组织结构、弹丸扰动等，在高速冲击下也会变的较为重要。

抗弹性能高这一要求首先要求材料强度高，使装甲在弹丸冲击下不易变形，既要求硬度高以使弹丸变形或破碎，又要求韧性好以免装甲破碎或产生碎片效应起杀伤作用，还要求易于切割和焊接且不出现裂纹，而硬度和韧性经常又是相互矛盾、难以兼得的。另外，低温性能是评价装甲防护能力的综合指标。一般钢材在低温时变脆。如果钢材脆性转变点的温度高，会导致韧性储备差，在常温状态下也容易出现脆性损伤，更会影响在低温条件下战斗的防护能力。广义而言，材料的抗弹能力也包括能经受多次打击而不被破坏或可修复的性能。例如，弹坑或焊补处附近的原金属热处理性能的改变程度等。依靠结构措施采用可更换的装甲元件时，结构本身也可能被破坏或变形，导致不能实现可换的目的。

（2）能迅速衰减 γ 射线和中子流，并且质量小。质量小是指具有有效衰减辐射线的能力，或能有效防止穿甲、破甲的装甲比质量不能太大。

（3）工艺性能良好。例如，对一般钢铁装甲来说，应该易于冶炼，有适当延展性、可轧制和不掉氧化皮，或流动性良好，可以铸造和铸造的缺陷少，易于切割、加工和焊接，即能被刀具等方便地切削，受热不裂、不翘曲变形，焊缝牢固，热处理容易得到理想的抗弹性能（强度、硬度、韧性）等。

（4）材料来源容易。为保证能大量生产，特别是在战争时期的政治或交通条件变化而不能保证某些国际市场的材料供应时，仍能加大产量。因此，材料来源应该可靠，应避免来源稀缺和不易供应的材料。

（5）成本低。避免价格昂贵的原料。例如，一种稀缺贵重的原料成分若只占装甲质量的 4%，对于 50 t 级的坦克，当其装甲质量约为 25 t 时，每辆坦克就需要该原料 1 t，其数量会影响成本，以至于供应的程度是可观的。

装甲的原料和组成成分及其性能是坦克装甲车辆最机密的军事技术之一，通常在国家之间的交流很少，很少具体公布。各国往往都是自行发展其装甲，因而装甲种类繁多、差别较大、各具特色，这和每个国家的军事思想、资源情况、工业体系和技术水平不同，而导致其装甲的设计思想、元素使用原则、生产工艺等不同有关。装甲可以从其性质、制造方法、材料、构成和特性等方面分类，如图 3-28 所示。

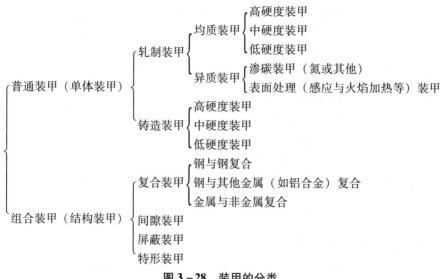

图 3 - 28　装甲的分类

非钢铁的金属装甲有铝合金、钛合金、铀合金等装甲，其中除轻型装甲车辆有时用铝合金以外，其他尚很少应用。非金属装甲材料主要是聚合物、增强纤维和硬陶瓷等，它们一般不单独使用，而是与金属装甲组成复合装甲。现在复合装甲发展迅速，但尚只限于在坦克的重要部位采用。

以上全部装甲都属于被动装甲，其特点是防护时完全被动地吸收或消耗破坏装甲的能量。此外，相应地还有所谓的主动装甲，即在其金属基体上具有适当分隔和控制数量的炸药，当其被命中引爆时，其爆炸能量能够反对弹丸，主要是反对破甲射流的侵彻作用。因此，主动装甲不只是吸收，而且具有主动地破坏弹丸的能量。至于主动防护，是指对来犯而尚未到达之前的弹丸做出反应及进行反击。

3.3.1　装甲钢

装甲钢是满足某些特殊技术要求的合金结构钢，是制造坦克装甲车辆车体、炮塔和附加装甲结构的主要材料，构成车辆壳体、承受各种负荷并具有防护功能。因此，要求其具有良好的强度（硬度）、韧性、抗弹性能（抗击穿、崩落、裂纹）和工艺性能（轧制、铸造、热处理、切割、切削加工、焊接等）以及较高的效费比。

装甲钢按生产工艺可分为轧制装甲钢和铸造装甲钢；按截面化学成分、金相组织和机械性能是否一致可分为均质装甲钢和非均质装甲钢；按防御弹种（或厚度规格）可分为抗炮弹用（或中、厚）装甲钢和抗枪弹用（或薄）装甲钢，前者钢板厚度在 25 mm 以上，后者钢板厚度为 5 ~ 20 mm；按硬度等级分为低硬度（217 ~ 255 HB）、中硬度（269 ~ 341 HB）、高硬度（388 ~ 514 HB）和超高硬度（＞514 HB）装甲钢。

1. 化学成分

装甲钢均为低、中碳低合金钢，含碳量大多在 0.25% ~ 0.32%，少数低于 0.19% 或高于 0.45%，如国内常用的 28Cr2Mo、26SiMnMo、22SiMn2TiB、30CrMnMoRE、30CrNi2MnMoRE、30CrNi3MoV、30MnCrNiMo、42CrNiMoV、ZG30MnNiMnCuBXt、28CrMnMoXt 等装甲钢（参见 GJB 1496A—2000、GJB 31A—2000、WJ1629—1985 等技术条件）。

从装甲钢材料化学成分组成来区分，国外坦克装甲车辆采用的主要是 NiCrMoV、NiCrMo、CrMo、MnMo 等合金系列的均质钢装甲。第二次世界大战时，美国常采用 MnMo、NiCrMo、NiCrMnMo、CrMn、NiCrMnV 等钢，近年主要用 NiCrMo 系列；苏联则一直用 NiCr、NiCrMn 等装甲钢，薄装甲常用 CrMnMu、SiCrMo 等系列。第二次世界大战时一般装甲钢的化学成分见表 3 – 15。

表 3 – 15　装甲钢的化学成分

成分	C	Ni	Mn	Cr	Mo	Si	V	W, S, P
百分比/%	0.25 ~ 0.32	1 ~ 6	0.7 ~ 1.5	0.7 ~ 2.5	0.2 ~ 0.6	0.1 ~ 0.4	0.1 ~ 0.2	少量

各种元素对装甲质量有不同的影响。增加 C 可以显著提高装甲硬度，但会使韧性大为降低；Ni 可促使装甲韧性和强度增加；Mn 可增大强度和硬度；W 能使钢的晶粒细化，以提高钢的硬度和强度，并具有良好的铸造性；Cr、Si 与 Mo 能增加强度和硬度，Mo 和 Si 还能减小装甲在回火时的脆性。这些合金元素一般都能增加装甲的可淬性。如苏联的 T – 62 坦克装甲为 NiCrMo 系列中的中硬度装甲（C 0.33%，Cr 2.28%，Mo 0.37%，Mn 0.41%，Ni 1.94%，Si 0.25%，压痕直径为 3.44 ~ 3.55 mm）。

应该注意，装甲对 Ni 和 Cr 的需求量很大，这是由于装甲质量占坦克战斗全质量的 1/3 ~ 1/2，因而每辆坦克边需要成吨的 Ni 和 Cr。Ni、Cr 和 Mo 都是比较贵重的高级合金材料，不同国家根据本国资源、供应情况而应该有不同选择。如缺少 Ni、Cr 等的国家，有时可用 SiMnMo 等系列代替。

这些装甲钢的强度与常用的高级合金钢相差不大，而硬度则高于高级合金钢。因此其特点可描述为硬而不脆的高强度钢。实际上，由于硬度还有高、中、低的差别，因而强度和冲击韧性或延伸率还是不能完全兼顾的。不同硬度装甲材料的材料性能见表 3 – 16。

表 3 – 16　常用装甲硬度示例

类型	厚度或规格/mm	硬度：布氏球痕直径 d_R（mm），球 ϕ10 mm，294 000 N	应用
高硬度轧板 $d_R = 2.75 ~ 3.15$	5 ~ 6 8 ~ 12 15 ~ 20	2.70 ~ 2.90 2.75 ~ 3.10 2.85 ~ 3.15	主战坦克顶甲板，轻型战车车体
中硬度轧板 $d_R = 3.3 ~ 3.75$	25 ~ 60 80 100	3.30 ~ 3.60 3.30 ~ 3.60 3.30 ~ 3.70	主战坦克前甲板、侧甲板和后甲板
中硬度铸件	小铸件	3.55 ~ 3.85 3.50 ~ 3.80	炮框
低硬度铸件 $d_R = 3.8 ~ 4.3$	大铸件	3.80 ~ 4.30	炮塔

一般车体和炮塔的图纸不注明装甲钢的种类和成分，而另由专门文件内标注，以便于保密。

2. 生产工艺性

从第二次世界大战开始，钢通常以机械轧制均质装甲（RHA）的形式应用于军用车辆。

装甲钢的开轧温度不低于1 150℃，终轧温度不高于950℃，经轧制获得所需尺寸的钢板，同时破坏铸锭时粗大的一次晶粒和枝晶，得到纤维结构，增加密度，提高钢的力学性能。轧制装甲通常要经过二次热处理（820~860℃），并在油或水中淬火以提高其硬度，然后再经过回火处理（保持460~650℃加热数小时）以增加韧性。选择不同的回火温度可以获得不同的力学性能和防护性能，一般较低的回火温度用于处理较薄、硬度较高的装甲，而较高的回火温度用于处理较厚、硬度较低的装甲。

大型装甲钢铸件有整体车体、部分车体和炮塔，小型铸件有防盾和百叶窗片等。铸造装甲的优点是可以获得任何形状的零件，壁厚合理、倾角理想，可以减少薄弱的焊缝结构，也可以减少切割、修磨和机械加工的工作量。此外，其金属消耗少，生产较简单，可以利用许多工厂的铸造平炉或电炉，便于战时动员生产，且不需要成套的轧制、矫直等设备。铸造装甲的缺点在于抗弹性能不及轧制装甲。例如，美国标准中对铸造装甲的技术要求比轧制装甲低13%~14%。

铸造装甲钢要求偏析倾向较低的吸气性。为得到致密的金相组织，铸件设计要符合先凝固薄壁、后凝固厚壁的原则。为减少应力，铸件壁棱角的过渡必须缓和而没有尖角。大型铸件在浇铸后应保温几天，以减少收缩造成的缺陷，但即使经过修补，大型薄壳件的废品率也较高，常出现偏析、缩孔、疏松、裂纹、气孔等问题。大型复杂铸件过去常用干砂型以抵抗钢水的冲刷，近些年大中型铸件常采用抛砂造型，这是利用离心力将高速旋转的型砂抛入砂箱以实现坚实铸型的。中小型铸件近些年采用高压造型、壳型等铸造。新的研究表明，通过铸造添加剂的应用以及特殊激冷、结晶控制等方法，可生产出达到轧制装甲抗弹能力的铸造装甲。

装甲件的热处理有三类：

（1）工艺性热处理：最常用的是退火或回火工艺，如机械加工前的软化处理、切割后的边缘回火、炮塔焊补后的补充回火等。

（2）预备热处理：常用的是退火、正火和高温回火等。其目的是调整和消除不正常组织，为最终热处理做准备。如减少铸件晶枝偏析的扩散退火（均匀化）和正火等。

（3）最终热处理：使装甲具备所要求的性能，一般为淬火和随后的低温或高温回火。为达到最理想的性能，需要正确处理，既要防止淬火不足（硬度低），又要防止淬裂（温度过高、冷却过剧未及时回火）和过烧、过热（晶粒粗、韧性低）、变形、脱碳（特别是薄甲件）。应用高硬度装甲板生产车体炮塔零件，原则上是下料以后先加工、后淬火，否则加工困难。应用中硬度装甲板生产零件时，原则上是下料后先淬火、后加工，使形状准确、不易变形，避免影响装配焊接。硬度高的薄板淬火一般用淬火压床来减少变形。

车体和炮塔结构需要大量焊接。其优点是生产率高、结构强度大、寿命长、质量小（不需要连接件）、机械加工量少和密封性好等。但焊缝是经过一个小小的局部冶金过程形成的：焊条与装甲金属熔溶，部分C、Si、Mn等元素被烧损，氮、氧、氢等气体侵入，焊后的缝区是铸态组织，有明显的柱状结晶和杂质偏析，也可能有夹渣和气孔，导致机械性能下降。在焊缝附近的热影响区，温升到临界点以上和随后的冷却，使该区经历了一个自身热处理过程，导致性能改变。

由于保密原因，各国很少详细公开发表装甲钢的新技术内容，所透露的往往也不是最新的装甲技术。近代的新生产工艺在不断发展，例如，采用真空熔炼、电渣重熔、顺序凝固铸造工艺等，其目标是将硬度提高到 HB 400 ~ 500 以上，而又充分保持其韧性。例如，美国研制的 HY130 装甲钢生产线，它属于 NiCrMoV 系列，其屈服极限达 1 236 ~ 1 451 MPa，可以多次快速感应加热淬火，将强度再提高 343 MPa 而不降低韧性。据报道，有的新装甲钢抗拉强度已达到 1 960 MPa，硬度在 HB 245 ~ 545 之间，其成分为 C 0.27%，Mn 0.3% ~ 0.8%，Si < 0.4%，Cr 0.6% ~ 1.85%，Ni 0.15% ~ 1.6%，Mo 0.15% ~ 1.6%。钢铁装甲历史悠久，至今仍在不断发展，近期研究的注意力更广泛地扩展到新的材料和复合装甲上。

3.3.2　新型装甲

1. 铝合金装甲

铝合金装甲材料是目前国际上轻型装甲车辆采用的主要结构材料之一。同时，坦克装甲车辆的主、次承力部件，如负重轮、炮塔座圈、传动装置箱体等多种部件也采用铝合金材料，包括铸造铝合金和变形铝合金（含硬铝、超硬铝、锻造铝合金、防锈铝合金及特殊铝合金等），参见标准 GB/T 319—1996 和 GB/T 1173—1995。

铝合金的比重为 2.6% ~ 2.9%，相当于装甲钢 7.9% ~ 8.7% 的 1/3，其低温性能不是降低而是提高，没有钢的低温脆性的缺点，且表面抗氧化腐蚀。一般来说，不同铝合金装甲板要达到钢装甲板同样的抗弹能力，其厚度需是钢装甲的 2.5 ~ 3.3 倍，从质量看节省不多，但轻型装甲车辆原来用薄装甲钢车体时还需要大量的加强和支撑结构，如加强筋、横梁、立柱、支撑板等，而改用厚的铝合金装甲后抗弯强度提高，从而省去了这些结构。此外，与车体相连的支座和结构件可用铝合金挤压件、锻件、铸件来代替钢件，所以最后的总质量仍能显著减小。

因此，20 世纪 50 年代以来许多轻型车辆采用了铝装甲。如 20 世纪 50 年代末期出现的 AlMgMn 系铝合金（以 5083 为代表）应用于 M113、M114、M107 及各种变型车。第二代主要是 AlZnMg 系铝合金（7093 为代表），如在 20 世纪 60 年代开始用于 M551、蝎式轻坦克，以及一些装甲车如 AMX10、73 式、BMR600、狐狸、M113 改进型等，后来也用于西德、英、意合作研制的质量达 43 t 的 SP70 型 155 自行火炮的车体和炮塔。20 世纪 70 年代开始使用铝合金的多层间隙装甲，如 XM723 和 M2 战车等，这可看成是第三代。20 世纪 70 年代末开始使用铝合金车体外加复合装甲，如在英国勇士坦克上，采用厚达 45 mm 的 E74S 铝合金板焊成车体，外加炮塔和车体正面挂 150 mm 厚的复合装甲，这可以看成是第四代。

一些铝合金装甲的牌号、成分及典型的强度性能见表 3 – 17。其中 5083 和 7039 合金应用较广，其机械性能好、焊接性能也可靠。AlMgMn（如 5083）和 AlZnMg（如 7039）两类合金的主要区别在于其强化方式不同：前者制造大型、复杂的型材和锻件比较困难，用冷作硬化方法可以达到较高的强度，但加工困难、费用较高；后者则通过热处理来提高抗弹能力，但它容易产生应力裂纹，需要焊后进行热时效处理。另外，铝合金装甲需要采用惰性气体保护焊，并需要适合的焊接添加剂，否则 Mg、Zn 等都很容易气化，影响焊缝强度。7093 铝合金装甲热处理强化后，其性能不但优于 5083，除一些命中角外，也优于钢制装甲。均质铝合金也一直在发展，据称英国研制的 3058、3069 铝合金强度已超过 E74S；美国研制的新型高强度、高韧性的 2139 – T8 铝合金（其成分为 Si 0.1%，Fe 0.15%，Cu 4.5% ~ 5.5%，Mn 0.2% ~ 0.6%，Mg 0.02% ~ 0.8%，Ag 0.15% ~ 0.6%）具有高强度和很高的断裂韧性，在高爆冲击和抗弹试验中表现良好。另外，还有一种对冲击波压力有极强衰减特性的泡沫铝，这种低密度但吸能性非常好的轻质材料非常适于应用在轻型装甲车辆对爆炸冲击波的防护结构设计上。

表 3 - 17　铝合金装甲材料的发展

分类	开发时间/年	国家	代表性铝合金	具体应用	标准
第1代	1959	美国	5083 - H115	装甲输送车 M113（车质量 8.3t，全车用铝 5.2t）	MIL - A - 46027D
	1960	美国	Al - Mg - Mn 系 5083 和 5456	M114 指挥侦察车、105 mm 火炮 M108 等	MIL - A - 46027D
	1960	英国	Al - Mg - Mn 系 D54S	装甲车	MVEE570/N8
第2代	1966	美国	Al - 2nMg 系 7039M551	Sheridan 轻型战车，M2 步兵战车，LVTP7、LVTP12 水陆两用车等	MIL - A - 46063D MIL - A - 45225 MIL - A - 46083
	1967	苏联	Al - Zn - Mg 系 1911	装甲步兵战车 EMII - 1	—
	1970	德国	AlMg4.5Zn，AlZnMg1，AlZnMg3	155 mm SP.70 梅弹炮车体和炮塔	
	1972	英国	Al - Zn - Mg 系 74S，如 7020、7017、7018 等	CVR（T）和 Scorpion 系列车辆，轮式侦察车 CVR（W）FOX、MCV - 80，Feret - 80，战斗工程牵引车 FV180CET 等	MVEE1318BMVEE517
	1973	法国	Al - Zn - Mg 系 A - Z5G	AMX - 10 系列装甲车辆	NFA50 - 411
	1974	日本	Al - Zn - Mg 系 JIS7NOI	73 式装甲车、74 式 105mm 自行榴弹炮等	NDSH4001
	1980	中国	Al - Zn - Mg 系 7A52	装甲车	GJB1540 - 92
第3代	1980	美国	Al - Cu 系 2519、2219	两柄装甲车 AAAV	MIL - A - 46192
		苏联	含 S 的 1975	装甲车辆	—
	1980	中国	Al - Cu 系 2519A	装甲车辆	—
第4代	2000	美国	Al - Cu 系 2139	装甲车辆	
		美国	Al - Cu - M 系 2195	装甲车辆	

此外，铝合金复合装甲也有一定的发展，其中一种是将金属丝、棒、树脂金属和非金属网置于铝合金内部的增强方式；另一种是铝与不同硬度材料复合的方式，如铝与铝复合、铝与玻璃钢复合、铝 - 碳化钨硬夹层 - 钢复合、铝与钛复合等。如双硬度复合铝装甲，外层用高硬度的 AlZnMn3（7039），而内层用高韧性的 AlZnMg1（7005），可以获得更好的防弹性能。

由于铝合金板可以采用等离子精密切割，而且容易加工，因而生产率高，在国际市场上的成本低。世界上产量最大的 M113 装甲输送车的成本之所以很低，就是这个原因，而不只是批量大所致。

一般来说，用同质量的钢装甲与铝装甲作比较，铝装甲防穿甲弹效果较差，但防破甲弹的效果较好。在防炮弹碎片时，铝装甲明显优于钢装甲。此外，当被击穿时，铝装甲背面碎片的动能较小。尽管铝合金装甲在装甲车上得到广泛应用，但也存在一些缺点，最突出的是铝合金在受到攻击而产生抗拉应力时常发生应力腐蚀断裂；在加工、组装或焊接过程中产生的残余应力均有可能引起铝合金疲劳。另外，铝合金的抗裂强度比钢低，容易碎裂，而且熔点比钢低，在温度升高时容易变得很软，变成碎粉后还很有可能会燃烧。

2. 钛合金装甲

随着反坦克武器的发展，防护装甲也越来越厚，各种坦克装甲车辆的质量近十几年来增加了 15% ~20%，这严重影响了其运输能力和机动性，用钛合金替代轧制均质装甲钢是有效减重的途径之一。在美国，钛合金已应用在 M1 主战坦克的回转炮塔板、M2 步兵战车的指挥舱盖和顶部装甲上。其中，指挥舱盖是美国陆军首次应用低成本钛合金（Ti - 6Al - 4V）部件替换原有锻造铝合金部件，顶部装甲用了 80 mm 厚钛合金材料后减重 35% 并大大增加了防弹能力。

钛的比重为 4.5，仅为钢的 58%，强度极限约为 100 MPa，冲击韧性约 4 kgm/cm^2，性能优异，其强度与轧制均质装甲钢相当。在遭受同样打击时，相同质量的钛合金防护效能比轧制均质钢装甲高 30% ~40%。

长期以来，过高的成本制约了钛合金的应用，因此低成本钛合金的材料和制备技术是当前的研究热点。近年来大量研究表明，降低钛合金成本的主要方法有：

（1）使用廉价原材料（合金元素）的合金设计。

（2）改善加工特性的加工设计。

（3）加工过程中提高能源和材料利用率的加工设计。

上述方法均取得了一些重要进展，如美国研制的 Timetal 62S（对标 TC4）和 LCB（对标 Ti - 10 - 2 - 3），日本的 Ti - 0.05Pd - 0.3Co（对标 Ti - 0.2Pd），以及我国的 Ti12LC 和 Ti8LC 两种低成本钛合金。尤其是美国开发的一种钛合金，名义成分为 Ti - 4Al - 2.4V - 1.5Fe - 0.25O，该合金具有良好的力学性能和耐腐蚀性能，抗拉强度为 827 ~965 MPa，屈服强度为 758 ~896 MPa，延伸率为 6% ~16%，弹性模量为 116 ~128 GPa，16 mm 和 32 mm 厚板断裂韧性分别为 49 ~60 MPa·m$^{1/2}$ 和 60 ~65 MPa·m$^{1/2}$。该合金还具有优异的抗弹性能。美国陆军实验室对板材进行的 20 mm 子弹撞击模拟试验表明，该合金经子弹冲击后无开裂，其 v_{50}（子弹有 50% 穿透概率的速度）值为 620 ~675 m/s，明显高于其他钛合金。更重要的是该合金的生产成本很低，是装甲板或军用车辆部件的首选材料。

钛合金的缺点除因冶炼困难、产量低导致的高成本外，在冲击载荷作用下钛合金比钢更容易产生绝热剪切现象。

3. 陶瓷装甲

陶瓷装甲具有高硬度、高强度、高韧性和低密度的特征，根据不同的防护要求，适用于装甲的陶瓷材料主要有四种：Al_2O_3、B_4C、TiB_2、SiC。四种材料的性能指标和抗弹效应如表 3 - 18 所示。

表 3 – 18　装甲陶瓷的主要性能和抗弹效应

材料	典型密度/ （kg·m^{-3}）	弯曲强度 /MPa	抗压强度 /MPa	断裂韧性/ （MPa·m$^{1/2}$）	最高硬度/ （kg·mm^{-2}）	弹丸侵彻深度/mm	
						12.7 mm 弹丸	14.5 mm 弹丸
Al_2O_3	3 800	140 ~ 200	2 000 ~ 2 700	3 ~ 5	1 800	13.5（85 瓷）	21（85 瓷）
						10（95 瓷）	14（95 瓷）
B_4C	2 500	500 ~ 800		2.5 ~ 3.2	3 000	9.6	12
TiB_2	4 500	400 ~ 600		5 ~ 6	3 300	<8.3	10.8
SiC	3100	400 ~ 500	2 000 ~ 2 500	2 ~ 4	2 700	8.7	11.4

其中 12.7 mm 弹丸的弹芯参数为：长度 46.8 mm，直径 10.8 mm，质量 23.1 g，初速 920 m/s。14.5 mm 弹丸的弹芯参数为：长度 52.5 mm，直径 12.4 mm，质量 40.5 g，初速 980 m/s。

可见，抗弹性能最具代表性的是 B_4C 和 TiB_2 两种陶瓷，其中 B_4C 陶瓷密度最低，多用于以减小质量为主的航空及航天器上；而 TiB_2 硬度最高，尽管其密度最高，但其抗侵彻能力最好，代表了坦克陶瓷装甲的发展方向。在 20 世纪 60 年代最早使用的装甲陶瓷材料是 Al_2O_3，其硬度是标准均质钢的 3 倍以上，而密度不到其一半，并且具有工艺性能稳定、价格相对较低和能够批量生产的优点，目前仍得到了广泛的应用。

陶瓷材料在坦克装甲车辆上的应用，使坦克装甲防护系数有了很大的提高，如采用 Al_2O_3 陶瓷作为复合装甲的苏联 T – 64 坦克与 T – 62 相比，在前部面积和质量相当的条件下，其防护系数是后者的 2 倍。现役具有较强防护性能的美国 M1A1 坦克，其装甲单元中使用了 TiB_2 陶瓷和贫铀合金等先进材料，其静态防护能力达到了 1 000 mm RHA。

1）适用结构

在结构上，装甲陶瓷可以用作陶瓷面板装甲、陶瓷夹层装甲以及陶瓷风挡和观察窗透明装甲。

陶瓷面板装甲主要以陶瓷的高硬度、高压缩强度来消耗穿甲动能，主要有五种形式：

（1）用 TiC – Ni 陶瓷金属砖镶嵌起来作面板紧固或黏结在韧性金属与树脂基复合材料背板上。

（2）面板为 Be_4C，背板为铝合金或树脂基复合材料。

（3）梯度陶瓷金属装甲，在金属基体内从面板表面到中心部分梯度式加入 Be_4O，并以弥散方式加入 Be 粉，从中心到背面适当增加 10% 的 Be_4O 和 Be 粉。

（4）在 Be_4O 面板背面热压组合上蜂窝状被。

（5）陶瓷面板与 SiC 纤维增强有机硅复合材料相结合。

陶瓷夹层装甲不仅可利用陶瓷消耗穿甲动能，而且还可借助其高熔点并以各种曲面形状分散破甲弹的射流，如用于英国挑战者的"乔巴姆"复合装甲、美国的 M60 坦克、德国的"豹"2 坦克和日本的 1K – X 等复合装甲。主要有以下几种形式：

（1）采用球形、棒形或正五边形等陶瓷块，夹在铝合金板之间，常作为飞机防弹装甲。

（2）以钢为面板、铝为背板，中间加 Be_4C 陶瓷，并用环氧胶黏剂黏结。

（3）镍壳体内装三层 Al_2O_3 陶瓷球组成蜂窝结构与铝合金复合制成复合装甲。其中，最外层的陶瓷球体由内层的三个球支撑着，这种密排结构能逐层迅速分散吸收弹丸动能。

（4）采用钢—陶瓷片—铝的结构，如"乔巴姆"复合装甲，其中陶瓷片为 Al_2O_3、SiC、B_4C 或 BeO 等，尺寸为 110 mm×100 mm 或 110 mm×56 mm，像房顶瓦一样搭接而成。

（5）采用超硬度钢—硬化钢隔舱体—陶瓷层—玻璃棒—树脂基复合材料结构的复合装甲，如法国 EPC 坦克装甲结构。

（6）采用高硬度特种钢—复合陶瓷间隙装甲，如美国的 M60 坦克，用于炮塔两侧、后侧和顶部，以及火炮防盾和发动机舱体等部位。

（7）采用铬刚玉制备的复合装甲，可防速度为（940±10）m/s 的 7.62 mm 穿甲燃烧弹和速度为（818±10）m/s 的 12.7 mm 穿甲燃烧弹。

陶瓷风窗和观察窗透明装甲则有赖于硬质氧化物的大型单晶体的培育成功，以及无气孔的热压烧结多晶体导致的多种透明陶瓷的研制成功，如蓝宝石、尖晶石（由氧化铝和氧化镁制成）可以作为坦克装甲车辆的观察窗，其防弹效果是防弹胶合玻璃和聚碳酸酯板的两倍。

陶瓷装甲的应用范围广泛，上述几种类型的陶瓷装甲不仅在坦克装甲车辆防护中和人体装甲中得到了广泛而成功的应用，而且在透明装甲的研究中也大有取代目前使用的防弹玻璃和 PC 板的趋势。

2）耗能机制

陶瓷装甲的耗能机制主要是粉碎耗能、机械化学耗能和应力波耗能三类。

（1）粉碎耗能。

由于陶瓷具有比金属高得多的硬度和抵抗压缩变形的能力，可以使弹丸粉碎或消耗弹丸材料及其所携带的动能。弹丸和靶板的粉碎功包括冲击粉碎功和摩擦粉碎功两部分。过去往往重视前者而忽视后者，导致过小地估计了粉碎耗能。特别是当弹丸前段形成粉化区域后，由于外加约束，弹丸仍需将粉体推开才能前进。同时粉化区域还受到弹、靶粉末径向流动的推动，使得粉化陶瓷流体内存在巨大的阻尼力，造成粉化断裂耗能、粉粒内摩擦耗能以及体积膨胀耗能等。

（2）机械化学耗能。

从微观角度研究陶瓷粉化过程可以发现：陶瓷粉碎不仅生成了新的表面，同时使得固体表面的结晶构造发生改变，并且进行着物理和化学变化。这种在受力过程中产生的物理、化学变化称为物理化学作用。其具体过程是粉粒在研磨过程中由于不断生成新表面和反复摩擦，根据 Weyl 表面原理，表层质点为了降低表面能而产生极化变形和重排，表面质点的这种畸变使其有序性降低。于是随着颗粒的粉化，表面结构的无序度增强，并不断向颗粒深部扩展，使亚表面的变形层储存一部分能力。结果一部分非晶化，并随之产生大量的缺陷，如位错、断键、配位不全、解理、层错乃至相变。

（3）应力波耗能。

当弹丸撞击靶板时，破碎方式有两种：一是依靠陶瓷高动态抗压强度、高硬度使弹丸破碎。二是碰撞面上产生高速压缩应力波，分别向弹丸和靶板两个方向传播，当到达弹丸或靶板的自由面时，应力波反射而变为拉伸波反向传播，促使靶板产生裂纹；对于弹丸，同时由于膨胀波垂直于弹丸的自由表面向外扩展，反向膨胀波和反射波的反方向传播，在膨胀波前沿形成很高的张应力，促使弹丸粉碎。应力波的速度取决于材料的声速。弹、靶声速相差越大，靶板对弹丸的破坏能力越强。

另外，还有利用金属和陶瓷相结合而形成的一种功能复合材料——功能梯度材料，它有两种形式：一种是以陶瓷为连续相，金属颗粒为分散相，根据材料使用性能要求在基体内使金属颗粒进行不同分布的一种材料体系，这种材料也称为陶瓷基功能复合材料；另一种是以金属为连续相，以陶瓷颗粒为分散相，而根据材料使用性能要求制成的分散相进行梯度性变化的材料体系，这种材料体系也称为金属基功能复合材料。这样，陶瓷经梯度化处理后，其脆性得到很大改善，韧性增大，可单独作为装甲防护制品；而金属经梯度化处理后，其强度和硬度明显增大，可大幅度地提高其抗弹性能。由于所用材料组分为低密度陶瓷和轻质合金，故这种功能梯度材料为装甲轻型化提供了技术基础。

4. 纤维复合材料装甲

纤维复合材料装甲有两种形式。一种是软质的，由平面织物通过 Z 向缝纫或三维、多维编织而成，要求纤维强度高、质地柔软、排列紧密。20 世纪 30 年代早期的材料是高强尼龙，韧性为 6 ~ 7 cN/dtex，经测试，在同等防护水平下该类织物制成装甲质量远轻于金属装甲，从此纤维材料开始应用于弹道防护领域。目前大量使用 20 世纪 70 年代开发的芳纶（即芳族聚酰胺纤维，商品名 Kevlar），见表 3 – 19，其韧性达到 20 ~ 23.5 cN/dtex（理论值 200 cN/dtex）。近几年又开发出超拉伸聚乙烯（UHMEPE）纤维，其韧性可达 33 ~ 36 cN/dtex。另一种是硬质的或半硬质的，它是由纤维或织物通过树脂基体复合而成，所用材料除高强尼龙、芳纶和超拉伸聚乙烯纤维外，还有玻璃纤维，并采用纤维混杂的方式，所用树脂基体有热固性和热塑性的，应符合特定的要求。这种复合材料除直接用来作人体防护外，多数情况下可用作复合装甲的背板。其中，用树脂黏结的防弹复合材料的成型方法目前多采用贴膜法浸胶方式和模压工艺，固化压力大于 2 MPa，加压时间与恒温时间视树脂的类型而定，树脂含量控制在 20% ~ 25%。

表 3 – 19 各种 Kevlar 纤维的物理性能

性能	Kevlar RI& Kevlar 29	Kevlar He （129）	Kevlar He （119）	Kevlar Hp （68）	Kevlar 49	Kevlar M （149）
韧性/(cN·tex⁻¹)	205	235	205	205	205	170
拉伸强度/MPa	2 900	3 320	2 900	2 900	2 900	2 400
拉伸模量/GPa	60	75	45	90	120	160
断裂应变/%	3.6	3.6	4.5	3.1	1.9	1.5
吸水率/%	7	7	7	4.2	3.5	1.2
密度/(g·cm⁻³)	1.44	1.44	1.44	1.44	1.45	1.47
分解温度/℃	≈500	≈500	≈500	≈500	≈500	≈500

新型防弹纤维及其复合材料的研究仍在继续，如玄武岩纤维及其复合材料、聚苯并双噁唑（PBO）纤维、M5 纤维及人造蜘蛛丝（又称生物钢）等。

纤维复合材料装甲的破坏是一个复杂的过程，这个过程在性质上是三维的，存在着单层面内和越过该层面到相邻纤维的相互作用的特性。当弹丸冲击复合材料层合板的瞬间，纤维受到一个压力波作用，并以较快的速度沿纤维的纵轴方向传播，当该压力波到达纤维的末端后又作为拉力波反射回来，拉力波向冲击点返回，冲击点的移动引起同一方向上材料的运动,于是与弹丸相接触的纤维经受了拉应变。拉应变的大小取决于弹丸的质量和速度,连续的波反射加剧了拉应变,而纤维吸收的能量与拉应变成正比。对于编织物,当应变波反射到纤维交叉点上时,交叉点可起到在较大范围内分配冲击能量的作用,从而增加了冲击阻抗。由于编织物有大量的交叉点,故当波遇到这些纤维交叉点时,能量可以迅速地被消耗,这样能量的消耗通常会使损伤限制在冲击点附近的一个小范围内。由于层与层之间有树脂黏结,故能量可方便地传递到相邻层,即应变波从织物层传递到树脂基体,然后再被传递到相邻层,同时在每个界面处弹性波反射进入织物或基体。波在树脂基体内的传播会增强复合材料层合板吸收能量的能力,这是因为此时会使基体形成裂纹并沿平行于织物层的方向扩展,这个分层的过程导致织物层分离,分层和分离伴随着冲击能量的耗散。

这个过程可能包括纤维的断裂、基质的变形和破碎、界面的脱黏以及纤维的抽拔,因此,在提升纤维性能的基础上,应以最合理的纤维集合体结构和最佳的界面黏结发挥纤维集合体装甲的性能。当受到高速运动的弹体冲击时,纤维集合体会发生侵彻和贯穿的现象,这个过程实际上就是纤维集合体阻挡弹体运动并耗散其能量的过程。

1) 叠层织物防弹机理

叠层织物在受到弹体法向高速冲击时,典型的响应模式是纤维拉伸断裂。织物能量的吸收由纤维材料在高应变率下的拉伸特性所决定,主要分为面内能量传递吸收和法向运动能量吸收两类。

(1) 面内能量传递吸收。弹体动能转化为织物纤维形变能,应力波传递速度越高,纤维材料的模量越高,越有利于能量的吸收。另外面内能量吸收也受到弹体冲击速度的影响,当织物受到较低速度弹体的冲击时,织物与弹体相互作用时间长,应力波能够及时向周围传递,面内吸收能量较大,此时织物的响应体现为面内整体响应;当织物受到高速弹体冲击时,织物与弹体相互作用时间短,应力波来不及向周围传递,面内吸收能量较少,此时织物的响应表现为面内局部响应。

(2) 法向运动能量吸收。织物通过向平面周围传递应力波而消耗弹体动能的同时,织物本身随弹体的行进而在法向产生锥形变形。随着弹体向前运动,变形的底面和高度随之加大。如果织物内纤维的变形程度超过它的断裂负荷伸长,织物便发生侵彻。假设在冲击过程中织物形成了完善的圆锥形,并且所有在锥形体中的材料在冲击瞬间以弹丸的速度行进,则此时织物法向运动吸收的能量 E_n 可表示为

$$E_n = \frac{1}{2} A \cdot M \cdot v^2 \tag{3-19}$$

式中,A——锥形体内面积,m^2;

M——织物面密度,kg/m^2;

v——冲击瞬间的弹丸速度。

锥形体底面积 A 的大小取决于 M 的大小,因此对于织物装甲本身而言,提高织物的面密度就能增加法向运动吸收的能量。

由此可见,织物受到弹体冲击时,吸收的总能量为面内能量传递吸收和法向运动能量吸收之和,在总能量一定的情况下,两部分能量的配置可以通过选用的材料和织物结构进行调整。

2) 层压织物防弹机理

层压织物树脂复合材料在受到不同弹体速度冲击时，相应防弹机理有所不同。

（1）当弹体速度在弹道极限以下时，层压板受到低速弹体冲击，在弹着点处产生压陷和形变，并形成应力波，由于冲击速度低、能量小，弹体和织物两者相互接触的时间较长，引起层压板的整体变形，同时应力波一方面沿织物面向周围传递，另一方面透过织物层向下一层织物面传递，当波通过界面时产生反射，形成一个拉伸波应力。当波应力大于层压织物树脂复合材料界面的断裂容限时就产生分层。因此，层压板受低速弹丸冲击时，是通过层压板的整体响应和层面分裂（分层）吸收能量。整体响应吸收的能量与层压板本身的几何尺寸有关，尺寸越大，吸收能量越大。分层也与界面的韧性有关，一般韧性越强，吸收的能量越大。

（2）当弹体速度在弹道极限附近时，层压板在弹着点处同样会产生压陷和形变，并形成一个应力波，虽然冲击速度较大、相互接触时间较短，但是仍然能引起局部较大范围内的响应，该响应产生的能量吸收仍与层压板的几何尺寸有关。同时，应力波传递过程中在界面处产生反射，从而形成拉伸波应力。当波应力大于界面断裂容限时产生分层，并吸收能量。与前面一种情况的本质区别在于，层压板与弹丸接触后，产生压陷与形变，随着弹丸的继续行进，局部变形加剧，直到一部分纤维的应变超过其断裂伸长而被破坏。随着弹体的侵彻，上述过程依次发生，直到靶板贯穿。研究证实，靶板（层压板）局部变形和纤维断裂是侵彻穿孔期间能量吸收的主要机理。

（3）当弹体速度远高于弹道极限时，随着冲击速度的提高，层压板的尺寸效应几乎消失，分层面积大大减少，材料的响应跟不上弹体侵彻的速度，此时层压板的局部变形和断裂近似可看作侵彻穿孔期间能量吸收的唯一机理。在个体弹道防护装甲的实际应用中，通常是针对一定的防护等级而设定的，此时层压制品受冲击的情况介于前述两种情况之间，因此材料的选择和界面的设计是个体弹道防护装甲设计的主要内容。

纤维复合材料装甲要达到所期望的弹道性能水平，设计的主要因素是复合材料装甲阻挡弹丸等冲击物所需的厚度，厚度越大，则所提供的冲击防护水平越高。在纤维复合材料装甲中，厚度通常用构成复合材料装甲板的铺层数或织物层来表示。同时，合理选择纤维（或织物）与树脂基体也是设计的一个重要任务，纤维的选择应当注意纤维的细度与编织方式，以及各纤维的静态和动态性能。另外，设计时还要考虑环境因素的影响，当装甲曝露于阳光、潮湿、海水、高温及石油制品中时，通常纤维的性能会降低，应考虑纤维表面的保护。此外，成本、质量和空间等要求有时也可能是设计的决定因素。

5. 复合装甲

第二次世界大战以来，聚能破甲技术的广泛应用，特别是反坦克导弹技术的发展，促进了复合装甲技术的发展。复合装甲是根据坦克装甲车辆的防护需求，以及弹丸或攻击物体的破甲或穿甲能力，人为设计的由多种材料组成的装甲防护装置，所用材料有前面提到的装甲钢、铝合金装甲、钛合金装甲、陶瓷装甲和纤维复合材料装甲等。其结构形式多样、材料种类繁多，基本上可分为金属与金属复合装甲、金属与非金属复合装甲、非金属与非金属复合装甲。

据破甲机理，最简单有效的防护方法是使装甲回避预定的炸高位置，即设法提前引爆空心装药。因此首先出现屏蔽装甲。同理，有的车辆采用间隙装甲，即分层的装甲板之间保留一定的空隙。装甲实体总厚度相同的间隙装甲，抗破甲能力的提高随装甲分层的层数和间隙的大小而定，同时它们也能提高抗穿甲的能力。实际上，装甲板材仍是单体的，只在车辆的预定部位焊接组成夹层的间隙。外层装甲可卸时，即称为附加装甲或屏蔽装甲。这时外层一般薄于基体装甲，并可能采用其他材料。例如"豹"1A1坦克炮塔外采用硬橡胶板为屏蔽；梅卡瓦坦克的装甲配置也可看成是间隙装甲，其间隙还可用作储藏的空间。

间隙装甲的间隙中可能填充一些低密度材料，如美国在20世纪50年代研制T-95坦克时，曾试行过的方案是，外层为25 mm厚铸钢板，后层铸钢板51 mm厚，二者之间的102 mm空间用SiO_2（石英砂）填充。这种材料不会熔化，可反射冲击波，并能使空心装药的射流变形。采用各种装甲金属板，并在间隙中填充非金属材料，逐渐就形成了复合装甲。

20世纪70年代，英国研制成功的"乔巴姆"复合装甲，对穿甲弹和破甲弹有很好的防护能力。据有关资料分析，认为其是一种金属（刚和铝合金）与非金属（陶瓷）复合装甲，其结构为钢—陶瓷—铝合金。这种复合装甲装配时，可根据坦克各防护需要的不同而改变装甲厚度，目前装配"乔巴姆"的坦克正面防护装甲厚度已达到200 mm以上。美国M1坦克的复合装甲由两块钛合金板组成，中间夹以聚酰胺织物增强材料，它有助于将破甲弹的射流偏向两侧而使其能量扩散，降低反坦克导弹的侵彻能力。

陶瓷/背板复合装甲是目前结构最简单、研究最多的轻型复合装甲，它由陶瓷面板与金属或复合材料背板黏结而成，面板常用Al_2O_3、SiC和B_4C陶瓷等，背板采用韧性好的金属或复合材料，如钢、铝合金和Kevlar复合材料等。据试验，100 mm厚的装甲钢复合30 mm厚的陶瓷面板，比130 mm厚的装甲钢的抗弹性能提高20%～25%；与防7.62 mm穿甲枪弹的能力相同时，复合板比钢板轻43%～45%。陶瓷破碎时，单发命中的破损孔不超过弹径的4倍，但第二发弹再命中原处及附近时，不能再防护，即陶瓷/背板复合装甲的主要问题是不具备抗重复打击的能力。这是由于面板和背板间为黏结连接，层间界面声阻抗发生突变，横向剪切强度低，而陶瓷作为脆性材料，导致在弹丸一次冲击作用下陶瓷面板和黏结层损伤面积较大，黏结层失效，破碎陶瓷飞溅，面板与背板分离，靶板整体结构损伤范围较大，所以受损区域不能有效抵抗第二次打击。

为能更换破损陶瓷，同时为避免破损时裂纹延伸，有的研究用六方形等小块陶瓷片拼接，如图3-29（a）所示，其中更多的是将各种陶瓷块嵌浇在聚合物中，形成复合层，再与金属装甲基体复合在一起。例如用3%的CrO_3与Al_2O_3烧结成比重为3.8及Rc61～65的球体或枣形体，浇嵌在环氧树脂中，形成所谓的"铬刚玉"板，如图3-29（b）所示。球形结构在受冲击粉碎时吸收大量能量，具有较好的防弹能力。据报道，英国著名的乔巴姆装甲中嵌有瓦片状重叠的陶瓷片。图3-29（c）所示为重叠排列的一种。美、法等国也研制了一些在外层挂装的陶瓷装甲，用于M113输送车等装备。

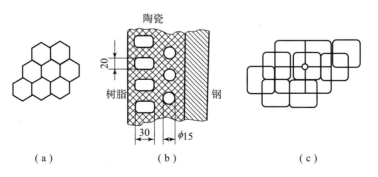

（a）　　　　　　　（b）　　　　　　　（c）

图3-29　小块陶瓷结构的应用

纤维复合材料具有轻质、高强、抗弹性能好、隔爆效果优良等特点，在装甲钢上加装纤维复合材料可以提高其抗爆燃性能，当材料按波阻抗减小的顺序排列时，可更有效地衰减冲击波，具有多层结构的材料比双层结构材料的衰减效果更优。当受到弹体的高速撞击时，夹层材料中的树脂在巨大压应力作用下破裂，增强纤维被冲击变形，直至断裂。被冲断的纤维头残留在穿孔内，对弹体前进产生阻力。同时，弹体猛烈冲击会产生大量的热，使树脂软化、烧蚀和碳化。如苏联 T-64 坦克的炮塔和车体采用"钢—增强玻璃纤维—钢""三明治"结构，是首次全面使用复合装甲的坦克，而后研制的 T-72、T-80 和 T-95 坦克的复合装甲结构中也沿用了高强玻璃纤维作为装甲夹层防护材料。美国 M1 主战坦克采用的"钢—Kevlar—钢"型复合装甲，能防中子弹及破甲厚度约 700 mm 的反坦克导弹，还能减少因被破甲弹击中而在驾驶舱内形成的瞬时压力效应，而后在改进的 M1A1 坦克制造上也采用了 Kevlar 复合材料，可防穿甲弹和破甲弹。日本 90 式坦克采用的多层复合装甲是采用冷轧含钛高强度钢的两层结构，中间使用了包有芳纶的蜂窝状陶瓷装甲，并在内侧罩有轻金属。

以上这些纤维、陶瓷增强的非金属聚合层与钢、铝等金属装甲的复合使用，逐步发展成为现代复合装甲。图 3-30 所示为美国改进的 M60 主战坦克的前装甲和炮塔装甲，它可以作为由间隙装甲向复合装甲发展的一个案例。

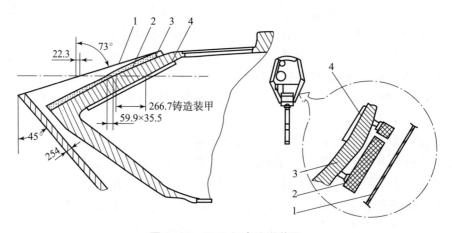

图 3-30 M60 坦克改进装甲

1—高硬度衬板；2—复合层；3—铸造装甲车体；4—防碎裂衬

一般来说，复合装甲可以分为钢与钢复合、钢与其他金属（如铝合金）复合、金属与非金属复合几类。为能充分发挥不同材料的优点，现在主要是发展多种材料的复合。英国于 1976 年宣布"乔巴姆"装甲后，世界上正式出现复合装甲的名称，虽然没有公布它的详情，但许多人相信它是在两层装甲金属板之间夹有一层陶瓷瓦和聚合物。现在已有不同的种类，如铝—陶瓷—钢、钢—陶瓷—钢、钛合金—微孔尼龙织物增强材料—钛合金等；美 M1 坦克装甲用钢—钛合金加尼龙—钢、钢—芳纶—钢；苏联 T-72 坦克则用钢—玻璃钢—钢，再在车内衬着含铅泡沫塑料的防中子层。

复合装甲的抗弹能力有明显的提高。由于单位面积的防护质量大幅度减轻，因而可以在车辆质量限额内大幅度增加厚度，从而大幅度提高防护能力。现代主战坦克采用复合装甲以后，不但性能提高，车体炮塔的外形也发生了较明显的改变。

复合装甲的工艺特点尚限于平面装用，不同于铸造，不便于弯曲成形，一般只能预制成所需大小，或切割后固定在基体装甲上。因此，目前较方便的方法仍是由基本装甲钢板焊接形成承受各种负荷的密封壳体，而只在前、侧等重要方位增加复合装甲。复合层之间可能是粘接，也可能用螺栓等做结构连接。根据传统的经验，装甲上穿通孔在车内的铆钉头或螺帽，在装甲被命中时能飞出起到杀伤作用。因此，结构连接时应采用焊在装甲板外的螺柱。复合装甲在基本装甲之外做可卸连接，行军和训练时可以卸下，只在必要时安装。

复合装甲抗弹能力主要决定于水平厚度，而倾斜"跳弹"的影响不大。采用复合装甲的现代主战坦克不常追求甲板倾斜，加以复合装甲的厚度大，主要向车外发展，且限于轮廓尺寸而缺少倾斜的条件，因而形成比较方正与棱角明显的宽大炮塔和车体外形。稍加注意，可以发现它们已与 20 世纪 60 年代及以前如苏联 ИС－3 和 Т－10М 等坦克所追求的流线外形有了很大的差别。复合装甲现在尚很少用于坦克之外的各种装甲车辆。

英国宣传其乔巴姆装甲引起坦克革命，可防各种反坦克武器。但实际上主要是防破甲有效，而防大口径的长杆式超速脱壳穿甲弹缺乏特别的效果，采用低密度复合材料的复合装甲都有这个特点。为防超速穿甲弹，一种间隙装甲的研究方向是使特殊材料的第一层装甲的碎渣黏附在穿甲弹头上，弹头经过间隙再触及后层装甲时，受压力和温度的作用，其头部炸裂而不能继续侵彻穿透，矛盾互相促进，这样的新装甲可能又会推动发展其他新弹种。

6. 主动装甲和主动防护

在被命中时能够吸收和耗散进攻的能量的装甲，都属于原有的被动装甲的范畴。另一种主动装甲能发出自身具有的主动能量来打击、干扰命中它的弹丸或其他武器介质，达到反穿透的目的。若采用进攻性措施，使来犯之弹在尚未击中车辆之前就被干扰、破坏、拦截而不能伤害装甲，则属于主动防护，又称积极防护。

被动装甲在被命中时利用装甲材料本身的特性吸收和消耗弹丸的能量，以此对抗各种弹丸的攻击。爆炸式反应装甲是利用化学能破坏、干扰弹丸的攻击，达到反穿透的目的。主动防护则采取进攻性措施，在弹丸击中车辆之前予以拦截并摧毁，或使之偏转方向。

爆炸式反应装甲也称为反应装甲，这种装甲主要用于对付空心装药破甲弹。其基本结构是钢制扁平盒式结构中装有少量炸药，当空心装药射流穿透钢板时引爆炸药，使钢板向外侧高速运动，持续干扰射流的侵蚀作用和稳定性，从而大幅度减弱射流对基体装甲的穿透能力。爆炸式反应装甲盒式板块可排列固定在需加强防护的车体和炮塔的外侧，可拆卸更换。由于基体装甲具有一定的厚度和强度，分隔放置的炸药量受控制，故爆炸时对车内的影响不大。所用炸药是专用的钝感炸药，在盒盖之外，一般的枪弹、撞击和火焰等不可能引爆，只有被射流击中时才能被引爆，因而是安全的。20 世纪 80 年代，以色列在 M60 和"逊邱伦"坦克上首先装用了爆炸式反应装甲，在黎巴嫩战争中获得成功。随后其他国家也陆续将其装备在坦克上。

主动防护的一种设想是，在车辆各个方向布置雷达或光电探测头，每当接收到以高速接近车辆的反坦克导弹或火箭弹或攻击顶部的子母弹等的信息时，经过微处理机的逻辑判断，例如，在几十毫秒时间内对 10 m 左右距离内的敌弹发出反击命令，使同侧探头一样配置在各个方向的对抗发射装置之一起爆，用碎片或冲击波拦截并摧毁弹丸，或使之偏转方向后失效。用这种主动防护系统代替装甲，其质量将比目前许多装甲小，不但能用于坦克，也能在轻型车辆例如步兵战车等上应用。此外，还有各种主动装甲或主动防护的设想，目前尚未达到实用阶段。

3.3.3　特种防护

1. 三防

核武器包括聚变武器和裂变武器，即原子弹和氢弹，其破坏力比常规武器大得多，常用其威力相当的三硝基甲苯（TNT）炸药多少吨的当量来代表。核武器的破坏主要有四种方式：冲击波、光辐射、早期核辐射（又称贯穿辐射，主要包括 γ 射线和中子流）和放射性污染。其中，前两种破坏方式是大型核武器的主要杀伤因素。坦克在战场上可能会遇到核武器，以中型特别是小型核武器即所谓的"战术核武器"为主。防中、小型核武器，首先应该防冲击波和早期核辐射，然后才是防光辐射和放射性污染，而这些防护措施又和防化学武器和生物武器，即毒气和细菌，甚至与潜渡密封相关联。化学武器和生物武器对坦克装甲车辆的破坏作用，限于污染空气和环境、伤害乘员，因而其防护措施与放射性污染一致，是同一套密封和滤毒通风系统。此外更新车内空气的空调系统常也和滤毒通风系统相结合。

坦克装甲车辆具有可以密封的坚强装甲外壳，对于能大规模杀伤的核武器，以及化学武器和生物武器有特殊的防护力，这是其他武器所不具备的特殊优点。装甲外壳的防护应该着重保护乘员不受或少受伤害，同时尽量保持车辆少受严重破坏。以下对核武器各种杀伤因素及其防护措施进行简要分析。

1）防冲击波

核武器爆炸中心压力约为几百万大气压，在爆后约 50% 的能量形成猛烈的扩散气浪，即所谓的冲击波。冲击波在传播过程中能量减小，压力随距爆炸中心距离的加大而迅速减小，传播速度也逐渐减慢。例如 10 万 t 级的核武器在地面爆炸后，冲击波在 1 s 左右达到 1 000 m 处，约 3.5 s 到达 2 000 m 处。波的最大超大压力值不超过 10 倍标准大气压，到达并作用时间约 1 s 后即经过受冲击物体。核武器在空中爆炸时的冲击波对人员的杀伤范围较大，而对坦克等重兵器破坏不太大，但在低空和地面爆炸时能使坦克遭到严重破坏。距爆炸中心不同距离处对坦克和人员的破坏情况见表 3-20。

表 3-20　核武器地面爆炸对无三防设备的坦克及人员破坏的杀伤半径

坦克及人员	损伤程度	距爆心距离/m		
		2 万 t	10 万 t	50 万 t
中坦克	严重损坏 中等损坏 轻微损坏	300 410 960	500 700 1 650	860 1 200 2 850
轻坦克	严重损坏 中等损坏 轻微损坏	350 430 960	570 740 1 650	960 1 260 2 850

续表

坦克及人员	损伤程度	距爆心距离/m		
		2 万 t	10 万 t	50 万 t
装甲输送车 水陆坦克	严重损坏 中等损坏 轻微损坏	560 700 1 200	970 1 200 2 100	1 600 2 000 3 550
中坦克乘员	中度伤	950	1 540	2 600
地面人员	中度伤	1 320	2 400	4 700

　　严重损坏：甲板变形，车体可用，炮塔被掀掉，车内大部分机件被破坏，经大修可以使用。
　　中等损坏：战场上失去使用性能，行动部分和动力附属系统局部损坏，观察瞄准器材变色、打麻、碎裂，需要中修。
　　轻微损坏：一般对使用影响不大，可以立即或经乘员修理后投入战斗。损坏特点为：高射机枪、无线电天线等外部固定件损坏，观察仪器有轻度变色及可能打麻等。
　　中度伤：可失去战斗力。

　　为防冲击波，应该注意加强车体和炮塔的连接，同时还要加强火炮耳轴的支承。在冲击波的作用力下，炮塔和火炮应能迅速地自由回转，以减少由于超负荷造成炮管弯曲或损坏炮塔方向机的危险。加强车外各机件和装置设备的固定，包括行走系统、高射机枪、无线电天线、灯、箱体和附件等。

　　应该尽量减少孔、缝、门、窗，注意密封。对于必须设置并经常开启使用的通风孔、观察孔、门、窗等，应该能在冲击波到达之前自动关闭，以削弱冲击波压力的 80% ~ 90%。未关门窗的坦克内只能削弱约 1/3 冲击波，一些关闭门窗的装甲车辆能削弱约 3/4 冲击波。如果车内剩余压力不超过 0.25 bar[①]，则不至于击穿乘员耳膜，即能基本保持战斗力。自动关闭机构一般由传感器和关闭机构组成。

　　对传感部分的要求是能接受任何方位爆炸的 γ 射线或光辐射，不受气候、烟雾和树木等干扰，能比较灵敏地启动电气装置。所以，如果采用光电的传感器，应该装在炮塔顶上。由于 γ 射线具有贯穿力，用 γ 射线报警和传感就不一定暴露在车外，比较方便。但是 γ 射线比冲击波衰减快，距离远时不敏感。

　　光和 γ 射线在空气中的传播速度约为 300 000 km/s，到达坦克装甲车辆所需时间很短。探测仪接收到信号后向驾驶员报警，如夺目的灯光信号等。有的坦克如 T–72 用的是耳机声响报警。此外，信号还应自动控制门窗关闭。自动关闭机构应该在接收信息之后 0.3 ~ 0.5 s 内迅速关闭，并且不但能自动关闭，也应能用手操作开和关，强度要求为在关闭后不会被不太强的冲击波损坏。密封应达到不漏水的要求，同时就能满足潜渡和防毒气、防细菌和防放射性尘土的要求。有的坦克执行关闭用爆发塞（如灭火系统中所用的爆发塞一样），爆发塞靠传感器控制的电信号引爆微量炸药，可以以这个小的爆炸为动力来推动关闭和自锁机构，或更多的是利用它来解脱弹簧销，靠弹簧力使机构关闭；也可能不用电控而利用冲击波本身压力来自动关闭和压紧窗口的板，但这样在关闭前会有少量冲击波进入车内，并且不易在冲击波压力之后继续保持密封，有的坦克完全使用电气机械系统来关闭门窗。

---

　　① 1 bar = 0.1 MPa。

2）防光辐射

光辐射即核爆炸的 35% 左右的能量产生一个高温火球并发出强光。光辐射的作用时间随弹体的威力增大而增长，数万吨级的只有几秒钟，百万吨级的则为十几秒钟。光辐射比冲击波有更大的作用半径，它作用于坦克表面，随单位面积所受到的光能量的不同，可以灼焦或烧坏车体油漆、布套、橡胶制品和木制品的表面，对暴露的人体开始产生灼伤的光能量为 42 J/cm^2，一般人员发现闪光开始应该迅速躲避。装甲能保护人员皮肤不受烧伤，但眼睛通过光学设备直视火球时会造成视网膜烧伤，但这样的情况不多。核爆炸的闪光能使很远的坦克乘员眼睛暂时失明，这称为闪光盲，需要几秒乃至几小时才能恢复正常。在夜战中人员瞳孔放大的情况下，闪光盲会更严重些。

为防光辐射，车外应该酌量采用防燃材料，主要是光学设备上应安装防闪光装置。光学设备用光电控制关闭快门来防闪光比较可靠，但结构比较复杂。特殊的变色玻璃受强光后变色，起保护作用，但应该反应迅速，闪光后再自动复原，并对太阳光较长时间直射应不起或很少起变色作用。

3）防早期核辐射

早期核辐射是核武器爆炸后产生的 γ 射线和中子流，约占爆炸总能量的 5%。中子流衰减快，作用半径小。γ 射线占总量的 70% ~ 80%，贯穿力较强，作用时间长达 10 s 以上，是主要的杀伤因素。人体受 γ 射线照射过多时，可产生电离致人患不同程度的射线病，据介绍，人体允许一次承受的安全辐射剂量为 50 R（伦琴）以下。早期核辐射的中子流也能使履带高锰钢、铝制品和车内食品产生感生放射，在其后较长期的作用下也能对人员产生一些伤害。早期核辐射还能使光学玻璃变色、发暗。

坦克是各种兵器中削弱早期核辐射较好的兵器，每经过 28 mm 厚的钢板（或铅 18 mm、铝 70 mm、土壤 140 mm），辐射强度就减弱一半，即辐射强度半衰减值与材料密度成反比。通常用减弱系数 K 来表示不同车辆的防辐射能力，K 定义为车外剂量与车内剂量之比。对装甲车辆，一般 $K \approx 2.0 ~ 3.5$，主战坦克通常取 $K \approx 12 ~ 40$。在车辆的非主要方位，K 值较小。

设某装甲厚度为 b，按半减弱值定义可计算穿透系数 $1/K$ 值为

$$\frac{1}{K} = \left(\frac{1}{2}\right)^{\frac{b}{28}} \tag{3-20}$$

4）防放射性污染

核爆炸形成放射性物质，包括核裂碎片、爆区土壤和其他物体在中子流作用下产生的感生放射性同位素，以及未裂变的核燃料等。它们会造成地面、物体和有尘埃的空气的污染，可以在几天内甚至更长期内起作用，一般每 7 h 衰减 9/10，剩下 1/10 的强度。放射性污染对人体的主要伤害是 γ 射线对人体外部的长时间照射，同时也能通过呼吸和食物进入体内引起内照射伤害。通常主要是在地面爆炸的爆炸中心附近和下风方向才会造成危害，其他情况的危害较小。

主战坦克对放射性污染有较好的防护能力对 γ 射线可以削弱 90% 以上，轻型车辆一般也能削弱 75% 以上，一般装甲人员输送车可削弱 50%，而汽车约只能削弱 33%。主战坦克以 20 km/h 的速度可以通过高达 10 000 R/h 的污染地区而乘员不会受到伤害，这也是装甲车辆比较适于核战争的特殊原因之一，其可以利用核爆炸抢先进攻或行动。对于污染的程度，车辆安装或携带 γ 射线测量仪（辐射级仪）就可以对污染区进行测量。在污染区活动

的停留时间，可根据战斗任务和安全标准来决定，或利用车辆的高机动性脱离或穿越污染地区。

在战场上造成内照射，主要是由于呼吸带污染尘埃的空气造成的。一般只要车体、炮塔密封良好，乘员就不会受到这种伤害。但是，由于坦克的孔、口、缝隙很多，特别是薄装甲车辆的车体在行进和战斗中更容易变形泄漏而不能保证密封。比较可靠的措施是在车体具有一般密封的基础上，再建立车内战斗室和驾驶室区域的"超压"，即安装超压风扇，使进入车内的清洁空气保持高于外界气压的压力。同时，利用在进气中的放射性尘埃比空气重的特性，离心风扇可将其惯性分离排出车外，基本保持车内空气洁净。这样，车体密封即便有不紧密之处，如火炮开闩、抛壳等时，也只会向外漏气，污染空气不会进入车内，这就可避免或减轻放射性尘埃对乘员的伤害。

图 3 - 31 所示为一种安装在坦克炮塔底板上的离心式滤尘超压风扇，通过软管由炮塔底板的进风口向内抽气。由 160 个叶片组成的风扇直接安装在 600 W、7 000 ~ 7 700 r/min 的电动机前端，空气进入电动机与外壳间的环形空间后，被离心力分离出来的尘土和部分空气经底板上的排气孔排出车外，滤清程度达 98% 以上。风扇风量约为 120 L/s，远远超过外漏的空气，建立起 0.004 ~ 0.005 bar 的车内超压，即使开炮闩装弹时，车内仍有 0.001 5 bar 的余压。

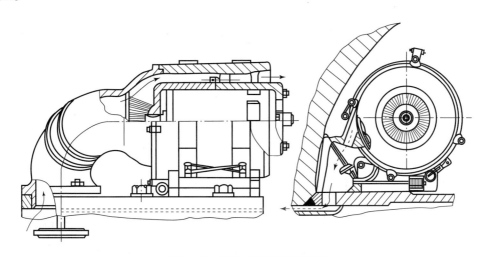

图 3 - 31　离心式滤尘超压风扇

平时这个风扇供战斗室通风进气用，包括射击后的火药气体再经发动机隔板上的风扇排出。为保证冲击波的密封，炮塔底板上的进风口与排尘孔有活门和盖板，可以由 γ 射线报警器控制关闭，同时发动机隔板上的通风窗也关闭，两个风扇都停止工作。在冲击波经过后，乘员再开启超压风扇的电动机及进气口和排尘孔，保证在污染地区使用，但不开启隔板上的排风扇以保证形成超压。

也有一些坦克采用所谓的"个体"三防方案，即为每个乘员配备防毒面具、罩衣、手套、靴套、剂量测试笔和急救包等，这使乘员在车内工作不太方便，且视野下降和呼吸困难，但车辆在战斗中有漏损时仍能保证安全，乘员也可以开窗使用高射机枪及进行保养补给等。当防毒面具是独立而不是集中供气时，乘员也可以离车去执行任务。但个体防护不能实现对冲击波、光辐射和贯穿辐射的防护，因而只宜于作为集体防护的补充措施。

个体防护系统必须考虑车内污染的洗消问题，包括备有洗消设备、洗消液，以及洗消前后的废液排放等。同时，车内各种装置也应该是不怕水、不吸水和便于洗消的。但是在洗消车内时仍有困难，例如现有的醇酸基漆容易吸附污染物，车内还有许多缝、坑、拥挤处和存水处难以洗消。因此，在战场上的内部洗消只能是临时的和初步的，洗消既费时间也不彻底，平时携带过多的洗消液还是负担。

5）化学武器防护

对坦克乘员影响较大的主要是气态的暂时性毒剂，或称为速杀性毒剂。

由于毒剂常是无色无味的，故必须安装自动报警器，能对速杀性的含磷毒剂如沙林、VX 等报警，有的需要从车外引进毒剂，经管路输送报警。最好是和 γ 射线报警器共同控制同一套关闭机构。同时，需要在进气风扇上安装滤毒设备，使整个战斗室和驾驶室空间无毒气。

一般滤毒器是吸附式，集体防护所需的这种滤毒设备较大，使用时间越长，吸附毒气的效率越低。为乘员配备的个人使用的防毒面具有两种：一种是每个人单独使用的；另一种是集中滤毒，再经过软管和面具分别供气。后者面具上不带滤毒罐，较便于工作，但软管会限制人员的活动范围。

6）生物武器防护

用作武器的细菌和病毒至少有十多种，而利用遗传工程还能生产出新的特殊病毒。除用昆虫为媒介，或制成干粉撒布以外，也能喷成极细的微粒，与空气形成结合体（成为气溶胶），可以较长时间悬浮在空气中。它们都比化学毒气粒子体积大，所以防毒气设备也能防细菌，无须专门装置。但是，还存在坦克装甲车辆在行进中不容易发现生物武器，以及少数黏附的病毒会致病和继续繁殖的问题，这需要与防化和医疗部队很好地配合，或者装备生物武器探测仪。

2. 其他防护技术

除装甲和三防设备外，面对多种反坦克手段，还需要多种其他的防护技术。

1）伪装和隐形

迷彩和伪装是坦克上应用已久的防护方法，改进的油漆伪装可以有一定防红外线反射的性能，或采用专门的材料和技术来掩护坦克，改变它在雷达或其他探测设备上的形状，或使之消失。这类技术在航空上已有一些研究成果且已开始应用，对坦克装甲车辆起到鼓舞作用。

从坦克要求来看，隐形首先是指在可见光和红外观察仪器中消失；对防护敌对坦克炮是不反射激光以免被测距，对防反坦克导弹和子母弹是使红外、激光、雷达导引失掉目标。这和飞机以防被雷达发现为主有所不同。美国在 M60A1 坦克上试验反雷达屏蔽装甲，可使坦克减少受雷达导引武器的伤害。据报道，坦克采用这类伪装和隐形技术后，配合干扰措施，将更难以被敌人及其武器所捕捉。

2）烟幕

中东战争的经验证明，充分使用烟幕可使损失减少一半以上，现代坦克兼用热烟幕和烟幕弹。源于苏联坦克的热烟幕是在发动机排气管中喷射柴油，在高温废气中蒸发成油气，再与凉的大气接触而冷凝成细小微粒，悬浮于空气中成为烟幕，它可以施放在行进中的坦克之后。这种烟幕装置结构简单，发烟量大，可以反复施放和断续施放，每次可施放几分钟，造成 250～400 m 长的地面烟幕。但这种烟幕的施放速度较缓慢，有效烟幕持续时间短。据报道，美国也将采用这种措施作为 M1 坦克烟幕榴弹的补充手段。

近年来，西方国家坦克装甲车辆多采用掷射式烟幕榴弹。烟幕弹一般装黄磷、赤磷和燃烧发烟剂等，采用延期引信，发射装置通常装在炮塔两侧前方以便选择抛掷方向，每侧有一束 3～8 个发射短管，发射 60～100 mm 口径的烟幕榴弹，掷射距离为 40～250 m。它是用电击发的，常用按钮控制发射数量，可以单发或齐发，齐发时可以在几秒钟内形成 90°～120°的扇形烟幕墙，总长 50～100 m，可以有效遮蔽可见光和红外光；高仰角掷射，也可能在低空构成"垂直烟墙"，以防空袭。这种烟幕弹装置成烟迅速，使用灵活主动，但弹药基数有限。在 T－72 等苏联坦克上也装有这种烟幕弹。有的发射筒也能发射可近距离杀伤有生力量的榴霰弹。此外，西方国家坦克炮还配有发烟弹种，射程一般为 900～1 000 m，用于迷惑敌人和指示目标。

3）红外干扰

红外干扰用以产生对抗红外和光学观瞄系统的屏障，也可能干扰红外跟踪的半自动或自动的反坦克导弹和子母弹等，现在有各种产品。一些研制中的用发射短管发射的热屏障，主要是发射榴弹，在地面或空中爆炸或喷出热粒子流，形成热幕，以使敌人红外设备失去真正目标。一种装在炮塔两侧的发射器发射的小火箭可以在几十米高度点燃金属箔烛光，发出红外线并张开降落伞徐徐下降，这就形成假目标而使红外制导武器受到干扰。也有的研究发射硫酸铵、碳酸铵等易于在空气中飘浮的细粒，形成对可见光和红外光的干扰的烟雾。

此外，利用矮小的形体、利用机动性和灵敏性、利用各种武器压制对方的火力，以及采取各种装甲防护和特种防护措施，都是为了提高坦克装甲车辆的生存力。

3.3.4　装甲的配置

根据前述各种反坦克武器及其破坏装甲的作用情况，又根据上述装甲材料及其性能的发展情况，在设计坦克装甲车辆时，首先应该考虑如何将这些装甲适当地配置于车体炮塔上，尽可能完善地防护这些反坦克武器的攻击。又由于装甲很重，常居于装甲车辆重量构成的首位，特别是在主战坦克上装甲已到了不能再增加质量的极限程度。因此，各种装甲车辆都不可能增加充分的装甲来构成绝对安全的防护。怎样根据车体炮塔各方位上不同威胁程度来配置有效的装甲，以达到一个比较适当分配而不暴露特殊弱点的方案，是坦克装甲车辆设计中的一个特别重要的问题。

通过以上分析坦克装甲车辆的实战经验和现代坦克装甲的配置情况，可以综合得出一些原则，用于指导装甲车体和炮塔的设计。

对第二次世界大战中坦克的损失情况所做的一些调查统计，至今仍是宝贵的资料，为世界各国所参考。如苏联曾对坦克的损失情况做过调查统计：坦克由于战斗原因而遭破坏损失的占 85.5%；由于技术故障损失的占 9%；由于其他损失，如陷入泥沼、沟渠等占 5.5%。在战斗损失一项中，由于敌人炮火击毁而损失的占 88%～91%；由于地雷炸毁损失的占 4%～8%；由于空袭损失的占 4%～5%。另外，坦克各部位中弹击毁的情况也不同，其中车体占 65%，炮塔占 35%。坦克各部分损伤情况见表 3－21。

表3-21　坦克各部位损伤情况

部位	损伤百分数/%			损伤相对密度		
	正面	侧面	后面	正面	侧面	后面
炮塔	14.6	17.3	3.1	2.5	1.35	0.48
车体上部	14.5	38.4	2.9	1.95	2.08	0.42
车体下部	0.765	8.2	0.235	0.35	0.42	0.07

这个统计有一定的参考价值，但也反映了当时的具体战场、战术、反坦克武器和坦克性能水平等影响因素。但应该注意，今后的战场条件在有些方面已经和第二次世界大战时期大有差异。例如，随着技术的发展和成熟，技术故障损失的比例应有所减少，而空袭损失的比例在今后战场上将有较大的提升。在各部位命中率的分配中，由于第二次世界大战中使用的一些坦克，例如苏联的 T-34 和 ИС-2 等，其形体比例与现今各国发展的坦克的变化不太大，表3-21 中数值仍基本适用。其中炮塔的命中率一项，现在有超过45%的说法，这可能是由于一些西方主战坦克的炮塔尺寸比例明显加大，也可能与现代坦克形体普遍比 T-34 坦克更为低矮有关。近年的作战研究还表明：70% 的被命中率是来自 60° 的正面弧度范围内。

根据以上统计分析可以得到：在尽量减轻坦克战斗全质量的前提下，配置各部分装甲来提高防护力的一些基本原则：

（1）在不同部位采用不同牌号或不同材料的装甲。前装甲、侧装甲和炮塔应优先采用较好的或经过特殊处理因而 K 值较高的材料，特别是采用间隙装甲或复合装甲等。车尾、底板和炮塔底板等可以用差一些的材料。有的坦克装甲车辆的车体底板采用低硬度装甲钢，甚至用一般碳钢板。

（2）在不同方位采用不同厚度的装甲。原则上，在越容易受到攻击的重要方面的装甲应越厚，而越不易受到攻击的次要方面的装甲越薄。近代坦克各部分装甲厚度比例见表3-22。注意表中数值不完全代表防护能力的比例，原因是有些装甲具有不同的倾斜度。部分坦克的各部位装甲厚度和倾斜角见表3-23。由于现代复合装甲的应用，有些车体前装甲、侧装甲和炮塔装甲已难以用厚度和倾角数字来准确表示。此外，顶装甲的设置也正处在可能有较显著变化的时期中。

表3-22　坦克各部分装甲厚度比例

车体装甲					炮塔装甲				
侧	前	后	顶	底	侧	前	后	顶	底
1	1.2~2	0.5~1	0.3~0.6	0.25~0.45	1.3~3	0.8~2.2	0.8~1.7	0.3~0.8	1.7~2.7

表 3 - 23　一些坦克的装甲配置

型号	车重/t	车体装甲厚度 (mm)/倾斜角 (°)						炮塔装甲厚度 (mm)/倾斜角 (°)				
		前上	前下	侧	尾	顶	底	前	侧	后	顶	防盾
ПТ - 76	14	10/10	13/45	13/90 10/90	6/90	5	5	20/55	20/55	15/55	8	40
AMX13	14.7	40	31.7/45	20	15	10		40/45	20/90	20/90	10	75
水陆坦克	18	15		6 ~ 10	8	6 ~ 8	6	20	15	15	8	
轻坦克	21	35/25		25	15	前 20 后 15	10	45	40	30	20	
M41	23	25.4/30	31.7/ 45	上 19 ~ 25.4/90 下 25.4/ 45	19/90	15 ~ 31.7	9.5 ~ 31.7	53.9 ~ 63.5/90				
维克斯	38.4	80/55		30	20/85	25	17	80/74	40/75	40/79	25	
61 式	35	75		26	26	16	12	140	75			
AMX30	36	70		45								
PZ61	36	60		40	20	20						
T - 54/55	36	100/30	100/35	80/90	45/73	前 30 后 20	20	175/弧	160/弧	60/弧	30/10	200/弧
T - 62	37.6	100/30	100/35	80/90	45/84	前 30 后 15	前后 20 中 15	220/弧	149 ~ 174/弧	65/弧	30/弧	220/弧
"豹" 1	39.6	70/30	70/35	上 35/50 下 25/90	25/88	10	15	52/弧	60/60	60/弧		60/55
M48A2	47.6	110/30	80/36	上 80/45 下 80/60	75/90	50	25	110/50	64/70	64/60	25.4	178/ 50
M60A1	46.3	110/25	110/35	80/弧	75/90	75 铝	前 25 后 15	110/弧	64/弧	64/弧	25	200/ 弧
逊邱伦	50	76	76	51/90				152/88				
T - 10M	50	110	110	上 70/40 下 80/90	60/45	30	20	200				

（3）重要部位装甲应尽量倾斜设置。近代坦克装甲车辆的前上装甲对水平面的倾斜角都不超过 30°。S 坦克前上装甲倾斜角为 11° ~ 12°，前下装甲约为 17°。在采用复合装甲后，除倾斜装甲部分以外，也出现了一些较垂直的部分。

（4）装甲的上、下部位中弹机会是不同的。车体前部装甲可以采用上厚而倾斜、下薄而较直的不同甲板。车体侧面形状允许时，上、下部分侧装甲也可采取不同的厚度，见表 3 - 23。侧装甲上部展宽到履带上方时，常设置成倾斜的。对位于履带内侧的基本的主要侧甲板，是支撑各轮的主要受力的机体，其通常都是整体而不是拼焊而成的。由于轧制板是等厚度的，因此之后冲压底甲板两侧向上代替侧甲板的下部以达到合理配置装甲和减轻质量的目的。这种向上弯起的底甲板称为"碗形底"，如图3-32所示。这时负重轮平衡肘支座顶部与侧装甲下部相接，行驶中冲击负荷仍由侧甲板承受。

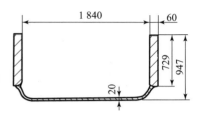

图3-32 坦克的碗形底

铸造装甲无论厚度、倾斜角或者形状都可以合理地逐渐过渡，相互配合。例如，铸造炮塔从上到下可以圆弧过渡，厚度和倾斜度也可以得到合理的安排。现在复合装甲尚只能形成平板，未达到防护能力和倾斜的逐渐过渡。

（5）防护的重要性决定装甲配置。重点保护乘员和战斗室空间，而减少动力传动室部分空间的保护。例如，表3-23中M60A1与一些苏联坦克的驾驶室和战斗室的顶、底板采用了稍厚的装甲。近些年的一种发展趋势是力图保证乘员生存，而不增大甚至减小主战坦克的质量。其主要措施是缩小乘员空间和加以集中增强的防护，并相应削减一些其他部分的防护。

（6）尽量避免在前、侧方向装甲上开设门、窗、缝、孔，也不应具有使弹丸容易卡住或妨碍跳弹的不必要的凸出物。例如，现代坦克都不在前装甲上开设驾驶窗。但为能拆装前置的动力和传动装置，在前装甲上开设可卸的大装甲窗，并由螺栓之类的结构固定。这个窗板厚、大，惯性也大，被命中时与整装甲体近似，但窗缝和连接的安全及车体刚度等尚需视结构情况而定。

（7）必须经常开启的窗和口应该考虑适当的防护措施。例如，发动机散热器窗口设置百叶窗、排气管口适当弯曲，以防弹丸和弹片直接进入。

（8）尽量利用车体之外可能有助于防护的装置或物体来加强或代替一部分装甲。两侧叶子板上车体的展宽部分可以与车外油箱、工具和备件箱等，合并考虑成为间隙或屏蔽防护。对装备推土铲的坦克装甲车辆，收起车首下方的推土铲，贴在前下甲板外时，可以起到辅助装甲作用，因而可以适当减薄前下装甲板。

3.4 装甲车体设计

3.4.1 装甲车体设计要求与设计步骤

车体设计和炮塔设计

实现坦克装甲车辆的三大性能时，装甲车体是最主要的防护部件。核战争提出三防密封等要求以后，装甲车体更形成特有的防护条件。如果把坦克装甲车辆作为一个复杂的机械产品来看待，则车体实际上起的是机架或者支撑壳体的作用。在车体上可安装各种部件，并可承受射击和行驶时的负荷，同时其也可构成乘员的活动空间。除以上防护和机体两大作用外，在必要时也可能用车体前部直接冲击障碍物和敌人装备，起到武器设备的作用。为实现以上作用，对装甲车体提出了以下设计要求。

1. 装甲车体设计要求

（1）具有战术技术要求所规定的防护性。

（2）具有足够的强度和刚度，以承受各种负荷。

（3）质量尽量小。现在主战坦克的装甲车体和炮塔质量已约占战斗质量的一半，防护性尚不理想。轻型车辆不但防护能力更弱，而且刚度和强度的问题更多。因此，质量和防护性能及刚、强度的矛盾，是车体设计的主要矛盾。

（4）较小的防弹外形尺寸和较大的内部容积。现代坦克的车内容积为 $12 \sim 18 \ m^3$，用以保证安装各种部件和人员活动所需的空间。由于防弹的方向有主次之分，因此车体首先要求矮，其次要求窄，形成大致一体的扁长方形。其主要外廓尺寸一般是在总体设计时决定的。

（5）可靠的密封，同时又要求门、窗、缝、孔等能保证行驶、战斗和维修方便等需要。

（6）结构性能优良、制造简便，战时较易动员民用工厂生产。

（7）对有的装甲板及其中一些隔板等，有时有绝热和隔声等要求。

由于装甲车体结构比较复杂，与总体设计的关系密切，车体上很多支架又和其他部件有连带关系，因此其设计步骤特殊，和常用部件的设计有所不同。

2. 装甲车体设计步骤

（1）配合总体方案，对驾驶室、战斗室和动力室在车内进行布置，共同确定车体纵、横断面的结构方案，初步确定车体的外形尺寸。

（2）选择装甲的种类和牌号，进行防护能力计算。根据防御的要求，配合总体确定装甲厚度和倾斜角，或按总体设计预定的厚度和倾斜角计算防护力，明确在什么距离上能防什么反坦克武器和弹种，从而确定装甲的配置方案。

（3）局部结构草图设计。在确定车体纵、横剖面方案的过程中，可对各局部结构定出方案，包括连接方案、接头形式、焊缝形式、密封结构和门窗结构等，甚至在总体论证时就可以进行局部结构的选择，到时再确定位置即可直接移植。

（4）车体结构草图设计。在车体总方案和各局部结构方案的基础上设计出车体结构图，包括划分各总成、分配尺寸、决定门窗及主要支座位置、确定车体支撑结构等。同时也要统一定位基准，以作为总成和零件设计的依据。

（5）在需要时根据车体结构的有限元法计算强度和刚度，作为确定车体结构总图的根据，尤其是对于薄装甲车体。

（6）总成设计。将车体合理地划分为各总成是为了在批量生产中便于组织焊接装配和缩短制造周期。需要具体设计的各总成包括车首（包括前上、前下甲板和诱导轮支架等）、车尾（后上、后下甲板和侧传动壳体等）、左侧装甲板、右侧装甲板、前顶装甲板、后顶装甲板、左和右叶子板、各隔板、驾驶窗和百叶窗等总成。

（7）零件设计。包括各总成中的每一零件，以及必要的下料和加工图纸。

（8）在零件和各总成图纸的基础上，根据各结构草图，完成最后的焊缝图（集中对各种焊缝做出技术规定）、焊接图和车体总图等全套图纸。

（9）制定生产技术文件，包括统一的生产规定和验收技术条件等。

车体设计的特点是牵涉面广、反复多、工作量大、设计周期长。无论是总体设计的一点改动，还是改变一个部件或设备，都可能会反映到车体图纸上的改动。因此，车体设计往往开始最早而完成最晚。

3.4.2 装甲车体结构设计

1. 剖面形状

车体结构形式主要是指车体横剖面和纵剖面的形状。设计车体时，常从分析比较现有的结构着手，主要根据战术技术要求、总体布置、生产条件，结合具体情况来决定其形式及尺寸。当车内要求的空间形状与车外防护要求有矛盾时，应当以内为主、内外结合来考虑，但不能因此造成显著的外形不合理情况。

1）横剖面

图 3 - 33 所示为一些坦克车体横剖面的形状和尺寸，它们基本上都是在总宽度（3.1 ~ 3.6 m）限制中，配合两条履带（$2 \times 0.55 \sim 0.77$ m）的布置而占有其余的空间，其车体宽度为 1.82 ~ 2.1 m。例外的情况是一些小型车辆的车体可能窄于这个宽度，而为增加水上浮力的水陆两用车辆如 ПТ – 76 坦克等则宽于这个宽度。图 3 - 33 中丘吉尔和 M60 坦克为扩大车内空间，不同程度地利用了履带环内的空间。战术技术要求的车底距地高的变化范围不大（0.4 ~ 0.5 m），车体顶平面的高度变化也不大，一般为 1.5 ~ 1.7 m，保证了车体具有 0.95 ~ 1.3 m 的高度（Strv103B 无炮塔是例外）。又由于履带环的高度基本上是根据主动轮、诱导轮的高度而定，故在两条履带之上往往有两条可供利用的空间，使车体可以在上部加宽，如图 3 - 33 中 ИС – 2、T – 10M、"豹" 1 和奇伏坦等。这既可增加车内空间，便于分

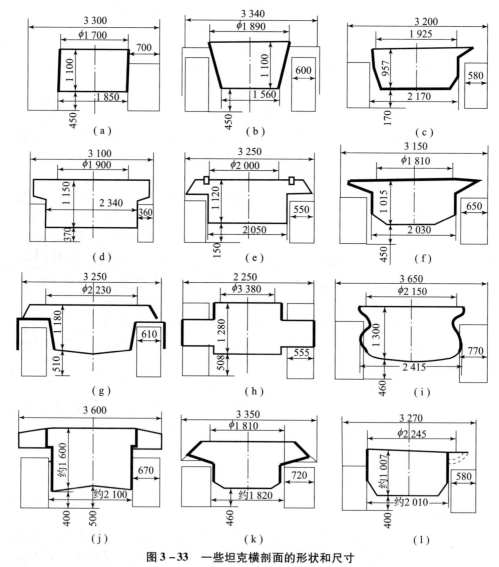

图 3 - 33　一些坦克横剖面的形状和尺寸

(a) КВ；(b) 逊邱伦；(c) T – 72；(d) ПТ – 76；(e) "豹" 1；(f) ИС – 3；

(g) 奇伏坦；(h) 丘吉尔；(i) M60；(j) Strv103B；(k) T – 10M；(l) T – 62

上、下部来安排不同的防护力，在侧装甲上部形成倾斜装甲、间隙装甲或采用复合装甲，还能安装直径较大的炮塔座圈来装设较大的火炮。但是，这使车体结构复杂，增加了焊缝和拼接难度，不太厚的顶板跨度加大也不利于支撑炮塔和火炮射击的巨大负荷。上部加宽的车体对水陆两用车辆很有利。当车体在水上倾斜时，履带之上的车体空间没入水中得到额外的浮力，形成反对倾斜、恢复平衡的力矩，有利于在较大的风浪中航行而不致倾覆，也有利于在水上向侧向射击。最简单的断面形状是两侧的侧装甲为整块的垂直甲板，生产方便。为了安装较大的火炮而加大炮塔座圈时，一些坦克在垂直侧甲板的座圈处局部加宽车体，如图 3 - 33 中的 T - 72 和 T - 62 坦克所示。局部加宽的方法是在侧甲板缺口上焊接铸造的圆弧形耳部。逊邱伦和奇伏坦的履带环外有屏蔽装甲，侧甲板也是倾斜的，其防护性稍好，但结构稍复杂，会损失车内空间，其负重轮平衡肘悬臂长度加长，但车外悬挂部分的安装空间较大。制造简便而防护形状较好的是 M60 等的铸造车体，其侧装甲的倾斜角达到 45° 及 60°，既尽量利用了履带环内的空间，也加大了座圈直径，装甲厚度也可以下薄而上面逐渐加厚，但这只限于铸造车体才能采用。在目前条件下，铸造装甲的弧形部分不便于装设复合装甲。由于侧甲下部被命中的机会较少，车外的负重轮等也有助于增加防护，因而近代坦克有时把侧甲板下部改用较薄的甲板以减轻质量，如图 3 - 33 中的 T - 72、ИС - 3、T - 10M 和 T - 62 等坦克。按照图 3 - 33 中碗形底尺寸，T - 54 坦克可减小质量 600 kg 以上。

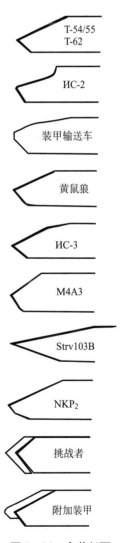

　　同时，平底部分的横跨度减小，也可以使安装部件的底部减小变形。此外，底甲板不一定都是平的，如奇伏坦和梅卡瓦等坦克底部是中间凹下的；瑞典的 Strv103B 和 1KV91 等坦克则中间向上凸，以利于提高通过性和增减底板支撑部件的刚度。

　　2）纵剖面

　　图 3 - 34 所示为车体首部的纵剖面图。ИС - 2 坦克的铸造车首上部有一块较垂直的部分，驾驶员从这个部分的后面向前观察。这种形式可能是从汽车、拖拉机额定驾驶室形状演变而来的。这使其防护力削弱，结构形式也比较复杂。这是第二次世界大战时期的典型形式，现代坦克已放弃采用。M4A3 坦克由于传动前置，故需要较高的车首内部空间，同时为不妨碍通过性又要避免车尖过分向前伸出，因而车首的抗弹性能不好。但是，这样的车首可使驾驶员观察道路的盲区较小。水陆两用的装甲输送车的车尖较高，在前进中车首扎向水下而增加水阻。同时，为避免车尖过长，尖部为一块垂直的装甲。黄鼠狼步兵战车前下甲板呈大半径圆弧形，这需要大压力机冲压加工，且只宜于较薄的装甲采用。ИС - 3 坦克前上装甲由三块板组成，包括向左、右倾斜的两块板和最上一块向正前方倾斜的三角形小板，这样其抗弹性能较好，但结构比较复杂，焊缝也暴露向重要方位。比较好的是图 3 - 34 中的第一种即 T - 54/55 及 T - 62 坦克的车首形式，其结构简单，抗弹性能较好，为现代坦克的典型。在这种车首基础上，Strv103B 采用了大倾角的上、下甲板，结构简单，但车尖伸出可能影响通过性，且影响观察道路的盲区较大。

图 3 - 34　车首剖面

瑞士 NKPz 方案即一种比较好的改进。英国挑战者所用复合装甲车首示意于图 3－34 中，车首甲板较垂直，这是由于复合装甲对跳弹作用不显著。图 3－34 中最后一种所示为附加复合装甲。

　　图 3－35 所示为车体尾部的纵剖面图，车尾既没有影响驾驶员观察道路的问题，防护要求也比车首低些。因此，一般的车尾甲板外形比较垂直。但为尽量不妨碍通过障碍，或避免通过障碍时碰坏车体，车尾往往也和车首一样将下角内缩。从防护观点看，M60 和 T－62 等车尾比较接近垂直时最差；从焊接生产看，T－54/55 之类车尾拼板较复杂，焊缝太多。T－62 的后上甲板向后倾斜 3°，有利于火炮俯角回转。为保证车内空间高度，其底甲板相应地也在尾部逐渐降低。整个措施与总体设计相配合，是降低炮塔和火炮及降低全车高度所做努力的一部分。与 T－62 的车尾下垂相反，图 3－35 中最后一种车尾上翘，这是由现在一些西方国家坦克的动力传动及冷却部件过大造成的，这只能使带火炮回转的炮塔加高，从而使整个坦克的高度加大或牺牲火炮向后的一些俯角。一般装甲输送车和步兵战车等必须在后甲板上开设大门的车辆，车尾都比较垂直。Strv103B 的车尾尖较高，这是安置炮尾及自动装填机构所形成的。其下角内缩最多，是由于缩短履带接地长度以利于转向，这不利于降低履带对地面的压强。第一种车尾可与车内传动部件的形状相配合，结构简单、外形好，但没有布置冷却装置的位置。

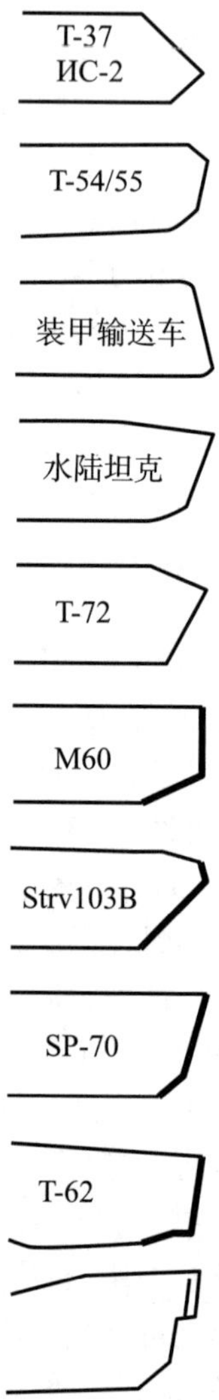

　　图 3－36 所示为一些坦克的车体结构简图。除前视图外，着重表示了车体的顶视图，以及与履带环和叶子板上空间利用的情况。从俯视图看，一般车体都是长方形。M48 和 M60 坦克所用的铸造"楔形车体"，其前部逐渐脱离了轧制装甲焊成的车体形状，使前装甲逐渐向两侧倾斜，接近圆柱面，这可以提高防护力和车内空间的利用率。部分侧装甲伸入履带宽度范围内，而车尾两侧又凹入，便于侧传动由车外拆装，如图 3－37 所示。此外，其侧装甲的厚度也是前厚后薄的。由于铸造可以满足复杂的形体需要，因此一些车体采用局部铸造与轧制装甲相配合的结构，如奇伏坦车体等。除梅卡瓦、逊邱伦和苏式坦克外，多数车体在履带高度之上加宽。由于前上装甲倾斜，以及加宽部分前、侧两方向

图 3－35　车尾剖面

的倾斜，构成这个在长方盒体上的棱锥台的各种复杂结构变化，造成车体拼焊困难。尽管这一部分的形式结构多样，但除 Strv130B 较高外，增加的车内容积并不太多。

　　无论动力传动部件是前置还是后置，拆装它们都需要一个大窗口，对车体强度、刚度的影响较大。这些坦克中，T－72 窗口开得最小，其双侧变速器是由侧传动孔而不是由车体顶部拆装。此外，梅卡瓦和 Strv130B 的动力传动装置前置，图上其窗口的左前方已尽量缩小其不必要开设的部分，这也和避免削弱前装甲的抗弹性能及减轻拆装窗板的质量有关。俯视图中可看见的另一个大窗口是炮塔座圈圆孔，最好在顶甲板上加工好这个圆孔以后再焊上车体。若焊上车体以后再精加工座圈面，则需要较大的加工设备，但可避免焊接变形。由图还可看到驾驶窗等各种孔口，且通过孔口可看到部分底装甲。

　　根据总体布置、车体的断面形式、防护性计算和一些局部的结构方案，可以绘出整个装甲车体的结构草图。图 3－38 所示为 T－62 坦克车体带主要尺寸的结构简图。

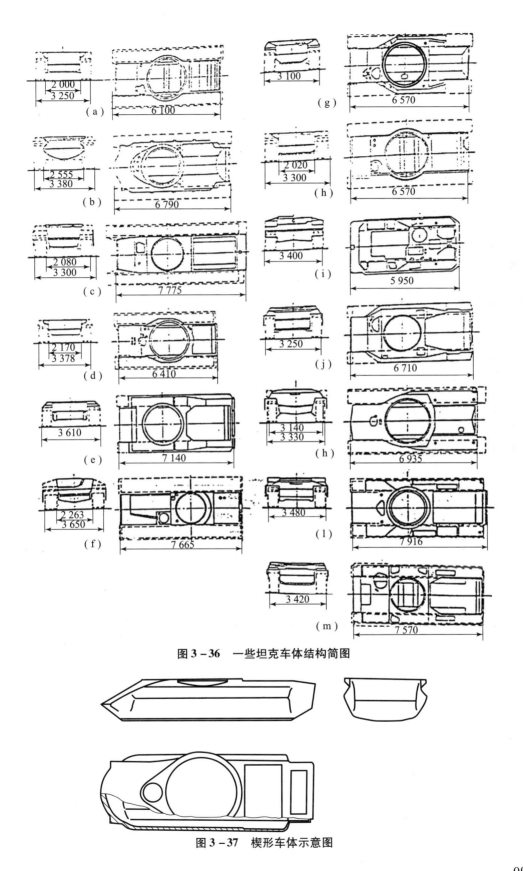

图 3 - 36　一些坦克车体结构简图

图 3 - 37　楔形车体示意图

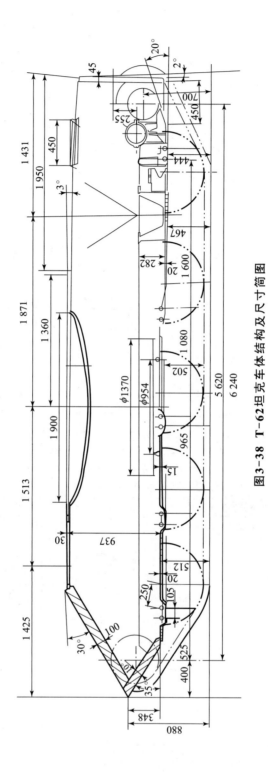

图3-38 T-62坦克车体结构及尺寸简图

2. 装甲板的焊接型式

装甲车体一般采用电弧焊接，在设计焊缝时应注意以下问题：

（1）一般的焊缝强度应该与甲板等强度。但由于考虑到增加焊缝冲击韧性和减少焊接变形，焊缝强度常比装甲板低一些，因此装甲板连接结构应尽量使焊缝不受力或受力较小。如图 3 – 39（a）所示 T – 62 坦克前上装甲与侧装甲的连接，无论是前上装甲还是侧装甲中弹时，都由装甲直接传力。而当采用如图 3 – 39（b）所示的结构时，据试验，侧装甲中弹时焊缝较易出现裂纹。

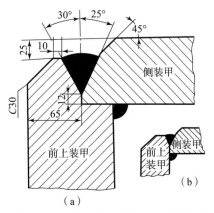

图 3 – 39　前上装甲与侧装甲的焊缝型式

（2）厚装甲一般不焊透。为使焊缝不直接被命中，应尽量使焊缝隐蔽，或向着次要的命中方向，如图 3 – 39 所示。

（3）为便于增加生产和减小变形，应使焊缝数目尽量减少、长度短和结构简单，便于自动焊，并采用分段焊、逆向分段焊，有时也用堆焊坡口的方法。在保证不过热的情况下，用两层及多层焊，对抗裂纹是有利的，薄装甲一般不用多层焊。另外，薄板焊要特别注意焊接变形问题。

（4）要用大间隙的焊接结构，因为大体积的塑性金属焊缝可以有较多的变形而不致被破坏，可以提高焊缝的结构寿命。但为提高焊缝的防弹能力，则应减少焊缝金属的填充量，为此常采用槽舌接头、阶梯式接头、塞式接头等形式，可以使结构较合理，但加工和焊接都比普通接头复杂。

（5）组合装甲板焊接车体时，为能准确定位，以避免造成其他焊缝不能连接的情况，装甲的连接结构要有可靠的定位面。定位面只能是装甲的轧制表面或切削加工过的断面，即使这样，仍常出现因为板的翘曲而不能连接及不能形成间隙的干涉情况，往往也就有太宽的间隙。过窄的间隙和过宽的间隙（填充垫铁后焊接）都会影响焊接质量，为此要限制板的容许翘曲变形量，并妥善安排工序。此外，大型的可翻转定位焊接架是保证质量所需的设备。

装甲板的焊接常采用下述几种形式，如图 3 – 40 所示。

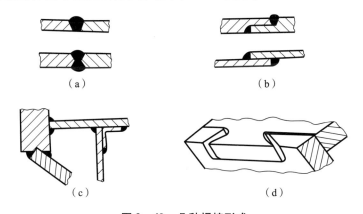

（a）　　　　　　　　　　　　　（b）

（c）　　　　　　　　　　　　　（d）

图 3 – 40　几种焊接形式

（a）对接；（b）搭接；（c）角接；（d）榫接

1）对接

对接是最简单而经济的焊接形式，用于连接位于同一平面上的装甲板。对接可为平口对接、V型对接和X型对接。要求焊透时用平口对接，其甲板厚度一般为3～8 mm；V型对接的甲板厚度一般为4～26 mm；X型对接的甲板厚度大于30 mm。对接在整个剖面内传力均匀，特别适用于振动负荷。底装甲和顶装甲的连接多用对接。

2）搭接

搭接会增加车体质量，但焊前准备工作简单，可以避免因下料不准造成对接焊缝过宽或过窄的问题，也可作为制造公差的补偿环节，因其搭接的强度较高，因此有时也少量采用。

3）角接

角接广泛应用于连接车体上不同平面相交的装甲板，如前、侧、后、顶、底甲板相互连接多半是角接，其中包括车体的重要焊缝。角接两边的焊缝高度之和常大于连接的板厚。

4）榫接

榫接有利于装甲直接传力，可以提高连接的强度，但在焊接和装甲受冲击力时，榫接拐角处较易产生应力集中，引起裂纹。因此，榫头拐角处应该有较大的圆弧半径。

"燕尾形"榫接在外力作用下，有使尾与槽自动楔紧的趋势。为使甲板进入连接位置有调整位置的余地，榫侧预先留有较大的间隙，该间隙在焊接前可用垫片填满。燕尾榫比较复杂，为简化工艺，便于自动焊，现已很少采用。

有些装甲板需要做成可卸的，一般用螺钉连接（见图3-41），有时用铰链连接以便于翻转。装甲板的硬度高，钻孔和铰孔困难，常在板上焊螺栓，用螺母固定其他的板或物体。快速装卸的连接可以在不拧下螺钉或螺母的情况下卸下装甲板，但连接的强度较差。可卸连接的密封性可以用密封橡胶垫等解决。

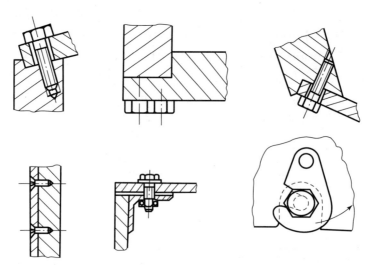

图3-41 几种可卸连接

3. 装甲车体各总成设计

为了焊接的方便，在设计时常把车体适当地划分为几个总成。主要的总成有以下几部分。

1）车首总成

图3-42所示为几种车首形式。车首的基体一般包括各前上、前下甲板及诱导轮或主动

轮支架，其上可能还有挂钩、灯座和防浪装置支架等，采用复合装甲的车首则复杂一些。车首直接面对敌人攻击和障碍物，同时固定了诱导轮或主动轮，受较大的冲击和负荷，所以对防护力和强度的要求较突出，设计时应注意前上、前下甲板之间的连接。整个车首主要是支在侧甲板之前，诱导轮或主动轮结构由前上、前下和侧甲板共同支撑。前甲板表面应尽量避免有凸出物影响跳弹，焊缝尽量不向前方暴露，最好也不在前装甲板上开设窗口。前上装甲与顶甲板的连接如图 3 - 43 所示。

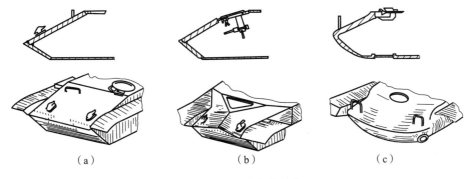

（a）　　　　　　　　　　（b）　　　　　　　　　　（c）

图 3 - 42　几种车首形式

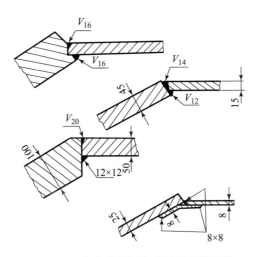

图 3 - 43　前上装甲板与顶装甲板的连接

2）左、右侧装甲总成

侧装甲总成以侧甲板为主，也可能包括侧上向外扩展部分的甲板。此外，侧甲板内外可能有较多的支座，包括托带轮支座和限制器支座等。侧装甲是连接车体首、尾的主要甲板，是保证长达 7 m 左右的车体刚度和强度的主要甲板，前后方向和上下方向的载荷主要靠它来传递，因而通常由整块板制成，并且应避免开过大的孔和切口。由于车体顶、底板之间通过侧装甲传力，特别是具有巨大发射后坐力的炮塔座圈支撑刚度问题，故在履带之上向两侧凸出的车体处应设置垂直加强板。平衡肘支座在侧甲板下部的焊接位置需要有能略加调整的余地，以便保证各平衡肘高度处于一条直线上，使各负重轮能在同一条直线上沿履带诱导齿侧面滚动。侧装甲与顶、底装甲的连接如图 3 - 44 所示。

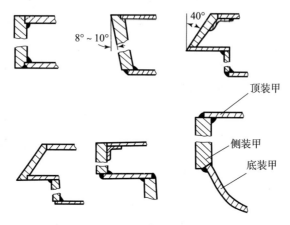

图3-44　侧装甲的几种连接型式

3）车尾总成

车尾包括后上、后下甲板和侧传动（或诱导轮支架等）壳体，也可能连带包括局部顶甲板和底甲板，以及其上所附的门、窗、牵引钩和支架等。车尾的防护力要求较低，甲板较薄。当传动后置时，需在车尾开设较多拆装检修门窗，或由于其他原因在车尾开设的较多或较大门窗。由于侧传动壳体承受履带张力很大，侧甲板后部有向外张开的趋势，因而做横向连接的后装甲，即使需要开设门窗，也应该有足够的连接部分以保证车尾刚度。为了加强连接，尾甲板与侧甲板的焊接可以采用锁接。这种锁接是一种特殊的角接，即将侧甲板装入后甲板的刨槽中焊接（如图3-45中的$B-B$剖面），这样当侧装甲向外张开时，不由焊缝而由装甲本身受力。侧传动壳体的焊接和支撑应该保证牢固可靠，应避免由焊缝受力，焊前装配时还应能调整对中，使两侧的主动轮轴承座基本保持同轴，以便于精加工时达到较高的同轴度。

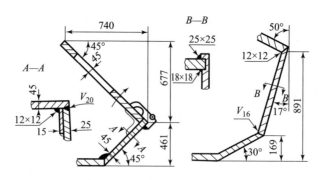

图3-45　车尾的几种连接型式

4）车底甲板总成

底甲板往往由几块底板，经常是几块厚度有差异的冲压板拼接而成，其上设有多个支座和窗孔，如动力装置、传动装置等部件通常支撑在底甲板上。它们在行驶中的动负荷可能达到净重的10倍，而它们的对中要求又较高。但车底甲板薄且面积大，因而其刚度是一个突出问题。为增强刚度，常采用焊接加强筋或底板冲筋（包括扭杆护罩）的方法。

图 3－46（a）中 M46 坦克在发动机安装处焊有两根条钢，图 3－46（b）中 Cy－76 自行火炮除有专门的横筋外，还利用扭杆护罩兼作加强筋，并有一些纵筋连于横筋之间。

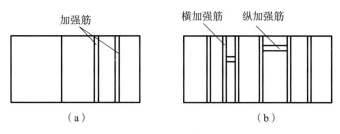

图 3－46　焊加强筋的底甲板

（a）M46 坦克底甲板；（b）Cy－76 自行火炮底甲板

冲压甲板能增加刚度而基本上不增加质量，但需要有大型的压力机械加工。加强刚度的效果由筋型及其布置而定。图 3－47 所示为分四块冲压后焊接的 T－62 坦克底装甲板，其对接焊缝和加强筋都在安装扭杆的位置，这样可以节省一些车内空间，此外，在发动机处增加有两条纵筋。各段碗形底的倾斜角度随车内布置需要而变化，但会使各平衡肘支架不易互换。T－62 的底甲板中部较薄、后部较低。

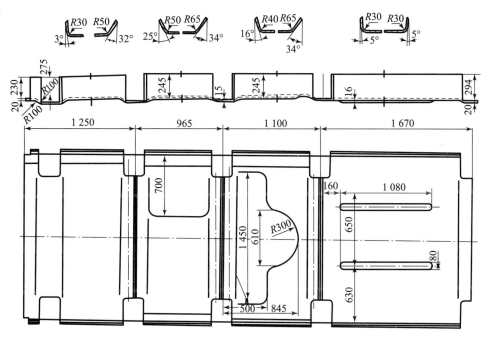

图 3－47　T－62 坦克的冲压底甲板

车底甲板与车首、车尾的连接见图 3－48，注意焊缝的隐蔽问题，以避免被障碍物碰坏。底甲板与车尾间采用搭接焊缝，可以作为公差尺寸链的补偿环节。

5）前、后顶甲板总成

顶甲板的特点是薄而开口又大又多，例如炮塔座圈孔、驾驶窗、冷却通风的百叶窗、动力装置与传动装置的拆装和检查窗等。顶装甲要承受射击后坐力和振动，还要承受上面所装

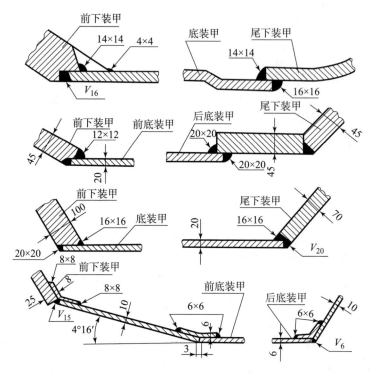

图 3-48　几种车底连接型式

门窗和可能搭乘步兵的质量，因而刚度问题特别突出。目前常采用的措施是使炮塔座圈两侧直接支撑在较厚的侧装甲板上，而座圈后部顶板则采用架在两侧甲板上的横梁以加强支撑。动力传动部分需要有能吊装动力装置等部件的可卸装甲板，另外还有冷却通风的百叶窗等，剩余能做可靠支撑的顶板往往不多，需要适当地布置，并在满足需要的前提下尽量减小这些窗口的面积。经常采用一些型钢梁来固定与支撑这些窗口和可卸装甲板。妨碍动力装置等吊装的梁，也可以做成是可卸的，不过其连接应该保证牢固。为了平时保养方便，一些较小的检查窗常开设在较大的可卸甲板上。另外，百叶窗的设计应考虑减小气流阻力和避免弹片直接射入车内。一般采用人字形能转动的叶片，厚度比顶甲板薄些，以便于操纵。

4. 装甲车体设计尺寸的基准

装甲车体设计的尺寸基准要求测量精准方便，并与工艺基准统一。

在纵向尺寸上，动力传动部分应以侧传动主动轴承支承座的中心线为基准，战斗部分常以座圈中心线为基准；横向尺寸主要用车体的纵向中心线为基准；高度尺寸主要以底板和侧传动中心线为基准。

尺寸注法采用坐标式的准确度较高，个别尺寸的修改不致影响其他尺寸，但有时测量不太方便。当要求相互位置较严时，采用链式尺寸注法较合适。

装甲板气割下料时，长度公差达 ±（1~4）mm。当要求精确达 ±（0.5~1）mm 以内时，需要对甲板进行机械加工。必要的尺寸链应进行计算，否则组合焊接会发生困难。

5. 装甲车体的刚度和强度问题

坦克装甲车辆车体所受载荷是复杂的，这些载荷包括：

1）车体所受悬架装置和履带推进装置的载荷

如车辆行驶中地面通过各负重轮、平衡肘及其支座对侧甲板等的静和动载荷，以及平衡肘悬臂造成的弯矩；转向时各轮对车体额外增加的大小和方向不同的横向力；主动轮、诱导轮通过其支座给予车体履带的张力和牵引力的静、动载荷，及其悬臂造成的弯矩，当转向时两侧受力发生不同的变化；各平衡肘、限制器受到的冲击；各托带轮等安装在车体侧甲板上造成的载荷。

2）车体所受重力及惯性力载荷

炮塔和整个回转体的重力及惯性力；车内动力、传动等各部件，油箱和弹药等，以及车体装甲等的重力和惯性力；动力、传动装置支座的反力。

3）车体所受冲击载荷

火炮和机枪射击通过座圈造成的对顶甲板的载荷，并随火炮方位和俯仰角而变化；车首冲击障碍物，或行驶中的碰撞所引起的载荷；各种弹丸和弹片等命中的冲击载荷；地雷、爆破榴弹等爆炸冲击波。

4）其他载荷

如牵引钩可能承受的牵引力，水陆两用车辆在水中的静和动压力。此外，还有一些载荷未列出，如核武器的冲击波等。

这些载荷不一定都是经常作用于车体，其大小和位置也可能变动，但有些不能被忽视，如行驶中的垂向动载荷可能达到车辆重力的 10 倍；履带绕过负重轮后，静牵引力合力可达车辆重力的 1.5～2 倍，悬垂的履带跳动时张力更大。另外，大口径火炮的后坐力冲击载荷也很大。

在这些载荷的作用下，几乎所有的车体都会在使用一段时期后出现一定程度的永久变形。例如，两侧负重轮呈八字形外张，顶、底甲板下垂几毫米或十几毫米；有些门窗不能密封或关闭，以致失去三防和水上性能；动力传动的对中被破坏，以致损坏轴承，甚至使炮塔不能转动、部分机构不能工作。当然，刚度之外也存在强度问题，如车体裂纹等。

即使主战坦克或其他厚装甲车辆，其顶、底甲板仍然较薄，也会存在上述问题。而对于轻型装甲车辆，由于只要求防小口径武器，故常采用较薄的装甲，以达到轻量化的目的。尤其是对于水陆坦克，厚度薄、体积大，当在水中行驶时，水压负荷又会形成车体的流固耦合变形。薄装甲结构带来的强度特别是刚度问题更为突出，称为轻型车体设计的主要矛盾，故在设计薄装甲车体时常采用一些加强措施：

（1）采用骨架或桁架结构。顶或底甲板用相互配合的角钢或板条等来组成骨架，以加强刚度。如对装甲输送车顶甲板上的高射机枪座圈作支撑，可以减小射击时顶甲板的剧烈跳动，提高射击精度。

（2）加强筋和梁。轻型车辆车体顶板的后沿用横梁架在侧甲板上，可以支撑炮塔座圈所受的射击后坐力。如水陆坦克车体长而底甲薄，在底板上设有纵筋以增强纵向刚度，有的利用扭杆护罩在底装甲上作为横筋。也可以参考船舶制造的经验，当筋或梁的高度大于 100 mm 时采用 T 形、小于 100 mm 时采用 Π 形或 Γ 形。

（3）柱。在不便于通过侧甲板来加强的车体中央部位，有时利用立柱来加强，图 3－49 所示为一种水陆坦克车体的碳钢底甲板和装甲钢顶甲板的加强结构，采用前立柱、中立柱和尾立柱的多种立柱型式组合。立柱应该选择在合适的位置，例如装甲输送车在车体中央的发动机隔板拐角处设置立柱，其既是隔板的固定架，也不妨碍人员活动。立柱支点的载荷较集中，最好设法分散。

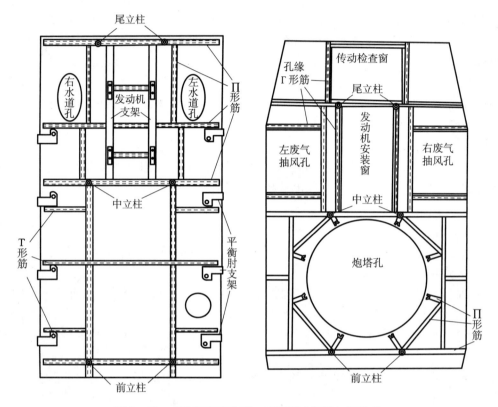

图 3 - 49　水陆坦克车体顶、底甲板内部的加强结构

（4）冲压甲板。在冲压设备允许的情况下采用冲压甲板可以增加刚度而不增加质量。如 T - 62 底甲板在纵、横两个方向上的刚度都得到了加强，如图 3 - 47 所示。

（5）加强板及加强角钢。加强板和加强角钢多用在两块甲板对接或角接的部位，同时也加强了焊缝，但增加了额外的金属质量。

（6）支架或制作兼作加强筋。有的支架稍加延长或改变形状，即可扩大加强作用，例如有的发动机支架等。

对有一定的变形方向的结构，另一类解决方法是在生产时就为变形留出预留量，使其在工作中变形后接近正确位置。例如，T - 54 坦克负重轮支座焊接预留有内倾倾斜度 4/340，及前倾倾斜度 1.5/340 ~ 2.5/340。其结果是，经过使用的修理车辆的鉴定表明，基本已不存在倾斜度。但是，这实际上是一个变动的过程。

按照一般的弹性和塑性力学等理论方法来计算装甲车体的应力和变形有一定的困难，因为一般力学理论方法总是希望工程问题具有形状规则简单的结构，并希望结构所受载荷简单，否则难以求得精确解或可接受的近似解。但装甲车体这类真实结构厚度不均、形状复杂，具有许多筋、梁、窗、口、支座及隔板等，难以采用理论方法计算，故往往运用有限元法进行装甲车体强度和刚度的计算，图 3 - 50 所示为西德在 20 世纪 70 年代研制无炮塔双炮坦克 VT1 样车时，车体有限元计算的简单示意图，图中车体在射击时产生的变形量是放大了的。

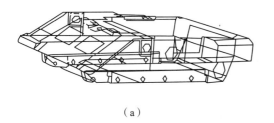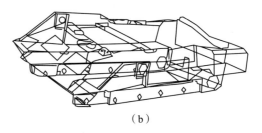

（a）　　　　　　　　　　　　　　　　（b）

图 3 – 50　有限元法分析车体应变和变形情况

（a）计算时的车体结构；（b）射击时的车体变形情况

3.5　炮塔设计

炮塔设计和车体设计一样，与总体设计紧密相联，应在坦克装甲车辆的总体方案设计阶段配合战斗室总布置，确定对炮塔的防护力和质量等的要求，并初步确定其主要尺寸（长、宽、高、回转半径和耳轴位置等）。这里主要讨论坦克炮塔的方案和结构设计，也包括其他装甲车辆的较小与较简单的炮塔和枪塔在内。

3.5.1　炮塔设计要求

炮塔内集中了坦克的主要战斗人员和战斗装置，其特点是孔口多、受力大，需要灵活回转运动，并且处在最高的暴露位置。和车体上的固定战斗塔相比，炮塔的特点是可以周转，因而塔下有底板和座圈与车体相连接，支撑条件较差。炮塔设计的变化较车体大，其原因在于影响因素众多，例如武器种类的变化、第二次世界大战以来火控系统的迅速发展、复合装甲等防护技术的发展，并与将炮塔设计作为突破传统坦克总体设计方案的突破点有关。

炮塔设计一般应满足以下要求：

（1）具有全车最强的防护性，包括具有最厚最强的装甲、低小的外形和较小的正投影面积。

（2）塔内空间满足乘员战斗和部件、设备等布置的需要。

（3）具有足够的刚度和强度。现代坦克火炮孔径大而后坐长度有限，使射击的后坐阻力很大。后坐阻力与许多因素有关。图 3 – 51 所示的对部分坦克炮的统计曲线基本表示出了在一般条件下后坐阻力增长的趋势，这个力从火炮耳轴经火炮塔体和座圈由车体承受。

（4）质量小而平衡。炮塔轻不但可减小坦克战斗全质量，而且可使回转时轻便迅速。平衡的要求

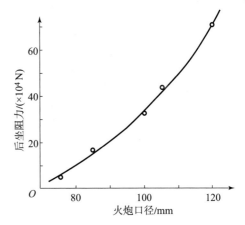

图 3 – 51　随口径增长的坦克炮后坐阻力

主要是指包括火炮在内的整个炮塔回转部分的重心应该接近回转的几何中心。否则，由于炮塔回转部分的质量较大（例如，占坦克全部质量的 1/4～1/6），故会带来坦克在不平地面或坡道上向上坡方向调转火炮困难、转向行驶时炮塔方向稳定力矩大及在水上调转火炮到横向时车体会倾斜甚至炮口入水等。平衡式炮塔的塔体前轻后重，装上火炮后重心可接近座圈的几何中心，即可取得基本平衡。

（5）回转可靠，即使被命中也不易被卡住或楔住而不能回转。

（6）拆装火炮方便。

（7）门窗开关方便、可靠。

（8）密封满足三防和潜渡的要求，特别是座圈、枪炮安装口等处。

另外，炮塔设计还应满足作为一种机械产品的普遍要求，如生产方便、成本低等；满足作为军品的普遍要求，如便于在战时扩大生产量等。

炮塔设计若要满足以上要求，矛盾很多。例如，防护性强与质量小的矛盾，矮小外形与塔内空间要求的矛盾，前部装甲厚、火炮大与要求平衡的矛盾，火炮俯仰运动和便于拆装要求的矛盾，塔前开口大与防护性及密封性的矛盾等。设计中必须克服困难，认真解决这些矛盾。

3.5.2　塔体设计

1. 炮塔结构形式

不同的炮塔是在不同时期中不同的使用要求、不同的生产水平和不同的设计指导思想下产生的。

从生产方法看，炮塔和车体一样也主要分为铸造和焊接两种。焊接炮塔，即以切割的轧制甲板拼焊而成的炮塔，其前身是铆接炮塔。铆接装甲板只能是搭接或采用垫板后对接，不但不适于厚甲板，而且会增加质量，在被命中时，即使装甲不被穿透，铆钉也会向内飞出伤人。此外，铆接处不能保证完全密封。因此，第二次世界大战时已逐渐淘汰了铆接而采用焊接。现代复合装甲用于炮塔时，其基体也采用焊接成形。而复合装甲可以粘接，也可以用焊接的螺柱固定在基体上。对复合装甲面板和背板都进行焊接的结构比较牢固。由于炮塔座圈为圆形，故四周的塔体最好在座圈之上向内倾斜以提高防护力。塔前与塔后为安装武器和重力平衡，又有些特殊形状的要求。因此焊接炮塔可能是由较多装甲板拼焊而成的多平面的复杂形状，其切割、修磨、机械加工和焊接工作量大，焊缝密集。20 世纪 40—70 年代的坦克比较流行铸造炮塔，尽管铸造装甲钢不如轧制甲板紧密，但外形、倾斜度和厚度都可以圆滑过渡，较容易用流线的避弹外形满足复杂的需要。

从外形看，炮塔大体可以分为截圆锥形（见图 3-52）、截棱锥形（见图 3-53）和半球形（见图 3-54）三类。

（1）截圆锥形炮塔适用于圆形座圈，结构简单，塔壁倾斜较好，但焊接前需要用较大的压力机弯曲装甲板，安装火炮后重心靠前而不平衡。因此，截圆锥形炮塔只适用于薄装甲的、小炮的装甲车。图 3-52（c）所示为基本保持这种外形的铸造炮塔，用于 M551 轻型坦克。

（2）截棱锥形炮塔显然适用于装甲板拼接而铆或焊成的炮塔，但图 3-53（b）中的早期铸造炮塔也受其影响而采用了这种外形。图 3-53（c）所示为现代间隙装甲和复合装甲炮塔的外形。截棱锥形炮塔可以构成较窄而长的外形，有利于避弹和平衡，但焊缝是炮塔上

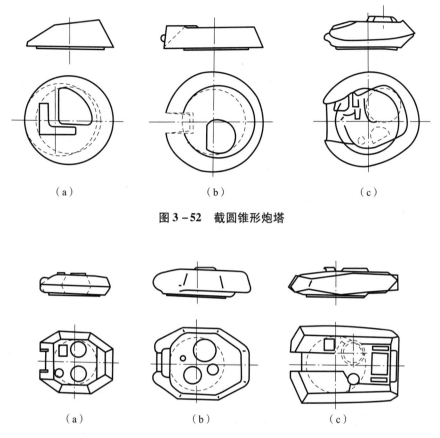

图 3 – 52　截圆锥形炮塔

图 3 – 53　截棱锥形炮塔

的薄弱环节。

（3）半球形炮塔完全脱离装甲板拼接炮塔的影响，而构成了最理想的避弹外形。它一般都是铸造的，否则需要冲压弯曲和拼接较小块的装甲薄板，这恰恰和薄装甲的硬度高有矛盾。由图 3 – 54 可见，塔的顶视可以为圆形，铸造也较容易满足塔前和塔后所需要的特殊形状。所谓铸造炮塔，也不排斥局部使用轧制装甲，如图 3 – 54（a）所示的塔顶，以及所有

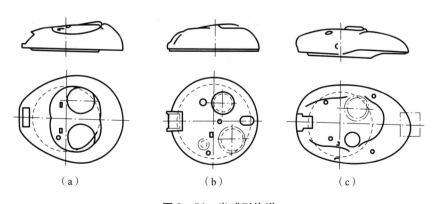

图 3 – 54　半球形炮塔

的炮塔底板和门窗等。半球形炮塔一般避免了如图3-52（c）和图3-53（a）所示的下部内倾斜面，避免了弹丸与破片不能跳走和可能卡住炮塔而不能回转的问题。但是塔裙在回转时扫过的面积内，车体上不能有向上的凸出物，为此塔尾做成上翘形式〔见图3-54（c）〕。

炮塔位于最高且易受攻击的位置，现代坦克结构形式比较注意缩小正投影面积，特别是炮塔火线以上的正投影面积，这是即使隐蔽射击也必须暴露的部分。从这个角度来讲，采用无炮塔方案的瑞典Strv103B坦克暴露面积最小，由于它没有炮塔，火线以上暴露的仍是车体，并且由于火炮固定于车体，故不需要保证俯角时炮尾所需的高度。要减小炮塔的暴露正投影面积首先要减小火线以上高度，但为保证火炮一定的俯角，炮塔有一个最低高限，达到此高度后不能随意再降低。

还有些坦克通过缩小炮塔来减小坦克的正投影面积，图3-55所示为采用背裂式炮塔的美国T-92式轻型坦克，这种设计可以减小炮塔正投影面积和炮塔体积及质量。背裂式炮塔的特点是两侧炮塔低矮，中部开口，直接以火炮背部向外，这样除指挥塔等仍需一定高度以便观察外，塔高不由火炮俯角决定。但是火炮不但需要俯仰，还有装弹和退壳等动作，仍需要一定空间。背裂式炮塔的主要问题在于不易良好地密封于车内，且其折叠式软密封容易被枪弹和弹片破坏。

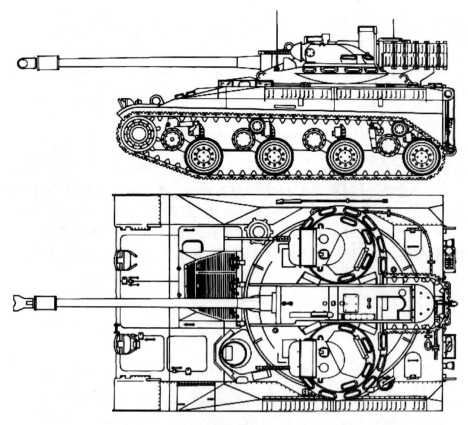

图3-55　采用背裂式炮塔的T-92式轻型坦克

联邦德国曾考虑改进"豹"2坦克炮塔的方案之一是扁平炮塔，其塔顶有折叠窗，火炮尾部只在不常有的俯角时向上推动折叠窗，因而炮塔体可以下降。扁平炮塔可以看成是介于背裂炮塔和普通炮塔之间的折中方案。

　　法国在第二次世界大战后，曾经发展了一种摇摆炮塔，用于其各种坦克和装甲车上。摇摆炮塔的塔体分上、下两部分，火炮刚性地固定安装于上塔体上，没有防盾。上塔体用耳轴支承在下塔体上，而下塔体则支承在座圈上。耳轴位置接近座圈的中部，因而上塔体和火炮可以做前后摇摆的俯仰运动。由于上塔体颇为可观的质量参加了火炮的起落平衡，其耳轴在火炮上的位置相对的大距离地后移，使耳轴以后的长度很短，故最大仰角时炮尾及上塔体后部不需要降入座圈以下，即不需要大直径的座圈，也不要求安装大座圈的车体宽度。其结果使得炮塔质量比较小，而车内战斗空间也因座圈较小而可以较小，使整车的体积和质量也较小。又由于火炮相对于上塔体固定，故上塔体的后舱可以储存弹药，比较容易实现炮尾不对塔体做相对运动的自动装弹机构。由于这些突出的优点，摇摆炮塔至今仍在法国和奥地利等一些车辆上采用，它为一些轻型坦克与车辆装 90 mm 和 105 mm 口径火炮提供了条件。图 3-56 所示为一种装 105 炮的摇摆炮塔总成的剖视图。

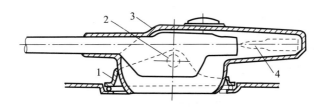

图 3-56　摇摆炮塔剖视图
1—下塔体；2—耳轴；3—上塔体；4—自动装填炮弹

　　摇摆炮塔的缺点是高低射界不大、防护形状不理想，特别是保证塔内密封比较困难，不易达到三防和潜渡要求，另需软式折叠密封套，而这是较易于损坏的。摇摆炮塔只适用于铸造。法国新式主战坦克未采用摇摆炮塔。

2. 炮塔平衡舱

　　平衡舱是炮塔的一个重要构成部分，仅部分安装小口径武器的炮塔不需要平衡舱。图 3-57 所示为一些带平衡舱的炮塔外形。平衡舱不但使整个回转中心的重心接近座圈几何中心，其也是战斗室中一个能随炮塔回转的储存室，这个随战斗人员、武器及火控装置回转的储存空间能起到其他空间所不能代替的作用。平衡舱中的存储物可以包括电台、火控装置的许多元件、弹药、自动装弹机和抛壳机等。若只是为了炮塔平衡，在塔外尾部固定一些物体也能达到同样的目的。但是，为使向后凸出的平衡舱在炮塔回转时不与车体顶部的凸起物相干涉，也不掩盖和影响一些窗口如驾驶窗和发动机窗口等，一般平衡舱都做成向上翘起的。上翘的平衡舱会影响炮塔防护外形，也不利于防冲击波推翻炮塔，并使炮塔加重和制造复杂化，因而根本方法是采取减轻塔前部、减轻火炮、减小火炮耳轴后的长度和后坐长度以使耳轴在炮塔上的位置后移等措施，从而可避免恶性循环，即避免前后都加长、加重。

　　西方国家现代坦克的平衡舱较大，导致整个炮塔也都较大。苏联 T-72 坦克炮塔没有采用复合装甲（有内衬层），其外形明显较小，只存在一点平衡舱的痕迹，如图 3-57（f）所示。如图 3-57（e）所示的"豹"1 坦克炮塔和 T-54/55 炮塔则属于座圈偏前的卵形，其平衡舱介于前述两种大、小之间，T-54/55 炮塔平衡舱也完全不上翘。

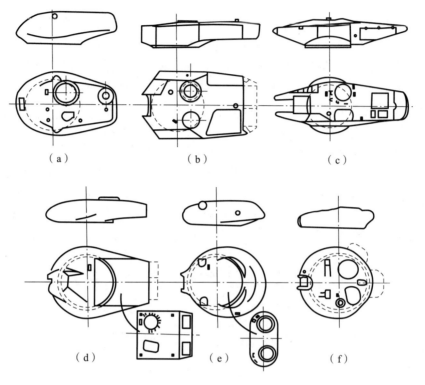

图 3 – 57 带平衡舱的一些炮塔

(a) M60A1；(b) "豹" 2；(c) 梅卡瓦；(d) 奇伏坦；(e) "豹" 1；(f) T – 72

如图 3 – 58 所示的 T – 62 坦克炮塔完全没有平衡舱，只是塔的后半部分略比前半部分高，只能提供很小的平衡力矩，因而其回转体的 9 020 kg 质量的重心偏于回转中心之前 435 mm，在不到 10°的坡道上向上方调炮即发生困难，这时只能锁住炮塔整车转向来向上坡方向调炮，但这又受地形限制。除此之外，T – 62 坦克炮塔设计还是比较成功的，其前部最厚处厚度为 220 ~ 230 mm，塔体质量为 4 890 kg，装上门窗等的总质量为 5 110 kg。

在普通炮塔大量应用于各种装甲车辆和轻型坦克的同时，主战坦克突出地发展复合装甲炮塔。为便于装设复合装甲，炮塔的基体上有较简单和大片的基本平面。复合装甲的低密度材料或间隙装甲要求厚度很大，同时，复合装甲不强调倾斜设置，从而常形成接近方形的五棱柱体（前左、前右、左、右、后共 5 个面）。由于注意了降低炮塔高度，故以 M1、"豹" 2、挑战者等坦克为代表的现代主战坦克炮塔形成了以大扁五方形为特征的典型形式，一般来说，这只适于与长而大的车体相匹配，如图 3 – 59 所示。

3. 塔体形状设计

在战斗室布置中初步决定了炮塔的最小基本尺寸，例如由火炮最大俯角及装填手在车内的高度确定塔体高度，由耳轴位置和炮尾及后坐长度决定座圈的最小直径，由吊装发动机的需要决定炮塔的最小回转半径等。随炮塔的生产方法和结构形式可以按需要扩大以上的最小基本尺寸，以形成所需的炮塔。炮塔塔体形状设计一般有以下一些可供参考的原则：

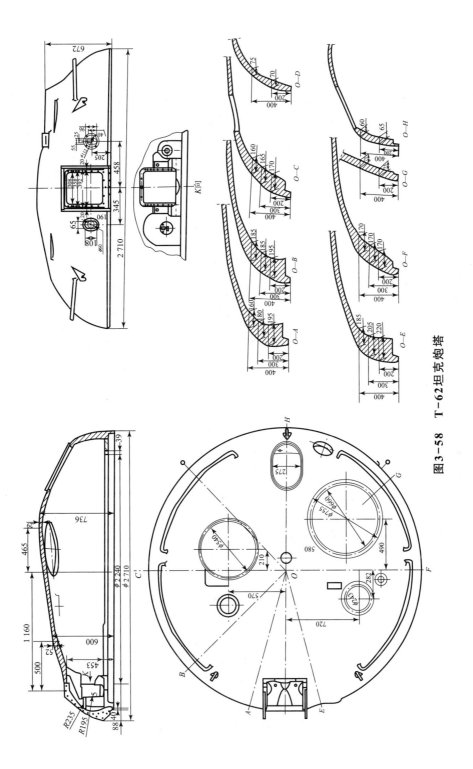

图3-58 T-62坦克炮塔

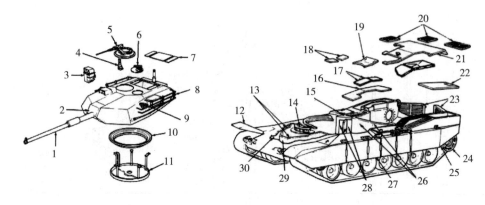

图 3 - 59 M1 坦克的炮塔和车体

1—105mm 口径主炮；2—同轴机枪口；3—炮长潜望镜；4—车长潜望镜；5—车长武器站；6—装填手舱盖；

7—泄压板；8—炮塔置物架；9—烟榴弹发射器；10—座圈；11—炮塔吊篮；12—铰接挡泥板；

13—油箱隔板；14—驾驶员舱盖；15—车体弹药舱；16—油箱盖；17—蓄电池盖；18—泄压板；19—检修盖；

20—进气栅格；21—顶甲板；22—油箱盖；23—后栅格门；24—主动轮；

25—挡泥板；26—动力舱隔板；27—裙板；28—弹药门；29—前内隔板；30—前油箱

（1）左右塔形基本对称。基本对称的塔形便于造型铸造，也可保持左右平衡。但由于左、右内部要求不同，故也可能使塔形略有不同，特别是要求位置较高以环视战场的指挥塔，其两侧的结构会有所不同。

（2）塔体前低后高、前小后大。为便于操作，各种装置和设备常布置在战斗成员之前，指挥塔、出入门和战斗员一般靠后。同时又由于正面防护的需要和便于平衡，炮塔常采取前小后大的形体，或表现为座圈位置靠前，形成前小后大的塔体。由于需要满足火炮俯角要求和便于向前观察，故塔顶前低后高。

（3）装甲前厚后薄、上厚下薄。合理分配的装甲厚度是综合考虑防护的需要和倾斜角度等的结果。采用轧制装甲和复合装甲能形成不同厚度的级差，而铸造炮塔则是逐渐过渡的厚度。图 3 - 58 中 T - 62 炮塔的侧壁截面表示出了这个厚度差。前厚后薄是从加强正面抗弹能力出发的，但这和炮塔的平衡相矛盾，因此，常使后部与侧部同厚。

（4）塔高尽量矮小，以满足内部空间要求为限度。内部有三处要求高度：中间是火炮最大俯角所要求的高度，一侧是装填手站立工作所要求的高度，另一侧是为炮长和车长观察方便所要求的高度。这三个高度可以分别处理，但应有适当的关联性。其中，车长指挥塔高度是可以单独处理的，但过分凸出将成为全车最不安全之处。

（5）对于铸造炮塔，常尽量使裙大顶小，增加倾斜，但裙部加大往往受到许多限制。T - 72 坦克等则趋于尽量缩小炮塔，结果使塔壁不太倾斜。

炮塔体形状比较复杂，特别是铸造炮塔的形状更不规则，各处厚度又可能不相同，采用 CAD 模型与图纸相结合的表达方式可以准确表明炮塔倾斜角和厚度的变化情况，以及确定质心位置以计算塔前和塔后的力矩平衡。

炮塔设计一般取炮塔回转中心线、塔裙端面和耳轴中心线作为设计尺寸的基准。

4. 炮塔设计的一些结构问题

1）炮塔底板和顶板

无论是铸造、焊接还是复合装甲炮塔，地面都需要焊接环形底板以便连接座圈。炮塔底板不向外露，没有防弹问题，材料不一定用装甲钢，一般也不需要厚板，但要求支撑刚度符合要求，包括能承受火炮射击时的巨大后坐阻力。由于射击引起炮塔底板变形而使塔后下沉的情况是常有的，但下沉过多会影响炮塔回转，必要时应在塔内采用加强筋或支板结构。即使是铸造炮塔，塔顶也常采用轧制装甲板，原因之一是薄顶使整个炮塔铸造的废品率增高。此外，在未焊到塔上之前，对单个顶板进行切削加工也比较方便。

轧制顶、底板与塔体焊接要可靠，在塔体被命中的冲击载荷下焊缝应不易被破坏。图3-60中有的顶板焊接在塔体上加工出的凸缘处，这样炮塔重力和设计后坐力就不必全由焊缝来承受。

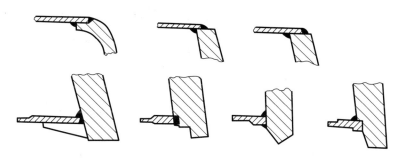

图3-60 炮塔顶、底板和塔体的焊接

直升机和末敏弹等空中袭击的增加，对坦克装甲车辆的顶面防护提出了新的要求。由于乘员在战斗室较集中，其中最重要的是炮塔顶的防护。单纯加厚炮塔顶板及其上的门窗不是很妥善的办法，且开关门窗也会沉重困难。T-72坦克的炮塔顶厚45 mm，相当于逊邱伦、AMX30和"豹"1坦克侧装甲的水平，不可谓不厚，但对付小口径破甲弹也嫌不足，只能防护机枪弹及榴弹破片。比较可取的办法是采用屏蔽装甲或伞形防护之类的措施，间隙装甲和复合装甲也可能奏效，但会增大目标，同时需要解决观察和门窗等问题。

2）炮塔拆装方案

由于炮管外露并较易损坏，包括被大口径机枪和弹片等命中，使管内壁有凸处而影响设计，可能需要在野外更换炮管。火炮和炮塔比较重且大，从炮塔上拆装火炮可能通过两种途径：一种是拆卸座圈螺钉，用吊车吊起整个炮塔和火炮，再从炮塔上拆卸并向后抽出火炮；另一种是炮塔前开口较大，炮身可由开口出入，因而不必拆卸和吊装炮塔。

对于主战坦克而言，第一种方法必须用起吊量达10 t的吊车，否则无法更换炮管，这在野战条件下有时不可能，既费时，又费事。

第二次世界大战期间的坦克不少火炮由塔前的大开口出入安装，如图3-61所示。塔前都有较大和较重的凸出体，既不利于防护，也会影响炮塔的平衡，后来经过逐步改善稍有减小。

图3-62所示为一种塔前开口很小，但不用吊车就能拆卸火炮的方法。这种炮塔内底板后部的左、右两侧有两个窗口，平时有盖板用螺钉关死。当从外部拆卸放盾时，从内部拆卸炮上的一些附件和座圈螺钉后，将千斤顶通过底板窗口放在车体顶板上，顶起炮塔的后部，就能从后抽出火炮，这种方法比前两种方法方便，当有较小的吊车时也可只吊起炮塔后部来拆卸火炮。

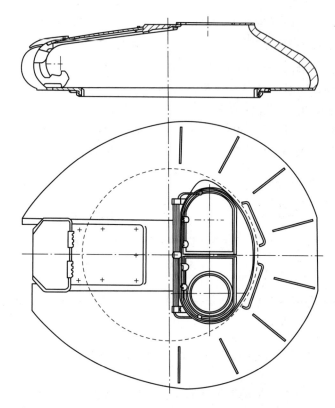

图 3 - 61　从塔前拆装火炮的半球形炮塔

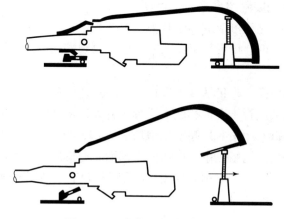

图 3 - 62　从塔后拆装火炮示意

3）防盾设计

塔前开口在整个车辆最重要的防护位置，因此设计开口必须同时考虑紧密关联的防盾。防盾以炮耳轴为中心相对于塔体和开口而动，运动范围需要保证火炮的最大仰角和最大俯角，即要求在最大仰角和最大俯角时，防盾的一端不致向前方暴露塔体的开口，而另一端又不致发生干涉。

防盾可分为外防盾和内防盾两类，图 3 - 63 （a） 所示属于外防盾，它用以耳轴为中心的内圆柱面与塔体上以耳轴为中心的外圆柱面相配合，即防盾包住塔体，保证火炮在最大俯仰角度之间的任何角度时防盾与塔体间的间隙都不大，无论枪弹和弹片都不易侵入。在左、右侧面处可以是塔体在外而防盾在内，也可以塔体在内而防盾在外。图 3 – 63 （b）所示属于内防盾，它用以耳轴为中心的外圆柱面与塔体上的以耳轴为中心的内圆柱面相配合，即塔体包住防盾，同样应保证两者间隙不大。

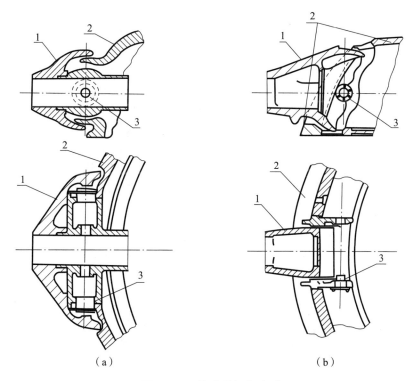

图 3 – 63　外防盾与内防盾

1—防盾；2—炮塔顶；3—平轴

一般来说，外防盾要求塔体前裙部内缩，塔前不能构成倾斜流线型，炮弹可能卡在防盾与车体顶甲之间而无法跳弹。另外，这种防盾也较大、较重，它参与火炮在耳轴上的起落平衡时，将使火炮相对向后缩一点距离，不利于缩小座圈及炮塔。内防盾的情况相反，防盾较小、较轻，塔前倾斜流线好。但内防盾的缝口向前而非向后，可能被炮弹卡住，影响火炮俯仰。如图 3 – 63 （b）所示的火线较低，防盾下方在火炮最大俯角时可能与塔内底板相干涉，因此在底板上留有一个开口。为此，还需采取专门的密封措施，如用软的密封下盖密封此开口。图 3 – 64 所示为 T – 55 坦克防盾的双层密封结构。

除此之外，也可能在下方采用内防盾而在上方采用外防盾的结构，当防盾与塔体之间的内外关系转换时，需要进行细致的设计以保证密封。

与炮塔开口和防盾设计相联系的，是耳轴问题。如图 3 – 63 （a）所示，逊邱伦坦克炮塔耳轴是从两侧插入的，其防盾既不能严密掩护开口，也不能从侧面保护耳轴。如图 3 – 63 （b）所示，豹式坦克炮塔耳轴是圆台，外套滑块用滑槽装入塔前，再用螺钉固定。这样的耳轴牢固，开口两侧装甲凸出部分也可以保护耳轴。

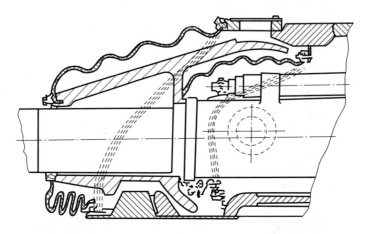

图 3 – 64　T – 55 坦克防盾的双层密封结构

　　如图 3 – 65（a）所示，耳轴需要拆下防盾后再向两侧抽出，这些结构都属于外装耳轴，它要求炮塔的防盾区域向前凸出，或者也可以看成防盾区域之外的塔体向后缩。图 3 – 65（b）所示为内装耳轴，用炮框焊在塔体内使耳轴中心内移，以便耳轴从炮框两侧通过火炮摇架的耳轴室。炮框上耳轴孔是焊前加工的，炮框用加工平面定位以保证耳轴水平和方位正确。

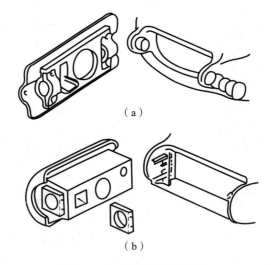

（a）

（b）

图 3 – 65　两种防盾和耳轴

　　图 3 – 66 所示为一种改善的耳轴安装方法。圆柱形的耳轴一端插入摇架的耳轴室内，外端则支承在带圆柱面的耳轴室内。安装火炮时，火炮带耳轴及耳轴座从塔后插入塔内，耳轴座经过横槽落入炮塔体的耳轴室内，可以限制火炮耳轴的前后移动，但可以向左右耳轴座进行微调。耳轴座的上面用螺栓拧在塔体上的楔铁压紧，以限制耳轴上下移动。螺栓孔是在塔外加工的，耳轴室是从裙内加工的，加工完毕后再用塞块将工艺孔焊死。这个工艺塞即直接起到支承耳轴的作用。这种结构可使耳轴到塔前的距离减小，因而火炮俯仰所需要的塔体开口高度也小，同时也减小了并列机枪等的开口高度，这改善了防护，也减小了防盾尺寸和质量。减轻防盾相当于使火炮不动而耳轴相对于座圈后移，塔体不需要向前凸出，有利于炮塔

平衡。这是设计中多方追求的目标，这种方法取消了炮框，简化了制造，但当耳轴及耳轴座由上往下落入耳轴室时，需要一定的空间，同时为保证耳轴室的强度和防护，塔前上方局部稍有凸出，以使这个重要部位的装甲不会更倾斜。

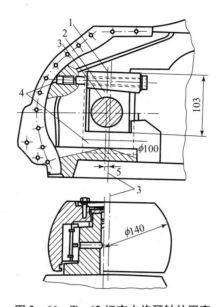

图 3 - 66　T - 62 坦克火炮耳轴的固定
1—楔形块；2—耳轴座；3—耳轴；4—工艺塞；5—耳轴座中心线

3.5.3　炮塔座圈设计

1. 炮塔座圈设计要求

炮塔座圈是装在炮塔底板和车体顶板之间的滚动支承，相当于一个非标准的特大型的径向止推轴承。其设计有以下要求：

（1）炮塔回转的阻力小，滚体与座圈滚道间最好是没有滑动摩擦，而是纯滚动摩擦。

（2）应有足够的强度，以承受火炮射击及炮塔被命中时的冲击负荷。

（3）应能防止炮塔从车体上被掀翻。

（4）密封可靠。三防和潜渡要求能在车内迅速密封和启封，此时不一定要求炮塔能回转，最好是在稍增大的回转阻力下仍能回转。

（5）直径大、断面小、质量轻、制造简单和拆装方便等。

2. 炮塔座圈结构设计

最简单的座圈结构是四点接触式的，如 T - 34 坦克的座圈，如图 3 - 67（a）所示，其径向载荷由上、下座圈的同心圆柱面承受。这种座圈制造较简便，但是在同时受径向力和轴向力时，在四个接触点上会产生较大的滑动摩擦。

也可以用两排钢球分别承受径向与轴向载荷，如 ИС - 2 坦克座圈，如图 3 - 67（b）所示，避免了四点接触座圈中的滑动，但断面尺寸大，也较重。

止推轴承式座圈的滚道断面为圆弧形，只有两点接触，基本上没有滑动，结构本身能防止炮塔被掀起，并且能承受较大的负荷。但是制造和装配稍复杂些。这种座圈滚道断面的曲率半径与钢球半径之比为 1.05~1.10，比值这样小是为了增加接触强度。接触点法线与炮塔回转轴线的夹角 θ 为 50°~75°。例如 T-54 坦克，按名义尺寸的 θ 角约为 50°，实际由于座圈加工时公差很大，不计钢球直径公差时，θ 角变化也达 22.6°~74°。选择 θ 角时应注意有利于承受轴向和径向载荷，以防止炮塔被掀倒。如图 3-67（c）所示的座圈，其具有防潜渡时进水的密封结构，也满足三防的需要。当乘员抽紧钢丝绳、束紧防尘密封垫时，得到密封，松开钢丝绳时，弹簧片翘起钢丝绳，可以减小炮塔的回转阻力。如图 3-67（d）所示座圈断面内圈位于由上往下装入钢球孔的位置。图 3-67（e）所示为 M46 坦克座圈，其外圈由上、下两半装配，以便于装入钢球。

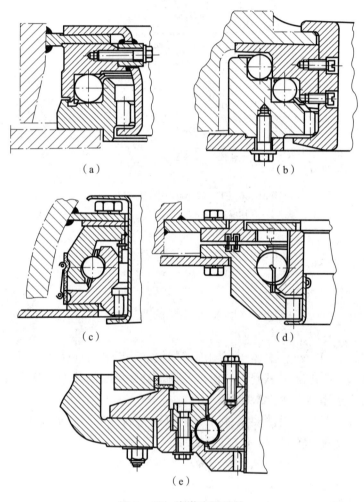

（a）　　　　　　　　　　　　　　（b）

（c）　　　　　　　　　　　　　　（d）

（e）

图 3-67　炮塔座圈结构

座圈又可分为内圈固定于车体和外圈固定于车体两种，分别如图 3-68（a）和图 3-68（b）所示。它们所受火炮后坐阻力的情况如图 3-67 所示，两者存在的径向间隙位置不同，最大径向载荷在炮塔前部和炮塔后部也不同。一般情况下，火炮发射时座圈的最大轴向载荷位于炮塔后部。这样，从受力情况来说，应使最大轴向载荷和最大径向载荷错开，不致集中在座圈的同一处，因此采用内圈固定的 T-54 炮塔座圈［见图 3-68（a）］比较好。

T-62 炮塔座圈如图 3-68（b）所示，由于其火线较低，仰角射击的轴向力偏于座圈前部，炮塔偏心距偏前较大，其座圈是外圈固定的。炮塔固定螺钉是由下往上安装的，塔体的倾斜部分不会妨碍螺钉的拆装，因此对同样大小的塔体，可以采用更大的座圈直径，甚至可将座圈直接拧装在塔体裙部下端面，而省去炮塔底板。这种结构截面的径向尺寸较大，有利于提高径向刚度；可减小座圈椭圆变形，有利于保证滚道和齿圈工作。这种截面的高度小，便于装在塔体裙部下端，与座圈配合的炮塔裙部端面和车体顶板加工面可保证座圈的端面不翘曲。

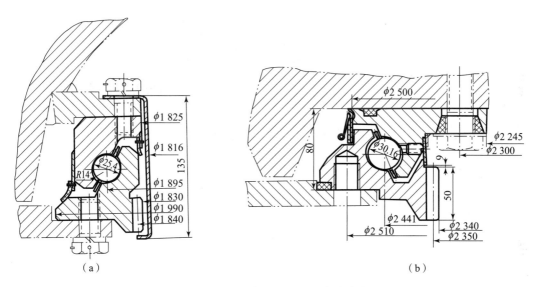

（a）　　　　　　　　　　　　　　　（b）

图 3-68　T-54 坦克和 T-62 坦克的炮塔座圈

图 3-69 所示为一种钢丝滚道座圈，其特点是用经过热处理的高硬度钢丝嵌在座圈的槽内，钢丝上有磨制加工形成的滚道面，这样可以减小滚动阻力，而滚子的线接触可以比钢球尺寸小、数量多而载荷大。用钢丝滚道后，座圈本身不需要获得高硬度的热处理，可以弥补大直径、小断面在热处理以后容易产生翘曲或椭圆变形的缺点。钢丝的扭转也可以为滚子提供高度自动贴合的滚道。

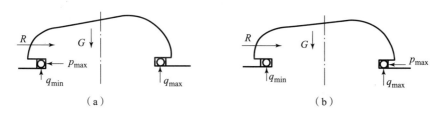

（a）　　　　　　　　　　　　　　　（b）

图 3-69　T-54 坦克和 T-62 坦克的炮塔座圈受力分析

炮塔座圈截面不大，而直径大至 2 m 左右，用专门轧制的环形毛坯加工时，刚性较难保证。例如直径公差常大到 ±1 mm，椭圆度也只能要求 ≤0.85 mm。

设计座圈时，常先选定基本截面形式，按总体布置尺寸来确定外形尺寸，再定滚道直径、滚体尺寸和个数、滚道形状等。进行强度检验时，主要验算受力最大的滚体压碎强度、滚道的挤压强度。计算的结果可与已有的座圈进行比较分析，强度不够时，修改座圈尺寸。

经受力分析可求得座圈钢球对火炮后坐力的反作用力，尤其需要考虑最大俯、仰角工况和平射工况，但座圈各钢球的受力情况并不一致，其中必有一个钢球受力最大，主要应验算该钢球的轴向及径向载荷的合成载荷。比较内圈或外圈固定的最大合成载荷，可以决定采用最大合成载荷较小的结构，设计时常用这个最大合成载荷作为座圈强度计算的依据。

滚体的压碎强度和接触挤压应力应按轴承计算方法计算，并根据其材料决定最大许用应力值，也可参考以下公式估算。

（1）钢球的压碎强度用下式检验：

$$P_\Sigma \leqslant k \cdot d^2 \tag{3-21}$$

式中，k——钢球的强度系数，允许值一般为 200～250 MPa；

d——钢球直径，cm。

（2）径向止推轴承式座圈的滚道工作表面上的最大接触挤压应力用下式计算：

$$\sigma = 5\,400 \left(\frac{r_d - r_q}{r_q} \right)^{0.2} \sqrt[3]{\frac{P_\Sigma}{r_q^2}} \leqslant [\sigma_{max}] \tag{3-22}$$

式中，r_q——钢球半径，cm；

r_d——滚道的曲率半径，cm；

$[\sigma_{max}]$——最大接触挤压应力，一般取 2 500～3 000 MPa。

第4章 传动系统

4.1 概述

车辆传动系统概述

4.1.1 传动系统设计要求

1. 车辆行驶需求

坦克装甲车辆要正常行驶，需满足直线行驶（简称直驶）和转向行驶两个方面的需求。

1）直线行驶需求

（1）能提供最大行驶车速与最小行驶车速之比（大于10）。

坦克作为运输车辆应该具有足够高的速度，当坦克行驶在沥青混凝土覆盖的良好路面时，应达到19~22 m/s的速度；同时也应具有低速行驶的可能性，以便保证在受限制或不过分危险的条件下，有把握在狭窄通道、铁路站台或悬崖附近行驶，以及与步兵伴随同步。驾驶员心理上可承受的坦克最低行驶速度为1.7~1.9 m/s。这两个速度极限确定了传动装置与发动机应共同保证的坦克速度范围。

（2）能克服地面最大阻力与最小阻力之比（大于10）。

坦克牵引特性的动力范围，由总运动阻力系数的最大值和最小值确定。其最小值（0.04）对应于坦克沿水平沥青混凝土路面行驶，最大值（0.64~0.65）对应于坦克上35°角坡道。传动装置的最低挡（一挡）和最高挡应该保证这两个单位牵引力（即动力因数）的数值，从而能有把握地克服行驶阻力。可见，动力范围和速度范围与传动装置的传动比调节范围有关。

（3）能迅速消耗坦克装甲车辆行驶时的动能，进行缓速和停车制动。

坦克的制动性和其他特性共同对车辆行驶特性有重要的影响，随着坦克战斗全重和行驶速度的增加，必要的制动性能保证成为越来越大的问题。在制动过程吸收的大量动能会引起普通摩擦制动机构的迅速磨损，长时间连续工作存在不安全因素，因此往往在传动系统中配有液力缓速器，允许下长坡和行车工况制动，其减速度可达5 m/s² 以上。

（4）能倒驶，倒驶时应有足够的牵引力与相当的车速，部分车辆还设置多于一个倒挡。

（5）能切断动力，以启动发动机或制动车辆。

2）转向行驶需要

（1）两侧履带可分别输出不同大小和方向的速度，以满足不同弯曲路面和地形上的转向需求。

坦克转向时两侧履带的速差能在一定范围内连续调节，转向机构工作时应在尽量低或没有制动功率损失的情况下实现任意半径的转向。

（2）每侧履带都允许输出全部发动机功率，甚至大于发动机最大功率的功率。

坦克转向时转向机构应允许利用转向功率的再生现象，即利用另一侧履带从地面输送回的转向再生功率，使单侧输出功率能大于发动机最大功率，以有限功率做更小半径的转向，并提高困难路面的转向能力。

但目前坦克装甲车辆主要采用以柴油机为代表的内燃机动力装置，其性能尚不能满足以上车辆直线行驶和转向行驶的需求。

3）动力装置的性能局限

（1）转速变化范围不广。柴油机最高转速约为规定怠速转速的 $1.5 \sim 2.75$ 倍。

（2）转矩变化范围狭窄。柴油机标定外特性转速变化的适应性系数为 $1.06 \sim 1.25$，在整个转速运行范围内，输出的转矩和功率并不均匀保持一致，最大转矩只在部分转速范围。

（3）不能倒转。除少数船用低速大功率柴油机外，各种内燃机都不能实现倒转。

（4）低速下不能输出功率，即不能带载启动。

可见，动力装置的性能与车辆实际行驶需求之间显然存在着较大的差距。当车辆采用内燃机作为动力装置时，就需要设置传动系统来解决这个矛盾。从这个角度来看，传动系统是用来改造或者调节动力装置性能，以满足车辆行驶需求的装置。显然，动力装置性能的变化对传动系统的设计具有直接的影响。

2. 功用

坦克装甲车辆传动系统的功用，是将动力装置的功率传给两侧履带。同时按直线行驶的要求改变履带的速度和牵引力，按转向行驶的要求分别改变两侧履带的速度和牵引力，按行驶的要求进行倒车、减速和停车。

3. 设计要求

对以坦克为代表的高速履带式装甲车辆传动系统的设计要求，可分为三个方面来讨论。

1）性能及功能要求

（1）车辆的速度，应能从起步到最高车速的范围内变化，最好能连续变化。

（2）车辆发出的牵引力，应能从克服良好道路阻力到履带不打滑所能攀登的最大坡道对应阻力之间变化，最好具有对地面负载的自动适应性，即牵引力随车速降低而自动增加。

（3）通过速度和牵引力的配合，与动力装置实现良好匹配，充分利用动力装置功率，即在任意工况下，发动机尽可能在额定功率点工况附近工作，也就是说，在良好道路上要达到最高速度，在攀登最大坡道时要以合理的低速行驶。

（4）随不同弯曲道路和地形的需要，可以做适当半径的转向，包括高速行驶中准确的微调方向、低速行驶时的小半径转向及原地中心转向。

（5）高传动效率。效率低有用功率就少，损耗的功率使系统发热量增大，从而使系统温度过高，需要较大的散热装置，而散热装置又需要消耗动力和增加质量、占据有用空间和增加成本等。同时，对以内燃机为动力装置的车辆，应使其工作在特定的低油耗、低排放范围。

（6）能过载保护。外界阻力突然过大时，应不致引起发动机熄火或机件的超负荷损坏，即传动系统应该有在超负荷下能打滑的环节，包括车辆起步和换挡时克服过大惯性负荷打滑。

（7）能实现车辆倒驶。包括战斗中要求的车辆高速倒驶，如射击后转换阵地等。

（8）能切断动力。满足空载启动发动机和非行驶工况的发动机工作等需要。

（9）能使车辆利用发动机制动，以及使车辆具备拖车启动发动机的能力。

（10）能提供辅助动力输出（Power – Take – Off），将发动机动力传至专用设备。

2）总体设计要求

（1）总体布置适应性。

传动系统的方案和外形应与总体布置相适应。而为了适应坦克装甲车辆的转向行驶需求，对于一般装备有单一动力装置的车辆而言，传动系统的基本形式均应具有一个输入端和两个输出端。因此不论发动机前置还是后置、纵置抑或横置，传动装置均采用输入和输出呈"T"形的布置方案。在结构上，往往布置为几个部件总成的组合，形成一个整体的"T"形综合传动装置。

（2）结构匹配性。

传动系统应与相邻或相连部件良好配合。当由于加工公差或车体变形造成传动系统的位置发生变化时，传动系统仍能够与安装或固定在车体上的动力装置、侧传动、驾驶操纵系统等部件良好地配合，保证动力传动系统正常工作。此外，与冷却风扇、散热器、风道、油箱以及装甲车体门、窗等也应有良好的布置配合。

（3）高功率密度。

为避免扩大车体体积影响防护性能或增加战斗全质量影响机动性能，甚至影响总体布置方案实现的可能性，传动系统的体积应越小越好，并具有较轻的质量。

3）一般设计要求。

结构简单、制造方便、工作可靠、寿命长、成本低、操纵性好、保养和维修便利等。

以上的各项设计要求往往是相互矛盾的，必须根据具体情况权衡利弊，合理开展设计。

4.1.2　基本类型和发展

1. 基本类型

在坦克装甲车辆传动系统的发展中采用过多种方案和结构。由于要满足直驶和转向两方面的需求，故从实现直驶的机构类型来分，主要有机械传动、液力传动、液力机械传动、液压传动、液压机械传动、

传动系统的基本
类型和发展

电力传动、机电复合传动等类型；从实现转向的机构类型来分，有单功率流传动和双（多）功率流传动两种，其中单功率流传动有离合器转向、差速器转向、二级行星转向、双侧变速转向等机械转向机构，双功率流转向传动有机械转向、液压转向、液压机械转向、液压液力复合转向、电驱动转向等类型。另外，机械传动按齿轮机构，又可分为定轴齿轮传动和行星齿轮转动两大类。

（1）机械传动的优点是结构简单，成本低，效率高。缺点是切断动力换挡，存在动力损失；换挡频繁，刚性大，冲击大，噪声大，降低了寿命。

（2）液力传动以液体动能来传递或交换能量，优点是无级变速，变矩能力和动力性好；具有自动适应性，提高了操纵方便性和车辆在恶劣路面上的通过性；能充分发挥发动机性能，有利于减少排气污染；减振、吸振、减缓冲击，提高传动、动力系统寿命和乘坐舒适性。缺点是效率低，结构复杂，成本高。

（3）液压传动以液体的液压能来传递和交换能量，纯液压传动采用泵、马达，效率低、质量大、成本高。液压机械传动的优点是连续、平稳地无级变速，非常接近理想特性；传动部件、零件大大减少，便于布置；可利用增加液流循环阻力的方法进行动力制动；发动机工

况可以调节在最佳工况工作；变速、制动操纵方便。缺点是效率低，其峰值总效率仅为70%~75%；不适应坦克高转速、高负荷、转速变换频繁、振动大等恶劣工况的工作条件，寿命和可靠性尚需进一步提高。

（4）电传动利用电能传递或交换能量。电传动的优点是可按行驶功率的要求以最经济的转速运行，得到恒功率输出特性；可无级变速，启动和变速平稳；能将电动机转换为发电机实现制动，提高行驶安全性，并易于实现制动能量的回收；动力装置与车轮间无刚性连接，便于总体布置和维修；可实现静音行驶，清洁无污染。其缺点是成本高、自重大并消耗大量有色金属。在军用车辆上，目前还处于研制阶段。

（5）定轴齿轮传动由于结构简单、制造成熟、成本低而被广泛应用；行星传动结构紧凑、寿命长、噪声小、工艺要求高、成本高。

（6）单流传动是直驶和转向功率流从发动机至主动轮功率经一条路线传递；双流传动是直驶和转向功率流分两路传递，从发动机经行星排汇流传递到主动轮。

（7）机械转向采用转向离合器、二级行星转向机、双差速器以及双侧变速箱，其结构简单、造价低，但规定转向半径小。

（8）液压转向的转向功率流由液压泵、马达来传递，具有无级转向功能；液压液力复合转向的转向功率由液压泵、马达和液力偶合器相互协调来传递，也具有无级转向功能；液压机械复合转向的转向功率由液压泵、马达和机械传动机构来完成，同样具有无级转向功能，而且传动效率接近于机械传动，比较适合于大功率的传递。

2. 发展

下面分别从变速、转向、制动、操纵及总体等方面论述传动系统发展。

1）直驶变速方面

过去履带式装甲车辆的传动系统中都采用机械变速传动，第二次世界大战后期，美国在M5A1坦克上开始采用液力传动，现已在西方国家普遍采用。液力变矩器使传动柔和、扩大自动适应性，能较充分地发挥发动机功率，但效率较低，油液发热后还需散热器。目前常用两个扬长避短的措施：一个是加装闭锁离合器，在变矩器接近偶合器工况时，离合器闭锁，液力传动变为机械传动，这样在起步、困难路面和换挡时，则采用液力工况，以发挥液力传动的优点，而高速行驶时，则采用机械传动，以发挥机械传动效率高的优点；另一个措施是将直驶动力分为液力和机械两路传递，只有部分功率有液力损失，这样既可保持液力传动的优点，又可保持机械传动效率高的优点，这样的传动装置称为液力机械变矩器，其传动总效率可介于机械传动与液力传动之间。

液压传动系统的效率不太高，也不单独使用，一般采用液压机械传动，特别是与若干级行星传动相配合，构成液压机械连续无级变速系统，可使效率接近机械传动，并得到接近理想的大范围双向可控的无级变速。从20世纪80年代开始，这类传动已在M2步兵战车和MLRS装甲输送车上应用，性能较理想，并特别适用于燃气轮机动力，但成本较高。

过去大多数变速齿轮机构采用固定轴齿轮变速，且在小功率车辆中至今仍有使用。其换挡机构从滑接齿轮开始，经过换挡齿套，发展为同步器，现代则进一步采用液压操纵的换挡离合器。固定轴齿轮传动是单点啮合，在传动功率越来越大时，已难以满足需要，目前履带式车辆最大固定轴齿轮变速箱传动功率未超过600 kW。现代较多采用行星齿轮变速机构，它是多点啮合传动，结构紧凑，理论上无径向力。

过去以英国为主，较多采用二自由度行星变速方案。第二次世界大战后，美国较多采用三自由度换联和串联行星变速方案。20 世纪 60 年代后，德国偏重发展串联正倒挡机构的三自由度方案。20 世纪 70—80 年代，日本、法国、苏联等开始采用多元件复式行星变速方案。

传动系统的发展不但与发动机功率的提高有关，现代技术也提供了提高传动效率和功率利用率的条件，其中包括直驶变速的挡数明显增加。

增加挡数、缩小排挡比，主要是为使各挡在高效率和高功率利用率的最佳性能区域工作，以提高速度、增加行程、降低油耗和改善工作状况。过去阻碍挡数发展的一个重要原因是在当时技术条件下换挡过多，会使切断动力的次数过多和时间过长而影响有效利用功率。同时，挡数过多还会使自动变速机构过分复杂。现代电子技术的发展已使电液自动动力换挡代替了过去的助力和液压自动换挡，使传动性能更趋于理想。

2）转向方面

早期坦克曾用类似轮式车辆的差速器为转向机，如图 4 - 1 所示，其在许多能直线行驶的地面上转向时，会出现动力不足的现象。为避免转向半径过小而改进的双差速器转向系统如图 4 - 2 所示，其一侧制动时可得到较大的规定转向半径。

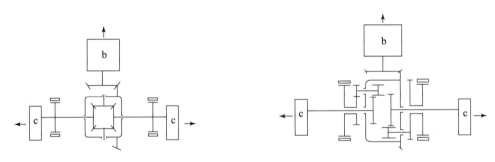

图 4 - 1　单差速器转向系统　　　　　　图 4 - 2　双差速器转向系统

转向离合器如图 4 - 3 所示。用离合器切断一侧动力并制动该侧，另一侧履带仍保持原速，但在制动过程中仍有功率损失，车辆以折线轨迹行驶，车速和转向角速度很不平稳，并使平均行驶速度降低。这种转向系统在近代车辆上几乎已不再使用。

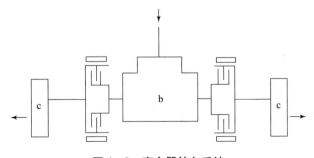

图 4 - 3　离合器转向系统

二级行星转向机如图 4 - 4 所示。它每侧有一个带闭锁离合器的行星排，两侧可以配合组成三种转向工况，近代轻型车辆仍有使用这种转向系统的。

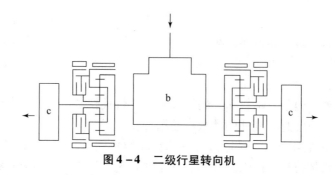

图4-4 二级行星转向机

双侧变速兼转向系统如图4-5所示，两侧同挡为直驶，一侧降挡即可转向，在总体布置上，这种变速箱分置两侧，占据中间的空间少，可以缩短车体长度。

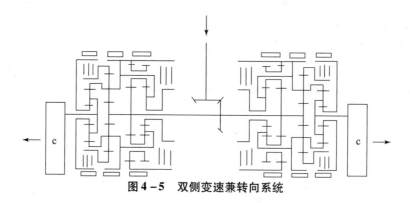

图4-5 双侧变速兼转向系统

以上各种系统都属于单功率流传动系统，功率由发动机经变速机构再分向两侧的驱动轮时，直驶与转向性能各自单独实现，相互不配合。另一类双功率流传动系统在功率分向两侧之前就分为两路传递，其中直驶一路使两侧速度相等，而转向一路可以造成两侧的速度差。这个速度差的大小不随直驶挡位而变，它与不同挡的不同直驶速度相配合之后，得到不同挡的不同转向半径，即越是低挡的半径越小，而越是高挡的半径越大，正符合行驶的需要。

实现转向速度差也有不同的机构。过去以机械式机构为主，每挡只能得到一个或两个规定转向半径，即半径大小是有限级数的。20世纪70年代以来发展液压转向、液压液力复合转向等双流转向类型，实现了半径的无级变化，接近理想的转向性能。液压转向是现代的主要转向机构，已成为现代履带式装甲车辆传动系统的代表特征之一。

3）制动方面

制动是独立于直驶和转向之外必须保证的重要性能。传统采用的机械式制动器有带式、片式和盘式三种。车重和车速越高，制动器越难以保证长期可靠地工作，特别是高速制动和下长坡制动时，摩滑功大，对制动系统的要求就更高。目前，较好的是强制冷却的湿式制动器，以及机械制动器和液力减速制动器联合工作的液机联合制动系统。

4）操纵方面

操纵装置逐渐由机械式、液压式发展为电液式。对传动系统的操纵，过去都以人力经过杠杆机械来进行，有时以弹簧来助力。由于人力及操纵的行程有限，故驾驶十分费力。其后发展液压助力操纵，减轻了劳动强度，至今仍应用在主离合器操纵、制动器操纵和转向操纵等方面。在换挡操纵上，第二次世界大战以后逐渐发展液压自动操纵，由于其油路系统复杂，20 世纪 70 年代后出现了电液操纵系统，即以 ECU 为中心来自动控制液压执行机构，这可以更精确地控制更复杂的操纵对象。同时，同一套操纵装置可以更换不同的程序来满足不同的传动装置，而不必对每种传动型号各专门设计生产一套操纵系统。为减小体积，传动装置开始设计使用集成阀实现换挡、制动、转向和闭锁等操纵。

5）总体性能方面

带闭锁离合器的液力变矩器、多自由度行星变速机构、液压或复合的无级转向、电液自动操纵等多功能模块集成的液力机械综合传动装置是当前军用履带式车辆的主要传动形式。

（1）高功率密度。

随着功率不断加大，由于整车质量、布置空间的限制，传动装置的功率密度要求越来越高，故需减小动力舱体积和质量，使生存能力和机动性得到进一步提高。传动系统的单位功率质量为 2～3.5 kg/kW，传动系统的单位体积功率由 400～600 kW/m³ 发展到 600～1 000 kW/m³ 水平。20 世纪 80 年代初期，美国开始了重型战斗车辆"先进的整体式推进系统"（AIPS）的研制，使动力舱体积已缩小到总体积的 26%～30%，传递功率达到 1 100～1 200 kW。

（2）高集成度。

综合传动形式将变速、转向、制动及自动操纵等功能部件集成，技术密集、结构复杂。同时，动力、传动及辅助系统的集成度也越来越高，如"欧洲动力传动机组"应用综合集成的一体化设计，具有优越的总体性能及当今世界的最高水平。

（3）高可靠性。

为保证车辆在各种复杂环境条件下的作战使用性能，坦克装甲车辆的可靠性指标要求越来越高，传动装置的高可靠性成为重要指标。如美国和法国主战坦克耐久性指标已达到 9 000～10 000 km，俄罗斯及西方国家可靠性指标要求的平均无故障里程（MKBF）已达到 1 000～1 250 km。

（4）系列化、模块化、通用化。

由于坦克装甲车辆品种多、数量少、功率等级多，故传动装置必须实现产品系列化、模块化和通用化。如阿里逊公司由一个 X 系列传动装置覆盖所有履带式车辆基型底盘；重型汽车和轿车自动变速箱有 4 个系列、工程机械用液力机械变速箱有 6 个系列。履带式车辆用 X 系列中 X－1100 的 3 个型号的传动装置，采用模块化设计，14 个模块中有 11 个模块可以通用，通用部件模块化率达到 80%。

（5）电传动是坦克车辆传动技术的又一发展方向。

坦克电传动研究的开始时间是很早的，但目前正在研究中的电传动坦克和早期的电传动在技术上有很大的不同。德国磁电机公司在履带式"黄鼠狼"步兵战车和轮式车辆上进行电传动试验。20 世纪 90 年代初，美国 M113、LVTP7 装甲输送车及 M2 步兵战车进行电传动试验，采用了混合电传动方案。德国"伦克"EMT1100 机—电传动装置与双差速转向综合传动装置相似，但变速机构已被一台电动机（用于推进）所取代，转向机构则被另一台转向电动机所取代。这种机—电传动装置很有希望用于主战坦克。

4.1.3　传动装置部件的设置

根据一般内燃机所提供的动力性能与车辆行驶对牵引力和速度变化的要求，确定坦克装甲车辆传动系统的部件设置。传动装置的设置，以扩大发动机的速度和转矩变化范围为首要任务，同时实现倒挡、空挡、润滑和操纵油泵的驱动、风扇的驱动及其他动力输出，对于履带式车辆还要考虑实现转向。传动装置主要包括以下机构和部件：

（1）变速机构：用来扩大发动机转速和转矩变化范围，以使坦克实现倒车和切断动力的空挡功能，满足坦克行驶要求。

（2）前传动机构：发动机曲轴与变速机构之间的传动机构，用于改变传动的旋转方向和调整转速，以匹配液力变矩器和变速机构。前传动有圆柱齿轮传动、圆锥齿轮传动和行星齿轮传动等类型。通常根据动力与传动的布置形式及类型、传动比的分配等来设计前传动。

（3）摩擦离合器：是保证发动机无负荷启动的装置，也是保证在传动系统过载时打滑，以免损伤机件的环节。

（4）后传动机构：变速机构与主动轮之间的传动机构，用于降低转速和增大转矩，以减小其之前的传动机构承受的负荷。

（5）转向机构：用于产生两侧履带速度差的传动机构。

（6）汇流排机构：用于将双流传动中的直驶功率流和转向功率流汇流。

（7）制动器：用于消耗车辆获得的动能，使车辆减速或停车。

（8）风扇传动机构：用于将发动机的部分动力传递给风扇，并且能够调节转速。

传动系统所设置部件的划分与布置方案有关，如图 4-6 所示。图 4-6（b）、（d）所示为动力舱前置，图 4-6（e）、（h）所示为动力舱后置、发动机纵置，图 4-6（c）、（g）所示为动力舱后置、发动机横置，图 4-6（h）所示为变速机构、转向机构与制动机构组成一体的综合传动装置，图 4-6（g）所示为双侧变速箱方案。

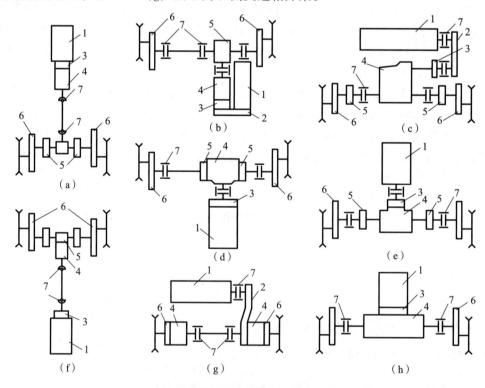

图 4-6 传动装置部件布置方案

1—发动机；2—前传动箱；3—离合器或变矩器；4—变矩器或综合传动；

5—转向机；6—侧传动；7—联轴节或万向节

传动系统方案设计

4.2 传动系统设计流程

1. 设计内容

根据坦克装甲车辆的总体性能、机动性能、使用维修性能和总体布置的要求等，基于现代设计理论、方法和手段，并考虑已有坦克传动系统的设计和制造经验，开展坦克装甲车辆传动系统的设计，具体包括以下几项内容：

（1）传动系统方案设计，包括布置形式确定、传动系统类型选择、主要组成部件的选择和布置框图的绘制。

（2）传动比的确定和分析，包括最低挡和最高挡传动比确定、排挡划分、牵引特性计算和总传动比分配。

（3）结构设计和强度校核，包括部件总成设计、零件设计、强度校核、寿命计算和扭振特性计算等。

2. 一般步骤

（1）确定传动系统的位置及其布置形式。

（2）根据坦克装甲车辆的使用条件和总体布置要求，确定动力传动系统的布置形式，合理布置发动机、传动系统、驾驶室和操纵机构的位置。

（3）选定传动系统的基本类型，如机械传动、液力传动、液力机械传动、液压传动、液压机械传动、单流传动或双流传动等。

（4）确定传动系统的构成：确定传动系统包括哪些传动机构，选择它们的类型，确定这些机构由哪几个部件组成，画出传动系统组合方块图。

（5）确定变速机构的挡数、各挡的总传动比及转向机构参数，进行动力特性和转向特性计算。

（6）按总的传动比，合理分配各传动部件的传动比，进行配齿计算和分析，保证各传动部件性能良好、结构合理、尺寸小，确定离合器的位置。

（7）传动总图设计、离合器设计、液压系统设计、操纵装置设计。

（8）零件设计、强度校核和寿命计算。

（9）动力传动扭振特性分析。

以上各设计步骤是相互关联的，实际的设计过程往往要经过多次反复才能完成。设计流程如图 4 - 7 所示。

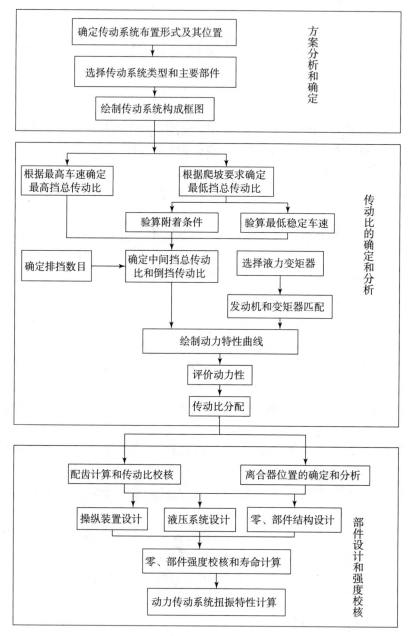

图 4 - 7　传动系统设计流程

4.3　单流传动系传动比的分配

4.3.1　确定传动范围

　　坦克装甲车辆的传动系统对于单流传动系而言，一般由前传动、变速传动和后（侧）传动三部分组成。坦克装甲车辆传动系统的最大总传动比与最小总传动比的比值称为坦克装甲车辆的传动范围，用 d 表示：

$$d = \frac{i_{\max}}{i_{\min}} = \frac{v_{\max}}{v_{1\max}} \qquad (4-1)$$

式中，$i_{\max}$ ——传动系统最低挡的总传动比；

　　　$i_{\min}$ ——传动系统最高挡的总传动比；

　　　$v_{\max}$ ——最高车速，km/h；

　　　$v_{1\max}$ ——一挡最大车速，km/h。

坦克装甲车辆传动范围又称为速度范围，也等于最高挡最大速度与一挡最大速度的比值。在发动机工况一定时，传动范围意味着传动系统能够改变坦克装甲车辆速度或牵引力的范围或倍数。现代坦克的传动范围如表 4-1 所示。

表 4-1　现代坦克的传动范围

车辆名称	传动范围	车辆名称	传动范围	车辆名称	传动范围
T-54A	6.6	"豹" 1	4.64	Pz61	12.8
T-62	6.6	"豹" 2	4.47	Pz68	12.8
ПТ-76	7.08	T-Ⅵ-H	16.0	逊邱伦（MK13）	8.7
ИС-2	10.03	M48	2.8	奇伏坦	11.7
AMX30	9.5	M60A	2.8	维克斯	11.7

要想确定传动范围，应先确定 $i_{\min}$ 和 $i_{\max}$。

1. 确定最高挡的总传动比 $i_{\min}$

根据设计中已知的主动轮半径 r_z、坦克最高挡最大车速 $v_{\max}$ 以及发动机的外特性，可由下式求出 $i_{\min}$：

$$i_{\min} = 0.377 \frac{n_{eP}}{v_{\max}} r_z \qquad (4-2)$$

式中，n_{eP} ——发动机额定功率点的转速，r/min；

　　　r_z ——主动轮半径，m。

2. 确定最低挡的总传动比 $i_{\max}$

坦克装甲车辆的一挡是一个具有特殊用途的挡位，主要用于越过障碍、克服最困难路面，尤其是克服最大升坡度等。所以一挡总传动比应根据战术中规定的最大升坡度来确定。

坦克装甲车辆在单车、低速、等速升上最大坡度 $\alpha_{\max}$ 时，空气阻力 $F_k = 0$，加速阻力 $F_{js} = 0$，挂钩阻力 $F_{gg} = 0$，计算得牵引力 F_j 为

$$F_j = fG\cos\alpha_{\max} + G\sin\alpha_{\max}$$

或

$$\frac{T_e i_{\max} \eta}{r_z} = (f\cos\alpha_{\max} + \sin\alpha_{\max})G$$

$$i_{\max} = \frac{(f\cos\alpha_{\max} + \sin\alpha_{\max})G \cdot r_z}{T_e \eta} \qquad (4-3)$$

式中，T_e ——发动机转矩，N·m；

G——坦克装甲车辆全重，N；

η——坦克装甲车辆效率；

f——滚动阻力系数；

其余符号意义同前。

最低挡最大总传动比就是一挡总传动比 $i_{max} = i_1$，当它求出后还需要验算附着条件，即考虑附着系数 φ，由 i_1 求出的计算牵引力 F_{j1} 应小于最多等于该路面上的附着力 F_f，即

$$F_{j1} \leqslant F_f$$

$$\frac{T_e i_1 \eta}{r_z} \leqslant \varphi G \cos\alpha_{max}$$

同时还要验算最小稳定车速 v_{min}，即由 i_1 求出的最小稳定车速应小于或等于沼泽、泥泞、水网等地面允许的最小车速 v_{ymin}。因为这些地面抗剪强度很差，故车速稍高车辆就会下陷而不能自拔。允许的最小车速 v_{ymin} 可参照同类车允许的最小车速来确定。

$$v_{min} = 0.377 \frac{n_{emin} r_z}{i_1} \leqslant v_{ymin}$$

附着条件限制 i_1 不能太大，而允许的最小车速限制 i_1 不能太小，要通过反复试算最后确定 i_1。

4.3.2 确定排挡数目和中间挡传动比

1. 确定排挡数目

排挡数目的多少，对坦克装甲车辆的动力性、加速性、经济性以及操纵性等都有较大影响。排挡数目的多少主要取决于发动机的功率和对车辆性能的要求，目前一般还是由经验决定。对于机械传动装置的现代轻型坦克以及主战坦克，排挡数目多数为5个前进挡，少数为6个前进挡；多数车辆为1个倒挡，少数为2个倒挡。对于重型坦克，通常在五挡变速箱后串联一个两挡的副变速箱，总共10个前进挡。

2. 确定中间挡的总传动比

坦克传动系统中除去一挡总传动比 i_1 和最高挡总传动比 i_{min} 之后，剩下的各挡传动比称为中间挡传动比。中间挡传动比划分原则是：各挡能连续互换，发动机不熄火所需要的最少挡数。中间挡传动比划分方法常见的有按几何级数划分和按典型阻力划分两种。

1）按几何级数划分中间挡传动比

划分中间挡传动比常用的方法，是按照几何级数关系划分。由前边讨论可知，i_1、i_{min}、d 和排挡数目 n 为已知条件。

按几何级数划分中间挡传动比，各挡传动比应有以下关系：

$$\frac{i_1}{i_2} = \frac{i_2}{i_3} = \frac{i_3}{i_4} = \cdots = \frac{i_{n-1}}{i_n} = q \tag{a}$$

式中，i_1，i_2，i_3，i_4——一、二、三、四挡总传动比；

i_{n-1}，i_n——次高挡和最高挡的总传动比，$i_n = i_{min}$；

q——传动比的公比，也叫排挡比或几何级数公比。

变化式（a）得

$$\begin{cases} i_1 = qi_2,\ i_2 = qi_3,\ i_3 = qi_4,\cdots,i_{n-1} = qi_n \\ i_2 = \dfrac{i_1}{q},\ i_3 = \dfrac{i_1}{q^2},\ i_4 = \dfrac{i_1}{q^3},\cdots,i_n = \dfrac{i_1}{q^{n-1}} \end{cases} \qquad (\text{b})$$

由式（b）最后一式得

$$q = \sqrt[n-1]{\frac{i_1}{i_n}} = \sqrt[n-1]{d} \qquad (\text{c})$$

式中，d ——传动范围，一般 $d \approx 10$。

排挡数目 n 一般也为已知，此处假设 $n = 5$，这样上式变为

$$q = \sqrt[4]{10} = 1.778$$

当排挡比 q 求出后，由式（b）即可求出各中间排挡的传动比。

按几何级数划分中间挡传动比有以下特点：

（1）保证连续换挡发动机不熄火所需要的排挡数较少；

（2）从理论上讲，排挡数目一定时，其总功率利用情况最好；

（3）每挡功率利用范围相同；

（4）最高挡与次高挡之间的速度差太大。

当最高挡行驶遇到的阻力不能克服时，不得不换入比最高挡速度低得多的次高挡行驶，因而降低了平均车速。这种划分排挡的方法对于经常在低速行驶的车辆是合适的，对于经常在高速行驶的车辆则是不够合理的。

为了克服按几何级数划分排挡的缺点，采用变排挡比的方法，使排挡比的值从低挡到高挡逐渐减小，这时各传动比之间有以下关系：

$$\frac{i_1}{i_2} > \frac{i_2}{i_3} > \frac{i_3}{i_4},\cdots > \frac{i_{n-1}}{i_n} \qquad (\text{d})$$

或

$$q_{12} > q_{23} > q_{34},\cdots > q_{(n-1)n}$$

式中，q_{12}，q_{23}，q_{34}，$\cdots$，$q_{n(n-1)}$ ——一挡和二挡之间、二挡和三挡之间、三挡和四挡之间、$n-1$ 挡和 n 挡之间传动比的公比。

这样使较高挡位的排挡比（公比）减小，使较高挡位范围内相邻两挡速度差的绝对值减小，可以提高坦克的平均速度，有利于提高发动机功率的利用率。在低速范围内相邻两挡速度差虽较大，但其绝对值仍比高挡时小得多，所以对平均速度影响不大。另外，较高挡位的排挡利用率比较低挡位的排挡利用率高，也会提高坦克总体的平均速度。

克服按几何级数划分排挡缺点的另一种方法是，用坦克常用传动范围求排挡比，这样求得的排挡比较小，从而可以缩小高挡的相邻挡速度差。

所谓常用传动范围是指二挡总传动比 i_2 和最高挡总传动比 i_{min} 之比，用 d_{ch} 表示，即

$$d_{ch} = \frac{i_2}{i_{min}}$$

坦克一挡是个特殊挡，专用于过障碍、克服最困难路面等情况，不是常用挡。二挡可以起步，经常遇到的行驶情况为不超过 $10°$ 的坡度，其地面滚动阻力系数约为 0.07，常用传动范围为 3.0 ~ 4.5。假设排挡数 $n = 5$，取 $d_{ch} = 3.8$，代入式（c）得

$$q' = \sqrt[n-2]{d_{ch}} = \sqrt[3]{3.8} = 1.561$$

由常用传动范围 d_{ch} 求得 q' 是二至五挡的平均值，它比由传动范围 d 求得的 $q = 1.778$ 要小多了，可以缩小高挡位相邻挡的速度差。将 q' 值代入式（b）即可求出各挡的传动比。

实际设计时，可先按常用传动范围求出排挡比 q'，参照基准型的排挡比，应用变排挡比式进行修正，经反复计算最后确定中间各挡传动比。现代坦克的排挡比如表 4 - 2 所示。对第二次世界大战期间各国坦克统计得出，大约有 60% 的坦克采用几何级数划分排挡，其排挡比 $q \approx 1.6$。由表 4 - 2 可知，多数坦克一挡与二挡的排挡比为 1.7 ~ 2.8，其他各挡的排挡比为 1.4 ~ 1.8。

表 4 - 2　现代坦克的排挡比

车辆名称	传动形式	d	排挡比 q				
			一至二挡	二至三挡	三至四挡	四至五挡	五至六挡
M48A3	液力行星传动	2.8	2.8	—	—	—	—
M60A	液力行星传动	2.8	2.8	—	—	—	—
M113	液力行星传动	5.29	1.43	1.42	1.38	1.39	1.40
豹式	液力行星传动	4.64	1.79	1.56	1.67	—	—
	液力行星传动	4.47	2.04	1.45	1.51	—	—
Pz61	行星传动	12.8	1.7	1.63	1.76	1.62	1.63
Pz60	行星传动	12.8	1.7	1.63	1.76	1.62	1.63
逊邱伦（MK13）	行星传动	8.7	2.55	1.6	1.58	1.35	—
奇伏坦	行星传动	11.7	1.74	1.61	1.57	1.49	1.79
维克斯	行星传动	11.7	1.74	1.61	1.57	1.49	1.79
AMX30	5SD - 200D	9.5	2.17	2.37	1.24	1.5	—
T - 54A	机械传动	6.6	2.14	1.4	1.4	1.57	—
ПТ - 76	机械传动	7.37	2.14	1.4	1.53	1.59	—

2）按典型阻力划分中间挡传动比

按照几何级数划分排挡，其发动机功率利用最好，但这是根据假设坦克行驶时遇到的阻力都一样得出来的。然而坦克实际行驶时遇到的阻力是不同的。如果能够根据实际使用中经常遇到的各种典型阻力相应地设置排挡，就能使坦克在实际行驶中保证发动机经常处于最大功率工况下工作，从而提高坦克的平均速度和机动性。

目前具有有级式机械传动装置的坦克，大多数设有五个前进挡、一个倒挡。根据经验将地面阻力分为五类：

（1）一类地面：坦克行驶中偶尔遇到的最大的地面阻力，例如在 $f = 0.09$ 的地面升上最大坡度 $\alpha_{max} = 35°$，其地面阻力系数 $f_{d1} = f\cos\alpha_{max} + \sin\alpha_{max} = 0.65$。这种阻力虽然不会经常遇到，但为了满足机动性的特殊要求，应据此设置坦克的一挡。

（2）二类地面：坦克行驶中经常遇到的较大的地面阻力，如坦克在 10° 坡度的野地行驶，在水平的土路上进行制动转向、起步时遇到的阻力等，其地面阻力系数 $f_{d2} \approx 0.25$ ~ 0.30，应据此阻力系数设置坦克的二挡。

（3）三类地面：坦克行驶中经常遇到的一般的地面阻力，如坦克在坡度为 $3.5° \sim 4°$ 的野地或较泥泞的土路上行驶时遇到的阻力等，其地面阻力系数 $f_{d3} \approx 0.15 \sim 0.20$。应据此阻力系数设置坦克的三挡。

（4）四类地面：坦克行驶遇到的较小地面阻力，例如坦克在坡度角小于 $2.5°$ 的土路上行驶遇到的阻力等，其地面阻力系数 $f_{d4} \approx 0.10 \sim 0.13$，应据此阻力系数设置坦克的四挡。

（5）五类地面：坦克行驶遇到的最小地面阻力，例如坦克在良好的混凝土路或柏油路上行驶，单车最高挡达到最大车速时所遇到的地面阻力，其地面阻力系数 $f_{d5} \approx 0.030 \sim 0.050$，应据此阻力系数设置坦克的五挡。

由坦克运动方程式知，对于单车、等速运动，略去空气阻力，运动方程式变为

$$F_j = f_{di} \cdot G = \frac{T_{eP} i_i \eta}{r_z}$$

得到

$$i_i = \frac{f_{di} G r_z}{T_{eP} \eta} \tag{4-4}$$

式中，T_{eP} ——发动机额定功率点的转矩，$N \cdot m$；

　　i_i ——第 i 挡的总传动比；

　　f_{di} ——各类地面的地面阻力系数。

将已知的 T_{eP}、G、η、r_z 以及 f_{di} 代入式（4-4）即可求出各挡传动比。但应注意，各挡传动比主要是由 f_{di} 求出的，而各类地面的 f_{di} 之间并没有相互的联系，所以求出的各挡总传动比是各自独立的，没有相互的联系。因此，应对坦克在连续行驶过程中排挡互换时发动机是否熄火进行验算。

总传动比是由若干传动机构实现的，可分为前传动比、变传动比和后（侧）传动比，总传动比等于这三级传动比的乘积，即

$$\begin{Bmatrix} i_1 \\ i_2 \\ i_3 \\ \vdots \end{Bmatrix} = i_q \times \begin{Bmatrix} i_{b1} \\ i_{b2} \\ i_{b3} \\ \vdots \end{Bmatrix} \times i_h \tag{4-5}$$

式中，i_{b1}，i_{b2}，i_{b3}，…——各挡的变传动比；

　　i_q ——前传动比；

　　i_h ——后（侧）传动比。

但式（4-5）中各级传动比不能任意分配，如何分配传动比，取决于方案和结构。同时，合理地分配传动比，应当能够实现：

（1）各级传动机构尺寸紧凑；

（2）各级传动机构所受的负荷较小；

（3）各轴和齿轮的转速不致过高。

4.3.3　变传动比与定传动比的分配

对于固定轴齿轮变速箱，通常为简化加工而在全箱中统一齿轮模数，则同一箱中各齿轮啮合对的齿数和相等，即

$$z_1 + z_1' = z_n + z_n'$$

式中，z_1，z_n ——各挡主动齿轮齿数；

z_1'，z_n' ——各挡被动齿轮齿数。

对应传动比有

$$i_{b1} = \frac{z_1'}{z_1}，i_{bn} = \frac{z_n'}{z_n} \tag{4-6}$$

在传动比为定值时，要想使齿数和最小，须使两轴上小齿轮齿数相等并最小，即有

$$z_1 = z_n' = z_{min}，z_n = z_1' = z_{max}$$

那么传动比为

$$i_{b1} = \frac{z_1'}{z_1} = \frac{z_n}{z_n'} = \frac{1}{i_{bn}}$$

由于

$$d = \frac{i_{b1}}{i_{bn}} = i_{b1}^2$$

$$i_{b1} = \sqrt{d} \tag{4-7}$$

实际设计变速箱时，有时因采用角变位齿轮传动而使齿数和不相等，有时因结构的关系两轴上小齿轮齿数不能相等，这时可以调整最低挡传动比，取

$$i_{b1} > \sqrt{d}$$

仍取 $z_1 = z_{min}$ ，则固定传动比为

$$i_d = i_q \times i_h = \frac{i_1}{i_{b1}} \tag{4-8}$$

其中其他各挡变传动比为

$$i_{b2} = \frac{i_2}{i_d}，\cdots，i_{bn} = \frac{i_n}{i_d} \tag{4-9}$$

至此，我们就得到了定轴变速箱一组最小箱体条件下的定传动比和变传动比。

对于行星变速箱，确定一组变传动比的方法和固定轴变速箱不同，通常选择最常用的一个挡为直接挡，可以在长时间内获得较大的有用功率，获得较好的机动性能，同时避免长时间磨损、发热等带来的一系列问题。这个挡往往定为最高挡或次高挡，假设为第 m 挡，则

$$i_{bm} = 1，i_d = \frac{i_m}{i_{bm}} = i_m \tag{4-10}$$

即定传动比等于第 m 挡的总传动比：

$$i_{b1} = \frac{i_1}{i_d}，\cdots，i_{bn} = \frac{i_n}{i_d} \tag{4-11}$$

4.3.4 各级定传动比的划分

在确定定传动比 i_d 后，进行前传动比和后传动比的分配，分配的原则是前小后大。前传动比较小可以提高转速，降低传动机构的转矩，从而减小其体积和质量，同时也减小了其操纵力。

前传动比的大小受到齿轮圆周线速度、轴承极限转速、旋转件动平衡以及动密封的限

制，一般以变速机构输出轴最高转速来确定前传动比的大小。当发动机额定转速 n_{eP} 一定时，变速机构挂最高挡时变速输出轴转速 n_{nmax} 最高，则

$$n_{nmax} = \frac{n_{eP}}{i_q i_{bn}} \quad 或 \quad n_{nmax} = \frac{n_{eP} i_h}{i_n} \tag{4-12}$$

得到

$$i_q = \frac{n_{eP}}{n_{nmax} i_{bn}} \quad 或 \quad i_h = \frac{n_{nmax} i_n}{n_{eP}} \tag{4-13}$$

如果前传动和后传动也由若干级组成，则仍按前小后大的原则进行传动比的分配。

以上传动比的分配仅是初步确定，须进行配齿后才能最终确定实际传动比。

4.4　双流传动系传动比的划分

4.4.1　双流传动比

图 4-8 所示为一般双流传动系统简图。它由动力输入轴 1、变速动力输入轴 2、转向动力输入轴 3、前传动齿轮对 Q（前传动比 i_q）、2 轴齿轮对 A（传动比 i_a）、转向机构 Z（传动比 i_z）、零轴 0、两侧转向齿轮对 D（传动比 i_d）、锥齿轮对 ZH（传动比 i_{zh}）、变速箱 B（变速箱传动比 i_{bi}）、汇流行星排 H、后传动齿轮对 C（即侧传动，传动比 i_c）以及停车制动器 T、主动轮 ZD 等部件组成。

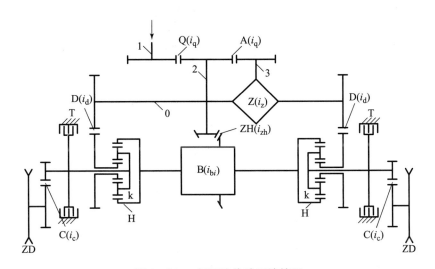

图 4-8　一般双流传动系统简图

发动机动力由输入轴 1 输入，经前传动齿轮对 Q 传给 2 轴，在 2 轴处分为两路：

一路动力经锥齿轮对 ZH、变速箱 B 到两侧汇流行星排 H 的齿圈 q，称为变速分路，其传动比为

$$i_{bf} = \frac{n_2}{n_q} = i_{zh} i_{bi}$$

式中，n_2——2 轴的转速，r/min；

n_q——行星排齿圈的转速，r/min；

i_{zh}——锥齿轮对传动比；

i_{bi}——变速机构传动比。

另一路动力经齿轮对 A、转向机构 Z、齿轮对 D 到两侧汇流行星排 H 的太阳轮 t，这一路称为转向分路，其传动比为

$$i_{zf} = \frac{n_2}{n_t} = i_a i_z i_d$$

式中，n_t——太阳轮的转速，r/min。

两路动力（功率）在汇流行星排的行星架 j 处汇合为一，经后传动 C 传给两侧主动轮 ZD。变速一路的动力使两侧履带速度永远相等，而转向一路的动力使两侧履带产生速度差。

直驶时各挡总传动比 i_i 由三部分组成：

$$i_i = i_q i_{sh} i_c \tag{4-14}$$

式中，i_q——前传动比，由发动机到分流件轴 2 之间的传动比，它可能由几级传动比组成，也可能不用前传动（此时 $i_q = 1$），它是定传动比。

i_c——侧传动比，由汇流行星排行星架到主动轮之间的传动比，也称后传动比，有一级传动比或两级传动比，它也是定传动比。

i_{sh}——各挡双流传动比，由分流件 2 轴到汇流件汇流行星排行星架之间的传动比，它是变传动比，随变速机构 i_{bi} 对应排挡不同而变化。它可由轴 2 转速 n_2 和行星架转速 n_j 表示：

$$i_{sh} = \frac{n_2}{n_j}$$

将上述各式的 n_t、n_q 和 n_j 的三个表达式代入行星排三元件运动学关系式：

$$\frac{n_2}{i_{zf}} + \frac{k n_2}{i_{bf}} - (1 + k) \frac{n_2}{i_{sh}} = 0$$

由 $n_2 \neq 0$，得

$$\frac{1}{i_{zf}} + \frac{k}{i_{bf}} - \frac{(1 + k)}{i_{sh}} = 0 \tag{4-15}$$

由式（4-15）得各挡的双流传动比为

$$i_{sh} = \frac{(1 + k) i_{bf} i_{zf}}{i_{bf} + k i_{zf}} \tag{4-16}$$

式（4-16）为各挡双流传动比 i_{shi} 和变速分路传动比 i_{bf}、转向分路传动比 i_{zf}、行星排特性参数 k 之间的关系式。i_{sh} 的大小只与 i_{bf}、i_{zf} 和 k 有关，这是双流传动和单流传动最大的不同。i_{sh} 将 i_{bf}、i_{zf} 和 k 联系在一起，也就是将直驶性能和转向性能联系在一起。

直驶时 i_{sh} 会影响直驶传动系统总传动比 i_i，最后影响直驶各挡的 v_{max}，同时转向时 i_{sh} 还会影响规定转向半径，所以说 i_{sh} 是双流传动中最重要的运动学参数。当变速箱挂不同排挡时 i_{bf} 是不同的，可得不同的双流传动比 i_{sh}，当 i_{sh} 为负值时可得倒挡传动比。

4.4.2 直驶总传动比和规定转向半径的关系

1. 直驶双流传动比和直驶总传动比

具有不同类型双流传动的车辆，在直驶时变速分路和转向分路的工作情况是不同的。在

五种双流传动形式中，对正差速式、负差速式、正独立式三种双流传动机构，其双流传动比表达式与式（4 – 16）相同，即

$$i_{sh} = \frac{(1 + k) i_{bf} i_{zf}}{i_{bf} + k i_{zf}}$$

注意对负差速式双流传动，其 i_{zf} 为负值。

而对于零差速式、零独立式双流传动这两种机构而言，车辆直驶时两侧汇流行星排的太阳轮都被制动，转向分路不传递动力，有 $n_t = 0$，只有变速分路一路传递动力。行星排相当于一个减速器，其传动比为齿圈转速 n_q 和行星架转速 n_j 之比，即

$$\frac{n_q}{n_j} = \frac{1 + k}{k}$$

此时双流传动比为变速分路的传动比，对应转向分路 i_{zf} 为无穷大，对式（4 – 16）取极限有

$$i_{sh} = \lim_{i_{zf} \to \infty} \frac{(1 + k) i_{bf} i_{zf}}{i_{bf} + k i_{zf}} = \frac{(1 + k) i_{bf}}{k}$$

即

$$i_{sh} = \frac{(1 + k) i_{bf}}{k} \tag{4 – 17}$$

则对于任意双流传动形式，直驶时各挡传动系统总传动比 i_i 为

$$i_i = i_q i_{sh} i_c$$

直驶时理论车速 v 为

$$v = 0.377 \frac{n_e r_z}{i_i} \tag{4 – 18}$$

式中，n_e——发动机转速，r/min；

　　　r_z——主动轮半径，m。

2. 转向双流传动比和规定转向半径

具有不同类型双流传动的车辆，在转向行驶时，变速分路和转向分路传递动力的情况是不同的，对直驶工况双流传动比满足

$$\frac{1}{i_{zf}} + \frac{k}{i_{bf}} - \frac{(1 + k)}{i_{sh}} = 0$$

也可表达为

$$i_{sh} = \frac{(1 + k) i_{bf} i_{zf}}{i_{bf} + k i_{zf}}$$

那么对于转向工况，低速侧 i_{sh1} 与高速侧 i_{sh2} 不同。下面针对不同双流传动形式分别展开讨论。

1）正差速式双流传动

高速侧变速分路和转向分路都传递动力，但与直驶工况不同。由于正差速式汇流行星排太阳轮加倍正转，将 $2n_t$ 代入式（4 – 16）求得高速侧双流传动比 i_{sh2}：

$$\frac{2}{i_{zf}} + \frac{k}{i_{bf}} - \frac{(1 + k)}{i_{sh2}} = 0$$

$$i_{sh2} = \frac{i_{zf} i_{bf} (1 + k)}{k i_{zf} + 2 i_{bf}}$$

低速侧只有变速一路传递动力，汇流行星排太阳轮制动，$n_t = 0$，代入求得低速侧双流传动比 i_{sh1}：

$$\frac{0}{i_{zf}} + \frac{k}{i_{bf}} - \frac{(1+k)}{i_{sh1}} = 0$$

$$i_{sh1} = \frac{i_{bf}(1+k)}{k}$$

车辆转向时高、低速侧的履带速度 v_2、v_1，以及履带中心距 B 与转向半径 R 有以下关系：

$$R = \frac{B}{2} \frac{(v_2 + v_1)}{(v_2 - v_1)}$$

当两侧履带分别以规定的内外侧总传动比 i_1、i_2 进行转向时，转向半径也为规定值，即规定转向半径以 R_g 表示，相对规定转向半径以 ρ_g 表示。相对规定转向半径和内外侧履带速度、内外侧履带总传动比以及内外侧双流传动比有以下关系：

$$\rho_g = \frac{1}{2} \frac{(v_2 + v_1)}{(v_2 - v_1)} = \frac{1}{2} \frac{(i_1 + i_2)}{(i_1 - i_2)} = \frac{1}{2} \frac{(i_{sh1} + i_{sh2})}{(i_{sh1} - i_{sh2})} \tag{4-19}$$

式中，i_1，i_2——内、外侧履带总传动比，它等于发动机的转速和内、外侧主动轮转速之比。

代入正差速式各挡 i_{bi} 对应的两侧双流传动比，得正差速式各挡双流传动的各相对规定转向半径 ρ_{ig}：

$$\rho_{ig} = \frac{1}{2} \frac{i_{sh1} + i_{sh2}}{i_{sh1} - i_{sh2}} = \frac{1}{2} \frac{\dfrac{i_{bf}(1+k)}{k} + \dfrac{i_{zf}i_{bf}(1+k)}{2i_{bf} + ki_{zf}}}{\dfrac{i_{bf}(1+k)}{k} - \dfrac{i_{zf}i_{bf}(1+k)}{2i_{bf} + ki_{zf}}}$$

化简得

$$\rho_{ig} = \frac{ki_{zf}}{2i_{bf}} + \frac{1}{2} \tag{4-20}$$

由式（4-20）可知，正差速式各挡的相对规定转向半径 ρ_{ig} 只与 i_{bf}、i_{zf} 和 k 有关。

2）零差速式双流传动

与直驶工况只从变速分路传递动力不同，此时高速侧的变速分路和转向分路两路都传递动力，而汇流行星排太阳轮正转，其转速 n_t 为正。其双流传动比同式（4-16），即

$$\frac{1}{i_{zf}} + \frac{k}{i_{bf}} - \frac{(1+k)}{i_{sh2}} = 0$$

$$i_{sh2} = \frac{i_{zf}i_{bf}(1+k)}{i_{bf} + ki_{zf}}$$

低速侧也是变速分路和转向分路两路都传递动力，但汇流行星排太阳轮反转，其转速 n_t 为负，可得双流传动比：

$$\frac{-1}{i_{zf}} + \frac{k}{i_{bf}} - \frac{(1+k)}{i_{sh1}} = 0$$

$$i_{sh1} = \frac{i_{zf}i_{bf}(1+k)}{ki_{zf} - i_{bf}}$$

由此可得零差速式各挡双流传动的相对规定转向半径：

$$\rho_{ig} = \frac{1}{2} \frac{i_{sh1} + i_{sh2}}{i_{sh1} - i_{sh2}} = \frac{1}{2} \frac{\dfrac{i_{zf} i_{bf}(1+k)}{ki_{zf} - i_{bf}} + \dfrac{i_{zf} i_{bf}(1+k)}{ki_{zf} + i_{bf}}}{\dfrac{i_{zf} i_{bf}(1+k)}{ki_{zf} - i_{bf}} - \dfrac{i_{zf} i_{bf}(1+k)}{ki_{zf} + i_{bf}}}$$

化简得

$$\rho_{ig} = \frac{ki_{zf}}{2i_{bf}} \tag{4-21}$$

由式（4-21）可知，零差速式各挡的相对规定转向半径 ρ_{ig} 只与 i_{bf}、i_{zf} 和 k 有关。

3）负差速式双流传动

此时高速侧只有变速分路一路传递动力，汇流行星排太阳轮被制动，$n_t = 0$，其双流传动比同式（4-16），即

$$\frac{0}{i_{zf}} + \frac{k}{i_{bf}} - \frac{(1+k)}{i_{sh2}} = 0$$

$$i_{sh2} = \frac{i_{bf}(1+k)}{k}$$

低速侧变速分路和转向分路两路都传递动力，汇流行星排太阳轮以比直驶大一倍的转速 $2n_t$ 旋转，可得对应低速侧双流传动比：

$$\frac{-2}{i_{zf}} + \frac{k}{i_{bf}} - \frac{(1+k)}{i_{sh1}} = 0$$

$$i_{sh1} = \frac{i_{zf} i_{bf}(1+k)}{ki_{zf} - 2i_{bf}}$$

因此负差速式各挡双流传动的相对规定转向半径为

$$\rho_{ig} = \frac{1}{2} \frac{i_{sh1} + i_{sh2}}{i_{sh1} - i_{sh2}} = \frac{1}{2} \frac{\dfrac{i_{zf} i_{bf}(1+k)}{ki_{zf} - 2i_{bf}} + \dfrac{i_{bf}(1+k)}{k}}{\dfrac{i_{zf} i_{bf}(1+k)}{ki_{zf} - 2i_{bf}} - \dfrac{i_{bf}(1+k)}{k}}$$

化简得

$$\rho_{ig} = \frac{ki_{zf}}{2i_{bf}} - \frac{1}{2} \tag{4-22}$$

由式（4-22）可知，负差速式各挡的相对规定转向半径 ρ_{ig} 只与 i_{bf}、i_{zf} 和 k 有关。

4）正独立式双流传动

此时高速侧和直驶时一样，变速分路和转向分路两路都传递动力，其双流传动比同式（4-16），即

$$\frac{1}{i_{zf}} + \frac{k}{i_{bf}} - \frac{(1+k)}{i_{sh2}} = 0$$

$$i_{sh2} = \frac{i_{zf} i_{bf}(1+k)}{i_{bf} + ki_{zf}}$$

低速侧汇流行星排太阳轮被制动，$n_t = 0$，转向分路不能传递动力，行星排相当于一个减速器，此时低速侧只有变速分路一路传递动力，其双流传动比为

$$\frac{0}{i_{zf}} + \frac{k}{i_{bf}} - \frac{(1+k)}{i_{sh1}} = 0$$

$$i_{sh1} = \frac{i_{bf}(1 + k)}{k}$$

正独立式双流传动各挡的第二相对规定转向半径 ρ_{ig2} 为

$$\rho_{ig2} = \frac{1}{2} \frac{\dfrac{i_{bf}(1 + k)}{k} + \dfrac{i_{bf}i_{zf}(1 + k)}{i_{bf} + ki_{zf}}}{\dfrac{i_{bf}(1 + k)}{k} - \dfrac{i_{bf}i_{zf}(1 + k)}{i_{bf} + ki_{zf}}}$$

化简得

$$\rho_{ig2} = \frac{ki_{zf}}{i_{bf}} + \frac{1}{2} \qquad\qquad (4-23)$$

相对规定转向半径 ρ_{ig2} 为各挡第二相对规定转向半径，与 i_{bf}、i_{zf} 和 k 有关。

对独立式双流传动转向机构，总能将低速侧完全制动，此时转向半径为各挡第一规定转向半径 $\rho_{ig1} = 0.5$。但在高速挡位这种转向非常危险，一般只能用于一、二挡；同时，由行星排三元件运动学关系式可知，当行星架 j 制动时，太阳轮 t 转速是齿圈 q 转速的 k 倍，高挡位时太阳轮的高速空转也很不安全。

5）零独立式双流传动

此时高速侧和直驶工况一样，只有变速分路一路传递动力，汇流行星排太阳轮被完全制动，其双流传动比同式（4-16），即

$$\frac{0}{i_{zf}} + \frac{k}{i_{bf}} - \frac{(1 + k)}{i_{sh2}} = 0$$

$$i_{sh2} = \frac{i_{bf}(1 + k)}{k}$$

低速侧和直驶工况不同，变速分路和转向分路两路都传递动力，汇流排太阳轮反转，太阳轮转速 n_t 为负，对应低速侧双流传动比为

$$\frac{-1}{i_{zf}} + \frac{k}{i_{bf}} - \frac{(1 + k)}{i_{sh1}} = 0$$

$$i_{sh1} = \frac{i_{zf}i_{bf}(1 + k)}{ki_{zf} - i_{bf}}$$

零独立式双流传动各挡的第二规定转向半径 ρ_{ig2} 为

$$\rho_{ig2} = \frac{1}{2} \frac{\dfrac{i_{bf}i_{zf}(1 + k)}{ki_{zf} - i_{bf}} + \dfrac{i_{bf}(1 + k)}{k}}{\dfrac{i_{bf}i_{zf}(1 + k)}{ki_{zf} - i_{bf}} - \dfrac{i_{bf}(1 + k)}{k}}$$

化简得

$$\rho_{ig2} = \frac{ki_{zf}}{i_{bf}} - \frac{1}{2} \qquad\qquad (4-24)$$

由式（4-24）可知，各挡第二相对转向半径 ρ_{ig2} 只与 i_{bf}、i_{zf} 和 k 有关。

由以上五种双流传动的各挡规定转向半径 ρ_{ig}（差速式）或 ρ_{ig2}（独立式），可得：

（1）ρ_{ig} 或 ρ_{ig2} 只与 i_{bf}、i_{zf} 和 k 三个参数有关。

（2）i_{bf}、i_{zf} 和 k 三个参数确定所有挡的 ρ_{ig} 或 ρ_{ig2} 后，不能单独调整某一挡位的 ρ_{ig} 或 ρ_{ig2}。

（3）变速机构挡位越高，对应 i_{bi} 和 i_{bf} 值越小，对应 ρ_{ig} 或 ρ_{ig2} 值越大，符合转向要求。

另外，i_{bf} 随变速箱传动比 i_{bi} 而变化，而 i_{zf} 随转向机构传动比 i_z 变化，不同的转向机构有不同的 i_z。如"豹"1坦克装有两个转向离合器，i_z 有两个传动比值，所以每一挡有两个不同的规定转向半径；"豹"2坦克装有液压泵、马达转向机，其 i_z 有无数个值，所以每一挡都可以有无数个规定转向半径，实现无级转向，无摩滑功率损失。

3. 直驶总传动比和规定转向半径的关系

由上述五种双流传动各挡相对规定转向半径的表达式可知，ρ_{ig} 或 ρ_{ig2} 不仅与 i_{zf} 和 k 有关，还和 i_{bf} 有关，这是双流传动与单流传动的最大不同。也就是说直驶性能和转向性能是相互关联而不是各自独立的。由以上结果可得直驶总传动比 i_i 和各挡相对规定转向半径 ρ_{ig} 或 ρ_{ig2} 之间的关系。

1）差速式双流传动

对正差速式、零差速式及负差速式双流传动，均有

$$i_{sh}\rho_{ig} = \frac{(1 + k)i_{zf}}{2}$$

代入 $i_{sh} = \dfrac{i_i}{i_c i_q}$，有

$$i_i\rho_{ig} = \frac{(1 + k)i_q i_{zf} i_c}{2} \tag{4-25}$$

对一定的双流传动系统，k、i_q、i_{zf} 和 i_c 都是定值，所以式（4-25）右端可用常数 C_1 表示：

$$i_1\rho_{1g} = i_2\rho_{2g} = i_3\rho_{3g} = \cdots = i_n\rho_{ng} = \frac{(1 + k)i_q i_{zf} i_c}{2} = C_1 \tag{4-26}$$

当已知发动机额定转速 n_e、主动轮半径 r_z、履带中心距 B 时，考虑直驶各挡的最大车速 $v_{i\max}$ 和直驶各挡总传动比 i_i 之间的关系式：

$$v_{i\max} = 0.377\frac{n_{e\max}r_z}{i_i}$$

代入，有

$$\frac{v_{1\max}}{\rho_{1g}} = \frac{v_{2\max}}{\rho_{2g}} = \cdots = \frac{v_{n\max}}{\rho_{ng}} = \frac{0.754n_{e\max}r_z}{(1 + k)i_q i_{zf} i_c} = C_2 \tag{4-27}$$

及

$$\frac{v_{1\max}}{R_{1g}} = \frac{v_{2\max}}{R_{2g}} = \cdots = \frac{v_{n\max}}{R_{ng}} = \frac{0.754n_{e\max}r_z}{(1 + k)i_q i_c B} = C_3 \tag{4-28}$$

对于一定差速式双流传动车辆，当其 n_e、r_z、k、i_q、i_{zf}、i_c 和 B 确定时，可知：

（1）直驶各挡最大车速 $v_{i\max}$ 与各挡规定转向半径 R_{ig} 之比为常数，即车速越高，转向半径越大，符合车辆转向要求。

（2）某挡的规定转向半径确定后，其他挡位规定转向半径也随之确定，不能单独调整某一挡位规定转向半径。这一点与单流传动明显不同。

（3）各挡下最大转向角速度 $\omega_{\max}$ 为常数 C_3，与变速机构挡位 i_{bi} 无关。现有大多坦克装甲车辆的最大角速度为 $\omega_{\max} = 0.63 \sim 1$ rad/s，高速与低速侧履带速差最大值为 $\Delta v_{\max} = 3.5 \sim$

6 km/h，对应旋转一周用时 $t_{\min} = 5 \sim 20$ s。

直驶各挡最大速度 $v_{i\max}$ 和各挡规定转向半径 R_{ig} 的关系，可用 $v_{i\max} - R_{ig}$ 斜线图来直观表示，差速式双流传动机构的 $v_{i\max}$ 和 R_{ig} 关系如图 4-9（a）所示。在转向过程中，保持转向开始时直驶速度点设在图 4-9（a）坦克平面中心 C 点上，并以此点作为图 4-10（a）的坐标原点。

图 4-9（a）的纵坐标为各挡最大车速，横坐标为规定转向半径。将各挡最大车速端点和该挡转向中心两点连接为一斜线，由于其斜率为比例常数 C_3（即最大转向角速度 $\omega_{\max}$），因此各挡最大车速端点和该挡转向中心点的斜线是相互平行的。

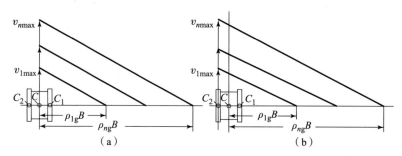

图 4-9 最大车速和规定转向半径的关系

（a）差速式双流传动；（b）独立式双流传动

图 4-10（a）所示为差速式双流传动规定转向半径和各挡车速关系的斜线，该图的纵坐标为各挡规定转向半径，横坐标为车速。过每挡最大车速 $v_{i\max}$ 值作一条平行于纵坐标的直线，再过对应 $v_{i\max}$ 时的规定转向半径 R_{ig} 值作一条平行于横坐标的直线，这两条直线相交得一交点，其他各挡这两参数的交点依此类推。将所有挡的这些交点连接起来，就是该车的 $R_{ig} - v_{i\max}$ 斜线。每辆车只有一条 $R_{ig} - v_{i\max}$ 斜线，其斜率为

$$\frac{R_{ig}}{v_{i\max}} = \frac{1}{C_3} = C_4$$

其中，C_4 是 C_3（最大转向角速度 $\omega_{\max}$）的倒数，即 $\omega_{\max}$ 越大，$R_{ig} - v_{i\max}$ 斜率 C_4 越小。也就是说，C_4 越小车辆旋转角速度越大，转向性能越好；反之，C_4 越大，则转向性能越差。

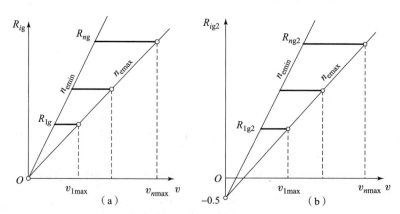

图 4-10 规定转向半径和各挡车速的关系

（a）差速式双流传动；（b）独立式双流传动

不同坦克的双流传动系统，具有不同的 $R_{ig} - v_{i\max}$ 斜线，图 4 - 11 所示为一些双流传动车辆的 $R_{ig} - v_{i\max}$ 斜线图。

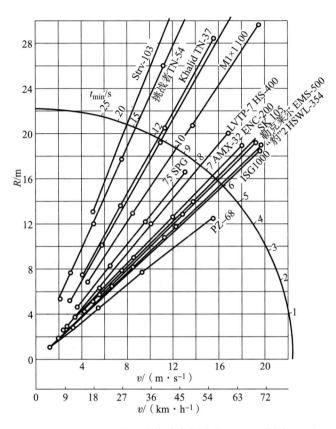

图4-11　一些双流传动车辆的 $R_{ig} - v_{i\max}$ 斜线

2）独立式双流传动

由于独立式双流传动的车辆转向时，外侧履带接触地面中心点，保持转向前的直驶速度。因此要将正独立式双流传动的各挡第二相对规定转向半径 ρ_{ig2} 表达式（4-23）稍加变化，即等号两边都加 1/2，得

$$\rho_{ig2} + \frac{1}{2} = 1 + \frac{ki_{zf}}{i_{bf}} = \frac{i_{bf} + ki_{zf}}{i_{bf}} \tag{4-29}$$

同理，对于零独立式，有

$$\left(\rho_{ig2} + \frac{1}{2}\right) = \frac{ki_{zf}}{i_{bf}} \tag{4-30}$$

则对于正独立式及零独立式双流传动，均有

$$i_{sh}\left(\rho_{ig2} + \frac{1}{2}\right) = (1 + k)i_{zf} \tag{4-31}$$

代入 $i_{sh} = \dfrac{i_i}{i_c i_q}$ 有

$$i_i\left(\rho_{ig2} + \frac{1}{2}\right) = i_q i_{zf}(1 + k)i_c \tag{4-32}$$

同理，存在

$$i_1\left(\rho_{1g2} + \frac{1}{2}\right) = i_2\left(\rho_{2g2} + \frac{1}{2}\right) = \cdots = i_n\left(\rho_{ng2} + \frac{1}{2}\right) = i_q i_{zf}(1+k) i_c = C_1' \quad (4-33)$$

$$\frac{v_{1max}}{\left(\rho_{1g2} + \frac{1}{2}\right)} = \frac{v_{2max}}{\left(\rho_{2g2} + \frac{1}{2}\right)} = \cdots = \frac{v_{nmax}}{\left(\rho_{ng2} + \frac{1}{2}\right)} = \frac{0.377 n_{emax} r_z}{i_q i_{zf}(1+k) i_c} = C_2' \quad (4-34)$$

$$\frac{v_{1max}}{\left(\rho_{1g2} + \frac{1}{2}\right)B} = \frac{v_{2max}}{\left(\rho_{2g2} + \frac{1}{2}\right)B} = \cdots = \frac{v_{nmax}}{\left(\rho_{ng2} + \frac{1}{2}\right)B} = \frac{0.377 n_{emax} r_z}{i_q i_{zf}(1+k) i_c B} = C_3' \quad (4-35)$$

对应独立式双流传动机构的 v_{imax} 和 R_{ig} 关系如图 $4-9$（b）所示，而独立式双流传动规定转向半径和各挡车速关系的斜线图如图 $4-10$（b）所示。

4.4.3　双流传动的传动范围

变速机构的传动范围 d_b 是直驶时变速机构一挡传动比 i_{b1} 和最高传动比 i_{bn} 之比；双流传动的传动范围 d_{sh}，是直驶时一挡的双流传动比 i_{sh1} 和最高挡的双流传动比 i_{shn} 之比。d_b 和 d_{sh} 两者是不同的，但有一定的联系。下面针对不同双流传动形式分别展开讨论。

对正差速式双流传动，由规定转向半径公式

$$\rho_{ig} = \frac{k i_{zf}}{2 i_{bf}} + \frac{1}{2}$$

变形，得

$$i_{bf} = \frac{k i_{zf}}{2\left(\rho_{ig} - \frac{1}{2}\right)}$$

代入一挡和最高挡变速机构传动比，有

$$d_b = \frac{i_{b1}}{i_{bn}} = \frac{\rho_{ng} - \frac{1}{2}}{\rho_{1g} - \frac{1}{2}} \quad (4-36)$$

双流传动的传动范围，由

$$i_1 \rho_{1g} = i_2 \rho_{2g} = i_3 \rho_{3g} = \cdots = i_n \rho_{ng} = \frac{(1+k) i_q i_{zf} i_c}{2} = C_1$$

可得

$$d_{sh} = \frac{i_{sh1}}{i_{shn}} = \frac{\rho_{ng}}{\rho_{1g}} \quad (4-37)$$

由式（$4-36$）和式（$4-37$）可知 $d_b > d_{sh}$，也就是说，为实现一定的双流传动的传动范围，正差速式双流传动需要较大的变速机构。

同理，对于零差速式双流传动有

$$d_b = \frac{i_{b1}}{i_{bn}} = \frac{\rho_{ng}}{\rho_{1g}} \quad (4-38)$$

$$d_{sh} = \frac{i_{sh1}}{i_{shn}} = \frac{\rho_{ng}}{\rho_{1g}} \quad (4-39)$$

可知，$d_b = d_{sh}$。

对负差速式双流传动，有

$$d_b = \frac{i_{b1}}{i_{bn}} = \frac{\rho_{ng} + \dfrac{1}{2}}{\rho_{1g} + \dfrac{1}{2}} \tag{4-40}$$

$$d_{sh} = \frac{i_{sh1}}{i_{shn}} = \frac{\rho_{ng}}{\rho_{1g}} \tag{4-41}$$

由上述可知，$d_b < d_{sh}$，即为实现一定的双流传动的传动范围，正差速式双流传动需要较小的变速机构。

同理，对正独立式双流传动有

$$d_b = \frac{i_{b1}}{i_{bn}} = \frac{\rho_{ng2} - \dfrac{1}{2}}{\rho_{1g2} - \dfrac{1}{2}} \tag{4-42}$$

由

$$i_1\left(\rho_{1g2} + \frac{1}{2}\right) = i_2\left(\rho_{2g2} + \frac{1}{2}\right) = \cdots = i_n\left(\rho_{ng2} + \frac{1}{2}\right) = i_q i_{zf}(1+k)i_c = C_1'$$

得到

$$d_{sh} = \frac{i_{sh1}}{i_{shn}} = \frac{\rho_{ng2} + \dfrac{1}{2}}{\rho_{1g2} + \dfrac{1}{2}} \tag{4-43}$$

由式（4-42）和式（4-43）可知，$d_b > d_{sh}$，即为实现一定的双流传动的传动范围，正独立式双流传动需要较大的变速机构。

对零独立式双流传动有

$$d_b = \frac{i_{b1}}{i_{bn}} = \frac{\rho_{ng2} + \dfrac{1}{2}}{\rho_{1g2} + \dfrac{1}{2}} \tag{4-44}$$

$$d_{sh} = \frac{i_{sh1}}{i_{shn}} = \frac{\rho_{ng2} + \dfrac{1}{2}}{\rho_{1g2} + \dfrac{1}{2}} \tag{4-45}$$

可知，$d_b = d_{sh}$。

由上述五种双流传动讨论可见，正差速式和正独立式的变速机构传动范围 $d_b > d_{sh}$；负差速式 $d_b < d_{sh}$；而零差速式和零独立式由于直驶时只变速一路传递功率，所以 $d_b = d_{sh}$。

设计时为使规定转向半径更合理而要调整变速传动比时，应遵循 d_b 和 d_{sh} 的相互关系。

4.4.4　空挡转向

双流转向机构和单流转向机构相比，有两个突出的特点：

（1）规定转向半径和变速机构传动比有关；

（2）变速箱挂空挡时也能转向，即空挡转向。

空挡转向时，一侧履带向车前运动，另一侧履带向车后运动。在理想情况下，坦克装甲车辆的转向中心 O 点和坦克平面中心 C 点相重合，转向半径为零，这种空挡转向称为中心转向，如图 4－12 所示。

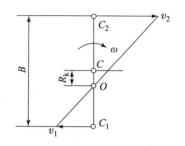

图 4－12　空挡转向时坦克平面速度图

差速式双流转向机构空挡转向时，由于变速机构挂空挡，故只有两侧转向分路传递动力。发动机动力经转向分路传给两侧太阳轮，所以两侧太阳轮的输入转速大小相等、方向相反，两侧太阳轮和发动机之间具有确定的传动比。如果齿圈没有空挡固定装置，则齿圈转速既受太阳轮的影响，又受行星架的影响；而行星架转速不仅受太阳轮影响，还受地面阻力和车速的影响。所以，齿圈、行星架和发动机之间没有确定的传动比，此时转向机构处于二自由度状态，对应的空挡转向是一种不可控制的转向状态，这种转向半径称为不可控制的空挡转向半径，以 R_k 表示。虽然 R_k 是不可控制的，但是其变化范围也不太大，一般在 $0 \sim B/2$ 变化，特殊情况下也可能有 $R_k > B/2$，其仍有实用价值，如图 4－13（a）所示。

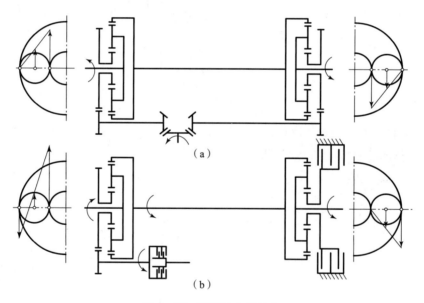

图 4－13　不可控空挡转向
（a）差速式双流转向机构；（b）独立式双流转向机构

独立式双流转向机构空挡转向时，变速机构挂空挡不传递动力，内侧太阳轮被完全制动，只有外侧转向分路传递动力，发动机的动力经外侧转向机构传给外侧太阳轮，它和发动机之间具有确定的传动比。同样，如果齿圈没有空挡齿圈固定装置，则其转速既受太阳轮影响，又受行星架影响；而行星架的转速不仅受太阳轮的影响，还受地面阻力和车速的影响。所以齿圈、行星架和发动机之间也没有确定的传动比，因此转向机构此时也是处于二自由度状态。空挡转向是一种不可控制的转向状态，这种转向半径称为不可控空挡转向半径，以 R_k 表示。R_k 的变化范围为 $-B/2 \sim B/2$，特殊情况下也可能为 $R_k > B/2$。

1. 不可控空挡转向

目前除个别车辆外，大多数双流转向机构的空挡转向都是不可控制的转向状态，即空挡转向半径如前所述是不可控制的，但在一般情况下 R_k 变化不会太大，仍有实用价值。有些车辆用它来代替 $R_k \geq B/2$，在狭窄地段上用它转向，可以提高坦克装甲车辆的通过性。

坦克装甲车辆在实际行驶中，由于两侧履带接地段遇到的地面坡度、地面性质、地面种类、地面状况和地面湿度等不同，使两侧履带接地段遇到的阻力要完全相等是不太可能的，通常不可控空挡转向半径 R_k（或不可控空挡相对转向半径 ρ_k）可能有以下几种情况：

1）中心转向

中心转向的转向半径为 $\rho_k = 0$，当两侧履带接地段处于地面良好的水平柏油路或水泥路面上，且低速、等速、单车转向时，两侧履带接地段遇到的阻力相等，两侧履带速度大小相等、方向相反，转向中心 O 点和坦克平面中心 C 点重合，即坦克装甲车辆绕其平面中心 C 点旋转，如图 4-14（a）所示。

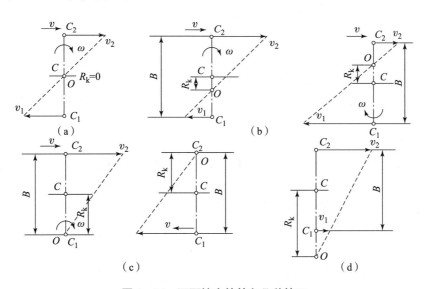

图 4-14 不可控空挡转向几种情况

（a）$\rho_k = 0$；（b）$0 < \rho_k < 0.5$；（c）$\rho_k = \pm 0.5$；（d）$\rho_k > 0.5$

2）偏心转向

偏心转向时转向半径为 $0 < \rho_k < 0.5$，当两侧履带接地段所处地面的软硬程度、地面状况、干湿程度略有不同，且低速、等速、单车转向时，两侧履带接地段遇到的阻力略有不同。内侧履带速度 v_1 小于外侧速度 v_2，v_1 方向向车后、v_2 方向向车前（或 v_1 方向向车前、v_2 方向向车后），O 点将不再与 C 点重合，而是在 C 点和 C_1 点之间或在 C 点和 C_2 点之间，如图 4-14（b）所示。

3）地面制动转向

地面制动转向时转向半径为 $\rho_k = \pm 0.5$，当两侧履带接地段所处地面的软硬程度、地面状况、干湿程度、下陷量、不平度等有较大不同，且低速、等速、单车转向时，两侧履带接地段遇到的阻力差别较大，阻力大的一侧地面足以将该侧履带制动。

如履带速度 $v_1 = 0$，即向后运动的一侧履带被制动，地面阻力小的一侧履带速度 $v_2 > 0$。

车辆将绕着内侧履带接地面中心 C_1 点向前旋转，即坦克的转向中心 O 点和 C_1 点重合，所以 $\rho_k = 0.5$；当两侧履带接地段所处的地面和上述情况正相反时，车辆将绕另一侧履带接地面中心点向后旋转，对应 $\rho_k = -0.5$，这时的空挡转向半径如图 4–14（c）所示。

4）惯性转向

惯性转向时转向半径为 $\rho_k > 0.5$，当车辆由高速挡换入空挡立即进行空挡转向或下坡做空挡转向时，由于惯性力或下坡力的作用，内侧履带速度 $v_1 > 0$，并且其方向和外侧履带速度方向相同。坦克转向中心 O 点可能要超出履带接地面，落在 C_1 点或 C_2 点之外，所以空挡转向半径 $\rho_k > 0.5$，如图 4–14（d）所示。

2. 可控空挡转向

要实现可控的（稳定的）空挡转向，应设置空挡齿圈固定装置。

对于差速式双流转向机构，由于变速箱挂空挡，故只有转向分路传递动力。发动机动力经差速器传向两侧太阳轮，两侧太阳轮输入转速大小相等、方向相反，$n_{t1} = -n_{t2}$。当齿圈完全制动时，有 $n_{q1} = n_{q2} = 0$，由行星排运动学方程式知两侧太阳轮转速和行星架转速的关系为

$$n_{j1} = n_{t1}/(1+k)$$
$$n_{j2} = n_{t2}/(1+k) = -n_{t1}/(1+k)$$

由 n_{j1} 和 n_{j2} 大小相等、方向相反，如图 4–15（a）所示，可得可控制的空挡相对转向半径：

$$\rho_{kg} = 0 \tag{4-46}$$

对于独立式双流转向机构，当变速箱挂空挡时，只有转向分路的外侧传递动力。发动机的动力经外侧转向机构传给外侧太阳轮，当齿圈完全制动时，有 $n_{q1} = n_{q2} = 0$，由外侧行星排运动学方程式知，太阳轮转速和行星架转速之间的关系为

$$n_{j2} = n_{t2}/(1+k)$$

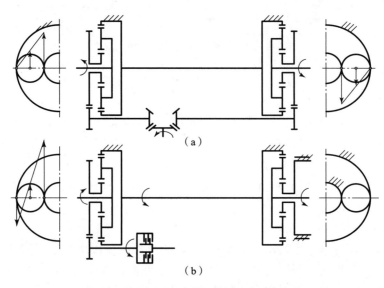

图 4–15　可控空挡转向

（a）差速式双流转向机构；（b）独立式双流转向机构

由此可知，由发动机到外侧主动轮之间的传动比是确定的。空挡转向，内侧太阳轮完全制动，有 $n_{t1}=0$；如再完全制动齿圈 $n_{q1}=0$，则内侧三元件都被制动，即

$$n_{j1} = 0$$

对应内侧履带速度 $v_1 = 0$。由 $n_{j2} = n_{t2}/(1+k)$ 知，n_{t2} 由发动机确定，所以外侧履带速度 v_2 是个确定值。如图 4 – 15（b）所示，可得可控的空挡相对转向半径：

$$\rho_{kg} = 1/2 \tag{4-47}$$

4.4.5　传动比的确定和划分

各种不同的双流传动系统，其传动比的组成环节是不会完全相同的，现以零差速式双流传动系统为例，来讨论各种传动环节传动比的分配。传动系统简图如图 4 – 16 所示。图 4 – 16 中符号含义同一般双流传动系统简图 4 – 8。

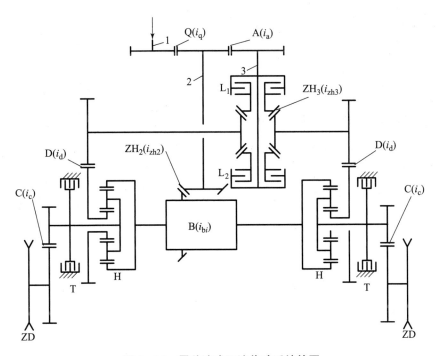

图 4 – 16　零差速式双流传动系统简图

在双流传动系统中，最重要的运动学参数有以下 5 个。

（1）直驶双流传动比 i_{sh}：

$$i_{sh} = \frac{(1+k)i_{bf}}{k}$$

（2）直驶各挡总传动比 i_i：

$$i_i = i_q i_{sh} i_c$$

（3）直驶各挡最大车速 $v_{i\max}$：

$$v_{i\max} = 0.377 \frac{n_{emax}r_z}{i_i}$$

（4）各挡相对规定转向半径 ρ_{ig}：

$$\rho_{ig} = \frac{ki_{zf}}{2i_{bf}}（零差速式）$$

（5）各挡最大角速度 $\omega_{i\max}$：

$$\omega_{i\max} = \frac{v_{i\max}}{R_{ig}} = C_3$$

由以上各式可知，变速分路传动比 i_{bf} 既影响各挡总传动比 i_i 和各挡最大车速 $v_{i\max}$，还影响相对规定转向半径 ρ_{ig}；行星排特性参数 k 既影响双流传动比 i_{sh}、各挡总传动比 i_i、各挡直驶最大车速 $v_{i\max}$，还影响相对规定转向半径 ρ_{ig}；而转向分路传动比 i_{zf} 既影响规定转向半径 ρ_{ig}，又影响比例系数 C_3。

由此可知，对双流传动运动学五大参数都有影响的是 i_{bf}、k 和 i_{zf} 三个参数，一旦此三参数确定后，所有挡的相对规定转向半径 ρ_{ig}、所有挡直驶最大车速 $v_{i\max}$ 和 C_3 都被确定，本节最主要的任务就是确定这三个参数。

1. 直驶工况的传动比确定和分配

车辆直驶各挡总传动比 i_i、变速分路传动范围 d_b、排挡数目 n 是根据直驶牵引计算和排挡划分所确定的，为已知条件。由于零差速式双流传动直驶时，只有变速分路一路传递动力，转向分路不传递动力，这和单流传动是相似的，则直驶时各挡双流传动比为

$$i_{sh} = \frac{(1+k)i_{bf}}{k}$$

对于直驶各挡总传动比，有

$$i_i = i_q i_{sh} i_c = i_q \frac{(1+k)i_{bf}}{k} i_c$$

代入本例中

$$i_{bf} = i_{zh2} i_{bi}$$

得到

$$i_i = i_q i_{sh} i_c = i_q i_{zh2} \cdot i_{bi} \cdot \frac{(1+k)}{k} i_c \qquad (4-48)$$

则系统的定传动比为

$$\frac{i_i}{i_{bi}} = i_q i_{zh2} \cdot \frac{(1+k)}{k} i_c$$

可见各挡的总传动比 i_i 由定传动比和变传动比两部分组成，积 $i_q i_c i_{zh2}(1+k)/k$ 为定传动比，变速机构传动比 i_{bi} 为变传动比，其中变速机构传动比可按单功率流传动比分配原则来处理。

对于固定轴齿轮变速机构，按最小体积原则来确定各挡传动比，其中一挡传动比 i_{b1} 为

$$i_{b1} = \sqrt{d_b}$$

式中，d_b——变速分路传动范围，在牵引计算中已经确定。

对于零差速式双流传动 d_b 和 d_{sh}，有

$$d_b = d_{sh}$$

由变速机构一挡传动比 i_{b1} 和一挡总传动比 i_1，可求出定传动比 $i_q i_c i_{zh2}(1+k)/k$：

$$\frac{i_1}{i_{b1}} = i_q i_{zh2} \cdot \frac{(1+k)}{k} i_c$$

当定传动比 $i_q i_c i_{zh2}$ （$1+k$） $/k$ 求出后，即可求出变速箱其他各挡传动比：

$$i_{b2} = \frac{i_2}{i_q i_{zh2} \cdot \frac{(1+k)}{k} i_c}, i_{b3} = \frac{i_3}{i_q i_{zh2} \cdot \frac{(1+k)}{k} i_c}, \cdots, i_{bn} = \frac{i_n}{i_q i_{zh2} \cdot \frac{(1+k)}{k} i_c}$$

对于行星齿轮变速机构，可根据有直接挡的特点决定传动比的分配。假设第 n 挡为直接挡，即 $i_{bn} = 1$，则有

$$\frac{i_n}{i_{bn}} = i_q i_{zh2} \cdot \frac{(1+k)}{k} i_c = i_n$$

$$i_{b2} = \frac{i_2}{i_n}, i_{b3} = \frac{i_3}{i_n}, \cdots, i_{bn} = \frac{i_n}{i_n} = 1$$

当定传动比 $i_q i_c i_{zh2}$ （$1+k$） $/k$ 求出后，还要将它划分为两部分，即广义前传动比 $i_q i_{zh2}$ 和广义后传动比 i_c （$1+k$） $/k$。

由于发动机转矩向主动轮传递是逐级加大的，故一般希望前传动比减速少一点（有时甚至是增速的），转矩增加少一点；最后一级即后传动再减到应有的转速，并增加到应有的转矩。即为使各级传动机构所受载荷最小，传动比的设置应符合前小后大的原则。否则，前传动比过大，会使大多数传动元件都承受过大的负荷，势必引起传动系统的尺寸和质量过大。但是，也不能使前传动比过小，如前传动比过小、后传动比过大，则会使变速箱输出轴在最高挡时的最大转速 n_{nmax} 过高，这会引起轴承转速、齿轮圆周切线速度过高而影响其寿命。

当变速箱在最高挡 n 挡、发动机在额定转速 n_{emax} 工作时，变速箱输出轴的最大转速 n_{nmax} 可由下式表示：

$$n_{nmax} = \frac{n_{emax}}{i_q i_{zh2} i_{bn}} \tag{4-49}$$

或

$$n_{nmax} = \frac{(1+k) n_{emax} i_c}{k i_n} \tag{4-50}$$

根据变速箱常用滚动轴承允许的最大转速 $[n_{nmax}]$、发动机额定转速 n_{emax} 及 i_{bn}，可由下式确定广义前传动 $i_q i_{zh2}$：

$$i_q i_{zh2} = \frac{n_{emax}}{[n_{nmax}] i_{bn}} \tag{4-51}$$

对于液力机械传动系统，前传动比 i_q 的确定可以考虑发动机与液力变矩器的理想匹配。同理，可以求出广义后传动比 i_c （$1+k$） $/k$：

$$\frac{(1+k) i_c}{k} = \frac{[n_{nmax}] i_n}{n_{emax}} \tag{4-52}$$

上述变速分路传动比及广义前、后定传动比的分配仅是初步的，在实际设计过程中，还要参照同类型车辆的有关参数、结构限制及配齿计算等反复验算后才能确定。

2. 转向工况的传动比确定和分配

下边讨论转向分路传动比 i_{zf} 的确定和 k 值的确定问题。如图 4-16 所示，转向分路传动比由三部分组成：

$$i_{zf} = i_a i_{zh3} i_d \tag{4-53}$$

式中，i_a——从分流件变速动力输入轴 2 到转向动力输入轴 3 之间齿轮对 A 的传动比；

$\quad\quad i_{zh3}$——转向机构的传动比，即转向分路中动力输入轴 3 锥齿轮对 ZH_3 的传动比；

$\quad\quad i_d$——从转向机构输出端到太阳轮间齿轮对 D 的传动比。

由差速式直驶总传动比和规定转向半径关系式

$$i_i \rho_{ig} = \frac{(1+k) i_q i_{zf} i_c}{2} = C_1$$

代入 i_i 和 ρ_{ig} 的计算关系式

$$i_i = 0.377 \frac{n_{emax} r_z}{v_{imax}}$$

$$\rho_{ig} = \frac{v_{imax}}{\Delta v_{imax}}$$

得到

$$0.377 \frac{n_{emax} r_z}{\Delta v_{imax}} = \frac{(1+k) i_q i_{zf} i_c}{2} = C_1$$

代入直驶工况推导得到的 n_{nmax} 关系式，并变形

$$\frac{(1+k) i_c}{k i_n} = \frac{n_{nmax}}{n_{emax}} \tag{4-54}$$

得

$$k i_{zf} = \frac{2 n_{emax}}{i_q i_n n_{nmax}} \frac{0.377 n_{emax} r_z}{\Delta v_{imax}} \tag{4-55}$$

以上两公式中，当等式右侧参数确定后，通过 i_c、k、i_{zf} 三者之一，即可得到其他两个未知量。关于 i_{zf} 和 k 目前没有公认的统一的确定方法，一般是根据经验按类比法确定。

考虑普通排的 k 取值范围 $k = 1.5 \sim 4$，以及最大角速度为 $\omega_{max} = 0.63 \sim 1$ rad/s 或 $t_{min} = 5 \sim 20$ s，初选 k 和 ω_{max}，参考图 4-11 确定 $R_{ig} - v_{imax}$ 斜线，根据 v_{imax} 确定对应挡位 ρ_{ig}，并将已知的 i_{bf} 代入零差速式各挡双流传动的各相对规定转向半径公式，最终求得 i_{zf}，即

$$i_{zf} = \frac{2 \rho_{ig} i_{bf}}{k} \tag{4-56}$$

在 i_{zf} 确定后，本例中还要考虑其在各环节的分配：

$$i_{zf} = i_a i_{zh3} i_d$$

分配的原则也是前边的传动比 i_a 取小些、后边的 i_d 取大些，这可使转向机构尺寸较小，且操纵转矩较小。i_{zh3} 由转向机构本身决定。

上述 k 值和 i_{zf} 值的确定及其分配仅是一种初步的方法，在实际设计中还要考虑转向分路 i_{zf} 和变速分路传动比 i_{bf} 的最佳匹配、机构限制、方案布置以及转向机构本身的性能等因素，反复试算才能确定。

3. 高速转向侧滑条件

在完成以上双流传动系统传动比的确定与分配后，双流传动系统的性能都已确定。为确保行车安全，还要检查高速侧滑情况。因为车辆高速侧滑有可能滑出路面，如高速侧滑后再遇到坚硬而牢固的凸起物，可能会翻车，等等，这是应当特别注意的。

车辆不产生侧滑的条件是：车辆高速转向的离心力 F_1 应小于或等于侧滑阻力 F_{ch}，即

$$F_1 \leqslant F_{ch} \tag{4-57}$$

其中离心力 F_1 为

$$F_1 = mR_{ymin}\omega_{ymax}^2 = \frac{mv_{ymax}^2}{R_{ymin}} \qquad (4-58)$$

式中，m——战斗全质量，kg；

　　　R_{ymin}——不产生侧滑的允许最小转向半径，m；

　　　ω_{ymax}——不产生侧滑的允许最大旋转角速度，rad/s；

　　　v_{ymax}——不产生侧滑的允许最大车速，km/h。

侧滑阻力 F_{ch} 为

$$F_{ch} = \psi mg \qquad (4-59)$$

式中，ψ——车辆与地面间的横向附着系数。

代入得不产生侧滑的条件为

$$\frac{v_{ymax}^2}{R_{ymin}} \leqslant \psi g$$

简化后得不产生侧滑的允许最小转向半径和允许最大车速的关系式：

$$R_{ymin} \geqslant \frac{v_{ymax}^2}{\psi g} \qquad (4-60)$$

$$\rho \geqslant \frac{v_{ymax}^2}{\psi g B} \qquad (4-61)$$

式中，B——履带中心距，m。

　　由以上关系式可知，对一定的坦克（B 是定值）、在一定的地面上（ψ 是定值）、以不产生侧滑的允许最大车速 v_{ymax} 和不产生侧滑的允许最小转向半径 R_{ymin} 转向时，$R_{ymin} - v_{ymax}$ 关系曲线是一条抛物线。

　　对一定的车辆和一定的路面，有一条一定的侧滑抛物线，如图 4-17 所示。在抛物线的右侧为侧滑区，左侧为非侧滑区。如果计算出的规定转向半径都在抛物线的左侧，则说明该车在上述条件下不会产生侧滑。如果有的规定转向半径（主要是高速挡）越过了抛物线进入侧滑区，则应对这些规定转向半径进行调整或修正。

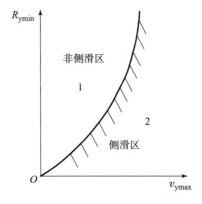

图 4-17　不产生侧滑的最大车速 - 最小转向半径关系曲线

4. 液力变矩器前后分流对传动比的影响

现代坦克装甲车辆的传动系统中，都普遍地采用了液力传动，以改善系统的性能。采用液力传动的双流传动系统，按功率分流点的位置有两种形式：一种是动力在输入液力变矩器前分流；另一种是动力经过液力变矩器传递后再进行分流。通常将这两种分流形式分别称为变矩器前分流和变矩器后分流，如图 4-18 所示。

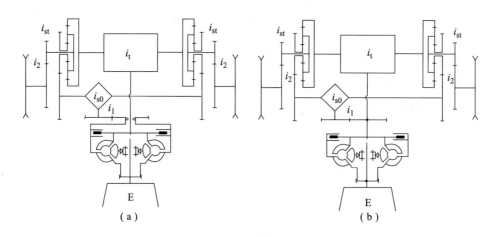

图 4-18 液力传动的两种分流形式

（a）变矩器前分流；（b）变矩器后分流

图 4-18（a）所示为液力变矩器前分流的情况，此时转向流功率不经过液力变矩器传递，由发动机直接将动力传至汇流行星排太阳轮，直驶功率流经液力变矩器和变速机构传递到汇流行星排的齿圈。定义液力变矩器速比 i_{YB} 为涡轮转速与泵轮转速之比。

考虑双流传动比计算公式

$$i_{sh} = \frac{(1 + k) i_{bf} i_{zf}}{i_{bf} + k i_{zf}}$$

和零差速式双流传动系统相对规定转向半径计算公式

$$\rho_{ig} = \frac{k i_{zf}}{2 i_{bf}}$$

（1）对于变矩器前分流的情况，i_{zf} 不受变矩器影响，而 i_{bf} 要考虑液力变矩器速比 i_{YB} 的影响，此时双流传动比和相对规定转向半径为

$$i'_{sh} = \frac{(1 + k) i_{zf} i_{bf}/i_{YB}}{i_{bf}/i_{sr} + k i_{zf}} \tag{4-62}$$

$$\rho'_{ig} = \frac{k i_{zf}}{2 i_{bf}/i_{YB}} = \rho_{ig} i_{YB} \tag{4-63}$$

可见转向半径随 i_{sr} 增加而增加，转向一周所需的时间随 i_{sr} 增加而减小，即转向性能会受到地面负荷变化的影响；而由于转向流直接与发动机相连，因而当转向阻力过大时会导致发动机熄火，变矩器对克服转向阻力不起作用，特别是进行 $\rho=0$ 的中心转向时，克服困难路面的转向能力下降；转向流因未经变矩器传动，转向效率相对较高。

（2）对于变矩器后分流的情况，i_{zf} 和 i_{bf} 均不受变矩器影响，可将分流点前的发动机和液

力变矩器等视为一个具有匹配后特性的"新发动机"，此时双流传动比和相对规定转向半径为

$$i''_{sh} = \frac{(1 + k) i_{bf} i_{zf}}{i_{bf} + k i_{zf}} = i_{sh} \tag{4-64}$$

$$\rho''_{ig} = \frac{k i_{zf}}{2 i_{bf}} = \rho_{ig} \tag{4-65}$$

可见相对转向半径不受液力变矩器影响，也就是不受地面负荷的影响；由于转向流的功率也经过液力变矩器，因而不致转向阻力过大而引起发动机熄火，特别是在 $\rho = 0$ 转向时，变速机构挂空挡，动力经液力变矩器后再经转向流传递输出，有利于克服困难路面。由于全部动力都经过液力变矩器传递，因而传动效率相对较低。

在现行的坦克装甲车辆双流传动系统中，两种分流形式均有采用。

4.5　载荷计算与传动元件设计

4.5.1　载荷计算

传动系统计算
载荷的确定

传动装置各零件计算的目的是，在给定工作时间内及使用条件下保证它们的工作能力。通常对坦克装甲车辆来说，工作时间一般是以行驶的里程来计算的。

传动装置故障一般分为两类：一类是当作用在零件上的应力超过材料的强度极限时发生；另一类是由于在结构中损坏逐渐累积而发生，例如，疲劳损坏、磨损等。根据这种分类，有两种不同形式的计算：在峰值载荷作用下静强度的计算；在循环载荷作用下零件的寿命计算。

坦克装甲车辆的行驶过程包括稳定（即等速工况）和非稳定工况（即不等速工况）。

在稳定工况下，传动系统在周期性干扰力（主要来自发动机和履带）的作用下发生强迫振动，当干扰力的频率与传动系统的固有频率一致时，便发生共振，它使传动系统的载荷（共振载荷）达到很大数值，严重影响传动系统零部件的使用寿命。此外，扭转共振还会引起令人厌烦的噪声，影响乘员的舒适性。因此在设计中，应对传动系统进行扭振计算分析，确定系统的固有频率和共振转速，设法使危险的共振转速尽量避开坦克经常工作的转速范围，当避开不了时，则应在结构上采取措施减小共振载荷。

在坦克起步、换挡、制动、加速和减速等非稳定工况下，传动系统受到非周期性的、带有冲击性质的干扰力而受激振动，此时常产生很大的动载荷。这往往是引起零件突然损坏的主要原因，因此在传动系统有关零件的设计时必须考虑这种冲击动载荷。

坦克装甲车辆在行驶过程中，传动系统除承受大的冲击载荷、共振载荷以外，大部分承受的是一种不规则的交变载荷，这种交变载荷是传动系统零件产生疲劳损坏的主要原因。因此，对零件疲劳强度计算时就应当以这种经常作用的交变载荷作为计算载荷，这是比较科学的计算方法，能够得到较准确的计算结果。

目前广泛应用的坦克传动系统强度计算方法是静强度法。

1. 静强度计算

传动装置各零件的静强度一般按下面三种情况计算。

1）第一种情况

第一种情况，按照发动机最大的转矩计算。具有假定性质，因为它没有考虑到在车辆起步、换挡以及在行驶中碰到障碍和射击等时可能在传动装置中发生的动载荷。在这种情况下得到的应力数值高于平均使用的值，但低于传动装置在过渡工况时发生的峰值。这种计算的意义在于它非常简单，而且经常可以与原型类比计算的结果相比较，而这里的原型一般都已有可参考的使用经验。

按发动机最大转矩 T_{emax} 来确定作用在零件上的计算转矩：

$$T = iT_{emax}\eta \tag{4-66}$$

式中，T_{emax}——发动机最大转矩；

$\quad\quad i$——从发动机到传动装置所计算零件的传动比；

$\quad\quad \eta$——从发动机到传动装置所计算零件的传动效率。

2）第二种情况

第二种情况，按照在传动装置过渡工况时观察到的最大动载荷计算。传动装置的摩擦元件对这种载荷的数值起决定性的作用。操纵摩擦元件打滑所引起的峰值载荷，可能发生在车辆起步和制动以及当摩擦元件起保险离合器作用时，如当车辆遇到障碍和射击时。因此，应该计算传动装置接合的摩擦元件打滑时产生的转矩。在这种情况下，摩擦元件的转矩要按照摩擦系数的最大值来计算。在多自由度的传动装置中，当车辆行驶接合几个摩擦元件时，要按照在该工况下具有最小储备系数的摩擦元件转矩进行计算。

为了比较具有不同物理来源的计算转矩，通常把它们换算到传动装置的任一个构件上，一般是换算到输入轴上，设换算到输入轴的转矩为 T_i，即

$$T_i = \frac{T_{fmax}}{i'\eta} \tag{4-67}$$

式中，T_{fmax}——摩擦元件的打滑转矩（按最大静摩擦系数计算）；

$\quad\quad i'$——从传动装置的输入轴到摩擦元件的传动比；

$\quad\quad \eta$——从传动装置的输入轴到摩擦元件的传动效率。

3）第三种情况

第三种情况，按照履带推进装置与地面的附着情况计算。这种计算之所以必要是因为在某些情况下打滑的构件不是传动装置中的离合器，而是履带，特别是在低挡或转向工况。对于低挡工况，此时传动比大而离合器传到主动轮上的转矩由于履带打滑而不能实现；对于转向工况，高速侧转矩比发动机传来的全部转矩更大，导致履带打滑，一般按照履带与地面附着转矩的限制计算。按照履带与地面附着计算主动轮的转矩为

$$T_z = \frac{r_z}{\eta_x} \cdot \frac{\varphi mg}{2} \tag{4-68}$$

把它换算到传动装置的输入轴上，则

$$T_i = \frac{T_z}{i'\eta}$$

式中，i'——从传动装置输入轴到主动轮的传动比；

$\quad\quad \eta$——从传动装置输入轴到主动轮的传动效率。

4）计算载荷的选择

根据第二、三种情况确定的换算到输入轴上的转矩的较小值，来计算传动装置任一零件上的转矩。

$$T = iT_i\eta \tag{4-69}$$

式中，i——从传动装置输入轴到所计算零件的传动比；

η——从传动装置输入轴到所计算零件的传动效率。

2. 疲劳寿命的计算

1）计算方法

在静强度设计中，尽管利用最大的载荷进行设计，且将动载荷的影响利用动载荷系数转化为静载荷，加大了设计载荷的强度，然而它不能反映载荷随机变化的规律，也不能反映载荷幅值的大小及出现次数，因而也就不知道载荷幅值大小及出现的次数对机件的损伤程度。

有限寿命设计是疲劳设计的重要思想之一，其指导思想是：机械在规定的使用期间内不致因交变载荷的作用产生疲劳损伤而失效，同时又充分发挥材料的抗疲劳性能，即材料在机件使用寿命达到时，已经开始逐步丧失工作能力。这种设计比无限寿命设计要节省大量的材料。有限寿命设计中有一种非常重要的设计方法是安全寿命设计法。安全寿命设计的失效准则是：在规定的寿命期间内，不允许有可见裂纹产生，要求在使用寿命期间内工作可靠度达到很高的程度。应该指出，在有限寿命设计时，也要根据机件的重要程度提出可靠性要求。疲劳强度设计是以零件最弱区域为依据，通过改进零件的形状，降低峰值应力或在最弱区域表面层采用强化工艺，使疲劳强度得以提高。

目前在车辆行业用得较多的疲劳设计方法主要有名义应力法和局部应力—应变法。名义应力法和局部应力—应变法一般都采用线性损伤累积法则，即迈因纳（Miner）法则。该法则认为载荷的每一次应力（应变）循环都在构件中造成一定的损伤，这些损伤累积起来，最后导致了裂纹的产生、扩展和构件的断裂失效。

名义应力法是以名义应力为主要参数，以材料的 $S - N$ 曲线为依据的疲劳设计方法。$S - N$ 曲线是循环应力—疲劳寿命的曲线，为给定的材料在给定应力级 σ_F 时与它到破坏为止循环数 N_F 的关系式（图 4 - 19）。这种设计方法计算的是零件的全寿命，包括疲劳裂纹产生和扩展寿命，认为零件的失效形式为疲劳断裂。局部应力—应变法设计的依据是应力集中处的局部应力和应变。局部应力—应变法算出的是裂纹的形成。

采用名义应力法计算零件的疲劳寿命，必须知道：作用的应力级、单位工作时间内的载荷循环次数和材料的 $S - N$ 曲线。

应力级 σ_{Fi} 与其相应的概率或载荷循环数 N_i 之间的关系称为载荷谱，常用它的统计模拟直方图描述。载荷直方图的实例表示在图 4 - 20 上。为了画直方图，把作用载荷的范围分布于若干个区间（不一定相等）并对每个区间标出该级的应力循环次数，零件在单位工作时间（例如，车辆行驶 1 000 km）内承受此载荷作用范围。为便于计算，用其平均数值来代替区间，而载荷谱就采用表格（表 4 - 3）的形式。

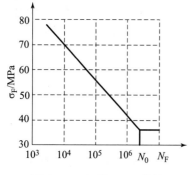

图 4-19 钢的 $S-N$ 曲线

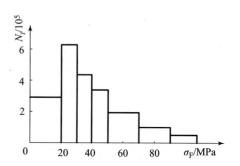

图 4-20 作用在零件上的载荷直方图

表 4-3 相应于直方图的零件应力的统计分布系列

σ_{Fi}/MPa	10	25	35	45	60	80	100
$N_i/ \times 10^5$	3.0	6.5	4.5	3.8	2.0	1.0	0.5

计算零件在交变载荷作用下的疲劳寿命时，必须采取由不同级振幅应力作用而发生损伤累加的某种假设。最简单而广泛采用的是 Miner 法则。Miner 法则作如下假设：到达试件能够吸收的能量极限值，导致疲劳破坏。从该假设出发，如果破坏前可吸收的极限值为 W，假设 N_i 为以振幅 σ_{Fi} 的应力作用下的零件临近极限状态的循环数。如果零件在使用时间内承受 n_i 次这样的振幅载荷谱作用，试件吸收的能量为 W_i，则零件得到的相对疲劳损伤等于 n_i/N_i；又因为试件吸收的能量与其循环数间存在着正比关系，故有

$$\frac{W_i}{W} = \frac{n_i}{N_i} \tag{4-70}$$

试件在 σ_1，σ_2，$\cdots$，σ_K 等 K 个不同的应力水平载荷下的寿命分别为 N_1，N_2，$\cdots$，N_K，各应力下的循环数分别为 n_1，n_2，$\cdots$，n_K，则有

$$\sum_{i=1}^{K} \frac{n_i}{N_i} = 1 \tag{4-71}$$

当材料整个损伤完毕时，$\sum_{i=1}^{K} \frac{n_i}{N_i} = 1$，即发生疲劳破坏。

如果按照直方图计算的左边部分之和小于 1，则意味着零件寿命符合规定。

在某些情况下的观察表明，当零件损坏时，式（4-71）相对疲劳损伤之和不总是等于 1。一般情况下，式（4-71）可写成以下形式：

$$\sum_{i=1}^{K} \frac{n_i}{N_i} = a \tag{4-72}$$

式中，a——用实验方法得到的某个数。如果没有试验数据，则取 $a=1$，即把损伤累加的假定写成式（4-71）。

假设 R 是零件的实际计算寿命（以 km 计算），选取某一个单位工作时间 R_0（例如，1 000 km）。假设已知零件在第 i 工况时在工作时间 R_0 内的载荷循环数 n_{0i}，那么在寿命 R 内的载荷循环数 n_i 为

$$n_i = n_{0i} \frac{R}{R_0}$$

把 n_i 代入式（4-72），并对 R 解方程，可得

$$R = aR_0 \left(\sum_{i=1}^{K} \frac{n_{0i}}{N_i} \right)^{-1} \tag{4-73}$$

按照式（4-73），对所有能逐渐地累积损伤的传动装置零件进行计算，如轴、齿轮、轴承、摩擦元件等。

2）传动装置稳态工况的统计特性

传动装置稳态工况是车辆等速地在不变路面条件下行驶的工况，在这种工况下传动装置各构件的转矩和转速保持不变。严格来说，这种车辆行驶工况很少能遇到。从实际应用来说，认为转矩和转速对其自身的最大值在 ±10% 的范围内变化的工况是稳态工况，这样一来，将在使用过程中发生的转矩和转速变化范围划分为 5~10 个间隔，则这些传动装置载荷工况中的每一个均可以认为是稳态工况。

对于传动装置，为了估计零件的寿命，除了转矩 T_i 和角速度 ω_j 外，还要求指出 T_i 和 ω_j 同时出现，也就是第 ij 工况的概率 P_{ij}。两维分配系列是传动装置零件载荷工况统计特性表示的方法之一，这种系列的实例列于表 4-4 中。变速箱输入轴转矩 T_0 和角速度 ω_0 是它的工况参数。在给定传动装置的简图时，这些参数可以换算到它的任何一个零件上。在表 4-4 的方格中，在工况参数 T_{0i} 和 ω_{0j} 的交点上写出它们同时出现的概率 P_{ij}。在表 4-4 中具有负值的转矩，相应于在侧变速箱中反方向的功率传递，也就是功率从主动轮传向输入轴。这样的工况可以发生在转向（功率再生）以及利用发动机制动工况时，例如下长坡时。在计算某些零件，例如计算齿轮传动的接触强度时，这样的工况必须单独考虑，因为在这种情况下，轮齿开始以另一侧传递载荷。

表 4-4 T-80 坦克传动装置载荷工况分配统计系列的一部分（二挡）

$T_0/(\text{N} \cdot \text{m})$	变速箱输入轴的角速度 $\omega_0/(\text{rad} \cdot \text{s}^{-1})$					
	200	220	240	260	280	300
-750	0.002 0	0.001 6	0.001 5	0.000 0	0.000 0	0.000 0
-250	0.009 9	0.003 0	0.006 5	0.024 6	0.017 6	0.022 8
250	0.003 9	0.000 0	0.000 0	0.008 0	0.005 7	0.006 6
750	0.003 9	0.000 9	0.017 7	0.063 5	0.044 6	0.059 6
1 250	0.039 1	0.009 2	0.001 6	0.006 3	0.004 3	0.006 6
1 750	0.003 9	0.000 9	0.000 0	0.008 0	0.004 3	0.012 7
2 250	0.015 8	0.004 7	0.008 0	0.018 2	0.013 2	0.010 1

可以通过实车试验或计算机仿真计算得到上述转矩 T_i、角速度 ω_j 和第 ij 工况概率 P_{ij} 的两维分配系列表。表 4-5 所示为 T-80 坦克传动装置各挡载荷工况的平均统计特性。

表 4-5 T-80 坦克传动装置各挡载荷工况的平均统计特性

	各挡的行驶概率			
	1	2	3	4
按照里程	0.013 8	0.364 8	0.370 9	0.250 5
按照时间	0.037 6	0.475 7	0.332 7	0.153 0
平均道路阻力	0.223 0	0.124 0	0.978 5	0.041 2
各挡载荷工况参数的平均值				
正的载荷				
$T_0(+)/(\text{N·m})$	842	1 159	1 051	907
$\omega_0/(\text{rad·s}^{-1})$	281	262	256	256
相对时间	0.032 8	0.383 9	0.315 7	0.153 0
负的载荷				
$T_0(-)/(\text{N·m})$	250	278	250	—
$\omega_0/(\text{rad·s}^{-1})$	297	261	220	—
相对时间	0.004 8	0.091 8	0.017 0	0.00

3. 传动系统扭振附加载荷

扭振是以内燃机为动力的车辆的固有特性，由于动力传动系统以活塞式内燃机作为动力，故其先天性的"干扰"就是一种周期性的扭矩波动，即动力传动系统是在扭振状态下工作的。传动系统其他激振源还包括道路不平度、主动轮和履带的啮合、齿轮传动、带角度偏移的万向节传动等。轴系的扭振会带来许多负面的影响，其最直接的影响就是使传动载荷产生波动，特别是当扭振的激振频率与系统的固有频率相同时，轴系的扭矩值大幅增加，即发生共振，此时对系统的破坏尤为显著。扭振所带来的载荷波动会对零件的机械强度产生严重的影响甚至是破坏，如零件弹塑性变形、疲劳破坏或超过应力极限等。

1）扭振计算模型

实际的车辆动力传动系统是由形状复杂的曲轴系（包括曲轴及所连接的活塞、连杆等）、飞轮、联轴器、齿轮传动副、中间轴和箱体等组成的。由于车辆动力传动系统的质量和弹性分布很不均匀，故进行简化时采用多自由度集中质量—弹性的离散化分析模型，理想地认为车辆动力传动系统是由一些只有转动惯量而无弹性变形的刚体质量和一些只有弹性变形而无转动惯量的弹性轴段组成。在实际系统简化过程中，遵循以下几点原则：

（1）对于大惯量的部件，以其回转平面中心线作为该部件的质量集中点。

（2）相邻两集中质量间的连接轴，其转动惯量可平均地分配到两集中质量上，其扭转刚度就是两集中质量之间的当量刚度。

（3）对于弹性联轴器，将其主动部件和被动部件分为两个集中质量，其间弹性元件的刚度视为两集中质量间当量轴段的刚度。

（4）离合器接合时，认为是刚性连接。

车辆动力传动系统中各旋转件通过齿轮啮合或变矩器的变速，以及机械摩擦元件或液力减速器的减速而得到不同的转速。在扭振计算中，一般按系统能量保持不变的原则，建立系统的当量模型，将传动系统的各旋转件均当量为同一转速旋转。当量模型的建立分两步：首先将实际系统简化，求得集中质量—弹性轴系统的惯量、刚度、阻尼等参数；然后进行归一化处理，建立原系统的当量系统模型。归一化的表达式如下：

$$\begin{cases} J' = J/i^2 \\ K' = K/i^2 \\ C' = C/i^2 \\ i = n'/n \end{cases} \tag{4-74}$$

式中，J，C，K，n——原系统的惯量、阻尼、刚度和转速；

$\quad\quad J'$，C'，K'，n'——当量系统的惯量、阻尼、刚度和转速；

$\quad\quad i$——当量系统与原系统的传动比。

为便于理解，以某型履带式车辆动力传动系统为例说明系统扭振模型的建立。图 4-21 所示为某型履带式车辆动力传动系统的布置简图。

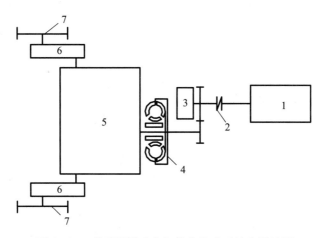

图 4-21 某型履带式车辆动力传动系统布置简图

1—发动机；2—联轴器；3—水上驱动装置；4—液力变矩器；5—变速机构；6—侧传动；7—主动轮

图 4-22 所示为某型履带式车辆传动一个挡位的扭振分析图，图上标示了动力传递路线，可以清楚地看到动力传递方向和齿轮啮合关系。

图 4-23 所示为在图 4-22 基础上得到的归一化当量系统模型，特点是齿轮副均向主动齿轮简化，齿轮副为一个集中质量，且所有质量点惯量、刚度及阻尼均当量到发动机输出轴上。

目前，工程中对系统扭振的精确计算多采用解析法，即利用特征值法求解固有振动的频率和振型及系统强迫振动响应，然后根据固有振动和强迫振动的计算结果对轴系部件的强度进行校核。

设以 $\boldsymbol{\varphi}(t)$ 为坐标的系统扭振方程的矩阵形式为

$$\boldsymbol{J}\ddot{\boldsymbol{\varphi}}(t) + \boldsymbol{C}\dot{\boldsymbol{\varphi}}(t) + \boldsymbol{K}\boldsymbol{\varphi}(t) = \boldsymbol{M}(t) \tag{4-75}$$

式中，$\boldsymbol{J}$，$\boldsymbol{C}$ 和 $\boldsymbol{K}$——系统惯量矩阵、阻尼矩阵和刚度矩阵；

$\quad\quad \boldsymbol{\varphi}(t)$，$\dot{\boldsymbol{\varphi}}(t)$ 和 $\ddot{\boldsymbol{\varphi}}(t)$——系统扭振角位移、角速度和角加速度列向量；

$\quad\quad \boldsymbol{M}(t)$——激励转矩向量。

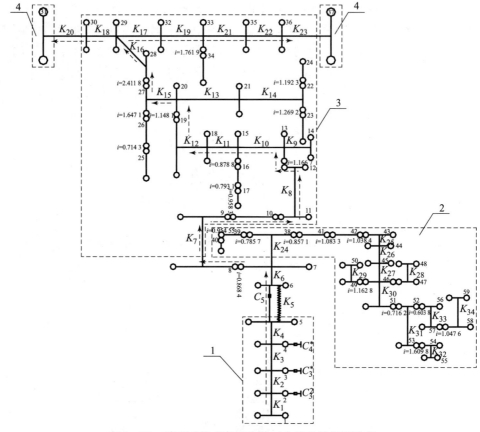

图4－22　某型履带式车辆传动一个挡位的扭振分析

1—发动机；2—水上驱动装置；3—变速部分；4—侧传动、车体等

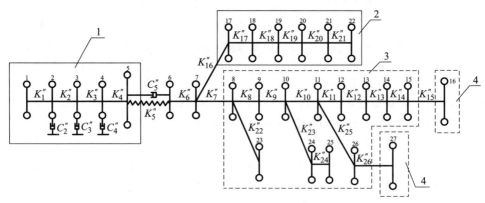

图4－23　归一化当量系统模型

1—发动机；2—水上驱动装置；3—变速部分；4—侧传动、车体等

不妨设系统自由度为 n，则 $\boldsymbol{J}$、$\boldsymbol{C}$ 和 $\boldsymbol{K}$ 为 $n \times n$ 阶方阵，$\boldsymbol{\varphi}(t)$、$\dot{\boldsymbol{\varphi}}(t)$、$\ddot{\boldsymbol{\varphi}}(t)$ 和 $\boldsymbol{M}(t)$ 为 n 维列向量。

2）固有振动计算

在式（4－75）中，令 $\boldsymbol{M}(t) = \boldsymbol{0}$，即得到系统自由振动数学模型：

$$J\ddot{\boldsymbol{\varphi}}(t) + C\dot{\boldsymbol{\varphi}}(t) + K\boldsymbol{\varphi}(t) = \mathbf{0} \tag{4-76}$$

式（4-76）中，令 $C = O$，可进一步得到系统无阻尼自由振动的数学模型：

$$J\ddot{\boldsymbol{\varphi}}(t) + K\boldsymbol{\varphi}(t) = \mathbf{0} \tag{4-77}$$

式（4-77）是典型的无阻尼自由振动特征方程，它确定了系统的固有特性，它的解可以写成

$$\boldsymbol{\varphi}_j(t) = \boldsymbol{u}_j g(t), j = 1, 2, \cdots, n \tag{4-78}$$

式中，$\boldsymbol{u}_j$——系统第 j 阶实模态振型。

将式（4-78）代入式（4-77），即可得系统的实模态线性广义特征值方程：

$$(K - \lambda_j J)\boldsymbol{u}_j = 0 \tag{4-79}$$

式中，λ_j——系统实模态特征值，相应的系统固有频率为 $\omega_j = \sqrt{\lambda_j}$。

3）强迫振动计算

式（4-75）为强迫振动数学模型。设发动机模型质量点个数为 m，则履带式车辆动力传动系统激励转矩可表示为

$$\boldsymbol{M}(t) = \begin{bmatrix} M_1(t) & M_2(t) & \cdots & M_m(t) & \cdots & M_n(t) \end{bmatrix}^{\mathrm{T}}$$

若只考虑发动机简谐激励，则系统激励转矩可简化为

$$\boldsymbol{M}(t) = \begin{bmatrix} M_1(t) & M_2(t) & \cdots & M_j(t) & \cdots & M_m(t) & 0 & \cdots & 0 \end{bmatrix}^{\mathrm{T}}$$

求解式（4-75），可解得各质量点扭振幅值 $\varphi_i(t)$。在扭转简图第 i 段上扭振引起的附加转矩可由下式来确定：

$$M_i = K_i(\varphi_i(t) - \varphi_{i+1}(t)) \tag{4-80}$$

式中，K_i——第 i 轴段的刚度；

φ_i, φ_{i+1}——第 i 轴段的两侧上质量的振幅。

需要指出，上面计算的振幅、附加转矩皆是系统当量模型的物理量，需要再按传动系统简图根据传动比关系还原到实际系统相应处。

例：研究某履带式车辆机械工况四挡扭振固有特性。四挡扭振力学模型如图 4-24 所示。在图 4-24 中，圆内的数据为质量点的编号，质量点上方的数据为转动惯量，单位为 $\mathrm{kg \cdot m^2}$，两质量点间连线上方的数据为轴段或联轴器扭转刚度，单位为 $10^6\mathrm{N \cdot m/rad}$。

表 4-6 所示为系统固有频率计算结果，第 3 阶振型图见图 4-25。对于分支系统模型，需要根据扭振模型及振型图判断节点位置。由图 4-24 和图 4-25 可判断出系统 3 阶振动的 3 个节点分别位于质量点 5 和 6、13 和 14 及 23 和 24 之间。

表 4-6　固有频率计算结果

阶次	频率/Hz	阶次	频率/Hz	阶次	频率/Hz
1	10.445	10	339.47	19	1 037.9
2	12.746	11	390.98	20	1 108.2
3	33.195	12	633.35	21	1 148.9
4	69.693	13	734.44	22	1 258.3
5	122.64	14	736.4	23	1 724
6	162.9	15	751.46	24	2 255.6
7	269.29	16	815.24	25	2 298.5
8	280.42	17	934.2	26	3 613.9
9	290.45	18	1 005.1		

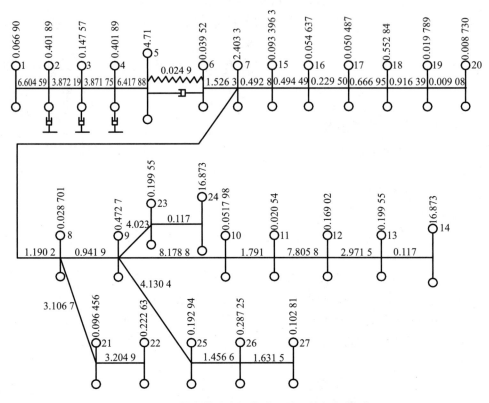

图 4-24　某履带式车辆传动系统四挡扭振模型

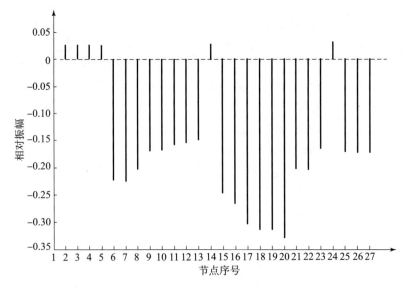

图 4-25　第 3 阶振型

4. 传动系统的过渡工况动载荷

车辆传动系统的过渡工况指车辆从一种稳定工况向另一种稳定工况的过渡，包括车辆的起步、加速、减速、换挡、制动和转向等。过渡工况除作用有稳定工况的全部激励之外，还有主离合器、液力变矩器、同步器、换挡离合器以及制动器等的冲击激励。车辆在过渡工况下工作时间虽短，但是在车辆行驶过程中过渡工况频繁出现，而且在过渡工况下车辆传动系统承受很大的动载荷，极易导致传动系统零部件的突然损坏。

确定传动系统过渡工况下动载荷的方法一般都是采用拉格朗日方程建立各个部件及整个传动系统的微分方程，运用通用计算机仿真软件，如 Matlab/Simulink、Easy5、Pro/Mechanica、Adams 等，进行仿真求解运算。

4.5.2 离合器设计

1. 概述

离合器概述

离合器是机械传动系统中一类重要的传动装置，布置在机械内部主动轴和从（被）动轴之间，以实现运动与动力的传递和脱离。其传动原理主要是依靠本身的工作元件在接合时的啮合或摩擦作用来传递运动和转矩。一般来说，离合器能够实现机器的启动和停车、变速机构中速度的变换、传动轴间转速的同步和超越、机器过载时的安全保护等功能。

坦克装甲车辆传动装置中通常采用摩擦片式离合器，按照摩擦副的工作情况可分为干式和湿式两种，又可按加压方式分为弹簧加压和液压加压两种。干式离合器多为弹簧加压，常用圆柱螺旋弹簧；湿式的多为液压加压。干式摩擦离合器，其摩擦副元件中没有润滑油；而湿式离合器的摩擦副中有稀油进行润滑和冷却，润滑的方式为喷淋、油浴或两者兼有。多片湿式离合器具有压力分布均匀、磨损小且均匀、传递扭矩容量大的特点，采用强制冷却，寿命可达干式离合器的 5~6 倍。

离合器按功用可分为主离合器、液力元件的闭锁离合器、换挡离合器和转向离合器等。主离合器安装在发动机与变速箱之间，启动或换挡时切断动力，切断发动机的惯量，以减少冲击；在挂上挡后一段时间内，产生摩滑使坦克平稳加速；还可作为传动系统内的摩擦保险环节，以防止过载。多为常闭多片干式离合器。

闭锁离合器安装在液力变矩器泵轮与涡轮之间，用于将液力传动转换为机械传动，以提高传动效率；使液力变矩器闭锁，以进行发动机制动或拖车启动。多为常开多片湿式离合器。

换挡离合器安装在变速箱的轴上，换挡时产生摩滑，使车辆平稳换挡，另外常可作为传动系统的摩擦保险环节，以防止过载。多为常开多片湿式离合器。

转向离合器安装在转向机构中，通过操纵其分离或接合，可以得到不同的转向半径。多为常闭多片干式离合器。

从以上各种功用来看，无论是哪种离合器，其主要功用均包括两方面：必要时切断或接通动力；在接通过程中产生摩滑。

对离合器提出的设计要求如下：

（1）接合状态下，应能可靠地传递最大的计算转矩。

（2）接合应平稳柔和，转矩应平稳增加，避免由于突然传递大的转矩而形成冲击。

（3）分离/接合过程中，发热少，温升不致剧烈升高。这样可使摩擦系数稳定，磨损小，油液不易变质。

（4）分离应彻底，分离后不应再继续发生摩擦。

（5）控制分离、接合所需的操纵功要小。

由于功用不同，每种离合器的各项要求也是不同的。例如，对主离合器的要求是传递足够的转矩和摩滑发热小；对于换挡离合器因为经常处在分离状态，因此要求分离彻底，否则经常摩滑会降低效率。同时，还应满足一般机械设计方面的普遍要求。

摩擦式制动器可以认为是离合器的一种特例，其设计与离合器类似。

2. 摩擦转矩计算

1）摩擦副及其材料特性

（1）摩擦副。

表面相邻的主动摩擦片和被动摩擦片构成一个离合器摩擦副（又称摩擦对偶），由摩擦材料与其配对件组成。

离合器相关计算

在保证传递转矩的前提下，应尽量减少摩擦副数。摩擦副数少，接合时轴向摩擦力小，压紧力损失也少；空转时由摩擦片与摩擦对偶片间碰撞摩擦和冷却油黏性而产生的带排转矩小，功率损失也小。

为了提高摩擦面的工作性能，在湿式离合器摩擦衬面常开沟槽，沟槽的形式通常设计成螺旋形或径向放射形，沟槽的宽度、深度及沟槽的间隔要由经验或试验确定。沟槽的主要作用是破坏油膜，使摩擦副处于边界摩擦状态，提高摩滑时的摩擦系数，其中径向槽主要用于保证冷却油能流经摩擦片表面，提高散热效果，同时油流还可将磨损碎屑带走，起到清洁摩擦表面的作用。

在摩擦副数量的选择上，主要以下面影响离合器功能的因素为参考依据：

①离合器的转矩容量。要求离合器能可靠传递发动机转矩。

②离合器的热容量。要求离合器在一定转速下及一定的摩滑时间内，摩擦片不致烧损、裂化、翘曲。因此，要求单位面积摩滑功率不大于许用摩滑功率。

③离合器的使用寿命。

（2）摩擦系数。

静摩擦系数μ_s指摩擦副无相对摩滑时的摩擦系数。在摩擦副试验中，将开始打滑前的摩擦系数最大值作为静摩擦系数值。μ_s对传递发动机转矩及过载保护等方面有影响，常在静态计算中使用。

动摩擦系数μ_d是指在一定相对摩滑速度下的摩擦系数值。对常用摩擦副来讲，是指在使用摩滑速度下的平均值。μ_d对动载、摩滑功、摩擦热负荷等有很大影响，是动载计算的重要依据。

影响摩擦系数的因素主要有物体摩擦表面的形状、运动形式、润滑情况和物体材料的性质等。

（3）摩擦副的比压。

摩擦副的比压p定义为摩擦副单位面积上的压力：

$$p = F/A \tag{4-81}$$

式中，F——摩擦副上所受的法向作用力；

A——摩擦副面积。

摩擦副的比压对离合器工作性能和使用寿命有很大影响，选取时应考虑离合器的工作条件、发动机后备功率大小、摩擦片尺寸、摩擦片材料、质量和储备系数等因素。

离合器的工作条件如比压、摩滑速度、温度均对摩擦副的摩擦系数有很大的影响，是动载计算的重要依据。在计算时，对各种摩擦副的摩擦系数和允许比压可按表 4 - 7 选取。如工作条件较好，则可取上限值。

表 4 - 7　摩擦系数和许用比压

摩擦副材料	工作条件	μ_d	$[p]$/MPa
钢—钢	干式	0.15 ~ 0.20	0.2 ~ 0.3
	湿式	0.03 ~ 0.07	1 ~ 2
钢—铜丝石棉	干式	0.25 ~ 0.35	0.1 ~ 0.2
	湿式	0.10 ~ 0.12	0.5 ~ 0.6
钢—铸铁	干式	0.25 ~ 0.4	0.1 ~ 0.3
钢—纸基	湿式	0.10 ~ 0.12	2
钢—粉末冶金	干式	0.4 ~ 0.5	0.4 ~ 0.6
	湿式	0.06 ~ 0.12	4

（4）摩擦材料及特性。

摩擦片对整个离合器的性能起着决定作用，选择良好的摩擦材料和进行合理的结构设计是离合器设计的重要环节。

从车辆的使用条件和功能要求来看，要求摩擦材料的一个重要特性是稳定性。理想的摩擦材料其摩擦系数应基本与摩擦表面的滑动速度、温度、压力和磨损程度无关。摩擦系数高而稳定可减少离合器操纵元件的转矩储备，从而减少摩擦副数及离合器的尺寸。

要求摩擦材料的另一个重要特性是耐磨性。摩擦材料的高耐磨性可以提高摩擦表面的压力，从而减小摩擦元件的尺寸。通常根据摩擦副的寿命规定许用磨损量。通常铆接的衬面每面容许磨损量为 0.5 ~ 1 mm，胶黏的衬面可达 2 mm 左右。

为了减少摩擦元件打滑过程中的热应力和变形，还要求摩擦材料应有好的导热性和高的热容量，以及足够的强度和疲劳寿命。

由于摩擦离合器工作时要产生大量的摩擦热，因此，摩擦副中至少有一个元件应由金属材料制成，以确保摩擦区域产生的热量迅速散出，一般采用钢或铸铁。为了增大摩擦系数，摩擦副另一元件一般采用摩擦衬面。摩擦副可为钢—钢、钢—粉末冶金、钢—石墨树脂等的组合。

对于片式离合器摩擦副，摩擦衬面的摩擦材料可分成金属型和非金属型两类。

金属型摩擦材料，即与钢片对偶的摩擦衬面材料为金属材料。在坦克装甲车辆中，常见的金属型摩擦材料有钢、铸铁和粉末冶金等，摩擦副常见的有钢—钢、钢—铸铁和钢—粉末冶金等形式。采用钢、铸铁作为摩擦材料的摩擦片制造较简单，机械强度高，散热好，耐磨，但摩擦系数低，局部易发生烧蚀、胶合及金属转移等现象，导致早期失效。

粉末冶金材料一般多采用铜基或铁基粉末冶金材料，主要成分仍为金属，通常添加石墨和铅来提高耐磨性与防止黏着。粉末冶金摩擦材料的主要优点是有较高的摩擦系数，且在较大温度变化范围内摩擦系数稳定，高温下耐磨性好；许用比压较高，导热性好；表面开槽可获得良好冷却，允许较长时间打滑而不致烧蚀。由于其强度低、韧性差，故一般烧结在钢的基片上。

非金属的摩擦材料多采用纸基摩擦材料。纸基摩擦材料是借用造纸工艺制得的材料，具有高的动摩擦系数，低的静、动摩擦系数比，接合平稳柔和，噪声小。为了提高对对偶钢片表面粗糙度的适应能力及其能量负荷，发展了石墨纸基摩擦材料。

目前我国普遍采用的片式摩擦材料仍为粉末冶金材料。

2）摩擦转矩

多片式摩擦离合器简化模型示意图如图 4-26 所示。摩擦转矩与摩擦副数、摩擦系数、压紧力和作用半径有关，可用下式表示：

$$T_{fc} = \mu \cdot K_n \cdot F \cdot r_e \cdot Z \tag{4-82}$$

式中，μ——摩擦系数，初算可按表 4-1 选取；

F——摩擦片法向压紧力，N；

r_e——等效半径（也称作用半径），将摩擦力等效作用到这个半径上，m；

K_n——摩擦副压紧力降低系数；

Z——摩擦副数。

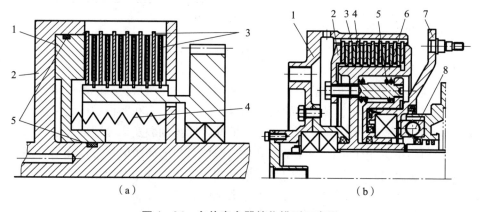

图 4-26 多片离合器简化模型示意图

（a）换挡离合器示意图

1—活塞；2—油缸；3—摩擦片；4—回位弹簧；5—密封圈

（b）主离合器示意图

1—主动毂；2—压板；3—被动毂；4—回位弹簧；5—内齿摩擦片；

6—外齿摩擦片；7—活动盘；8—钢球

下面确定摩擦片压紧力 F 和作用半径 r_e。作用半径 r_e 的计算简图如图 4-27 所示。

摩擦副上一个单元圆环的摩擦转矩为

$$dT_{fc} = \mu \cdot p \cdot \rho \cdot dA \tag{4-83}$$

式中，p——比压，MPa；

ρ——圆环半径，m；

dA——单位圆环的面积，m^2。

$$dA = 2\pi\rho \cdot d\rho$$

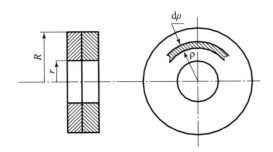

图 4 – 27　摩擦副作用半径计算简图

将式（4 – 83）代入式（4 – 82）得

$$dT_{fc} = 2\pi\mu p\rho^2 d\rho \tag{4 – 84}$$

摩擦副全部面积的摩擦转矩为

$$T_{fc} = 2\pi\mu \int_r^R p\rho^2 d\rho \tag{4 – 85}$$

式中，r，R——摩擦片的内、外半径，m。

单位圆环上的压紧力为

$$dF = pdA = 2\pi p\rho \cdot d\rho$$

摩擦片上总的压紧力为

$$F = 2\pi \int_r^R p\rho d\rho \tag{4 – 86}$$

将式（4 – 85）和式（4 – 86）代入式（4 – 82）得

$$r_e = \frac{T_{fc}}{\mu F} = \frac{\int_r^R p\rho^2 d\rho}{\int_r^R p\rho d\rho} \tag{4 – 87}$$

由式（4 – 87）可见，作用半径取决于摩擦片内、外圆半径 r、R 和比压 p。

设计湿式离合器，在计算比压和摩擦转矩时，必须扣除油槽的面积。

在摩擦副上，对于钢—粉末冶金的摩擦副，比压 p 的分布规律与摩擦副衬面材料的硬度和施加压紧力的方法有关。研究表明，对于应用最广的粉末冶金摩擦材料，其衬面对钢的摩擦副的磨损量，在整个摩擦面是均匀的，即

$$pv = C$$

由于 $v = \rho\omega$，在同一摩擦元件上 ω 值不变，得

$$p\rho = C \tag{4 – 88}$$

代入式（4 – 87）得作用半径：

$$r_e = \frac{R + r}{2} \tag{4 – 89}$$

对于非金属型摩擦材料，在摩擦副的表面上，各点比压 p 相等，大小等于平均压力，设 p 为常数，代入式（4 – 87）得作用半径：

$$r_e = \frac{2(R^3 - r^3)}{3(R^2 - r^2)} \tag{4 – 90}$$

　　对于干式离合器，多为弹簧加压，常采用圆柱螺旋弹簧或碟片弹簧，摩擦片上的法向压紧力 F 即为弹簧通过压板作用在摩擦片上的压紧力。

　　对于湿式离合器，多用液压加压，采用旋转油缸离合器，摩擦片上的法向压紧力 F 为

$$F = F_{st} + F_1 - F_{sp} \tag{4-91}$$

式中，F_{st}——主油压作用在活塞上的静压力，N；

　　　　F_{sp}——回位弹簧力，N；

　　　　F_1——油缸离心油压作用在活塞上的离心油压作用力，N。

其中，静压力 F_{st} 为

$$F_{st} = p_{st} \cdot \pi(R_2^2 - R_1^2)$$

式中，p_{st}——离合器操纵油压；

　　　　R_1，R_2——油缸的内半径和外半径，如图 4-28 所示。

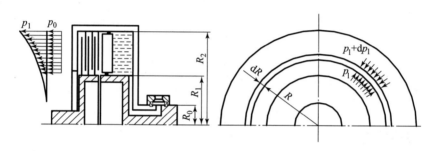

图 4-28　旋转油缸

　　下面计算活塞上的离心油压 F_1 作用力，计算简图见图 4-28。

　　取半径 R 处的一个微分环形体积，其宽度为 b，这个体积内所含油的密度为 ρ，则它的质量为

$$dm = 2\pi R \cdot dR \cdot b \cdot \rho$$

　　如油缸内油的回转角速度为 ω，则这一质量所产生的离心力使半径 R 处的压强产生一个微分增量，即

$$dp = \frac{dm\omega^2 R}{2\pi Rb} = \rho\omega^2 R \cdot dR \tag{4-92}$$

积分得离心油压 p_1 为

$$p_1 = \int \rho\omega^2 R dR = \frac{\rho\omega^2 R^2}{2} + C \tag{4-93}$$

　　当 $R = R_0$ 时，对应油液进入该回转件的入口半径，$p_1 = 0$，即

$$C = -\rho\omega^2 R_0^2/2 \tag{4-94}$$

所以

$$p_1 = \frac{\rho\omega^2}{2}(R^2 - R_0^2) \tag{4-95}$$

　　式（4-95）说明离心油压按抛物线规律变化。

　　整个环形活塞上所受的离心压力为

$$F_1 = \int_{R_1}^{R_2} p_1 2\pi R dR = \int_{R_1}^{R_2} \pi\rho\omega^2(R^2 - RR_0^2)R dR$$

$$= \frac{\pi\rho}{4}\omega^2\left[R_2^4 - R_1^4 - 2R_0^2(R_2^2 - R_1^2)\right]$$

$$= \frac{\pi\rho}{4}\omega^2(R_2^2 - R_1^2)(R_2^2 + R_1^2 - 2R_0^2) \tag{4-96}$$

其中，油液的回转角速度 ω 滞后，比油缸的角速度稍低，当油缸转速为 n 时，有

$$\omega = (0.8 \sim 0.95) \cdot 2\pi n/60 \tag{4-97}$$

3）储备系数

离合器摩擦转矩应大于所传递的工作转矩，才能可靠工作，即在摩滑过程中能够保证在一定时间内接合，在接合工作时不打滑。

在离合器的使用和加工过程中，可能出现下列情况：

（1）干式摩擦片表面沾油、发热等因素，使摩擦系数降低。

（2）弹簧加压的离合器的制造偏差、尺寸链、零件磨损等因素，使压紧力降低。

（3）压板以及随后移动的各机件受导向零件给它的摩擦力，而将压紧力抵消了一部分。

因此，在摩擦离合器转矩的计算过程中，需要预留一定的转矩储备，以保证离合器的正常工作，通常用储备系数 β 来表示，定义如下：

$$\beta = T_{\text{fmax}}/T \tag{4-98}$$

式中，T_{fmax}——离合器所能传递的最大摩擦转矩；

T——离合器主动件的计算转矩。

储备系数 β 反映了离合器传递发动机最大转矩的可靠程度，是离合器重要的性能参数。储备系数偏小，在起步或换挡过程中接合时间延长，使摩滑加剧，发热严重；储备系数偏大，则离合器尺寸和质量增大，操纵功增大，容易熄火，且不利于防止过载。在储备系数选取过程中，需要折中考虑。

（1）对于干式弹簧加压离合器：

①轻型坦克主离合器：$\beta = 1.4 \sim 2.0$；

②主战坦克离合器：$\beta = 1.6 \sim 2.5$；

③转向离合器：$\beta = 1.3 \sim 1.6$。

（2）对于湿式液压加压离合器：

①变矩器闭锁离合器：$\beta = 1.4 \sim 1.8$；

②换挡和转向离合器：$\beta = 1.1 \sim 1.3$。

4）离合器尺寸参数设计

离合器的主要尺寸参数有摩擦片外径和内径。摩擦片的外径选取应使摩擦片最大圆周线速度不超过极限值，以免摩擦片发生飞离。根据前面分析可知，湿式多片离合器摩擦转矩与摩擦副数成正比，且随摩擦副面积和作用半径增大而增大，所以为增大离合器的摩擦转矩，一是可以采用增加摩擦副数量的方法，二是增大摩擦副的径向尺寸。

但是摩擦副数过多一方面会导致活塞行程过大，分离不彻底、不均匀而造成较大的带排转矩，另一方面会导致滑摩时摩擦衬片接触比压分布的不均匀性增大，而加大摩擦副径向尺寸会导致摩擦片圆周速度过大，以至于摩擦副间热流密度过大而出现过热，发生摩擦偶件烧蚀或裂纹现象。因此，合理设计摩擦副的尺寸及摩擦副数是非常重要的。

（1）摩擦片内外径设计。

金属型摩擦片外半径：

$$R = \sqrt[3]{\frac{2\beta T}{\pi\mu\psi(1 - \alpha_{\mathrm{m}}^2)(1 + \alpha_{\mathrm{m}})[p]Z}} \qquad (4-99)$$

非金属型摩擦片外半径：

$$R = \sqrt[3]{\frac{3\beta T}{2\pi\mu\psi(1 - \alpha_{\mathrm{m}}^2)[p]Z}} \qquad (4-100)$$

式中，R——摩擦片外半径，m；

r——摩擦片内半径，m；

α_{m}——内、外半径比（内外径比），$\alpha_{\mathrm{m}} = r/R$，对于金属型摩擦片 $\alpha_{\mathrm{m}} = 0.68 \sim 0.82$，对于非金属型摩擦片 $\alpha_{\mathrm{m}} = 0.5 \sim 0.7$；

ψ——摩擦表面接触系数，其值等于扣除表面油槽后的净面积与总面积之比，无油槽时 $\psi = 1$，有油槽时一般取 $\psi = 0.6 \sim 0.7$。

在确定摩擦副径向尺寸时，内、外径的比值 α_{m} 的取值要适当，如果 α_{m} 值过小，则摩擦衬面宽度过大，内、外径滑摩速度相差大，从而引起内、外径在制动过程中温升相差过大而导致摩擦片开裂或翘曲变形；如果 α_{m} 值过大，则摩擦衬面宽度过小，有效利用面积减小，摩擦转矩减小。

（2）压板行程。

多片式离合器分离时，各摩擦表面间隙并不均匀，但可以用平均间隙 δ 来衡量，图 4 – 29 所示为统计的 δ 与摩擦片外径 D 的关系。初步计算时，一般取一个摩擦副的分离间隙 $\delta = 0.5$ mm，则压板行程为 $f = \delta Z$。

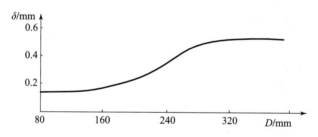

图 4 – 29 统计的 δ 与摩擦片外径 D 的关系

5）带排转矩

车辆在正常行驶的工况下，为了保证湿式离合器正常工作，需要不断使润滑油液循环通过摩擦副表面的油槽，起到润滑和冷却作用。冷却油都有一定的黏性，由于湿式多片离合器内冷却油的黏性及可能发生的摩擦片与摩擦对偶片之间的碰撞摩擦所引起的转矩，称为带排转矩。带排转矩是湿式多片离合器的一个固有的缺点。

由于湿式多片离合器中带排转矩的存在，车辆在行驶过程中发动机的一部分功率消耗在带排转矩上，当离合器设计不合理时，这部分功率损失很大，会直接影响传动效率、最大行驶速度等。同时，由于带排转矩的存在，加剧了离合器的磨损和润滑油的温升，给系统散热带来困难。因此，需要研究湿式多片离合器带排转矩，从结构和使用上尽可能地减少离合器的带排转矩。

试验表明，转速、冷却油流量会对换挡离合器在分离状态下所产生的带排转矩有影响。

换挡离合器在分离状态下是流体动力润滑状态，计算和分析液体黏性传动理论的方法通常是依据牛顿内摩擦定律。带排转矩计算就是基于牛顿内摩擦定律的。

假设各个摩擦片之间间隙均匀且能够形成足够的油膜，而且各个摩擦副之间均匀分离，忽略摩擦片表面沟槽的影响，则整个湿式多片离合器在分离状态下所产生的带排转矩为

$$T_L = Z\int_r^R 2\mu \frac{\Delta\omega}{h}\pi\rho^3 d\rho = \frac{\pi}{2h}z\mu\Delta\omega(R^4 - r^4) \tag{4-101}$$

式中，μ——油液动力黏度，$Pa \cdot s$；

h——单个摩擦副油膜厚度，m。

注意在式（4-101）中没有引入冷却油流量因素对带排转矩的影响。

对应地，车辆在正常行驶工况下，由湿式多片离合器带排转矩所引起的功率损失为

$$P_P = \frac{\pi}{2h}\mu Z\Delta\omega^2(R^4 - r^4) \tag{4-102}$$

由式（4-101）和式（4-102）可见，带排转矩与主被动摩擦片的相对转速、冷却油的动力黏度成正比，与摩擦副的分离间隙成反比。而带排转矩引起的功率损失与对偶摩擦片的旋转速度差的平方成正比。

可以从以下几个方面出发，降低湿式多片离合器的带排转矩：

（1）减小摩擦副径向尺寸。

（2）减少摩擦副数。

（3）选用动力黏度较小的冷却油。

（4）降低摩擦副旋转速度。

（5）增大摩擦副间的间隙。

根据试验得出不同油槽对带排转矩的影响曲线，如图4-30所示。从图中可以看出，一般情况下有油槽摩擦副的带排转矩大于无油槽的摩擦副，且径向槽摩擦副带排转矩最大，旋转槽摩擦副最小，其余几种形式介于它们之间。

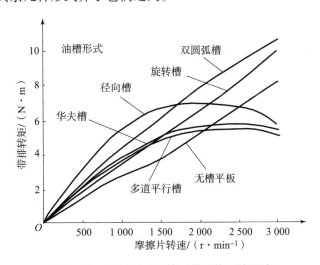

图 4-30 不同形式油槽对带排转矩的影响

降低带排转矩有效可行的措施是保证湿式多片离合器的分离间隙，可以采取的措施如下：

（1）采用碟形摩擦片。

（2）在摩擦对偶盘之间加弹簧，如可以加圆柱分离弹簧、波纹弹簧等。

（3）通过液压油路设计，在分离时减少湿式多片离合器的冷却油供给量。

而在离合器分离时，会因离心油压的存在而出现分离不彻底的现象，可以通过卸荷措施抑制这一现象，如采用排油孔（甩油孔）和排油阀（甩油阀）等卸荷措施。图4-31所示为排油孔典型结构，离合器接合时排油孔被堵住，分离时油缸内大部分油液通过排油孔排出，减小了离心油压的不利影响。

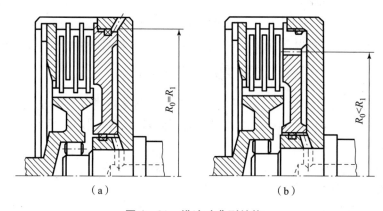

图4-31　排油孔典型结构

有些离合器采用排油阀结构，排油阀有多种形式，如图4-32所示。离合器接合时，油压使阀体关闭；分离时，在离心力的作用下阀体被打开，油液从排油阀排出。

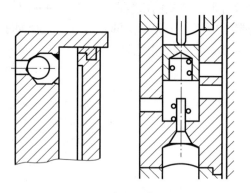

图4-32　排油阀典型结构

3. 热负荷计算

湿式多片离合器摩擦片较薄，其失效形式不再仅仅是摩擦衬片的磨损，由于局部的高温点而产生的烧损以及由于温度梯度过大而出现的摩擦片的翘曲变形和裂纹，也成为常见的失效形式。大量的调查研究表明，摩擦离合器最主要的失效形式为热失效，如翘曲、破裂和胶合等。

在离合器的接合过程中，摩擦表面会产生大量的摩擦热，使摩擦片的温度迅速上升。当摩擦片表面温度高于该类摩擦副的临界摩擦温度后，摩擦片摩擦表面的机械物理性能会出现突变而不稳定，导致摩擦表面的磨损急剧增大、离合器传递的摩擦转矩急剧抖动，使离合器进入非正常工作状态。若该状态持续时间过长，离合器就会因过热而失效，从而严重影响整个机械系统的稳定性和可靠性。因此，在设计过程中，需要对摩擦离合器的热负荷参数，包括摩滑功、摩擦温度、热应力等进行计算。

1）摩滑功

车辆在原地起步及动力换挡过程中，离合器在传递转矩的同时，产生摩滑，最后使主、被动系统转速相等。离合器接合过程是两者转速趋于一致的摩滑过程。摩滑对平稳起步、实现过载保护有重要意义，但摩滑又会使离合器温度升高，引起摩擦材料的摩擦系数降低、磨损增加、寿命降低。

在摩滑过程中离合器消耗的功称为摩滑功。摩滑功取决于下列因素：摩擦片所受压力，相对转速，摩滑时间，发动机转矩特性，主、被动系统的转动惯量，主、被动系统的阻转矩，摩擦副的摩擦系数和表面状态，润滑强度及油的黏度等。上述因素的影响是复杂的，最好通过实车试验和台架模拟试验求得离合器的摩滑时间和摩滑功。

摩滑功是离合器热负荷计算的基础，在一定的假设条件下，可以用理论方法求得摩滑功。通常以单位摩擦面积摩滑功及接合一次相应温升作为离合器热计算的依据。为了减少车辆起步或换挡过程中离合器的摩滑，每一次接合的单位摩擦面积摩滑功应小于其许用值。

车辆起步、换挡过程的动力学计算简图如图 4 – 33 所示，车辆简化为二自由度系统，J_1、J_2 分别为换算到离合器主、被动部分的转动惯量；ω_1、ω_2 分别为主、被动部分的角速度；T_1 为换算到离合器主动部分的转矩；T_2 为被动部分阻转矩，由外部阻力和传动系摩擦力造成；T_f 为离合器摩擦转矩。

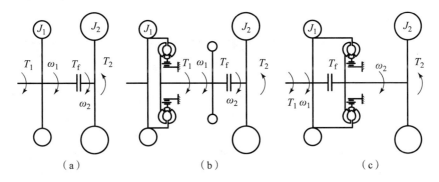

图 4 – 33 动力学计算简图

(a) 机械传动工况；(b) 液力传动工况；(c) 闭锁离合器的接合工况

先研究离合器在换挡过程中的动力学。设换挡时动力不中断，离合器接合以后主动系统减速、被动系统加速，则离合器主、被动系统动力学方程为

$$J_1 \frac{\mathrm{d}\omega_1}{\mathrm{d}t} = T_1 - T_f \tag{4-103}$$

$$J_2 \frac{\mathrm{d}\omega_2}{\mathrm{d}t} = T_f - T_2 \tag{4-104}$$

在离合器主、被动片之间，摩滑损失的功率 P_f 为

$$P_f = T_f(\omega_1 - \omega_2) \tag{4-105}$$

离合器的摩滑功可由下式求得：

$$W_{fc} = \int_0^t P_f \cdot dt = \int_0^t T_f(\omega_1 - \omega_2) dt \tag{4-106}$$

将主动系统转动惯量均换算到离合器的主动部分，得

$$J_1 = i_1^2 \left(J_e + \sum J_n \frac{1}{i_n^2} \right) \tag{4-107}$$

式中，J_e——发动机、泵轮以及轴的转动惯量；

$\quad i_1$——发动机输出轴或涡轮轴到离合器主动部分的传动比；

$\quad J_n$——与离合器主动部分相联系的传动比为 i_n 的变速箱第 n 个零件的转动惯量。

将被动系统转动惯量均换算到离合器被动部分，得

$$J_2 = \frac{\delta \cdot m r_z^2}{\eta \cdot i_k^2} \tag{4-108}$$

式中，δ——考虑车轮及旋转零件的转动惯量系数，称质量增加系数；

$\quad m$——战斗全重；

$\quad r_z$——主动轮半径；

$\quad \eta$——传动效率；

$\quad i_k$——在第 k 挡下，离合器被动部分到主动轮的传动比。

质量增加系数 δ 由下式求得：

$$\delta = 1 + \frac{g \sum J}{R^2 G} \tag{4-109}$$

式中，J——车轮和其他旋转零件的转动惯量。

离合器主动部分转矩 T_1，在图 4-33（a）中等于发动机转矩，即 $T_1 = T_e$；在图 4-33（b）中等于涡轮轴转矩 T_T，即 $T_1 = T_T$；在图 4-33（c）中则等于发动机转矩与泵轮转矩之差，即 $T_1 = T_e - T_B$。离合器被动部分转矩 T_2 为将车辆运动阻转矩等换算到离合器被动部分的值。假设不考虑空气阻力，得

$$T_2 = \frac{f_d m g \cdot r_z}{i_k \eta} \tag{4-110}$$

式中，f_d——地面阻力系数，考虑升坡和滚动阻力后，$f_d = f\cos\alpha + \sin\alpha$，其中，$f$ 为滚动阻力系数，α 为道路坡度角。

在式（4-103）和式（4-104）中，已知 T_1、T_f、T_2 的变化规律，便可求解 ω_1、ω_2 随时间的变化规律，根据离合器同步的判定条件：$\omega_1 = \omega_2$ 且 $T_f < T_{fmax}$，可求得滑摩时间。利用式（4-105）和式（4-106）求解离合器的摩滑功率和摩滑功随时间的变化规律，再确定摩擦片平均温度 T_a。

摩擦片平均温度 T_a 为一次离合器摩擦副在接合终了时的平均温度。如认为主、被动片热容量和导热系数相同，所有摩滑功变成热，加热摩擦片，则

$$T_a = T_0 + \frac{W_{fe}}{Z m_f C} \tag{4-111}$$

式中，T_0——接合或分离开始时摩擦片的平均温度，对液力传动变速箱可取为 $80 \sim 100\ ℃$；

　　　　m_f——单个摩擦片的平均质量；

　　　　C——在一定温度间隔内，主、被动片材料的比热容，对钢可取 $481.5\ J/(kg \cdot ℃)$。

　　2）温度场及应力场分析

　　影响摩擦片温度场和应力场的因素有摩擦对偶片的结构尺寸、摩擦材料及钢盘的热物性、润滑油的热物性及流量、离合器的整体结构以及离合器接合过程中的比压和摩擦转矩的特性。不理想的衬片压力分布往往会引起摩擦表面不均匀温度场的出现，并因过大的温度梯度而导致局部产生高应力点。对于湿式多片离合器，失效形式除摩擦衬片磨损外，由于高温点所引起的衬片局部烧损或温度梯度过大而出现的对偶钢盘发生翘曲和裂纹的现象，也是常见的失效形式。因此，对于摩擦式离合器，研究离合器摩擦偶件的温度场和应力场的分布规律及其影响因素也是十分必要的。

　　当操纵摩擦元件打滑时，在摩擦片的接触处发生摩擦，全部的摩擦功转化为热，其热流密度为

$$q = \mu_d p v \tag{4-112}$$

式中，μ_d——动摩擦系数；

　　　　p——摩擦表面的比压；

　　　　v——主、被动摩擦片相对旋转的线速度。

　　如果发热量沿摩擦片全部名义表面分布，那么就会发生摩擦片的均匀加热，并且在摩擦片上不产生任何危险压力。计算和试验表明，摩擦片接触面积不大于名义接触表面的 15% ~ 20% 。

　　在操纵摩擦元件打滑的过程中，热量基本上在接触工作表面上产生。在较短的时间内，热量没来得及传播到摩擦片的整个体积而集中在接触区，也就是在 15% ~ 20% 的体积上，其余部分没有热量。

　　摩擦副的温度场和应力场可以通过解析法、数值法和试验法获得。解析法获得的解比较精确，但只限于几何形状、边界条件比较简单的情况。随着有限元技术的不断发展，利用有限元法对摩擦偶件温度场和应力场进行模拟已是目前研究摩擦式离合器温度场和应力场的主要手段。

　　（1）摩擦偶件有限元模型。

　　首先建立摩擦偶件的温度场和应力场分析的实体模型，利用温度场和应力场非直接耦合分析方法计算出摩擦偶件的温度场，然后以温度为载荷求出应力场。

　　在摩擦偶件温度场和应力场的分析中，热边界条件比较复杂，温度场的求解是关键。对摩擦偶件有限元模型进行以下假设：

　　①各摩擦副压力分布一致，各摩擦副均等分配离合器输入热流。

　　②结构和载荷轴对称，且对偶钢盘和芯板的两侧界面载荷对称。

　　③摩擦系数沿整个摩擦面保持不变。

　　④对偶钢盘与摩擦衬片相接触的摩擦表面、摩擦衬片与芯板的接合面满足温度连续和热流守恒条件。

　　取一对摩擦副进行分析，建立二维轴对称模型，如图 4-34 所示。R_i 和 R_o 分别代表摩擦副接触区域的内、外径，下标 i 与下标 o 分别表示内半径和外半径位置。

多片离合器中间片的热负荷最为严重，是研究的重点。由于它的两个摩擦面上热流分布相似，温度分布近似对称于中剖面，故计算域可取 $x \in [0, x_3]$，并将 $x = 0$ 和 $x = x_3$ 作为绝热边界处理。在圆柱表面和摩擦片脱开时，大量冷却油流经摩擦面带走的热量分别利用经验公式和修正系数按动态对流换热系统考虑，把摩擦产生的热量和对流换热分别转化为摩擦面最外层单元的内热源 S 和边界单元的负热源，初始条件可根据实际情况输入。

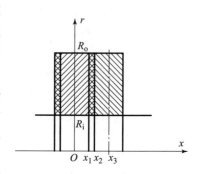

图 4 - 34　摩擦副模型示意图

只考虑 $0 < x < x_3$ 之间的区域，这样所研究的温度场简化为函数 $T(r, x, t)$ 的规律，其中 r 代表半径，x 代表轴向尺寸，t 代表时间。

摩擦片温升是因摩擦副相对摩滑，将动能转化为热能引起的。分析可知，其温度分布受轴对称不稳定热传导方程控制，假设同种材质的密度 ρ、传热系数 K 为定值，则热传导方程简化为

$$\rho C \frac{\partial T}{\partial t} = K \frac{\partial^2 T}{\partial X^2} + \frac{K}{r} \cdot \frac{\partial}{\partial r} \Big(r \frac{\partial T}{\partial r} \Big) + S \qquad (4-113)$$

式中，S——热源项；

$\qquad$ C——比热容。

温度 T 初始条件为

$$T(r, x, 0)_{R_i < r < R_o, 0 < x < x_3} = T_0 \qquad (4-114)$$

式中，下标 0 表示 $t = 0$ 时刻对应的初始状态。

在得到离合器的滑摩功率随时间变化的数据后，只要再确定滑摩功率沿空间上摩擦副半径的分配规律，就可以确定摩擦副的热源输入模型。

摩擦副界面上的热流密度输入公式如下：

$$q(r, t) = \mu(r, t) \cdot p(r, t) \cdot v(r, t) \qquad (4-115)$$

式中，$q(r, t)$——t 时刻摩擦副半径 r 上的热流密度，$\mathrm{W/m^2}$；

$\qquad$ $\mu(r, t)$——t 时刻摩擦副半径 r 上的摩擦系数；

$\qquad$ $p(r, t)$——t 时刻摩擦副半径 r 上的压力，Pa；

$\qquad$ $v(r, t)$——t 时刻摩擦副半径 r 上的线速度，$\mathrm{m/s}$。

假定摩擦副的摩擦系数恒定，则摩擦副某一点热流密度的输入值与压力和线速度的乘积成正比，而其线速度又等于主、被动盘相对角速度和半径的乘积。各点的角速度在某一时间 t 是相等的，故热流密度 q 正比于压力 p 和半径 r 的乘积，即有

$$q(r, t) = C \cdot p(r, t) \cdot r \qquad (4-116)$$

当摩擦面比压沿半径均匀分布时，可知热流密度输入与半径成正比。

内、外半径处对流换热条件：

$$\lambda_1 (\partial T / \partial r)_{r = R_i} = \alpha_i (T - T_{i\infty})$$
$$\lambda_1 (\partial T / \partial r)_{r = R_o} = \alpha_o (T - T_{o\infty})$$
$$\lambda_2 (\partial T / \partial r)_{r = R_i} = \alpha_i (T - T_{i\infty})$$
$$\lambda_2 (\partial T / \partial r)_{r = R_o} = \alpha_o (T - T_{o\infty})$$

式中，λ——热导率，W/（m·℃）；

  α——对流换热系数，W/（m²·℃）；

  T——温度，℃；

  r——半径，m；

  下标 1——摩擦衬片；

  下标 2——对偶钢盘；

  下标 i∞——内径处润滑油；

  下标 o∞——外径处润滑油。

摩擦界面 $x = x_1$ 和 $x = x_3$ 换热及温度连续、热量守恒的条件为

$$\lambda_1(\partial T/\partial r)_{R_i < r < R_o} = \alpha_m(T_1 - T_{m\infty})$$

$$\lambda_2(\partial T/\partial r)_{R_i < r < R_o} = \alpha_m(T_2 - T_{m\infty})$$

$$T_1(r,0,t) = T_2(r,x_3,t)$$

$$q(r,t) = q_1(r,t) + q_2(r,t)$$

式中，下标 m∞——摩擦界面处润滑油。

温度载荷的施加：对于摩擦表面，沿径向以内圆周上的温度为基础温度，其上任一点的温度按下式计算：

$$T = T_0\left(\frac{v}{v_0}\right)^{1.75} \tag{4-117}$$

式中，T_0——内圆周上的温度；

  v_0——内圆周上的线速度；

  v——摩擦表面上所求温度点的线速度。

该有限元模型具有以下特点：

①采用一对摩擦偶件的二维轴对称实体模型，以摩擦片和对偶钢盘的中心对称面为热载荷、结构载荷的对称面，将有限元模型的计算规模降到最小。

②在热源层和摩擦衬片及对偶钢盘的交界面上采用了温度自由度耦合，使其和实际摩擦界面的温度连续条件相对应。

③在摩擦衬片及对偶钢盘的表面生成表面影响单元，以加载对流换热边界条件。

（2）摩擦偶件温度场分析。

离合器接合过程中所耗摩擦功转化为热量，引起摩擦表面温度升高。离合器片在工作过程中的温升及其变化直接影响着离合器的工作情况和使用寿命。摩擦材料的摩擦系数随着温度的升高而降低，温升过高会使非金属材料的摩擦片温度超过其临界温度（热分解温度），导致聚合物分解产生化学变化，使摩擦系数下降。一般摩擦表面的温度越高，零件的磨损也就越大，严重时会造成对偶件的胶合或烧毁衬片。过高的温度还会产生大的热应力，从而产生裂纹或损坏，变化的热应力还会导致热疲劳破坏。

摩擦片温度场的计算，可以求解非稳定热传导问题的方法为基础的近似法或精确法来进行。在这种情况下，对接触工作面积的区域，采用第二种边界条件，也就是在每一个时刻所指示的热流值与摩滑功等价。对摩擦片其余表面的面积，采用第三种边界条件，也就是表示出摩擦片与油或空气介质热交换特征，在短时间打滑时（0.5~1.5 s）的热交换可以忽略不计，并认为在接触区外的摩擦片表面是绝热的。

假定上述点源产生的摩擦热（即接触微凸体产生的摩擦热）沿摩擦表面均匀分布时，摩擦表面所达到的温度称为摩擦表面平均温度。

进行温度场分析时假设：

①摩擦片在每次接合过程中沿厚度方向均匀磨损，即摩擦片间各点的比压与该点的半径成反比。

②摩滑功耗全部转化为摩擦热。

③当摩擦表面平均温度低于临界摩擦温度时，材料的热物理参数为常数。

④主动摩擦片和被动摩擦片的中平面为温度场的对称平面。

⑤热物理参数沿圆周方向不变。

在进行有限元单元划分时，应使主动摩擦片和被动摩擦片摩擦表面的各个节点沿径向一一对应。该温度场为一个轴对称非稳定温度场，各节点温度由下式给出：

$$CT' + KT = P \tag{4-118}$$

式中，C——热容矩阵；

　　　K——换热和导热矩阵；

　　　T'——温度对时间的导数矢量；

　　　T——节点温度矢量；

　　　P——热负荷矢量。

考虑发热、换热和导热的边界条件，接合一次摩滑的温升为

$$\Delta T = \frac{\gamma W}{C m_i} \leqslant 5\,℃ \tag{4-119}$$

式中，γ——热量传给验算零件的百分比；

　　　C——比热容，$J/(kg \cdot ℃)$；

　　　m_i——验算零件质量，kg。

计算表明，摩擦片的温度场沿柱坐标三个坐标方向上是不均匀的，这将产生不同程度的热膨胀，在摩擦片中产生热应力，易导致摩擦片发生故障。对于坦克装甲车辆所常用的厚度为 3~4 mm 的摩擦片，温度场沿半径方向分布的不均匀性最危险。温度场在接触工作面积上发生剧烈的突变，在接触工作面积之外，温度实际上没有变化，仍然处于打滑前具有的温度水平上。如果增加打滑时间，则部分热来得及从接触工作面积区域流到摩擦片的非加温区域，温度场的突变会变得较为平缓，而温度差会减小，如图 4-35 所示。

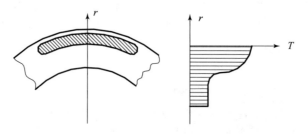

图 4-35　摩擦片沿半径方向温度的变化

通过对钢摩擦片在各种不同打滑工况下温度场的大量计算，可得到下列计算加温区和凉区之间温度差的经验公式：

$$\Delta T = \frac{0.19}{A} W \cdot t_s^{-0.26} \tag{4-120}$$

式中，A——接触工作面积；

$\qquad$ W——传递到摩擦片单位体积的摩滑功，J/cm^3；

$\qquad$ t_s——摩滑时间，s。

例如，摩滑功 $W = 350\ J/cm^3$，$t_s = 0.8\ s$，$A = 0.15\ m^2$，则其温度差为

$$\Delta T = \frac{0.19}{0.15} \times 350 \times 0.8^{-0.26} = 470\ (\text{℃})$$

如果考虑摩滑前摩擦片的初始温度等于传动装置工作的平均温度，即 $80 \sim 100\ ℃$，则摩擦元件摩擦片在接触区的温度达到 $550 \sim 570\ ℃$。

在摩擦偶件中，对偶钢盘处于更为恶劣的条件下，其最高温度、径向热应力、周向热应力均高于摩擦盘。除了从支承盘形状及支承形式、活塞形状、摩擦材料的弹性模量等角度进行合理设计以改善热源输入状况外，对偶钢盘的材料、结构尺寸也起着非常重要的作用。由于材料特性的选择范围比较有限，故改变对偶钢盘的厚度可以成为一个重要的途径。

对偶钢盘的厚度首先取决于传递转矩的能力，同时应有足够大的热容量，以保证吸纳摩滑功从而控制温升，且还要有一定的抗热变形能力。在此基础上可以改变对偶钢盘的厚度，以尽量减小热应力。推荐的吸纳摩滑功与对偶钢盘厚度的关系如表 4-8 所示。

表 4-8 不同摩滑功下对偶钢盘的厚度

摩滑功/$(J \cdot cm^{-3})$	<86	86~128	>128
对偶钢盘厚度/mm	1.5~2.3	2.3~3.8	>3.8

4.5.3 液力变矩器设计*

1. 概述

在坦克装甲车辆中，液力变矩器一般位于发动机和变速机构之间，主要由泵轮、涡轮和导轮构成，如图 4-36 所示。液力变矩器内部充满工作油液，可以自动调节发动机传递到变速机构的转矩和转速，也就是说在一定范围内具有自动无级变矩和变速的能力。

液力传动的概念及液力变矩器的基本特性

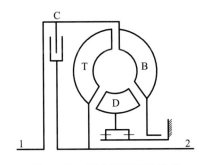

图 4-36 液力变矩器的构成

1—输入轴；2—输出轴；B—泵轮；T—涡轮；D—导轮；C—闭锁离合器

液力变矩器的性能一般是由泵轮或涡轮轴上的转矩和转速间的关系来确定的。通常用在

泵轮转速不变、工作油一定和工作油温一定时，所得到的泵轮转矩、涡轮转矩、液力变矩器的效率与涡轮转速间的关系曲线来表示液力变矩器的性能，称为液力变矩器的外特性，对应的三条曲线如图4-37所示，可通过设计或试验获得。

在使用液力变矩器的过程中，泵轮转速可能是变化的。为了获得在不同泵轮转速时液力变矩器的外特性，需要绘制液力变矩器的通用特性。液力变矩器的通用特性是指在不同泵轮转速下获得的不同的液力变矩器外特性曲线的综合图，如图4-38所示。

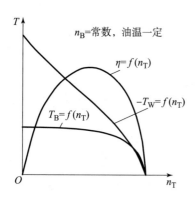

图4-37 液力变矩器的外特性

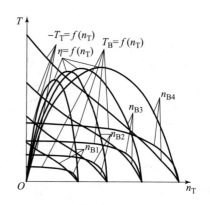

图4-38 液力变矩器的通用特性

液力变矩器的外特性与通用特性都是根据一定形式和尺寸的液力变矩器获得的，因此，即便对同一类型的液力变矩器，当尺寸和泵轮转速改变后，其外特性和通用特性曲线也完全不同。一系列不同尺寸、不同转速而几何相似（对应角度相等和对应尺寸成比例）的液力变矩器的性能用原始特性曲线表示。液力变矩器的原始特性就是指变矩比、效率和转矩系数随传动比（或称速比）i变化的特性，如图4-39所示。

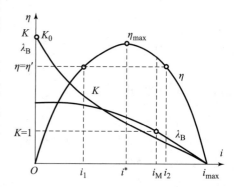

图4-39 液力变矩器的原始特性

液力变矩器的传动比定义为涡轮转速与泵轮转速之比，即输出与输入转速之比：

$$i = \frac{n_T}{n_B} \tag{4-121}$$

液力变矩器的变矩比为涡轮转矩与泵轮转矩之比，即输出与输入转矩之比：

$$K = -\frac{T_T}{T_B} \tag{4-122}$$

液力变矩器的泵轮转矩系数反映泵轮转矩与其几何参数、油液密度及转速等的关系，即

$$\lambda_B = \frac{T_B}{\rho g n_B^2 D^5} \tag{4-123}$$

液力变矩器的效率为输出功率和输入功率之比，即

$$\eta = -\frac{T_T n_T}{T_B n_B} = Ki \tag{4-124}$$

2. 基本性能及其评价

反映液力变矩器主要特征的性能有变矩性能、效率性能、透穿性能和容能性能，它们都是传动比 i 的函数。这些性能完全可由液力变矩器的原始特性来表示，并且可用原始特性曲线上的有关参数进行评价。

1）变矩性能

变矩性能是指液力变矩器在一定范围内，按一定规律无级地改变由泵轮轴传至涡轮轴的转矩值的能力，由无因次的变矩比特性曲线 $K=f(i)$ 表示。

评价液力变矩器变矩性能好坏的指标：$i=0$ 时的变矩比值 K_0，通常称为启动变矩比（或失速变矩比）；变矩比 $K=1$ 时的转速比 i 值，以 i_M 表示，通常称作偶合器工况点的转速比，表示液力变矩器变矩的工况范围。

一般认为 K_0 和 i_M 都大者，液力变矩器的变矩性能好。但实际上不可能两个参数同时都大，一般 K_0 值大的液力变矩器 i_M 值小。因此，在比较两个液力变矩器的变矩性能时，应该在 K_0 值大致相同的情况下来比较 i_M 值，或者在 i_M 近似相等的情况下来比较 K_0 值。

2）效率性能

效率性能是指液力变矩器在传递能量过程中的效率，用无因次效率特性 $\eta=f(i)$ 表示。

一般评价液力变矩器效率性能的指标有两个：最高效率值 η_{max} 和高效率区范围的宽度。后者一般用液力变矩器效率不低于某一数值 η'（一般取 $\eta=75\% \sim 80\%$）时所对应的转速比 i 的比值 $d_\eta=i_2/i_1$ 来表示，i_1、i_2 分别为 η 不小于某一数值的最低和最高传动比。如图 4 - 40 所示。

通常认为，高效率范围 d_η 越宽，最高效率 η_{max} 的值越高，则液力变矩器的效率性能越好。但实际上，对各种液力变矩器来说，这两个要求往往也是矛盾的。

必须指出，评价液力变矩器的效率性能时必须兼顾 η_{max} 和 d_η 两个方面。单纯认为最高效率 η_{max} 高，效率性能就好，这种观点是片面的。因为在效率特性曲线 $\eta=f(i)$ 上，单纯一个点的数值高，不能说明液力变矩器在整个工作过程中效率性能良好，因为对于运输车辆来说，液力变矩器不可能只在一个点工作，而是在液力变矩器工况的某一范围内工作，因此高效率区的宽度对整个液力变矩器的工作经济性有着重要的影响。

3）透穿性能

液力变矩器的透穿性能是指液力变矩器涡轮轴上的转矩和转速变化时泵轮轴上的转矩和转速相应变化的能力。

当涡轮轴上转矩变化时，泵轮的转矩和转速均不变，称这种变矩器具有不透穿的性能。当发动机与这种变矩器共同工作时，不管外界负荷如何变化，当加速踏板高度一定时，发动机将始终在同一工况下工作。

当涡轮轴上的转矩变化时，引起泵轮的转矩和转速变化，称这种变矩器具有透穿性。发动机与这种变矩器共同工作时，加速踏板高度不变，而外界负荷变化时，发动机工况也变化。

透穿的液力变矩器根据透穿的情况不同，可分为具有正透穿性的、负（反）透穿性的和混合透穿性的。液力变矩器是否透穿、具有什么性质的透穿，可以由泵轮转矩系数 $\lambda_B=f(i)$ 的曲线形状来判断。

当 $\lambda_B = f(i)$ 曲线随 i 增大时是一条平直线，负荷抛物线在不同工况时均为一条线（在实际中，可能是一分布很窄的一组抛物线），如图 4 - 40（a）所示，此时液力变矩器为不透穿的。

当 $\lambda_B = f(i)$ 曲线随 i 增大而 λ_B 单值下降时，负荷抛物线由 $i = 0$ 变为 $i = 1$，按顺时针做扇形散布。当涡轮负荷增大、i 减小时，泵轮上的负荷也增大，如图 4 - 40（b）所示，此时液力变矩器具有正透穿性。

当 $\lambda_B = f(i)$ 曲线随 i 增大而 λ_B 先增大后减小时，负荷抛物线由 $i = 0$ 变为 $i = 1$，先逆时针后顺时针展开，如图 4 - 40（c）所示，此时液力变矩器具有混合透穿性。

当 $\lambda_B = f(i)$ 曲线随 i 增大而 λ_B 单值增大时，负荷抛物线由 $i = 0$ 变为 $i = 1$，按逆时针做扇形散布。当涡轮负荷增大、i 减小时，泵轮上的负荷减小，如图 4 - 40（d）所示，此时液力变矩器具有负透穿性。

车辆上所应用的液力变矩器具有正透穿、不透穿和混合透穿的特性。由于负透穿特性的液力变矩器使车辆的经济性和动力性变坏，因此在车辆上不用。

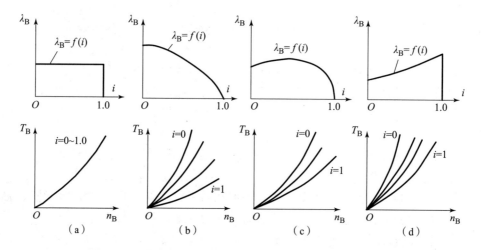

图 4 - 40　具有不同透穿性能的液力变矩器的共同工作特性

可透穿液力变矩器的透穿程度以透穿性系数来评价。常用的透穿性系数 Π 为

$$\Pi = \frac{\lambda_{B0}}{\lambda_{BM}} \tag{4 - 125}$$

式中，λ_{B0}——启动工况泵轮转矩系数；

　　　λ_{BM}——偶合器工况泵轮转矩系数。

当 $\Pi > 1$ 时，液力变矩器具有正透穿特性。

当 $\Pi = 1$ 时，液力变矩器具有不透穿特性。

当 $\Pi < 1$ 时，液力变矩器具有负透穿特性。

其中，当 $\Pi = 1$ 时，液力变矩器认为是完全不可透穿的，但实际上这种液力变矩器是不存在的。一般 $\Pi = 0.9 \sim 1.2$ 即可认为是不透穿的液力变矩器；当 $\Pi \geqslant 1.6$ 时，液力变矩器可认为具有正透穿性。

在设计液力变矩器时，为了方便，有时透穿系数应用以下公式表示：

$$\Pi' = \frac{\lambda_{B0}}{\lambda_B^*}$$

式中，λ_B^*——最高效率工况泵轮转矩系数。

透穿性系数 Π 和 Π'，对于已知形式的液力变矩器是确定的常数，与液力变矩器的尺寸无关。对于同一液力变矩器，Π 和 Π' 值是不同的。

通常透穿性系数 Π 比 Π' 能够更完整地表示液力变矩器的透穿性概念。因此 $0 \sim i_M$ 的转速比范围与 $0 \sim i^*$ 这一转速比范围相比，是更为常用的范围。此外，对于混合透穿性液力变矩器，常采用 Π、$\lambda_{Bmax}/\lambda_{BM}$ 与 $\lambda_{B0}/\lambda_{Bmax}$ 来评价。

4）容能性能

液力变矩器的容能性能是指在不同工况下，液力变矩器泵轮轴所能吸收功率的能力。对于两个循环圆有效直径尺寸 D 相同的液力变矩器，容能大的液力变矩器传递的功率大。

液力变矩器的容能性能可以用功率系数 $\lambda_{BP} = f(i)$ 来评价。

由于功率系数

$$\lambda_{BP} = \frac{P_B}{\rho g D^5 n_B^3} \tag{4-126}$$

而

$$P_B = \frac{T_B n_B}{9\,549}$$

所以

$$\lambda_{BP} = \frac{T_B n_B}{9\,549 \rho g D^5 n_B^3} = \frac{T_B}{9\,549 \rho g D^5 n_B^2} = \frac{\lambda_B}{9\,549}$$

功率系数 λ_{BP} 与转矩系数 λ_B 具有一定的比例关系。因此，液力变矩器的容能也可以用转矩系数 $\lambda_B = f(i)$ 来评价。

转矩系数 λ_B 越大，则液力变矩器的容能量也越大，在相同的尺寸、工作液体和泵轮转速下，能够传递更大的功率。

应当指出，容能作为液力变矩器的一个性能评价指标，其意义不及变矩性能和效率性能重要，根据泵轮转矩公式

$$T_B = \rho g \lambda_B D^5 n_B^2 \tag{4-127}$$

可以看出，当 λ_B 值较小时，只要稍许增大 D 值，液力变矩器就可以传递相同的功率和转矩。

在液力变矩器的各种性能中，比较重要和有代表性的是液力变矩器的变矩性能、经济性能和透穿性能，通常称为液力变矩器的三项基本性能。在全面评价液力变矩器的性能时，应用液力变矩器在几种典型工况下，以有关上述性能的指标作为依据。

3. 与发动机的共同工作

液力传动坦克装甲车辆的性能不仅与所应用的发动机、液力变矩器、机械变速机构及转向机构以及行驶装置等的性能有关，而且与它们之间的配合恰当与否有关。特别是车辆的牵引性能和燃料经济性，在很大程度上取决于发动机与液力变矩器的共同工作是否良好。一台

发动机和液力
变矩器的共同工作

性能良好的发动机和一台性能良好的液力变矩器，如果匹配不当，就不能使车辆获得良好的牵引性能和燃料经济性。因此，研究发动机和液力变矩器的共同工作是十分必要的。

研究发动机与液力变矩器的共同工作，就是研究共同工作的输入特性、共同工作的范围、共同工作的稳定性以及共同工作的输出特性。

液力变矩器的负荷特性是指它以一定的规律对发动机施加负荷的性能。由于发动机与液力变矩器的泵轮相连，并驱动泵轮旋转，因此，液力变矩器施加于发动机的负荷性能完全可由泵轮的转矩变化特性决定。

$$T_B = \rho g \lambda_B D^5 n_B^2$$

在工作油一定、有效直径 D 一定的条件下，液力变矩器在任一速比工况 i 时，泵轮转矩与其转速的平方成正比，即

$$T_B = C \cdot n_B^2$$

式中，系数 C 为

$$C = \rho g \lambda_B D^5$$

这表明泵轮转矩与转速的关系是一条通过原点的抛物线，通常称为液力变矩器泵轮的负荷抛物线，如图 4-41 所示。负荷抛物线能比较清楚地表明液力变矩器随着泵轮转速 n_B 的不同所能施加于发动机的负荷。在不同速比工况 i 时，转矩系数 λ_B 可能有不同的数值，则 C 值也不同，因而抛物线的形状也不同。在液力变矩器全部工况下，实际上存在着一组负荷抛物线，这一组表示泵轮在不同工况下施加于发动机的负荷，或发动机在液力变矩器不同工况下供给泵轮的转矩曲线，也叫作液力变矩器的输入特性。

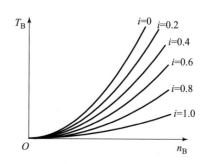

图 4-41　液力变矩器泵轮的负荷抛物线

在液力变矩器的输入特性中，一组负荷抛物线的分布宽度和顺序与原始特性 $\lambda_B = f(i)$ 有很密切的关系，一般用透穿性来描述与评价。

1）共同工作的输入特性

发动机与液力变矩器共同工作的输入特性是指液力变矩器在不同的转速比 i 时，液力变矩器与发动机共同工作的转矩和转速的变化特性，它是研究发动机与液力变矩器匹配的基础，也是研究发动机与液力变矩器共同工作输出特性的基础。

下面简述获得发动机和液力变矩器共同工作输入特性的过程及方法。

（1）在绘制共同工作的输入特性曲线时，首先应该有液力变矩器的原始特性及发动机的净转矩外特性。同时，应知道工作液体的密度 ρ 和液力变矩器的有效直径 D。

（2）在液力变矩器的原始特性曲线上，给定若干液力变矩器的工况（即转速比 i），对于普通的单级液力变矩器，可选择启动工况的 $i=0$，高效区的转速比 i_1 和 i_2，最高效率工况 i^* 和最大转速比工况（空载工况）i_{max} 等。对于综合式液力变矩器，应增加液力变矩器转入偶合器工作时的转速比 i_M。

（3）根据给定的转速比 i，由液力变矩器原始特性曲线的转矩系数 $\lambda_B = f(i)$ 曲线分别定出转矩系数值 λ_{B0}、λ_{B1}、λ_B^*、λ_{B2}、λ_{BM} 和 λ_{Bmax} 等。为了作图精确，可以根据需要增加转速比 i 的数目，并确定相应的 λ_B 的数值。

（4）根据所确定的不同 i 时的转矩系数值及液力变矩器的有效直径 D，应用液力变矩器泵轮的转矩计算公式计算并绘制液力变矩器泵轮的负荷抛物线。当工作液体选定后，ρ 为已

知的数值。因此，在某个 i 时，ρ、λ_B、D 均为常数，于是 T_B 可写为 $T_B = C \cdot n_B^2$，其中 $C = \rho g D^5 \lambda_B$，是一个随 i 不同而变化的系数。当 λ_B 随 i 的变化规律不同，即液力变矩器的透穿性不同时，将得到一条或一组负荷抛物线。

（5）将发动机的净转矩外特性与液力变矩器的负荷抛物线，以相同的坐标比例绘制在一起，即得发动机与液力变矩器共同工作的输入特性，如图 4 – 42 所示。

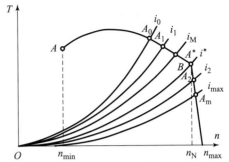

负荷抛物线与发动机转矩外特性的一系列交点就是最大节气门开度（或最大供油）时发动机与液力变矩器共同工作的稳定点。由最小转矩系数和最大转矩系数所确定的两条负荷抛物线所截取的转矩外特性的曲线部分，即为处于发动机外特性下工作时，两者共同工作的范围。

图 4 – 42　发动机和液力变矩器共同工作输入特性

同理，由最小转矩系数和最大转矩系数所确定的两条负荷抛物线与转矩部分特性的交点所确定的曲线范围，为发动机部分供油时发动机与液力变矩器共同工作的范围。

发动机与液力变矩器共同工作的全部范围，为由发动机转矩外特性与两负荷抛物线所确定的类似扇形的面积 $A_0 A^* A_m C_m C_0$，如图 4 – 43（b）~ 图 4 – 43（d）所示，这一面积的大小及所处位置影响并决定着共同工作的基本性能。

影响共同工作范围宽度的主要因素是液力变矩器的透穿性，具有不同透穿性的液力变矩器与发动机共同工作的特性形状如图 4 – 43 所示。

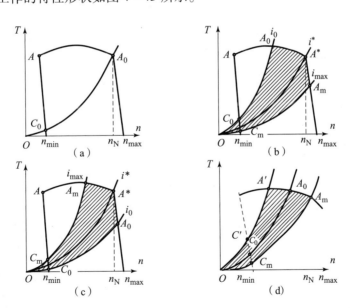

图 4 – 43　具有不同透穿性的液力变矩器与发动机共同工作的特性形状

对于不透穿的液力变矩器，由于泵轮的转矩系数 λ_B 不随转速比 i 变化，所以在不同的转速比 i 下只有一条负荷抛物线。此时，共同工作的全部范围为由 $C_0 A_0$ 所确定的一段负荷抛物线，而发动机处于外特性和部分特性下工作时，则为曲线上的某一点。如图4-43（a）所示。

对于具有正透穿性的液力变矩器，由于λ_B随i的增大而减小，所以共同工作的整个范围是由一束随i增大而逐渐向右移动的负荷抛物线所组成的，如图4-43（b）所示。工作范围的面积$A_0 A^* A_m C_m C_0$的大小和$A_0 A^* A_m C_m C_0$的宽窄取决于液力变矩器透穿性系数Π的大小。

对于具有负透穿性的液力变矩器，由于λ_B随i的增大而增大，所以共同工作的全部范围是由一束随i增大而逐渐向左移动的负荷抛物线所组成的，如图4-43（c）所示。

对于具有混合透穿性的液力变矩器，由于λ_B随i的变化是先增大后减小，所以共同工作的整个范围是由以λ_B最大时i的负荷抛物线为上界，以i_{max}的负荷抛物线为下界所组成的面积$A' A_0 A_m C_m C'$所决定的，其中有一部分工作范围（即$A' A_0 C' C_0$）是重叠的，如图4-43（d）所示。

当由发动机和液力变矩器共同工作的输入特性来评价两者的匹配是否合理时，单从共同工作范围的面积大小来看是不够的，还必须了解共同工作范围在发动机全部工作范围中的位置，也就是在发动机外特性和部分特性的那一区段。

最理想的匹配就是希望共同工作所利用的发动机工作区段，应能满足车辆的工作需要，同时还能兼顾以下几个方面：

（1）在液力变矩器的整个工作范围内，应能充分利用发动机的最大有效功率，因为功率利用率高，就能保证车辆有较高的平均速度，为此要求最高效率时的负荷抛物线通过发动机最大净功率的转矩点T_{ej}。但如仅考虑这一点的情况，还不能说明变负荷下工作时的功率利用率，所以希望高效区的共同工作点在最大功率点附近，即i_1和i_2两负荷抛物线应在最大功率点P_{ej}的两侧。

（2）为使车辆具有良好的燃料经济性，希望共同工作的整个范围能够在发动机的比燃料消耗量最低值g_{emin}的工况附近，这样就可以使车辆的燃料消耗量较小。

（3）为使车辆在起步工况或最大爬坡工况下能够获得最大的输出转矩，液力变矩器在低转速比时的负荷抛物线（特别是$i=0$时的负荷抛物线）应能通过发动机的最大转矩点。

一般来说，同时满足以上几项要求是比较困难的，特别是不可透穿的液力变矩器，由于负荷抛物线的分布很窄，甚至是一条线，因而只能满足上述要求中的一种；对于可透穿的液力变矩器，则由于负荷抛物线的分布较广，故同时满足上述三项要求存在一定的可能性。

为了使共同工作特性满足上述三项要求，可以通过下列措施来达到：

（1）在液力变矩器形式一定的情况下，调整有效直径D来改变共同工作的输入特性。由图4-44可以看出，当有效直径增大，即$D>D'$时，整个工作范围向左方移动；当有效直径D减小时，整个工作

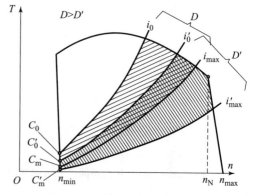

图4-44　不同有效直径的液力变矩器与发动机共同工作的特性

范围向右方移动。因此，可以根据使用的要求，选择液力变矩器的不同有效直径 D 来达到较好的匹配性能。

（2）在发动机和液力变矩器间安装中间传动。发动机经过中间传动后，输出的转矩和转速发生变化，转矩 $T = T_e \cdot i_{eB} \cdot \eta_{eB}$，转速 $n = n_e/i_{eB}$。由图 4-45 可以看出，当 $i_{eB} > 1$ 时，输出的转矩增大，转速降低，即转矩外特性曲线向左上方移动，相对地，共同工作范围向右下方移动；当 $i_{eB} < 1$ 时，输出的转矩降低，转速增大，即转矩外特性曲线向右下方移动，相对地，共同工作范围向左上方移动。因此，通过调整中间传动的传动比 i_{eB}，也可达到较好的匹配性能。

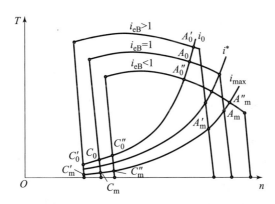

图 4-45　不同前传动比的液力变矩器与发动机共同工作的特性

下面讨论当发动机调速器的形式不同时，对共同工作输入特性的影响，如图 4-46 所示。

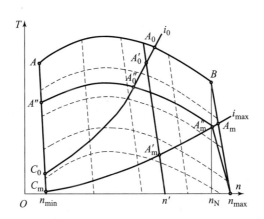

图 4-46　发动机不同调速器的形式时共同工作输入特性

当发动机处于外特性下工作时，则不论是采用全程式还是两极式调速器，由于转矩外特性的变化规律完全相同（都按 ABn_{max} 曲线变化），因此，所得到的共同工作范围对于两种调速器是完全相同的，即都在外特性曲线 A_0BA_m 曲线面积覆盖的部分。但是发动机部分特性下工作时，情况就有所不同，因为发动机的转矩特性是随调速器调速方式的不同而不同的。例如，在节气门位置相同的情况下，如采用全程式调速器，则转矩特性沿 $AA_0A_0'A_m'n'$ 曲线变化，

工作范围为 $A_0'A_m'$ 线段，转速的变化范围很窄，而转矩的变化范围较宽；但采用两极式调速器时，转矩特性将沿 $AA''A_0''A_m''n_{max}$ 曲线变化，共同工作范围为 $A_0''A_m''$ 线段，此时转矩的变化范围较窄，而转速的变化范围较宽。

在发动机部分特性下工作时，发动机功率的输出大小并不重要，重要的是液力变矩器高效率工作范围的大小。如果在液力变矩器的原始特性曲线上，效率不低于预定值（例如为 $75\% \sim 80\%$）的转速比为 i_1 和 i_2，而当发动机和液力变矩器共同工作时，对应于 i_1 和 i_2 的发动机转速分别为 n_{e1} 和 n_{e2}，那么共同工作输出转速的工作范围 d_T 为

$$d_T = \frac{n_{T2}}{n_{T1}} = \frac{n_{e2}i_2}{n_{e1}i_1} \tag{4 - 128}$$

对已知的液力变矩器来说，i_1 和 i_2 是不变的，所以 d_T 的大小取决于发动机转速的变化。如果发动机的转速比 n_{e2}/n_{e1} 随 i 的增大而增大，那么 d_T 将大于 i_2/i_1，发动机的转速比 n_{e2}/n_{e1} 变化越大，则 d_T 越大。

根据以上分析，可以得出以下结论：

（1）对于不可透穿的液力变矩器，在发动机部分特性下共同工作时，调速器的形式不同不会对共同工作范围产生影响。

（2）对于具有正透穿性的液力变矩器，在发动机部分特性下共同工作时，为了使 d_T 在液力变矩器确定的 i_2/i_1 比值的基础上得到更多的扩大，发动机应用两极式调速器。

（3）对于具有负透穿性的液力变矩器，在发动机部分特性下共同工作时，为了使 d_T 在液力变矩器所确定的 i_2/i_1 比值的基础上不致缩小很多，发功机宜采用全程式调速器。

2）共同工作的输出特性

共同工作的输出特性是指发动机与液力变矩器共同工作时，输出转矩 T_T、输出功率 P_T、每小时燃料消耗量 G_T 与比燃料消耗量 g_{eT} 和发动机（泵轮）转速 n_B 等与涡轮轴转速 n_T 之间的关系。

当发动机与液力变矩器组合后，其输出特性与发动机特性完全不同，如同形成了一种新的动力装置。通常可以按以下的方法和步骤，获得发动机与液力变矩器共同工作的输出特性。

（1）绘制液力变矩器的原始特性及发动机与液力变矩器共同工作的输入特性。

（2）根据共同工作的输入特性，确定在不同转速比 i 时，液力变矩器负荷抛物线与发动机转矩外特性相交点的转矩 T_B 和转速 n_B，由发动机的外特性确定对应的每小时燃料消耗量 G_T 或比燃料消耗量 g_{eT}。一般选择 i_0、i_1、i^*、i_2、i_M 和 i_{max} 等有代表性的工况，但为了作图准确，也可以多选一些工况。

（3）根据选定的传动比 i 值，在液力变矩器原始特性曲线上确定对应的变矩比 K 值和效率 η 值。

（4）根据选定的传动比 i 及此传动比时负荷抛物线与发动机外特性交点的转速 n_B 值，计算涡轮转速 n_T。

$$n_T = in_B$$

根据有关公式，分别计算在上述涡轮转速下的有关参数：T_T、P_T、G_T 和 g_{eT} 等。

$$T_T = KT_B$$

$$P_T = \eta P_B = \eta \frac{T_B n_B}{9\ 549}$$

根据对应的转速在发动机外特性上确定 g_{eT} 和 G_T。

$$g_{eT} = \frac{G_T}{P_T} \tag{4-129}$$

（5）将上述计算所得数据列表，并以涡轮转速为横坐标、其他参数为纵坐标，进行绘图，即得发动机与液力变矩器共同工作的输出特性，如图 4-47 所示。

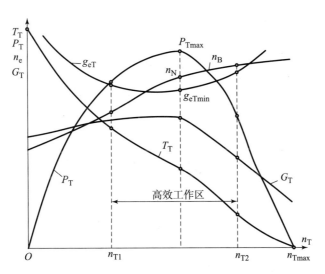

图 4-47　发动机与液力变矩器共同工作的输出特性

发动机和液力变矩器共同工作的输出特性是进行液力传动车辆牵引计算的基础。为使车辆获得良好的牵引性能和经济性，发动机和液力变矩器共同工作的输出特性应满足下列要求：

（1）在发动机外特性时，共同工作输出特性在高效区工作范围或整个工作范围（n_{T1} ～ n_{T2} 或 $0 \sim n_{T\max}$）内，应保证获得最高的平均输出功率。

（2）在共同工作的高效区范围或整个工作范围内，应有较低的平均油耗量。

（3）高效区工作范围应较宽，即 $d_T = n_{T2}/n_{T1}$ 越大越好。

（4）在启动工况下（$n_T = 0$）的启动转矩 $T_{T\max}$ 要大，越大越好。

当发动机功率一定时，共同工作输出特性的好坏取决于发动机调速器的形式、变矩器的原始特性以及共同工作的输入特性。

图 4-48 表示具有不同透穿性的液力变矩器与发动机共同工作时的输出特性。其中图 4-48（a）所示为不透穿的液力变矩器，图 4-48（b）所示为正透穿的液力变矩器，图 4-48（c）所示为负透穿的液力变矩器。

由于透穿性不同，共同工作的输出特性也不相同，最明显的特点是输出特性的高效率工作范围不同。

对于不透穿的液力变矩器：

$$d_T = n_{T2}/n_{T1} = i_2/i_1$$

对于正透穿的液力变矩器：

$$d_T = n_{T2}/n_{T1} > i_2/i_1$$

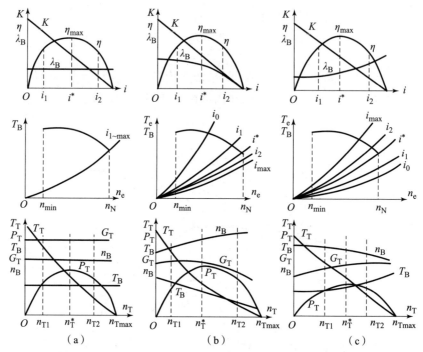

图 4 - 48　具有不同透穿性的液力变矩器与发动机共同工作时的输出特性

对于负透穿的液力变矩器：

$$d_T = n_{T2}/n_{T1} < i_2/i_1$$

由上述可以看出，不透穿的液力变矩器的平均输出功率较大，高效范围中等，发动机的工况则大致是不变的。正透穿的液力变矩器的高效率工作区最大，平均输出功率中等。负透穿的液力变矩器的高效区范围窄，平均输出功率低，因而在运输车辆和工程机械上不宜应用。

为了更好地说明发动机串联一台液力变矩器后所构成的组合动力装置的性能与原有发动机性能的区别，常把发动机的外特性和发动机与液力变矩器共同工作的输出特性以相同的坐标比例绘于同一张平面图上，如图 4 - 49 所示，由此曲线图可以明显地看出，采用液力变矩器后，其输出性能比原发动机有明显的提高。

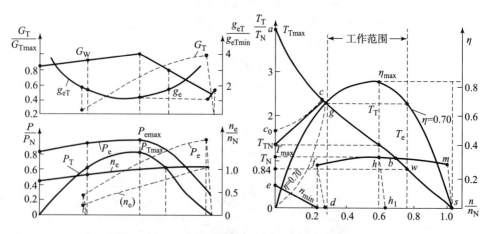

图 4 - 49　组合动力装置与原有发动机性能的区别

（1）发动机可以工作的范围是以发动机外特性曲线下的面积 *dfhbms* 所决定的，串联液力变矩器以后，其面积以 *aedswg* 来表示，这大大地超过了发动机外特性下的工作范围。

（2）发动机与液力变矩器共同工作后，它的适应性系数也大大提高。对柴油机来说，如果适应性系数 $T_M/T_N \leqslant 1.10 \sim 1.20$，那么以相同的概念，取共同工作时的最大输出转矩 T_{Tmax} 与共同工作最大输出功率 P_{Tmax} 时的转矩 T_{TN} 之比，作为发动机与液力变矩器共同工作后的适应性系数。于是，T_{Tmax}/T_{TN} 远比发动机的适应性系数高。

（3）关于比燃料消耗量 g_{eT}，由于液力变矩器的效率低，共同工作输出的有效功率 T_T 下降，因而 g_{eT} 相对较高。但是，在液力变矩器的高效率工作范围内，可以在整个系统能够自动适应外界阻力变化而处于最有利的比燃料消耗量工况下工作，从而予以补偿。

（4）发动机与液力变矩器组合后，可以大大提高其可以稳定工作的转速范围，一般为 $0 \sim n_{Tmax}$，而发动机的稳定工作范围仅为 $n_M \sim n_N$ 或 $n_m \sim n_{max}$。

将共同工作所能允许的稳定工作区域与发动机可能的稳定工作区域相比较，可以看出：在低速范围，即面积 *abfde* 区域，发动机是不能工作的；而发动机与液力变矩器共同组合的系统却能良好地稳定工作；在高速的情况下，发动机可以稳定工作的区域为 *bms*，而对于发动机和液力变矩器共同组合的系统是无法工作的。但是，如果能将液力变矩器加以闭锁，则这一不足之处即可消除。在中速部分，即面积 *dfbs* 区域，两者都可以工作。但要指出，在 fhh_1d 区域内，对发动机来说，并不是在任何情况下都可以进行稳定工作的。

4. 有效直径的确定

为车辆的动力传动系统选择或设计液力变矩器，包括选型和确定液力变矩器有效直径两方面的工作，而这两项工作又是相互关联的，其最终目的则都是希望能与车辆上安装的发动机获得良好的匹配，使车辆获得最佳的牵引性能和燃料经济性。

首先是确定液力变矩器的形式，形式确定后也就得到了这种液力变矩器的原始特性。

根据给定发动机的外特性，扣除在传至液力变矩器泵轮轴以前消耗的功率和转矩值，以获得传至液力变矩器泵轮轴上的净功率和转矩值。

选择液力变矩器有效直径的原则，一般是要求以液力变矩器的最高效率工况，即以 η_{max} 时的 i^* 来传递发动机的最大净功率及其对应的转矩。

但不管怎样扣除功率损失，以最高效率工况传递实际传至液力变矩器泵轮的最大净功率仍是确定液力变矩器有效直径的一个重要原则。根据这一原则，当发动机与液力变矩器直连时（即其间的前传动比 $i_q = 1$），液力变矩器的有效直径 D 为

$$D = \sqrt[5]{\frac{T_{ejm}}{\rho g \lambda_B^* n_B^2}} \tag{4-130}$$

式中，T_{ejm}——扣除各种功率消耗后传至液力变矩器泵轮轴的最大净功率对应的转矩；

λ_B^*——液力变矩器最高效率工况 i^* 对应的泵轮转矩系数值，此时的 i^* 称为选径工况。

在实际情况下，允许选径工况与最高效率工况略有偏差，如图 4-50 中的选径工况 i_x 与 i_x' 和最高效率工况 i^*，但这种偏差一般以 η_x 和 η_x' 与最大效率 η_{max} 相差不超过一定的限度为准。若相差太大，就违背了选择原则。

对于液力偶合器，一般以 $i = 0.97 \sim 0.98$ 作为选径工况。

对于综合式液力变矩器，其偶合器工况最大传动比 $i = 0.95 \sim 0.97$，比单个液力偶合器要低一些。综合式液力变矩器的原始特性如图 4 - 51 所示。

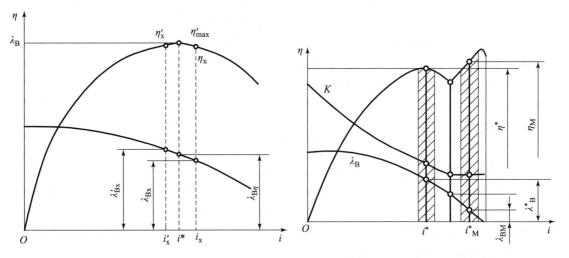

图 4 - 50 选径工况与最高效率工况　　　图 4 - 51 综合式液力变矩器的原始特性

综合式液力变矩器在偶合器工况的最高效率 η_{Mmax} 大于液力变矩器工况的最高效率 η_{max}，按照选径的原则，应选用偶合器工况 $i = 0.95 \sim 0.97$ 时的 λ_B 值来确定有效直径 D。但由图 4 - 51 可以看出，此时的 λ_B 值很小，所以计算得到的有效直径 D 很大。如果以液力变矩器的最高效率工况来选择直径 D，由于 λ_B^* 值较大，则 D 值较小，但是高效率的偶合器工况没有利用。因此，对于综合式液力变矩器的直径选择应做多方面的考虑，一般采用折中的办法，在变矩器最大效率工况 i^* 和偶合器最大效率工况 i_M^* 之间选择一个工况作为选径工况。

设计传动系统时，一般选用现有的液力变矩器。当发动机的功率、转矩和转速与现有尺寸的液力变矩器不能良好匹配时，最简单的方法是在两者之间安装一个传动比为 i_q 的增速或减速中间传动箱。安装传动箱后，传至液力变矩器的转矩和转速分别为

$$\begin{cases} T_B = T_{ejm}\eta_q i_q \\ n_B = n_e/i_q \end{cases} \tag{4-131}$$

代入液力变矩器转矩公式得

$$T_{ejm}\eta_q i_q = \lambda_B \rho g \left(\frac{n_e}{i_q}\right)^2 D^5$$

当液力变矩器的尺寸 D、选径工况以及发动机净外特性确定后，即可按上式求出保证共同工作良好匹配时所需的传动比 i_q 值：

$$i_q = \sqrt[3]{\frac{\lambda_B \rho g D^5 n_e^2}{T_{ejm}\eta_q}} \tag{4-132}$$

采用增速或减速的中间传动箱来解决发动机和现有尺寸液力变矩器的良好匹配，虽然比较方便，但是却需要增加一个部件，并且增加了机械损失。

对于坦克装甲车辆，为了缩小尺寸和减轻质量，希望以较小尺寸的液力变矩器来传递大功率柴油机的最大净功率。因此，往往在发动机和液力变矩器间采用增速传动，以提高液力变矩器的泵轮转速。但是泵轮转速提高后，必须从强度上考虑泵轮的最大切线速度是否超过材料容许的极限。此外，还必须考虑泵轮转速提高后，为了防止气蚀应相应提高补偿压力，同时油压增大后要考虑到各种密封的可靠性。泵轮转速也不能过高，否则会由于工作液体流速过大，易产生涡漩，使功率损失增大，最终导致液力变矩器性能恶化。

当在发动机和液力变矩器间存在中间传动 i_q 时，液力变矩器的有效直径计算公式为

$$D = \sqrt[5]{\frac{T_{ejm}\eta_q i_q^3}{\rho g \lambda_B n_e^2}} \qquad (4-133)$$

由式（4 - 133）可以看出，如果两者之间采用减速传动，$i_q > 1$，则液力变矩器的有效直径 D 要比直接相连时大；反之，若采用增速传动，$i_q < 1$，则液力变矩器的尺寸可以减小。

5. 补偿供油系统

液力变矩器需要有供油系统，才能持续稳定和可靠地工作。

液力变矩器供油系统的主要功用如下：

（1）带走液力变矩器工作时产生的热量，对工作液强制冷却。液力变矩器即使工作在高效区范围内，$\eta = 70\% \sim 80\%$，也有 $20\% \sim 25\%$ 的功率损失转变为热量，必须对工作液体进行强制冷却才能保证正常工作。

（2）防止液力变矩器中产生气蚀现象。由变矩器的入口定压阀和出口背压阀，使工作腔内最小压力处的压力仍高于工作液体的汽化蒸发压力，以防止气蚀现象的产生。

（3）补偿液力变矩器中工作液体的漏损，并防止工作腔压力降低，避免空气由密封处渗入，影响变矩器传递扭矩的能力。

根据供油系统的功用，对供油系统提出的要求如下：

（1）应满足变矩器在使用过程中对供油压力和流量的要求。当发动机转速变化时，由发动机驱动的供油泵始终能够满足供油系统提出的最低压力要求。

（2）应安全、可靠。要求滤清器有足够的过滤精度和通油能力，以免液压元件因油液污染而卡死或失灵。供油系统密封应可靠，泄漏少。

（3）在供油系统压力区域工作的元件应能承受供油系统的工作压力，在供油系统吸油区域工作的密封件应密封良好。

（4）变矩器工作油的温度（出口处）应保持正常的状态，一般为 $80 \sim 120℃$，最高不超过 $135℃$。当油温（冬季）低于正常油温时，供油系统应能使工作油迅速升温；当油温较高时，供油系统应能及时将热量散出。

液力变矩器供油系统组成如图 4 - 52 所示。在车辆液力传动系统中，液力变矩器的供油系统一般与传动装置的操纵、润滑、冷却油路组成统一的供油系统。此时，除共用油泵、滤清器、散热器外，还要增加换挡系统操纵所需要的许多元件。

4.5.4　齿轮设计*

1. 概述

在坦克装甲车辆中广泛使用齿轮传动，通过改变转矩与转速的大小和方向来传递动力。在齿轮啮合副中，一般用下标 1 表示小齿轮，用下标 2 表示大齿轮。

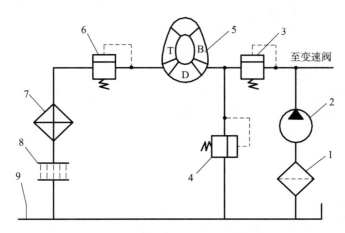

图 4 – 52　液力变矩器供油系统组成

1—油滤；2—齿轮泵；3—定压阀；4—溢流阀；5—液力变矩器；
6—背压阀；7—热交换器；8—润滑冷却；9—油箱

传动比 i 是齿轮传动的主要运动学特性，当小齿轮为主动轮时，有

$$i = \frac{\omega_1}{\omega_2} = \frac{n_1}{n_2} = \frac{z_2}{z_1} = \frac{\sin\delta_2}{\sin\delta_1} \tag{4 – 134}$$

式中，ω——角速度；

　　　n——转速；

　　　z——齿轮齿数；

　　　δ——锥齿轮节锥角。

齿轮传动的主要质量指标之一是制造精度。齿轮传动制造精度的指标主要包括齿距偏差、齿廓偏差、螺旋线偏差、切向综合偏差和径向综合偏差。在 GB/T 10095.1—2001 中对单个渐开线圆柱齿轮规定了 13 个精度等级，按 0 ~ 12 数序由高到低顺序排列，其中 0 级精度最高，12 级精度最低；在 GB/T 10095.2—2001 中对单个渐开线圆柱齿轮规定了 4 ~ 12 共 9 个精度等级，其中 4 级精度最高，12 级精度最低。通常 0 ~ 2 级精度要求最高，将 3 ~ 5 级称为高精度等级，6 ~ 8 级称为中等精度等级，9 ~ 12 称为低精度等级。选择齿轮精度时，必须考虑其用途和工作条件等，如工作速度、传递功率、工作持续时间、振动、噪声和使用寿命等。

坦克装甲车辆齿轮传动多用中等精度等级，即 6 ~ 8 级。

模数 m 是齿距（单位 mm）除以 π 的商，或分度圆直径（单位 mm）除以齿数的商。法向模数定义在基本齿条的法向截面上（见 GB/T 1356—2001）。坦克装甲车辆齿轮传动最常使用下列模数（单位 mm）：

Ⅰ 系列：2、2.5、3、4、5、6、8、10；

Ⅱ 系列：2.25、2.75、3.5、4.5、5.5、（6.5）、7、9。

2. 圆柱齿轮传动

圆柱齿轮传动中主要使用直齿和斜齿齿轮，并具有外啮合和内啮合两种形式，其中斜齿齿轮传动有较高的承载能力、较小的动负荷、振动程度和噪声。因此，斜齿齿轮传动的极限圆周速度高于直齿。

坦克装甲车辆圆柱齿轮传动一般采用渐开线啮合，优先采用具有下列参数的原始齿形：分度圆压力角 $\alpha = 20°$，齿顶高系数 $h_a^* = 1$，径向间隙系数 $c^* = 0.25$，齿根高系数 $h_f^* = 1.25$，齿根圆角半径 $\rho_{fP} = 0.38$。

现代坦克装甲车辆传动装置的重载齿轮中，为改善齿轮传动性能，广泛采用修正齿轮。广义地讲，修正齿轮可分为三类：

（1）加工时改变刀具与工件的相对位置，即通常所说的变位齿轮；

（2）改变刀具的原始齿廓参数；

（3）改变齿轮齿廓的局部渐开线，如修形及鼓形齿等。鼓形齿是沿齿长方向进行修正，可以改善由于轴变形引起的轮齿偏载。

比如可选分度圆压力角 $\alpha = 25°$，齿顶高系数 $h_a^* = 0.8$，过渡曲线为整个倒圆，带凸起部（图 4-53）。增大分度圆压力角可以提高轮齿的弯曲和接触强度及寿命，降低齿高可以提升弯曲承载能力。但过分地增大分度圆压力角会引起齿顶变尖，降低齿高会减小传动的重合度系数。当使用带有凸起部的原始齿形时，轮齿齿根应具有内凹形状，以便渗碳淬火工作表面进行精加工（如磨削）和喷丸处理（塑性压实处理）轮齿面时不越出到过渡表面，同时要保证在过渡表面不因精加工引起烧伤和划痕，不破坏压实层，从而大大提高轮齿弯曲承载能力。

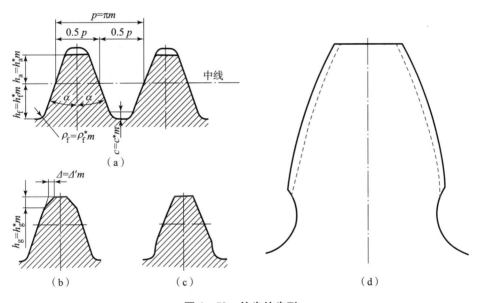

图 4-53 轮齿的齿形

（a）非修正的；（b）修正的；（c）带凸起部的；（d）原始齿形

1）齿轮变位

当齿轮传动配凑中心距、避免根切、提高接触及抗弯强度或修复磨损齿轮时常需要齿轮进行变位处理和变位系数的选择。

加工变位齿轮与加工标准齿轮所用的刀具相同，只是改变了刀具与工件的相对位置。这种修正齿轮的主要优点是不用改变刀具参数，对工件而言，只需相应地改变毛坯的外径。加工出的齿轮与未变位的标准齿轮相比，齿廓仍是同一基圆的渐开线，只是选取了不同的部位。

变位齿轮传动又分高变位传动与角变位传动。一对相啮合的齿轮其变位量相等而符号相反，当无隙啮合时，称高变位传动。如果轮齿以分度圆为界，分度圆到齿顶圆距离称为齿顶高，分度圆到齿根圆的距离称为齿根高，则高变位传动只改变了齿顶高和齿根高的比例，故称高变位传动，也有人称其为等移距变位传动，或零传动（因二齿轮变位系数之和为零）。此时，传动中心距、啮合角都和未变位的标准齿轮传动相同。

一对齿轮传动，当两齿轮变位系数之和不等于零时称角变位传动；变位系数之和大于零时称正变位传动；变位系数小于零时称负变位传动。其中负变位传动因传动性能变坏，故应用极少。无论是正变位传动还是负变位传动，其啮合角都与标准齿轮不同，故称角变位传动。

变位系数 x 是指加工齿轮时齿条形刀具中线与齿轮分度圆相切位置的偏移距离和模数 m 的比值。当刀具中线远离齿轮轴线时，x 为正，为正变位；当刀具中线靠近齿轮轴线时，x 为负，为负变位。当 $x>0$ 时，将增大切入的危险性；当 $x<0$ 时，可能导致轮齿变尖。在确定原始齿形和变位系数后，可以参考《机械设计手册》等资料查出齿轮的所有几何参数。

选择变位系数是齿轮传动设计的重要阶段，小齿轮变位系数 x_1 和大齿轮变位系数 x_2 的选择对齿轮传动的几何性质和品质指标有很大影响。当 $x_1+x_2>0$ 时，会增大啮合角，增大齿轮对的齿厚，并可提升接触和弯曲强度，但会引起重合度系数减小和径向载荷的加大。

在设计时可以利用所谓的闭合等高线，较全面地考虑变位的影响。对齿数为 z_1 与 z_2 的齿轮在以 x_1 和 x_2 为坐标轴的平面上作出闭合等高线，画出当重合度系数 $\varepsilon\geqslant1$ 以及轮齿不削尖和不发生干涉时传动实现的区域。某些几何和质量指标的画线，可以画在闭合的等高线上。例如，可画上当顶圆上齿厚 $s_a=0.25m$、$s_a=0.4m$、$\varepsilon_a\geqslant1$ 等情况时选取 x_1 和 x_2 的线；也可以先确定 x_1 和 x_2 的线，以它们来调整小齿轮和大齿轮单位滑动的最大值以及弯曲强度。

在图 4-54 中画有举例的闭合等高线，并用数字标出限制等高线和确定传动质量指标的线。

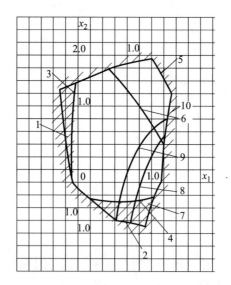

图 4-54　外啮合传动的闭合等高线

1—小齿轮轮齿切入的界限；2—大齿轮轮齿切入的界限；3—小齿轮的 x_{min} 线；
4—大齿轮的 x_{min} 线；5—$\varepsilon=\varepsilon_a=1.0$ 的线；6—$\varepsilon=\varepsilon_a=1.2$ 的线；7—$s_{a1}=0$ 的线；
8—$s_{a1}=0.25$ mm 的线；9—$s_{a1}=0.40$ mm 的线；10—轮齿干涉线

按照闭合等高线选取的 x_1 和 x_2 值，并不是该传动的最佳值，而是表明其可行。确定 x_1 和 x_2 的最佳值，可按无故障最大概率标准等选取。对于行星排中的同轴传动，其变位系数的选择要考虑在同心条件和保持齿轮啮合相同间隙的条件下进行。

对斜齿圆柱齿轮的几何强度进行计算时，要用当量直齿圆柱齿轮代替，其关系有

$$d_v = d/\cos^3\beta \tag{4-135}$$

$$z_v = z/\cos^3\beta \tag{4-136}$$

式中，d_v——当量直齿圆柱齿轮分度圆直径；

d——斜齿齿轮分度圆直径；

z_v——当量圆柱齿轮齿数；

z——斜齿齿轮齿数；

β——轮齿的倾斜角。

2）改变原始齿廓参数

可以用下列三种方法改变原始齿廓参数：

（1）改变高度参数。原始齿廓齿顶高系数等于 1 的称为标准原始齿廓。为了改善某些性能，可采用齿顶高系数不等于 1 的原始齿廓，如短齿齿轮、双模数齿轮以及长齿齿轮等。

（2）改变角度参数。这里是指原始齿形角不等于 20° 的齿轮。

（3）切线修正。加工直齿锥齿轮时，有所谓切线修正法，即分别用不同齿厚的原始齿条刀具加工一对互相啮合的齿轮，这一对原始齿条齿厚之和应等于周节。圆柱齿轮采用这种方法的极少，因为加工一对互相啮合的齿轮需用两把非标准刀具。切线修正法可以提高小齿轮的弯曲强度。

3）齿轮修形

为了改善传动性能，对齿廓顶部或根部局部渐开线做些改变，这种齿轮称修形或修缘齿轮。这种齿轮在车辆变速器中的应用日益增多。鼓形齿是沿齿长方向进行修正，可以改善由于轴变形引起的轮齿偏载。

3. 锥齿轮传动

锥齿轮传动的轴交角 Σ 可在宽广数值的范围内变化（$10° < \Sigma < 180°$），其中 $\Sigma = 90°$ 的锥齿轮得到了广泛的应用，称为正交锥齿轮传动。锥齿轮传动使用的是准渐开线啮合的齿轮。

与圆柱齿轮传动相比，锥齿轮传动质量大，尺寸大，制造复杂，并且由于齿轮轴间位置必须精确固定，导致其装配也较复杂。但它的使用是出于布置上的需要。

最广泛应用的是带直齿和弧齿的锥齿轮传动。在进行几何尺寸和强度计算时，用当量圆柱齿轮传动来代替直齿锥齿轮传动，用双当量圆柱齿轮传动来代替弧齿锥齿轮传动。

当量圆柱齿轮的齿数 z_{vzh} 为

$$z_{vzh} = z\cos\delta \tag{4-137}$$

式中，z——直齿锥齿轮齿数；

δ——分锥角。

双当量圆柱齿轮的齿数 z_{vzh} 为

$$z_{vzh} = \frac{z}{\cos\delta \cdot \cos^3\beta_n} \tag{4-138}$$

齿轮的热处理及应力分析和表面计算等参见《机械设计手册》相关章节。

第5章　变速机构

5.1　概　　述

机械变速箱的
功用和分类

1. 对机械变速机构的要求

变速机构是车辆重要的传动部件，它应满足以下要求：

（1）保证牵引计算所确定的挡数与各挡传动比；

（2）保证动力换挡或部分动力换挡，提高平均车速；

（3）传动效率高，功率损失小；

（4）操纵轻便，换挡平稳；

（5）使用可靠，有足够的强度、刚度与寿命；

（6）结构较简单，质量轻，体积小。

以上要求应根据具体车辆的用途综合考虑，予以满足。

2. 变速机构分类

机械变速机构按齿轮工作原理和结构，可以分为行星式和定轴式两大类。

1）行星式变速机构

（1）行星式变速机构的优点如下：

①结构紧凑，可以用较小的尺寸实现较大的传动比，用较小齿轮模数传递较大转矩。

②实现动力换挡较方便。换挡离合器和制动器有可能只传递部分转矩，由于没有径向力，故工作和换挡较平稳。

③便于功率的分流和汇合。具有二自由度的行星机构可以将功率分为两路，如外分流液力机械变矩器；也可将两路功率汇合成一路，如坦克装甲车辆双功率流转向机构中的汇流行星排。

④便于实现变速机构系列化。如四挡变速机构只要附加一个行星排即可成为五挡变速机构，三挡变速机构串联一个二挡变速机构即可成为六挡变速机构。

（2）行星式变速机构的缺点如下：

结构较定轴式复杂，加工和装配精度要求较高，零件间连接复杂，齿轮较多，因此造价较贵；有时有多层套轴，这给零件轴向定位、径向对中带来困难。一般行星传动中常产生较高转速，使轴承寿命降低，特别是行星轮轴承，因受很大离心力作用，故更为不利。但随着技术的不断发展及制造工艺水平的提高，这些问题已获得很好的解决。

2）定轴式变速机构

定轴式变速机构的最大优点是结构简单，加工与装配精度容易保证，造价较低；其缺点是尺寸和质量较大。

现代坦克装甲车辆传动系统中，上述两类变速机构均有采用，其结构、性能和寿命也均达到很高的水平。总的来说，对主战坦克、重型装甲车辆，由于要求功率大、尺寸小、质量轻，故采用行星变速机构较多；对中小功率装甲车辆，定轴变速机构用得较多，可靠、耐用、简单、便宜。

3. 变速机构设计计算内容

在传动系统方案设计的基础上，变速机构设计计算的主要内容包括：

（1）确定变速机构的型式；

（2）总体布置方案设计；

（3）配齿计算；

（4）主要部件设计计算；

（5）液压系统设计计算；

（6）结构设计；

（7）轴、齿轮、轴承、箱体等零件的强度、刚度和寿命计算。

5.2　定轴变速机构设计

定轴变速箱的
型式及设计

5.2.1　分类

为适应各种用途的车辆传动的要求，定轴变速机构具有各种型式。按轴的布置可分为同轴式、双轴式和多轴式三种。

1. 同轴式变速机构

图 5-1 所示为同轴式变速机构简图。其特点是变速机构由三根轴组成，输入轴和输出轴同轴心，可以获得直接挡。齿轮布置与普通汽车变速机构相似，齿套 3 向左时，左离合器 1 结合，右离合器 2 分开得一挡；右离合器 2 结合，左离合器 1 分开得二挡，即直接挡。齿套 3 向右时，结合左离合器 1 得倒挡。这种方案传动范围不大，一般为 1.5～3.5，适用于挡数不多、需要直接挡及变速机构输入、输出轴同轴心的情况。

2. 两轴式变速机构

两轴式变速机构的特点是由输入和输出两根轴组成，传动仅由一对齿轮啮合，效率高。其结构图布置与拖拉机变速箱相似。这种方案的传动范围不大，一般为 3～4，图 5-2 所示为两轴式离合器换挡变速机构简图，这种变速机构结构简单，离合器均相同，制造零件少，造价低。

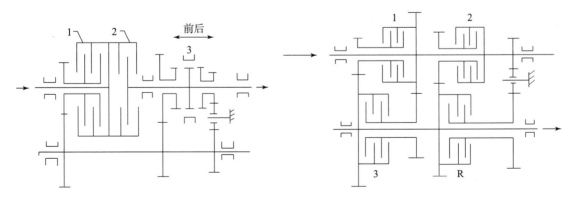

图 5-1　同轴式变速机构简图
1—左离合器；2—右离合器；3—齿套

图 5-2　两轴式变速机构简图

两轴式变速箱是当前我国部分坦克装甲车辆广泛使用的一种形式，根据不同车型和布置形式有不同的方案，如图5-3所示。

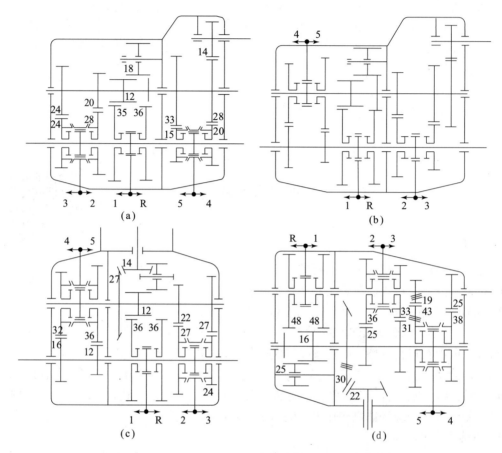

图5-3 几种变速箱的传动简图

（a）中型坦克；（b）轻型坦克；（c）水陆坦克；（d）装甲履带输送车

3. 多轴式变速机构

多轴式变速机构的特点：由三根或三根以上的固定轴组成，一端输入、两端输出，一般带有换向机构。由于传动比作多级分配，故可以保证离合器在相对转速较低的条件下获得较大的变速机构传动范围，一般可达6~7。图5-4所示为轻型装甲车辆使用的三轴固定轴式变速机构，用离合器换挡，它具有3个自由度，可获得9个挡，即6个前进挡、3个倒挡（实际只用了2个倒挡），从而可以减少齿轮和离合器的个数，减轻变速机构的质量，同时也减少了变速机构的宽度。

多轴变速机构齿轮啮合对数多，工作时要同时结合两个或更多个离合器，但由于没有特别高速的零件，离合器转速较低，故工作可靠。

5.2.2 配齿计算

配齿计算是在已知变速机构各挡速比允许值和轴间中心距尺寸范围的情况下确定齿轮的齿数。一般的方法如下：

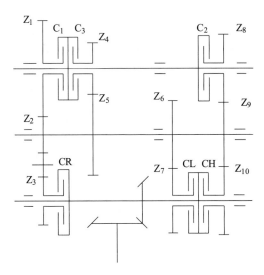

图 5 – 4　轻型装甲车辆三轴式固定变速机构简图

1. 计算齿轮模数

可用类比法，即选一个成熟的变速机构作基型，其结构和使用条件与所设计的相似，根据二者所传递的转矩，便可估算模数，即

$$m = m_{\mathrm{j}} \cdot \sqrt[3]{T/T_{\mathrm{j}}} \tag{5-1}$$

式中，m，m_j——设计变速机构和基型变速机构的齿轮模数；

　　　T，T_{j}——设计变速机构和基型变速机构的传递转矩。

所得 m 值应按国家标准推荐值进行圆整。

2. 估算齿数和

两轴中心距一般由离合器尺寸决定。两根轴间的主、被动齿轮齿数和 Σz 与中心距 A 的关系为

$$\sum z = 2A/m \tag{5-2}$$

齿数和只取整数，因模数通常相同，故各挡齿数和相同，当用齿轮变位时，可少一个齿。

3. 确定齿数

要实现各挡传动比，主动齿轮齿数 z 和被动齿轮齿数 z' 必须满足该挡传动比 i_{b} 的要求，即

$$z'/z = i_{\mathrm{b}} \tag{5-3}$$

式（5-3）与式（5-2）联立，可配出多种方案。

4. 选择配齿方案

由于齿数必须是整数，所以实际所得传动比 i'_{b} 与要求的传动比 i_{b} 可能有差别，传动比变化率 δ 以百分率表示：

$$\delta = \frac{i'_{\mathrm{b}} - i_{\mathrm{b}}}{i_{\mathrm{b}}} = \frac{i'_{\mathrm{b}}}{i_{\mathrm{b}}} - 1 \tag{5-4}$$

应按初步确定的各挡牵引性能与相应典型阻力的关系，分别确定各挡传动比变化率的合理范围。

由于传动比有了变化，使相邻速比 q 也有变化，如一、二挡的相邻速比为

$$q_{1,2} = i_{b1}/i_{b2}$$

其变化率为

$$\Delta_{1,2} = \frac{q'_{1,2} - q_{1,2}}{q_{1,2}} = \frac{q'_{1,2}}{q_{1,2}} - 1$$

应按初步确定的牵引特性上各挡间速度重叠的大小，分别确定各相邻速比 q 变化率的合理范围。

一、二挡相邻速比变化率和传动比变化率有以下关系：

$$\Delta_{1,2} = \frac{q'_{1,2} - q_{1,2}}{q_{1,2}} = \frac{q'_{1,2}}{q_{1,2}} - 1 \qquad (5-5)$$

$$= \frac{\dfrac{i'_{b1}}{i'_{b2}}}{\dfrac{i_{b1}}{i_{b2}}} - 1 = \frac{i'_{b1}}{i_{b1}}\frac{i_{b2}}{i'_{b2}} - 1$$

$$= \frac{\delta_1 + 1}{\delta_2 + 1} - 1 \approx \delta_1 - \delta_2$$

第 k、$k+1$ 挡相邻速比变化率和传动比变化率有以下关系：

$$\delta_{k(k+1)} \approx \delta_1 - \delta_2$$

可根据确定的 δ 和 Δ 值来选定配齿方案。

为简化齿轮结构和制造，常希望有相同齿数，可在结构上使中间轴的一个齿轮两边共用；也可使齿数相同的齿轮做成结构完全相同的一种齿轮。

以上所述为两轴间配齿方案。对于多轴变速机构，则应将变速机构传动比先分配到各级轴上，然后按两轴间配齿方法配齿。下面举例说明。

5. 配齿算例

例：某轻型装甲车辆的变速机构传动比为 2.7、1.92、1.35、0.96、0.64、0.45，倒挡传动比为 -2.0、-1.0，其简图如图 5-4 所示，预定模数 $m=6$，中心距 $A=175\sim185$ mm，δ 的变化率前进挡允许 $\pm3\%$，倒挡允许 $\pm5\%$，Δ 的变化率前进挡允许 $\pm4\%$，倒挡允许 $\pm5\%$，试进行配齿。

（1）确定两轴间的齿数和。

$$\sum z = 2A/m = 58 \sim 62$$

为使尺寸最紧凑，先按最小齿数和配齿，也可同时按几个齿数和配齿，得几组方案，挑选变化率最小的。

（2）分配各级传动比。

当最高挡和最低挡的小齿轮同时最小时，变速机构的体积为最小。首先选取一挡小齿轮齿数 $z_2 = 17$（根据齿轮加工不根切和轴的结构确定）进行配齿，配齿检查最高挡小齿轮齿数 z_4 是否最小或接近最小。由 $\sum z = z_1 + z_2 = 58$，得 $z_1 = 41$。

由图 5-4 知高低挡齿轮比：

$$i_{t1} = \frac{z_1}{z_2} \times \frac{z_6}{z_7} = 2.7$$

$$i_{t2} = \frac{z_1}{z_2} \times \frac{z_9}{z_{10}} = 1.92$$

由此两式得：$z_6/z_7 = 1.12$，$z_9/z_{10} = 0.796$，由各挡总传动比可求出：$z_1/z_2 = 41/17 = 2.412$，$z_8/z_9 = 1.205$，$z_4/z_5 = 0.571$。

（3）进行配齿并检查变化率 δ 和 Δ 值。

根据 $\sum z = 58$ 和上面分配结果配齿得：$z_1 = 41$，$z_2 = 17$，$z_6 = 31$，$z_7 = 27$，$z_8 = 32$，$z_9 = 26$，$z_{10} = 32$，$z_4 = 21$，$z_5 = 37$。

为了提高齿轮传动的平稳性，在配齿时应尽量避免相互啮合齿轮的齿数有公约数，由图 5-4 可知齿轮 Z_8 和 Z_9 及 Z_9 和 Z_{10} 是相互啮合的齿轮，出现了公约数 2，故将 z_8 和 z_{10} 调整为 $z_8 = 31$ 和 $z_{10} = 33$。

配齿后各挡速比为 2.769，1.9，1.369，0.94，0.65，0.447。验算各挡的 δ 值为：$\delta_1 = 2.56\%$，$\delta_2 = -1\%$，$\delta_3 = 1.4\%$，$\delta_4 = -2\%$，$\delta_5 = 1.56\%$，$\delta_6 = -0.7\%$，均小于 $\pm 3\%$；各挡间的 Δ 值为：$\Delta_{12} = 3.62\%$，$\Delta_{23} = -2.4\%$，$\Delta_{34} = 3.4\%$，$\Delta_{45} = -3.56\%$，$\Delta_{56} = 2.26\%$，均小于 $\pm 4\%$，满足配齿要求，最高挡小齿轮 $z_4 = 21$ 接近最低挡小齿轮齿数 $z_2 = 17$，所以配齿成功。

（4）确定倒挡齿轮 Z_3 的齿数。

由图 5-4 知

$$i_{R1} = \frac{z_1}{z_3} = 2.0$$

得 $z_3 = 21$，则配齿后倒 1 挡速比为 $i_{R1} = z_1/z_3 = 41/21 = 1.952$，$\delta_{R1} = -2.4\%$，配齿后倒、2 挡速比为 $i_{R2} = z_2/z_3 \times z_8/z_9 = 17/21 \times 31/46 = 0.965$，$\delta_{R2} = -3.5\%$，$\Delta_{R1R2} = 1.1\%$，满足配齿要求。

5.2.3　同步转矩计算

定轴变速机构的换挡形式，多为同步器换挡或离合器换挡，下面以同步器换挡为例进行分析，离合器换挡的转速和转矩分析与之类似。

1. 同步过程中角速度的变化

假设变速机构的简图如图 5-5 所示，图中只绘出准备换上的那一挡（第 k 挡）的一对齿轮。齿轮是常啮合的，同步器装在 B 轴上。换挡前 A 轴的角速度为 ω_a，k 挡被动齿轮的角速度以 ω_c 表示

$$\omega_c = \frac{\omega_a}{i_{bk}} \tag{a}$$

式中，i_{bk}——k 挡变传动比。

B 轴的角速度以 ω_b 表示。

如换挡前是在较低的挡（第 $k-1$ 挡），即低挡换高挡时，则有

$$\omega_b = \frac{\omega_a}{i_{b(k-1)}} \tag{b}$$

式中，$i_{b(k-1)}$——第 $k-1$ 挡的变传动比，此时有 $\omega_b < \omega_c$，否则当高挡换低挡时，有 $\omega_b > \omega_c$。

由此可见，ω_c 与 ω_b 不同，即齿轮与轴不同步。

换挡过程中，若动力中断，或车辆受地面阻力而减速，B 轴的角速度也随着降低。此时，齿轮的角速度因同步器摩擦而逐渐与 B 轴的角速度趋于一致，同步角速度为 ω_t。同步过程中角速度变化规律如图 5-6 所示。

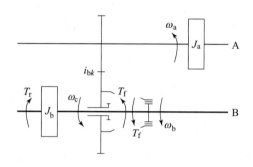

图 5-5　同步转矩计算简图
（同步器在 B 轴上）

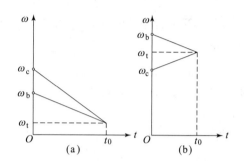

图 5-6　角速度的变化
（a）高挡换低挡；（b）低挡换高挡

2. 转动惯量

换挡时，k 挡被动齿轮（见图 5-5）的角速度由 ω_c 变为 ω_t，随之改变转速的有从主离合器被动摩擦片到各被动齿轮等一系列零部件（以下称为 A 轴系统），把这些零部件的转动惯量换算到 A 轴上，称为 A 轴系统的转动惯量 J_a，再把 J_a 当量换算到 k 挡被动齿轮上，称为 J_c，即

$$J_c = J_a i_{bk}^2 \tag{c}$$

随主轴也就是随车辆一起减速的有一系列零部件（以下称为 B 轴系统），把这些零部件的转动惯量，包括全车减速运动的平移质量换算到 B 轴上，即称为 B 轴系统的转动惯量 J_b。

3. 同步转矩与同步时间

先讨论低挡换高挡的情况。

取 A 轴系统为自由体，如忽略因主离合器分离不彻底而作用在被动摩擦片上的摩擦转矩，则其上只受有同步摩擦转矩 T_f（见图 5-5）。当 T_f 为常数时，A 轴系统的角加速度也是常数，即

$$T_f = J_c \frac{\omega_c - \omega_t}{t} \tag{d}$$

式（d）表明了我们所要研究的参数同步转矩 T_f、同步时间 t 与另一个参数 ω_t 之间的关系。

再取 B 轴系统为自由体，其上有同步摩擦转矩 T_f 和换算到 B 轴上的阻转矩 T_r，可得到另一个关系式，即

$$T_r - T_f = J_b \frac{\omega_b - \omega_t}{t} \tag{e}$$

式中

$$T_r = \frac{f_0 G r_z}{i_h} \tag{f}$$

式中，f_0——总阻力系数；

　　G——坦克重力；

　　r_z——主动轮半径；

　　i_h——B 轴换算到主动轮上的传动比。

为简化计算，不考虑效率的影响。

从式（d）和式（e）中消去 ω_t，可得

$$T_f = \frac{\dfrac{\omega_c - \omega_b}{t} + \dfrac{T_r}{J_b}}{\dfrac{1}{J_c} + \dfrac{1}{J_b}}$$

因为 J_b 比 J_c 大得多，故可以略去分母的第二项，即

$$T_f = J_c \left(\frac{\omega_c - \omega_b}{t} + \frac{T_r}{J_b} \right) \tag{g}$$

将式（a）~式（c）和式（f）代入式（g），得

$$T_f = J_a i_{bk}^2 \left[\frac{\omega_a}{t} \left(\frac{1}{i_{bk}} - \frac{1}{i_{b(k-1)}} \right) + \frac{f_0 G r_z}{J_b i_h} \right] \tag{5-6}$$

根据式（5-6）可以计算不同的同步时间 t 时的同步摩擦转矩 T_f。

当由较高的挡（第 $k+1$ 挡）换入第 k 挡时，图 5-5 中的 T_f 方向也发生变化，因此得

$$T_f = J_a i_{bk}^2 \left[\frac{\omega_a}{t} \left(\frac{1}{i_{b(k+1)}} - \frac{1}{i_{bk}} \right) - \frac{f_0 G r_z}{J_b i_h} \right] \tag{5-7}$$

由式（5-6）和式（5-7）可以看出，同步摩擦转矩值随着同步时间的增加而减少，计算时常取 $t=1$ s。

4. 同步器位置的影响

如果变速机构的简图如图 5-7 所示，即同步器装在 A 轴上，齿轮随 B 轴转动而转动，A 轴系统的转动惯量用 J_a' 表示，B 轴系统的转动惯量用 J_b' 表示，此时的换挡同步摩擦转矩 T_f' 的公式可推导如下。

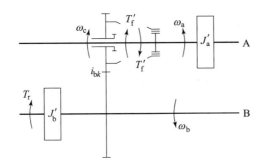

图 5-7　同步转矩计算简图（同步器在 A 轴上）

低挡换高挡时，有

$$\begin{cases} T'_f = J'_a \dfrac{\omega_a - \omega_t}{t} \\[3mm] \dfrac{T_r}{i_{bk}} - T'_f = \dfrac{J'_b}{i^2_{bk}} \cdot \dfrac{\omega_b i_{bk} - \omega_t}{t} \end{cases} \qquad (5-8)$$

解得

$$T'_f = J'_a \left(\frac{\omega_c - \omega_b i_{bk}}{t} + \frac{T_r i_{bk}}{J_b} \right)$$

所以

$$T'_f = J'_a i_{bk} \left[\frac{\omega_a}{t} \left(\frac{1}{i_{bk}} - \frac{1}{i_{b(k-1)}} \right) + \frac{f_0 G r_z}{J_b i_h} \right] \qquad (5-9)$$

高挡换低挡时，有

$$T'_f = J'_a i_{bk} \left[\frac{\omega_a}{t} \left(\frac{1}{i_{b(k+1)}} - \frac{1}{i_{bk}} \right) - \frac{f_0 G r_z}{J_b i_h} \right] \qquad (5-10)$$

与同步器装在 B 轴上的公式相比较，例如式（5-6）与式（5-9），得

$$\frac{T_f}{T'_f} = \frac{J_a}{J'_a} i_{bk}$$

式中，$J_a > J'_a$。一般各挡同步器采取同一结构，按低挡同步转矩决定其尺寸，此时 $i_{bk} > 1$。

所以，从减小同步转矩出发，应把换挡机构都装在 A 轴上。但实际上由于结构的限制，往往不能完全做到这一点。如果有些挡同步器装在 A 轴上，另一些挡装在 B 轴上，则应针对不同的情况选择计算公式。

5.2.4　换挡离合器位置的布置

在定轴变速机构中，换挡离合器可以放在传动简图中的不同位置，而与传动比无关。这点与行星变速机构不同。在行星变速机构中，传动简图确定后，换挡离合器和制动器的位置也就确定了。合理地布置定轴变速机构离合器的位置是十分重要的，它会影响变速机构的结构和尺寸、离合器参数以及换挡性能。

在选择离合器的布置位置时，通常应注意限制离合器片的最大相对转速，为此离合器应布置在中间轴或输出轴上，但这样增大了离合器传递的转矩，使离合器尺寸加大，这是不希望的。此外，对离合器结合时的动态过程进行研究证明，将离合器布置在低速轴可以使被动部分惯量减小，因此可使换挡冲击的动载减小。但在设计实践中，为减小离合器、变速机构的尺寸，解决设计中的困难，在允许的摩擦片的最大相对转速下，应尽可能将离合器布置在高速轴。

离合器主被、动摩擦片相对转速增大，则变速机构摩擦损失增大，效率降低，摩擦片发热，磨损增大，因此设计时应加以限制。摩擦片合适的圆周速度见表 5-1。

表 5-1　摩擦片合适的圆周速度

摩擦片外径 D/mm	圆周速度 $v/(\text{m} \cdot \text{s}^{-1})$
$100 \sim 180$	$12 \sim 25$
$180 \sim 250$	$20 \sim 35$
$250 \sim 350$	$30 \sim 50$

为了研究离合器相对转速，必须进行变速机构离合器运动学分析。下面以图 5-8 所示的两轴式变速机构传动简图为例，来研究离合器摩擦片的相对转速。

如图 5-8（a）所示，换挡离合器布置在输入轴上，设输入轴转速为 n_i，当离合器 C_1 空转、C_2 结合时，C_1 的内外摩擦片的相对转速为

$$\Delta n_{C_1} = |\ n_o i_1 - n_i\ | = \left|\ \frac{n_i}{i_2} i_1 - n_i\ \right| = n_i \left|\ \frac{i_1}{i_2} - 1\ \right|$$

式中，i_1——离合器 C_1 结合时，输入轴到输出轴的传动比；

　　　i_2——离合器 C_2 结合时，输入轴到输出轴的传动比。

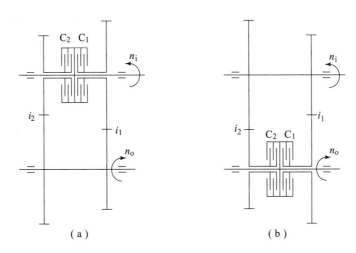

图 5-8　两轴变速机构运动学简图

（a）离合器布置在输入轴上；（b）离合器布置在输出轴上

对于图 5-8（b），换挡离合器布置在输出轴上，仍然研究当离合器 C_1 空转、C_2 结合时，空载离合器 C_1 的内外摩擦片间相对转速的情况：

$$\Delta n_{C_1} = \left|\ \frac{n_i}{i_2} - \frac{n_i}{i_1}\ \right| = \frac{n_i}{i_1} \left|\ \frac{i_1}{i_2} - 1\ \right|$$

比较两式可见：

（1）若 $i_1 > 1$，则离合器布置在输出轴上，C_1 空转相对转速小；若 $i_1 < 1$，则离合器布置在输入轴上，C_1 空转相对转速小。

（2）若结合的离合器 C_2 为高挡离合器，即 $i_2 < i_1$，则低挡离合器（空转的 C_1）内外摩擦片间相对转速相应较大。

当为多轴变速机构时，离合器可分别布置在几根轴上。变速机构为多自由度，但必定是由几个二自由度变速机构串联而成的。因此，分析离合器摩擦片相对转速时仍可按照上述方法进行分析。

5.2.5　结构设计

这里介绍箱体设计和润滑与密封设计。齿轮、轴等零件的设计计算可参考机械零件设计。

1. 箱体结构

变速机构箱体的结构形式有整体式和分箱式两种，箱体材料多用铸铝。对定轴变速机构，分箱面应通过尽可能多的轴（两根轴或三根轴）。分箱面优选水平面和铅垂面，也可以是斜面。

从工艺和制造来看，整体式箱体体积大、型芯复杂，分箱式箱体增加了组装镗孔，加工较困难。从装配来看，整体式箱体的整个轴可以从端孔装入，但当齿轮太大时，对整体式箱体的装配有所不利；而分箱式箱体的分总成往箱体上吊装时比较方便。

由于箱体结构复杂，故在加工前应对其强度、刚度和散热等进行分析。为了增加箱体的强度和刚度，轴与箱体间一般设三个或四个支点；在受力部位可以布置加强筋，加强筋可设在箱体内部或外部，内部筋的方向不应妨碍机油流动，外部筋可兼作散热片，其方向应顺着冷却气流的方向。

箱体上应开有检查窗、加油口、放油口和通气口。放油口螺塞应有永久磁铁以吸附磨下的铁屑。采用飞溅润滑时箱体的形状应保持坦克装甲车辆在坡道或侧倾坡行驶时，仍能有正常的油面高度。

2. 润滑与密封

传动装置的润滑方式有飞溅润滑和压力润滑两种，或两者兼有。

飞溅润滑靠下部的齿轮搅油飞溅而使各部分得以润滑。有些地方很难飞溅到油，如距油面较远的轴承等，可在箱体上设集油槽，使飞溅的油聚集到槽中，通过油孔或油管引到轴承中去。光孔齿轮内部滚针轴承的润滑可以在轮毂端面相对运动处开切向的油槽把油引入。飞溅润滑的优点是结构简单，无须专门的润滑油路系统。

压力润滑靠油泵供给压力油，通过箱体内的油道或轴内的油道将油送到润滑点上去。与飞溅润滑相比，压力润滑可靠，效果好。现代装甲履带车辆，如 БМП 步兵战车定轴变速箱等，大多采用压力润滑方式，但这种润滑方式会消耗部分功率。

有的变速箱大部分润滑点用飞溅润滑，只有不易飞溅到的部位才用压力润滑。如美国 M4A3E8 坦克变速箱，最上面一根轴上有 4 个浮装齿轮，其内部的无外圈圆锥滚子轴承处仍是飞溅润滑，其润滑系统如图 5 – 9（a）所示。泵 1 装在箱内倒挡轴的前端，泵本身带有定压阀 2，从油底壳 3 经滤油器 4 抽油，再经装在发动机部分的散热器 5、轴上的配油套 6，通往轴 7 内部的油道，把油供至各圆锥滚子轴承处。驾驶员仪表板上有一压力表 8，可以指示润滑油压。

某履带式车辆定轴变速机构第三轴总成如图 5 – 9（b）所示，齿轮采用飞溅润滑，轴承、换挡离合器摩擦片采用的是压力润滑。

变速机构的分箱面靠加工精度保证密封性。箱体的盖和轴承座等固定接合面，除了靠加工精度外，还常采用纸垫、密封胶和 O 形圈等进行密封。

伸出箱外的旋转轴必须有可靠的密封，以免漏油或渗油。变速机构常用的密封形式有挡油盘、回油螺纹、环槽、自紧油封和铸铁密封环等。图 5 –10 所示为坦克变速箱的几种典型密封结构的联合密封。

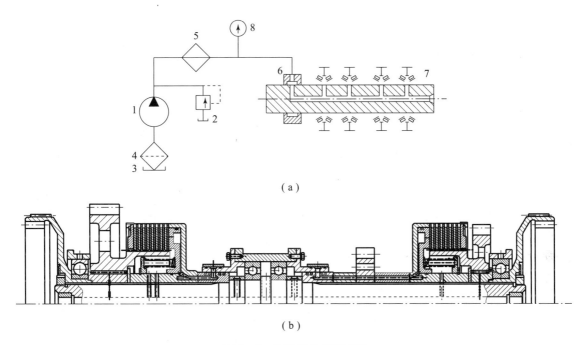

（a）

（b）

图 5 - 9 变速机构润滑系统

（a）M4A3E8 变速机构润滑系统；（b）某履带车辆定轴变速机构第三轴总成

1—泵；2—定压阀；3—油底壳；4—滤油器；5—散热器；6—配油套；7—轴；8—压力表

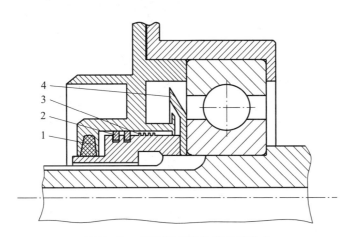

图 5 - 10 变速箱几种典型密封形式

1—毡垫；2—铸铁密封环；3—回油螺纹；4—挡油盘

5.3 行星排特性与配齿计算

5.3.1 行星机构原理

1. 概述

与固定轴齿轮机构相比，行星机构的主要特点如下：

（1）能够实现固定轴齿轮机构所不能实现的多个自由度速度的分解或合成，即对 n 个

行星机构原理

自由度的行星机构，用操纵机构减少 $n-1$ 个自由度，就得到确定传动比的运动。

（2）多点啮合传递动力。相当于将固定轴齿轮单点啮合传递的动力，平均分配到绕中心轴周转的几组行星轮的诸个啮合点上传递，每个啮合点的负担减少为几分之一。因此具有体积小、质量轻的特点，车辆用的传递功率在 $700 \sim 800$ kW 以上的变速机构，几乎都采用行星变速机构。

（3）传动时径向力平衡。每个行星排周向布置的几组行星轮啮合所形成的径向分力，对中心轴承是相互平衡的，理论上不存在径向负荷。

（4）结构较紧凑，但设计和生产都较复杂，成本也高于固定轴齿轮传动。

最简单的行星机构见图 5-11。它由太阳轮 t、齿圈 q、行星架 j 和行星轮 x 组成，又称行星排，行星轮装在行星架上，行星轮除自转外，还绕太阳轮公转，行星机构因此而得名。太阳轮 t、齿圈 q、行星架 j 与行星轮 x 不同，它们具有在同一轴线上的中心旋转轴。与行星轮啮合并具有中心旋转轴的齿轮称为中心轮。行星排可单独用作车辆传动系统中的差速器、功率分流或汇流机构、减速器，也可串联为传动系统中的增速、减速环节。若干行星排加上制动器、离合器等，则可组成行星变速机构。

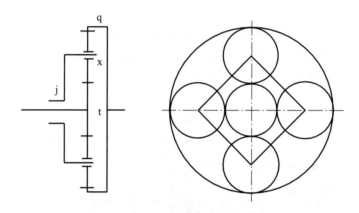

图 5-11 简单行星机构简图

q—齿圈；x—行星轮；j—行星架；t—太阳轮

太阳轮 t、齿圈 q、行星架 j 是行星排的基本元件，行星轮不算作元件，只作内部联系。行星轮是构成行星排的内在核心，有单星、双星和双联行星（又称复星）三种，共形成七种基本行星排，如图 5-12 所示。

单星排是结构最简单、应用最广的一种；双星行星排虽然结构复杂一些，但可得到比单星排更广的传动范围；而双联行星排则常用于差速器中。

就行星排的每个元件来讲，都具有一个绕其轴线旋转的自由度。但三元件组成行星排后，因受到约束，使三元件构成一定的运动学关系，减少了一个自由度。行星机构自由度 W 的一般关系式为

$$W = x - p \tag{5-11}$$

式中，x——行星机构的旋转件数；

p——行星排数。

如单行星排，$W = 3 - 1 = 2$，故为二自由度机构。

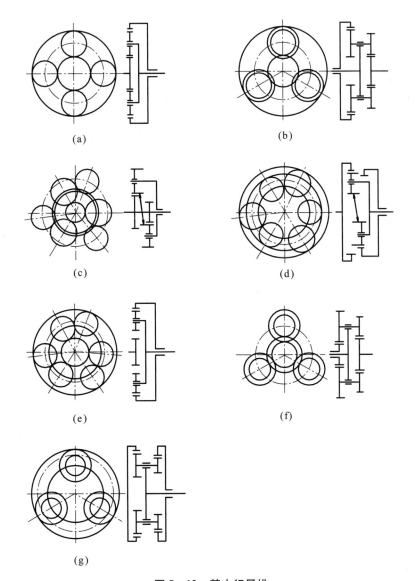

图 5 – 12　基本行星排

（a）内外啮合单行星排；（b）内外啮合双联排；（c）外啮合双行星排；（d）内啮合双行星排；

（e）内外啮合双行星排；（f）外啮合双联排；（g）内啮合双联排

　　太阳轮 t、齿圈 q 和行星架 j 分别与主动轴、被动轴、操纵件连接，承受外转矩，构成传递动力的构件，这种构件称为基本构件（或构件）。单行星排有三个构件，故称三构件行星机构。在多排行星机构中，连接两个元件或离合器的构件（即不受外转矩）称为辅助构件（或连接件）。

　　式（5–11）也可用行星排数 p 和辅助构件数 f 来表示，即

$$W = 2p - f \tag{5-12}$$

　　行星变速机构是要求具有一定传动比的行星机构，即要求行星机构只具有一个自由度，故要实现一个排挡（即传动比）需减少 $W-1$ 个自由度，所以应结合的操纵件数 n 为

$$n = W - 1 \tag{5-13}$$

如行星变速机构的总操纵件数为 z 件，实现一个挡必须操纵 n 件，则理论上可获得的排挡数 m 为

$$m = \mathrm{C}_z^n \tag{5-14}$$

但实际上，其中有的方案是不能应用或不能实现的。

如一个行星排做传动，无辅助构件，则由公式（5-12）得自由度 $W = 2 - 0 = 2$。实现一个排挡要结合 $n = 2 - 1 = 1$ 个操纵件。一个行星排可有两个操纵件（一个制动器，一个离合器），故可得 $m = \mathrm{C}_2^1 = 2$ 个排挡。

2. 行星机构速度关系式

在三构件行星机构中，太阳轮 t、齿圈 q、行星架 j 是通过行星轮 x 联系在一起的，它们的角速度（转速）间有一定的关系。研究三构件转速之间的关系是进一步研究行星传动运动学的基础，如求传动比和构件转速等。

以图 5-10 为例，设太阳轮 t、齿圈 q、行星架 j 的转速分别为 n_t、n_q、n_j。如果给整个行星机构以反向转速 n_j，此时行星架转速为 0，于是行星机构变成普通的定轴传动。太阳轮与齿圈的转速分别为 $n_t - n_j$ 和 $n_q - n_j$，而

$$\frac{n_t - n_j}{n_q - n_j} = -\frac{z_q}{z_t}$$

式中，z_t，z_q——太阳轮和齿圈的齿数。

令 $z_q / z_t = k$，代入上式，整理后得

$$n_t + k n_q - (1 + k) n_j = 0 \tag{5-15}$$

式（5-15）称为行星排速度关系式，适用于各种三构件行星机构。在行星架不转时，如两个中心轮（齿圈和太阳轮）的旋转方向相反，则用 k 代入（如单星排）；如果两个中心轮旋转方向相同，则用 $-k$ 代替 k（如双星排）。

当为简单行星排［见图 5-12（a）的行星排和图 5-12（c）和图 5-12（d）的双星行星排］时

$$k = z_q / z_t$$

当为双联行星排［见图 5-12（b）的内外啮合双联排］时

$$k = (z_{x1} z_q) / (z_t z_{x2})$$

式中，z_{x1}，z_{x2}——与太阳轮、齿圈啮合的行星轮齿数。

如已知 k 值，则可按上式写出一个转速关系式。

如在三构件转速 n_t、n_q、n_j 中，已知两个，便可求第三个。

3. 行星机构转矩关系式

基本行星机构三构件所受转矩和转速一样，也存在着一定关系，这个转矩关系是研究行星传动动力学的基础。

以单排单星行星排为例来进行分析（见图 5-13），为分析方便，以一个行星轮代表全部行星轮，

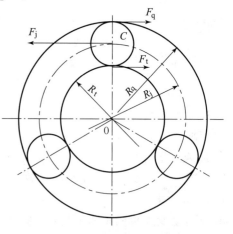

图 5-13　行星轮所受圆周力

三构件在外转矩作用下做等速旋转。行星轮与太阳轮和齿圈的啮合点以及与行星架的连接点处具有圆周作用力，故太阳轮 t、齿圈 q、行星架 j 所受转矩为

$$\begin{cases} T_t = F_t \cdot R_t \\ T_q = F_q \cdot R_q \\ T_j = F_j \cdot R_j \end{cases}$$

式中，F_t，F_q，F_j——太阳轮、齿圈、行星架作用于行星轮上的圆周力；

R_t，R_q——太阳轮、齿圈的节圆半径；

R_j——从行星轮轴心到中心的半径。

取行星轮作自由体，由

$$\sum F = F_t + F_q + F_j = 0$$

得 $F_j = -(F_t + F_q)$。

由

$$\sum T = T_t + T_q + T_j = 0$$

得 $F_t = F_q$，即有 $F_j = -2F_t = -2F_q$，即太阳轮和齿圈作用于行星轮上的力大小相等、方向相同；行星架作用于行星轮上的力等于太阳轮或齿圈作用于行星轮的力的两倍，方向相反。

为便于推导公式，假设行星轮与太阳轮、齿圈的啮合都是标准传动或高变位传动，力的作用半径就是分度圆半径。

$$\frac{T_t}{T_q} = \frac{F_t R_t}{F_q R_q} = \frac{R_t}{R_q} = \frac{1}{k}$$

$$\frac{T_t}{T_j} = \frac{F_t R_t}{F_j R_j} = \frac{F_t R_t}{-2F_t R_j} = -\frac{R_t}{2R_j} = -\frac{R_t}{R_t + R_q} = -\frac{1}{1+k}$$

因此得

$$T_t : T_q : T_j = 1 : k : -(1+k) \tag{5-16}$$

$$\sum T = T_t + T_q + T_j = 0$$

这就是行星机构的转矩关系式，这个关系式也可由行星排的功率平衡和转速关系式导出，此处不再证明。

4. 各种行星排的特性

1）基本行星排

式（5-15）的转速关系和式（5-16）的转矩关系对三构件基本行星机构都是适用的。行星架不转，当两个中心轮旋转方向相反时用 k 代入，该行星机构称为同向行星机构；当旋转方向相同时用 $-k$ 代替 k，该行星机构称为异向行星机构。七种基本行星排的特性见表 5-2。

表 5 - 2 基本行星排特性表

行星排名称		k 值定义	k 值适当范围	速度关系式	转矩关系式
异向机构	内外啮合单星排（普通排）	$\dfrac{z_q}{z_t}$	$1.5 \sim 4$	$n_t + kn_q - (1+k)n_j = 0$	$T_t : T_q : T_j = 1 : k : -(1+k)$
	内外啮合双联排	$\dfrac{z_{x1}}{z_t} \cdot \dfrac{z_q}{z_{x2}}$	$1 \sim 7$	$n_t + kn_q - (1+k)n_j = 0$	$T_t : T_q : T_j = 1 : k : -(1+k)$
	外啮合双星排	$\dfrac{z_{t2}}{z_{t1}}$	$0.37 \sim 2.7$	$n_{t1} + kn_{t2} - (1+k)n_j = 0$	$T_{t1} : T_{t2} : T_j = 1 : k : -(1+k)$
	内啮合双星排	$\dfrac{z_{q2}}{z_{q1}}$	$0.45 \sim 2.2$	$n_{q1} + kn_{q2} - (1+k)n_j = 0$	$T_{q1} : T_{q2} : T_j = 1 : k : -(1+k)$
同向机构	内外啮合双星排	$\dfrac{z_q}{z_t}$	$1.7 \sim 4$	$n_t - kn_q - (1-k)n_j = 0$	$T_t : T_q : T_j = 1 : -k : -(1-k)$
	外啮合双联排	$\dfrac{z_{x1}}{z_{t1}} \cdot \dfrac{z_{t2}}{z_{x2}}$	$0.25 \sim 4$	$n_{t1} - k_{t2} - (1-k)n_j = 0$	$T_{t1} : T_{t2} : T_j = 1 : -k : -(1-k)$
	内啮合双联排	$\dfrac{z_{x1}}{z_{q1}} \cdot \dfrac{z_{q2}}{z_{x2}}$	$0.55 \sim 1.8$	$n_{q1} - kn_{q2} - (1-k)n_j = 0$	$T_{q1} : T_{q2} : T_j = 1 : -k : -(1-k)$

由于实际结构中的轴、轴承、齿数、重合度等不能过小，故 k 值的实际范围受影响不能过大或过小。内外啮合单星普通排的较适当 k 值的范围为 $1.5 \sim 4$（一般以 $2 \sim 3$ 为最佳）。与此范围相当的各种行星排的较适当 k 值已列于表 5 - 2 中。

2）等轴差速器

行星机构并不只限于由圆柱齿轮构成，也可以由圆锥齿轮组成，但由于未采用内啮合圆锥齿轮，也未采用双星，因而只限于应用单星和双联圆锥行星齿轮。

各种行星排普遍具有的差速性能：当三元件之一的转速为一定时，另两元件转速之和为一定并可按一定比例分配，即另一件转速的增加（或减少）值为其余一件转速减少（或增加）值的 x 倍。当 $x \neq 1$ 时，此两元件所外联两轴的转速变化不相等，该行星排称为不等轴差速器。对于其中 $x = 1$ 的特定情况，则称为等轴差速，这对于不同行星排都可用特定的 k 值来得到。图 5 - 14 所示为几种等轴差速器。

如图 5 - 14（a）所示的差速器就是车辆上最广泛应用的等轴差速器，$k = 1$，其转速关系式为

$$n_{t1} + n_{t2} = 2n_j$$

即当 n_j 为一定时，n_{t1} 和 n_{t2} 可以按此式的规律自由分配，即可以使 $n_{t1} = n_{t2} = n_j$，而一个太阳轮增加（或减少）的转速可等于另一个太阳轮减少（或增加）的转速。

对于异向行星机构，需要 $k = 1$ 才能得到等轴效果。单星行星排与内外啮合双联排不可能 $k = 1$，而外啮合或内啮合的双星排则很容易具有大小相同的两个太阳轮或两个齿圈，得到 $k = 1$ 的等轴效果，有时称之为外柱型差速器或内柱型差速器，如图 5 - 14（b）和 5 - 14（c）所示。其中常采用外柱型差速器。

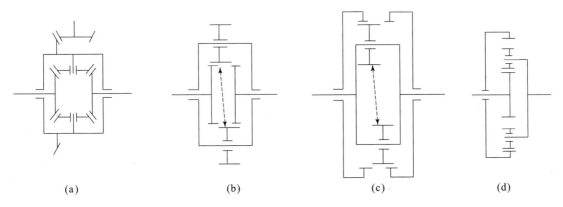

图 5 – 14　几种等轴差速器

（a）锥齿轮式；（b）外啮合圆柱齿轮式；（c）内啮合圆柱齿轮式；（d）$k=2$ 的内外啮合双星排

对于同向行星机构，若 $k=2$ 也都能形成等轴差速器。例如双星排在此特定 k 值时的速度式为

$$n_t - 2n_q + n_j = 0 \qquad (5 – 17)$$

即齿圈速度为一定时，既可整体回转 $n_t = n_j = n_q$，也可自由分配 n_t 和 n_j，其性能与前几种等轴差速器完全相同。由图 5 – 14（d）可见其结构也较简单。

5. 行星排配齿计算

行星排几何计算的主要任务是在已知参数 k 时，合理选择行星轮个数及各齿轮齿数、模数和其他齿形参数。这里主要研究如何选择各齿轮的齿数和行星轮数，称为配齿计算。几何计算的其他部分按《机械原理》的方法进行。

配齿时应先估算模数，再按结构允许的径向尺寸算出齿圈的最大齿数，按估算的轴或轴承尺寸计算出 $k=1$ 就是汽车上最广泛应用的等轴差速器，如图 5 – 14（a）所示。其关系式为

$$n_{t1} + n_{t2} = 2n_j$$

即当 n_j 为一定时，n_{t1} 和 n_{t2} 可以按此式的规律自由分配，即可以使 $n_{t1} = n_{t2} = n_j$，而一个太阳轮增加（或减少）的转速可等于另一个太阳轮减少（或增加）的转速。这样就可以保持轮式车辆在不中断向两侧输出动力的情况下，两轮适应于任何一侧转向，并保持平均车速不变化。

允许的太阳轮最小齿数。在上述齿数范围内，选择齿圈和太阳轮齿数，使其比值等于 k。但由于齿数必须是整数，故配得的 k 值往往不可能等于要求的 k 值。

计算步骤：

（1）估算模数。

用类比法初步估算模数。

（2）确定齿圈和太阳轮的齿数范围。

由径向尺寸范围确定齿圈齿数的范围 z_q：

$$z_q \leqslant \frac{D_{\max}}{m}$$

按轴或轴承尺寸确定太阳轮的齿数 z_t 的范围：

$$z_t \geqslant \frac{D_{\min}}{m}$$

（3）确定齿数。

在满足结构条件的 z_q、z_t 中选择满足 $k = \dfrac{z_q}{z_t}$ 的 z_q、z_t。

（4）检验特性参数 k 的变化率。

$$\delta_k = \frac{k' - k}{k} = \frac{k'}{k} - 1$$

例如：要求设计一行星排 $k = 4.77$，配齿时允许变化率 δ_k 的范围为 $\pm 2\%$，粗估模数 $m = 6$。齿圈尺寸限制 $\phi 560$，估计齿圈分度圆直径约为 $\phi 530$，则

$$z_q \leqslant \frac{530}{6} \approx 88$$

轴的尺寸限制 $\phi 75$，估计太阳轮分度圆直径约为 $\phi 95$，则

$$z_t \geqslant \frac{95}{6} \approx 16$$

将符合以上两条件，而且 k 值符合 δ_k 范围的齿数全部找出，列于表 5 - 3 中。

表 5 - 3　行星排配齿计算

序号	z_q/z_t	k	δ_k /%	z_x^*	q	t
1	75/16	4.68	-1.7	29.5	—	—
2	76/16	4.75	-0.5	30	4	0.92
3	77/16	4.81	+0.9	30.5	3	足够
4	80/17	4.71	-1.3	31.5	—	—
5	81/17	4.765	-0.1	32	2 * 2	0.49
6	82/17	4.82	+1.1	32.5	3	足够
7	85/18	4.72	-1.0	33.5	—	—
8	86/18	4.78	+0.1	34	4	1.17
9	87/18	4.83	+1.2	34.5	3	足够
					5	<0

这些方案不一定能用，还要用三个配齿条件来检查，现结合本例论述如下：

1）同心条件

同心条件即太阳轮和齿圈是同一个旋转中心，如太阳轮与行星轮的中心距 A_{tx} 和齿圈与行星轮的中心距 A_{qx} 应相等，如图 5 - 15 所示，即

$$A_{tx} = A_{qx} \tag{5 - 18}$$

采用标准传动或高度变位时，节圆与分度圆重合，则有

$$\frac{1}{2} m(z_t + z_x) = \frac{1}{2} m(z_q - z_x)$$

$$z_q - z_t = 2z_x$$

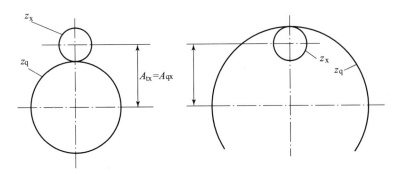

图 5 - 15　同心条件

由此式可以看出，凡齿圈齿数与太阳轮齿数同为奇数或同为偶数时，也就符合了同心条件。本例中第 2、5、8 组符合这一条件。选定 z_q，z_t 后，行星轮齿数可由上式计算出。

行星轮不属于三元件，它的齿数不影响传动比。在 z_x、z_t、z_q 确定后，有时为了改善行星齿轮传动的强度和其他啮合指标，可以减少行星轮齿数，同时采用角变位传动，这时各齿轮的节圆直径改变，为保证同心条件，也必须满足式（5 - 18）。此时行星轮齿数必须满足

$$z_x \leqslant z_x^* = \frac{z_q - z_t}{2}$$

例如第 1 组 $z_x^* = \dfrac{75 - 16}{2} = 29.5$，第 2 组 $z_x^* = \dfrac{76 - 16}{2} = 30$。各组 z_x^* 值列于表 5 - 2 中。

2）装配条件

为了使各元件上所受径向力平衡，应使行星轮均匀分布，设有 q 个行星轮，则行星架上两相邻行星轮的间隔角为

$$\theta_j = 360°/q$$

假定齿圈不动（原是二自由度，现变为一个自由度），如图 5 - 16 和图 5 - 17 所示，当行星架转动 θ_j 角度时，行星轮由 A 点已转过 θ_t 角，而 A' 点占据了原 A 点的位置。要想在 A' 处装入行星轮 2，D 点没动，A' 点必须和 A 点两处形状完全一样（例如图中 A 点在齿的对称线上，则 A'

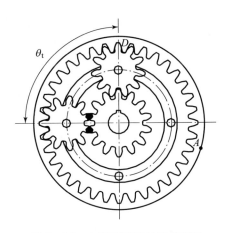

图 5 - 16　未满足装配条件的例子

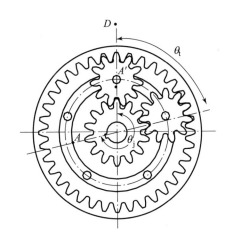

图 5 - 17　装配条件的证明

点也必须在齿的对称线上），这样装入两行星轮轮齿肯定是不干涉的，如图5-17所示，否则如图5-16所示。那么AA'弧应包括整数个齿，用公式表示为

$$\theta_t = N \cdot \frac{360}{z_t}$$

在$n_t + kn_q - (1 + k)n_j = 0$中，$n_q = 0$，则

$$n_t - (1 + k)n_j = 0$$

对时间积分后有

$$\theta_t - (1 + k)\theta_j = 0$$

$$N \cdot \frac{360°}{z_t} - \left(1 + \frac{z_q}{z_t}\right)\theta_j = 0$$

可得

$$z_q + z_t = \frac{360°}{\theta_j} \cdot N \tag{5-19}$$

这就是装配条件。

当行星轮均匀分布时，有$z_q + z_t = qN$。

齿圈和太阳轮的齿数和可以分解为两个整数相乘，取其中一个因数为q。本例中（表5-3），第1组$z_q + z_t = 91 = 7 \times 13$，两个因数太大，不能充当$q$值；第2组$z_q + z_t = 92 = 2^2 \times 23$，可取$q = 4$；第3组可取$q = 3$；第4组$z_q + z_t = 97$是个质数，无论如何也不能把几个行星轮装到适当的位置而使径向力平衡；第5组$z_q + z_t = 98 = 2 \times 7^2$，因数7太大，取$q = 2$时，又没有充分发挥行星传动多点啮合传力的优越性。

为了发挥行星传动多点啮合传递动力的优点，可以在有因数2时，对称装两对行星轮。为了布置4个行星轮，采用两组对称布置［见图5-18（a）］。有因数3时，可装6个行星轮按二组布置，每组3个均匀分布［见图5-18（b）］。两组行星轮的夹角必须符合式（5-19）。

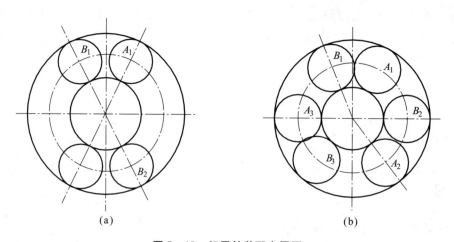

图5-18 行星轮装配布置图

3）相邻条件

行星排配齿除应满足同心条件、装配条件外，还应检查相邻条件（见图5-19），

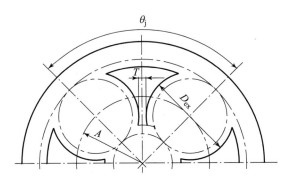

图 5 – 19　相邻条件的证明

使两相邻行星轮的齿顶不致发生干涉，两齿顶应有间隙 $T = t \cdot m$，在现有结构中，至少 $T = (1 \sim 2)m$，m 为齿轮的模数。

当行星轮齿数 $q = 3$ 时，一般间隙足够；当 $q = 4$ 且 $k < 4.5$ 时，通常 $t > 1$。除这两种情况外，应作图或者用下述方法来检查 t 值。

$$2A\sin\frac{\theta_j}{2} = D_{ex} + t \cdot m \tag{5-20}$$

式中，A ——太阳轮与行星轮的中心距；

$\quad\quad D_{ex}$ ——行星轮齿顶圆直径。

当角变位时，A 增大，D_{ex} 减小，有利于避免干涉，所以只需要检验标准齿轮的情况，故

$$2 \cdot \frac{m}{2}(z_x + z_t)\sin\frac{\theta_j}{2} = m(z_x + 2f_0) + t \cdot m$$

即有

$$t = z_t \cdot \sin\frac{\theta_j}{2} - \left(1 - \sin\frac{\theta_j}{2}\right)z_x - 2f_0 \tag{5-21}$$

当采用二组行星轮时，按相邻条件来确定最小间隔角 θ_{jmin}，然后再按装配条件确定间隔角。本例第 5 组，设 $t = 0$，则

$$\sin\frac{\theta_{jmin}}{2} = \frac{(z_x + 2f_0)}{(z_t + z_x)} = \frac{32 + 2 \times 0.8}{17 + 32} = 0.685\ 7$$

即

$$\theta_{jmin} = 86°35'$$

由式（5-19），当 $N = 24$ 时，得略大于 θ_{jmin} 的 θ_j，即

$$\theta_j = \frac{360° \times N}{z_q + z_t} = \frac{360° \times 24}{81 + 17} = 88°10'$$

再由式（5-21）求出实际的 $t = 0.49$，此时 $T = t \cdot m = 0.49 \times 6 = 2.94$（mm）是比较小的，可采用变位齿轮改善这种情况。

至此，已按配齿三条件检验完毕。9 组齿数中，除因装配条件和相邻条件淘汰的以外，还剩下 6 组需要按照结构设计、强度计算的结果选用较好的一组。

5.3.2　行星传动转速关系式

根据行星排的转速关系式，如已知结构参数 k，即可写出太阳轮、齿圈、行星架的转速

关系式。

　　凡用二自由度行星机构作为传动机构时，在普遍意义上，制动元件的转速不一定非为零。该传动比 i 的广义理解应是"主动件相对于被动件的转速"和"被动件相对于制动件的转速"的比值：

$$i = \frac{n_i - n_b}{n_o - n_b}$$

　　如已知传动比 i，即可写出行星传动主动件、被动件、制动件的转速关系式：

$$n_i - i n_o + (i - 1) n_b = 0 \qquad (5-22)$$

即行星传动转速关系式，它与行星排的速度关系式形式相似但参数不同，因而作用不同。

　　行星排转速关系式表示每一个参数为 k 的行星排三构件的转速关系，当传动情况确定后可用来计算传动比。

　　行星传动转速关系式仅与各挡传动比有关，而不管用什么样的结构来实现，故用来进行转速分析比较方便。

5.3.3　行星传动转矩关系式

　　三构件行星排的主动、被动、制动件的转矩关系可以用行星排转矩关系式求出，下面推导多排行星传动也适用的转矩关系式。

　　假设行星传动做匀速运动，并略去摩擦力，则当行星传动使被动轴上的转速降低 i 倍时，转矩必增加 i 倍，故有

$$T_o = -i T_i$$

式中，"$-$"——被动轴所受转矩的方向与输出转矩的方向是相反的。

　　取整个行星传动为自由体，得转矩平衡式为

$$T_i + T_o + T_b = 0$$

将上式代入得

$$T_b = (i - 1) T_i$$

　　为便于应用，将以上两式联合写成以下形式：

$$T_i : T_o : T_b = 1 : -i : (i-1) \qquad (5-23)$$

　　式（5-23）称为行星传动转矩关系式，它与行星排转矩关系式形式相似，但作用不同。已知行星排的 k 值时，可以用公式（5-16）表示出三构件所受转矩关系，知道一个即可求得其余两个转矩。已知传动比 i 值时，可用公式（5-23）表示主功、被动、制动件所受外转矩的关系，知道一个即可求得其余两个。

5.3.4　相对转速图

　　在实际应用中，为了更直观地表达行星传动各挡主动、被动、制动件间的转速关系，将行星传动主动件、被动件和制动件的转速关系用平面线图表示。已知行星传动转速关系式为

$$n_i - i n_o + (i - 1) n_b = 0$$

式中，n_i，n_o，n_b 都是变量，此式为三元一次方程式，是空间图形，为了得到平面图形，方程式以 n_i 除之，得

$$1 - i \frac{n_o}{n_i} + (i - 1) \frac{n_b}{n_i} = 0$$

设 $\bar{n}_{\mathrm{o}} = n_{\mathrm{o}}/n_{\mathrm{i}}$，表示被动件相对转速；$\bar{n}_{\mathrm{b}} = n_{\mathrm{b}}/n_{\mathrm{i}}$，表示制动件相对转速。则有

$$1 - i\,\bar{n}_{\mathrm{o}} + (i - 1)\,\bar{n}_{\mathrm{b}} = 0$$

此方程为二元方程式，可用平面图形表示。为了作图方便，将上式化为截距式，即

$$\frac{\bar{n}_{\mathrm{o}}}{\dfrac{1}{i}} + \frac{\bar{n}_{\mathrm{b}}}{-\dfrac{1}{i-1}} = 1 \tag{5-24}$$

由式（5-24）可知，如以 $\bar{n}_{\mathrm{o}}$ 为横坐标、$\bar{n}_{\mathrm{b}}$ 为纵坐标，则上式可用一直线表示，见图 5-20（a），其横截距 $OA = 1/i$，纵截距 $OB = -1/(i-1)$，当 $\bar{n}_{\mathrm{o}} = 1$ 时，$\bar{n}_{\mathrm{b}} = 1$，故此直线过 $E(1,1)$ 点，过 B、E 二点作直线必经过 A 点。

为便于研究，把主动件和被动件的相对转速也画在图上，把纵坐标改为主动、被动、制动件相对转速的公用坐标，则主动件的相对转速 $n_{\mathrm{i}}/n_{\mathrm{i}} = 1$，为一条过 $E(1,1)$ 点平行于横坐标的直线，被动件的相对转速是横坐标本身，换算为纵坐标是一条过 $E(1,1)$ 点和原点的 $45°$ 倾斜直线，见图 5-20（b）。这种图形称为相对转速平面图，图上每一条线均代表行星传动中一个构件的转速关系，如 i、o、b 分别表示主动件、被动件和制动件的相对转速关系。

每一个挡（非直接挡）可有一个方程式，并可在图上画出一条直线，例如图 5-21 所示为四个前进挡、一个倒挡的行星变速机构，三挡为直接挡，一、二、四、倒挡各有一条直线，见图 5-21 中的 1、2、4、R，这时纵坐标为各挡制动件相对转速的公用坐标。

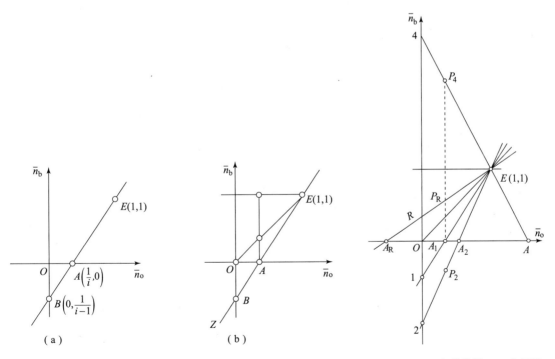

图 5-20　相对转速图

图 5-21　四个前进挡、一个倒挡
的行星变速机构相对转速

一般来说，有 n 个非直接挡，则共有主动件、被动件和 n 个制动件，可以用 $n+2$ 条直

线来表示 n 个行星传动转速关系式。

利用相对转速图，可以求得各挡时各构件的相对转速。如挂一挡，在图上过 A_1 点作垂线与各直线交于 P_2、P_R、P_4 点，则线段 A_1P_2、A_1P_R、A_1P_4 为各构件的相对转速（乘上主动轴转速即为该构件转速）。在横轴以上的数值为正，与主动轴同方向；在横轴以下的数值为负，与主动轴反方向。其他挡可用同样方法作通过 A_2 或 A_4、A_R 点的垂线求得。

上述是由传动转速关系式求得的各构件（主动、被动、制动）间的相对转速图。这个相对转速图也能表示一个行星排的三构件（太阳轮、齿圈、行星架）的转速关系。因为行星排速度关系式也是三元一次齐次平衡式，故它的线图也是一组三条共 E 点的线。当为单排行星传动时，必与主动轴和被动轴连接，则与图 5－20（b）相同，必包括有 i 线和 o 线。当多排行星传动时，其中任一个排的三构件中不一定包括有主动件 i 和被动件 o，它可能由操纵件和辅助连接件组成。

在相对转速图中，任取三条共 E 点的线，使它组成一个行星排，我们可以在图上判断行星排的构成，如哪条线代表行星架转速、哪条线代表齿圈转速、哪条线代表太阳轮转速；还可求得行星排参数 k 值，最后写出这个行星排的转速关系式。一组传动比关系式或线图（如三条共点线）确定了一定的传动比关系，不管用什么行星机构来实现，只有一种表示方法。当用不同行星机构来实现该传动比时，图上同一条线在不同行星机构中作不同的元件。

如采用单行星排实现传动比，对于行星排有以下关系：

$$\frac{n_t - n_j}{n_q - n_j} = -k = -\frac{z_q}{z_t} \tag{5-25}$$

由上式可以看出：

（1）根据负号判断，太阳轮对行星架的相对转速差与齿圈对行星架的相对转速差方向相反。

（2）由于 $z_q/z_t > 1$，故太阳轮对行星架的相对转速差值是齿圈对行星架的相对转速差值的 k 倍。

所以由相对转速图 5－22 可确定，组成行星排的三条线中，中间的一条线代表行星架；离行星架近的代表齿圈，较远的代表太阳轮。而代表两转速差的线段之比，就是 k 的绝对值。

如采用双星行星排来实现传动比，则对于双行星排有以下关系式

$$\frac{n_t - n_j}{n_q - n_j} = k = \frac{z_q}{z_t} \tag{5-26}$$

变换后得

$$\frac{n_t - n_q}{n_j - n_q} = -(k-1)$$

可见，当 $k = 2 \sim 4$ 时，$k-1 \geqslant 1$，太阳轮和行星架相对齿圈的转速差的方向是相反的，所以

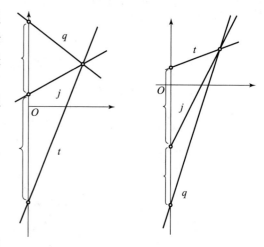

图 5－22　单行星排相对转速

三条共点线的中间一条线表示齿圈；离齿圈较近的代表行星架，较远的代表太阳轮（见图 5－23）。图 5－23 中代表两转速差的线段之比就是 k 值。当 $k < 2$ 时，情况相反，但由于这时行

星排尺寸大，故不予采用。

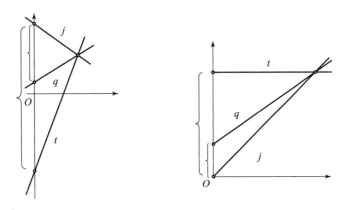

图 5-23　双星行星排相对转速

5.3.5　效率计算

传动效率是传动性能的重要指标之一。影响齿轮传动效率的因素很多，如齿轮制造质量、转矩、转速、油温和润滑条件等。精确的效率值可在专门的试验台上求得。行星传动和定轴齿轮传动不同，除上述因素外，在获得同样传动比时，选择的传动方案不同，其效率值可能相差很大，所以分析和设计行星传动时必须予以重视。

行星传动效率是在定轴传动效率的基础上根据行星排各构件的相对转速、转矩和传递的功率来计算的。计算行星传动效率的方法有多种，现介绍其中的一种——相对功率法，这种方法原理简单明了，计算容易，有足够的精度。

前面用图解法分析行星排各构件的运动时，可以看出行星轮运动是由牵连运动和相对运动两部分组成的，由这两种运动传递的功率分别称作牵连功率和相对功率。计算效率时假定：

（1）只计算和相对运动有关的齿轮啮合损失，与牵连运动有关的损失以及搅油损失忽略不计。

（2）相对运动的齿轮啮合损失与定轴齿轮传动一样。

因啮合损失仅与相对功率有关，所以整体旋转的行星机构效率为 1，相对转速低的效率高；牵连转速低，相对转速高，则效率低。单行星排的功率损失等于它的相对功率 P_x 经一对外啮合和一对内啮合齿轮时的功率损失 P_s。而双行星排则增加一对外啮合齿轮，对外啮合效率取 0.97、内啮合取 0.98，则相对运动效率 η_x 如下：

单行星排　　　　　　　　　$\eta_x = 0.97 \times 0.98 = 0.95$

双行星排　　　　　　　　　$\eta_x = 0.97 \times 0.97 \times 0.98 = 0.92$

行星排功率损失

$$P_s = P_x(1 - \eta_x) \tag{5-27}$$

行星排效率

$$\eta = \frac{P_i - P_s}{P_i} = 1 - \frac{P_x(1 - \eta_x)}{P_i} = 1 - (1 - \eta_x)\frac{P_x}{P_i} \tag{5-28}$$

令 $\dfrac{P_x}{P_i} = \beta$，称相对功率系数，则

$$\eta = 1 - (1 - \eta_x)\beta$$

多排行星传动效率损失等于各排相对功率损失之和，其效率为

$$\eta = \dfrac{P_i - (P_s' + P_s'' + \cdots)}{P_i} = 1 - [(1 - \eta_x')\beta' + (1 - \eta_x'')\beta'' + \cdots] \qquad (5-29)$$

式中，η_x'，η_x''——各行星排的相对运动效率，决定于行星排的啮合次数和结构；

β'，β''——各行星排的相对功率系数。

所以求行星传动的效率，实际上就是求相对功率和相对功率系数。

每排的相对功率可按外啮合点（行星轮与太阳轮的啮合点）或内啮合点（行星轮与齿圈的啮合点）计算。因为相对功率先后经两点传递，故其计算结果是相同的。可选择计算方便的点，如以太阳抢的外啮合点计算为例，则

$$P_x = T_t(n_t - n_j)$$

因求损失，故取绝对值，得

$$P_x = |T_t(n_t - n_j)|$$

$$\beta = \dfrac{P_x}{P_i} = \dfrac{|T_t(n_t - n_j)|}{T_i n_i} = \left|\dfrac{T_t}{T_i}\right| \cdot \left|\dfrac{n_t - n_j}{n_i}\right| \qquad (5-30)$$

同理，如取齿圈的内啮合点计算，则得

$$\beta = \left|\dfrac{T_q}{T_i}\right| \cdot \left|\dfrac{n_q - n_j}{n_i}\right| \qquad (5-31)$$

例如图 5-24（a）的传动简图，$k=3$，取外啮合点计算方便，即

$$\beta = \left|\dfrac{T_t}{T_i}\right| \cdot \left|\dfrac{n_t - n_j}{n_i}\right| = 1 \times \left|1 - \dfrac{n_j}{n_i}\right| = 1 - \dfrac{1}{i} = 1 - \dfrac{1}{1+k} = \dfrac{k}{1+k} = \dfrac{3}{4}$$

所以有

$$\eta = 1 - (1 - \eta_x)\beta = 1 - 0.05\dfrac{k}{1+k} = 0.9625$$

例如图 5-24（b）的双星行星排，$k=3$，取内啮合点计算，则

$$\beta = \left|\dfrac{T_q}{T_i}\right| \cdot \left|\dfrac{n_q - n_j}{n_i}\right| = 1 \times \left|1 - \dfrac{n_j}{n_i}\right| = \left|1 - \dfrac{1}{i}\right| = \left|1 - \dfrac{k}{k-1}\right| = \dfrac{1}{2}$$

$$\eta = 1 - (1 - \eta_x)\beta = 1 - (1 - 0.92) \times 0.5 = 0.96$$

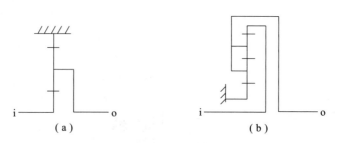

图 5-24　传动简图

5.4　行星变速机构设计

行星传动分析及
变速箱分析

5.4.1　行星变速机构分析

1. 分类

按行星变速机构的特性可进行各种分类，通常按机构自由度分。现代车辆应用的行星变速机构的自由度有二自由度、三自由度和四自由度三种。

二自由度行星变速机构，实现一个挡只要操纵一个操纵件。因此液压换挡系统结构可简化，适用于 2 ~ 5 挡。当变速机构挡数超过 5 ~ 6 挡时，行星排太多，结构就显得复杂。

三自由度行星变速机构实现一个挡，同时要操纵两个操纵件，因此换挡系统复杂些。但由于共用了行星排和操纵件，故在挡数较多时具有优越性。

有些三自由度行星变速机构是由两个二自由度变速机构串联而成的，如阿里森 CLBT5000 ~ 6000 系列就是由高低挡行星机构和三个前进挡、一个倒挡的行星变速机构串联而组成的六个前进挡、一个倒挡的行星变速机构，换挡时有三次只需更换一个操纵件。

有些三自由度行星变速机构是用换联主动或被动件来获得倒挡的。这种变速机构在前进挡时只要更换一个操纵件，相当于二自由度的变速机构，这就便于实现自动换挡操纵，如德国 ZF 公司生产的 LSG – 3000 综合传动装置中的变速机构。

四自由度行星变速机构实现一个排挡要同时操纵三个操纵件，用于超过 8 ~ 10 挡的多挡传动，一般由三自由度和二自由度变速机构串联而成，如英国 David Brown 公司为"挑战者"生产的 TN – 37 综合传动装置就是由三个二自由度变速机构串联而成的。

在选择行星变速机构自由度时，除了应考虑行星变速机构的结构要简单外，还必须注意使操纵系统简化，最好在前进挡时只操纵一个操纵件。实践证明，当同时切换两个操纵件进行动力换挡或实现自动换挡时，若要保证平稳换挡和功率不中断，则会使其液压换挡系统结构复杂化。

行星变速机构也可按最高挡为降速挡、直接挡和超速挡分类。行星变速机构具有直接挡，可获得最高机械效率和较小尺寸，所以在变速机构中应用较广。有些传动装置为减小变速机构尺寸，采用包括直接挡的超速挡传动，如一般高低挡行星机构就是一个直接挡、一个超速挡。常用变速机构为带一个直接挡的降速挡传动。

行星变速机构也可按有无正、倒挡换挡机构来分类。在工程机械和军用履带车辆上为提高机动性，其正、倒挡数目相同，这可用专门的正、倒挡换向机构实现。在前进挡或倒挡时，只需操纵一个操纵件。在同一排挡时，由前进挡换倒挡也只需变换一个操纵件。

按行星变速机构在车辆上的布置，可分为纵置和横置两类。横置的行星变速机构在军用履带车辆上应用较多。

由行星变速机构分类可知，二自由度变速机构是研究行星变速机构方案的基础，在它的基础上可分析研究三自由度变速机构，而在二自由度和三自由度变速机构的基础上可研究四自由度变速机构。

2. 传动比计算

已知行星变速机构的结构（传动简图）、齿数（或 k 值），则可以计算各挡传动比。单排行星传动的传动比计算可按表 5 – 2 中的公式进行。多排行星传动可以写出各行星排的转速关系式，然后解方程组，求出各挡传动比。在计算前应先判断有哪几个行星排参加工作、哪几个行星排不参加工作（空转），这样可使计算简化。

当行星传动排数较多时，在每一挡有哪些行星排工作、哪些不工作，不易直观判断出来，因此必须把全部关系式都列出来解联立方程组，求得各挡传动比。

3. 转速分析

转速分析是求行星排各构件的转速和行星轮的自转转速，可以用行星排转速关系式（已知 k 值时）$n_t + kn_q - (1 + k)n_j = 0$ 或传动比关系式 $n_i - in_o + (i - 1)n_b = 0$（已知传动比 i 时）求解。

转速分析也可以利用转速平面图来进行。如图 5-25 所示，从各斜线与横坐标轴的交点 A_1，A_2，…作平行于纵坐标轴的直线，每一条线就表示每一个挡的工况。这条线与其他图线相交，过 A_1 的直线与各斜线交点为 P_1、P_R、P_4，则线段 A_1P_2、A_1P_R、A_1P_4 为各构件的相对转速（乘上主功转速即为该构件转速）。交点在横坐标上方（如 A_1P_R）表示一挡时倒挡制动件 -1 的旋转方向与主动轴相同，在横轴下方（如 A_1P_2）表示一挡时二挡制动件 2 的旋转方向与主动轴相反。A_1P_R，A_1P_2，…线段的长度（仍把 n_i 看成转速的单位）就是转速的大小，实际转速应为线段长乘以 n_i。

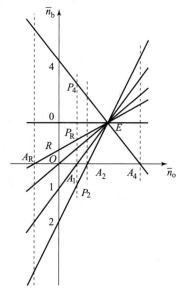

图 5-25　转速分析

构件之间的相对转速也可以从速度平面图中求出。例如一挡时构件 2 对构件 1 的相对转速 $n_{21} = n_2 - n_1 = A_1P_2$，因 P_2 在 A_1 下方，故说明相对转速 n_{21} 的方向与主轴相反。

如果行星传动的结构是已知的，或已知其简图，则各排行星轮的相对转速可以通过太阳轮（或齿圈）对行星架的相对转速折算，即行星轮轴承转速。

$$n_x = - n_{tj}\frac{z_t}{z_x} = - (n_t - n_j)\frac{z_t}{z_x}$$

或

$$n_x = n_{qj}\frac{z_q}{z_x} = (n_q - n_j)\frac{z_q}{z_x}$$

已知 k，尚未配齿时，可初步按 $z_x = z_x^* = (z_q - z_t)/2$ 代入上式，得

$$n_x = - (n_t - n_j)\frac{2}{k - 1}$$

或

$$n_x = (n_q - n_j)\frac{2k}{k - 1}$$

配齿以后，实际 n_x 比此式求出的大 z_x^*/z_x 倍。

4. 转矩分析

通过转矩分析，求各构件上所受的转矩，为齿轮、轴、花键、离合器、制动器等零件的强度设计提供数据。转矩分析对各个挡要分别进行。例如，在某一排挡下，已知主动轴输入

转矩 T_i，求该挡下被动轴输出转矩 T_o，制动件制动转矩 T_b 和参加工作的各行星排的太阳轮、齿圈、行星架的转矩 T_t、T_q、T_j。对直接挡要求离合器的摩擦转矩 T_f。

转矩分析方法是应用各行星排的转矩关系式、这一挡的行星传动转矩关系式和每个构件的静力学转矩平衡式求解未知数。用这些方程式解这些构件转矩未知数是足够的，而且还多余出两个方程用作验算。转矩分析的步骤如下：

（1）先由该挡转矩关系式，已知 T_i，求外转矩 T_o 和 T_b。

（2）从这三构件中找出只参加一个排工作的构件，用行星排转矩关系式计算这个排的内转矩。

（3）由只参加两个排（这排和另一排）工作的构件的转矩平衡式求另一排构件的转矩，进而用行星排转矩关系式计算另一排的内转矩，依次推演到其他各排。

（4）全部未知转矩计算完后，用多余方程来验算。

（5）构件转矩的符号：与输入轴转矩同向为正，反之为负。

闭锁离合器的摩擦转矩可以利用功率平衡原理来求。在直接挡时各制动器全松开，假设在离合器中产生摩滑，则在离合器中消耗大部分功率，离合器的摩滑功率等于闭锁转矩 T_1 与相对摩滑角速度 ω_1 的乘积，此时功率平衡方程式为

$$T_i\omega_i + T_o\omega_o + T_1\omega_1 = 0$$

由于互相摩滑的两构件所受摩擦转矩大小相等、方向相反，故计算时取绝对值，即

$$T_1 = \left| \frac{T_i\omega_i + T_o\omega_o}{\omega_1} \right|$$

上式在任何工况下均成立，为计算方便，可取 $\omega_o = 0$ 的工况，则

$$T_1 = \frac{T_i\omega_i}{|\omega_1|_{\omega_o=0}}$$

或换为转速关系

$$T_1 = \frac{T_i n_i}{|n_1|_{\omega_o=0}}$$

可见，当 $n_o = 0$ 时，离合器的相对摩滑转速越大，则闭锁摩擦转矩越小。因此在相对转速图上，选择在相距最远的两线（即在纵坐标上距离最远）所代表的构件之间设置离合器，闭锁摩擦转矩较小。

5. 功率流分析

在转速与转矩分析的基础上，可以求得各行星排各受力点上传递功率的大小与方向，进而分析功率传递路线（功率流），并判断有无循环功率存在。

判断功率传递方向的规则如下：

（1）构件上某点所受转矩方向与其转速方向相同（T、n 或 $-T$、$-n$）时，功率为正（$P = T \cdot n$），表示从构件这点输入功率。

（2）如某点上所受转矩方向与其转速方向相反（T、$-n$ 或 $-T$、n），则功率为负（$P = -T \cdot n$），也即从构件这点输出功率。

转速方向用符号"+""−"表示，转矩方向用符号"⊕""⊖"表示，标注在各受力点近旁，功率传递路线用符号"↑""→""↓""←"表示。

6. 功率流分析算例

例 1：德国 ZF 公司生产的 LSG – 3000 型行星变速机构如图 5 – 26 所示，求各挡传动比，

并对二挡进行转速、转矩、功率和效率分析。已知 $k_1 = 3.64$，$k_2 = 3.64$，$k_3 = 1.88$，i 代表输入（主动），o 代表输出（被动）。

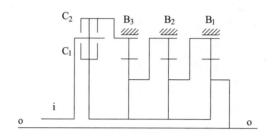

图 5 - 26　LSG - 3000 行星变速机构简图

解：（1）传动比计算。

$$n_{t1} + k_1 n_{q1} - (1 + k_1) n_{j1} = 0$$
$$n_{t2} + k_2 n_{q2} - (1 + k_2) n_{j2} = 0$$
$$n_{t3} + k_3 n_{q3} - (1 + k_3) n_{j3} = 0$$

由已知条件和传动简图，上式可写成：

$$n_i + 3.64 n_1 - 4.64 n_o = 0$$
$$n_i + 3.64 n_2 - 4.64 n_1 = 0$$
$$n_i + 1.88 n_3 - 2.88 n_2 = 0$$

一挡时，离合器 C_1 接合，制动器 1 制动，第 2、3 行星排空转不工作，1 排单独工作，速度关系式为

$$n_i + 3.64 n_1 - 4.64 n_o = 0$$

当 $n_1 = 0$ 时可得 $i_1 = n_i/n_o = 4.64$。

二挡时，离合器 C_1 接合，制动器 2 制动，$n_2 = 0$，第 3 排行星空转不工作，第 1、2 两排工作，速度关系式为

$$n_i + 3.64 n_2 - 4.64 n_1 = 0$$
$$n_i + 3.64 n_1 - 4.64 n_o = 0$$

消去 n_1，由 $n_2 = 0$，则可得 $i_2 = n_i/n_o = 2.6$。

三挡时，离合器 C_1 接合，制动器 3 制动，$n_3 = 0$，3 个行星排全工作，速度关系式为

$$n_i + 3.64 n_1 - 4.64 n_o = 0$$
$$n_i + 3.64 n_2 - 4.64 n_1 = 0$$
$$n_i + 1.88 n_3 - 2.88 n_2 = 0$$

消去 n_1 和 n_2，由 $n_3 = 0$，可得 $i_3 = n_i/n_o = 1.67$。

四挡时，离合器 C_1，C_2 接合，3 个行星排成整体旋转，所以 $i_4 = 1.0$。

（2）转速分析。

下面利用行星排转速关系式进行二挡转速分析：

①求各构件转速。

由传动转速关系式得 $n_o = n_i/i_2 = 0.385 n_i$。

将 $n_o = 0.385n_i$ ，$n_2 = 0$ 代入第 2 行星排转速关系式

$$n_i + 3.64n_2 - 4.64n_1 = 0$$

得 $n_1 = 0.216n_i$ 。

也可利用传动比关系式进行转速分析得到 n_1 。一、二挡传动比关系式如下：

$$\begin{cases} n_i - i_1 n_o + (i_1 - 1) n_1 = 0 \\ n_i - i_2 n_o + (i_2 - 1) n_2 = 0 \end{cases}$$

将 $i_1 = 4.64$ ，$i_2 = 2.6$ ，$n_2 = 0$ 代入可得 $n_1 = 0.216n_i$ 。

二挡只有第 1、2 两排工作，则

$$n_{t1} = n_{t2} = n_i$$
$$n_{j1} = n_o = 0.385n_i$$
$$n_{q1} = n_{j2} = n_1 = 0.216n_i$$
$$n_{q2} = n_2 = 0$$

②行星轮转速。

$$n_{x1} = -\frac{2}{k_1 - 1}(n_{t1} - n_{j1}) = -\frac{2}{2.64}(n_i - 0.385n_i) = -0.466n_i$$

$$n_{x2} = -\frac{2}{k_2 - 1}(n_{t2} - n_{j2}) = -\frac{2}{2.64}(n_i - 0.216n_i) = -0.594n_i$$

（3）转矩分析。

下面对二挡进行转矩分析：

①由传动的转矩关系式

$$T_i : T_o : T_b = 1 : (-i) : (i - 1)$$

得

$$T_o = -i_2 T_i = -2.6T_i, T_2 = (i_2 - 1)T_i = 1.6T_i$$

②由 2 排的构件 2 得

$$T_{q2} = -T_2 = -1.6T_i$$

③由 2 排的转矩关系式得

$$T_{t2} = \frac{T_{q2}}{k_2} = \frac{-1.6T_i}{3.64} = -0.44T_i$$

$$T_{j2} = -(T_{t2} + T_{s2}) = 2.04T_i$$

④由只参加 2 排和 1 排的构件 1 得

$$T_{q1} = -T_{j2} = -2.04T_i$$

⑤由 1 排转矩关系式得

$$T_{t1} = \frac{1}{k_1}T_{q1} = \frac{-2.04}{3.64}T_i = -0.56T_i$$

$$T_{j1} = -(T_{t1} + T_{q1}) = 2.6T_i$$

至此，全部未知转矩已计算完毕，但还有两个方程式未用，可以用来验算。

⑥由构件 o 验算 $T_{j1} = -T_o$

⑦由构件 i 验算 $T_{t1} + T_{t2} = -T_i$ 。

（4）功率分析。

以二挡为例进行功率传递路线分析。旋转方向用符号"＋""－"表示，转矩方向用符号"⊕""⊖"表示，标注在各受力点近旁，功率传递路线用符号"↑"表示，如图 5－27 所示。

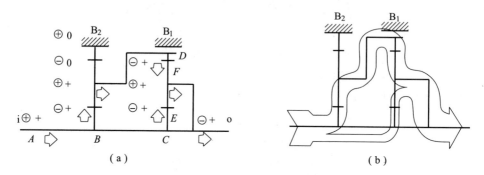

图 5－27 "豹"1 式二挡功率分析

由转速分析可知，二挡时，除构件 2 速度为零外，其余各构件旋转方向都为正。

由转矩分析可知，二挡时，除两个排的行星架转矩为负外，其余各构件转矩均为正。

主动件上共有三个受力点（A、B、C），A 处转矩、转速同号，是吸收（输入）功率；B、C 处转矩、转速异号，是输出功率。故在这里一路功率分流为两路；右排行星轮上三个受力点 D、E、F，D、E 为输入，F 为输出，故在这里两路功率汇流为一路。功率分流、汇流的情况如图 5－27（b）所示。由图可见，二挡没有循环功率。

（5）二挡效率分析。

由

$$\eta = 1 - \left[\frac{P_{x1}(1 - \eta_{x1})}{P_i} + \frac{P_{x2}(1 - \eta_{x2})}{P_i}\right] = 1 - \left[\beta_1(1 - \eta_{x1}) + \beta_2(1 - \eta_{x2})\right]$$

$$\beta_1 = \frac{P_{x1}}{P_i} = \left|\frac{T_{t1}}{T_i} \cdot \frac{n_{t1} - n_{j1}}{n_i}\right| = 0.359 \times 0.615 = 0.221$$

$$\beta_2 = \frac{P_{x2}}{P_i} = \left|\frac{T_{s2}}{T_i} \cdot \frac{n_{s2} - n_c}{n_i}\right| = 0.44 \times 0.784 = 0.345$$

$$\eta_{x1} = \eta_{x2} = 0.97 \times 0.98 = 0.95$$

得

$$\eta = 1 - \left[\beta_1(1 - \eta_{x1}) + \beta_2(1 - \eta_{x2})\right] = 1 - 0.05 \times (\beta_1 + \beta_2) = 0.972$$

例 2：现以图 5－28 中 M113 装甲输送车变速机构为例，求各挡传动比，并对倒挡进行转速、转矩、功率和效率分析。

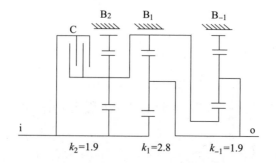

图 5－28 M113 装甲输送车变速机构传动简图

（1）传动比计算。

对每个行星排列出机构速度式，以图中元件所属构件和行星排名称代替：

2 排：
$$n_i + k_2 n_2 - (1 + k_2) n_1 = 0 \qquad (a)$$

1 排：
$$n_i + k_1 n_1 - (1 + k_1) n_o = 0 \qquad (b)$$

−1 排：
$$n_1 + k_{-1} n_{-1} - (1 + k_{-1}) n_o = 0 \qquad (c)$$

按各挡工况联立解方程组：

①Z_1 制动，$n_1 = 0$。1 行星排工作，由式（b），得
$$i_1 = n_i / n_o = 3.8$$

②Z_2 制动，$n_2 = 0$。1 和 2 两行星排工作，由式（a）、（b）得
$$i_2 = n_i / n_o = 1.933$$

③Z_{-1} 制动，$n_{-1} = 0$。1 和 −1 两行星排工作，由式（c）、（b）得
$$i_{-1} = n_i / n_o = -4.32$$

④离合器 L 结合为直接挡，即 3 挡，$i_3 = 1$。

（2）转速分析。

计算倒挡时各构件的转速。

利用传动比关系式进行转速分析：
$$\begin{cases} n_i - i_1 n_o + (i_1 - 1) n_1 = 0 \\ n_i - i_{-1} n_o + (i_{-1} - 1) n_{-1} = 0 \end{cases}$$

倒挡 $n_{-1} = 0$，代入上式得
$$n_o = -0.23 n_i, \quad n_1 = -0.669 n_i$$

即有
$$n_{t1} = n_i, \quad n_{j1} = n_{j-1} = n_o = -0.23 n_i, \quad n_{q1} = n_{t-1} = n_1 = -0.669 n_i, \quad n_{q-1} = 0$$

k_1 排：
$$n_{x1} = -\frac{2}{k_1 - 1}(n_{t1} - n_{j1}) = 1.37 n_i$$

k_{-1} 排：
$$n_{x-1} = -\frac{2}{k_{-1} - 1}(n_{t-1} - n_{j-1}) = 0.976 n_i$$

（3）转矩分析。

计算倒挡时各构件的转矩。

①由 $T_i : T_o : T_b = 1 : (-i) : (i - 1)$ 得
$$T_{-1} = (i_{-1} - 1) T_i = -5.32 T_i, \quad T_o = -i_{-1} T_i = 4.32 T_i$$

②由构件 −1，有
$$T_{q-1} = -T_{-1} = 5.32 T_i$$

③由 −1 排转矩关系式得
$$T_{t-1} = \frac{T_{r-1}}{k_{-1}} = 2.80 T_i, \quad T_{j-1} = -(T_{q-1} + T_{t-1}) = -8.12 T_i$$

④由构件受力分析得
$$T_{t1} = -T_i, \quad T_{q1} = -T_{s-1} = -2.80 T_i, \quad T_{j1} = -(T_{t1} + T_{q1}) = 3.80 T_i$$

⑤由构件 o 验算
$$T_{j-1} + T_{j1} = -4.32 T_i = -T_o$$

（4）功率分析。

根据转速分析和转矩分析的结果，画出功率流向。

M113装甲输送车变速机构的倒挡功率传递路线分析如下［参看图5-29（a）］：被动件共有三个受力点（A、B、C），A为输入，B、C为输出，故在这里功率分流；左排行星轮上三个力点（C、D、E），C、D为输入，E为输出，故在这里功率汇流。在整个机构中有两个功率流：一个是主功率流，传递路线是主动轴—左排太阳轮—左排齿圈—右排太阳轮—右排行星架—被动轴右端；另一个功率流在右排行星架—被动轴左端—左排行星架—左排齿圈—右排太阳轮—右排行星架这一封闭回路中循环不止［见图5-29（b）］，这种现象叫作功率寄生。本例中，倒挡工作时有循环功率存在，大小为$T_{j1}n_{j1} = 3.8T_i \times 0.23n_i = 0.874T_i n_i$，即总输入功率的87.4%。

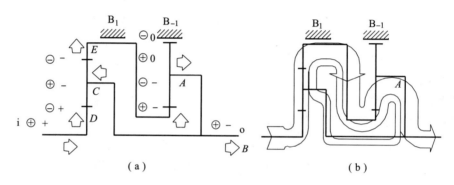

图5-29　M113装甲输送车变速机构倒挡功率分析

功率寄生是个很有意思的现象，现在来解释几个有关这方面的问题。

①寄生功率是何时产生、何时消灭的？

由转速分析、转矩分析看出，有寄生功率那些环节所受的转矩与T_i成一定比例，转速与n_i成一定比例，所以主功率P_i存在时，就有一定比例的寄生功率存在。在车辆起动过程中，在主功率由零开始增长的同时，寄生功率也开始增长；停车过程中，在主功率逐渐消失的同时，寄生功率也逐渐消失。一句话，寄生功率与主功率同时存在、同时消失。

②寄生功率有多大？

寄生功率并不是主功率的一个分支，因而可能小于或大于主功率。寄生功率与主功率成一定比例。当方案简图和各排参数一定时，这一比例是一定的。本例中寄生功率为总输入功率的87.4%。

③寄生功率能不能对外做功？

寄生功率只在封闭回路内循环，因此它不可能对外做功。

④寄生功率有没有损耗？

当考虑到实际有摩擦时，不断循环着的功率流必然不断地消耗能量，所消耗的能量还是从主功率流来的。主功率流除了负担本身摩擦损耗之外，还负担着寄生功率流的摩擦损耗。

由于上述的性质，当方案简图和行星排参数都是已知时，机构中的封闭回路中有没有寄生功率已经确定。如果有的话，寄生功率有多大也已经确定了。

寄生功率给传动带来两个问题：

①有的环节传递的功率大于主功率。

②有的简图中，消耗的功率多，引起效率过低。

这两个问题说明功率寄生是不利的，但也不必绝对避免它。有些环节的强度储备比较大，如行星架、齿圈等，承受较大负荷时，不需要过分加大尺寸。如果经过计算，强度合格，则有无功率寄生方案都可采用。传递功率大时，效率不一定低，主要看牵连功率和相对功率的比例如何。有时虽然寄生功率较大但效率仍然很高，方案也可以采用。

6. 效率计算

由

$$\eta = 1 - \left[\frac{P_{x1}(1 - \eta_{x1})}{P_i} + \frac{P_{x2}(1 - \eta_{x2})}{P_i} \right] = 1 - \left[\beta_1(1 - \eta_{x1}) + \beta_2(1 - \eta_{x2}) \right]$$

$$\beta_1 = \frac{P_{x1}}{P_i} = \left| \frac{T_{t1}}{T_i} \cdot \frac{n_{t1} - n_{j1}}{n_i} \right| = 1.23$$

$$\beta_2 = \frac{P_{x2}}{P_i} = \left| \frac{T_{s2}}{T_i} \cdot \frac{n_{s2} - n_c}{n_i} \right| = 2.8 \times 0.439 = 1.229$$

$$\eta_{x1} = \eta_{x2} = 0.97 \times 0.98 = 0.95$$

得

$$\eta = 1 - \left[\beta_1(1 - \eta_{x1}) + \beta_2(1 - \eta_{x2}) \right] = 1 - 0.05 \times (\beta_1 + \beta_2) = 0.877$$

5.4.2 二自由度方案设计

1. 概述

二自由度行星
变速箱方案设计

行星变速机构方案设计的目的，是根据给定的各挡传动比来确定结构性能、制造工艺最佳的变速机构方案简图和各行星排参数。最简单的方法是把几个单排行星机构并联起来，实现几个挡。但因为单排行星传动所能实现的传动比是有一定范围的，有可能由于传动比不合适而找不到方案，或在结构布置上有困难。所以在实践中必须研究用几个行星排来实现一个挡，并尽可能使每一排在实现各种传动比（即各挡）时都参加工作。

如何求得几个行星排组合，实现一组传动比的方案呢？最初是凭经验拼凑的，即拼凑多种方案，从中挑选一个最好的，但这样做不能断定是否还有其他更好的方案。通过长期设计实践，已总结出一套科学的方法，它是根据给定的各挡传动比，利用传动转速关系式对行星排的各种组合进行综合分析找出全部可能实现的方案，再从中挑选最佳的方案。

常用的方法有相对转速图解法、利用计算机的构件数学分析法和应用成熟行星机构的积木式构成法。下面介绍相对转速图解法（又称综合法），其具体步骤如下：

（1）选定变速机构自由度，确定行星排数和操纵件数，即离合器和制动器数；

（2）作相对转速图，列出可能方案；

（3）绘制构件连接图，得到可能方案简图；

（4）进行结构评比；

（5）进行性能评比；

（6）全面评价，挑选最佳方案。

其中，行星变速机构的最佳方案评价标准有下列六项：

①能较准确地实现各挡传动比；

②结构比较简单，外形尺寸较小；

③各挡效率较高，特别是常用挡；

④各构件转速和轴承相对转速不应过高；

⑤各构件承受转矩不应过大；

⑥各离合器的摩擦转矩和制动器制动转矩较小。

在实际方案评价中，要结合生产、使用的具体情况，全面衡量，对个别缺点采用一些技术措施加以改善。

2. 挡数与行星排数关系

二自由度行星变速机构的挡数与行星排数和操纵件数的关系见表 5 – 4。

表 5 – 4　二自由度行星变速机构的挡数与行星排数和操纵件数的关系

行星排数	1	2	3	4
离合器数	1	1	1	1
制动器数	1	2	3	4
直接挡数	1	1	1	1
非直接挡数	1	2	3	4
共计挡数	2	3	4	5

3. 方案设计算例

下面结合例题介绍利用相对转速图选择二自由度行星变速机构方案的综合法。

例：已知 $i_1 = 3.81$，$i_2 = 1.94$，$i_3 = 1$，$i_R = -4$，试设计行星变速机构方案。

（1）确定变速机构自由度。由传动比知，除了 $i_3 = 1$ 可由直接挡实现外，还有三个非直接挡，为了实现较准确的传动比和使操纵简化，采用二自由度变速机构。由表 5 – 4 知，应有三个行星排、一个离合器和三个制动器。

（2）作相对转速图。先由已知传动比计算纵、横截距，列于表 5 – 5，再绘出相对转速图，如图 5 – 30 所示。

表 5 – 5　截距计算值

挡位	i	$1/i$	$-1/(i-1)$
1	3.81	0.262	– 0.356
2	1.94	0.616	– 1.064
R	– 4.0	0.250	0.200

（3）在相对转速图中任选三条线可组成一个行星排（可能组成的行星排数为 $C_5^3 = 10$ 个），把所选三构件的代号列入表 5 – 6 第二行中。

（4）判断每个行星排的构成和参数 k。判别后的三构件列入表 5 – 6 中第三、四、五行。求得的 k 值列入第六行，废除 k 值不合理（1.5 以下，4 以上）的行星排，即序号为 2、5、9、10 的行星排，此外序号为 3 的 $k = 4$ 也暂不考虑，这样就剩下五个排。当然可用复合行星排扩大 k 值范围，使方案增多，但结构复杂，一般不予采用。

（5）本例有三个非直接挡，要三个行星排，故在剩下的五个行星排中任选三个为一组，共有 $C_5^3 = 10$ 组，列于表 5 – 7 中。

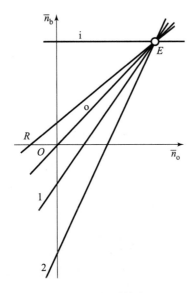

图 5 – 30　相对转速图

（6）在表 5 – 7 中，应废除不能实现全部传动比的行星排组合，例如方案 2 的三个行星排中只包括 i、o、1、2 四个构件，而缺少构件 R，这就不能实现倒挡，应除去。

（7）将每一组中的行星排合理地排列顺序。只包含构件 i 而不包含构件 o 的排应靠近主动端，只包含 o 而不包含 i 的应靠近输出端，i、o 都不包含的放在中间，有同名构件的排最好靠在一起，如方案 1 可排成如图 5 – 31（a）所示形式。

表 5 – 6　行星排的构成和参数 k

行星排	1	2	3	4	5	6	7	8	9	10
构件	i – o – 1	i – o – 2	i – R – o	i – 1 – 2	i – R – 1	i – R – 2	o – 1 – 2	R – o – 1	R – o – 2	R – 1 – 2
齿圈	1	i	o	2	1	i	o	R	R	R
行星架	o	o	R	1	R	R	1	o	o	1
太阳轮	i	2	i	i	i	2	2	1	2	2
k	2.81	1.06	4.00	1.91	1.44	1.58	1.99	1.78	5.32	1.27
评价		过小	稍大		小				过大	过小

表 5 – 7　行星排组合方案

方案	组合行星排	评价	方案	组合行星排	评价
1	1 – 4 – 6		6	1 – 5 – 8	
2	1 – 4 – 7	缺构件	7	4 – 6 – 7	
3	1 – 4 – 8		8	4 – 6 – 8	无法连接
4	1 – 4 – 7		9	4 – 5 – 8	
5	1 – 4 – 8		10	6 – 5 – 8	

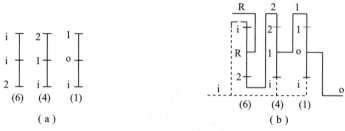

图 5-31　行星排构件连接（一）

（8）绘制行星排各构件的连接图，如图 5-31（b）所示。先画仅出现一次的构件，然后画出现两次的构件，最后画出现多次的构件，图中用虚线表示。

有的方案可以有两种连接方法，如方案 4，如图 5-32（a）和图 5-32（b）所示，这时应选择较简单的一种。

有的方案，无论是改变行星排排列顺序，还是改变连接路线，都连不起来。例如图 5-32（c）所示方案 8 中的 i 件无法连接，因而这一方案只好放弃。

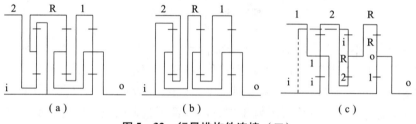

图 5-32　行星排构件连接（二）

调换行星排排列，每一方案可得三种，我们选连接简单的一个，至此 10 个方案有 2 个不能用，剩下 8 个方案。

（9）如有直接挡，应合理安排离合器的位置。从摩擦转矩最小观点考虑，本例离合器最好装在 i、2 两构件间，为便于操纵，其位置最好靠近一端，将这两构件用离合器符号相连。

用同样方法给出可能的全部方案连接，如图 5-33 所示，图中 8 个方案是从总方案数中废除了不可能的、不合理的和重复的方案后保留下来的。

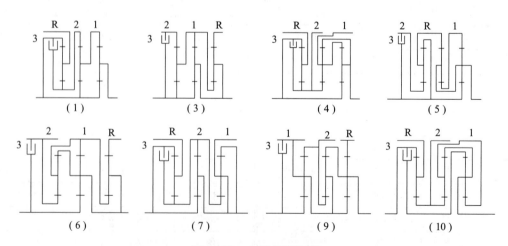

图 5-33　全部方案简图

（10）进行结构评比。从简图上定性地按外形尺寸、套轴层数、构件形状、各行星排 k 值接近程度等列表 5－8 进行比较，较好的以"＋"表示，较差的以"－"表示。

（11）计算各挡效率，列入表 5－8 中。

表 5－8 方案性能参数与结构评比

方案	结构				效率%			行星轮最大转速		最大转矩		摩擦转矩
	尺寸	套轴	构件	K 值	η_1	η_2	η_R	行星排/挡	n_{pmax}/n_i	行星排/挡	T_{max}/T_i	T_{fc}/T_i
1	＋	＋	＋	－	96.3	97.2	69.5	6/R	5.45	6/R	1.25	0.485
3	＋＋	＋	O	＋	96.3	97.2	87.5	4/2	1.44	8/R	1.95	0.485
4	O	＋	－	－－	96.3	96.0	70.7	6/R	5.45	8/2	1.96	0.485
5	－	＋			96.3	96.0	87.5	6/2	2.11	8/R	1.95	0.485
6	O	＋	O	＋	96.3	96.0	87.5	1/R	1.38	8/2	1.96	0.485
7		＋		＋	90.0	95.0	58.4	6/R	5.45	7/R	1.50	0.485
9	O	＋	＋	＋＋	90.0	95.0	81.8	4/R	3.72	8/R	1.95	0.738
10	－－	＋	－－	＋	94.2	96.8	88.0	6/R	5.45	8/R	1.31	1.25
注："＋"表示好，"O"表示一般，"－"表示差，"＋＋"表示更好，"－－"表示更差。												

（12）作转速分析和转矩分析，列入表 5－8 中。

（13）计算摩擦转矩，列入表 5－8 中。

（14）进行全面评比，判断最佳方案。结构较好的见 1、3 和 9；效率较高的是 3、5、6 和 10；行星轮转速较低的是 3、6 和 9；转矩较小的是 1、7 和 10。综合分析判断，方案 3 为最佳方案。

最佳方案确定后，为简化行星排制造，如有可能应尽量选 k 值相同的，如方案 3 中行星排 4、8 相接近，均可取 $k = 1.91$，此时 $i_R = -4.36$，变化不大。以后进行配齿，按配齿后的 k 值重新计算各项参数。

这个设计例子理论上的总方案数可计算如下：

可能组合成行星排数共 $C_5^3 = 10$，10 个行星排中任取三个排组成一组，共

$$C_{10}^3 = 120 \text{（种）}$$

而在步骤（5）中为 $C_5^3 = 10$ 种方案，可见舍去了 110 种方案，使方案设计简化。

每一组三个行星排可排列成的结构连接方案数共有

$$P_3^3 = 3! = 6 \text{（种）}$$

但实际上只有 3 种，因为对传动方案来讲，排列 1－4－8 和 8－4－1 是相同的，相当于把变速机构转 180°。在步骤（7）中，选带 i 件的排放左边，带 o 件的放在右边，就是选了连接最简单的一种方案，放弃了其他两种。

所以本例理论上共有方案数为

$$N = C_{10}^3 \times P_3^3 = 120 \times 6 = 720 \text{（种）}$$

由此可见，用综合方法选择方案不会有遗漏，可以保证最佳方案，即 1－4－8 是 720 种方案中的最佳方案。

5.4.3 三自由度、四自由度方案设计

1. 概述

三、四自由度行星
变速箱方案设计

现代车辆液力机械传动中，三自由度变速机构应用很广，它与二自由度行星变速机构相比，主要优点是相同挡数时可用较少的行星排和制动器，见表5-9，但需增加一个离合器，因此变速机构就可能设计得小而轻，特别是在挡数超过6挡时，更为优越。但其也存在缺点和问题，需要在方案设计中合理解决，如：

表5-9 在挡数相同时，二、三自由度行星变速机构的组成

挡数	4		5		6		8	
自由度	2	3	2	3	2	3	2	3
行星排数	3	2	4	2或3	5	3	7	4
制动器数	3	2	4	2	5	2	7	4
离合器数	1	2	1	2	1	2	1	2
辅助构件数	0	1	0	1或1	0	2	0	2

（1）三自由度较准确地实现全部传动比较困难，二自由度的行星机构小，行星排数等于非直接挡数，选定几个 k 值就可以确定几个传动比。而三自由度的行星排数总比非直接挡数少1~3个。因此总有1~3个传动比不能独立确定，所以在设计时应将这几个挡作为非经常用排挡。

（2）每挡要接合两个操纵件，使换挡系统复杂，所以应尽量在选换挡时只更换接合一个操纵件的方案。

（3）三自由度行星机构的摩擦元件（即各离合器、制动器）各挡共用，因此不得不按最大转矩的挡来设计，对其他的挡来说储备系数过大，使换挡过程性能变坏。此外，离合器的位置大多数是固定的，不像二自由度有较多的选择余地。

三自由度行星变速机构方案设计也可用综合法，但是比二自由度麻烦得多，而且难以得到满意的方案，因此实践中常采用成熟的行星传动，用积木式构成法在二自由度行星机构基础上采用串联、换联等方法来设计三自由度行星变速机构方案。

2. 串联法

三自由度行星传动可以在二自由度行星传动的基础上用串联的方法来设计。两个行星传动机构串联后的自由度 W 的关系式为

$$W = W_1 + W_2 - 1$$

三个行星传动串联后的自由度 W 的关系式为

$$W = W_1 + W_2 + W_3 - 1$$

式中，W_1，W_2，W_3——串联行星机构1、2和3的自由度。

如 $W_1 = W_2 = 2$，则 $W = 2 + 2 - 1 = 3$。可见两个二自由度机构串联可得一个三自由度行星传动，称为串联式三自由度行星传动。

串联式三自由度行星传动方案设计的主要问题，是正确组合各行星机构排挡和合理分配

各行星机构传动比，以满足三自由度行星传动的传动比要求。

图 5 – 34 （a）中 1、2 两个二自由度机构串联，1 有二挡，2 有三挡，串联后可以获得六个排挡。为了降低传动负荷，应将大传动比的行星机构布置在后面。行星机构排挡组合有两种方案：

第一种方案：行星机构 2 挂一个挡后，机构 1 换挡，如图 5 – 34 （b）所示。

第二种方案：行星机构 1 挂一个挡后，机构 2 换挡，如图 5 – 34 （c）所示。

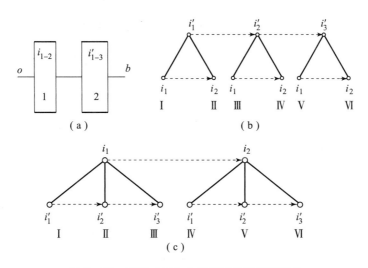

图 5 – 34　串联式三自由度行星传动排挡组合

上述两种方法各有优缺点。第一种方案高低挡机构 1 相邻挡的速比比值（q）小，变速机构 2 相邻挡速比比值（q^2）较大，行星机构负荷较小，有三次换挡要操纵两个操纵件，换挡操纵麻烦，阿里森 CLBT 系列传动采用的就是这个方案；第二种方案高低挡机构 1 相邻挡速比比值大（q^3），而变速机构 2 相邻挡速比比值小（q），行星机构负荷较大，但只有一次换挡要操纵两个操纵件，操纵较方便。由于高低挡机构 1 相邻挡速比比值太大，两个倒挡的传动比相差太大，故只能应用一个。

通常当液力机械传动变速机构挡数越多时，其排挡划分越接近于等比级数。

串联式三自由度行星传动的挡数 m 为

$$m = m_1 \times m_2 \tag{5 – 32}$$

式中，m_1，m_2——两个组成行星机构的挡数。

当用相同传动比（公比为 q）的两个行星机构组成串联式行星传动时，可得挡数减少为 $m = m_1 + m_2 - 1$。因此不宜采用相同传动比（公比为 q）的机构组成串联式行星传动。

图 5 – 35 所示为两个单行星排串联而成的串联式三自由度变速机构，图 5 – 36 所示为两个三行星排串联的例子，图 5 – 37 和图 5 – 38 所示分别为单排和两排与三排行星机构串联的例子。

三自由度变速机构的特征是每操纵两个操纵件，即减少两个自由度才能得到一个挡位，在简图上判别三自由度行星变速传动的简单方法，是看行星排之间是否有一个单一构件相连的中腰部，若有，就一定是其前后两机构相串联。

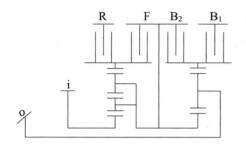

挡位	R	F	B_2	B_1	i
1	−	+	−	+	2.94
2	−	+	+	−	1.00
−1	+	−	−	+	−2.61
−2	+	−	+	−	−0.89

图 5 − 35　瑞典 Strv103B 坦克用 FBTV − 2B 变速机构

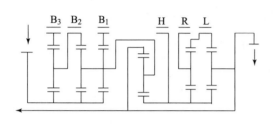

挡位	L	H	R	B_1	B_2	B_3	i
1	+	−	−	+	−	−	6.857
2	+	−	−	−	+	−	4.847
3	+	−	−	−	−	+	3.391
4	−	+	−	+	−	−	2.348
5	−	+	−	−	+	−	1.66
6	−	+	−	−	−	+	1.161
−1	−	−	+	+	−	−	(−16.748)
−2	−	−	+	−	+	−	−7.886
−3	−	−	+	−	−	+	−5.646

图 5 − 36　英国 Chieftan 坦克用 TN − 12 传动的变速机构简图

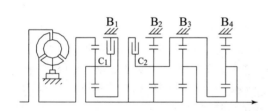

挡位	C_1	C_2	B_1	B_2	B_3	B_4	i
1	−	−	+	−	+	−	5.293
2	+	−	−	−	+	−	3.810
3	+	−	+	+	−	−	2.691
4	+	−	+	−	−	−	1.936
5	−	+	+	−	−	−	1.396
6	+	+	−	−	−	−	1.000
−1	−	−	+	−	−	+	−6.04
−2	+	−	−	−	−	+	−4.35

图 5 − 37　美国 Allison 公司 TX200 − 2Powermatic 汽车变速机构简图

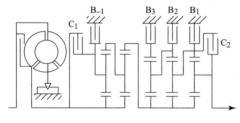

挡位	C_1	C_2	B_{-1}	B_3	B_2	B_1	i
1	+	−	−	−	−	+	5.27
2	+	−	−	−	+	−	2.92
3	+	−	−	+	−	−	1.70
4	+	+	−	−	−	−	1.00
−1	−	−	+	−	−	+	−5.17
−2	−	−	+	−	+	−	−2.85
−3	−	−	+	+	−	−	−1.67
−4	−	+	+	−	−	−	−4.35

图 5 − 38　用于 8X8 越野车的德国 ZF 公司 4PW − 95H1 变速机构简图

在现代车辆传动中，当挡数超过 8~10 挡时，采用四自由度行星变速机构比较简单。在有的液力机械传动中，为减少行星排数，多用摩擦操纵件，即使挡数少于 8 挡也采用四自由度行星变速机构。

四自由度行星变速机构的设计可以用类似于组成三自由度行星变速机构的方法。最常用的是串联法，如用一个三自由度机构和一个二自由度机构串联，可得四自由度行星传动。由公式得

$$W = W_1 + W_2 - 1 = 3 + 2 - 1 = 4$$

英国 David Brown 公司为"挑战者"坦克生产的 TN-37 综合传动的变速部分，是一个串联式四自由度行星变速方案，如图 5-39 所示。TN-37 传动的四自由度行星变速方案是由 3 个二自由度方案串联而成的三级串联方案，每级都有包括直接挡在内的 2 个传动比，最后共有 2×2×2 = 8（挡），其传动比的组成方案见表 5-10。

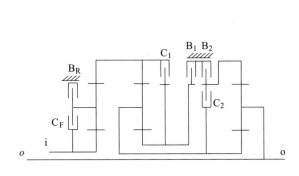

挡位	C_F	B_R	B_1	C_1	B_2	C_2	i
1	+		+		+		4.188
2	+			+	+		2.539
3	+		+			+	1.649
4	+			+		+	1.00
R_1		+	+		+		-6.41
R_2		+		+	+		-3.91
R_3		+	+			+	-2.539
R_4		+		+		+	-1.539

图 5-39 TN-37 传动的变速方案图

表 5-10 TN-37 传动的传动比组成

挡位	传动比	第一级正倒机构		第二级正倒机构		第三级正倒机构	
1	i_1	1	×	$(1+k)/k$	×	$(1+k)$	4.188
2	i_2	1	×	1	×	$(1+k)$	2.359
3	i_3	1	×	$(1+k)/k$	×	1	1.649
4	i_4	1	×	1	×	1	1.00
R_1	i_{R_1}	$-k$	×	$(1+k)/k$	×	$(1+k)$	-6.41
R_2	i_{R_2}	$-k$	×	1	×	$(1+k)$	-3.91
R_3	i_{R_3}	$-k$	×	$(1+k)/k$	×	1	-2.539
R_4	i_{R_4}	$-k$	×	1	×	1	-1.539

3. 换联法

三自由度的行星传动，可以在二自由度行星机构的基础上，用换联主动构件或被动构件的方法来设计。换联后行星传动自由度 W 的关系式为

$$W = W_1 + 1 \qquad\qquad (5-33)$$

式中，W_1——行星传动换联前的自由度。

如二自由度机构换联后可得三自由度机构，这种机构称为换联式三自由度行星传动。

图 5-40（a）和图 5-40（b）所示为两个二自由度行星机构。图 5-40（a）换联主动件后成为图 5-40（c）所示的三自由度机构，这就是 Turbo - Hydromatic 400 自动变速机构方案。

由图 5-40（c）和图 5-40（d）可见，换联法就是在主动轴或被动轴处增加一个离合器 C_2，当这个离合器分离时，动力输入或输出改经另一离合器 C_1 和制动件。这就是说主动轴或被动轴可用两个离合器在两个构件上换联，以获得更多的排挡，当两个离合器闭锁时获得直接挡。

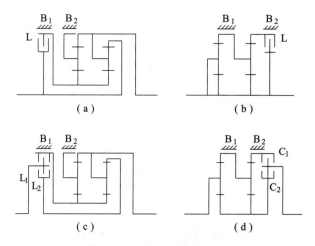

图 5-40 换联主动件和被动件前后的传动简图

选择主动件换联还是被动件换联，以及选择换联哪个制动件，取决于行星机构结构的可能性、换联传动比的要求和离合器传递转矩的大小。

在设计离合器时，希望传递的转矩尽可能小，这样离合器的尺寸可以小些，所以对主要是减速挡的传动，应考虑选择主动件，因为这时主动轴上转矩较小，如 Turbo - Hydraomatics 400 变速机构。对主要是增速挡的传动，应考虑换联被动件，如 M-26 变速机构。

从理论上讲，不增加制动件时，换联方案的总排挡数 m 为

$$m = m_1 + (m_2 - 2) + 2(m_1 - 1) \qquad\qquad (5-34)$$

式中，m_1——换联前行星机构的挡数。

由于换联后，1 个制动器不能作操纵件，故其增加挡数减少两个，如有可能增加制动件，则挡数相应增加。

换联后，增加排挡的传动比是由原传动比决定的，其关系推导如下：

设行星排为 n 挡，则有几个传动比关系式：

$$n_i - i_1 n_o + (i_1 - 1)n_1 = 0$$
$$n_i - i_2 n_o + (i_2 - 1)n_2 = 0$$
$$\cdots$$
$$n_i - i_k n_o + (i_k - 1)n_k = 0$$
$$\cdots$$
$$n_i - i_j n_o + (i_j - 1)n_j = 0$$
$$\cdots$$
$$n_i - i_n n_o + (i_n - 1)n_n = 0$$

今取任意挡制动件 j 换联，求第 k 挡在换联后的传动比，即

$$\begin{cases} n_i - i_j n_o + (i_j - 1)n_j = 0 \\ n_i - i_k n_o + (i_k - 1)n_k = 0 \end{cases} \qquad (5-35)$$

1）换联主动件

将方程组（5-35）中的两式相减，消去 n_i，得

$$i_j n_o - (i_j - 1)n_j = i_k n_o - (i_k - 1)n_k$$

换联后挂 k 挡，则有 $n_k = 0$，代入上式得

$$(i_j - 1)n_j = (i_j - i_k)n_o$$

即当主动件换联制动件 j 时，$n_j = n_i$，所以得 j 件换联后 k 挡的传动比为

$$i_{jk} = n_j / n_o = n_i / n_o = (i_j - i_k)/(i_j - 1) \qquad (5-36)$$

2）换联被动件

将方程组（5-35）中的两式相减，消去 n_o，得

$$i_k n_i + i_k (i_j - 1)n_j - i_j n_i - i_j (i_k - 1)n_k = 0$$

换联后挂 k 挡，则有 $n_k = 0$，代入上式得

$$(i_j - i_k)n_i = i_k (i_j - 1)n_j$$

当被动件换联制动件 j 时，$n_j = n_o$，所以得 j 件换联后 k 挡的传动比为

$$i_{jk} = n_i / n_j = n_i / n_o = \frac{i_k (i_j - 1)}{i_j - i_k} \qquad (5-37)$$

利用式（5-36）和式（5-37）可以求得换联后各挡传动比。应该指出，换联后各挡传动比不一定全部能满足要求，所以一般选用几个挡。在液力机械传动行星变速机构中，最常用的是利用换联主动件或被动件来获得倒挡，因为倒挡一般只要求 1~2 个，传动比允许变动大些，这就有可能挑选较合理的倒挡传动比。如阿里森 HT 740D 和 HT 750D 传动，换联主动件后，分别增加 2 个和 3 个倒挡，但实际仅各选一个倒挡。HT 750D 传动简图如图 5-41 所示，图中取消最后一个低挡行星排即为 HT 740D 简图。

换联式三自由度行星传动方案设计是以二自由度设计方法为基础的，先按主要前进挡设计二自由度方案，其次考虑更换主动或被动构件增加排挡，最后计算传动比，挑选合适的排挡。

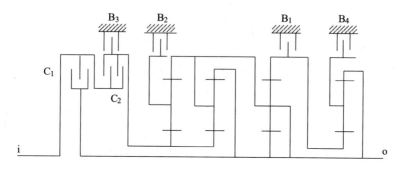

图 5 – 41　HT750D 传动简图

第6章　转向机构

6.1　概　　述

转向和行星转向机构

坦克装甲车辆转向机构的作用就是在转向时改变两侧履带的运动速度，使它们产生差别，以获得不同的转向半径，在直驶时又要保证两侧履带的运动速度相等，以保证直驶的稳定性。

6.1.1　转向机构的类型

按转向时两侧履带速度的差别情况，主要分为独立式、差速式和降速式三种类型。以单流传动为例，讨论各种转向机构的特点。

1. 独立式

转向时单独把低速履带的速度降低，而高速履带的速度不受影响，保持与直驶时相同。单流传动系统中属于独立式的主要有离合器转向机构、行星转向机转向机构、双侧变速转向机构三种。

离合器转向机构是早期坦克广泛采用的转向机构，转向时用离合器切断转向侧动力并对该侧进行制动，这种转向为一级的，即只有一个规定转向半径 $R = B/2$，此时可以稳定、准确和无摩擦功率损失地转向；当在非规定转向半径转向时，在制动过程中有摩擦功率损失，车速降低值为低速侧降低值的一半，以满足实际行驶需求。使用离合器转向机构，坦克装甲车辆以折线轨迹行驶，会导致车速和转向角度很不稳定，降低平均行驶速度，并且制动器磨损间歇需要经常调整。因此，这种转向机构在现代坦克装甲车辆上几乎已不再使用。

行星转向机转向机构有一级行星转向机和二级行星转向机。一级行星转向机有一个 $R = B/2$ 的转向半径；常用的二级行星转向机有 $R = B/2$ 和 $R > B/2$ 两个规定转向半径，小转向半径适用于克服困难路面的转向，大转向半径适用于较高车速的转向，这缓和了离合器转向的缺点，但仍不够理想。近代轻型坦克装甲车辆尚有使用这种转向机构的。

双侧变速转向机构是采用两个相同的变速机构分置两侧，由两侧不同的速度挡位的组合，获得多个不同的规定转向半径，两侧同挡时为直驶，两侧不同挡时为转向。这种转向机构增多了转向半径，并且由于将两个变速机构分支两侧，故占据车体中间的空间少，缩短了车体长度，但也存在以下问题：这样的转向半径所需的两挡之间的排挡比，与直驶所需排挡比的规律不同，两者间存在矛盾，难以同时满足；变速机构需要承受额外的转向再生功率；操纵系统复杂。

2. 差速式

转向时在把低速履带的速度降低的同时，高速履带的速度相应增加，且高速侧增加量等于低速侧降低量。在单流传动系统中属于差速式的有单差速器转向机构和双差速器转向机构两种。

早期坦克装甲车辆采用类似轮式车辆的单差速器转向机构。当制动一侧来实现转向时，其规定转向半径为 $R = B/2$，这种单差速器转向机构在转向时功率损失较大，且不降低行驶车速，可能出现动力不足的现象，直驶不稳定，不能满足行驶需求。

为避免规定转向半径过小而改进的双差速器转向机构，根据行星机构齿数，单侧制动时能得到一个 $R > B/2$ 的转向半径。美国 M113 装甲输送车采用的就是这种转向机构。但与单差速器转向机构一样，在直驶时不够稳定。

3. 降速式

转向时把低速履带的速度降低的同时，高速履带的速度也按比例有一些降低，但由于功率损失较大，降速式转向机构现在基本已经被淘汰。

在单流传动系统中，变速机构与转向机构是串联的，其功率利用率较差，会影响机动性能的提高；而在双流传动系统中，发动机传来的动力一路经变速机构，另一路经转向机构，两路功率经汇流行星排汇合后再经侧减速器传至主动轮。此时，如果以前进挡汇流行星排齿圈角速度方向为正，根据太阳轮角速度方向，还可以进一步将独立式转向机构划分为正独立式、零独立式和负独立式，将差速式转向机构划分为正差速式、零差速式和负差速式。

6.1.2 转向性能

根据对转向机构提出的要求，可在以下几方面对转向性能进行评价：转向半径、转向角速度、转向消耗功率、操纵元和机构自由度数、结构和总体布置，如表 6-1 所示。

表 6-1 典型单流传动转向机构特点

类型	转向机构型式	规定转向半径	转向角速度	转向消耗功率	单侧操纵元件和机构自由度数	结构和总体布置
独立式	离合器	$R = B/2$	较慢	较大	1	结构简单
	一级行星转向机	$R = B/2$		较大	1	结构简单
	二级行星转向机	$R = B/2$ $R > B/2$		可利用再生功率	3	结构复杂
	双侧变速箱	两侧变速挡位组合		可利用再生功率	与变速挡位有关	结构复杂
差速式	单差速器	$R = B/2$	较快	较大	1	结构紧凑
	双差速器	$R > B/2$		较大	1	结构紧凑

定量上，主要从评价旋转快、占地小和消耗功率少的平均旋转角速度、规定转向半径和转向单位阻力作为评价转向性能好坏的标准。

1. 平均旋转角速度

坦克装甲车辆的平均旋转角速度是指坦克在转向过程中转过的角度 α 与所用时间 t 的比值，即

$$\omega_\mathrm{p} = \frac{\alpha}{t}$$

式中，ω_p 越大，转向越快；ω_p 越小，转向越慢。现有坦克装甲车辆的平均旋转角速度 ω_p 为

$45°/s \sim 70°/s$。

对于双流传动机构或无级转向机构，常用坦克装甲车辆空挡转向（即转向半径为零）时旋转一周所用时间的多少来评价其转向性能。

$$T_N = \frac{360°}{\omega_p}$$

例如"豹"2 坦克空挡零半径转向旋转一周用时 7 s。

2. 规定转向半径

规定转向半径的多少决定了坦克装甲车辆能够进行持续转向的可能性的大小；规定转向半径越多，以规定转向半径转向的可能性越大，转向性越好。当坦克装甲车辆具有无级规定转向半径时，它随时能以任意的规定转向半径和任意长的时间进行转向，这种坦克具有最理想的转向性能。

如果坦克装甲车辆只有一个规定转向半径，当路面不允许用该规定半径转向时，坦克要用非规定转向半径转向；为了防止烧坏摩擦元件，必须采用断续式转向，转向轨迹为一折线，转向过程是冲击式的，所以转向速度较慢、转向性能较差。

最小规定转向半径的大小决定了坦克转向时所占最小面积的大小。显然，最小转向半径越小，坦克装甲车辆在窄狭地面上转向的可能性越大，转向性越好。

总之，规定转向半径越多，最小规定转向半径越小，转向性能越好。

3. 转向单位阻力

转向单位阻力的大小表示了坦克装甲车辆转向时克服内、外阻力的大小。当坦克装甲车辆的动力因数大于或等于转向单位阻力时，坦克装甲车辆可以做加速或匀速转向；当坦克装甲车辆的动力因数小于转向单位阻力时，坦克就不能做匀速转向。因此，坦克的转向单位阻力越小，坦克的动力因数越大，转向越容易，转向性也越好；转向单位阻力越大，动力因数越小，转向越困难。

6.2　二级行星转向机构设计

6.2.1　方案设计

1. 选定转向机构的传动方案

转向机构传动方案的选定是比较复杂的，仅从转向性能来看无级转向机是最理想的，但其结构比较复杂、实现比较困难，另外还要考虑车型、吨位、传动方案、车辆对转向性能的要求，特别是还要考虑工厂的生产实际。由于目前国内坦克装甲车辆中，单流传动系统的二级行星转向机应用仍较为广泛，本节以二级行星转向机转向机构为例讨论其设计。

现有二级行星转向机的布置方案大致可分为三种，并各有应用案例，如图 6 - 1 所示。

2. 确定转向机构的支承

二级行星转向机构一般不单独支承在车体上。总布置方案决定行星转向机安装在侧传动轴上时，应以被动轴为整个转向机的支承轴，如图 6 - 1 （a）所示，如安装在变速箱轴上，则应以主动轴为支承轴，如图 6 - 1 （b）和图 6 - 1 （c）所示。

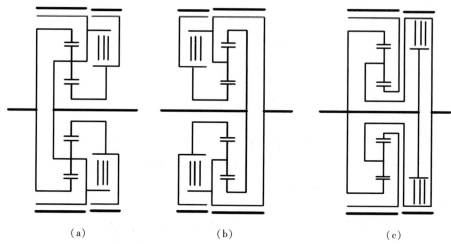

图 6-1 二级行星转向机构的三种布置方案简图

（a）中坦克；（b）ИС-2 重坦克；（c）97 式坦克

3. 确定闭锁离合器的位置

从运动学的角度来看，在行星排三元件中把任意两个元件结合为一体，行星排只能整体转动，不能做相对运动，这一性能与离合器装在哪两个元件之间无关。但从受力分析来看，离合器布置位置不同，所传递的转矩也不同，引起的结构和操纵力的大小也都不同。现讨论离合器的三种可能布置情况。

1）离合器布置于齿圈 q 和行星架 j 之间

如图 6-2（a）所示，离合器接合时，制动器是松开的，没有制动转矩，故太阳轮也不受力，$T_t = 0$。因此，整个行星排是不工作的，不受力的零件在图上以虚线表示。取主动件齿圈为隔离体，摩擦转矩 T_m 与主动转矩 T_i 相平衡，即

$$T_m + T_i = 0$$

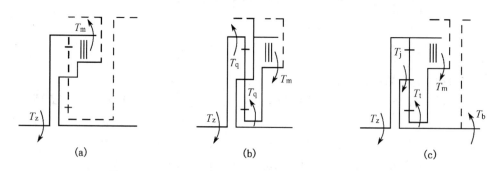

图 6-2 二级行星转向机构闭锁离合器布置的三种方案

（a）离合器在齿圈与行星架间；（b）离合器在太阳轮与行星架间；（c）离合器在太阳轮与齿圈间

离合器的摩擦转矩是成对的内转矩，设计离合器时重要的是它的大小而可以不看其方向，只取绝对值。因此上式可写成：

$$|T_m| = |T_i| \tag{6-1}$$

2）离合器布置在太阳轮 t 和行星架 j 之间

如图 6 – 2（b）所示，齿圈转矩 T_q 与主动转矩 T_i 大小相等而方向相反，即

$$T_q = - T_i$$

由行星排转矩关系式可知

$$T_t = \frac{1}{k} T_q = - \frac{1}{k} T_i$$

取制动件太阳轮为隔离体，可得

$$T_m = - T_t = \frac{1}{k} T_i$$

$$|T_m| = \frac{1}{k} |T_i| \tag{6 – 2}$$

3）离合器布置在太阳轮 t 与齿圈 q 之间

如图 6 – 2（c）所示，由被动件的转矩平衡可知

$$T_j = - T_o$$

由行星排转矩关系式可知

$$T_t = - \frac{1}{(1 + k)} T_j = \frac{1}{(1 + k)} T_o$$

取制动件太阳轮为隔离体，则有

$$T_m = - T_t = - \frac{1}{(1 + k)} T_o$$

当离合器接合，机构整体回转时，$T_o = - T_i$，故上式可写为

$$T_m = - \frac{1}{(1 + k)} T_i$$

$$|T_m| = \frac{1}{(1 + k)} |T_i| \tag{6 – 3}$$

由式（6 – 1）~式（6 – 3）可见，三种方案的摩擦力矩数值之比为

$$1 : \frac{1}{k} : \frac{1}{(1 + k)}$$

当 $k = 2.5$ 时，这个比值约为 $1 : 0.4 : 0.3$。

图 6 – 1（c）所示方案为 97 式坦克的转向机构简图，其闭锁离合器的位置属于图 6 – 2（a）中的第一种布置方案，即离合器布置于齿圈 q 和行星架 j 之间；图 6 – 1 中其余两个方案闭锁离合器的布置均属于图 6 – 2（b）中的第二种布置方案，即离合器布置在太阳轮 t 和行星架 j 之间。

当离合器的摩擦力矩小时，结构紧凑而且操纵省力，但究竟采用哪种方案还要从整个行星转向机的性能来看。图 6 – 2（c）中第三种布置方案离合器布置在太阳轮 t 与齿圈 q 之间，虽然离合器所受载荷最小，对应尺寸可能小些，但整个转向机的轴向尺寸较大，径向结构也较复杂。权衡利弊，应取整个外廓尺寸相对较小的方案，所以没有采用第三种布置方案。

4. 绘制方案简图

至此，可以作出二级行星转向机构的方案简图。主动轴、被动轴应分别与齿圈、行星架相连，太阳轮应引出与转向制动器制动毂相连，合理地利用制动毂内部空间。

5. 确定轴承的位置和型式

从支承可靠性来考虑，在行星排三元件中，除与支承轴相连接的元件（例如图 6 – 1

（a）中的行星架）用花键与轴固定连接外，其余两元件要各用两个轴承支承在轴上，两支点的距离要尽量远些。

6. 确定润滑密封的方式

确定齿轮、轴承等需要润滑的机件采用飞溅润滑或压力润滑。支承轴伸出处和其他有相对运动的地方应有适当的密封措施，应防止油甩到干式的离合器、制动器上去。

7. 绘制结构简图

为便于加工、装配或修理起见，将主动、被动、制动三构件再划分为若干个零件，绘成较详细的结构简图，作为绘制工程图和进行计算的基础。例如图6-3所示为图6-1（a）的结构简图，其中被动构件就划分为轴1、行星架2、离合器外毂3、停车制动器制动毂4和盖5等部分。轴1与侧传动主动轴、主动齿轮制成一体。行星架2不再划分为更小的零件，可以得到较大的刚性，它与轴1用花键固定连接。离合器外毂3与停车制动器制动毂4制成一体，与行星架用螺钉相连。盖5是为了形成储油空间，与停车制动器制动毂4用螺钉连接。

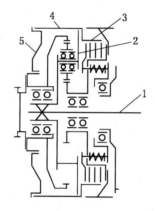

图6-3 二级行星转向机构结构简图

1—侧传动主动轴；2—行星架；3—离合器外毂；4—停车制动器制动毂；5—盖

6.2.2 转向机构计算载荷

坦克装甲车辆直驶时，发动机功率经主轴（变速箱输出轴）分别传给左、右两侧履带，两侧履带负荷的分配随两侧履带遇到的阻力而定，一般情况下认为是平均分配的。所以直驶时位于主轴以后的各机件的计算负荷按经常所受负荷计算，其计算转矩 T_j 可取为

$$T_j = \frac{1}{2} T_{emax} i\eta \tag{6-4}$$

式中，T_{emax}——发动机最大转矩；

i，η——由发动机到所计算机件的传动比和传动效率。

与直驶相比，车辆上转向所用的时间相对较少，应按转向时受到的极限负荷作为计算负荷。转向时，高速侧履带接受发动机传来的全部功率，有时还接受低速侧履带传来的再生功率。一般情况下，在发动机未达到最大转矩时，高速侧履带已经完全滑转，所以要按高速侧履带附着力来作为计算负荷，其计算力矩为

$$T_j = \frac{1}{2} \frac{\varphi G r_z}{i'\eta'\eta_x} \tag{6-5}$$

式中，φ ——高速侧履带地面附着系数；

　　G ——战斗全重；

　　r_z ——主动轮半径；

　　i'，η' ——从计算机件到主动轮的传动比和效率；

　　η_x ——行动装置效率。

以上转向机构计算负荷的结论适用于一切转向机构。

6.3　双流传动系统设计基础

双流传动的概述

单流转向机构的直驶性能和转向性能是各自独立的，一般只有一个或两个规定转向半径，而车辆绝大部分的转向运动都是由非规定转向半径实现的。以非规定半径转向时，会有制动功率损失大、转向过程是断续冲击式的、转向轨迹是由若干条折线组成的、转向半径是突变的以及转向时间不能太长等突出的缺点。

为了克服这些缺点，第二次世界大战以后，越来越多的国家把直驶机构和转向机构综合在一起，构成了双功率流转向机构（简称双流传动）。

6.3.1　定义和类型

所谓双流传动，是指由发动机传来的功率分别通过两条并联传递路线传到两侧主动轮上：一路称作变速分路，功率经变速机构 B，不经转向机构 Z，传到两侧汇流行星排 H 的齿圈 q 上；另一路称作转向分路，功率经转向机构 Z，不经变速机构 B，传到两侧汇流行星排 H 的太阳轮 t 上。然后每侧的两路功率在汇流行星排 H 的行星架 j 上汇合起来，再经两侧的侧传动 C，最后传到两侧主动轮 ZD 上，如图 6-4 所示。

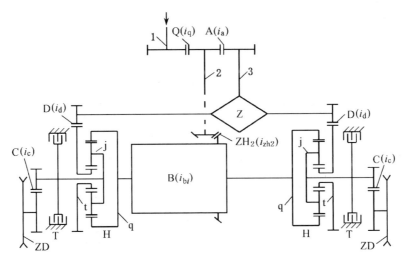

图 6-4　双流传动原理简图

1—输入功率流；2—变速功率流；3—转向功率流

现有双流传动的共同特点之一，都是以行星排作为汇集两路功率的汇流机构，所以把它称为汇流行星排，以 H 表示。行星排的齿圈和变速分路相连，太阳轮和转向分路相连，行星架经侧传动和主动轮相连。现有双流传动在转向机构上的根本区别是驱动太阳轮机构型式的不同，采用的机构有离合器、差速器（或液压组件）。不同的驱动机构，太阳轮有不同的旋转速度和不同的方向。转向运动要求两侧履带有不同的运动状态，所以两侧太阳轮也应有不同的运动状态。而直驶运动要求两侧履带有相同的运动状态，所以两侧太阳轮也应有相同的运动状态。

根据转向运动学参数，双流传动可分为两大类：一类是差速式双流传动，差速式双流传动转向时坦克装甲车辆平面中心的速度是不变的，这个运动学特点和差速式单流转向机构是一样的；另一类是独立式双流传动，独立式双流传动转向时坦克装甲车辆平面中心的速度是降低的，这个运动学特点和独立式单流转向机构也是一样的。

6.3.2 五种双流传动型式

为了区别太阳轮的运动方向，规定坦克装甲车辆直线前进挡行驶时齿圈的旋转方向为正向，太阳轮的方向以齿圈方向为准：和齿圈方向相同的为正向；和齿圈方向相反的为负向；太阳轮被完全制动时为零向。

根据坦克装甲车辆直驶时太阳轮三种可能旋转方向为正向、负向和零向，差速式双流传动和独立式双流传动均可再分为三种型式。

1. 正差速式双流传动

坦克装甲车辆直线行驶时，两侧汇流排太阳轮的角速度大小相等，它们的旋转方向为正（和齿圈旋转方向相同）。以规定转向半径转向时，内侧太阳轮被完全制动；外侧太阳轮的角速度比直线行驶时增大一倍，其旋转方向为正。具有这种运动学特点的差速式双流传动机构称为正差速式双流传动，它的传动原理简图如图6-5（a）所示。属于这类的双流传动有美国M46、M48和M60等系列坦克的双流传动，如图6-5（b）所示。

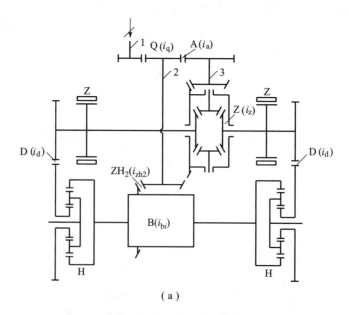

（a）

图6-5 正差速式双流传动

（a）正差速式双流传动原理简图

1—输入功率流；2—变速功率流；3—转向功率流

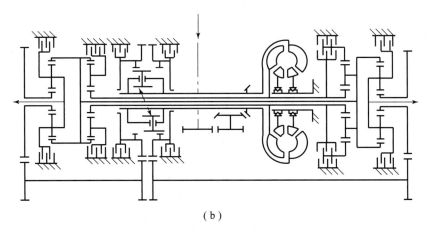

（b）

图6-5 正差速式双流传动（续）

（b）M46坦克的双流传动

2. 零差速式双流传动

坦克装甲车辆直线行驶时，两侧汇流行星排太阳轮完全被制动，转向分路不传递功率，为单功率流。以规定半径转向时，两侧太阳轮的角速度大小相等、方向相反，内侧太阳轮旋转方向为负，外侧太阳轮方向为正，变速、转向两路都传递功率，为双功率流。具有这种运动学特点的差速式双流传动，称为零差速式双流传动。它的传动原理简图如图6-6（a）所示。属于这类的双流传动有德国"豹"1坦克、"豹"2坦克［见图6-6（b）］、黄鼠狼运输车和瑞典S坦克等车辆的双流传动。

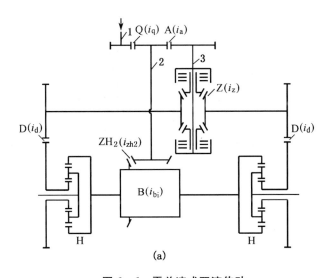

（a）

图6-6 零差速式双流传动

（a）零差速式双流传动原理简图

1—输入功率流；2—变速功率流；3—转向功率流

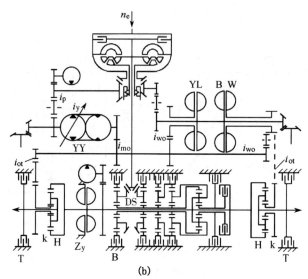

图6-6 零差速式双流传动（续）

（b）"豹"2坦克的双流传动

3. 负差速式双流传动

坦克装甲车辆直线行驶时，两侧汇流排太阳轮的角速度大小相等，旋转方向为负（与齿圈方向旋转相反）。以规定半径转向时，内侧太阳轮的角速度比直驶时增大一倍，其旋转方向为负；外侧太阳轮完全被制动。具有这种运动学特点的差速式双流传动，称为负差速式双流传动，它的传动原理简图如图6-7（a）所示。属于这类双流传动的有英国奇伏坦坦克[见图6-7（b）]、逊邱伦系列坦克和康克洛系列坦克的双流传动。

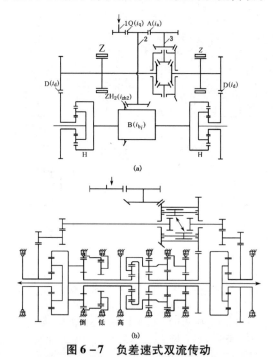

图6-7 负差速式双流传动

（a）负差速式双流传动原理简图；（b）奇伏坦坦克的双流传动

1—输入功率流；2—变速功率流；3—转向功率流

4. 正独立式双流传动

坦克装甲车辆直线行驶时，两侧汇流行星排太阳轮的角速度大小相等，旋转方向为正。以规定转向半径时，内侧太阳轮完全被制动，外侧太阳轮的角速度仍和直驶时相同，方向为正。具有这种运动学特点的独立式双流传动称为正独立式双流传动，它的传动原理简图如图 6-8（a）所示。属于这类双流传动的有苏联 AT-Л 牵引车的双流传动，如图 6-8（b）所示。

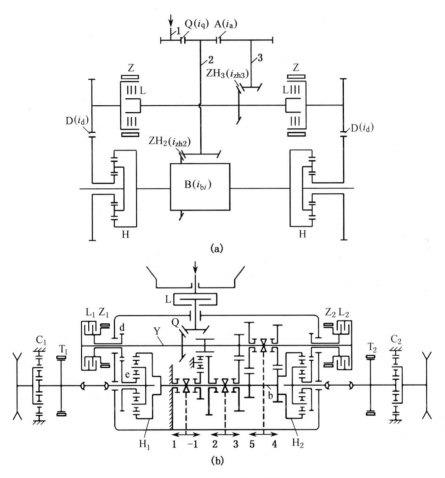

图 6-8 正独立式双流传动

（a）正独立式双流传动原理简图；

1—输入功率流；2—变速功率流；3—转向功率流

（b）AT-Л 牵引车的双流传动

5. 零独立式双流传动

坦克装甲车辆直线行驶时，两侧汇流行星排的太阳轮完全被制动，只有变速一路传递功率，为单功率流。以规定转向半径转向时，内侧太阳轮方向为负（与齿圈方向旋转相反），外侧太阳轮仍和直驶时一样完全制动。具有这种运动学特点的独立式双流传动称为零独立式双流传动，它的双流传动原理简图如图 6-9（a）所示，属于这类双流传动的有德国 T-V 坦克的双流传动，如图 6-9（b）所示。

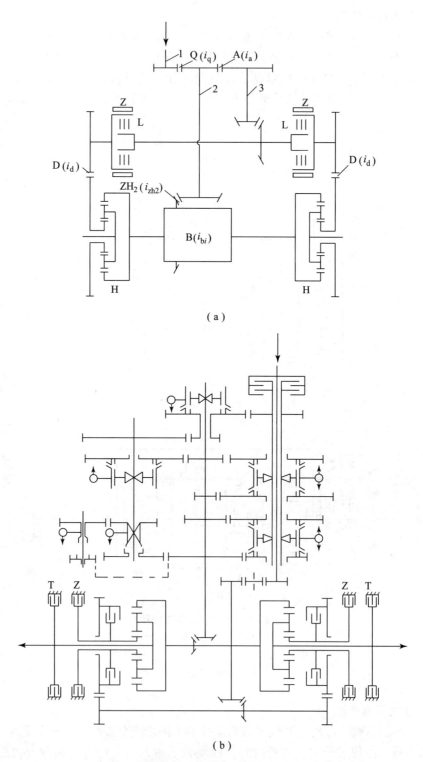

（a）

（b）

图 6-9　零独立式双流传动

（a）零独立式双流传动原理简图；（b）T-V坦克的双流传动

1—输入功率流；2—变速功率流；3—转向功率流

6. 负独立式双流传动

坦克装甲车辆直驶时，两侧汇流行星排太阳轮的角速度大小相等，方向为负。以规定半径转向时，外侧太阳轮的角速度仍和直驶时是一样的，内侧太阳轮必须以更大的角速度反转。这种方案理论上是成立的，但其结构非常复杂，不合实用，未见应用实例。所以实际中只有五种双流传动型式。

上述五种双流传动形式在性能和结构上存在较大的区别：从性能方面讲，零差速式双流传动性能最好，如转向机构用液压机组可实现无级转向；从结构方面讲，正独立式双流传动结构最简单，它的转向机构组成、操作等几乎和二级行星转向机构完全一样，但是，它每个挡都有一个第二规定转向半径，这使其转向性能有较大提高。

上述五种双流传动型式直驶和转向时，两侧汇流排三元件的切线速度见表 6 - 2。

表 6 - 2　五种双流传动汇流排三元件切线速度

传动型式	直驶汇流情况		转向汇流情况		采用传动或车型例
	左侧行星排	右侧行星排	高速侧行星排	低速侧行星排	
正差速式					美国 CD - 850 传动
零差速式					美国 CD - 500、德国 HSWL - 354 传动
负差速式					英国 TN - 12 传动
正独立式					苏联 AT - л 牵引车
零独立式					德国 T - V(豹) 坦克

6.3.3 分流和汇流

1. 分流和汇流机构

当车辆行驶只有一个动力源时，直驶和转向都最后通过两侧主动轮来执行工作。因为双功率流传动系统的直驶变速和转向是分路传递功率，故具有功率的分解和合成的环节，通常称为动力的分流和汇流。

也就是说，在双流传动系统中，发动机的功率分解（分流）为变速分路和转向分路两路来传递，每侧的两路功率又合成（汇流）为一路传给侧传动，并经主动轮传给履带。功率的分流与汇流是用分流和汇流机构（元件）来实现的，常用的机构有两种：一种是固定轴齿轮对；另一种是行星排，多用内外啮合单星排，即普通排。

1）固定轴齿轮对

用固定轴齿轮对做分流和汇流的机构如图6-10所示。

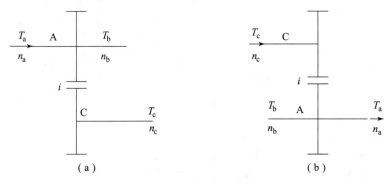

图6-10 固定轴齿轮对的分流和汇流

（a）分流；（b）汇流

图6-10（a）表示分流工况，功率（$P_a = n_a \cdot T_a$）由A轴左端输入，然后在A轴中部分流为两路功率：一路传向A轴右端（$P_c = n_c \cdot T_c$）；另一路由齿轮啮合处传给C轴右端（$P_c = n_c \cdot T_c$）。

图6-10（b）表示汇流工况，功率由C轴左端（$P_c = n_c \cdot T_c$）和A轴左端（$P_c = n_c \cdot T_c$）输入，然后在A轴中部汇流合二为一，传向A轴右端（$P_a = n_a \cdot T_a$），由此输出。如定义i为固定轴齿轮对的传动比，相应轴端的转速n、转矩T和功率P的表达式如下：

分流工况：

$$n_a = n_b = i n_c$$
$$T_a - T_b - T_c / i = 0$$
$$n_a T_a = n_b T_b + n_c T_c$$

汇流工况：

$$n_a = n_b = n_c / i$$
$$T_a - T_b - i T_c = 0$$
$$n_b T_b + n_c T_c = n_a T_a$$

转速关系特点：各转速间保持一定的比例关系，即某一元件转速为一定值时，其他两元件转速中的任一元件转速均为定值，而不能任意变化。

转矩关系特点：当某一元件转矩为一定值时，其他两元件转矩（含相应传动比 i）的代数和为定值，但这两转矩的比例（与相应传动比 i 有关）是可以改变的。因此，利用固定轴齿轮对进行功率的分流和汇流，分流和汇流的是转矩，也就是说，固定轴齿轮对实现 "分矩式" 或 "汇矩式" 的功率分流和汇流是一种差矩式机构。

2）行星排

用行星排做分流和汇流机构如图 6 – 11 所示。

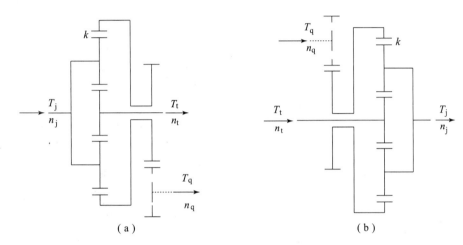

图 6 – 11　单行星排的分流和汇流

（a）分流；（b）汇流

由行星变速传动可知，行星排三元件太阳轮转速 n_t、齿圈转速 n_q 和行星架转速 n_j 三者间，无论是分流还是汇流工况，对应的运动学关系式均为

$$n_t + kn_q - (1 + k)n_j = 0$$

式中，k——行星排特性参数。

太阳轮转矩 T_t、齿圈转矩 T_q 和行星架转矩 T_j 三者间，无论是分流还是汇流工况，对应的动力学关系式均为

$$T_t : T_q : T_j = 1 : \frac{1}{k} : -\frac{1}{(1 + k)}$$

功率表达式为

$$n_j T_j - n_q T_q - n_t T_t = 0$$

转速关系特点：由转速关系式可知，对一定的行星排而言，某元件转速为一定值时，其他两元件转速的代数和（含相应行星排特性阐述 k）为一定值，但两元件转速的比例（与相应行星排特性阐述 k 有关）可以改变。

转矩关系特点：由转矩关系式可知，对一定的行星排而言，三元件各转矩间保持一定的比例关系，即某一元件转矩为一定值时，其他两元件转矩中的任一元件转矩都为一定值，而不能任意改变。

行星排的转速关系与转矩关系的特点和固定轴齿轮对的特点正好相反。由此可知，利用行星排进行分流和汇流，分流和汇流的是转速，也就是说，行星排实现 "分速式" 或 "汇速式"的功率分流和汇流是一种差速式机构。

2. 不同的分流和汇流机构组成的方案

从上边的讨论可以看出，固定轴齿轮对和普通排都可作分流和汇流机构，那么分别以普通排作分流机构、固定轴齿轮对作汇流机构［见图6-12（a）］，以固定轴齿轮对为分流机构、行星排作汇流机构［见图6-12（b）］，组成两种双流传动方案，并进行分析比较。

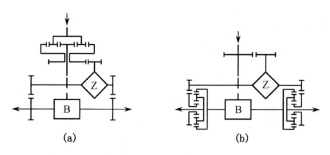

图6-12　不同分流和汇流机构组成的双流传动方案

（a）普通排分流、固定轴齿轮汇流的机构方案；（b）固定轴齿轮对分流、普通排汇流的机构方案

首先讨论汇流机构：坦克装甲车辆直线行驶时两侧履带速度相同；转向时两侧履带速度不相同，一侧履带速度高，另一侧履带速度低。双流传动的功率分变速和转向两路传递，变速分路即直驶机构分路，不论任何时候转向两侧的速度永远是相同的。而转向分路则不然，直驶时转向分路转向两侧的速度是相同的，转向时转向分路转向两侧的速度是不同的，要将每侧直驶、转向两个不同速度汇合起来，最后使两侧履带输出速度不同。完成这种速度汇流的机构只能是图6-12（b）所示方案。因为行星排汇流机构具有差速能力，故当变速分路（齿圈）转速一定时，转向分路（太阳轮）转速和输出路转速间的比例关系可以任意改变，也就是说，可以通过改变太阳轮的转速和方向，以改变行星架的输出转速，即改变了这一侧的履带速度，造成两侧履带速度差，实现车辆转向。而如图6-12（a）所示方案用固定轴齿轮对汇流机构，只具差矩（转矩）能力，不具差速能力而无法应用。所以现有坦克装甲车辆双流传动无一例外地都用行星排作汇流机构。

再讨论分流机构：功率分流主要是转矩分流，而图6-12（b）所示方案的固定轴齿轮对分流机构具有差矩能力，即当输入转矩一定时，变速分路转矩和转向分路转矩间的比例关系可以任意改变，它正符合差矩的要求。而图6-12（a）所示方案的行星排分流机构为差速机构，不具差矩能力，当输入转矩一定时，变速转矩和转向转矩都为一定值，不能任意改变，这不符合分流转矩的要求。同时还应该注意行星排具有差速性能，即当输入转速一定后，变速分路转速和转向分路转速间的比例关系可以任意改变，使分流机构处于二自由度状态，不能正常工作，所以用行星排作分流机构是行不通的。现有坦克装甲车辆的双流传动无一例外的都是用固定轴齿轮对作分流机构。

3. 汇流行星排连接方式

汇流行星排的太阳轮、齿圈、行星架三元件和功率输入路（变速分路、转向分路）及输出路三路功率分别依次轮流排列组合，可能共有3! = 6种连接方式，其连接简图见表6-3。

表 6 - 3　双流传动汇流行星排的六种连接方式

序号	机构简图及功率流方向	双流传动比 i_{sh}	两路功率比 P_{zf}/P_{bf}	变速分路传动范围 d_b
1		$\dfrac{(1+k)i_1i_2i_b}{i_b + ki_1i_2}$	$\dfrac{i_b}{ki_1i_2}$	$d_{sh} + (d_{sh}-1)\dfrac{i_b}{ki_1i_2}$
2		$\dfrac{(1+k)i_1i_2i_b}{ki_b + i_1i_2}$	$\dfrac{ki_b}{i_1i_2}$	$d_{sh} + (d_{sh}-1)\dfrac{ki_b}{i_1i_2}$
3		$\dfrac{ki_1i_2i_b}{(1+k)i_b - i_1i_2}$	$-\dfrac{(1+k)i_b}{i_1i_2}$	$d_{sh} - (d_{sh}-1)\dfrac{(1+k)i_b}{i_1i_2}$
4		$\dfrac{ki_1i_2i_b}{(1+k)i_1i_2 - i_b}$	$-\dfrac{i_b}{(1+k)i_1i_2}$	$d_{sh} - (d_{sh}-1)\dfrac{i_b}{(1+k)i_1i_2}$
5		$\dfrac{i_1i_2i_b}{(1+k)i_1i_2 - ki_b}$	$-\dfrac{ki_b}{(1+k)i_1i_2}$	$d_{sh} - (d_{sh}-1)\dfrac{ki_b}{(1+k)i_1i_2}$
6		$\dfrac{i_1i_2i_b}{(1+k)i_b - ki_1i_2}$	$-\dfrac{(1+k)i_b}{ki_1i_2}$	$d_{sh} - (d_{sh}-1)\dfrac{(1+k)i_b}{ki_1i_2}$

　　以第一种连接方式为例,从四个方面来分析各种连接的优缺点。由第一种连接简图可知,功率由 A 轴左端输入,A 轴的转速为 n_a。功率在第一个齿轮处分流为两路:一路为变速分路,功率由 A 轴经变速箱 B(传动比为 i_b)传给汇流行星排的齿圈 q,这一路功率为变速分路功率,以 P_{bf} 表示;另一路为转向分路,功率流经齿轮对(传动比为 i_1)传给 C 轴,经 C 轴右端齿轮对(传动比为 i_2)传给太阳轮 t,这一路功率为转向分路功率,以 P_{zf} 表示。两路功率由汇流行星排汇流后由行星架 j 输出。

　　1)双流传动比

　　在变速分路中:

$$\frac{n_a}{n_q} = i_b$$

齿圈转速为

$$n_q = \frac{n_a}{i_b}$$

在转向分路中：

$$\frac{n_a}{n_t} = i_1 i_2$$

太阳轮转速为

$$n_t = \frac{n_a}{i_1 i_2}$$

行星架转速 n_j 可由行星排三元件的运动学关系式求出

$$n_j = \frac{n_t + k n_q}{(1 + k)}$$

即

$$n_j = \frac{n_a(i_b + k i_1 i_2)}{(1 + k) i_1 i_2 i_b}$$

对应系统双流传动比为

$$i_{sh} = \frac{n_a}{n_j} = \frac{(1 + k) i_1 i_2 i_b}{i_b + k i_1 i_2} \tag{6-6}$$

式中，i_{sh}——系统的双流传动比，指分流件（A 轴齿轮）转速 n_a 和汇流件（行星架）转速 n_j 之比。

其他各种连接方式的双流传动比都按此方法求出，已列入表 6-3 中。

2）两路功率比

在第 1 种连接方式中，变速分路功率 P_{bf} 由齿圈求出，转向分路功率 P_{zf} 由太阳轮求出。

转向分路和变速分路功率比为

$$\frac{P_{zf}}{P_{bf}} = \frac{n_t T_t}{n_q T_q}$$

由行星排三元件转矩关系式知

$$T_t : T_q = 1 : k$$

故有

$$\frac{P_{zf}}{P_{bf}} = \frac{i_b}{k i_1 i_2} \tag{6-7}$$

其他各种连接方式的两路功率比都按此法求出，已列入表 6-3 中。

3）双流传动范围

双流传动范围 d_{sh}，是指一挡的双流传动比 i_{sh1} 与最高挡 n 挡的双流传动比 i_{shn} 的比值。

$$d_{sh} = \frac{i_{sh1}}{i_{shn}} = \frac{(i_{bn} + k i_1 i_2) d_b}{(i_{b1} + k i_1 i_2)} \tag{6-8}$$

式中，d_b——变速机构传动范围，是指变速分路一挡的传动比 i_{b1} 与最高挡 n 挡的变速分路传动比 i_{bn} 的比值，$d_b = i_{b1} / i_{bn}$。

4）变速分路传动范围

变化式（6-8）得变速分路传动范围 d_b 为

$$d_b = \frac{d_{sh}i_{b1} - i_{b1} + ki_1i_2}{ki_1i_2}$$

$$d_b = d_{sh} + (d_{sh} - 1)\frac{i_{b1}}{ki_1i_2} \qquad (6-9)$$

由上述式（6-8）和式（6-9）知 $d_b > d_{sh}$，即为了获得一定的双流传动范围 d_{sh}，需要较大的变速机构。

其他各种连接方式的变速分路传动范围都可按此法求出，已列入表 6-3 中。

4. 汇流行星排连接方式的评价

根据表 6-3 中六种连接方式各自的特点，可做以下四个方面的分析和比较。

（1）双流传动比。

由连接简图知 i_1、i_2 及 k 都为正值。当 i_b 为负值时，第 3、6 两种连接的 i_{sh} 为正，无法实现倒挡，不能选用；第 4、5 两种连接的 i_{sh} 为负，可实现倒挡，但倒挡的双流传动比小于前进挡双流传动比，倒挡速度高于前进挡速度，不合理。当 i_b 为负值且 $|i_b| < ki_1i_2$ 或 $k|i_b| < i_1i_2$ 时，第 1、2 种连接的 i_{sh} 为负，可实现倒挡，并且倒挡双流传动比大于前进挡双流传动比，比较合理。

从能否实现合理的倒挡来讲，第 1、2 种连接方式较为合理。

（2）两路功率比。

由表 6-3 知，第 3、4、5、6 种连接前进挡的 P_{zf}/P_{bf} 为负值，这表明这四种连接简图前进挡有功率循环现象，如图 6-13 所示。循环的这部分功率不能对外做功，只能产生额外的齿轮啮合损失，降低了传动效率，所以循环的这部分功率叫寄生功率。而第 1、2 种连接前进挡的 P_{zf}/P_{bf} 为正值，说明前进挡没有寄生功率；倒挡时 i_b 为负值，P_{zf}/P_{bf} 为负值，说明倒挡有寄生功率，但倒挡利用率较低，影响不大。

从系统有无寄生功率来讲，第 1、2 种连接方式较为合理。

（3）输出转矩。

第 1、2 种连接方式由行星架输出功率，由行星排三元件转矩关系式知，行星架输出转矩最大，而机构内部

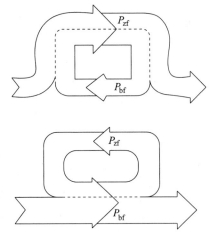

图 6-13　功率循环现象示意图

转矩较小，机构尺寸较小，操纵力矩较小。其他四种连接方式是由太阳轮或齿圈输出功率，所以输出转矩较小，而机构内部转矩较大，机构尺寸较大，操纵力矩较大。

从系统输出转矩大小来讲，第 1、2 种连接方式最好。

（4）变速分路传动范围。

由表 6-3 知，第 1、2 种连接方式的 $d_b > d_{sh}$，这说明为了获得一定的 d_{sh} 值，需要较大的变速分路传动范围 d_b，即需较大的变速机构；第 3、4、5、6 种连接方式的 $d_b < d_{sh}$，这说明为了获得一定的 d_{sh} 值，需要较小的变速分路传动范围，即需较小的变速机构。

从所需变速分路传动范围大小来看，第3、4、5、6种连接方式优于第1、2种连接方式。

总之，从上述四点的对比中可以看出，六种连接方式中，第1、2种连接方式比较理想，那么第1、2种连接中哪一种更好些呢？这可从以下三点再做进一步分析和比较。

（1）双流传动比。

由表6-3知，第1种连接方式，当i_b为负值且$|i_b| < ki_1i_2$时，i_{sh}为负，可实现倒挡。第2种连接方式，当i_b为负值且$k|i_b| < i_1i_2$时，i_{sh}为负值，可实现倒挡。第2种连接要求i_1i_2值比第1种连接的大k^2倍，这将会使第2种连接的结构较大，不如第1种连接结构紧凑。

（2）两路功率比。

由表6-3知，第1种连接的P_{zf}/P_{bf}比第2种连接的P_{zf}/P_{bf}小k^2倍，第1种连接比第2种连接的转向操纵力矩小。

（3）变速分路传动范围。

由表6-3知，这两种连接都是$d_b > d_{sh}$，但第1种连接方式d_b的增大值为$(d_{sh} - 1)i_{b1} < ki_1i_2$，而第2种连接方式$d_b$的增大值为$(d_{sh} - 1)ki_{b1} < i_1i_2$。第1种连接方式$d_b$的增大值比第2种连接$d_b$的增大值小$k^2$倍。

由此三点比较，可得最后结论：在双流传动系统中，汇流行星排采用第1种连接方式最好，第2种连接方式次之。现有坦克及其他装甲履带车辆双流传动的汇流行星排几乎都采用第1种连接方式。

6.4　双流传动系统传动比的分配

双流传动系统的
理论特性

6.4.1　双流传动比

图6-14所示为一般双流传动系统简图，它由动力输入轴1、变速动力输入轴2、转向动力输入轴3、前传动齿轮对Q（前传动比i_q）、2轴齿轮对A（传动比i_a）、转向机构Z（传动比i_z）、零轴0、两侧转向齿轮对D（传动比i_d）、锥齿轮对ZH（传动比i_{zh}）、变速箱B（变速箱传动比i_{bi}）、汇流行星排H、后传动齿轮对C（即侧传动，传动比i_c）以及停车制动器T、主动轮ZD等部件组成。

发动机动力由输入轴1输入，经前传动齿轮对Q传给2轴，在2轴处分为两路：

一路动力经锥齿轮对ZH、变速箱B到两侧汇流行星排H的齿圈q，称为变速分路，其传动比为

$$i_{bf} = \frac{n_2}{n_q} = i_{zh}i_{bi}$$

式中，n_2——2轴的转速，r/min；

$\quad$　n_q——行星排齿圈的转速，r/min；

$\quad$　i_{zh}——锥齿轮对传动比；

$\quad$　i_{bi}——变速机构传动比。

另一路动力经齿轮对A、转向机构Z、齿轮对D到两侧汇流行星排H的太阳轮t，这一路称为转向分路，其传动比为

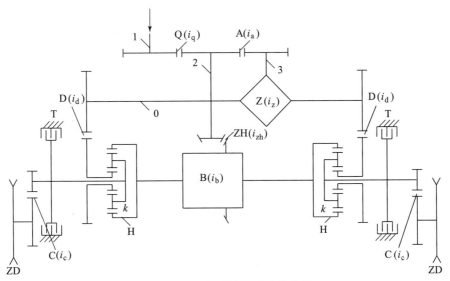

图 6-14 一般双流传动系统简图

1—动力输入轴；2—变速动力输入轴；3—转向动力输入轴

$$i_{zf} = \frac{n_2}{n_t} = i_a i_z i_d$$

式中，n_t——太阳轮的转速，r/min。

两路动力（功率）在汇流行星排的行星架 j 处汇合为一，经后传动齿轮对 C 传给两侧主动轮 ZD。变速一路的动力使两侧履带速度永远相等，而转向一路的动力使两侧履带产生速度差。

直驶时各挡总传动比 i_i 由三部分组成：

$$i_i = i_q i_{sh} i_c \tag{6-10}$$

式中，i_q——前传动比，由发动机到分流件轴 2 之间的传动比，它可能由几级传动比组成，也可能不用前传动（此时 $i_q = 1$），是定传动比；

i_c——侧传动比，由汇流行星排行星架到主动轮之间的传动比，也称后传动比，有一级传动比或两级传动比，是定传动比。

i_{sh}——各挡双流传动比，由分流件 2 轴到汇流件汇流行星排行星架之间的传动比，它是变传动比，随变速机构 i_{bi} 对应排挡不同而变化，可由轴 2 转速 n_2 和行星架转速 n_j 表示：

$$i_{sh} = \frac{n_2}{n_j}$$

将上述各式中的 n_t、n_q 和 n_j 的三个表达式代入行星排三元件运动学关系式：

$$\frac{n_2}{i_{zf}} + \frac{k n_2}{i_{bf}} - (1 + k) \frac{n_2}{i_{sh}} = 0$$

由 $n_2 \neq 0$，得

$$\frac{1}{i_{zf}} + \frac{k}{i_{bf}} - \frac{(1 + k)}{i_{sh}} = 0 \tag{6-11}$$

即各挡的双流传动比为

$$i_{sh} = \frac{(1 + k) i_{bf} i_{zf}}{i_{bf} + k i_{zf}} \tag{6-12}$$

该式为各挡双流传动比 i_{sh} 和变速分路传动比 i_{bf}、转向分路传动比 i_{zf}、行星排特性参数 k 之间的关系式。i_{sh} 的大小只与 i_{bf}、i_{zf} 和 k 有关，这是双流传动和单流传动最大的不同。i_{sh} 将 i_{bf}、i_{zf} 和 k 联系在一起，也就是将直驶性能和转向性能联系在一起。

直驶时 i_{sh} 会影响直驶传动系统总传动比 i_i，最后影响直驶各挡的 v_{max}，同时转向时 i_{sh} 还会影响规定转向半径，所以说 i_{sh} 是双流传动中最重要的一个运动学参数。当变速箱挂不同排挡时 i_{bf} 是不同的，可得不同的双流传动比 i_{sh}，当 i_{sh} 为负值时可得倒挡传动比。

6.4.2 直驶总传动比和规定转向半径的关系

1. 直驶双流传动比和直驶总传动比

具有不同类型双流传动的车辆，在直驶时变速分路和转向分路的工作情况是不同的。在五种双流传动型式中，对正差速式、负差速式、正独立式三种双流传动机构，其双流传动比表达式与式（6－12）相同，即

$$i_{sh} = \frac{(1+k)i_{bf}i_{zf}}{i_{bf} + ki_{zf}}$$

注意：对于负差速式双流传动，其 i_{zf} 为负值。

而对于零差速式、零独立式双流传动机构而言，车辆直驶时两侧汇流行星排的太阳轮都被制动，转向分路不传递动力（有 $n_t = 0$），只有变速分路一路传递动力。行星排相当于一个减速器，其传动比为齿圈转速 n_q 和行星架转速 n_j 之比：

$$\frac{n_q}{n_j} = \frac{1+k}{k}$$

此时双流传动比为变速分路的传动比，对应转向分路 i_{zf} 为无穷大，对式（6－10）取极限有

$$i_{sh} = \lim_{i_{zf} \to \infty} \frac{(1+k)i_{bf}i_{zf}}{i_{bf} + ki_{zf}} = \frac{(1+k)i_{bf}}{k}$$

即

$$i_{sh} = \frac{(1+k)i_{bf}}{k} \tag{6－13}$$

则对于任意双流传动型式，直驶时各挡传动系统总传动比 i_i 为

$$i_i = i_q i_{sh} i_c$$

直驶时理论车速 v 为

$$v = 0.377 \frac{n_e r_z}{i_i} \tag{6－14}$$

式中，n_e——发动机转速，r/min；

r_z——主动轮半径，m。

2. 转向双流传动比和规定转向半径

具有不同类型双流传动的车辆，在转向行驶时，变速分路和转向分路传递动力的情况是不同的。对直驶工况双流传动比，满足

$$\frac{1}{i_{zf}} + \frac{k}{i_{bf}} - \frac{(1+k)}{i_{sh}} = 0$$

也可表达为

$$i_{sh} = \frac{(1 + k) i_{bf} i_{zf}}{i_{bf} + k i_{zf}}$$

那么对于转向工况，低速侧 i_{sh1} 与高速侧 i_{sh2} 不同，下面根据表 6-2，针对不同双流传动型式分别展开讨论：

1）正差速式双流传动

高速侧变速分路和转向分路都传递动力，但与直驶工况不同。由于正差速式汇流行星排太阳轮加倍正转，将 $2n_t$ 代入式（6-12）求高速侧双流传动比 i_{sh2}：

$$\frac{2}{i_{zf}} + \frac{k}{i_{bf}} - \frac{(1 + k)}{i_{sh2}} = 0$$

$$i_{sh2} = \frac{i_{zf} i_{bf} (1 + k)}{k i_{zf} + 2 i_{bf}}$$

低速侧只有变速一路传递动力，汇流行星排太阳轮制动，$n_t = 0$，代入求低速侧双流传动比 i_{sh1}：

$$\frac{0}{i_{zf}} + \frac{k}{i_{bf}} - \frac{(1 + k)}{i_{sh1}} = 0$$

$$i_{sh1} = \frac{i_{bf} (1 + k)}{k}$$

车辆转向时高、低速侧的履带速度 v_2、v_1，以及履带中心距 B 与转向半径 R 有以下关系：

$$R = \frac{B}{2} \frac{(v_2 + v_1)}{(v_2 - v_1)}$$

当两侧履带分别以规定的内外侧总传动比 i_1、i_2 进行转向时，转向半径也为规定值，即规定转向半径以 R_g 表示，相对规定转向半径以 ρ_g 表示。相对规定转向半径和内外侧履带速度、内外侧履带总传动比以及内外侧双流传动比有以下关系：

$$\rho_g = \frac{1}{2} \frac{(v_2 + v_1)}{(v_2 - v_1)} = \frac{1}{2} \frac{(i_1 + i_2)}{(i_1 - i_2)} = \frac{1}{2} \frac{(i_{sh1} + i_{sh2})}{(i_{sh1} - i_{sh2})} \tag{6-15}$$

式中，i_1，i_2 ——内、外侧履带总传动比，它等于发动机的转速和内、外侧主动轮转速之比。

代入正差速式各挡 i_{bi} 对应的两侧双流传动比，得正差速式各挡双流传动的各相对规定转向半径 ρ_{ig}：

$$\rho_{ig} = \frac{1}{2} \frac{i_{sh1} + i_{sh2}}{i_{sh1} - i_{sh2}} = \frac{1}{2} \frac{\dfrac{i_{bf}(1 + k)}{k} + \dfrac{i_{zf} i_{bf}(1 + k)}{2 i_{bf} + k i_{zf}}}{\dfrac{i_{bf}(1 + k)}{k} - \dfrac{i_{zf} i_{bf}(1 + k)}{2 i_{bf} + k i_{zf}}}$$

化简得

$$\rho_{ig} = \frac{k i_{zf}}{2 i_{bf}} + \frac{1}{2} \tag{6-16}$$

由式（6-16）可知，正差速式各挡的相对规定转向半径 ρ_{ig} 只与 i_{bf}、i_{zf} 和 k 有关。

2）零差速式双流传动

与直驶工况只从变速分路传递动力不同，此时高速侧的变速分路和转向分路两路都传递动力，而汇流行星排太阳轮正转，其转速 n_t 为正，如图 6-10 所示。其双流传动比同式（6 – 9）：

$$\frac{1}{i_{zf}} + \frac{k}{i_{bf}} - \frac{(1+k)}{i_{sh2}} = 0$$

$$i_{sh2} = \frac{i_{zf} i_{bf} (1+k)}{i_{bf} + k i_{zf}}$$

低速侧也是变速分路和转向分路两路都传递动力，但汇流行星排太阳轮反转，其转速 n_t 为负，可得双流传动比：

$$\frac{-1}{i_{zf}} + \frac{k}{i_{bf}} - \frac{(1+k)}{i_{sh1}} = 0$$

$$i_{sh1} = \frac{i_{zf} i_{bf} (1+k)}{k i_{zf} - i_{bf}}$$

即零差速式各挡双流传动的相对规定转向半径为

$$\rho_{ig} = \frac{1}{2} \frac{i_{sh1} + i_{sh2}}{i_{sh1} - i_{sh2}} = \frac{1}{2} \frac{\dfrac{i_{zf} i_{bf} (1+k)}{k i_{zf} - i_{bf}} + \dfrac{i_{zf} i_{bf} (1+k)}{k i_{zf} + i_{bf}}}{\dfrac{i_{zf} i_{bf} (1+k)}{k i_{zf} - i_{bf}} - \dfrac{i_{zf} i_{bf} (1+k)}{k i_{zf} + i_{bf}}}$$

化简得

$$\rho_{ig} = \frac{k i_{zf}}{2 i_{bf}} \tag{6 – 17}$$

由此式可知，零差速式各挡的相对规定转向半径 ρ_{ig} 只与 i_{bf}、i_{zf} 和 k 有关。

3）负差速式双流传动

此时高速侧只有变速分路一路传递动力，由表 6 – 3 可知，汇流行星排太阳轮被制动 $n_t = 0$，其双流传动比同式（6 – 12）：

$$\frac{0}{i_{zf}} + \frac{k}{i_{bf}} - \frac{(1+k)}{i_{sh2}} = 0$$

$$i_{sh2} = \frac{i_{bf} (1+k)}{k}$$

低速侧变速分路和转向分路两路都传递动力，汇流行星排太阳轮以比直驶大一倍的转速 $-2n_t$ 旋转，可得对应低速侧双流传动比：

$$\frac{-2}{i_{zf}} + \frac{k}{i_{bf}} - \frac{(1+k)}{i_{sh1}} = 0$$

$$i_{sh1} = \frac{i_{zf} i_{bf} (1+k)}{k i_{zf} - 2 i_{bf}}$$

负差速式各挡双流传动的相对规定转向半径为

$$\rho_{ig} = \frac{1}{2} \frac{i_{sh1} + i_{sh2}}{i_{sh1} - i_{sh2}} = \frac{1}{2} \frac{\dfrac{i_{zf} i_{bf} (1+k)}{k i_{zf} - 2 i_{bf}} + \dfrac{i_{bf} (1+k)}{k}}{\dfrac{i_{zf} i_{bf} (1+k)}{k i_{zf} - 2 i_{bf}} - \dfrac{i_{bf} (1+k)}{k}}$$

化简得

$$\rho_{ig} = \frac{k i_{zf}}{2 i_{bf}} - \frac{1}{2} \tag{6 – 18}$$

由此式可知，负差速式各挡的相对规定转向半径 ρ_{ig} 只与 i_{bf}、i_{zf} 和 k 有关。

4）正独立式双流传动

此时高速侧和直驶时一样，变速分路和转向分路两路都传递动力，其双流传动比同式（6 - 12）：

$$\frac{1}{i_{zf}} + \frac{k}{i_{bf}} - \frac{(1 + k)}{i_{sh2}} = 0$$

$$i_{sh2} = \frac{i_{zf} i_{bf}(1 + k)}{i_{bf} + k i_{zf}}$$

低速侧汇流行星排太阳轮被制动 $n_t = 0$，转向分路不能传递动力，行星排相当于一个减速器，这时低速侧只有变速分路一路传递动力。其双流传动比为

$$\frac{0}{i_{zf}} + \frac{k}{i_{bf}} - \frac{(1 + k)}{i_{sh1}} = 0$$

$$i_{sh1} = \frac{i_{bf}(1 + k)}{k}$$

正独立式双流传动各挡的第二相对规定转向半径 ρ_{ig2} 为

$$\rho_{ig2} = \frac{1}{2} \frac{\dfrac{i_{bf}(1 + k)}{k} + \dfrac{i_{bf} i_{zf}(1 + k)}{i_{bf} + k i_{zf}}}{\dfrac{i_{bf}(1 + k)}{k} - \dfrac{i_{bf} i_{zf}(1 + k)}{i_{bf} + k i_{zf}}}$$

化简得

$$\rho_{ig2} = \frac{k i_{zf}}{i_{bf}} + \frac{1}{2} \tag{6 - 19}$$

相对规定转向半径 ρ_{ig2} 为各挡第二相对规定转向半径，与 i_{bf}、i_{zf} 和 k 有关。

正独立式双流传动转向机构总能将低速侧完全制动，此时转向半径为各挡第一规定转向半径 $\rho_{ig1} = 0.5$，但在高速挡位时这种转向非常危险，一般只能用于一、二挡；同时，由行星排三元件运动学关系式可知，当行星架 j 制动时，太阳轮 t 转速是齿圈 q 转速值的 k 倍，且高挡位时太阳轮的高速空转也很不安全。

5）零独立式双流传动

此时高速侧和直驶工况一样，只有变速分路一路传递动力，汇流行星排太阳轮被完全制动。其双流传动比同式（6 - 12）：

$$\frac{0}{i_{zf}} + \frac{k}{i_{bf}} - \frac{(1 + k)}{i_{sh2}} = 0$$

$$i_{sh2} = \frac{i_{bf}(1 + k)}{k}$$

低速侧和直驶工况不同，变速分路和转向分路两路都传递动力，汇流排太阳轮反转，太阳轮转速 n_t 为负。对应低速侧双流传动比：

$$\frac{-1}{i_{zf}} + \frac{k}{i_{bf}} - \frac{(1 + k)}{i_{sh1}} = 0$$

$$i_{sh1} = \frac{i_{zf} i_{bf}(1 + k)}{k i_{zf} - i_{bf}}$$

零独立式双流传动各挡的第二规定转向半径 ρ_{ig2} 为

$$\rho_{ig2} = \frac{1}{2} \frac{\dfrac{i_{bf}i_{zf}(1+k)}{ki_{zf}-i_{bf}} + \dfrac{i_{bf}(1+k)}{k}}{\dfrac{i_{bf}i_{zf}(1+k)}{ki_{zf}-i_{bf}} - \dfrac{i_{bf}(1+k)}{k}}$$

化简得

$$\rho_{ig2} = \frac{ki_{zf}}{i_{bf}} - \frac{1}{2} \tag{6-20}$$

各挡第二相对转向半径 ρ_{ig2} 只与 i_{bf}、i_{zf} 和 k 有关。

由以上五种双流传动的各挡规定转向半径 ρ_{ig}（差速式）或 ρ_{ig2}（独立式），可得：

（1）ρ_{ig} 或 ρ_{ig2} 只与 i_{bf}、i_{zf} 和 k 三个参数有关。

（2）在 i_{bf}、i_{zf} 和 k 三个参数确定所有挡的 ρ_{ig} 或 ρ_{ig2} 后，不能单独调整某一挡位的 ρ_{ig} 或 ρ_{ig2}。

（3）变速机构挡位越高，对应 i_{bi} 和 i_{bf} 值越小，对应 ρ_{ig} 或 ρ_{ig2} 值越大，符合转向要求。

另外，i_{bf} 随变速箱传动比 i_{bi} 而变化，而 i_{zf} 随转向机构传动比 i_z 变化，不同的转向机构有不同的 i_z。如"豹"1坦克装有两个转向离合器，i_z 有两个传动比值，所以每一挡有两个不同的规定转向半径；"豹"2坦克装有液压泵、马达转向机，其 i_z 有无数个值，所以每一挡都可以有无数个规定转向半径，实现无级转向，无摩滑功率损失。

3. 直驶总传动比和规定转向半径的关系

由上述五种双流传动各挡相对规定转向半径的表达式可知，ρ_{ig} 或 ρ_{ig2} 不仅与 i_{zf} 和 k 有关，而且还和 i_{bf} 有关，这是双流传动和单流传动的最大不同，也就是说直驶性能和转向性能是相互关联的，而不是各自独立的。由以上结果可得直驶总传动比 i_i 和各挡相对规定转向半径 ρ_{ig} 或 ρ_{ig2} 之间的关系，分析如下。

1）差速式双流传动

对正差速式、零差速式及负差速式双流传动，均有

$$i_{sh}\rho_{ig} = \frac{(1+k)i_{zf}}{2}$$

代入 $i_{sh} = \dfrac{i_i}{i_c i_q}$ 有

$$i_i\rho_{ig} = \frac{(1+k)i_q i_{zf} i_c}{2} \tag{6-21}$$

对一定的双流传动系统，k、i_q、i_{zf} 和 i_c 都是定值，所以式（6-22）右端可用常数 C_1 表示：

$$i_1\rho_{1g} = i_2\rho_{2g} = i_3\rho_{3g} = \cdots = i_n\rho_{ng} = \frac{(1+k)i_q i_{zf} i_c}{2} = C_1 \tag{6-22}$$

当已知发动机额定转速 n_e、主动轮半径 r_z、履带中心距 B 时，考虑直驶各挡的最大车速 $v_{i\max}$ 和直驶各挡总传动比 i_i 之间的关系式：

$$v_{i\max} = 0.377 \frac{n_{e\max}r_z}{i_i}$$

代入式（6-21），有

$$\frac{v_{1\max}}{\rho_{1g}} = \frac{v_{2\max}}{\rho_{2g}} = \cdots = \frac{v_{n\max}}{\rho_{ng}} = \frac{0.754 n_{e\max} r_z}{(1+k) i_q i_{zf} i_c} = C_2 \qquad (6-23)$$

及

$$\frac{v_{1\max}}{R_{1g}} = \frac{v_{2\max}}{R_{2g}} = \cdots = \frac{v_{n\max}}{R_{ng}} = \frac{0.754 n_{e\max} r_z}{(1+k) i_q i_{zf} i_c B} = C_3 \qquad (6-24)$$

对于一定差速式双流传动车辆，其 n_e、r_z、k、i_q、i_{zf}、i_c 和 B 确定时，可知：

①直驶各挡最大车速 $v_{i\max}$ 与各挡规定转向半径 R_{ig} 之比为常数，即车速越高，转向半径越大，符合车辆转向要求。

②某挡的规定转向半径确定后，其他挡位规定转向半径也随之确定，不能单独调整某一挡位规定转向半径。这一点与单流传动明显不同。

③各挡下最大转向角速度 $\omega_{\max}$ 为常数 C_3，与变速机构挡位 i_{bi} 无关。现有大多坦克装甲车辆的最大角速度为 $\omega_{\max} = 0.63 \sim 1$ rad/s，高速与低速侧履带速差最大值为 $\Delta v_{\max} = 3.5 \sim 6$ km/h，对应旋转一周时 $t_{\min} = 5 \sim 20$ s。

直驶各挡最大速度 $v_{i\max}$ 和各挡规定转向半径 R_{ig} 的关系可用 $v_{i\max} - R_{ig}$ 斜线图来表示，差速式双流传动机构 $v_{i\max}$ 和 R_{ig} 的关系如图 6-15（a）所示，在转向过程中，保持转向开始时直驶速度点设在图 6-15（a）坦克平面中心 C 点上，并以此点作为图 6-16（a）的坐标原点。

图 6-15（a）中的纵坐标为各挡最大车速，横坐标为规定转向半径。将各挡最大车速端点和该挡转向中心两点连接为一斜线，由于其斜率为比例常数 C_3（即最大转向角速度 $\omega_{\max}$），因此各挡最大车速端点和该挡转向中心点的斜线是相互平行的。

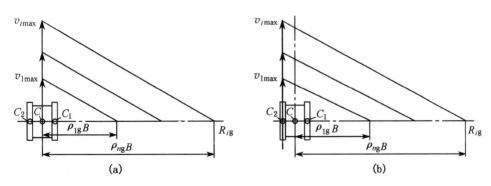

图 6-15　最大车速和规定转向半径的关系

(a) 差速式双流传动；(b) 独立式双流传动

图 6-16（a）所示为差速式双流传动规定转向半径和各挡车速关系的斜线图，该图的纵坐标为各挡规定转向半径，横坐标为车速。而过每挡最大车速 $v_{i\max}$ 值作一条平行于纵坐标的直线，再过对应 $v_{i\max}$ 时的规定转向半径 R_{ig} 值作一条平行于横坐标的直线，这两条直线相交得一交点，其他各挡这两参数的交点依此类推。将所有挡的这些交点连接起来，就是该车的 $R_{ig} - v_{i\max}$ 斜线。每辆车只有一条 $R_{ig} - v_{i\max}$ 斜线，其斜率为

$$\frac{R_{ig}}{v_{i\max}} = \frac{1}{C_3} = C_4$$

式中，C_4 是 C_3（最大转向角速度 $\omega_{\max}$）的倒数，即 $\omega_{\max}$ 越大，则 $R_{ig} - v_{i\max}$ 斜率 C_4 越小。也就是说，C_4 越小，车辆旋转角速度越大，转向性能越好；反之，C_4 越大，则转向性能越差。

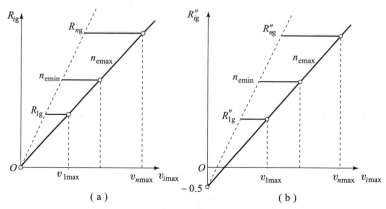

图 6-16　规定转向半径和各挡车速的关系

（a）差速式双流传动；（b）独立式双流传动

不同坦克的双流传动系统具有不同的 $R_{ig}-v_{i\max}$ 斜线，图 6-17 所示为一些双流传动车辆的 $R_{ig}-v_{i\max}$ 斜线图。

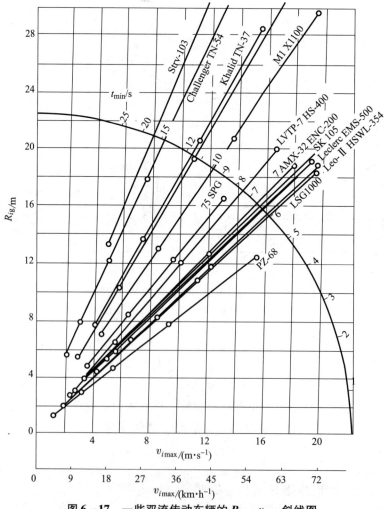

图 6-17　一些双流传动车辆的 $R_{ig}-v_{i\max}$ 斜线图

2）独立式双流传动

由于独立式双流传动的车辆转向时，外侧履带接地面中心点保持转向前的直驶速度，因此要将正独立式双流传动的各挡第二相对规定转向半径 ρ_{ig2} 表达式（6-19）稍加变化，等号两边都加 1/2，得

$$\rho_{ig2} + \frac{1}{2} = 1 + \frac{ki_{zf}}{i_{bf}} = \frac{i_{bf} + ki_{zf}}{i_{bf}} \tag{6-25}$$

同理对于零独立式，有

$$\left(\rho_{ig2} + \frac{1}{2}\right) = \frac{ki_{zf}}{i_{bf}} \tag{6-26}$$

则对于正独立式及零独立式，均有

$$i_{sh}\left(\rho_{ig2} + \frac{1}{2}\right) = (1 + k)i_{zf} \tag{6-27}$$

代入 $i_{sh} = \dfrac{i_i}{i_c i_q}$ 有

$$i_i\left(\rho_{ig2} + \frac{1}{2}\right) = i_q i_{zf}(1 + k)i_c \tag{6-28}$$

同理，存在

$$i_1\left(\rho_{1g2} + \frac{1}{2}\right) = i_2\left(\rho_{2g2} + \frac{1}{2}\right) = \cdots = i_n\left(\rho_{ng2} + \frac{1}{2}\right) = i_q i_{zf}(1 + k)i_c = C_1' \tag{6-29}$$

$$\frac{v_{1max}}{\left(\rho_{1g2} + \frac{1}{2}\right)} = \frac{v_{2max}}{\left(\rho_{2g2} + \frac{1}{2}\right)} = \cdots = \frac{v_{nmax}}{\left(\rho_{ng2} + \frac{1}{2}\right)} = \frac{0.377 n_{emax} r_z}{i_q i_{zf}(1 + k)i_c} = C_2' \tag{6-30}$$

$$\frac{v_{1max}}{\left(\rho_{1g2} + \frac{1}{2}\right)B} = \frac{v_{2max}}{\left(\rho_{2g2} + \frac{1}{2}\right)B} = \cdots = \frac{v_{nmax}}{\left(\rho_{ng2} + \frac{1}{2}\right)B} = \frac{0.377 n_{emax} r_z}{i_q i_{zf}(1 + k)i_c B} = C_3' \tag{6-31}$$

对应独立式双流传动机构的 v_{imax} 和 R_{ig} 关系如图 6-16（b）所示，而独立式双流传动规定转向半径和各挡车速关系的斜线图如图 6-17 所示。

6.4.3　双流传动的传动范围

变速机构的传动范围 d_b 是直驶时变速机构一挡的传动比 i_{b1} 和最高挡的传动比 i_{bn} 之比，双流传动的传动范围 d_{sh} 是直驶时一挡的双流传动比 i_{sh1} 和最高挡的双流传动比 i_{shn} 之比。d_b 和 d_{sh} 是不同的，但有一定的联系。下面针对不同的双流传动型式分别展开讨论。

对正差速式双流传动，由规定转向半径公式

$$\rho_{ig} = \frac{ki_{zf}}{2i_{bf}} + \frac{1}{2}$$

变形，得

$$i_{bf} = \frac{ki_{zf}}{2\left(\rho_{ig} - \frac{1}{2}\right)}$$

代入一挡和最高挡变速机构传动比，有

$$d_{\text{b}} = \frac{i_{\text{b1}}}{i_{\text{b}n}} = \frac{\rho_{n\text{g}} - \dfrac{1}{2}}{\rho_{1\text{g}} - \dfrac{1}{2}} \tag{6-32}$$

双流传动的传动范围，由

$$i_1\rho_{1\text{g}} = i_2\rho_{2\text{g}} = i_3\rho_{3\text{g}} = \cdots = i_n\rho_{n\text{g}} = \frac{(1+k)i_{\text{q}}i_{\text{zf}}i_{\text{c}}}{2} = C_1$$

可得

$$d_{\text{sh}} = \frac{i_{\text{sh1}}}{i_{\text{sh}n}} = \frac{\rho_{n\text{g}}}{\rho_{1\text{g}}} \tag{6-33}$$

由上式（6-32）和式（6-33）可知 $d_{\text{b}} > d_{\text{sh}}$，也就是说，为实现一定的双流传动的传动范围，正差速式双流传动需要较大的变速机构。

同理，对于零差速式双流传动有

$$d_{\text{b}} = \frac{i_{\text{b1}}}{i_{\text{b}n}} = \frac{\rho_{n\text{g}}}{\rho_{1\text{g}}} \tag{6-34}$$

$$d_{\text{sh}} = \frac{i_{\text{sh1}}}{i_{\text{sh}n}} = \frac{\rho_{n\text{g}}}{\rho_{1\text{g}}} \tag{6-35}$$

可知，$d_{\text{b}} = d_{\text{sh}}$。

对负差速式双流传动，有

$$d_{\text{b}} = \frac{i_{\text{b1}}}{i_{\text{b}n}} = \frac{\rho_{n\text{g}} + \dfrac{1}{2}}{\rho_{1\text{g}} + \dfrac{1}{2}} \tag{6-36}$$

$$d_{\text{sh}} = \frac{i_{\text{sh1}}}{i_{\text{sh}n}} = \frac{\rho_{n\text{g}}}{\rho_{1\text{g}}} \tag{6-37}$$

可知，$d_{\text{b}} < d_{\text{sh}}$，即为实现一定的双流传动的传动范围，正差速式双流传动需要较小的变速机构。

同理，对正独立式双流传动有

$$d_{\text{b}} = \frac{i_{\text{b1}}}{i_{\text{b}n}} = \frac{\rho_{n\text{g}2} - \dfrac{1}{2}}{\rho_{1\text{g}2} - \dfrac{1}{2}} \tag{6-38}$$

由

$$i_1\left(\rho_{1\text{g}2} + \frac{1}{2}\right) = i_2\left(\rho_{2\text{g}2} + \frac{1}{2}\right) = \cdots = i_n\left(\rho_{n\text{g}2} + \frac{1}{2}\right) = i_{\text{q}}i_{\text{zf}}(1+k)i_{\text{c}} = C_1'$$

得到

$$d_{\text{sh}} = \frac{i_{\text{sh1}}}{i_{\text{sh}n}} = \frac{\rho_{n\text{g}2} + \dfrac{1}{2}}{\rho_{1\text{g}2} + \dfrac{1}{2}} \tag{6-39}$$

由上述两式可知：$d_{\text{b}} > d_{\text{sh}}$。为实现一定的双流传动的传动范围，正独立式双流传动需要较大的变速机构。

对零独立式双流传动有

$$d_{b} = \frac{i_{b1}}{i_{bn}} = \frac{\rho_{ng2} + \dfrac{1}{2}}{\rho_{1g2} + \dfrac{1}{2}} \tag{6-40}$$

$$d_{sh} = \frac{i_{sh1}}{i_{shn}} = \frac{\rho_{ng2} + \dfrac{1}{2}}{\rho_{1g2} + \dfrac{1}{2}} \tag{6-41}$$

可知，$d_b = d_{sh}$。

由上述五种双流传动讨论可见，正差速式和正独立式的变速机构传动范围 $d_b > d_{sh}$，负差速式 $d_b < d_{sh}$，而零差速式和零独立式由于直驶时只变速一路传递功率，所以 $d_b = d_{sh}$。

设计时为使规定转向半径更合理，而要调整变速传动比时，应遵循 d_b 和 d_{sh} 的相互关系。

6.4.4　空挡转向

双流转向机构和单流转向机构相比，有两个突出的特点：一是规定转向半径和变速机构传动比有关；二是变速箱挂空挡时也能转向即空挡转向。

空挡转向时，一侧履带向车前运动，另一侧履带向车后运动。在理想情况下，坦克装甲车辆的转向中心 O 点和坦克平面中心 C 点相重合，转向半径为零，这种空挡转向叫作中心转向。如图 6-18 所示。

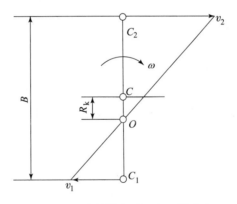

图 6-18　空挡转向时坦克平面速度

差速式双流转向机构空挡转向时，由于变速机构挂空挡，故只有两侧转向分路传递动力。发动机动力经转向分路传给两侧太阳轮，所以两侧太阳轮的输入转速大小相等、方向相反，两侧太阳轮和发动机之间具有确定的传动比。如果齿圈没有空挡固定装置，则齿圈转速既受太阳轮影响又受行星架的影响；而行星架转速不仅受太阳轮影响，还受地面阻力和车速的影响。所以，齿圈、行星架和发动机之间没有确定的传动比，此时转向机构处于二自由度状态，对应的空挡转向是一种不可控制的转向状态，这种转向半径称为不可控制的空挡转向半径，以 R_k 表示。虽然 R_k 是不可控制的，但是其变化范围也不太大，一般在 $0 \sim B/2$ 之间变化，特殊情况下也可能为 $R_k > B/2$，但仍有实用价值，如图 6-19（a）所示。

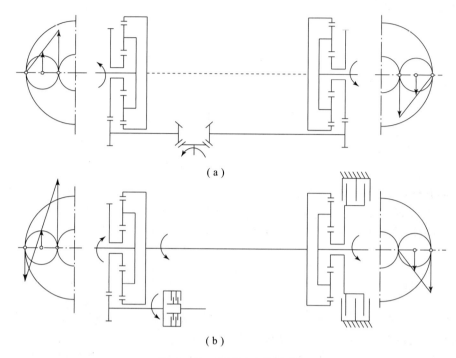

图 6 – 19 不可控空挡转向

（a）差速式双流转向机构；（b）独立式双流转向机构

独立式双流转向机构空挡转向时，变速机构挂空挡不传递动力，内侧太阳轮被完全制动，只有外侧转向分路传递动力，发动机的动力经外侧转向机构传给外侧太阳轮，它和发动机之间具有确定的传动比。同样，如果齿圈没有空挡齿圈固定装置，则它的转速既受太阳轮影响又受行星架影响；而行星架的转速不仅受太阳轮的影响，还受地面阻力和车速的影响，所以齿圈、行星架和发动机之间也没有确定的传动比，即转向机构此时也处于二自由度状态。空挡转向是一种不可控制的转向状态，这种转向半径称为不可控空挡转向半径，以 R_k 表示。R_k 变化范围为 $-B/2 \sim B/2$，特殊情况下也可能有 $R_k > B/2$。

1. 不可控空挡转向

目前除个别车辆外，大多数双流转向机构的空挡转向都是不可控制的转向状态，空挡转向半径如前所述是不可控制的，但在一般情况下 R_k 变化不会太大，仍有实用价值。有些车辆用它来代替 $R_k \geqslant B/2$，在狭窄地段上用它转向，可以提高坦克装甲车辆的通过性。

坦克装甲车辆在实际行驶中，由于两侧履带接地段会受到地面坡度、地面性质、地面种类、地面状况和地面湿度等的影响，故要使两侧履带接地段遇到的阻力完全相等是不太可能的。不可控空挡转向半径 R_k（或不可控空挡相对转向半径 ρ_k）可能有以下几种情况：

1）中心转向

中心转向的转向半径为 $\rho_k = 0$，当两侧履带接地段处于地面良好的水平柏油路或水泥路面上，且低速、等速、单车转向时，两侧履带接地段遇到的阻力相等，两侧履带速度大小相等、方向相反，转向中心 O 点和坦克平面中心 C 点重合，即坦克装甲车辆绕其平面中心 C 点旋转，如图 6 – 20（a）所示。

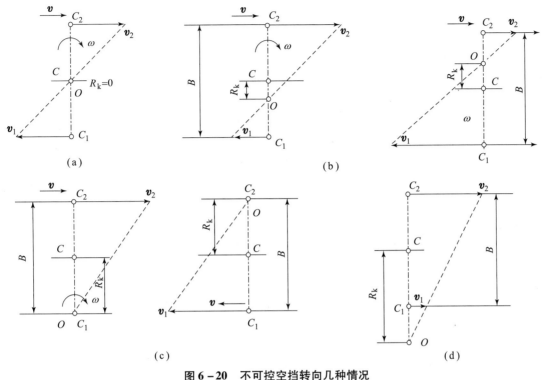

图 6 - 20 不可控空挡转向几种情况

(a) $\rho_k = 0$； (b) $0 < \rho_k < 0.5$； (c) $\rho_k = \pm 0.5$； (d) $\rho_k > 0.5$

2）偏心转向

偏心转向的转向半径为 $0 < \rho_k < 0.5$，当两侧履带接地段处于软硬程度、地面状况、干湿程度略有不同的水平地面上，且低速、等速、单车转向时，两侧履带接地段遇到的阻力略有不同。内侧履带速度 v_1 小于外侧速度 v_2，v_1 方向向车后、v_2 方向向车前（或 v_1 方向向车前、v_2 方向向车后），O 点将不再与 C 点重合，而是在 C 点和 C_1 点之间或在 C 点和 C_2 点之间，如图 6 - 20（b）所示。

3）地面制动转向

地面制动转向的转向半径为 $\rho_k = \pm 0.5$，当两侧履带接地段处于软硬程度、地面状况、干湿程度、下陷量、不平度等有较大不同的地面上，且低速、等速、单车转向时，两侧履带接地段遇到的阻力差别较大，阻力大的一侧地面足以将该侧履带制动。

如履带速度 $v_1 = 0$，即向后运动的一侧履带被制动；地面阻力小的一侧履带速度 $v_2 > 0$。车辆将绕着内侧履带接地面中心 C_1 点向前旋转，即坦克的转向中心 O 点和 C_1 点重合，所以 $\rho_k = 0.5$。当两侧履带接地段所处的地面和上述情况正相反时，车辆将绕另一侧履带接地面中心点向后旋转，对应 $\rho_k = -0.5$，这时的空挡转向半径如图 6 - 20（c）所示。

4）惯性转向

惯性转向的转向半径为 $\rho_k > 0.5$，当车辆由高速挡换入空挡立即进行空挡转向或下坡做空挡转向时，由于惯性力或下坡力的作用，内侧履带速度 $v_1 > 0$，并且其方向和外侧履带速度方向相同。坦克转向中心 O 点可能要超出履带接地面，落在 C_1 点或 C_2 点之外，所以空挡转向半径 $\rho_k > 0.5$，如图 6 - 20（d）所示。

2. 可控空挡转向

要实现可控的（稳定的）空挡转向，应设置空挡齿圈固定装置。

对于差速式双流转向机构，由于变速箱挂空挡，故只有转向分路传递动力。发动机动力经差速器传向两侧太阳轮，两侧太阳轮输入转速大小相等、方向相反，即 $n_{t1} = -n_{t2}$。当齿圈完全制动时，有 $n_{q1} = n_{q2} = 0$，由行星排运动学方程式知两侧太阳轮转速和行星架转速的关系为

$$n_{j1} = n_{t1}/(1 + k)$$
$$n_{j2} = n_{t2}/(1 + k) = -n_{t1}/(1 + k)$$

由 n_{j1} 和 n_{j2} 大小相等、方向相反，如图 6 – 21（a）所示，可得可控制的空挡相对转向半径

$$\rho_{kg} = 0 \tag{6 – 42}$$

对于独立式双流转向机构，当变速箱挂空挡时，只有转向分路的外侧传递动力。发动机的动力经外侧转向机构传给外侧太阳轮，当齿圈完全制动时，有 $n_{q1} = n_{q2} = 0$，由外侧行星排运动学方程式知，太阳轮转速和行星架转速之间的关系为

$$n_{j2} = n_{t2}/(1 + k)$$

由此可知，由发动机到外侧主动轮之间的传动比是确定的。空挡转向内侧太阳轮完全制动，有 $n_{t1} = 0$；如再完全制动齿圈，$n_{q1} = 0$，则内侧三元件都被制动，即

$$n_{j1} = 0$$

对应内侧履带速度 $v_1 = 0$。

由 $n_{j2} = n_{t2}/(1 + k)$ 知，n_{t2} 由发动机确定，所以外侧履带速度 v_2 是个确定值。如图 6 – 21（b）所示，可得可控的空挡相对转向半径为

$$\rho_{kg} = 0.5 \tag{6 – 43}$$

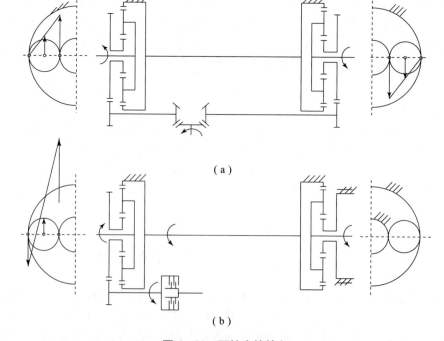

（a）

（b）

图 6 – 21　可控空挡转向

（a）差速式双流转向机构；（b）独立式双流转向机构

6.4.5　传动比的确定和分配

　　各种不同的双流传动系统，其传动比的组成环节不会是完全相同的，现以零差速式双流传动系统为例，来讨论各种传动环节传动比的分配。传动系统简图如图 6 – 22 所示，图中符号含义同一般双流传动系统简图 6 – 14。

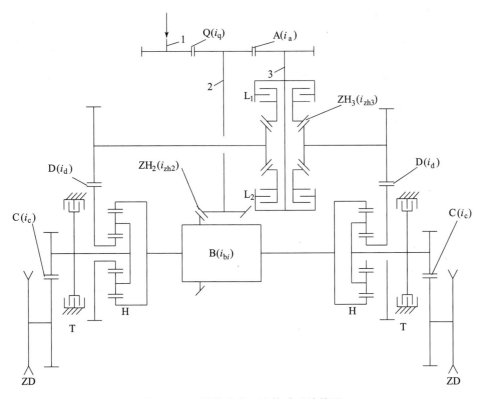

图 6 – 22　零差速式双流传动系统简图

1—动力输入轴；2—变速动力输入轴；3—转向动力输入轴

在双流传动系统中，最重要的运动学参数有以下五个：

（1）直驶双流传动比 i_{sh}：

$$i_{sh} = \frac{(1 + k) i_{bf}}{k}$$

（2）直驶各挡总传动比 i_i：

$$i_i = i_q i_{sh} i_c$$

（3）直驶各挡最大车速 v_{imax}：

$$v_{imax} = 0.377 \frac{n_{emax} r_z}{i_i}$$

（4）各挡相对规定转向半径 ρ_{ig}：

$$\rho_{ig} = \frac{k i_{zf}}{2 i_{bf}} （零差速式）$$

（5）各挡最大角速度 ω_{imax}：

$$\omega_{i\max} = \frac{v_{i\max}}{R_{ig}} = C_3$$

由以上五式可知：变速分路传动比 i_{bf} 既影响各挡总传动比 i_i 和各挡最大车速 $v_{i\max}$，还影响相对规定转向半径 ρ_{ig}；行星排特性参数 k 既影响双流传动比 i_{sh}、各挡总传动比 i_i、各挡直驶最大车速 $v_{i\max}$，还影响相对规定转向半径 ρ_{ig}；而转向分路传动比 i_{zf} 既影响规定转向半径 ρ_{ig}，又影响比例系数 C_3。

由此可知，对双流传动运动学五大参数都有影响的是 i_{bf}、k 和 i_{zf} 三个参数，一旦此三参数确定后，所有挡的相对规定转向半径 ρ_{ig}、直驶最大车速 $v_{i\max}$ 和 C_3 都被确定，本部分最主要的任务就是确定这三个参数。

1. 直驶工况的传动比确定和分配

车辆直驶各挡总传动比 i_i、变速分路传动范围 d_b、排挡数目 n 是根据直驶牵引计算和排挡划分所确定的，为已知条件。由于零差速式双流传动直驶时只有变速分路一路传递动力，转向分路不传递动力，这和单流传动是相似的，故直驶时各挡的双流传动比为

$$i_{sh} = \frac{(1+k)i_{bf}}{k}$$

对于直驶各挡总传动比，有

$$i_i = i_q i_{sh} i_c = i_q \frac{(1+k)i_{bf}}{k} i_c$$

代入本例中

$$i_{bf} = i_{zh2} i_{bi}$$

得

$$i_i = i_q i_{sh} i_c = i_q i_{zh2} \cdot i_{bi} \cdot \frac{(1+k)}{k} i_c \qquad (6-44)$$

则系统的定传动比为

$$\frac{i_i}{i_{bi}} = i_q i_{zh2} \cdot \frac{(1+k)}{k} i_c$$

可见各挡的总传动比 i_i 由定传动比和变传动比两部分组成，$i_q i_c i_{zh2}(1+k)/k$ 为定传动比，变速机构传动比 i_{bi} 为变传动比，其中变速机构传动比可按单功率流传动比分配原则来处理。

对于固定轴齿轮变速机构，按最小体积原则来确定各挡传动比，其中一挡传动比 i_{b1} 为

$$i_{b1} = \sqrt{d_b}$$

式中，d_b——变速分路传动范围，在牵引计算中已经确定，对于零差速式双流传动 d_b 和 d_{sh} 有

$$d_b = d_{sh}$$

由变速机构一挡传动比 i_{b1} 和一挡总传动比 i_1，可求出定传动比 $i_q i_c i_{zh2}(1+k)/k$，即

$$\frac{i_1}{i_{b1}} = i_q i_{zh2} \cdot \frac{(1+k)}{k} i_c$$

当定传动比 $i_q i_c i_{zh2}(1+k)/k$ 求出后，即可求出变速箱其他各挡传动比：

$$i_{b2} = \frac{i_2}{i_q i_{zh2} \cdot \frac{(1+k)}{k} i_c}, i_{b3} = \frac{i_3}{i_q i_{zh2} \cdot \frac{(1+k)}{k} i_c}, \cdots, i_{bn} = \frac{i_n}{i_q i_{zh2} \cdot \frac{(1+k)}{k} i_c}$$

对于行星齿轮变速机构，可根据有直接挡的特点决定传动比的分配。假设第 n 挡为直接挡，即 $i_{bn} = 1$，则有

$$\frac{i_n}{i_{bn}} = i_q i_{zh2} \cdot \frac{(1 + k)}{k} i_c = i_n$$

$$i_{b2} = \frac{i_2}{i_n}, i_{b3} = \frac{i_3}{i_n}, \cdots, i_{bn} = \frac{i_n}{i_n} = 1$$

当定传动比 $i_q i_c i_{zh2}$（$1 + k$）$/k$ 求出后，还要将它划分为两部分，即广义前传动比 $i_q i_{zh2}$ 和广义后传动比 i_c（$1 + k$）$/k$。

发动机转矩向主动轮传递是逐级加大的，一般希望前传动比减速少一点（有时甚至是增速的），转矩增加少一点；最后一级即后传动再减到应有的转速，增加到应有的转矩，即为使各级传动机构所受载荷最小，传动比的设置应符合前小后大的原则。否则，前传动比过大，会使大多数传动元件都承受过大的负荷，势必引起传动系统的尺寸和质量过大。但是，也不能使前传动比过小，如前传动比小、后传动比大，则会使变速箱输出轴在最高挡时的最大转速 n_{nmax} 过高，这会引起轴承转速、齿轮圆周切线速度过高而影响其寿命。

当变速箱在最高挡 n 挡、发动机的额定转速 n_{emax} 工作时，变速箱输出轴的最大转速 n_{nmax} 可由下式表示：

$$n_{nmax} = \frac{n_{emax}}{i_q i_{zh2} i_{bn}} \tag{6 - 45}$$

或

$$n_{nmax} = \frac{(1 + k) n_{emax} i_c}{k i_n} \tag{6 - 46}$$

根据变速箱常用滚动轴承允许的最大转速 $[n_{nmax}]$、发动机的额定转速 n_{emax} 及 i_{bn}，可由下式确定广义前传动 $i_q i_{zh2}$：

$$i_q i_{zh2} = \frac{n_{emax}}{[n_{nmax}] i_{bn}} \tag{6 - 47}$$

对于液力机械传动系统，前传动 i_q 的确定可以考虑发动机与液力变矩器的理想匹配。

同理，可以求出广义后传动比 i_c（$1 + k$）$/k$，即

$$\frac{(1 + k) i_c}{k} = \frac{[n_{nmax}] i_n}{n_{emax}} \tag{6 - 48}$$

上述变速分路传动比及广义前、后传动比的分配仅是初步的，在实际设计过程中，还要参照同类型车辆的有关参数、结构限制及配齿计算等反复验算最后才能确定。

2. 转向工况的传动比确定和分配

下边讨论转向分路传动比 i_{zf} 的确定和 k 值的确定问题。由图 6 - 23 知，转向分路传动比由三部分组成：

$$i_{zf} = i_a i_{zh3} i_d \tag{6 - 49}$$

式中，i_a——从分流件变速动力输入轴 2 到转向动力输入轴 3 之间齿轮对 A 的传动比；

i_{zh3}——转向机构的传动比，即转向分路中动力输入轴 3 锥齿轮对 ZH_3 的传动比；

i_d——从转向机构输出端到太阳轮间齿轮对 D 的传动比。

由差速式直驶总传动比和规定转向半径关系式

$$i_i\rho_{i\mathrm{g}} = \frac{(1 + k)i_{\mathrm{q}}i_{\mathrm{zf}}i_{\mathrm{c}}}{2} = C_1$$

代入 i_i 和 $\rho_{i\mathrm{g}}$ 的计算关系式

$$i_i = 0.377\,\frac{n_{\mathrm{emax}}r_{\mathrm{z}}}{v_{i\mathrm{max}}}$$

$$\rho_{i\mathrm{g}} = \frac{v_{i\mathrm{max}}}{\Delta v_{i\mathrm{max}}}$$

得到

$$0.377\,\frac{n_{\mathrm{emax}}r_{\mathrm{z}}}{\Delta v_{i\mathrm{max}}} = \frac{(1 + k)i_{\mathrm{q}}i_{\mathrm{zf}}i_{\mathrm{c}}}{2} = C_1$$

代入直驶工况推导得到的 $n_{n\mathrm{max}}$ 关系式，并变形

$$\frac{(1 + k)i_{\mathrm{c}}}{ki_n} = \frac{n_{n\mathrm{max}}}{n_{\mathrm{emax}}} \tag{6-50}$$

得

$$ki_{\mathrm{zf}} = \frac{2n_{\mathrm{emax}}}{i_{\mathrm{q}}i_n n_{n\mathrm{max}}}\,\frac{0.377n_{\mathrm{emax}}r_{\mathrm{z}}}{\Delta v_{i\mathrm{max}}} \tag{6-51}$$

在式（6-50）和式（6-51）中，当等式右侧参数确定后，由 i_{c}、k、i_{zf} 三者之一即可得到其他两个未知量。关于 i_{zf} 和 k 目前没有公认的统一的确定方法，一般是根据经验按类比法确定。

考虑普通排的 k 取值范围 $k = 1.5 \sim 4$，以及最大角速度为 $\omega_{\mathrm{max}} = 0.63 \sim 1\ \mathrm{rad/s}$ 或 $t_{\mathrm{min}} = 5 \sim 20\ \mathrm{s}$，初选 k 和 ω_{max}，参考图 6-17 确定 $R_{i\mathrm{g}} - v_{i\mathrm{max}}$ 斜线，根据 $v_{i\mathrm{max}}$ 确定对应挡位 $\rho_{i\mathrm{g}}$，并将已知的 i_{bf} 代入零差速式各挡双流传动的各相对规定转向半径公式，最终求得 i_{zf}，即

$$i_{\mathrm{zf}} = \frac{2\rho_{i\mathrm{g}}i_{\mathrm{bf}}}{k} \tag{6-52}$$

在 i_{zf} 确定后，本例中还要考虑其在各环节的分配

$$i_{\mathrm{zf}} = i_{\mathrm{a}}i_{\mathrm{zh3}}i_{\mathrm{d}}$$

分配的原则也是前边的传动比 i_{a} 取小些，后边的 i_{d} 取大些，这可使转向机构尺寸较小、操纵转矩较小；i_{zh3} 由转向机构本身决定。

上述 k 值和 i_{zf} 值的确定及其分配仅是一种初步的方法，在实际设计中还要考虑转向分路传动比 i_{zf} 和变速分路传动比 i_{bf} 的最佳匹配、机构限制、方案布置以及转向机构本身的性能等因素，反复试算才能确定。

3. 高速转向侧滑条件

在完成以上双流传动系统传动比的确定与分配后，双流传动系统的性能都已确定。为确保行车安全，还要检查高速侧滑情况。因为高速侧滑有可能滑出路面，如高速侧滑后再遇到坚硬而牢固的凸起物，可能会翻车，等等，这是应当特别注意的。

车辆不产生侧滑的条件是：车辆高速转向的离心力 F_1 应小于或等于侧滑阻力 F_{ch}，即

$$F_1 \leqslant F_{\mathrm{ch}} \tag{6-53}$$

其中离心力 F_1 为

$$F_1 = mR_{y\mathrm{min}}\omega_{y\mathrm{max}}^2 = \frac{mv_{y\mathrm{max}}^2}{R_{y\mathrm{min}}} \tag{6-54}$$

式中，m——战斗全质量，kg；

　　　R_{ymin}——不产生侧滑的允许的最小转向半径，m；

　　　ω_{ymax}——不产生侧滑的允许的最大旋转角速度，rad/s；

　　　v_{ymax}——不产生侧滑的允许的最大车速，km/h。

侧滑阻力 F_{ch} 为

$$F_{ch} = \psi mg \tag{6-55}$$

式中，ψ——车辆与地面间的横向附着系数。

由上可得不产生侧滑的条件是

$$\frac{v_{ymax}^2}{R_{ymin}} \leqslant \psi g$$

简化后得不产生侧滑的允许的最小转向半径和允许的最大车速的关系式为

$$R_{ymin} \geqslant \frac{v_{ymax}^2}{\psi g} \tag{6-56}$$

$$\rho \geqslant \frac{v_{ymax}^2}{\psi g B} \tag{6-57}$$

式中，B——履带中心距，m。

　　由以上关系式可知，对一定的坦克（B 是定值）、在一定的地面上（ψ 是定值）、以不产生侧滑允许的最大车速 v_{ymax} 和以不产生侧滑允许的最小转向半径 R_{ymin} 转向时，R_{ymin} - v_{ymax} 的关系曲线是一条抛物线。

　　对一定的车辆和一定的路面，有一条一定的侧滑抛物线，如图 6 - 23 所示。在抛物线的右侧为侧滑区，左侧为非侧滑区。如果计算出的规定转向半径都在抛物线的左侧，说明该车在上述条件下不会产生侧滑；如果有的规定转向半径（主要是高速挡）越过了抛物线进入侧滑区，则应对这些规定转向半径进行调整或修正。

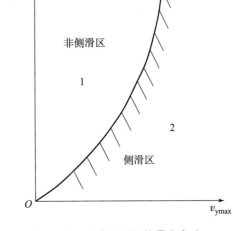

图 6 - 23　不产生侧滑的最大车速 -
最小转向半径关系曲线

4. 液力变矩器前后分流对传动比的影响

现代坦克装甲车辆的传动系统中都普遍采用了液力传动，以改善系统的性能。采用液力传动的双流传动系统，按功率分流点的位置有两种形式：一种是动力在输入液力变矩器前分流；另一种是动力经过液力变矩器传递后再进行分流。通常将这两种分流形式称为变矩器前分流和变矩器后分流，如图 6 - 24 所示。

图 6 - 24（a）所示为液力变矩器前分流的情况，此时转向流功率不经过液力变矩器传递，由发动机直接将动力传至汇流行星排太阳轮，直驶功率流经液力变矩器和变速机构传递到汇流行星排的齿圈。定义液力变矩器速比为 i_{YB}，其为涡轮转速与泵轮转速之比。

考虑双流传动比计算公式

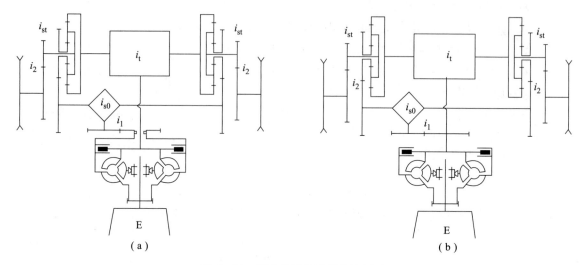

图 6 - 24　液力传动的两种分流形式

（a）变矩器前分流；（b）变矩器后分流

$$i_{\mathrm{sh}} = \frac{(1 + k)\,i_{\mathrm{bf}}i_{\mathrm{zf}}}{i_{\mathrm{bf}} + ki_{\mathrm{zf}}}$$

和零差速式双流传动系统相对规定转向半径计算公式

$$\rho_{ig} = \frac{ki_{\mathrm{zf}}}{2i_{\mathrm{bf}}}$$

（1）对于变矩器前分流的情况，i_{zf}不受变矩器影响，而i_{bf}要考虑液力变矩器速比i_{YB}的影响，此时双流传动比和相对规定转向半径为

$$i'_{\mathrm{sh}} = \frac{(1 + k)\,i_{\mathrm{zf}}i_{\mathrm{bf}}/i_{\mathrm{YB}}}{i_{\mathrm{bf}}/i_{\mathrm{sr}} + ki_{\mathrm{zf}}} \tag{6-58}$$

$$\rho'_{ig} = \frac{ki_{\mathrm{zf}}}{2i_{\mathrm{bf}}/i_{\mathrm{YB}}} = \rho_{ig}i_{\mathrm{YB}} \tag{6-59}$$

可见转向半径随i_{sr}增加而增加，转向一周所需的时间随i_{sr}增加而减小，即转向性能会受到地面负荷变化的影响；而由于转向流直接与发动机相连，因而当转向阻力太大时会导致发动机熄火，变矩器对克服转向阻力不起作用，特别是在进行$\rho = 0$的中心转向时，克服困难路面的转向能力下降；转向流因未经变矩器传动，故转向效率相对较高。

（2）对于变矩器后分流的情况，i_{zf}和i_{bf}均不受变矩器影响，可将分流点前的发动机和液力变矩器等视为一个具有匹配后特性的"新发动机"，此时双流传动比和相对规定转向半径为

$$i''_{\mathrm{sh}} = \frac{(1 + k)\,i_{\mathrm{bf}}i_{\mathrm{zf}}}{i_{\mathrm{bf}} + ki_{\mathrm{zf}}} = i_{\mathrm{sh}} \tag{6-60}$$

$$\rho''_{ig} = \frac{ki_{\mathrm{zf}}}{2i_{\mathrm{bf}}} = \rho_{ig} \tag{6-61}$$

可见相对转向半径不受液力变矩器的影响，也就是不受地面负荷的影响；由于转向流的功率也经过液力变矩器，因而不至于转向阻力过大而引起发动机熄火，特别是当$\rho = 0$转向

时，变速机构挂空挡，动力经液力变矩器后再经转向流传递输出，有利于克服困难路面。由于全部动力都经过液力变矩器传递，因而传动效率相对较低。

在现行的坦克装甲车辆双流传动系中，两种分流形式均有采用。

6.5　液压转向双流传动系统设计

零差速式 –
液压无级转向

6.5.1　基本原理及理论特性

液压无级转向传动系统是目前应用最广泛的一种双流传动系统类型，可以实现由最小到无限大半径的无级转向，即具有无数个规定转向半径。液压转向系统由变量泵和定量马达组成，利用变量调速实现无级转向。

早期的泵和马达多为分体式的，如德国 ZF 公司的 LSG – 1000 传动（见图 6 – 25）、德国 RENK 公司的 HSWL – 123 传动等；后期的泵和马达几乎都是联体的，如德国 RENK 公司的 HSWL – 106 传动、法国 AMX – 40 主战坦克的 ENC – 200 传动、法国勒克莱尔主战坦克的 EMS – 500 传动（见图 6 – 26）、英国挑战者主战坦克的 TN – 54 传动等。

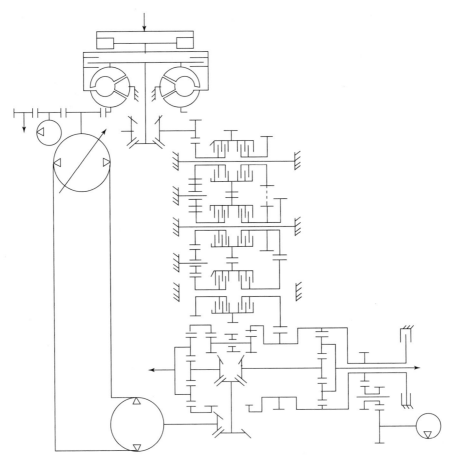

图 6 – 25　德国 ZF 公司的 LSG – 1000 传动简图

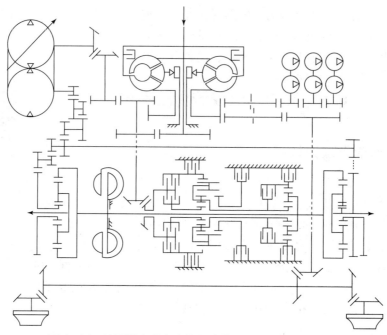

图 6 – 26　法国勒克莱尔主战坦克的 EMS – 500 传动简图

1. 基本原理

尽管液压转向双流传动方案多种多样，但基本原理是一样的，都属于零差速式双流传动。液压转向零差速式双流传动，经过综合、简化后可用图 6 – 27 表示。

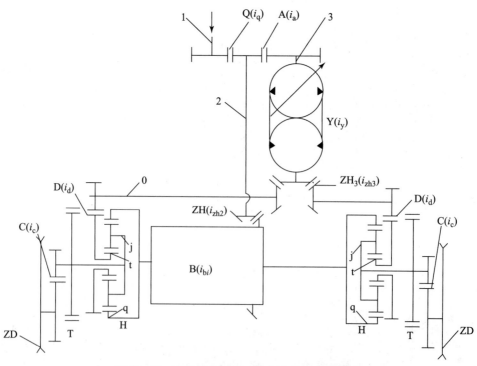

图 6 – 27　液压转向零差速式双流传动系统简图

1—发动机动力输入轴；2—变速动力输入轴；3—转向动力输入轴

整车的动力传动系统由发动机动力输入轴 1、变速动力输入轴 2、转向动力输入轴 3、前传动齿轮对 Q（传动比 i_q）、2 轴锥齿轮对 ZH_2（传动比 i_{zh2}）、变速箱 B（传动比 i_{bi}）、转向输入齿轮对 A（传动比 i_a）、液压机组 Y（变量泵 P 和定量马达 M，机组转速传动比 i_y）、3 轴转向锥齿轮组 ZH_3（传动比 i_{zh3}）、转向轴 0（零轴）、两侧输出齿轮对 D（传动比 i_d）、两侧汇流行星排 H（特征参数为 k）、两侧侧传动 C（传动比 i_c）、两侧停车制动器 T 和两侧主动轮 ZD 等部件组成。

系统的动力由变速动力输入轴 2 分为两路：一路经输入轴 2、锥齿轮 ZH_2、变速箱 B 到两侧汇流行星排 H 的齿圈，这一路称为变速分路，其传动比 i_{bf} 为

$$i_{bf} = i_{zh2} i_{bi} \qquad (6-62)$$

另一路经齿轮对 A、液压机组 Y、3 轴转向锥齿轮组 ZH_3、齿轮对 D 到两侧汇流行星排 H 的太阳轮，这一路称为转向分路，其传动比 i_{zf} 为

$$i_{zf} = i_a i_y i_{zh3} i_d \qquad (6-63)$$

可知 i_{zf} 随液压机组转速传动比 i_y 的无级变化而变化，传到左、右两侧的 i_{zf} 大小相等、方向相反。液压机组的转速传动比为液压泵的转速 n_P 和液压马达的转速 n_M 之比，即

$$i_y = \frac{n_P}{n_M} = \frac{V_M}{\varepsilon V_{Pmax} \eta_{yv}} \qquad (6-64)$$

式中，V_P，V_M——泵和马达的排量，cm^3/r，一般定量马达排量 V_M 不等于变量泵最大排量 V_{Pmax}，常有 $V_M < V_{Pmax}$ 这样的元件匹配，这样可以充分利用马达转速的潜力；

η_{yv}——泵马达液压机组的容积效率，它是泵的容积效率 η_{Pv} 和马达的容积效率 η_{Mv} 之积：

$$\eta_{yv} = \eta_{Pv} \eta_{Mv} \qquad (6-65)$$

ε——泵的相对变量率，它是泵的某一排量 V_P 与泵的最大排量 V_{Pmax} 之比：

$$\varepsilon = \frac{V_P}{V_{Pmax}} \qquad (6-66)$$

ε 表示轴向斜盘式柱塞泵的斜盘或摆缸式泵的缸体倾斜程度，变化范围为 $-1 \leqslant \varepsilon \leqslant 1$。

当 $\varepsilon = 0$ 时，泵的倾斜角为零，变量泵不排油（$V_P = 0$），马达不转（$n_M = 0$）。

当 $\varepsilon = -1$ 或 $\varepsilon = 1$ 时，倾斜角达到负向或正向最大值，使变量泵的排量达到 $-V_{Pmax}$ 或 V_{Pmax}，推动定量马达以负向 $-n_{Mmax}$ 或正向 n_{Mmax} 转速旋转。

马达的转速范围为 $-n_{Mmax} \sim n_{Mmax}$，液压机组传动比 i_y 的变化范围为 $\pm i_{ymin} \sim \infty$。

液压无级转向系统有以下特点：

（1）直驶单流传动：直驶时液压泵的排量 $V_P = 0$，液压元件不参加工作，这时属于单流传动系统，零轴由马达锁住不动。

（2）双流传动无级转向：在转向工况，动力分直驶和转向流进行双流传动，这时属于双流传动系统，通过控制液压泵排量 V_P 的连续无级变化，可以使车辆获得连续无级转向的性能，液压无级转向系统所能实现的转向半径都为规定转向半径。

理论上无级转向半径为 $0 < \rho \leqslant \infty$，但实际上由于液压马达的输出转速 $n_{Mmin} \leqslant n_M \leqslant n_{Mmax}$ 受到元件质量的限制，一般 $\rho_{min} > 0.5$ 而 $\rho_{max} < \infty$，故实际相对转向半径为

$$0.5 < \rho_{min} \leqslant \rho \leqslant \rho_{max} < \infty$$

为扩大转向半径范围，可在转向流中液压元件后增加排挡，使 n_{Mmin} 和 n_{Mmax} 不变时，零

轴上的转速可以增大或减小。

（3）空挡中心转向：当变速机构挂空挡时，车辆具有不稳定的中心转向性能。转向方向一定时，相对半径变化范围为 $0 \leqslant \rho \leqslant 0.5$，具有实用价值，这时属于单流传动系统，全部功率由液压元件传递，此时也就是液压元件传递最大功率的情况，因而应据此工况选择液压元件。

2. 理论特性

1）传动比分析

双流传动比与车辆行驶时变速分路和转向分路的工况有关。

对于零差速式双流传动，直驶工况时只有变速分路一路传递动力，此时变量泵不排油（$V_P = 0$），马达不转（$n_M = 0$），因此 $i_y \rightarrow \infty$，$i_{zf} \rightarrow \infty$。对应两侧汇流排太阳轮被制动，汇流排相当于一个减速器，转向分路不传递动力，此时系统为单流传动，传动比为

$$i_{sh} = \frac{(1 + k)}{k} i_{bf} \tag{6-67}$$

双流传动无级转向工况时，变速分路和转向分路两路都传递动力，该系统为双流传动。其双流传动比为

$$i_{sh} = \frac{(1 + k) i_{bf} i_{zf}}{i_{bf} + k i_{zf}} \tag{6-68}$$

空挡中心转向工况时，只有转向分路一路传递动力，该系统为单流传动，传动比为

$$i_{sh} = (1 + k) i_{zf} \tag{6-69}$$

2）直驶各挡传动比和最大车速

某挡最大车速为

$$v_{imax} = 0.377 \frac{n_{emax} r_z}{i_i}$$

对应挡位总传动比 i_i 为

$$i_i = i_q i_{sh} i_c$$

对于直驶工况，代入 i_{sh} 有

$$i_i = i_q i_{bf} \frac{(1 + k)}{k} i_c \tag{6-70}$$

则对应最大车速为

$$v_{imax} = 0.377 \frac{k n_{emax} r_z}{(1 + k) i_q i_{bf} i_c} \tag{6-71}$$

3）相对规定转向半径

零差速式双流传动各挡相对规定转向半径的计算式为

$$\rho_{ig} = \frac{k i_{zf}}{2 i_{bf}}$$

定义马达到汇流点太阳轮 t 的传动比为

$$i_M = i_{zh3} i_d$$

定义分流点到泵的传动比为

$$i_P = i_a$$

将转向分路传动比 i_{zf} 和液压传动比 i_y 代入各挡相对规定转向半径计算式得

$$\rho_{ig} = \frac{ki_a i_{zh3} i_d V_M}{2i_{bf} \varepsilon V_{Pmax} \eta_{yv}} = \frac{ki_P i_y i_M}{2i_{bf}}$$

由于

$$i_{zf} = i_P i_y i_M = \frac{i_P i_M V_M}{\varepsilon V_{Pmax} \eta_{yv}}$$

故得

$$\rho_{ig} = \frac{ki_P i_M V_M}{2i_{bf} \varepsilon V_{Pmax} \eta_{yv}} \tag{6-72}$$

4）转向特征参数

零差速式双流传动的转向特征参数为

$$i_i \rho_{ig} = \frac{(1 + k) i_q i_P i_M V_M i_c}{2\varepsilon V_{Pmax} \eta_{yv}} = C_1$$

$$\frac{v_{1max}}{\rho_{1g}} = \frac{v_{2max}}{\rho_{2g}} = \cdots = \frac{v_{nmax}}{\rho_{ng}} = \frac{0.754 n_{emax} r_z}{(1 + k) i_q i_c} \frac{\varepsilon V_{Pmax} \eta_{yv}}{i_P i_M V_M} = C_2$$

$$\frac{v_{1max}}{R_{1g}} = \frac{v_{2max}}{R_{2g}} = \cdots = \frac{v_{nmax}}{R_{ng}} = \frac{0.754 n_{emax} r_z}{(1 + k) i_q i_c B} \frac{\varepsilon V_{Pmax} \eta_{yv}}{i_P i_M V_M} = C_3$$

对应最小规定转向半径时，以 $\varepsilon = 1$ 工况为例，有

$$i_i \rho_{igmin} = \frac{(1 + k) i_q i_P i_M V_M i_c}{2V_{Pmax} \eta_{yv}} \tag{6-73}$$

5）转向特点

由相对规定转向半径计算式，可得相对规定转向半径与泵的相对变量率之间存在反比关系，如图 6-28 所示。

$$\rho_{ig} \varepsilon = \frac{ki_P i_M V_M}{2V_{Pmax} \eta_{yv}} \cdot \frac{1}{i_{bf}} = \frac{ki_P i_M V_M}{2V_{Pmax} \eta_{yv}} \cdot \frac{1}{i_{zh2} i_{bi}} \tag{6-74}$$

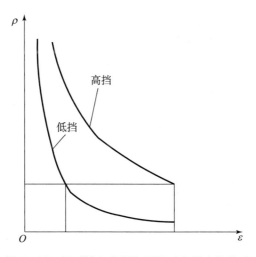

图 6-28　相对转向半径和泵相对变量率的关系

由理论特性分析可知，液压无级转向具有以下特点：

（1）各挡实现的转向半径都是规定转向半径。

在某一直驶挡位时，无级转向的半径 ρ_{ig} 随 ε 和 η_{yv} 变化而变化，但由于 η_{yv} 在一个排挡范围内变化幅度很小，可以近似认为是常数，所以控制泵的相对变量率 ε 连续变化，即可以得到对应连续变化的转向半径 ρ_{ig}，使车辆实现可控制的无级转向，且在转向机构内部没有机械元件的摩擦损耗，从发动机到两侧主动轮的其他传动比都是定值，即所有无级转向半径都是规定转向半径。

（2）直驶和转向工况的转换过渡平稳。

当泵的相对变量率 $\varepsilon = 0$ 时，$\rho_{ig} \to \infty$，即为直驶工况；当 ε 由 0 逐渐增加到 1 或减小到 -1 时，ρ_{ig} 由直驶的 ∞ 随之逐渐减小；反之，当 ε 由 1 逐渐减小为 0 或由 -1 逐渐增大到 0 时，则对应的转向工况逐渐变化为直驶工况。两种工况的相互转换，只需要控制 ε 的变化，而 ε 的变化是连续无级的且变化量可以很小，因此直驶和转向的转换过渡平稳，优于机械有级式转向机构。

（3）转向半径变化范围宽。

当泵的相对变量率 $\varepsilon = 0$ 时，$\rho_{ig} \to \infty$；当 $\varepsilon = \pm 1$ 时，在给定排挡有 $\rho_{ig} = \rho_{ig\min}$，在空挡转向时有 $\rho_{ig} = \rho_{ig\min} = 0$，因此其转向半径变化范围为

$$0 \leqslant \rho_{ig} \leqslant \infty \qquad (6-75)$$

（4）直驶和转向性能匹配良好。

由转向特征参数关系式直驶总传动比与规定转向半径乘积可知，当 ε 和 η_{yv} 确定时，乘积 $i_i \rho_{ig}$ 为定值。这说明虽然各挡同样地控制 ε 在 $0 \sim \pm 1$ 之间变化，但得到的无级转向半径是不一样的。在较低挡位时，对应 i_i 较大，而 ρ_{ig} 较小；反之在较高挡位时，对应 i_i 较小，而 ρ_{ig} 较大。

当 $\varepsilon = \pm 1$ 时，各挡都有一个最小规定相对转向半径 $\rho_{ig\min}$，并且这个最小规定相对转向半径的值随着挡位的增大而增大，这正符合车辆行驶的要求。

当液压机组效率 η_{yv} 较高且 $\eta_{yv} \approx 1$ 时，对应此时的液压无级转向传动系统特征参数 $i_i \rho_{ig\min}$ 各挡均相等，也就是说，在给定变速机构的条件下，只要确定某一挡位的 $\rho_{ig\min}$，其他各挡的 $\rho_{ig\min}$ 也就确定了，即各挡的 $\rho_{ig\min}$ 是相互制约的。

（5）操纵性能良好。

当系统结构参数一定时，ρ_{ig} 与 ε 成反比，具有非线性变化规律，且各挡都有一条 $\rho_{ig} - \varepsilon$ 曲线。在 ε 的大部分变化范围内，低挡时对应小半径，高挡时对应大半径，并且车辆旋转角度的控制是无级、灵活和准确的，没有任何摩擦元件的摩擦功率损失，并且不受操纵时间长短的限制，因此操纵性良好。

（6）纠错能力强。

纠错能力是指高挡行驶时修正方向的能力。因为 ε 可以从 0 开始连续无级控制，对应的 ρ_{ig} 是从 $+\infty$ 开始，所以在高挡行驶时，控制 ε 在 0 附近就可以达到很灵敏的修正方向的能力。

3. 转向所需液压功率

1）单流直驶

仅直驶流单独传递动力，转向流不传递功率，$\rho_{ig} \to \infty$。

在直驶时 $\varepsilon = 0$，$V_P = 0$，液压元件不传递功率，动力装置的全部功率经变速机构向两侧输出。此时液压元件承受转矩，液压系统具有油压，而油压的大小由直驶时两侧履带所承受的地面负荷之差决定。

在直驶工况下，由两侧履带负荷之差所形成的油压远小于转向时两侧履带负荷之和所形成的油压，故直驶时，液压系统的安全阀关闭，液压马达闭锁（$n_M = 0$），车辆稳定直驶。

2）双流无级转向

双流传递动力，$\rho_{ig} > 0.5$。

动力装置的功率经双流传动后向高速侧履带输出，而低速侧履带通过地面回收功率使车辆实现转向工况，其转向所需液压功率为

$$P_y = T_{t1}n_{t1} + T_{t2}n_{t2} = (T_{t1} + T_{t2})n_t$$

式中，下标1、2分别表示低速侧和高速侧，且两侧太阳轮转速大小相等、符号相反；两侧太阳轮转矩符号相反。

为简化分析，不考虑功率损失时，行星排的转矩关系式为

$$T_{t1} = \frac{T_{j1}}{1+k} = \frac{F_1 \cdot r_z}{(1+k)i_c}$$

$$T_{t2} = \frac{T_{j2}}{1+k} = \frac{F_2 \cdot r_z}{(1+k)i_c}$$

对应转向所需的液压功率为

$$P_y = \frac{2\pi}{60}\frac{(F_2 + F_1) \cdot n_t \cdot r_z}{(1+k)i_c} = \frac{2\pi}{60}\frac{(F_2 + F_1) \cdot n_e \cdot r_z}{i_q i_{zf}(1+k)i_c}$$

式中，F_1，F_2——低速侧和高速侧履带牵引力，且有

$$F_1 + F_2 = \frac{\mu GL}{2B}, \quad F_1 = -\frac{fG}{2} + \frac{\mu GL}{4B}, \quad F_2 = \frac{fG}{2} + \frac{\mu GL}{4B}$$

代入 $i_{zf} = \dfrac{i_P i_M V_M}{\varepsilon V_{Pmax}\eta_{yv}}$、$\rho_{ig} = \dfrac{ki_{zf}}{2i_{bf}}$ 和车速 $v = \dfrac{2\pi}{60}\dfrac{n_e r_z}{i_i} = \dfrac{2\pi}{60}\dfrac{n_e r_z}{i_q i_{bf} i_c}\dfrac{k}{1+k}$，整理得

$$P_y = \frac{\mu GL}{4\rho_{ig}B}v \qquad\qquad (6-76)$$

可见 P_y 与转向阻力系数 μ 有关，而与滚动阻力系数 f 无关，且 P_y 随 ρ_{ig} 的减小而增大。当液压元件排量一定时，从减小 P_y 的角度出发，希望 k、i_q、i_c、i_P、i_M 越大越好。

3）空挡中心转向

仅转向流单独传递动力，汇流行星排齿圈被制动，$\rho_{ig} = 0$。

空挡中心转向时，两侧履带只有相反方向的速度，当两侧履带速度的绝对值相等时，$\rho_{ig} = 0$；当两侧履带速度的绝对值不相等时，为不稳定中心转向，$0 < \rho_{ig} < 0.5$；当一侧履带受较大阻力而被制动时，$\rho_{ig} = 0.5$。

但无论空挡中心转向时的转向半径大还是小，P_y 都是转向时所需的全部功率。

当 $\rho_{ig} = 0$ 时，令

$$v_2 = -v_1 = v, \quad F_2 = -F_1 = F = \frac{fG}{2} + \frac{\mu GL}{4B}$$

则有

$$P_y = F_1v_1 + F_2v_2 = 2Fv = \left(fG + \frac{\mu GL}{2B}\right)v$$

代入

$$v = \frac{n_e r_z}{i_q i_{zf} i_c}\frac{1}{1+k}, \quad i_{zf} = \frac{i_P i_M V_M}{\varepsilon V_{Pmax}\eta_{yv}}$$

可得

$$P_y = \left(fG + \frac{\mu GL}{2B} \right) \frac{n_e r_z}{i_q i_c} \frac{1}{1+k} \frac{\varepsilon V_{Pmax} \eta_{yv}}{i_P i_M V_M} \tag{6-77}$$

4）液压功率比例系数

定义液压功率比例系数 ψ 为液压功率 P_y 与总功率 P 之比，即

$$\psi = \frac{P_y}{P} \tag{6-78}$$

当空挡中心转向时，全部功率由转向流输出，此时 $\psi = 1$。

当 $\rho_{ig} > 0.5$，转向工况时有

$$P = F_2 v_2 - F_1 v_1 = \left(\frac{fG}{2} + \frac{\mu GL}{4B} \right) \left(\frac{\rho_{ig} + 0.5}{\rho_{ig}} v \right) - \left(\frac{-fG}{2} + \frac{\mu GL}{4B} \right) \left(\frac{\rho_{ig} - 0.5}{\rho_{ig}} v \right)$$

$$= fGv + \frac{\mu GL}{4\rho_{ig}B} v$$

代入 $P_y = \frac{\mu GL}{4\rho_{ig}B} v$ 有

$$\psi = \frac{P_y}{P} = \frac{\mu L}{4 f \rho_{ig} B + \mu L} \tag{6-79}$$

6.5.2 设计关系式

1. 转向时间

转向时间 t 为车辆在某一转向半径下，绕转向中心一周所需的时间，其也是评价车辆性能的一项重要指标：

$$t = \frac{2\pi}{\omega} \tag{6-80}$$

对应的最小转向时间为

$$t_{min} = \frac{2\pi}{\omega_{max}} = \frac{2\pi B}{\Delta v_{max}} \tag{6-81}$$

式中，Δv_{max}——两条履带的最大速度差。

1）中心转向

在中心转向时 $\rho_{ig} = 0$，两侧履带速度大小相等、方向相反。设绕转向中心的角速度为 ω，则有

$$t = \frac{2\pi}{\omega} = \frac{2\pi}{v_2/(B/2)} = \frac{\pi B}{v_2}$$

在中心转向时有

$$v_2 = \frac{n_e r_z}{i_q i_{zf} i_c} \frac{1}{1+k}$$

以及转向特征参数

$$i_i \rho_{ig} = \frac{(1+k) i_q i_{zf} i_c}{2}$$

得到

$$t = \frac{2\pi B \cdot i_i \rho_{ig}}{n_e(2\pi/60) r_z} = \frac{60 B \cdot i_i \rho_{ig}}{n_e r_z} \qquad (6-82)$$

故最短的中心转向时间为

$$t_{min} = \frac{2\pi B \cdot i_i \rho_{igmin}}{n_e(2\pi/60) r_z} = \frac{60 B}{n_e r_z} i_i \rho_{igmin} \qquad (6-83)$$

2）$\rho_{ig} > 0.5$ 工况转向

当 $\rho_{ig} > 0.5$ 时，转向中心在车体外，设车体几何中心速度为平均车速 v，转向角速度为 ω，则转向时间为

$$t = \frac{2\pi}{\omega} = \frac{2\pi}{v/(\rho_{ig}B)} = \frac{2\pi \rho_{ig} B}{v} \qquad (6-84)$$

代入

$$v = \frac{2\pi}{60} \frac{n_e r_z}{i_i}$$

得到

$$t = \frac{60 B \rho_{ig} i_i}{n_e r_z} \qquad (6-85)$$

故最短中心转向时间为

$$t_{min} = \frac{2\pi B \cdot i_i \rho_{igmin}}{n_e(2\pi/60) r_z} = \frac{60 B}{n_e r_z} i_i \rho_{igmin} \qquad (6-86)$$

可见，液压无级转向车辆，在任何变速机构挡位转向一周的最短时间，与空挡中心转向时间相同，即本例中装有液压转向零差速式双流传动的车辆，用任何挡做 360°转向的最短时间是个常数，这也是与转向特征参数相关的一个常数。

2. 转向所需马达转矩

在 $\rho_{ig} = 0$ 和 $\rho_{ig} > 0.5$ 两种情况下，两侧履带与地面的作用力同主动轮所构成的转矩都通过转向流直接作用在液压马达上。

1）中心转向

中心转向时，对应马达处提供的转矩 T_M 与道路负载 F_1、F_2 间应有以下平衡关系：

$$T_M \cdot i_M(1+k) i_c \cdot \eta_M \eta_k \eta_c = 2 F r_z$$

式中，$F = -F_1 = F_2$。

对应马达转矩为

$$T_M = \frac{2 F r_z}{i_M(1+k) i_c \cdot \eta_M \eta_k \eta_c \eta_x} \qquad (6-87)$$

代入转向特征参数（其中 η_x 为行动装置效率）

$$i_i \rho_{ig} = \frac{(1+k) i_q i_{zf} i_c}{2}$$

和转向分路传动比

$$i_{zf} = i_P i_y i_M = \frac{i_P i_M V_M}{\varepsilon V_{Pmax} \eta_{yv}}$$

得到

$$T_{\mathrm{M}} = \frac{Fr_{\mathrm{z}} \cdot i_{\mathrm{q}} i_{\mathrm{P}} i_{\mathrm{y}}}{i_i \rho_{ig} \cdot \eta_{\mathrm{M}} \eta_{\mathrm{k}} \eta_{\mathrm{c}} \eta_{\mathrm{x}}} = \frac{Fr_{\mathrm{z}} \cdot i_{\mathrm{q}} i_{\mathrm{P}} \cdot V_{\mathrm{M}}}{i_i \rho_{ig} \cdot \eta_{\mathrm{M}} \eta_{\mathrm{k}} \eta_{\mathrm{c}} \eta_{\mathrm{x}} \cdot \varepsilon V_{\mathrm{Pmax}} \eta_{\mathrm{yv}}} \qquad (6-88)$$

故所需最大马达转矩为

$$T_{\mathrm{Mmax}} = \frac{Fr_{\mathrm{z}} \cdot i_{\mathrm{q}} i_{\mathrm{P}} i_{\mathrm{y}}}{i_i \rho_{igmin} \cdot \eta_{\mathrm{M}} \eta_{\mathrm{k}} \eta_{\mathrm{c}} \eta_{\mathrm{x}}} = \frac{Fr_{\mathrm{z}} \cdot i_{\mathrm{q}} i_{\mathrm{P}} \cdot V_{\mathrm{M}}}{i_i \rho_{igmin} \cdot \eta_{\mathrm{M}} \eta_{\mathrm{k}} \eta_{\mathrm{c}} \eta_{\mathrm{x}} \cdot V_{\mathrm{Pmax}} \eta_{\mathrm{yv}}} \qquad (6-89)$$

2）$\rho_{ig} > 0.5$ 工况转向

非中心转向时，考虑外侧履带经地面传递至内侧履带的循环功率，对应马达处提供的转矩 T_{M}，与道路负载 F_1、F_2 传递到太阳轮处转矩 T_{t1}、T_{t2} 间应有以下平衡关系：

$$T_{\mathrm{M}} \cdot i_{\mathrm{M}} \cdot \eta_{\mathrm{M}} = T_{\mathrm{t1}} + T_{\mathrm{t2}} \qquad (6-90)$$

代入

$$T_{\mathrm{t1}} = \frac{|F_1| r_{\mathrm{z}} \cdot \eta_{\mathrm{k}} \eta_{\mathrm{c}} \eta_{\mathrm{x}}}{(1+k) i_{\mathrm{c}}}, \quad T_{\mathrm{t2}} = \frac{|F_2| r_{\mathrm{z}}}{(1+k) i_{\mathrm{c}} \cdot \eta_{\mathrm{k}} \eta_{\mathrm{c}} \eta_{\mathrm{x}}}$$

有

$$T_{\mathrm{M}} = \frac{T_{\mathrm{t1}} + T_{\mathrm{t2}}}{i_{\mathrm{M}} \eta_{\mathrm{M}}} = \frac{r_{\mathrm{z}}}{i_{\mathrm{c}}(1+k) i_{\mathrm{M}} \eta_{\mathrm{M}}} \Big(|F_1| \cdot \eta_{\mathrm{k}} \eta_{\mathrm{c}} \eta_{\mathrm{xd}} + \frac{|F_2|}{\eta_{\mathrm{k}} \eta_{\mathrm{c}} \eta_{\mathrm{xd}}} \Big) \qquad (6-91)$$

3. 马达工作压力 Δp

对应液压马达上的油压，根据马达转矩可以得到

$$T_{\mathrm{M}} = 2\pi \Delta p V_{\mathrm{M}} \eta_{\mathrm{Mm}} \qquad (6-92)$$

式中，η_{Mm}——液压马达的机械效率。

对应马达的工作压力为

$$\Delta p = \frac{2\pi T_{\mathrm{M}}}{V_{\mathrm{M}} \eta_{\mathrm{Mm}}} \qquad (6-93)$$

对应中心转向时所需最大马达转矩的最大工作压力为

$$\Delta p_{max} = \frac{2\pi T_{\mathrm{Mmax}}}{V_{\mathrm{M}} \eta_{\mathrm{Mm}}} \qquad (6-94)$$

4. 转向所需发动机转矩

为便于推导，变速分路总传动比 i_{bz}、转向分路总传动比 i_{zz}、变速分路总机械效率 η_{bz} 和转向分路总机械效率 η_{zj}、转向分路总效率 η_{zz}（含液压机组容积效率：$\eta_{\mathrm{zz}} = \eta_{\mathrm{zj}} \eta_{\mathrm{yv}}$）有如下定义：

$$i_{\mathrm{bz}} = i_{\mathrm{q}} i_{\mathrm{bf}} \frac{1+k}{k} i_{\mathrm{c}} \qquad (6-95)$$

$$i_{\mathrm{zz}} = i_{\mathrm{q}} i_{\mathrm{zf}} (1+k) i_{\mathrm{c}} = i_{\mathrm{q}} i_{\mathrm{P}} i_{\mathrm{y}} i_{\mathrm{M}} (1+k) i_{\mathrm{c}} = i_{\mathrm{q}} i_{\mathrm{P}} \frac{V_{\mathrm{M}}}{\varepsilon V_{\mathrm{Pmax}} \eta_{\mathrm{yv}}} i_{\mathrm{M}} (1+k) i_{\mathrm{c}} \qquad (6-96)$$

$$\eta_{\mathrm{bz}} = \eta_{\mathrm{q}} \eta_{\mathrm{bf}} \eta_{\mathrm{k}} \eta_{\mathrm{c}} \eta_{\mathrm{x}} \qquad (6-97)$$

$$\eta_{\mathrm{zj}} = \eta_{\mathrm{q}} \eta_{\mathrm{P}} \eta_{\mathrm{ym}} \eta_{\mathrm{M}} \eta_{\mathrm{k}} \eta_{\mathrm{c}} \eta_{\mathrm{x}} \qquad (6-98)$$

$$\eta_{\mathrm{zz}} = \eta_{\mathrm{q}} \eta_{\mathrm{P}} \eta_{\mathrm{ym}} \eta_{\mathrm{yv}} \eta_{\mathrm{M}} \eta_{\mathrm{k}} \eta_{\mathrm{c}} \eta_{\mathrm{x}} \qquad (6-99)$$

其中液压机组机械效率组成为 $\eta_{\mathrm{ym}} = \eta_{\mathrm{Pm}} \eta_{\mathrm{Mm}}$。

1）中心转向

中心转向时，两侧履带所受方向不同的地面作用力 F_1、F_2 与主动轮半径 r_{z} 构成转矩，通过转向流的传动机构，经液压元件单流传递到发动机处，且有

$$F_1 = F_2 = F = \frac{1}{2}\left(fG + \frac{\mu GL}{2B}\right)$$

此时发动机所承受转矩为

$$T_e = \frac{2Fr_z}{i_{zz} \cdot \eta_{zj}} = \frac{2Fr_z \cdot \varepsilon V_{Pmax}\eta_{yv}}{(1+k)i_q i_P i_M i_c \cdot \eta_{zj} \cdot V_M} \tag{6-100}$$

中心转向且 $\varepsilon = 1$ 时，代入转向特征关系式

$$i_i \rho_{igmin} = i_q \frac{(1+k)}{2} \frac{i_P i_M V_M}{V_{Pmax}\eta_{yv}} i_c$$

化简，得中心转向所需最大发动机转矩为

$$T_{emax} = \frac{Fr_z}{i_i \rho_{igmin}\eta_{zj}\eta_{yv}} \cdot \frac{V_M}{V_{Pmax}} = \frac{Fr_z}{i_i \rho_{igmin}\eta_{zz}} \cdot \frac{V_M}{V_{Pmax}} \tag{6-101}$$

2）$\rho_{ig} > 0.5$ 工况转向

非中心转向时，两侧履带所受地面作用力 F_1（低速侧牵引力）、F_2（高速侧牵引力）与主动轮半径 r_z 构成转矩，通过直驶流和转向流的传动机构传递到发动机处，此时发动机所需转矩 T_e 由直驶流所需发动机转矩 T_{eb} 和转向流所需发动机转矩 T_{ez} 组成，即

$$T_e = T_{eb} + T_{ez} \tag{6-102}$$

与马达转矩推导过程类似，得到转向流所需发动机转矩 T_{ez} 为

$$\begin{aligned}
T_{ez} &= \frac{r_z}{i_q i_c (1+k) i_P i_y i_M \eta_{zz}}\left(|F_1| \cdot \eta_k \eta_c \eta_{xd} + \frac{|F_2|}{\eta_k \eta_c \eta_{xd}}\right) \\
&= \frac{r_z}{i_{zz}\eta_{zj}}\left(|F_1|(\eta_k \eta_c \eta_{xd})^2 + |F_2|\right)
\end{aligned} \tag{6-103}$$

代入式

$$i_y = \frac{n_P}{n_M} = \frac{V_M}{\varepsilon V_{Pmax}\eta_{yv}}$$

有

$$T_{ez} = \frac{\left[|F_1| \cdot (\eta_k \eta_c \eta_{xd})^2 + |F_2|\right]r_z}{2i_i \rho_{igmin}\eta_{zz}} \frac{V_M}{\varepsilon V_{Pmax}} \tag{6-104}$$

同理，直驶流所需发动机转矩 T_{eb}，考虑外侧履带经地面传递至内侧履带的循环功率，以及道路负载 F_1、F_2 传递到齿圈处转矩 T_{q1}、T_{q2} 间的转矩平衡关系，代入

$$T_{q1} = \frac{|F_1|r_z \cdot k \cdot \eta_k \eta_c \eta_x}{(1+k)i_c}, \quad T_{q2} = \frac{|F_2|r_z \cdot k}{(1+k)i_c \cdot \eta_k \eta_c \eta_x}$$

可以得到

$$\begin{aligned}
T_{eb} &= \frac{T_{q2} - T_{q1}}{i_q i_{bf}\eta_q \eta_{bf}} = \frac{k}{1+k}\frac{r_z}{i_c \cdot i_q i_{bf}\eta_q \eta_{bf}}\left(\frac{|F_2|}{\eta_k \eta_c \eta_x} - |F_1| \cdot \eta_k \eta_c \eta_{xd}\right) \\
&= \frac{r_z}{i_{bz}\eta_{bz}}\left(|F_2| - |F_1|(\eta_k \eta_c \eta_x)^2\right)
\end{aligned} \tag{6-105}$$

3）液力变矩器前后分流对所需发动机转矩的影响

对于变矩器前分流，发动机承受的转矩为

$$T_e = T_{eb}/K + T_{ez} \tag{6-106}$$

对于变矩器后分流，发动机承受的转矩为

$$T_e = (T_{eb} + T_{ez})/K \qquad (6-107)$$

式中，K——液力变矩器的变矩比。

5. 转向所需发动机功率

1）中心转向

中心转向时，发动机所承受转矩为

$$T_e = \frac{2Fr_z}{i_{zz} \cdot \eta_{zj}} = \frac{2Fr_z \cdot \varepsilon V_{Pmax} \eta_{yv}}{(1+k)i_q i_P i_M i_c \cdot \eta_{zj} \cdot V_M}$$

代入

$$F = |F_1| = |F_2| = \frac{1}{2}\left(fG + \frac{\mu GL}{2B}\right)$$

得中心转向时所需发动机功率为

$$P_e = \frac{2\pi}{60} \frac{n_e r_z \cdot \varepsilon V_{Pmax} \eta_{yv}}{(1+k)i_q i_P i_M i_c \cdot \eta_{zj} \cdot V_M}\left(fG + \frac{\mu GL}{2B}\right) \qquad (6-108)$$

即如上所得中心转向所需发动机转矩 T_e 与发动机转速 n_e 之乘积。

中心转向时，代入转向特征关系式

$$i_i \rho_{igmin} = i_q \frac{(1+k)}{2} \frac{i_P i_M V_M}{V_{Pmax} \eta_{yv}} i_c$$

并化简，得到中心转向所需最大发动机功率为

$$P_{emax} = \frac{2\pi}{60} \frac{n_e r_z}{i_i \rho_{igmin} \eta_{zz}} \cdot \frac{V_{Pmax}}{V_M}\left(\frac{fG}{2} + \frac{\mu GL}{4B}\right) \qquad (6-109)$$

换算至主动轮端需要克服地面阻力时的中心转向功率为

$$P_{ed} = 2Fv = \frac{2\pi}{60} \frac{n_e r_z}{(1+k)i_q i_{zf} i_c}\left(fG + \frac{\mu GL}{2B}\right) \qquad (6-110)$$

2）$\rho_{ig} > 0.5$ 工况转向

转向分路所需发动机功率为

$$P_{ez} = T_{ez} n_e = \frac{2\pi}{60} \frac{n_e r_z \cdot \varepsilon V_{Pmax} \eta_{vy}}{i_q i_c (1+k) i_P i_M \eta_{zj} \cdot V_M}\left(|F_1| \cdot \eta_k \eta_c \eta_{xd} + \frac{|F_2|}{\eta_k \eta_c \eta_{xd}}\right)$$

$$= \frac{2\pi}{60} \frac{n_e r_z}{i_{zz} \eta_{zj}}(|F_1|(\eta_k \eta_c \eta_{xd})^2 + |F_2|) \qquad (6-111)$$

变速分路所需发动机功率为

$$P_{eb} = T_{eb} n_e = \frac{2\pi}{60} \frac{n_e r_z}{i_{bz} \eta_{bz}}[|F_2| - |F_1|(\eta_k \eta_c \eta_{xd})^2] \qquad (6-112)$$

非中心转向所需发动机总功率为

$$P_e = P_{eb} + P_{ez} \qquad (6-113)$$

代入式（6-111）和式（6-112）可得

$$P_e = \frac{2\pi}{60} \frac{n_e r_z}{i_{bz} \eta_{bz}}(|F_2| - |F_1|(\eta_k \eta_c \eta_{xd})^2) + \frac{2\pi}{60} \frac{n_e r_z}{i_{zz} \eta_{zj}}[|F_2| + |F_1|(\eta_k \eta_c \eta_{xd})^2]$$

由于存在下列关系：

$$i_i = i_q i_{sh} i_c = i_q \frac{(1+k)i_{bf}}{k} i_c = i_{bz}, \ v = \frac{2\pi}{60} \frac{n_e r_z}{i_i}, \ \rho_{ig} = \frac{1}{2} \frac{k i_{zf}}{i_{bf}} = \frac{i_{zz}}{2i_{bz}}$$

代入可以求得

$$P_{\text{e}} = |F_2|\left(\frac{1}{\eta_{\text{bz}}} + \frac{1}{2\rho_{ig}}\frac{1}{\eta_{\text{zj}}}\right)v - |F_1|(\eta_{\text{k}}\eta_{\text{c}}\eta_{\text{xd}})^2\left(\frac{1}{\eta_{\text{bz}}} - \frac{1}{2\rho_{ig}}\frac{1}{\eta_{\text{zj}}}\right)v \qquad (6-114)$$

可见液压无级转向所需发动机功率等于外侧履带转向所需发动机功率项 $|F_2|\left(\frac{1}{\eta_{\text{bz}}} + \frac{1}{2\rho_{ig}}\frac{1}{\eta_{\text{zj}}}\right)v$ 与外侧再生发动机功率项 $|F_1|(\eta_{\text{k}}\eta_{\text{c}}\eta_{\text{xd}})^2\left(\frac{1}{\eta_{\text{bz}}} - \frac{1}{2\rho_{ig}}\frac{1}{\eta_{\text{zj}}}\right)v$ 之差。对应换算到主动轮上的循环消耗功率为

$$P_{\text{xh}} = |F_1|\left[1 - (\eta_{\text{k}}\eta_{\text{c}}\eta_{\text{xd}})^2\right]\left(\frac{1}{\eta_{\text{bz}}} - \frac{1}{2\rho_{ig}}\frac{1}{\eta_{\text{zj}}}\right)v \qquad (6-115)$$

如果直驶路总效率 η_{bz} 与转向路总效率 η_{zz} 存在关系：$\eta_{\text{bz}} = \eta_{\text{zz}} = \eta$，$\rho_{ig}$ 简化记作 ρ，则所需发动机功率形式与单流差速转向系统形式一致，可视为零差速式转向系统计算的通式：

$$P_{\text{e}} = \frac{|F_2|v}{\eta}\left(\frac{\rho + \frac{1}{2}}{\rho}\right) - \frac{|F_1|(\eta_{\text{k}}\eta_{\text{c}}\eta_{\text{xd}})^2 v}{\eta}\left(\frac{\rho - \frac{1}{2}}{\rho}\right) = \frac{|F_2|v_2}{\eta} - \frac{|F_1|(\eta_{\text{k}}\eta_{\text{c}}\eta_{\text{xd}})^2 v_1}{\eta} \qquad (6-116)$$

同样直驶路功率可简化为

$$P_{\text{eb}} = \frac{|F_2|v}{\eta} - \frac{|F_1|(\eta_{\text{k}}\eta_{\text{c}}\eta_{\text{xd}})^2 v}{\eta}$$

$$P_{\text{ez}} = \frac{|F_2|v}{2\rho\eta} + \frac{|F_1|(\eta_{\text{k}}\eta_{\text{c}}\eta_{\text{xd}})^2 v}{2\rho\eta}$$

液压功率比例系数 ψ 为液压功率与总功率之比为

$$\psi = \frac{P_{\text{y}}}{P} = \frac{P_{\text{ez}}}{P_{\text{e}}} = \frac{\dfrac{|F_2|v}{2\rho\eta} + \dfrac{|F_1|(\eta_{\text{k}}\eta_{\text{c}}\eta_{\text{xd}})^2 v}{2\rho\eta}}{\dfrac{|F_2|v}{\eta}\left(\dfrac{2\rho + 1}{2\rho}\right) - \dfrac{|F_1|(\eta_{\text{k}}\eta_{\text{c}}\eta_{\text{xd}})^2 v}{\eta}\left(\dfrac{2\rho - 1}{2\rho}\right)} \qquad (6-117)$$

代入

$$F_2 = \frac{fG}{2} + \frac{\mu GL}{4B}, \quad F_1 = -\frac{fG}{2} + \frac{\mu GL}{4B}$$

并假设循环功率效率为 1，此时有

$$\psi = \frac{P_{\text{y}}}{P} = \frac{\mu L}{4f\rho B + \mu L}$$

6.5.3 设计实例

1. 设计条件和要求

车型参数：$G = 155\ \text{kN}$，$B = 2.2\ \text{m}$，$L = 3.2\ \text{m}$，$r_{\text{z}} = 0.27\ \text{m}$。

发动机特性参数：$n_{\text{emax}} = 2\,500\ \text{r/min}$，$n_{\text{emin}} = 1\,600\ \text{r/min}$；$T_{\text{emax}} = 1\,000.6\ \text{N}\cdot\text{m}$，$T_{\text{emin}} = 868.2\ \text{N}\cdot\text{m}$；$P_{\text{emax}} = 227.3\ \text{kW}$，$P_{\text{emin}} = 167.7\ \text{kW}$。

直驶性能：$i_1 = 40$，$i_2 = 18$，$i_3 = 12$，$i_4 = 7$，$i_5 = 5$。

转向性能：$R_{3\text{min}} \leqslant 8.5\ \text{m}$，在 $f = 0.1$、$\mu_{\text{max}} = 0.8$ 的路面上具有中心转向性能，此时转

向一周的时间在 $t = 10$ s 左右。

2. 方案简图

方案简图与图 6 – 27 相同。

3. 设计计算过程

1）确定转向特征参数常数

$$C = i_3 \rho_{3\min} = i_3 \frac{R_{3\min}}{B} = 12 \times \frac{8.5}{2.2} = 46.4$$

2）确定发动机参数

根据 C 和空挡中心转向性能参数检验发动机参数是否合理。考虑空挡中心转向工况，两侧履带牵引力数值均为

$$F = \frac{1}{2}\left(fG + \frac{\mu GL}{2B}\right) = \frac{1}{2} \times \left(0.1 \times 155 + \frac{0.8 \times 155 \times 3.2}{2 \times 2.2}\right) = 52.84 \ (\text{kN})$$

对应所需发动机最大转矩为

$$T_{e\max} = \frac{Fr_z}{i_i \rho_{igmin} \eta_{zj} \eta_{yv}} \cdot \frac{V_M}{V_{P\max}}$$

式中，η_{zj}——转向流总效率，对应各组成项 $\eta_{zj} = \eta_q \eta_P \eta_{ym} \eta_M \eta_k \eta_c \eta_x$ 取值如下：

$$\begin{aligned}
\eta_{zj} &= \eta_q \eta_P \eta_{ym} \eta_M \eta_k \eta_c \eta_{xd} \\
&= 0.98 \times 0.98 \times (0.868 \times 0.868) \times 0.95 \times 0.99 \times 0.98 \times 0.975 \\
&= 0.650\ 3
\end{aligned}$$

其中液压机组机械效率 η_{ym} 取

$$\eta_{ym} = \eta_{Pm} \eta_{Mm} = 0.868 \times 0.868 = 0.753\ 4$$

其他项分别为 $\eta_q = 0.98$、$\eta_P = 0.98$、$\eta_M = 0.95$、$\eta_k = 0.99$、$\eta_c = 0.98$、$\eta_x = 0.975$。

液压机组容积效率取 $\eta_{yv} = 0.96 \times 0.96 = 0.921\ 6$。

假设定量马达排量与变量泵最大排量相等，即

$$V_M = V_{P\max}$$

得到

$$\begin{aligned}
T_{e\max} &= \frac{Fr_z}{i_i \rho_{igmin} \eta_{zj} \eta_{yv}} \cdot \frac{V_M}{V_{P\max}} \\
&= \frac{52.84 \times 1\ 000 \times 0.27}{46.4 \times 0.650\ 3 \times 0.921\ 6} = 513.04 \ (\text{N} \cdot \text{m}) < 1\ 000.6 \ \text{N} \cdot \text{m}
\end{aligned}$$

此时发动机转速由转向一周时间设计约束能够获取，转换并代入计算得到：

$$t_{\min} = \frac{2\pi B \cdot i_i \rho_{igmin}}{n_e (2\pi/60) r_z} = \frac{60B}{n_e r_z} i_i \rho_{igmin}$$

$$n_e = \frac{60B}{t_{\min} r_z} i_i \rho_{igmin} = \frac{60 \times 2.2}{10 \times 0.27} \times 46.4 = 2\ 268.44 \ (\text{r/min}) < 2\ 500 \ \text{r/min}$$

对应所需发动机最大功率为

$$P_{e\max} = \frac{n_e T_{e\max}}{9\ 549} = \frac{2\ 268 \times 513.04}{9\ 549} = 121.85 \ (\text{kW}) < 227.3 \ \text{kW}$$

与发动机参数比较，可知设计条件给出的发动机能够满足中心转向所需要求，并且实际转向时间比给定的设计要求 $t = 10$ s 要快。

3）确定液压元件参数

已知发动机最高额定转速，从减小液压元件体积的角度出发，希望选取较大液压泵输入转速和极限工作压差的变量泵，可根据当前液压元件技术工艺性水平酌情选取，本设计实例确定

$$n_{Pmax} = 2\ 200\ \text{r/min}$$

$$\Delta p_{max} = 31.5\ \text{MPa}$$

据此可确定发动机到变量泵之间的总传动比为

$$i_q i_P = \frac{2\ 500}{2\ 200} = 1.136$$

可以计算液压马达转矩为

$$
\begin{aligned}
T_{Mmax} &= \frac{Fr_z \cdot i_q i_P \cdot V_M}{i_i \rho_{igmin} \cdot \eta_M \eta_k \eta_c \eta_{xd} \cdot V_{Pmax} \eta_{yv}} \\
&= \frac{52.84 \times 1\ 000 \times 0.27 \times 1.136}{46.4 \times 0.95 \times 0.99 \times 0.98 \times 0.975 \times 0.921\ 6} = 421.75\ (\text{N} \cdot \text{m})
\end{aligned}
$$

此时马达排量能够由上面的结果计算获得，已知马达机械效率 $\eta_{Mm} = 0.868$，转换并代入计算得到：

$$\Delta p_{max} = \frac{T_{Mmax}}{V_M \eta_{Mm}}$$

$$V_M = \frac{2\pi T_{Mmax}}{\Delta p_{max} \eta_{Mm}} = \frac{2\pi \times 421.75}{31.5 \times 1\ 000\ 000 \times 0.868} = 96.87\ (\text{cm}^3/\text{r}) \approx 97\ \text{cm}^3/\text{r}$$

据此，取变量泵最大排量 $V_{Pmax} = 97\ \text{cm}^3/\text{r}$。

变量泵最大转矩为

$$T_{Pmax} = \frac{T_{Mmax}}{\eta_{ym}} = \frac{421.75}{(0.868 \times 0.868)} = 559.78\ (\text{N} \cdot \text{m})$$

液压马达的最高转速为

$$n_{Mmax} = n_{Pmax} \eta_{yv} \frac{V_{Pmax}}{V_M} = 2\ 200 \times (0.96 \times 0.96) \times 1 = 2\ 027.52\ (\text{r/min})$$

对应液压泵的最大功率为

$$P_{Pmax} = \frac{T_{Pmax} n_{Pmax}}{9\ 549} = \frac{559.78 \times 2\ 200}{9\ 549} = 128.97\ (\text{kW})$$

对应液压马达的最大功率为

$$P_{Mmax} = \frac{T_{Mmax} n_{Mmax}}{9\ 549} = \frac{421.75 \times 2\ 027.52}{9\ 549} = 89.55\ (\text{kW})$$

4）确定传动系统结构参数

对于汇流排 k 值，对常用的内外啮合单星排而言，从结构上要求 $1.5 < k < 4$，参照现有结构选取 $k = 2.2$。侧传动参照现有结构选取 $i_c = 5.5$，假定前传动比为 $i_q = 1$。

对应直驶时行星排传动比为

$$i_k = \frac{1 + k}{k} = 1.455$$

根据直驶工况时总传动比

$$i_i = i_q i_{sh} i_c = i_q \frac{(1 + k) i_{bf}}{k} i_c$$

可以确定变速机构各挡传动比为

$$i_{b1} = \frac{40}{1 \times 1.455 \times 5.5} = 4.998$$

$$i_{b2} = \frac{18}{1 \times 1.455 \times 5.5} = 2.249$$

$$i_{b3} = \frac{12}{1 \times 1.455 \times 5.5} = 1.500$$

$$i_{b4} = \frac{7}{1 \times 1.455 \times 5.5} = 0.875$$

$$i_{b5} = \frac{5}{1 \times 1.455 \times 5.5} = 0.625$$

根据转向特征参数公式

$$i_i \rho_{igmin} = i_q \frac{(1 + k)}{2} \frac{i_P i_M V_M}{V_{Pmax} \eta_{yv}} i_c$$

可以确定马达到太阳轮间的传动比 i_M 为

$$i_M = \frac{2}{(1 + k)} \frac{i_i \rho_{igmin} \cdot V_{Pmax} \eta_{yv}}{i_q i_P V_M i_c} = \frac{2}{1 + 2.2} \times \frac{46.4 \times 0.96 \times 0.96}{1.136 \times 5.5} = 4.278$$

5）参数 i_c 与 k 的选取讨论

在上述传动比的确定过程中，由于已知直驶各总传动比 i_i，在确定变速机构各挡传动比 i_{bi} 过程中，根据公式 $i_i = i_q i_{sh} i_c = i_q \dfrac{(1 + k) i_{bf}}{k} i_c$，需要确定 i_q、i_c、$\dfrac{1 + k}{k}$ 三个参数的乘积；在确定 i_M 的过程中，由于已经获得转向特征参数 $i_i \rho_{igmin}$ 和 $i_q i_P$，根据公式 $i_i \rho_{igmin} = i_q \dfrac{(1 + k)}{2} \cdot \dfrac{i_P i_M V_M}{V_{Pmax} \eta_{yv}} i_c$，需要确定 i_c、$\dfrac{1 + k}{2}$ 两个参数的乘积。

可见需要在 i_c 和 k 之间首先确定一个参数，这可以先以 k 的合理取值范围为约束，在可行的 i_c 确定后再选择合理的 k 值，进而确定 i_M 和 i_q。但对于液力机械传动系统，i_q 的选择还应充分考虑发动机与液力变矩器之间的理想匹配。

在直驶工况确定 i_c 的过程中，可以考虑通过变速机构最高挡位输出转速的容许值约束作为设计输入，如对于一个最高挡位为 n 挡变速机构的传动系统：

$$i_n = i_q \frac{(1 + k) i_{bn}}{k} i_c = \frac{n_e}{n_{max}} \frac{(1 + k)}{k} i_c \tag{6 -- 118}$$

变换得到

$$n_{max} = \frac{n_e}{i_n} \frac{(1 + k)}{k} i_c \leqslant [n_{max}] \tag{6 -- 119}$$

可以通过不同的 k 值的选取，考查取不同 i_c 值的传动系统的性能。

在转向工况确定 i_M 的过程中，也可以通过考虑变速机构最高挡位输出转速的容许值约束作为设计输入，如对于一个最高挡位为 n 挡变速机构的传动系统：

$$\rho_{ng} = \frac{1}{2} \frac{ki_{zf}}{i_{bn}} = \frac{1}{2} \frac{ki_{zf}i_q}{n_e} n_{max} = \frac{1}{2} \frac{k(i_q i_P)i_y i_M}{n_e} n_{max} \tag{6-120}$$

变换得到

$$n_{max} = \frac{2\rho_{ng}n_e}{k(i_q i_P)i_y i_M} \leqslant [n_{max}] \tag{6-121}$$

可以通过不同的 k 值的选取，考查取不同 i_M 值的传动系统的性能，从而确定全部设计参数。

6.6 液压液力复合无级转向传动系统设计

6.6.1 基本原理及理论特性

转向机构由液压转向机构（液压机组）与液力转向机构或机械转向机构等两套转向机构共同组成的双流传动系统，称为双流复合转向系统。之所以同时采用两套转向结构，往往是因为难以购得功率足够大、性能良好且适用于坦克装甲车辆用的液压泵和液压马达。因此，在复合转向系统中单纯采用液压元件实现大半径无级转向，而在实现较小半径转向时采用复合转向机构共同工作。

液压液力复合转向机构，由液压转向机构和液力助力偶合器（下文简称偶合器）组成。这类方案多见于 RENK 公司的专利，并在该公司 HSWL 系统多种传动装置上有所运用，如德国"豹" 2 坦克的 HSWL-354 传动（见图 6-29）、黄鼠狼步兵战车的 HSWL-194（见图 6-30），且这两种方案中，液压转向机构的输入与输出各有特点，液力转向机构的输入与输出也各不相同。

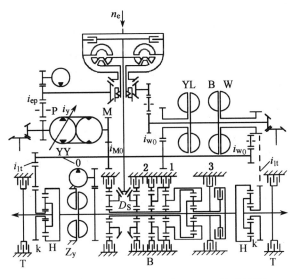

图 6-29 RENK 公司 HSWL-354 传动简图

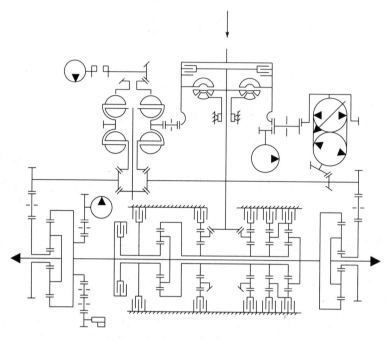

图 6－30　RENK 公司的 HSWL－194 传动简图

1. 基本原理

这种转向传动系统的工作原理如下：

1）两个偶合器都不工作（大半径转向工况）

当坦克在较好的地面上做大半径转向时，外界转向阻力较小，两个助力偶合器都不充油，只能空转而都不参加转向工作。液压与液力复合转向机变成了液压转向机，转向工作只由液压转向机单独来承担。

2）一个偶合器工作（小半径转向工况）

当坦克在困难路面上作小半径转向时，外界转向阻力特别大，仅由液压转向机单独承担转向主动力矩不够，这时需要低速侧的偶合器参加转向工作。助力偶合器参加工作与否，取决于液压转向机液压系统的压力。当外界转向阻力增大到使液压转向系统的压力升高到额定压力时，压力信号打开某一侧偶合器的充油阀门充油，充油的偶合器就能向转向零轴输出转向助力转矩，发动机的转矩通过液压转向机和偶合器共同向零轴输出主动力矩，以提高车辆克服外界转向阻力的能力。一旦转向主动力距大于转向阻力矩时，液压转向机系统的油压会下降，压力信号打开偶合器的泄油阀门泄油，泄油后的偶合器退出转向助力工作。由于偶合器不能反转传递功率，故在传动装置中设置了两个结构相同的偶合器，一个用于向左转向，一个用于向右转向，两个偶合器至零轴的传动比大小相等、正负相反。

3）两个偶合器都工作（非转向工况）

两个偶合器都充油时，可将零轴制动，用于直驶稳定、坡道停车及联合制动等工况。

2. 理论特性

液压液力转向传动机构中，液压转向机构和液力转向机构的作用是不同的。液压转向机构是主机，由它决定转向分路传动比、转向半径等一切运动学关系；而液力转向机构是转向的助力机构，仅起到转向助力和增加转向所需转矩的作用。因此，在理论特性关系式中，运动学关系式即为液压转向机构的运动学关系式，对偶合器而言要满足运动学的匹配关系。

1）偶合器与液压机组的运动学匹配关系

为了使液压转向机构和偶合器两者能正常共同工作，从发动机经液压转向机到零轴的传动比必须等于从发动机经偶合器到零轴的传动比。

发动机经液压机组到零轴的总传动比为 $i_q i_P i_y i_{M0}$，其中 i_q 为前传动、i_P 为前传动后分流点至液压泵的传动比、i_{M0} 为液压马达至零轴的传动比、i_y 为液压机组传动比，并有

$$i_y = \frac{V_M}{\varepsilon V_{Pmax} \eta_{yv}}$$

发动机经助力偶合器到零轴的总传动比为 $i_q i_B i_{T0}/i_{YO}$，其中 i_B 为前传动后分流点至助力偶合器泵轮 B 的传动比、i_{T0} 为助力偶合器涡轮 T 至零轴的传动比、i_{YO} 为助力偶合器速比，定义液力偶合器输出端涡轮转速与输入端泵轮转速之比，即

$$i_{YO} = \frac{n_T}{n_B} \tag{6-122}$$

则可得液压液力复合转向系统运动学匹配关系式为

$$i_P i_y i_{M0} = i_B \frac{1}{i_{YO}} i_{T0} \tag{6-123}$$

变化可得

$$i_{YO} = \frac{i_B i_{T0}}{i_P i_{M0} i_y} = \frac{i_B i_{T0} V_{Pmax} \eta_{yv}}{i_P i_{M0} V_M} \varepsilon \tag{6-124}$$

式（6-124）中，对于一定车辆，i_B、i_{T0}、i_P、i_{M0}、V_{Pmax}、V_M 均为定值，η_{yv} 也可近似为定值，此时助力偶合器传动比 i_{YO} 仅与变量泵的相对变量率 ε 成正比，并随之变化而变化。也就是说，只有偶合器的传动比 i_{YO} 仅随 ε 而变化时，才能保证规定转向半径只随 ε 变化而稳定地变化，说明液力元件助力偶合器具备"滑转"下传递动力的性能。

在转向系统工作时，ε 随转向负载成反比变化，而式（6-124）中 i_{YO} 与 ε 成正比，即 i_{YO} 也具有随转向负载成反比变化的性能，这与液力偶合器外特性曲线中，泵轮转矩 T_B 和涡轮转矩 T_T 随 i_{YO} 增加而下降具有相似的性能。因此助力偶合器符合助力特性的要求。

式（6-118）也说明偶合器只能作助力机构而不能单独作转向机使用。否则，如果偶合器像在一般传动装置那样工作，随外界负荷变化而自动调节其传动比，即 i_{YO} 随外界负荷变化，那么由发动机经偶合器到主动轮的总传动比也会随外界负荷而变化。而由发动机经液压转向机到主动轮的总传动比只随 ε 的变化而变化。这样坦克装甲车辆的理论转向半径就成为随 ε 和外界负荷变化的二元函数，将无法控制其规定转向半径。

在助力偶合器参与转向时，液压元件传动比 i_y 的变化范围为

$$i_y = \frac{V_M}{\varepsilon V_{Pmax} \eta_{yv}} = \frac{i_B i_{T0}}{i_P i_{M0} i_{YO}} \tag{6-125}$$

由于偶合器的效率特性理论上为效率 η_{YO} 随速比 i_{YO} 变化的过原点的一条直线 $\eta_{YO} = i_{YO}$，且当 $i_{YO} = 0$ 时 $\eta_{YO} = 0$，i_{YO} 接近 1 时 η_{YO} 可以达到 95% ~ 98%。因此为保证转向过程中偶合器工作在高效区间，应控制 i_{YO} 变化范围不能太大且应在 $i_{YO} \leq 1$ 的高效区附近。因此助力偶合器的助力范围就指对应于 $i_{YO} \leq 1$ 的高效区范围（η_1，η_2）附近时的速比范围值。

$$\eta_1 \leqslant i_{YO} = \frac{i_B i_{T0} V_{Pmax} \eta_{yv}}{i_p i_{M0} V_M} \varepsilon \leqslant \eta_2 \leqslant 1 \qquad (6-126)$$

式（6-126）中 η_{yv} 的变化反映了外界转向负载的变化，ε 的变化反映了转向半径的变化。性能上希望助力范围尽量宽，这样可以在更大范围内降低液压元件的负载。这里的助力范围对应着小半径、大负荷的转向工况。

2）偶合器与液压机组的功率匹配关系

液压液力复合无级转向传动系统，转向功率流所传递功率取决于零轴上的传递功率。理论上按助力偶合器助力功率 P_{YO} 与转向所需功率 P 的大小比较，有三种情况。

（1）助力功率小于所需转向功率 $P_{YO} < P$。

此时助力偶合器助力功率 P_{YO} 与液压机组功率 P_y 之和，共同构成转向所需功率 P，且共同由零轴输出功率，即有

$$P_z = P_y + P_{YO} \qquad (6-127)$$

（2）助力功率等于所需转向功率 $P_{YO} = P$。

此时液压机组没有功率输出，车辆失去可控的无级转向性能。

（3）助力功率大于所需转向功率 $P_{YO} > P$。

此时出现功率循环，且液压机组中定量马达作为动力输入，而变量泵作为动力输出。

因此，为保证转向系统的正常工作，液压元件和液力元件的功率匹配，应满足第一种情况，如定义液力元件功率分配系数 φ 为

$$\varphi = \frac{P_{YO}}{P} \qquad (6-128)$$

则希望 φ 的取值范围为 $0 < \varphi < 1$。"豹" 2 坦克的 $\varphi = 0.7$。

3）偶合器与液压机组的转矩关系

坦克装甲车辆转向的最困难工况是在最困难路面的中心转向，此时所需功率 P 最大，偶合器也应提供最大的助力。

中心转向时，在零轴上所需转矩 T_0 满足

$$T_0 \leqslant T_y + T_{YO} \qquad (6-129)$$

式中，液压机组提供转矩 T_y、助力偶合器提供转矩 T_{YO} 和地面负载换算到零轴所需转矩 T_0 分别由下列各式确定：

$$T_y = T_M i_{M0} \eta_{M0} \qquad (6-130)$$

$$T_{YO} = T_T i_{T0} \eta_{T0} \qquad (6-131)$$

$$T_0 = \frac{2 F r_z}{i_{0t}(1 + k) i_c \eta_{0t} \eta_k \eta_c \eta_x} \qquad (6-132)$$

式中，下标 M0 表示马达至零轴；下标 T0 表示涡轮至零轴；下标 0t 表示零轴至太阳轮。

非中心转向时，换算到零轴所需转矩 T_0 为

$$T_0 = \frac{(|F_1| \cdot (\eta_k \eta_c \eta_{xd})^2 + |F_2|) r_z}{i_{0t}(1 + k) i_c \eta_{0t} \eta_k \eta_c \eta_x} \qquad (6-133)$$

可得液力偶合器涡轮转矩为

$$T_T = \frac{2 F r_z}{i_{0t}(1 + k) i_c \eta_{0t} \eta_k \eta_c \eta_x \cdot i_{T0} \eta_{T0}} - \frac{T_M i_{M0} \eta_{M0}}{i_{T0} \eta_{T0}}$$

代入

$$F = \frac{fG}{2} + \frac{\mu GL}{4B}$$

$$i_{YO} = \frac{i_B i_{T0}}{i_P i_{M0} i_y} = \frac{i_B i_{T0} V_{Pmax} \eta_{yv}}{i_P i_{M0} V_M} \varepsilon$$

有

$$T_T = \left(\frac{\left(fG + \frac{\mu GL}{2B} \right) r_z}{i_{0t}(1+k) i_c \cdot \eta_{0t} \eta_k \eta_c \eta_x \cdot \eta_{T0}} - \frac{T_M i_{M0} \eta_{M0}}{\eta_{T0}} \right) \frac{i_B V_{Pmax} \eta_{yv}}{i_P i_{M0} V_M} \cdot \frac{\varepsilon}{i_{YO}} \qquad (6-134)$$

对结构一定的液压液力复合转向坦克装甲车辆，在困难路面中心转向时，涡轮轴转矩主要随变量泵相对变量率 ε 和助力偶合器速比 i_{YO} 变化而变化；当 $\varepsilon = \pm 1$ 时，主要随 i_{YO} 变化而变化。而由运动学匹配关系式

$$i_{YO} = \frac{i_B i_{T0}}{i_P i_{M0} \cdot i_y} = \frac{i_B i_{T0} V_{Pmax} \eta_{yv}}{i_P i_{M0} V_M} \cdot \varepsilon$$

可知 i_{YO} 与 ε 之间存在正比关系，其系数会随对应参数取值不同而变化。助力偶合器与液压元件共同工作特性曲线如图 6 – 31 所示。

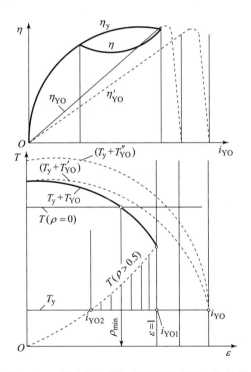

图 6 – 31 助力偶合器与液压元件共同工作特性

可见，根据液力偶合器外特性，随偶合器速比 i_{YO} 的增加，助力偶合器输出转矩 T_{YO} 随之下降而效率 η_{YO} 增加；反之随偶合器速比 i_{YO} 的减小，助力偶合器输出转矩 T_{YO} 随之增大而效率 η_{YO} 降低。

当 $\varepsilon = 0$ 时，$i_{Y0} = 0$，转向半径为无穷大，对应车辆直驶工况。

当 ε 由 0 向 1 增大时，i_{Y0} 也随之增大，转向半径逐渐减小。

当 $\varepsilon = 1$ 时，有 $i_{Y0} = i_{Y01}$，对空挡转向时，$\rho = 0$，此时车辆回转速度最大；而对挂挡转向时，$\rho = \rho_{min}$。在液压液力复合无级转向传动系统设计时，选择 $\varepsilon = 1$ 时的 i_{Y01} 值非常重要。

当进行 $\rho_{ig} = 0$ 空挡中心转向时，i_{Y01} 应保证其对应的助力偶合器在零轴上的输出转矩 T_{Y0} 与液压马达在零轴上输出转矩 T_y（可认为是常数）之和大于或等于地面负载换算到零轴所需转矩 T。在图 6-31 所示 i_{Y01} 时，刚好使得 $T = T_y + T_{Y0}$，以实现空挡中心转向，对应助力偶合器效率 η_{Y0} 相对较高，说明选择 i_{Y01} 较适宜。否则如果选择较大速比的 i_{Y01}，则 $T > T_y + T_{Y0}$，无法实现空挡中心转向；如果选择较小的 i_{Y01}，则 $T < T_y + T_{Y0}$，能够实现空挡中心转向，但助力偶合器效率偏低，经济性不佳。

当进行 $\rho_{ig} > 0.5$ 的挂挡转向时，地面负载换算到零轴所需转矩 T 随转向半径的减小而增大，当 $T \leqslant T_y$ 时，由液压机组独立完成转向；当 $T > T_y$ 时，偶合器的工作范围为 $i_{Y02} < i_{Y0} < i_{Y01}$，其中 i_{Y01} 由空挡转向工况确定，而 i_{Y02} 由液压机组所能实现的最小转向半径工况的相对转向半径 ρ 确定。对应变量泵相对变量率的取值范围为 $\varepsilon_2 < \varepsilon < \varepsilon_1 = 1$，此时偶合器助力转矩数值较大，但效率较低，且随 ρ 的继续减小而效率不断降低，这说明助力偶合器在做较大半径转向时是不经济的，所以此时助力偶合器不是一个理想的助力机构。

对非中心转向工况，考虑循环功率后，有类似涡轮转矩的计算结果。由于液压液力复合转向工况在大半径转向应用较少，故这里不再赘述。

6.6.2　设计关系式

由于液压液力复合无级转向传动系统的运动学特性与前面介绍的液压无级转向传动系统相同，其转向特征参数与液压无级转向传动系统具有相同的表达式，即

$$i_i \rho_{igmin} = i_q \frac{(1+k)}{2} i_{zf} i_c = i_q \frac{(1+k)}{2} \frac{i_P i_M V_M}{V_{Pmax} \eta_{yv}} i_c$$

$$t_{min} = \frac{2\pi B \cdot i_i \rho_{igmin}}{n_e (2\pi/60) r_z} = \frac{60B}{n_e r_z} i_i \rho_{igmin}$$

在动力学特性上，液压液力复合无级转向传动系统与液压无级转向传动系统相比，则存在一定的相似性。

1. 转向所需马达转矩

在 $\rho_{ig} = 0$ 和 $\rho_{ig} > 0.5$ 两种工况下，两侧履带与地面的作用力同主动轮所构成的转矩通过转向流直接作用在液压马达上，或者共同作用在液压马达和液力偶合器涡轮上。

1）当量马达转矩

为便于分析与研究转向系统中液压和液力元件的转矩关系，规定当量液压马达为将液压液力复合转向系统视为一个广义的液压系统后，独自承受负载的那个当量液压马达。

定义当量马达转速为

$$n'_M = n_M \qquad (6-135)$$

定义当量马达转矩为

$$T'_M = \frac{(|F_1| + |F_2|)r_z}{i_{M0} i_{0t}(1+k) i_c \cdot \eta_M \eta_k \eta_c \eta_x} \qquad (6-136)$$

当存在再生功率时有

$$T'_M = \frac{(|F_1| \cdot (\eta_k \eta_c \eta_{xd})^2 + |F_2|) r_z}{i_{M0} i_{0t} (1 + k) i_c \cdot \eta_M \eta_k \eta_c \eta_x} \tag{6-137}$$

对应的当量马达功率为

$$P'_M = \frac{n_M T'_M}{9\ 549} \tag{6-138}$$

这个当量马达功率也就是采用液压无级转向传动系统时所需的液压功率。

由液力元件功率分配系数 φ，有

$$\frac{P_y}{P_{yz}} = 1 - \varphi = \frac{P_M}{P'_M} = \frac{T_M n_M}{T'_M n'_M} = \frac{T_M}{T'_M} \tag{6-139}$$

2）中心转向

中心转向时，马达提供的转矩为

$$T_M = \frac{(1 - \varphi) T_0}{i_{M0} \eta_{M0}} = (1 - \varphi) \frac{2 F r_z}{i_M (1 + k) i_c \cdot \eta_M \eta_k \eta_c \eta_x} \tag{6-140}$$

式中

$$\eta_M = \eta_{M0} \eta_{0t}, \ i_M = i_{M0} i_{0t}$$

对应的液压系统最大压力

$$\Delta p = \frac{2\pi T_M}{V_M \eta_{Mm}} = (1 - \varphi) \frac{4\pi \cdot F r_z}{i_M (1 + k) i_c \cdot \eta_M \eta_k \eta_c \eta_x \cdot V_M \eta_{Mm}} \tag{6-141}$$

助力偶合器涡轮端提供的转矩为

$$T_T = \varphi \frac{T_0}{i_{T0} \eta_{T0}} = \varphi \frac{2 F r_z}{i_T (1 + k) i_c \eta_T \eta_k \eta_c \eta_x} \tag{6-142}$$

式中

$$\eta_T = \eta_{T0} \eta_{0t}, \ i_T = i_{T0} \eta_{T0}$$

3）$\rho_{ig} > 0.5$ 工况转向

所需马达转矩为

$$T_M = \frac{(1 - \varphi) T_0}{i_{M0} \eta_{M0}} = (1 - \varphi) \frac{(|F_1| \cdot (\eta_k \eta_c \eta_x)^2 + |F_2|) r_z}{i_M (1 + k) i_c \cdot \eta_M \eta_k \eta_c \eta_x} \tag{6-143}$$

换算到零轴上，由

$$T_0 = (1 - \varphi) T_0 + \varphi T_0 = T_M i_{M0} \eta_{M0} + T_T i_{T0} \eta_{T0} = T'_M i_{M0} \eta_{M0} \tag{6-144}$$

得到

$$T_T = \varphi \frac{T_0}{i_{T0} \eta_{T0}} = \varphi \frac{(|F|_1 \cdot (\eta_k \eta_c \eta_x)^2 + |F_2|) r_z}{i_T (1 + k) i_c \eta_T \eta_k \eta_c \eta_x} \tag{6-145}$$

2. 转向所需发动机转矩

1）$\rho_{ig} > 0.5$ 工况转向

非中心转向时，直驶流所需发动机转矩与液压无级转向形式相同，为

$$T_{eb} = \frac{r_z}{i_{bz} \eta_{bz}} (|F_2| - |F_1| (\eta_k \eta_c \eta_x)^2)$$

转向流所需发动机转矩，如经由液压元件和液力元件的两路功率流组成，其中转向所需

液压元件传递的转矩由马达转矩 T_M 推算，有

$$T_{ezy} = \frac{T_M}{i_q i_P i_y \cdot \eta_q \eta_P \eta_{ym}} = (1 - \varphi) \frac{r_z(|F_1| \cdot (\eta_k \eta_c \eta_x)^2 + |F_2|)}{i_{zz} \cdot \eta_{zj}}$$

式中，液压元件一路转向系统的总传动比 i_{zz} 和总机械效率 η_{zj}：

$$i_{zz} = i_q i_P i_y i_M (1 + k) i_c \; , \; \eta_{zj} = \eta_q \eta_P \eta_{ym} \eta_M \eta_k \eta_c \eta_x$$

转向所需液力元件传递的发动机转矩可由涡轮转矩 T_T 推算，有

$$T_{ezYO} = \frac{T_T}{i_q i_B \cdot \eta_q \eta_B \eta_{YO}} = \varphi \frac{r_z(|F_1| \cdot (\eta_k \eta_c \eta_x)^2 + |F_2|)}{i_q i_B \cdot i_T (1 + k) i_c \cdot \eta_q \eta_B \eta_{YO} \cdot \eta_T \eta_k \eta_c \eta_x}$$

式中

$$i_{zz} = i_q i_P i_y i_M (1 + k) i_c = \frac{i_q i_B i_T (1 + k) i_c}{i_{YO}}$$

由于对偶合器，有 $i_{YO} = \eta_{YO}$，则

$$T_{ezYO} = \frac{T_T}{i_q i_B \cdot \eta_q \eta_B \eta_{YO}} = \varphi \frac{r_z(|F_1| \cdot (\eta_k \eta_c \eta_x)^2 + |F_2|)}{i_{zz} \cdot i_{YO}^2 \cdot \eta_q \eta_B \eta_T \eta_k \eta_c \eta_x}$$

当存在 $\eta_B = \eta_P$，$\eta_T = \eta_M$ 时，可进一步简化为

$$T_{ezYO} = (1 - \varphi) \frac{r_z(|F_1| \cdot (\eta_k \eta_c \eta_x)^2 + |F_2|)}{i_{zz} \cdot \eta_{zj}} \frac{\eta_{ym}}{i_{YO}^2}$$

转向流所需发动机总转矩为

$$T_{ez} = T_{ezy} + T_{ezYO} = \frac{r_z(|F_1| \cdot (\eta_k \eta_c \eta_x)^2 + |F_2|)}{i_{zz} \cdot \eta_{zj}} \left(1 - \varphi + \varphi \frac{\eta_{ym}}{i_{YO}^2} \right)$$

定义 ζ 为液压液力复合无级转向系统的动力减小系数：

$$\zeta = 1 - \varphi + \varphi \frac{\eta_{ym}}{i_{YO}^2} = 1 - \varphi \left(1 - \frac{\eta_{ym}}{i_{YO}^2} \right)$$

则动力减小系数 ζ 应满足 $\zeta < 1$，即与液压无级转向系统相比，这种形式能减小发动机负载。

2）中心转向

中心转向时，只有转向流传递动力，转向所需发动机转矩为

$$T_{emax} = \frac{2 F r_z}{i_{zz} \eta_{zj}} \zeta$$

6.6.3　设计实例

1. 设计条件和要求

车型参数：$G = 155 \text{ kN}$，$B = 2.2 \text{ m}$，$L = 3.2 \text{ m}$，$r_z = 0.27 \text{ m}$。

发动机特性参数：$n_{emax} = 2\,500 \text{ r/min}$，$n_{emin} = 1\,600 \text{ r/min}$；$T_{emax} = 1\,000.6 \text{ N} \cdot \text{m}$，$T_{emin} = 868.2 \text{ N} \cdot \text{m}$；$P_{emax} = 227.3 \text{ kW}$，$P_{emin} = 167.7 \text{ kW}$。

直驶性能：$i_1 = 40$，$i_2 = 18$，$i_3 = 12$，$i_4 = 7$，$i_5 = 5$。

转向性能：$R_{3min} \leqslant 8.5 \text{ m}$，在 $f = 0.1$，$\mu_{max} = 0.8$ 的路面上具有中心转向性能，这时转向一周的时间在 $t = 10 \text{ s}$ 左右。

2. 方案简图

方案简图如图 6-32 所示。

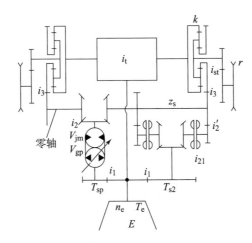

图 6-32　液压液力复合无级转向传动系统简图

3. 设计计算过程

液压液力复合无级转向传动系统设计，可以分为两个步骤：

第一步设想没有设置助力偶合器，液压元件是较大的当量元件，它的效果相当于实际上一套小元件和偶合器合成的效果；

第二步则是在选择了 φ 之后对助力偶合器进行设计。

1）确定当量元件参数

$$i_i\rho_{imin} = C = 46.4 \ , \ i_q i_P = \frac{2\,500}{2\,200} = 1.136 \ , \ k = 2.2 \ , \ i_c = 5.5$$

$$i_M = i_{M0}i_{0t} = 1.2 \times 3.6 = 4.32$$

$$i_{b1} = 4.998 \ , \ i_{b2} = 2.249 \ , \ i_{b3} = 1.500 \ , \ i_{b4} = 0.875 \ , \ i_{b5} = 0.625$$

$$T'_{Mmax} = 428 \ \text{N} \cdot \text{m} \ , \ V'_M = 98.8 \ \text{cm}^3/\text{r}$$

其中所谓当量元件，是将液压液力复合型等效为液压型转向系统，对应的当量马达参数即为液压液力共同作用下的对应参数之和。

2）偶合器系统设计

（1）共同工作信号的选择。

这里的共同工作信号，是指偶合器和液压元件共同工作时的控制信号，可以选取变量泵最大排量 V_{Pmax}，或者液压系统工作压力 Δp。

① V_{Pmax} 作为控制信号。

以是否达到 V_{Pmax} 为判断标准，即 $\varepsilon = \pm 1$，只要达到 V_{Pmax}，偶合器就参与工作。由公式

$$i_{YO} = \frac{i_B i_{T0}}{i_P i_{M0} i_y} = \frac{i_B i_{T0} V_{Pmax} \eta_{yv}}{i_P i_{M0} V_M} \varepsilon$$

当 $\varepsilon = 1$ 时，得到

$$\frac{i_{YO}}{\eta_{yv}} = \frac{i_B i_{T0}}{i_P i_{M0}} \frac{V_{Pmax}}{V_M} = C$$

这种判断方法满足助力特性要求，即随外界负载加大而泵马达容积效率 η_{yv} 降低时，偶合器速比 i_{YO} 也随之降低，对应偶合器发出的涡轮转矩 T_T 增大。

但这种方法存在两个问题：其一是偶合器参加工作后，液压元件的尺寸质量并未得到减小，因为低挡困难路面下做 ρ 稍大于 ρ_{min} 转向时，转向负载与 ρ_{min} 接近，但由于 V_P 未达到 V_{Pmax}，此时液压元件也是单独承担转向负载，也就是说，液压元件尺寸质量仍然很大；其二是系统效率低，因为不论负载大小，各挡只要达到 V_{Pmax} 工况偶合器就参与工作，增加了损耗。因此采用这种控制方法并不适宜。

②Δp 作为控制信号。

这种方法取一定的液压系统工作压力 Δp 作为判断标准，不论其他条件，只要液压系统工作压力满足工作范围：$\Delta p_C \leqslant \Delta p \leqslant \Delta p_{max}$，偶合器即参与工作。由公式

$$\frac{i_{YO}}{\eta_{yv}} = \frac{i_B i_{T0}}{i_P i_{M0}} \frac{V_P}{V_M} = \frac{i_B i_{T0}}{i_P i_{M0}} \varepsilon$$

当 $\Delta p = \Delta p_C$ 时，$T_T = 0$，$i_{YO} = 1$。如假设 η_{yv} 不变，在转向负荷大的低挡，当压力达到 Δp_C 时，随相对变量率 ε 的减小，对应偶合器 i_{YO} 降低，T_T 增加，满足助力特性要求。

当 $\Delta p_C < \Delta p < \Delta p_{max}$ 时，Δp 开始增加，速比 i_{YO} 也随之进一步降低，对应偶合器发出的助力转矩 T_T 增大，满足助力特性要求。

当 $\Delta p = \Delta p_{max}$ 时，$T_T = T_{Tmax}$，$i_{YO} = i_{YOmin} < 1$。当中心转向时，如果 $\varepsilon = \pm 1$，则有 $\Delta p = \Delta p_{max}$，此时外界负载最大，容积效率 $\eta_{yv} = \eta_{yvmin}$ 最低，对应偶合器速比 $i_{YO} = i_{YOmin}$ 也最小，对应偶合器发出的助力转矩 $T_{YO} = T_{YOmax}$ 最大，满足助力特性要求。

这种控制方法的优点是，可以选择适当的 φ，以减小液压元件，因此具有实用价值而被广泛采用。

（2）选择 φ 值确定马达排量。

选取 $\varphi_{max} = 0.41$，当 $\rho_{ig} > 0.5$ 时液压马达最大转矩为

$$T_{Mmax} = (1 - \varphi) T'_{Mmax} = 0.59 \times 428 = 252.5 \ (\text{N} \cdot \text{m})$$

液压马达的排量为

$$V_M = \frac{2\pi \cdot T_{Mmax}}{\Delta p_{max} \eta_{Mm}} = \frac{2\pi \times 252.5}{29.5 \times 0.868} = 62 \ (\text{cm}^3/\text{r})$$

式中，$\Delta p_{max} = 29.5 \ \text{MPa}$，$\eta_{Mm} = 0.868$。

（3）选择 i_{YOmin} 确定 $i_q i_B i_{T0}$。

由运动学匹配关系，得到

$$i_{YOmin} = \frac{i_B i_{T0} V_{Pmax} \eta_{yv}}{i_P i_{M0} V_M}$$

取 $i_{YOmin} = \eta_{YOmin} = 0.95$，$\eta_{yv} = 0.93$，并设 $V_{Pmax} = V_M$，变换得到

$$i_q i_B i_{T0} = \frac{i_{zmin} i_q i_P i_{M0} V_M}{V_{Pmax} \eta_{yv}} = \frac{0.95 \times 1.136 \times 1.2}{0.93} = 1.392$$

（4）确定偶合器参数。

为尽量减小偶合器尺寸，选取 $i_q i_B = 1$，则有 $i_{T0} = 1.392$，且已知有 $i_{0t} = 3.6$，$n_{emax} = 2\,500 \ \text{r/min}$，有偶合器传递转矩与当量马达转矩关系：

$$T_{Tmax} i_q i_B i_{T0} = \varphi T'_{Mmax} i_{M0}$$

变换可得

$$T_{Tmax} = \frac{\varphi T'_{Mmax} i_{M0}}{i_q i_B i_{T0}} = \frac{0.41 \times 428 \times 1.2}{1.392} = 151.3 \ (\text{N} \cdot \text{m})$$

偶合器传递功率为

$$P_{zmax} = \frac{T_{zmax} n_z}{9\ 549} = \frac{151.3 \times 2\ 500}{9\ 549} = 39.61 \ (\text{kW})$$

根据现有偶合器系列，选取其有效直径为 $D = 28\ \text{mm}$，或者也可以根据液力元件选径工况 $i_{zmin} = 0.95$，结合偶合器原始特性，进行有效直径的确定。

3）验算动力装置

中心转向时所需动力最大，此时所需发动机功率为

$$T_{emax} = \frac{Fr_z}{i_i \rho_{igmin} \eta_{zz}} \cdot \frac{V_M}{V_{Pmax}} \cdot \zeta = \frac{52.84 \times 1\ 000 \times 0.27}{46.4 \times 0.616} \cdot \zeta = 499.1\zeta \ (\text{N} \cdot \text{m})$$

由于 $\zeta < 1$ 及已知条件中发动机参数，可知动力装置满足要求。

动力减小系数 ζ 的数值随 φ 和 i_z 变化而变化，当 $\varphi = 0.41$，$i_z = 0.95$ 时，有 $\zeta = 0.886$，则所需发动机转矩为

$$T_{e\zeta} = T_e \zeta = 499.1 \times 0.886 = 442 \ (\text{N} \cdot \text{m})$$

第7章 制动系统

7.1 概　述

制动器是一种能量转换装置。在制动过程中，制动器将车辆的动能转换成热能，实现车辆的减速或停止运动。坦克装甲车辆的制动器按功用可分为停车制动器、换挡制动器和转向制动器。停车制动器用来使车辆减速、停车或保持停车状态；换挡制动器是变速机构用来变换排挡的制动器；转向制动器是转向机构中的制动器，有些车辆的转向制动器兼作停车制动器，同时制动两侧就能停车。制动器按工作原理主要可分为摩擦式和液力式。摩擦式制动器是利用固定构件与旋转构件表面相互摩擦时产生的摩擦转矩来降低速度，直至制动旋转构件停止的制动器，分为带式、片式、盘式和鼓式几种；液力式制动器一般采用液力减速器，由定轮和动轮两个叶轮组成，制动时向两叶轮组成的空腔充注工作液体，通过工作液体在工作腔内的高速循环流动，将动轮的动能转换为工作液体的热能，实现缓速制动的目的。

现代主战坦克战斗全重范围在 50 ~ 70 t，最大设计速度可达 70 km/h，制动峰值功率可达 7 000 kW，高速紧急制动能量可达 12 MJ，其工作环境温度可能高达 120 ℃，并且需要在频繁制动产生较高热量累积后仍能正常工作。因此，对应制动系统制动器的可靠性和可控性直接关系到坦克装甲车辆高速行驶的安全，车辆不仅要有良好的加速性能，还要有良好的减速制动性能。

采用液力机械综合传动装置的动力舱中，一般采用双侧机械制动器加液力减速器（或称液力缓速器）的液力机械联合制动方案构成坦克装甲车辆的液力机械联合制动系统，以满足行车制动、驻车制动（如在 60% 坡度上可靠驻车）和应急制动等需求。如德国"豹"2 坦克的液力机械联合制动系统，可使 55 t 的车辆在 3.6 s 内从车速 65 km/h 达到制动停车，其液力减速器最大制动功率为 5 147 kW。

随着坦克装甲车辆传动系统向机电复合传动方向发展，机械电力联合制动系统也将成为未来的发展方向之一。机械电力联合制动系统利用电力元件制动特性与机械制动器进行制动性能匹配，典型的电力元件有电机和电涡流减速器，属于无磨损制动器，且都可以通过发电实现制动能量回收。其中电涡流减速器的工作原理是将车辆动能通过电磁感应原理转化为转子上的热能再耗散掉，从而实现制动，主要有转筒式电涡流减速器、单转子盘电涡流减速器和双转子盘电涡流减速器几种类型。

由于制动系统在车辆行驶中的重要性，对制动系统有以下设计要求：

（1）制动可靠，即应有足够的制动转矩，这是保证安全可靠的基本条件，而且磨损小、寿命长。

（2）制动平稳，即制动摩擦副所产生的摩擦转矩稳定性好，受外界条件变化，如速度、温度、湿度、驱动力等的影响要小。

（3）散热性能好。

（4）噪声低、污染小。

（5）操纵省力，放松彻底，操作维修方便。

7.2　车辆制动性能计算

7.2.1　制动评价参数

在设计中，一般从以下几个方面进行车辆制动性能的评价：

（1）制动距离。在规定车辆行驶速度下，从车辆开始制动到最后停车过程中车辆所驶过的距离。

（2）制动时间。从车辆开始制动到最后停车过程中车辆行驶的时间，包括空走时间和持续制动时间，其中空走时间是车辆开始制动（驾驶员踩下制动踏板）到车辆达到最大制动力的时间，持续制动时间是从车辆达到最大制动力到制动终止的时间。

（3）制动减速度。车辆制动力越大，则制动减速度越大，制动效果就越好。

（4）制动器的热负荷。该指标表征制动器的持续制动能力。

决定坦克装甲车辆制动性能的外部因素包括路面条件、状况及风阻；内部因素包括车重、传动系统的形式、制动器形式及参数和主动轮参数等。车辆的制动性优劣将会影响车辆的行驶安全性及车辆的最高行驶速度等。

7.2.2　地面制动力

坦克装甲车辆在制动过程中受到的力有地面制动力、发动机制动力、地面变形阻力、风阻和传动系统阻力等几方面，这几方面共同起作用，形成车辆总的制动力，即

$$F_z = F_b + F_{ez} + F_d + F_k + F_c \tag{7-1}$$

式中，F_z——总的制动力；

　　　F_b——地面制动力；

　　　F_{ez}——发动机制动力；

　　　F_d——地面变形阻力；

　　　F_k——风阻；

　　　F_c——传动系统阻力。

履带式车辆不同于轮式车辆，其制动力的作用是由履带与地面之间的作用以及主动轮与履带之间的作用构成的。从制动原理上看，在车辆减速直至停车的整个制动过程中，其最终的制动力都是由地面提供的制动附着力。在设计车辆制动器时，为保证最大程度的行车安全，车辆所需达到的平均减速度或制动距离必须全部由制动系统提供，因此本章假设车辆制动过程所需的制动力全部由制动系统提供。

制动过程中履带式车辆的受力情况如图 7-1 所示，主动轮和负重轮的半径分别为 r_z 和 r_f，G 为坦克重力。在进行履带制动力分析时，假定履带是不可拉伸且十分柔软的带子，履带上所有点位于同一平面内。

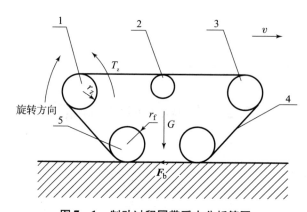

图7－1　制动过程履带受力分析简图
1—主动轮；2—托带轮；3—诱导轮；4—履带；5—负重轮

　　主动轮的制动转矩 T_z 通过履带接地段作用在地面上，地面对履带接地段产生切向反作用力，切向反作用力的合力即为地面制动力 F_b，其方向与车辆行驶方向相反。它是使车辆制动而减速行驶的外力，并首先取决于制动器制动力，但同时又受到地面附着条件的限制，只有车辆具有足够的制动器制动力，同时地面又能够提供高的附着力时，才能够获得足够的地面制动力。

　　履带由若干块履带板用铰链连接封闭而成，主动轮和履带之间为啮合关系，因此将地面制动力简化为履带和主动轮之间的作用力。设单个制动器的制动转矩为 T，换算到对应的主动轮处产生的制动转矩 T_z，则对应自单侧地面制动力为

$$F_{b1} = T_z/r_z = T \cdot i_c \eta_c/r_z$$

式中，i_c，η_c——制动器到主动轮的传动比和效率；

　　　　r_z——主动轮半径。

　　总地面制动力为

$$F_b = 2F_{b1} = 2T \cdot i_c \eta_c/r_z \qquad (7-2)$$

地面制动力必须满足附着条件，即

$$F_b \leqslant F_\varphi = \varphi \cdot G \qquad (7-3)$$

式中，F_φ——地面附着力；

　　　　φ——地面附着系数。

7.2.3　制动过程分析

　　车辆制动过程可以指以停车为目的的停车制动过程，或以减速为目的的减速制动过程。由于停车制动过程包括了减速制动过程，因此这里仅分析停车制动过程。

1. 驾驶员反应时间

　　图7－2所示为驾驶员接收停车制动信号后，制动踏板力 F_p 和制动减速度 a 与制动时间 t 的关系曲线。驾驶员接到停车制动信号时，并未立即行动（图7－2上的 O 点），而要经过 t_{11} 后才意识到应进行停车制动，并开始移动右脚，再经过 t_{12} 后才开始踩着制动踏板，并且消除制动踏板间隙。由 O 点到 b 点所经过的时间 $t_1 = t_{11} + t_{12}$，称为驾驶员的反应时间。这段时间因人而异，一般为 $0.3 \sim 1.0$ s。

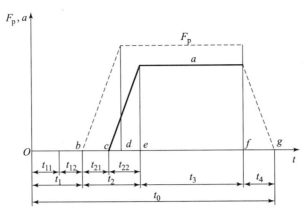

图 7 - 2 车辆制动过程

2. 制动器作用时间

在 b 点以后，随着驾驶员踩制动踏板的动作，踏板力 F_p 迅速增加，至 d 点达到最大值，不过由于制动器中存在间隙，制动系统中有一定的残余压力，所以要经过 t_{21} 即到 c 点，地面制动力才起作用使车辆开始产生减速度；由 c 点到 e 点是制动器制动力增长过程，所需要的时间为 t_{22}，即 $t_2 = t_{21} + t_{22}$ 总称为制动器作用时间。制动器作用时间一方面取决于驾驶员踩踏板的速度，另外更重要的是受制动器结构形式的影响，t_2 一般为 $0.2 \sim 0.9$ s。

3. 持续制动时间

在图 7 - 2 中，由 e 到 f 为持续制动时间 t_3，其减速度基本不变。

4. 制动彻底放松时间

到 f 点驾驶员松开踏板，但制动器制动力的消除还需要一段时间，即制动彻底放松时间一般为 $0.2 \sim 1.0$ s。如果这段时间过长，则会耽误随后的起步行驶时间。

从制动的全过程来看，停车制动过程总共包括：驾驶员见到信号后做出行动反应、制动器起作用、持续制动和制动彻底放松四个阶段。

5. 停车制动距离的计算公式

制动距离，一般是指驾驶员开始踩着踏板到车辆完全停车的距离，它包括制动器起作用和持续制动两个阶段中车辆驶过的距离。对于不同的制动方式，其制动过程基本相同。下面推导停车制动距离的计算公式。

在制动器起作用阶段，车辆驶过的距离：

在 t_{21} 时间内，

$$s_{21} = v_0 \cdot t_{21} \tag{7-4}$$

式中，v_0——起始制动车速。

在 t_{22} 时间内，制动减速度线性增长，即

$$\frac{\mathrm{d}v}{\mathrm{d}t} = kt$$

式中，$k = -\dfrac{a_{\max}}{t_{22}}$；

$a_{\max}$——最大制动减速度。

则在 t_{22} 时间内，车辆行驶过的距离为

$$s_{22} = v_0 \cdot t_{22} - \frac{1}{6} a_{max} t_{22}^2 \tag{7-5}$$

因此，在 t_2 时间内的制动距离为

$$s_2 = s_{21} + s_{22} = v_0 t_{21} + v_0 t_{22} - \frac{1}{6} a_{max} t_{22}^2 \tag{7-6}$$

在持续制动阶段，车辆以 a_{max} 做匀减速运动，其初速度为

$$v' = v_0 - \frac{1}{2} a_{max} t_{22}$$

令车速为 0，可求得车速从 v' 减为 0 的时间为

$$t_3 = \frac{v_0}{a_{max}} - \frac{t_{22}}{2}$$

故持续制动阶段制动距离为

$$s_3 = \frac{v_0^2}{2a_{max}} - \frac{v_0 t_{22}}{2} + \frac{a_{max} t_{22}^2}{8} \tag{7-7}$$

故总的制动距离为

$$s = s_2 + s_3 = \left(t_{21} + \frac{t_{22}}{2} \right) v_0 + \frac{v_0^2}{2a_{max}} - \frac{a_{max} t_{22}^2}{24} \tag{7-8}$$

7.2.4　制动减速度的概率分布

坦克装甲车辆在行驶过程中，驾驶员会相当频繁地进行制动，行车制动的减速度一般为 $0 \sim -3 \ m/s^2$，用于驾驶员可预料情况的制动；紧急制动时的减速度一般为 $-3 \sim -6 \ m/s^2$。这里将 $3 \ m/s^2$ 作为行车制动和紧急制动的界限。

车辆在单位行驶里程内，制动总次数与路线的复杂程度、行驶的性质、驾驶员的经验以及执行的任务有关，会在很大的范围内变化。实测表明，在 1 000 km 内可能发生 10 ~ 1 600 次制动。

车辆的减速度也是随机数值，实测结果表明其服从对数正态分布规律，如图 7 - 3 所示。

$$f(x) = \frac{1}{x\sigma_x \sqrt{2\pi}} \exp\left(-\frac{(\ln x - \ln m_x)^2}{2\sigma_x^2} \right) \tag{7-9}$$

式中，m_x——分布均值，$m_x = 0.57$；

σ_x——分布方差，$\sigma_x = 0.58$。

如在给定紧急制动工况下，紧急制动的平均减速度可对式（7-9）积分得到，即

$$\bar{a} = \int_3^\infty x \frac{1}{x\sigma_x \sqrt{2\pi}} \exp\left[-\frac{(\ln x - \ln m_x)^2}{2\sigma_x^2} \right] \cdot dx \tag{7-10}$$

在图 7 - 3 中，由于车辆行驶过程中存在一定的阻力，因此图中在给定行驶工况下画出一定的减速度 a 的竖线后，左侧部分的工况是不需要使用制动器来保证的减速度；右侧部分的工况是只有使用制动器才可以得到的减速度，并且右侧部分的分布面积确定了制动器的使用概率。

实测表明，低挡时由于外阻力和发动机制动能力较大，故驾驶员极少使用制动器。通常只有车速高于 5 m/s（对应 18 km/h）后，制动器才可能参与工作。

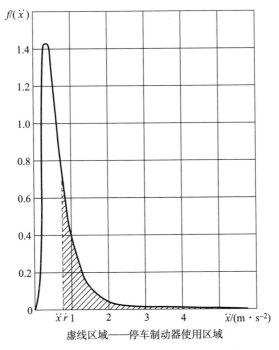

虚线区域——停车制动器使用区域

图 7 – 3 减速度的分布概率密度

7.3 摩擦制动器设计计算

7.3.1 概述

利用接触表面相对运动时所产生的摩擦阻力来实现减速或停止运动的装置，称为摩擦制动器或机械制动器。摩擦制动器应用最为广泛，它通过摩擦将车辆动能和势能转化为热能而耗散掉，以达到减速或停车的目的。摩擦制动器按摩擦副的工作环境可分为干式制动器和湿式制动器。现代坦克装甲车辆上应用的摩擦制动器按结构形式主要可分为带式、片式和盘式制动器等。

带式制动器结构简单紧凑，制动带包角大，制动转矩大，分离的彻底性要比片式好些，但磨损不太均匀且有较大的径向力，制动转矩对摩擦系数敏感度高、散热差。

盘式制动器和片式制动器的径向尺寸小，制动能力强，不产生径向力，摩擦衬片磨损均匀，稳定性、散热性好，能实现间隙的自动调整，寿命长，结构简单，易于维修，并且抗热衰退性能好，即制动效能因数对摩擦系数的敏感度较低。根据摩擦副的工作条件，片式制动器分为干式和湿式两种。

目前，美、日、英坦克装甲车辆多采用湿式多片制动器，德国"豹"1 和"豹"2 坦克上采用了盘式制动器。我国早期坦克装甲车辆多采用带式制动器，新一代坦克装甲车辆的制动器正向片式和盘式制动器方向发展。

7.3.2 片式制动器工作原理

片式制动器主要包括干片式制动器和湿式多片制动器。

干片式制动器摩擦副制动时，摩擦产生的热量主要由制动器结构元件吸收，另一部分热量则直接耗散到空气中。干式制动器多采用楔形弹簧加压，全盘式制动器（干片式制动器）由液压油缸推动移动弹子盘旋转，从而使制动摩擦片的主动片和被动片在轴向压紧。

干片式制动器一般采用多片环形摩擦片，具有以下优点：

（1）采用楔形增势加压机构，可在较小制动作用力的作用下实现较大制动压紧力。

（2）摩擦副摩擦连续性好，温升均衡，磨损量小，空损转矩小。

（3）铆接式摩擦块结构简单，变型方便，易于实现系列化和标准化。

干片式制动器的主要缺点是环境适应性较差，易受沙尘和油污等异物侵扰，影响制动效果。另外，没有强制冷却润滑，制动能量耗散效率低。

湿式多片制动器摩擦副工作于浸油封闭环境中，紧急制动时，摩擦热主要由制动器结构元件吸收；在持续制动时，其产生的热量一部分由制动器的结构元件吸收，大部分则由冷却润滑油吸收或带走。湿式多片制动器多采用液压加压，活塞在制动油压作用下压紧动、静摩擦片。

湿式制动器采用多片环形摩擦片，具有以下优点：

（1）湿式多片制动器采用多片结构，多个摩擦副同时工作，可在较小的比压下获得较大的制动转矩，磨损量小，同时冷却散热效果好，尤其是在持续制动或重复制动工况时，散热效果明显好于干片式制动器。

（2）制动转矩对摩擦系数的敏感度低。摩擦副间有油膜存在，制动过程中有混合摩擦出现，制动力大且平顺。

（3）工作环境对外全封闭，工作性能稳定，抗热、抗水衰退性能好。

（4）在不增大径向尺寸的前提下，改变摩擦副数即可调整制动转矩，易于实现摩擦偶件的系列化和标准化。

当然，湿式多片制动器也存在缺点，即带排损失大。因为湿式多片制动器具有多个摩擦片，故在非制动工况下有可能存在摩擦片与对偶盘之间的碰撞摩擦现象。此外，由于摩擦偶件工作在润滑油环境下，而润滑油都具有一定的黏性，所以会产生一定的阻力，这些都会引起车辆行驶时的功率损失，即所谓的带排损失。

7.3.3 片式制动器制动转矩计算

制动转矩是制动器最主要的性能参数，片式制动器制动转矩的大小取决于片式制动器的结构参数和制动所实施的摩擦片之间压紧力的大小。摩擦制动器的计算方法及摩擦材料的选择与离合器设计类似。

最大摩擦副比压所能产生的到主动轮的最大制动转矩为

$$T = \mu K_n p_{max} A r_e i_c \eta_c Z \tag{7-11}$$

式中，μ——摩擦系数；

　　K_n——摩擦副压紧力降低系数；

　　p_{max}——作用在摩擦副上的最大比压，Pa；

　　A——摩擦盘面积，m^2；

　　r_e——作用半径，m；

　　i_c，η_c——制动器到主动轮的传动比和效率；

　　Z——摩擦副数。

7.3.4　片式制动器热计算

摩擦制动器的热计算与离合器的热计算类似。

停车制动器的摩滑功，是按车辆制动前的动能全部消耗在制动器而不消耗在履带与地面滑移的条件计算的。车辆两侧各有一个停车制动器，单个制动器的摩滑功为

$$W = \frac{\delta m v^2 \eta_c \eta_x}{4} \tag{7-12}$$

式中，m——战斗全质量；

　　　δ——质量增加系数；

　　　v——车速；

　　　η_c，η_x——制动器到主动轮的效率和行动装置的效率。

7.4　液力减速器的设计计算

7.4.1　概述

液力减速器利用油液的动量矩变化产生制动转矩，其基本结构如图 7-4 所示。它一般由一组或多组动轮 R 和定轮 S 组成，动轮和定轮均为叶轮。动轮与系统的旋转部件相连，定轮与固定部件相连，工作时动轮的动能转化为工作液的动能，使之冲击定轮的叶片，工作液的温度迅速升高，此时工作液的动能转化为热能，由工作液带走，并通过散热器降低工作液的温度。在转子与液流的相互作用中，工作液施加反作用力矩于动轮，产生制动转矩。

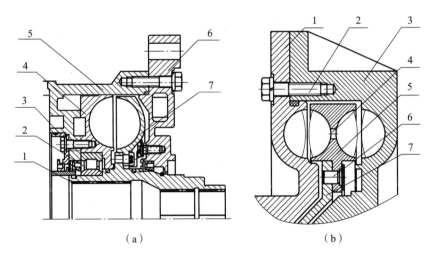

（a）　　　　　　　　　　　　　　　　　（b）

图 7-4　某车用液力减速器基本结构

（a）单循环圆液力减速器

1—传动轴；2—轴承；3—前端盖；4—定轮；5—壳体；6—后端盖；7—动轮

（b）双循环圆液力减速器

1—定轮 a；2—固定螺栓；3—定轮 b；4—动轮平衡孔；

5—动轮；6—固定销；7—动轮连接盘

液力减速器根据其在车辆上的布置位置，主要分为布置在车轮轮毂内的液力减速器、布置在变速箱中的液力减速器和布置在车辆轴间的液力减速器三种主要形式；按功能可以分为单一减速制动型和牵引—制动复合型两类。

单一减速制动型液力减速器在工作时工作腔充油，不工作时将油排空。牵引—制动复合型是将液力变矩器和液力减速器在结构上合二为一，主要具有以下几个优点：节省空间，便于总体布置，位于传动链的高速环节，可以小尺寸获得大制动转矩。液力减速器类型如图7-5所示。

单一减速制动型液力减速器循环的圆形状通常有两种，如图7-6所示，一种是有内环的结构，另一种是没有内环的结构。现在使用的液力减速器多数是没有内环的结构。

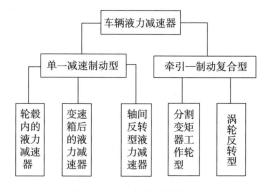

图7-5 液力减速器类型

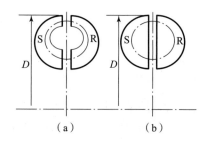

图7-6 液力减速器循环圆形状
（a）有内环；（b）无内环

在牵引—制动复合型减速器中，液力变矩减速装置将液力变矩器与液力减速器进行结构和功能集成，能够实现牵引和制动两种工作工况，如图7-7所示。该装置由泵轮、涡轮、导轮及大制动轮和小制动轮构成，可通过控制不同叶轮的工作状态实现牵引行驶工况以及缓速制动工况。这种方案降低了传动装置的空间结构尺寸，简化了控制及操纵系统，提高了结构可靠性，并提升了传动系统的功率密度。

对于径向直叶片液力减速器，其进、出口边都是径向放射状的，每个叶片都在一个轴面内，若用一个回转曲面切割工作轮，则其展开图上叶片和截面的交

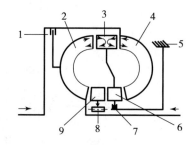

图7-7 液力变矩减速装置
1—闭锁离合器；2—涡轮；3—大制动轮；
4—泵轮；5—壳体；6—小制动轮；
7—制动离合器；8—单向联轴器；9—导轮

线同外环与截面的交线垂直，如图7-8（a）所示。对于斜叶片液力减速器，如图7-8（b）所示，其叶片的进、出口边也都是径向放射状的，只是每个叶片所在的平面与通过叶片进、出口边的轴面有一个夹角，称为叶片倾斜角。同样，若用一个回转曲面切割工作轮，在展开图上叶片和截面的交线同外环与截面的交线之间会有一个夹角。当动轮R叶片倾斜方向与动轮旋转方向相同时称为前倾，反之则称为后倾。在循环圆尺寸相同的情况下，具有前倾叶片的液力减速器具有较大的制动效能，因此实际使用的液力减速器通常使用前倾叶片。

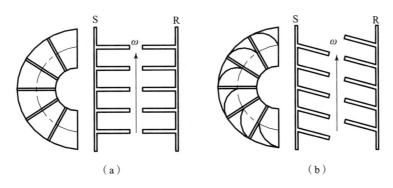

图 7 - 8　液力减速器

（a）直叶片液力减速器；（b）斜叶片液力减速器

7.4.2　液力减速器制动转矩计算

液力减速器的制动转矩可根据相似原理得出，即几何相似的液力元件，在等倾角工况下，转矩比与有效直径比的五次方、动轮转速比的二次方和工作液体密度比的一次方成正比，这样可以得到一系列几何相似、结构尺寸不同的液力减速器。制动转矩 T 的公式如下：

$$T = \lambda_T \rho g n_R^2 D^5 \tag{7-13}$$

式中，ρ——工作液体的密度，kg/m^3；

　　n_R——液力减速器转子的转速，r/min；

　　D——液力减速器循环圆的有效直径，m；

　　λ_T——液力减速器的转矩系数，$min^2/(r^2 \cdot m)$；

　　g——重力加速度，$9.81\ m/s^2$。

液力减速器所产生的制动转矩随工作液体占工作腔容积的不同而不同。这里，用相对充液系数 ψ 来表示：

$$\psi = \frac{V_L}{V_R} \times 100\% \quad (0 \leqslant \psi \leqslant 1) \tag{7-14}$$

式中，V_L——工作液体的体积；

　　V_R——液力减速器工作腔的最大容积。

考虑到液力减速器的充液系数，液力减速器在部分充液条件下于转子上产生的制动转矩为

$$T' = \psi^\alpha T \tag{7-15}$$

式中，α——大于 0 的常数，通常取 1。

液力减速器在全部充满的条件下的最大制动转矩 T_{max} 是液力减速器的基本性能，在 $0 \sim T_{max}$ 之间的任意值大小的制动转矩都可以通过改变充液量来得到。

由于液力减速器的制动转矩系数 λ_T 和充液量有关，因此这种制动器提供了制动系统为整车提供恒制动转矩的可能性，即可通过控制减速器腔体内的充液量进行恒转矩控制。恒转矩控制的优点是可实现车辆在制动过程中的匀减速，能够提高乘坐的舒适性。由于在实际工程应用中，制动转矩系数 λ_T 受到的影响因素很多，是一个高度非线性问题，因此单纯采用

经典控制理论进行闭环控制时，很难保证它的控制品质。恒转矩的智能控制更接近液力减速器的实际应用情况，将是液力减速器控制系统未来研究的方向。

7.4.3　液力减速器热计算

1. 工作油流量及散热器散热能力

散热器是保证坦克装甲车辆液力减速器工作液体正常工作的重要部件，它需能及时将工作液体的温度降低到其许用范围内。

液力减速器工作时的发热量为

$$q = P_{\max} \tag{7-16}$$

式中，$P_{\max}$——液力减速器最大输入功率。

工作液体循环流量为

$$Q_{\mathrm{g}} = \frac{q \times 1\,000}{60 C_{\mathrm{g}} \rho \Delta T} \tag{7-17}$$

式中，C_{g}——工作液的比热容，J/（kg·℃）；

ΔT——工作液的温差，℃。

2. 制动过程工作油的温升

液力减速器的基本工作原理是将车辆的动能转化为工作液的热能而起到减速作用，因此，液力减速器在减速制动工况的发热是进行液力减速器制动性能计算必须考虑的因素。

理论上，液力减速器制动过程中消耗的动能全部转化为液力传动油的热能，然后由散热器散发出去。制动功率的大小即为液力减速器散热器散热功率设计的依据。

制动功率 P 的计算公式：

$$P = \lambda_{\mathrm{P}} \rho g D^5 n_{\mathrm{R}}^3 \tag{7-18}$$

式中，λ_{P}——液力减速器制动功率系数，$\lambda_{\mathrm{P}} = \lambda_{\mathrm{T}}/9\,549$，$\min^2/$（$r^2 \cdot m$）。

由于给定液力元件在全充液工况下的功率系数为一定值，因此在整个制动过程中充液率变化时，工作液体吸收的功 W 是动轮转速三次方和功率系数的函数：

$$W = \rho g D^5 \int_0^\tau \lambda_{\mathrm{P}} n_{\mathrm{R}}^3 \mathrm{d}t \tag{7-19}$$

式中，τ——车辆制动过程所用的时间。

工作油的温升分为平均温升和瞬时温升两种。平均温升是指由车辆行驶速度制动到车辆停车的整个过程中，工作油的温升或采样周期内的温升；瞬时温升为制动过程中每一时刻的温升。可采用下式计算制动过程的平均温升 ΔT：

$$\Delta T = \frac{60W}{Q \rho C_{\mathrm{g}} T} \tag{7-20}$$

式中，Q——工作液体循环流量，L/min。

7.5　液力机械联合制动系统

7.5.1　概述

联合制动，又称为复合制动，是将几个不同的制动器（或制动系统）联合使用，在保证车辆所需制动性能的基础上，兼顾各制动器不同的使用工况，充分发挥各自的优点，避免其缺点。

机械制动器的低速制动性能稳定，高速时由于制动器温升过高，导致摩擦面间磨损加剧，不利于坦克装甲车辆的安全行驶；与此相反，液力减速器的制动能力与车速的平方成正比，车速越高，制动能力越大，高速时具有良好的制动效能，而低速时制动能力明显下降，而且性能不稳定，随着车辆速度降低到 0，减速器的制动力亦为 0，因此该种装置只能作为减速制动器或在紧急制动时辅助使用，而不能作为停车制动器使用。

因此，应协同对机械制动器和液力减速器进行控制，即在高速行车制动工况下，液力减速器单独工作，避免机械制动器的磨损和性能衰退；在低速行车制动工况或紧急制动工况下，液力减速器和机械制动器共同工作。这样，就把液力减速器和机械制动器的优点结合起来，同时也弥补了它们各自的缺点。这两种制动器的联合应用将为重型或高速车辆提供高效、安全的制动技术，同时减少冲击振动，延长制动装置的寿命。

联合制动的主要目的是在保证坦克装甲车辆各制动器状态良好且稳定工作的情况下，尽可能地使得车辆制动转矩恒定。其优点是可简化车辆制动系统辅助装置的设计，如工作液体的流量和散热器的设计等；缺点是对车辆制动控制系统的要求很高，需要其确保各制动器的相互匹配和协调。联合制动的制动转矩曲线示意图如图 7-9 所示。

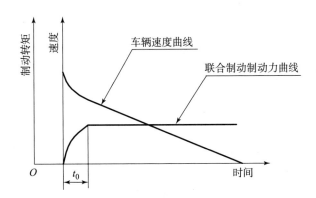

图 7-9　联合制动的制动转矩曲线示意图

在 t_0 时间阶段内，制动转矩从 0 逐渐增加到目标制动转矩，这段时间也称为车辆空走时间（或称制动起效时间），t_0 越小越好，以尽可能地缩短制动距离。此后，车辆总的制动转矩为一条直线，保证了车辆具有均匀的减速度。

7.5.2　联合制动原理

对于行车制动工况，联合制动恒转矩系统能够提供正常的制动减速度，或者说，车辆的联合制动过程就是机械制动器配合液力减速器工作的随动过程。在车辆速度较高时，为了保护机械制动器的摩擦片，由液力减速器单独制动，液力减速器按照驾驶员的控制指令产生相应的恒定制动转矩，液力减速器处于部分充油状态；随着车速降低，液力减速器在自身液压控制阀的作用下增加充液量，以保持恒制动转矩。当液力减速器的充液量达到最大值以后，如果车速进一步降低，则减速器的制动转矩就会降低，这时电子控制单元控制伺服减压阀的电流使机械制动器产生相应的补偿转矩。在恒转矩制动过程中，机械制动器和液力减速器的制动转矩曲线如图 7 - 10 所示。

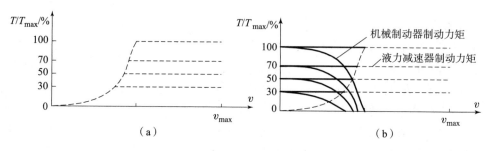

图 7 - 10　恒转矩制动转矩曲线

（a）液力减速器的转矩；（b）联合制动转矩

对于紧急制动工况，如果驾驶员观察到前方路面的紧急情况，紧急踩下制动踏板，机械制动器以最大制动力产生制动转矩，而液力减速器也以最大制动力参与制动。车辆制动过程的制动转矩曲线如图 7 - 11 所示。

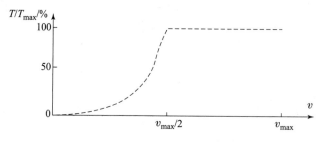

图 7 - 11　制动转矩特性曲线

当车辆下长坡需要长时间连续制动时，驾驶员按下电子控制系统的调速制动按钮，调速制动模块作用，电子控制系统控制脚踏板后面的电控减压阀，使液力减速器产生制动转矩。假设在一定的坡道上车辆开始时静止，则在自身重力分量的作用下，车辆沿坡道方向下降加速，在给定充液率下，液力减速器的制动转矩与车速有关，速度越高，其制动转矩越大，所以存在给定充液率下液力减速器制动转矩换算制动力与车辆下坡分力相平衡的平衡车速，车辆最后将稳定在这个平衡车速上。

在调速制动过程中，如果电控装置采集到制动踏板的制动信号，则控制程序自动转到其他制动模块。这种装置在不改变原来液压系统的基础的情况下增设了制动系统的功能。

7.5.3　恒转矩控制方案

在设计联合制动恒转矩控制系统时有两种选择方案。

第一种方案，其基本原理是根据制动过程中液力减速器出口压力的变化，动态地调整机械制动器伺服减压阀的控制电流。

当指令装置发出油压指令时，液力减速器就产生对应的恒制动转矩 T_1 使车辆减速，同时有反馈油压产生，制动转矩、车速、反馈油压三者呈线性关系。当车速减到一定程度时，液力减速器制动转矩开始沿抛物线下降，联合制动系统的机械制动器开始参与制动。当车速

由 v_1 降至 v_2 时，液力减速器的制动转矩沿抛物线由 T_1 降至 T_2，根据联合制动恒转矩制动原理，如果减速器制动转矩下降 ΔT，其反馈油压也会下降 Δp，则机械制动器应该产生 ΔT 进行补偿，使车辆仍然得到恒制动转矩，也就是控制机械制动器制动转矩的伺服减压阀应该有 Δp 产生，根据液力减速器与机械制动器的具体结构尺寸和制动转矩模型，可以找到液力减速器反馈油压和伺服减压阀控制电流的对应关系。

把这个关系绘制成表格，在计算机的控制程序中只要编制相应的查表程序就可以控制车辆的恒定制动转矩。但是，这种方法需要事先知道液力减速器液压控制系统和机械制动器控制系统的精确数学模型。

第二种控制方案是直接采集车辆的实际制动减速度，把这个制动减速度和脚踏板产生的指令减速度相比较，由实际减速度和指令减速度的差值控制机械制动器的制动转矩。这样在液力减速器控制模型和机械制动器控制模型还不是很完善的情况下，便可以得到恒定的车辆制动减速度。

第 8 章　底盘操纵系统

8.1　概　　述

底盘操纵系统是指驾驶员驾驶坦克装甲车辆时，用以改变动力和传动装置各部件、组件状态和工况的装置与机构的总称。借助底盘操纵系统可以实现坦克装甲车辆的起步、匀速和变速运动，改变行驶方向、转向、制动、停车以及驻车等功能。

它的性能好坏对充分发挥动力与传动装置的技术性能，提高坦克装甲车辆的机动性，以及提高乘员的战斗力都有很大的影响。

坦克驾驶员操纵机构有下列三大部分：

（1）发动机及其各辅助系统的操作机构。例如：加速踏板、加速手柄和启动开关等。

（2）传动装置各部件的操纵机构。例如：主离合器踏板、变速杆、转向操纵杆和制动踏板等。如为自动变速箱，则需操作转向盘和换挡选择手柄等。

（3）其他操纵机构。例如：机枪射击、百叶窗开关、水陆坦克的水上行驶操作机构等。

底盘操纵系统中主要是发动机和传动装置的操纵，其中传动装置的操纵通常包括主离合器、变速箱、转向机构和制动器的操纵等，重点是变速操纵或称换挡操纵。换挡操纵的发展与传动技术的发展密不可分，随着车辆传动技术的不断发展，换挡技术及其操纵系统也不断变革，其发展大致经历了机械换挡、液压换挡、液压自动换挡及自动换挡四个阶段，而且逐渐由手动换挡操纵发展成为自动换挡操纵。目前自动换挡技术在发达国家的坦克装甲车辆中已占主导地位。

8.1.1　设计要求

1. 对手动操纵系统的要求

（1）操纵件的数目应该最少；控制件（操纵杆、踏板和转向盘等）上的力与行程应考虑驾驶员的生理和人体的特点，在车辆的全部行驶状态和参数的条件下，应保证操纵轻便并且简单。

通常，操纵件的行程如下：

踏板为 100 mm；手柄为 300 mm；转向盘从中间位置到 $40° \sim 42°$ 处。

操纵件施加的力如下：

踏板上的力为 150 N；对于手操纵的制动器应允许有较大的力，施加在停车制动器上的力可以从 45 N 连续增加到 300 N；而在紧急制动情况下，作用在踏板上的力可达到 800 N，作用在手柄的力可达到 400 N。

（2）操纵件的作用应引起车辆行驶参数相应的变化，并应有足够的灵敏性、准确性和快速反应能力。

快速反应用以判定车辆对于操纵件位置改变所对应的反应延迟时间，它不应大于 0.2 ~

概述

0.3 s。如果延迟时间较长，则将导致驾驶员操作失误。

（3）要能满足被操纵件的作用力、行程和动作速度以及多个被操纵件的作用先后顺序等方面的要求。例如对行星转向机的操纵系统来说，由原始位置到第一位置，要求闭锁离合器先逐渐分离到完全分离，压板克服一定的弹簧力并保证一定的行程，同时小制动带逐渐制紧小制动鼓；由第一位置到第二位置，要求闭锁离合器继续分离，小制动带松开，大制动带制紧大制动鼓，而且要求手操纵系统工作时不要影响脚操纵系统的工作。

（4）在所有使用条件下工作可靠，操纵系统不易发生故障，万一有故障时也不应使车辆完全失去操纵能力，至少应能挂上空挡，并使停车制动器能够单独操纵，以便被其他车辆拖拉。例如 M46 坦克，当液压操纵机构发生故障时，仍可采用停车制动器，使坦克不致完全失去操纵能力。

操纵系统的机构和元件在构造上所实现的功能是各式各样的，因此，按照用途还可以提出某些附加的要求。此外，也可以对它们提出一些总体结构要求，如高的传动效率、足够的耐久性和可靠性、质量轻、操纵轻便、使用和维修简单以及生产成本低，等等。

2. 对自动操纵系统的要求

现代动力—传动的操纵系统通常采用自动操纵系统，除了应满足上述手动操纵的要求外，还有一些特殊的要求：

（1）既要操作容易、省力、动作次数少，又要工作可靠、可控，便于驾驶员根据不同的行驶条件，对车速及牵引力进行有效控制，保证安全行驶。

（2）既要保证得到最好的动力性能、获得最佳的加速性，又要有满意的燃油经济性。要满足这两种要求，应有最佳的换挡时刻。

（3）升挡和降挡必须依次进行，保证平稳地换挡，以减少换挡过程中的振动和冲击，防止机件的损坏。

（4）驾驶员可以干预自动换挡，以适应复杂路面和地形条件的要求。

（5）自动换挡系统发生故障时，应有应急挡（保险挡），一般应急挡应能挂上一个前进挡和一个倒挡，以便应急行驶。

（6）安装自动变速操纵系统，最好能有车长超越驾驶装置（即车长超越驾驶员直接驾驶车辆）和行驶遥控操纵系统的可能性。

8.1.2　底盘操纵系统组成

换挡操纵系统一般可由 4 部分组成。

1. 能源

换挡操纵的能源有两大类，即由驾驶员的体力驱动的手动力换挡和由发动机或传动装置驱动的机动力换挡。由发动机或传动装置带动的液压泵或压气机将机械能转化为液压能和气压能，作为液压操纵及气压操纵的能源。

1）手动力换挡

换挡时首先需要分离主离合器以切断动力传递，然后进行摘挡及换挡的操作。切断动力、摘挡及换挡的操作动作都是通过驾驶员的体力操作完成的，所以又称为人力换挡或手动力换挡（简称手动换挡），例如滑动齿轮换挡、滑动齿套换挡、同步器换挡等。

2）机动力换挡

换挡时无须切断动力，在变速箱有负载的状态下进行换挡，通过液压机构（气压机构或电液机构）操作两类摩擦部件（离合器或制动器）的分离与接合实现动力换挡；而液压机构的动力源是由发动机带动的油泵提供的，也就是说离合器的分离与接合是靠发动机的动力来实现的，所以称为动力换挡，即机动力换挡，如液压操作的动力换挡以及电液操作的动力换挡等。

2. 控制机构

控制机构是换挡操纵系统的输入机构，即驾驶员的主动操作直接作用的部分，如按钮、手操纵杆、手柄、拉杆、踏板、转向盘和阀门等。

3. 传导机构

传导机构是控制机构和执行机构之间的连接机构，它将驾驶员操作的力、行程和信号直接或经过放大后，转换或传递给执行机构；对机械操纵系统来讲，主要是杠杆、连杆和凸轮等机械元件；对液压操纵、气压操纵系统来讲，则是油管和气管等。有的传递机构还包含其他为保证正常工作需要的元件和部件，如储存工质的容器、泵、滤清器、配电设备和各种仪表等。

4. 执行机构

执行机构是换挡操纵系统的输出机构，是与被操纵件直接发生作用的机构。例如，机械式操纵中的拨叉、拉杆或推杆；液压操纵和气压操纵中，使离合器分离或接合、使制动带拉紧或松开的油缸或气缸等。

8.1.3 换挡操纵系统的分类

换挡操纵系统按不同的特征可以分为许多的种类，如按换挡操纵时所用的能量形式可分为下列 4 种。

1. 机械操纵系统

利用机械能完成换挡操作动作的操纵系统称为机械操纵系统，它由变速杆、拉杆、杠杆、凸轮、拨叉和弹簧等机械元件组成。它的动力源是驾驶员的手动力，它又可分为以下几类。

1）直接作用式

换挡操纵时所需要的能量完全由驾驶员的体力来承担，也称无助力式操纵，如中型坦克的换挡操纵系统、停车的制动操纵系统。

2）弹簧助力式

换挡操纵所需要的能量部分由辅助弹簧预先储存的能量来供给，驾驶员只付出换挡操纵所需要的部分能量，如中型坦克的主离合器操纵系统。

2. 液压操纵系统

利用液压能来完成换挡操纵动作的操纵系统称为液压操纵系统。它又可分为以下几类：

1）无随动作用式

执行机构的行程或力的大小不能相应地随控制机构的行程或力的大小而改变；一般情况下用于换挡离合器、换挡制动器和液力元件闭锁离合器的操纵，如美国 M46 坦克的换挡操纵系统。

2）随动作用式

执行机构的行程或力的大小能相应地随控制机构的行程或力的大小而改变，一般用于主离合器、驻车制动器、转向制动器等装置的操纵。控制主离合器分离接合的快慢、制动力的大小以及转向半径的大小对于满足传动装置性能是非常必要的。随动作用式操纵系统又分为以下两类：

（1）行程随动式操纵机构：执行机构行程的大小能相应地随控制机构行程的大小而改变，如 T–55 坦克的液压转向操纵系统。

（2）作用力随动式操纵机构：执行机构力的大小能相应地随控制机构的力的大小而改变，如 M46 坦克的转向操纵系统。

3. 气压操纵系统

利用高压空气来完成换挡操纵动作的操纵系统称为气压操纵系统，如 T–62 坦克主离合器的操纵系统。

4. 复合式操纵系统

复合式操纵系统，如机械—液压式、电—液式、机—电—液式等。

换挡操纵系统按完成换挡操纵的方法可分为以下三种。

1）简单换挡操纵系统

通常是直接作用式机械操纵装置，相应的变速箱称为机械变速箱。

2）半自动换挡操纵系统

在这种装置中，为了改变行驶工况，驾驶员仅仅发出主控指令，且通常只发给一个操纵件，然后操纵系统将会按照预先规定的程序自动地完成各项功能操作，输出信号以力、位移、速度等形式，按所要求的大小、形式和持续时间，并按严格的逻辑关系连续输送给相应部件的执行机构。相应的变速箱称为半自动变速箱。

3）自动换挡操纵系统

自动换挡操纵系统与半自动换挡操纵系统的区别在于它的主控指令是由操纵系统自身确定的。相应的变速箱称为自动变速箱。

自动换挡操纵是动力换挡操纵中更加完善的一种，所谓自动换挡是指在变速箱的升挡和降挡过程中挡位是自动变换（换挡）的。操纵挡位自动升挡和降挡的机构为液压机构的，称为液压操纵自动换挡；操纵挡位自动升挡和降挡的机构为电—液机构的，称为电—液操纵自动换挡；操纵挡位自动升挡和降挡的机构为电—液—气机构的，称为电—液—气操纵自动换挡。

8.2 机械操纵系统

机械操纵装置

机械操纵系统相对于其他操纵系统来说，制造简单、工作可靠、成本低廉，且机构常处于工作准备状态。这种形式的元件很容易改变传导比（可达 20），很容易从一种运动形式转换为另一种运动形式（如从平移运动转换为旋转运动）。它的主要缺点是体积、质量及作用在控制件上的操纵力较大，并且在使用摩擦元件时需要调整。

苏联/俄罗斯坦克的换挡操纵系统大多采用机械操纵系统（包括弹簧助力操纵）。俄罗斯 T–72 坦克的侧变速箱分离联动装置也是机械操纵系统。我国列装的坦克和履带装甲车辆的换挡操纵系统主要采用机械操纵系统和液压操纵系统。

机械操纵系统是采用直接作用式（无助力式）还是弹簧助力式，主要取决于被操纵机构的结构。因为助力弹簧本身不能产生能量，它只是利用弹簧变形来吸收和储备操纵机构放出的能量，然后在驾驶员操纵时再将这部分能量释放出来，协助减轻操纵力。如果被操纵机构在操纵过程中没有弹性元件（一般为弹簧）储存和放出能量，就不可能采用弹簧助力式操纵。例如，一般固定轴式机械变速箱是用移动齿套或同步器换挡的，就不能采用弹簧助力式；而主离合器操纵就可以采用弹簧助力式机械操纵。

8.2.1　直接作用式机械操纵系统

直接作用式机械操纵系统常用于固定轴式变速箱，用同步器换挡，如图 8－1 所示。

根据机械操纵系统的要求，变速杆端的最大操纵力不大于 200～250 N，变速杆端的行程不大于 100～120 mm。变速杆的操纵力和操纵行程的具体值应符合同步器设计计算提出的要求。操纵力的大小与换挡时间有很大关系。换挡时间越短，所需的操纵力越大，一般要求换挡时间为 0.5～2 s。最重要的是操纵行程应保证同步器的行程，使滑动齿套与被啮合齿轮的全齿宽相啮合。如图 8－1 所示，同步器滑动齿套的行程 S 应为

$$S = b + \delta_2$$

式中，b ——被啮合齿轮的齿宽；

δ_2 ——同步器滑动齿套与被啮合齿轮轴向间隙，一般取 $\delta_2 = 4 \sim 6$ mm。

其他已知参数为：锥面间间隙 $\delta_1 = 0.2 \sim 0.33$ mm，锥面角 $\alpha = 7° \sim 10°$，且满足 $\delta_2 > \delta_1 / \sin\alpha$。

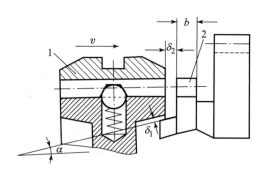

图 8－1　同步器滑动齿套行程
1—滑动齿套；2—被啮合齿轮

传动装置后置时拉杆较长，传导应灵活，在坦克装甲车辆超越障碍所引起的正常车体变形的情况下，拉杆不应产生弯曲变形和发生卡死等现象。

关于杠杆传导系统传动比的确定、分配以及杠杆传导系统的设计与弹簧助力式机械操纵系统类似，在以后的内容中一并讨论。

8.2.2　机械操纵联动装置

机械操纵联动装置主要用于直接作用式机械操纵系统中。在坦克装甲车辆上，当操纵执行机构的力需求不大或根本不可能用其他形式（如停车制动联动装置）的情况下装用这种

机械操纵系统。在复合式操纵系统内，机械操纵联动装置常常用来带动液压分配机构。

直接作用式机械联动装置通常由一些串联连接的拉杆、轴、拉臂、凸轮和其他机械元件组成，它们将控制机构的力和运动传递给执行机构。

机械操纵联动装置的工作原理比较简单，以变速箱分离的机械操纵联动装置（离合器联动装置）为例，如图 8 - 2 所示。当踩下踏板 2 时，拉杆 3 向左运动，使两个变速箱上的分配机构 6 的拉臂 7 转动。拉臂 7 是联动装置的执行机构，它使调压滑阀向上运动，这就使摩擦件的液压助力操纵器的油腔接通排油，变速箱被分离，踏板和执行机构在这一状态所处的位置用虚线表示。松开踏板时，回位弹簧 5 使联动装置回到原来位置。限制螺钉 1 用于限制踏板的行程，踏板与执行机构的运动量通过调整螺杆 4 调整。

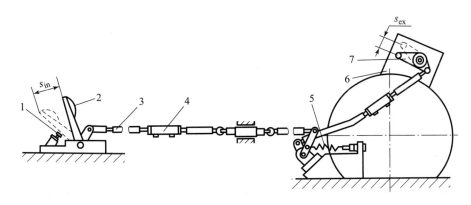

图 8 - 2　变速箱分离的联动装置

1—限制螺钉；2—踏板；3—拉杆；4—调整螺杆；5—回位弹簧；6—分配机构；7—拉臂

8.2.3　弹簧助力式机械操纵系统

弹簧助力式机械操纵系统是广泛应用的一种操纵系统，其优点是结构简单、工作可靠、保养维修方便；缺点是助力作用的效果有限。

1. 弹簧助力式机械操纵系统的工作原理

弹簧助力式机械操纵系统简图如图 8 - 3 所示。

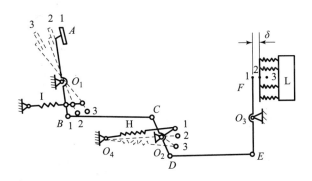

图 8 - 3　弹簧助力式机械操纵系统简图

A—踏板；F—压缩轮盘；L—离合器

由图 8 - 3 可见，控制端 A 是由驾驶员操纵的，执行端 F 与离合器 L 直接发生作用。中间传导机构是由固定支承点 O_1、O_2、O_3，杠杆系统 AB、BC、CD、DE、EF 组成，H 为助力弹簧，I 为回位弹簧。

如图 8-3 所示位置 1，离合器处于接合状态，执行端 F 与离合器 L 不接触；位置 2 为开始接触点，位置 1 与 2 间有间隙 δ，它的作用是保证离合器摩擦片有少量磨损时也能完全接合。执行端 F 由位置 1 到位置 2 的距离，称为自由行程。

1）没有安装助力弹簧的 $F-S$ 曲线

假设在操纵系统中没有助力弹簧 H 和回位弹簧 I，从执行端到控制端的传导系统杠杆比为常数，则操纵踏板由位置 1 到位置 2，驾驶员只需克服各传导机构铰链点的摩擦力和机构的惯性力。到位置 2 以后再继续向位置 3 移动，必须克服离合器 L 中的弹簧反作用力，因此驾驶员在控制端（踏板）上必须施加相当大的力。由于离合器弹簧的力随着压缩量的增加而逐渐加大，因此在控制端（踏板）的操纵力 F（或力矩 T）和行程 S（或转角 θ）的关系曲线如图 8-4 所示。F_2、F_3 分别表示踏板在位置 2 和 3 时控制端的操纵力。$F_2F_3$32 所包括的阴影面积称为操纵功，即驾驶员操作一次所做的功。

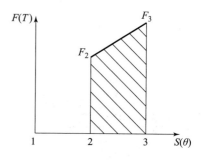

图 8-4　控制端操纵力与行程的关系曲线

2）安装了助力弹簧后的 $F-S$ 曲线

在操纵系统中安装了助力弹簧 H 以后，它的 $F-S$ 曲线会产生变化，助力效果与助力弹簧的安装位置以及弹簧的刚度有密切关系，如图 8-5 所示。

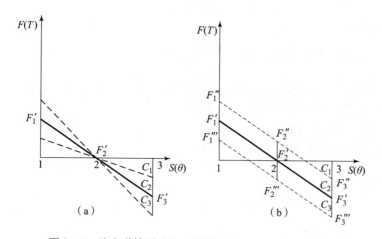

图 8-5　助力弹簧刚度和安装位置对 $F-S$ 曲线的影响

假设助力弹簧安装位置恰好是执行端 F 由位置 1 移到位置 2（自由间隙 $\delta = 0$）时，弹簧 H 也由位置 1 转到位置 2，使 O_4、O_2、2 三点在一条直线上，这时助力弹簧作用力通过支承点 O_2 产生的力矩为零，因此助力弹簧反映在操纵踏板上的力 $F_2' = 0$。因为 O_4、O_2、2 三点成一条直线，故 $F_2' = 0$ 的位置称为死点。由图 8-5（a）不难看出，助力弹簧 H 由位置 1 到 2 的作用力矩与由 2 到 3 的作用力矩的方向相反。对控制端来说，前者实际上为阻力矩（设为正方向），后者为助力作用的力矩（设为负方向）。控制端的 $F-S$ 曲线如图 8-5（a）中的 $F_1'F_2'F_3'$ 线所示，$F_1'F_2'$ 线段为阻力，$F_2'F_3'$ 线段为助力。

图 8−5 中虚线表示助力弹簧 H 的刚度 C 不同时的曲线，C 越大曲线越陡，反之则越平缓。图 8−5 中助力弹簧的刚度为：$C_3 > C_2 > C_1$。

改变助力弹簧 H 的安装位置：假设使 F 端在点 2 位置（自由间隙 $\delta = 0$）时，助力弹簧 H 不在"死点"位置上，而是在"死点"之前，则控制端的 $F-S$ 曲线 $F_1' F_2' F_3'$（实线）向上移动变为 $F_1'' F_2'' F_3''$（虚线），这时的 F_2' 变成 F_2''，产生阻力作用，如图 8−5（b）所示。

反之，假设 F 端到达点 2 位置（自由间隙 $\delta = 0$）时，助力弹簧位置已超过"死点"，即在"死点"之后，则控制端的 $F-S$ 曲线 $F_1' F_2' F_3'$（实线）向下移动变为 $F_1''' F_2''' F_3'''$（虚线），这时 F_2' 变成 F_2'''，产生助力作用，如图 8−5（b）所示。

2. 弹簧助力三种操纵方案

根据上面讨论的弹簧助力的三种安装位置，在理论上有三种不同类型的弹簧助力操纵方案，如图 8−6 所示。

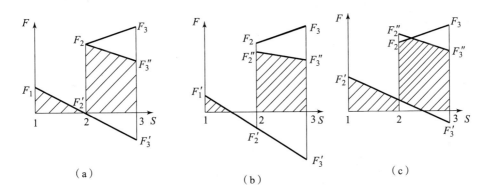

图 8−6　弹簧助力的三种典型操纵方案

1）第一种类型

当 $\delta = 0$ 时，$F' = 0$，即助力弹簧正好在"死点"O_2 位置上，如图 8−6（a）所示。这种方案的优点是：力 F_2 保持不变，最大操纵力 F_3 下降到 F_3'''；操纵功由梯形面积 $2F_2 F_3 3$ 减小到三角形 $1F_1 2$ 加上梯形 $2F_2 F_3''' 3$ 两阴影面积之和。其缺点是在"死点"位置时的作用力矩为零，在不考虑惯性力作用时，踏板返回到"死点"即停止运动，需要由驾驶员拉一下才能继续回位。

实际上第一种类型是不存在的，因为在使用过程中自由间隙是变化的，而零件尺寸必有误差，所以实际上只能是第二种类型或第三种类型。这里提到它只是为了比较三种类型的特点，以加深理解。

2）第二种类型

当 $\delta = 0$ 时，F_2' 为负值，即助力弹簧 H 已转过 O_2 点（在"死点"之后），起助力作用，如图 8−6（b）所示。这种方案助力效果较好，最大操纵力和操纵功都较小，但在回程中间有一段需要驾驶员给以回位力才能使助力弹簧通过 O_2 点，这对于脚踏板操纵系统来说很不方便。

3）第三种类型

当 $F' = 0$ 时，F_2' 为正值，即助力弹簧 H 还未转过 O_2 点（在"死点"之前），仍起阻力作用，如图 8−6（c）所示。这种方案与前面的方案比较，缺点是助力效果稍差，位置 2 处

的最大力 $F''_2 > F_2$ ，操纵功面积也较大；优点是克服了回程"死点"，驾驶员放松踏板后操纵系统能够自动回位。

若采用第三种类型，系统中可以不加回位弹簧，但是省力效果较差。若采用第二种类型，则一般需要另加回位弹簧以保证踏板能够自动回位。

第二种类型（加回位弹簧方案）与第三种类型相比较，它们的 $F - S$ 曲线如图 8 - 7 所示。

图 8 - 7 中实线 Ⅱ 为第二种类型的 $F - S$ 曲线，虚线 Ⅲ 为第三种类型的 $F - S$ 曲线。将回位弹簧曲线 C 和第二种类型的实线 Ⅱ 相加，得到以点画线表示的曲线 Ⅱ′。图 8 - 7 中 ΔF 为回位弹簧的预张力。曲线 Ⅱ′和曲线 Ⅲ 相比较，可以看到在最大操纵力相同的条件下操纵功不

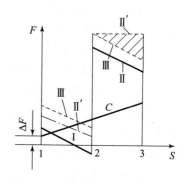

图 8 - 7　第二种类型加回位弹簧方案与第三种类型方案的比较

相等，在点 1 ~ 2 之间加回位弹簧方案比第三种类型操纵功要小（阴影面积较小）；在点 2 ~ 3 之间则相反，后者比前者小。操纵功与自由行程和工作行程之比、回位弹簧的预张力及刚度和安装位置有关。第二种类型加回位弹簧后的曲线形状较第三种类型变化平缓，甚至可能调整到使操纵功随行程加大而力加大的情况，更符合驾驶员的操作要求。但一般来说，它比第三种类型的操纵功要大些。

8.2.4　杠杆系统传导比

机械操纵系统的计算任务，主要是求出各元件的运动学参数（拉臂、轴和拉杆的长度，它们的行程、转角和传导比），以及作用于这些元件的力。

计算用的原始数据有执行端（装置的输出构件）受到的力和其行程以及两者关系的变化曲线。通常，这些数值来自对操纵组件或部件的计算。此外，控制端（操纵杆或踏板）上的最大力和行程受驾驶员体力条件的限制，一般也是已知的。

1. 平均传导比和总传导比

机械操纵系统中杠杆系统的平均传导比与控制端行程、执行端行程以及操纵系统的行程效率有关，其平均传导比为

$$i_p = \frac{S_k}{S_z} \eta_x$$

式中，S_k ——控制端的行程；

$\quad\quad S_z$ ——执行端的行程；

$\quad\quad \eta_x$ ——操纵系统的行程效率，它与各杠杆、支点关节中的空隙引起的空程和拉杆弹性变形所引起的伸长量有关。

由上式得控制端的行程：

$$S_k = \frac{i_p S_z}{\eta_x}$$

如不考虑行程效率，即 $\eta_x = 1$ ，则

$$i_p = \frac{S_k}{S_z}$$

机械操纵系统传导机构的杠杆系统在任一工作位置，当不考虑机械效率及行程效率时，其总传导比 i 等于执行端的作用力 F_z 和控制端作用力 F_k 之比，即

$$i = \frac{F_z}{F_k}$$

如图 8 - 8 所示，F_z（F_F）为执行端 F 的作用力，F_k（F_A）为控制端 A 的作用力，总传导比 i 是各个传导装置的分传导动比 i_i 的乘积，即

$$i = \frac{F_z}{F_k} = \frac{F_F}{F_A} = i_1 i_2 i_3 \cdots i_n$$

式中，i_1，i_2，i_3 ——铰链点 O_1、O_2、O_3 三处的分传导比。

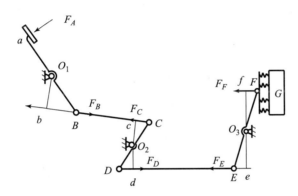

图 8 - 8　机械操纵系统传导系统简图

2. 分传导比

由图 8 - 8 可见，总传导比 i 是由铰链点 O_1、O_2、O_3 三处的分传导比 i_1、i_2、i_3 组成的。由力 F_A、F_B 对 O_1 点取力矩的平衡方程式变形后求出 i_1：

$$i_1 = \frac{F_B}{F_A} = \frac{O_1 a}{O_1 b}$$

式中，F_A，F_B ——A 端（主动端即控制端）和 B 端（被动端）的作用力；
　　　$O_1 a$，$O_1 b$ ——力 F_A 和 F_B 到 O_1 点的垂直距离。

同理可以求出 i_2：

$$i_2 = \frac{F_D}{F_C} = \frac{O_2 c}{O_2 d}$$

式中，F_C，F_D ——C 端和 D 端的作用力；
　　　$O_2 c$，$O_2 d$ ——F_C、F_D 到 O_2 点的垂直距离。

而 i_3 为

$$i_3 = \frac{F_F}{F_E} = \frac{O_3 e}{O_3 f}$$

式中，F_E，F_F ——E 端和 F 端的作用力；
　　　$O_3 e$，$O_3 f$ ——F_E、F_F 到 O_3 点的垂直距离。

由于 $F_B = F_C$，$F_E = F_D$，所以总传导比 i 为

$$i = i_1 i_2 i_3 = \frac{O_1 a}{O_1 b} \times \frac{O_2 c}{O_2 d} \times \frac{O_3 e}{O_3 f} = \frac{F_F}{F_A}$$

以上是某个工作位置时的总传导比 i 。在控制端的工作行程内，各杠杆的转角不同，故其总传导比实际上是变化的。

由 $i_1 = F_z/F_k$ 可知，控制端的作用力为

$$F_k = \frac{F_z}{i}$$

被操纵元件执行端的作用力 F_z 和行程 S_z 是已知的，由上式可知，提高 i 能使控制端的作用力 F_k 下降。但是 i 值的提高受到踏板或操纵杆总行程允许值的限制，例如总行程对于踏板来讲应为 $S_k = 150 \sim 250$ mm ，对于操纵杆为 $S_k = 350 \sim 420$ mm 。为了减小控制端上的最大作用力，可采用变化的传导比：当行程开始或空程时，执行端的作用力不太可能采取小的传导比；当行程终止时，执行端的作用力达到最大值，可采用大的传导比。

分传导比 i_i 与杠杆布置形式有关，图8-9表示了三种布置形式。假设拉杆拉动时作用力的方向不变，则它们的力的平衡方程式为

$$F_A \cdot OA\cos\alpha_1 = F_B \cdot OB\cos\alpha_2$$

即有

$$i_i = \frac{F_B}{F_A} = \frac{OA\cos\alpha_1}{OB\cos\alpha_2}$$

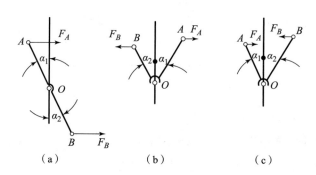

图8-9 传导杠杆简图

由图8-9可知，在工作过程中分传导比 i_i 可能有以下三种情况：

1）分传导比为常数

在图8-9（a）中，$\alpha_1 = \alpha_2$ ，因此任意转动杠杆，其分传导比为

$$i_i = \frac{F_B}{F_A} = \frac{OA}{OB} = C$$

2）分传导比逐渐减小

在图8-9（b）中，当杠杆绕 O 点顺时针方向转动时，α_2 逐渐减小，α_1 逐渐增大，因此 $\cos\alpha_1/\cos\alpha_2$ 值逐渐减小，即分传导比 i_i 随着杠杆顺时针转动而减小。

3）分传导比逐渐增大

在图8-9（c）中，当杠杆绕 O 点顺时针方向转动时，α_2 逐渐增大，α_1 逐渐减小，$\cos\alpha_1/\cos\alpha_2$ 值逐渐增大，因此分传导比 i_i 随着杠杆顺时针转动而增大。

在开始设计时，已知被操纵元件执行端的行程 S_z 及控制端的最大允许行程 S_k ，可得平均传导比：

$$i_p = \frac{S_k \eta_x}{S_z}$$

当不计行程效率时（ $\eta_x = 1$ ），总传导比 i 可近似地等于平均传导比， $i \approx i_p$ ，即可将总传导比 i 分配到各分传导比。

各工作位置的分传导比 i_i 的变化可参考上述方法进行。

3. 控制端上的作用力

根据作用于操纵系统的输入和输出元件上的功相等的条件 $F_k S_k \eta_x = F_z S_z$ ，可求出作用于控制端的力：

$$F_k = \frac{F_z S_z}{S_k \eta_x} = \frac{F_z}{i \eta_x}$$

式中， F_k ——作用于控制端输入件上的力；

η_x ——考虑到铰链、支座和其他接合点处功的损失时，操纵系统的行程效率。根据机械装置的结构不同，行程效率 $\eta_x = 0.70 \sim 0.95$ ，对于干滑动的铰链采用下限，对于有滚动轴承的铰链采用上限，后者安装在要求力小而精度高的部位。

由于运动学和动力参数在大多数情况下是变化值，所以要确定它们的值，首先应用图解分析法求出它们的大小。在这种情况下，将操纵构件的行程分成具有一定间隔的段，再求出对每段所寻求的值，用平滑的曲线将它们连接起来后就可以得到。例如，在全行程内作用于控制机构上的力 F_k 的变化曲线。

一般对操纵系统各元件不进行强度计算，通常为取得必需的刚度而将拉杆和拉臂的直径以及轴的管壁厚度取得较大，故不必计算它们的变形，甚至它们如果发生一些小的变形，也可由自由行程来加以补偿。

8.2.5　机械操纵系统设计的基本内容

1. 设计的基本内容

1）确定机械操纵系统的系统简图

操纵系统的系统简图是从驾驶员控制端开始的，经过传导机构的杠杆系统，一直到被操纵元件接触的执行端为止，包括助力弹簧和回位弹簧的位置、参数以及各种杠杆的比例、位置、角度参数和各个支承点的位置。

2）绘制曲线

绘制出操纵力与行程或力矩与转角的关系曲线，即 $F - S$ 或 $T - \theta$ 曲线。

3）设计结构

根据拉臂、拉杆、杠杆的强度和刚度，计算其尺寸，并设计支承点的结构、润滑方式和调整环节。

2. 设计的基本步骤

1）确定原始数据和条件

（1）确定被操纵元件的性能要求、力矩与行程关系和空行程量的大小及几个被操纵元件间动作的先后顺序。

（2）对驾驶员在控制端的操纵力和工作行程提出具体要求。

（3）确定总体布置所给予操纵系统的空间条件。

2）确定平均传导比

确定传导系统要求的平均传导比 i_p，初步设计时可使 $i_p = i$。

3）初步作出杠杆系统简图

按照总体布置所给予操纵系统的空间条件和总传导比 i，将 i 分配到各个传导环节，并初步作出杠杆系统简图。

4）确定弹簧助力的类型

确定要采用的弹簧助力类型、助力弹簧和回位弹簧的位置，以及各项主要参数。

5）绘制 $F-S$ 或 $T-\theta$ 曲线

利用计算机绘制出杠杆系统的工作位置，按杠杆比计算和绘制 $F-S$ 或 $T-\theta$ 曲线，并注意开始位置、终了位置、弹簧死点位置、空行程终了位置等特殊位置。

6）最后确定系统方案和各项参数

考虑机械效率和行程效率，验算最大操纵力和最大总行程，考虑总传导比 i 的变化规律，以及弹簧的位置和参数的调整对系统图 $F-S$ 或 $T-\theta$ 曲线的影响，最后确定系统方案和各参数值。

7）结构设计

在结构设计时，应充分考虑工艺问题，因为使用的零件大部分是杆件、支架、拉臂、拨叉、销子、螺纹接头、弹簧等。铰链点的连接销孔一般采用在装配时将两个连接件一起绞孔的方法，这样可以保证铰链点的质量，提高灵活性。为了防锈蚀，有些零件如弹簧等需经表面处理，一般在零件外表面涂油漆。

一般操纵系统中的支架、支承座、拉臂等零件的形状不规则，加工精度虽不高，但工序较多，机械加工的工时不少。若采用精铸，不仅可大大减少机械加工量，而且可以减轻零件的质量。

8.2.6 弹簧助力式机械操纵系统计算示例

以某型坦克主离合器操纵系统为例加以说明。

1. 作出操纵系统的系统简图

根据总体布置，从驾驶员踏板开始到主离合器的活动托盘为止，其传导路线经过两根轴（踏板轴与横轴），拉杆沿左侧装甲板由驾驶室通到传动部分。助力弹簧安置在踏板轴的左前方，采用第三种类型的弹簧助力方案，所以不需要加回位弹簧即可自动回位。

操纵传导机构、助力弹簧、各个杠杆拉臂位置、角度和尺寸参数，以及各个支承点的位置，因涉及总体布置及空间条件限制等因素，故设计需进行反复修改才能最后确定。从性能上应满足下列要求：

（1）主离合器被操纵件的力与行程要满足：压板行程 7.5 mm，分离时最大轴向力 8 870 N，压板自由行程为 1.5 mm（相当于活动盘自由行程转角 3°55′ 的要求）。

（2）驾驶员操纵的踏板最大操纵力不超过 300 N，踏板行程不大于 250 mm。

主离合器操纵系统杠杆系统简图如图 8-10 所示。

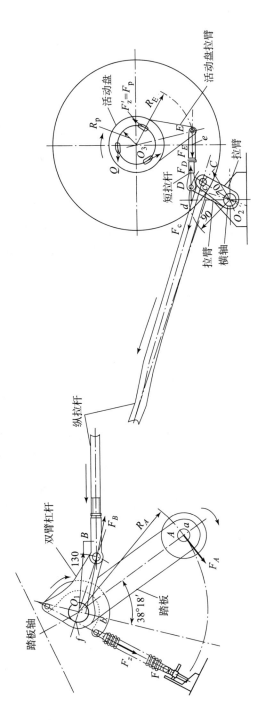

图 8-10　坦克主离合器操纵系统的杠杆系统

2. 绘制操纵力和行程的关系曲线

实际上在初步作出传导杠杆系统简图后，即可绘制 $F\text{-}S$ 曲线，并对传导杠杆系统简图进行修正。

因此，上述两项工作应是交替进行的。以下介绍在最后确定杠杆系统后，绘制 $F\text{-}S$ 曲线的方法。

1）已知杠杆系统的有关数据

在图 8－10 中已标注出该杠杆系统的踏板、踏板轴心、双臂杠杆、横轴的两个拉臂、横轴轴心、短拉杆、活动盘拉杆、活动盘等结构参数和受力点 O_1、A、B、O_2、C、D、E、O_3 等。

主离合器弹簧数目 $Z = 18$，压板行程 $S = 7.5$ mm，弹簧预压缩量 $S_0 = 19$ mm，弹簧刚度 $C = 19.23$ N/mm，弹子槽升角 $\alpha_d = 19°30'$，弹子盘自由间隙 $\Delta = 1.5$ mm，助力弹簧刚度 $K_z = 99.57$ N/mm，助力弹簧最大变形量 $S_z = 40$ mm。

为便于计算，在以下计算中不计机械效率、行程效率和零件的尺寸误差，并且假设弹簧刚度为常数。

2）绘制 $F\text{-}S$ 或 $T\text{-}\theta$ 曲线

$F\text{-}S$ 曲线的绘制，传统的方法是在踏板 A 的总行程内分若干个点，用作图法进行计算后，用所得的结果绘制成曲线；现在可以利用计算机辅助设计的方法进行。利用计算机进行辅助设计与计算，速度快，结果准确，且便于参数的修改与调整。

（1）踏板轴、横轴和离合器活动盘的转角。

踏板轴由初始位置向终止位置的转动角为 θ_t，计算可得相应的横轴转角 θ_h 和离合器活动盘的转角 θ_p，其中所得的特征点的数据如表 8－1 所示。

表 8－1　踏板轴转角、横轴转角和离合器活动盘转角及有关参数

转角	原始位置	自由行程终了	助力弹簧死点	压板行程终了
踏板轴转角 θ_t	0°	8°30′	12°30′	38°18′
横轴转角 θ_h	0°	8°	11°12′	47°
离合器活动盘转角 θ_p	0°	3°55′	17°42′	21°15′

（2）无助力弹簧时离合器弹簧对踏板轴的作用力矩 T_{tL}。

①计算离合器弹簧的总压力。离合器弹簧的总压力 F_L 等于弹簧的刚度 C、弹簧的压缩量 S' 和弹簧个数 Z 的乘积，即

$$F_L = ZCS'$$

式中，S'——离合器弹簧的压缩量，它与弹簧的附加压缩量 S 及其预压缩量 $S_0 = 19$ mm 有以下关系：

$$S' = S + S_0 = S + 19$$

将已知的 Z、C、S' 代入 $F_L = ZCS'$ 得

$$F_L = ZCS'$$
$$= 18 \times 19.23(S + 19) = 346.14(S + 19)$$

式中，S——弹簧的附加压缩量，即离合器的压板行程。它的大小与活动盘转角 θ_p、活动盘

的半径 R_p 以及弹子槽升角 α_d 有关，可由下式表示：

$$S = \theta_p \frac{\pi}{180} R_p \tan\alpha_d$$

将已知的 $R_p = 70\ mm$，$\alpha_d = 19°30'$ 代入得 $S = 0.443\theta_p$。

该式说明：弹簧的附加压缩量 S 和活动盘转角 θ_p 成正比。

②计算转动活动盘所需的力 F_p 与离合器弹簧总压力 F_L 的关系：

$$F_p = F_L \frac{\left(\tan\alpha_d + \dfrac{2f}{d}\right)}{\left(1 - \dfrac{2f}{d}\tan\alpha_d\right)}$$

式中，f——滚动摩擦系数，因计算中不计力效率和摩擦损失，故取 $f = 0$。

所以上式变为

$$F_p = F_L \tan\alpha_d$$

③计算活动盘转矩及 E 点和 D 点的作用力。计算转动活动盘所需的力 F_p 对离合器活动盘中心 O_3 点的力矩 T_p，并由该力矩计算 E 点和 D 点的作用力：

$$\begin{aligned}
T_p &= F_p R_p \\
&= 70 \times F_L \tan\alpha_d \\
&= 70 \times 346.14(S + 19)\tan 19°30' \\
&= 8\,580.2(S + 19)
\end{aligned}$$

由图 8 - 10 可知，转动活动盘的力矩等于活动盘拉臂 E 点对活动盘中心 O_3 的转矩，即 $T_p = F_E \cdot O_3 e$，由此可以求出 E 点的作用力 $F_E = T_p/(O_3 e)$。由于活动盘短拉杆一端为 E 点，另一端为 D 点，所以 $F_E = F_D$。

④计算横轴转矩及 C 点和 B 点的作用力。由图 8 - 10 可知，活动盘短拉杆 D 点对于横轴轴心 O_2 的转矩，等于拉臂 C 点作用力 F_C 对横轴轴心 O_2 的转矩，即

$$T_h = F_D \times O_2 d = F_C \times O_2 c$$

由上式可以求出横轴拉臂 C 点的作用力：

$$F_C = F_D \frac{O_2 d}{O_2 c} = \frac{T_p}{O_3 e} \cdot \frac{O_2 d}{O_2 c}$$

由图 8 - 10 可知，纵拉杆两端受力点分别为 C 点和 B 点，故有 $F_C = F_B$。

⑤计算踏板轴转矩。由图 8 - 10 可知，纵拉杆 B 点对于踏板轴轴心 O_1 的力矩（即离合器弹簧力对踏板轴轴心 O_1 的转矩）为

$$T_{tL} = F_B \times O_1 b = \frac{O_2 d}{O_2 c} \cdot \frac{T_p}{O_3 e} \times O_1 b$$

令 $\dfrac{O_1 b}{O_2 c} \cdot \dfrac{O_2 d}{O_3 e}$ 为 i_1，则前式变为

$$T_{tL} = T_p i_1$$

3）助力弹簧对踏板轴的作用力矩 T_{tz}

助力弹簧的拉力 F_z 等于助力弹簧的刚度 K_z 与助力弹簧压缩量 S_z 的乘积，F_z 对于踏板轴的作用力矩 T_{tz} 等于 F_z 与其力臂 $O_1 f$ 的乘积，即

$$F_z = K_z S_z$$

$$T_z = F_z \cdot O_1 f$$

式中，S_z，$O_1 f$——踏板轴转角 θ_t 为不同值时，助力弹簧的相应压缩量和力臂值。

4）计算踏板轴上的合成力矩、踏板 A 点上的操纵力和行程并绘制 $F_A - \theta_t$ 曲线

踏板轴上的合成力矩：

$$T = T_{tL} + T_{tz}$$

踏板 A 点操纵力：

$$F_A = \frac{T}{O_1 a}$$

由图 8 – 10 可知 $O_1 a = R_A = 300$ mm。

踏板 A 点行程：

$$S_A = R_A \theta_t \frac{\pi}{180} = 300 \theta_t \frac{\pi}{180} = 5.236 \theta_t$$

由上述可知，每当离合器踏板轴转过一个角度 θ_t 时，踏板轴上就作用一个转矩 T，则可计算出该工况下踏板上的操纵力 F_A 和相应的行程 S_A，并由此计算并绘制出离合器的 $F_A - \theta_t$ 曲线，如图 8 – 11 所示。

通过上述计算，还可得到以下结论：

（1）踏板的最大操纵力位于自由行程终了点，即 $F_{A\max} = 297.2$ N。

（2）踏板的最小操纵力位于压板行程最大点，即 $F_{A\min} = 224.4$ N。

（3）助力弹簧的最大助力（换算到踏板轴上）为 $F_{z\max} = 251.8$ N。

上述的计算示例中，没有回位弹簧及凸轮板，如有回位弹簧及凸轮板，则其计算的原理与上述的基本相同，只是稍复杂一些。

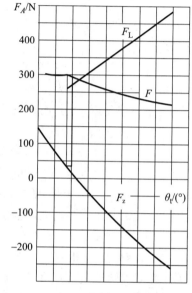

图 8 – 11　主离合器操纵系统的 $F_A - \theta_t$ 曲线

8.3　液压操纵系统

机械操纵系统虽然具有结构简单、工作可靠和成本较低的优点，但是操纵费力、弹簧助力效果有限，特别是对中、重型坦克来说效果更差。要进一步提高坦克的机动性、持久战斗力和改进驾驶员的工作条件，用更轻便的操纵系统来代替机械操纵系统和弹簧助力式操纵系统是完全必要的。

各种省力的操纵系统形式很多，而用得最广泛、技术上较为完善的是液压操纵系统。

液压操纵系统

8.3.1　典型的液压操纵系统

以美国 M46 坦克传动液压操纵系统为例，研究液压操纵系统的工作原理及其机构特点。

1. M46 坦克液压操纵系统的组成

M46 坦克采用阿里逊 CD-850 液力机械传动，装有综合式液力变矩器，有高、低两个前进挡和一个倒挡。换挡操纵为无随动作用式，转向操纵是随动作用式（作用力随动式）。它的执行机构是由一个高挡离合器油缸 L_2，一个低挡制动器油缸 Z_1，一个倒挡制动器油缸 Z_{-1}，左、右转向制动器油缸 Z_z 和 Z_y 及左、右停车制动器 T_z 和 T_y 所组成，其中停车制动器是机械操纵系统。M46 坦克液压操纵系统简图如图 8-12 所示。

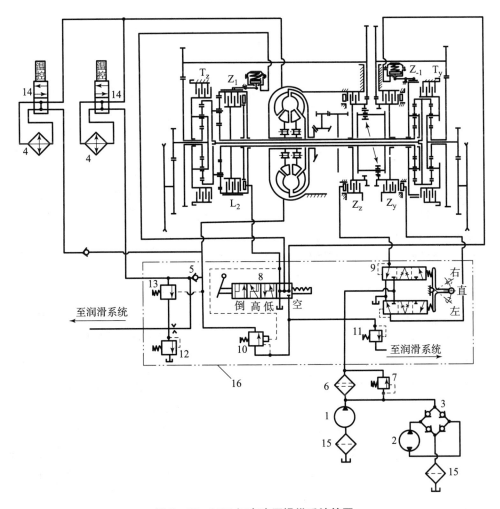

图 8-12　M46 坦克液压操纵系统简图

1—前泵；2—后泵；3—定向供油阀；4—散热器；5—单向阀；6—精滤器；7—安全旁通阀；
8—换挡阀；9—转向阀；10—操纵定压阀；11—安全阀；12—润滑系统定压阀；
13—补偿定压阀；14—调温阀；15—粗滤器；16—液压操纵盒

为清楚起见，将换挡和转向时执行机构的工作情况用表 8-2 和表 8-3 说明，表中"+"表示接合，"-"表示分离。

表 8 – 2　换挡时工作情况

挡位　　被操纵元件	低挡制动器 Z_1	高挡离合器 L_2	倒挡制动器 Z_{-1}
空挡	–	–	–
低挡	+	–	–
高挡	–	+	–
倒挡	–	–	+

表 8 – 3　转向时工作情况

工况　　被操纵元件	左侧转向制动器 Z_z	右侧转向制动器 Z_y
直驶	–	–
左转	+	–
右转	–	+

M46 坦克的操纵机构是由两名驾驶员（正、副）用两套控制机构控制，每一套有一杆（操纵杆）、两板（加速踏板、停车制动器踏板）。每一套控制机构都可以单独操纵，操纵杆的各操纵位置如图 8 – 13 所示，既可操纵直驶时的换挡（空挡、低挡、高挡、倒挡四个位置），又可操纵左、右转向，操纵较为轻便。当操纵转向时手柄上的力为 20 ~ 110 N，当操纵变速时手柄上的力为 50 ~ 60 N。

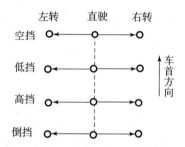

图 8 – 13　操纵杆的各种操纵位置

液压操纵系统的能源主要由前泵和后泵提供。后泵是为了空挡在拖车启动及遭到损坏被拖运时供给转向操纵油压用的。但由于后泵与传动系统的输出轴相连接，故倒挡时油泵的旋转方向相反。为了保证车辆倒驶时也能正常供油，装有定向供油阀（或称定向阀），它是由四个单向阀组成的，无论油泵的旋转方向如何变化，都能保证向系统中供油。

在前泵和后泵的吸油路上都装有粗滤器，以防止吸入脏物。由油泵进入控制部分的油路上装有一个精滤器，它是由极细密的铜丝织成的。为了防止滤网阻塞造成故障，并联了一个安全旁通阀，在滤网阻塞达到一定程度时，由于前后压差增大，使安全旁通阀打开，部分油不经精滤器而直接进入控制系统。

2. M46 坦克液压操纵系统的工作原理

M46 坦克的液压操纵系统从功用上来说，可以分为三大部分：换挡和转向的液压操纵系统；液力变矩器的补偿和冷却系统；齿轮、轴承摩擦元件的润滑与冷却系统。

换挡和转向的液压控制部分的主要组成元件有换挡阀、转向阀、操纵系统定压阀和安全阀。换挡阀和转向阀分别并联在两条油路上。

1）换挡液压操纵系统

换挡阀（变速阀）是一个四位五通阀，它在各个不同位置时，使主油道分别和各挡的执行机构——低挡制动器油缸 Z_1、高挡离合器油缸 L_2 或倒挡制动器加力缸 Z_{-1} 相通，使执行机构在油压的作用下对被操纵元件起作用，从而得到所需要的排挡。换挡操纵是无随动作用式，换挡阀在每一个挡位只有打开和关闭两种工况，执行机构只有两个极端位置，使被操纵元件不是完全接合就是完全分离。

M46 坦克液压操纵阀盒结构如图 8 - 14 所示。图中，腔 12 与主油路相通，腔 15 与高挡离合器油缸 L_2 相通，腔 11 与低挡制动器油缸 Z_1 相通，腔 13 与倒挡制动器油缸油路相通，液压操纵阀盒在图中所处的位置为空挡位置，这时主油路腔 12 与各挡操纵元件的油缸均不相通。

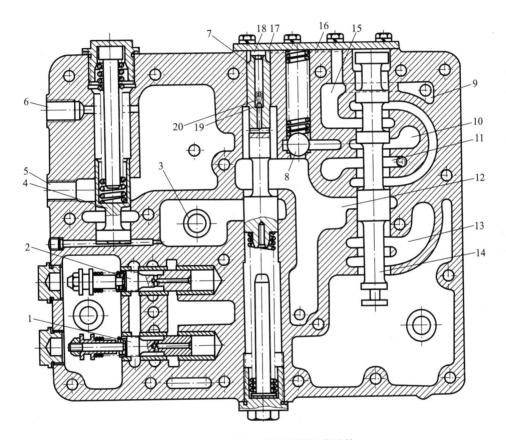

图 8 - 14　M46 坦克液压操纵阀盒结构

1—右转向阀；2—左转向阀；3—单向阀；4—补偿系统定压阀；5，6—油管接口；
7—定压阀；8—安全阀；9—旁通油道；10—腔（通油箱油道）；11—腔（通低挡制动器油缸油道）；
12—腔（通主油道）；13—腔（通倒挡制动器油缸油道）；14—变速阀；15—腔（通高挡离合器油缸油道）；
16—通路；17—定压阀端油腔；18—柱塞；19—钢球；20—小弹簧

图 8 - 15、图 8 - 16 和图 8 - 17 所示分别为变速阀不同工作位置时高挡、低挡和倒挡的工况。

2）转向液压操纵系统

转向阀是由两个作用力随动阀所组成的，如图 8 - 14 中 1 和 2 所示。为了说明转向阀的工作原理，现将图 8 - 14 中的一个转向阀绘成原理简图，如图 8 - 18 所示。转向摇臂 6 拨动

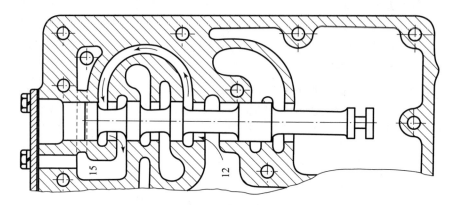

图 8 - 15　变速阀高挡时工况

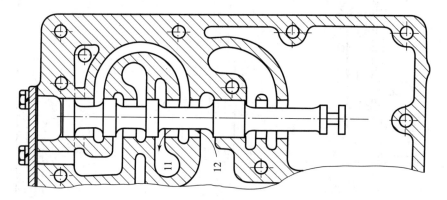

图 8 - 16　变速阀低挡时工况

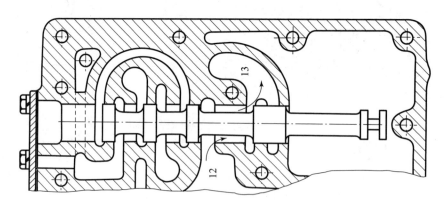

图 8 - 17　变速阀倒挡时工况

滑阀 2 上的滑套 3，滑套 3 通过弹簧 4 压在滑阀 2 上，滑阀 2 上有轴向和径向小孔相通；1 为转向制动器油缸活塞，5 为回位弹簧。在原始位置时，滑阀将进油口关闭、回油口打开，活塞 1 在极左位置，制动器为分离状态。转向摇臂 6 通过滑套 3 压弹簧 4 使滑阀 2 右移，将进油道打开、回油道关闭，活塞左腔内压力上升推动活塞 1 向右移动，其移动量随油压大小而定，油压大时移动量大，反之油压小时移动量小。

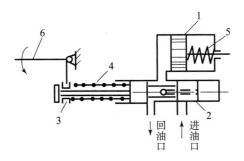

图 8 – 18　转向阀作用力随动原理图

1—转向制动器油缸活塞；2—滑阀；3—滑套；4—弹簧；5—回位弹簧；6—转向摇臂

活塞 1 左腔中压力的大小是由滑阀 2 上作用的弹簧力与（通过滑阀 2 上的径向和轴向孔通道）阀 2 右端面的油压力的平衡控制的，它与滑阀 2 的位置、滑套 3 的移动量、弹簧 4 的压缩量有关。

滑阀 2 右端产生的油压力 p 和弹簧力的平衡关系式为

$$p = \frac{\Delta S C}{A}$$

式中，p ——控制油压；

ΔS ——弹簧压缩量；

C ——弹簧刚度；

A ——滑阀 2 右端的面积。

由上式知，当 C、A 为常数时，p 与 ΔS 成正比，即随着转向摇臂 6 行程的加大，油压 p 增高，制动力增大。

M46 坦克转向阀的工作情况如图 8 – 19 所示。它由转向摇臂 1 控制，直驶时转向摇臂 1 在中间位置（即图示位置），主油道 6 来油分别被两个滑阀 5 和 7 挡住，回油口 2 和 10 打开。当摇臂向"左"位置转动时，右边的滑阀向上移动仍继续将主油道 4 关闭、回油口 2 打开，因此右侧转向制动器油缸 Z_y 不进油，而左边的滑阀由于转向摇臂 1 向左转动，压缩弹簧推动滑阀向下移动，将主油道打开，油经油道 9 向左侧转向制动器油缸 Z_z 供油，使坦克向左转，转向半径的大小和摇臂的转动角度有关。在其他条件不变的情况下，摇臂转动角度越大，弹簧所受压力增大，进入油缸的油压也增大。当向右转向时，摇臂向"右"位置转动，作用原

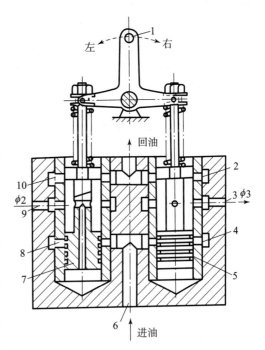

图 8 – 19　转向阀的转向工况

1—转向摇臂；2，10—回油口；

3，8，9—油道；4，6—主油道；5，7—滑阀

理与上述完全相同。

3）油路系统中的压力

油路系统中主油道的油压在正常情况下保持 1.2 MPa 左右，换入高挡后由于高挡离合器 L_2 需要的接合力减小，主油道油压也相应地减小至 0.7 ~ 0.8 MPa，这个压力变化的控制是由操纵定压阀来完成的。在一般情况下，当油泵来油的油压达到 1.2 MPa 时，定压阀打开，使主油道油压保持在 1.2 MPa 左右，并将油泵来油经减压后通过液力变矩器的补偿系统。当换挡阀移到高挡位置时，由于有一支路（图 8 - 14 中由腔 15 经通路 16 到油腔 17）通到操纵系统定压阀的底部，增加了油压作用面积，在弹簧力基本保持不变的条件下，主油道油压就下降到 0.7 ~ 0.8 MPa。图 8 - 14 中 7 为操纵系统定压阀，阀中的径向和轴向孔、柱塞 18、钢球 19 和小弹簧 20 组成一个单向减振装置，减少了阀门的振动，使主油压的脉动减小。

4）润滑系统

润滑系统的油压主要来自补偿系统，润滑系统的油压一般保持在 0.15 ~ 0.25 MPa，以保证对齿轮、轴承等摩擦表面进行润滑与冷却，其压力是由润滑系统定压阀控制的。

5）补偿系统

从操纵系统定压阀出来的油进入液力变矩器的补偿系统。补偿系统定压阀的作用是保持一定的补偿压力，其压力为 0.6 ~ 0.87 MPa。

6）调温系统

调温阀是为了在冬季油温较低的情况下启动时使用，此时油不通过散热器而使油温迅速提高；当油温较高时，使油经散热器散热。

整个液压操纵系统都在传动箱体内，换挡阀、转向阀、操纵系统定压阀、安全阀、润滑系统定压阀、补偿系统控制阀以及单向阀组成一个长方形的控制阀盒，它置于传动箱顶盖上，与箱体上的内油道相连接，漏油与损坏的可能性小，保证了工作的可靠性。

8.3.2 液压操纵系统设计的基本内容

传动装置的液压操纵系统由能源供给部件、控制部件、传导部件和执行部件四大部分组成，具有控制端简单、省力，传导部件便于布置，能实现执行端力的缓冲控制及控制端与执行端力和位移的随动控制等特点。

液压操纵系统设计是一项既复杂而又成本高的工作，它的大部分元件布置在传动装置箱体的内部，在结构上与传动装置的许多零部件相连接。液压系统兼有保养（润滑、冷却、滤清）及操纵传动装置各个部件和组件的功能。

操纵系统使用单一的、具有特定黏性的、在油压比较低（2.0 MPa 以下）的条件下工作的机油为工作油液，它还要符合温度和清洁度要求，并能以适当的压力和规定的数量不断地供给传动装置各部件和元件。

传动装置液压操纵系统的设计主要包括液压系统各个部件和元件的选择、结构设计和计算。

1. 油箱和泵组

坦克装甲车辆在任何行驶条件下行驶，以及在动力—传动装置的任何工况时，油箱和由增压泵以及回油泵组成的泵组，应保证给液压系统正常工作提供所需要的足够数量的工作用油。同时，泵组的效率要高，且泵的传动装置功率消耗要低。泵组的效率在很大程度上取决于油箱和集油器的构造形式。

1）油箱

油箱应具有足够的容积和尽可能高的高度。油箱内的油量要能够保证在车体倾斜角达到极限位置时，液压系统仍能可靠地工作，并长期补充在使用过程中自然损耗的油。

合适的油箱结构应该可以在油箱内布置加热元件和测量装置，并且使工作人员能容易地进行加油和放油。油箱的高度（在车体倾斜的限度内）应能建立必需的吸油压头，而位于油箱底部的集油器则能够排出空气。吸油压头的高度和油箱的容积应有助于提高泵组的体积效率。实践证明，油箱的工作液容量越大，单位时间内油箱内的油液交换次数越少。图 8－20 给出了某俄制传动系统子系统体积效率值 η_{T} 与油箱内液体在 1 min 内交换的次数 n 的关系曲线。可见，为获得 0.7 的体积效率，必须在 1 min 内进行 4 ~ 4.5 次以上的液体交换。要进一步提高体积效率，就要加大油箱，而这在动力—传动装置总布置非常紧凑的情况下是十分困难的。

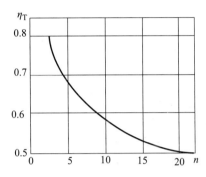

图 8－20　油箱体积效率与箱内液体
交换次数的关系曲线

2）泵组

油泵是根据流量 q、压力 p 以及转速 n（与油泵的安装位置有关）来选择现有的、可用的成型油泵产品，或者重新进行结构设计。在实际中，由于坦克装甲车辆的类型相差很大，故多数需要自行设计。由于发动机转速和车速的变化范围较宽，因此设计液压泵的转速及布置位置必须与之相适应，使其在各种工况下液压泵都能正常工作。常用液压泵的类型有齿轮泵、转子泵和叶片泵等，其中，齿轮泵的寿命高，加工工艺简单，在实际中应用最多。

在传动装置液压操纵系统的泵组内主要采用齿轮泵，其通常与发动机的传动装置一起工作。例如，齿数为 6 ~ 12、啮合角为 20° 的高精度齿轮泵的理论流量（cm^3/min）为

$$q_{\mathrm{BL}} = 7d_0 m_z b n_{\mathrm{B}}$$

式中，d_0 ——主动齿轮的节圆直径；

　　　m_z ——啮合齿轮模数；

　　　b ——齿轮宽；

　　　n_{B} ——泵的主动齿轮转速，r/min。

泵的实际流量 q_{B} 与理论流量 q_{BL} 相差一个用容积效率计算的损耗值，即

$$q_{\mathrm{B}} = q_{\mathrm{BL}} \eta_{\mathrm{V}}$$

式中，η_{V} ——泵的容积效率。

泵的实际流量取决于泵的进口处与出口处的阻力，所以在实际计算时，一般用泵的通用特性曲线 $q_{\mathrm{B}} = f(n_{\mathrm{B}})$ 表示，如图 8－21 所示，泵的入口处取不同的油压，而出口处的油压为常数 2.0 MPa，这是因为油压在这一范围内的变化本质上不会影响泵的流量。

为确定泵从油箱泵油的实际流量，必须按下述公式在考虑到油箱的液体压头的情况下计算出各种流量值时的吸油阻力：

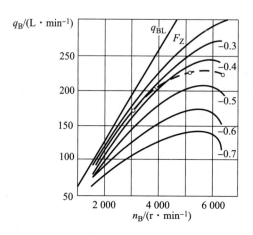

图 8 - 21　泵的通用特性曲线

$$F_Z = \frac{pq_B^2}{2A^2}\Big(\lambda\,\frac{l}{d} + \xi\Big) - \rho gh$$

式中，ρ ——工作液的密度，kg/m^3；

　　　p ——油液的压力，Pa；

　　　A ——吸油道的流通截面积，m^2；

　　　l，d ——吸油道的长度和直径，m；

　　　g ——重力加速度，m/s^2；

　　　h ——油箱内液体的压力高，m；

　　　ξ，λ ——局部阻力系数和摩擦损失系数。

当已知包容整个工作区 q_B 系列值的 F_Z 时，即可在通用特性曲线图上很容易地标出与这些值相应的点，连接这些点的曲线（图上用虚线表示），也就给出了上述条件下的泵的实际流量。

在液压系统内广泛采用增压泵与另一个补给泵构成一个封闭回路。补给泵应向增压泵的吸油腔补充包括补偿回路漏损在内的足够数量的油液。在这种情况下，增压泵的体积效率可达到 0.95。

为使液压系统可靠工作，除了安装由发动机带动的几个回油泵和 1～2 个增压泵外，还必须安装一个由别的动力轴或输出轴带动的增压泵，它可以启动发动机使其保持空转，并在打滑时操纵车辆。但是，为了减小功率消耗，当主发动机带动的泵工作时应断开后一个增压泵。

回油泵有与增压泵一样的摇摆组件结构，根据车辆最大倾斜时液压系统的工作条件确定其流量。在这种情况下全部机油应由一个或两个泵排出，且在发动机可使用转速的情况下，这些泵的流量应足以将油泵回油箱。

在现代传动装置内倾向于增加泵的流量和操纵系统中的压力，但这会使泵在传动装置上的功率消耗增加。这一功率用下式求出：

$$P_B = \frac{q_B p_B}{\eta_j \eta_V}$$

式中，η_j ——泵的机械效率，$\eta_j = 0.8 \sim 0.9$。

2. 滤油器

液压系统中将各部件的维护与操纵功能结合起来，对传动装置的结构尺寸和简化有很大好处，但也有严重的缺点，即迫使液压系统在高黏度和多脏物的油液中工作。

油液中的主要脏物是摩擦件（特别是粉末冶金摩擦片）的磨损产物和落入箱体内的异物。脏物会严重地缩短液压系统各元件以及传动装置各组件、部件的使用寿命。

为了回收脏物，在液压系统内装有粗滤清器并采取一些结构上的措施，以减少液压系统的故障。之所以如此，是因为细滤清器（过滤 20 μm 以上的脏物）的体积大，且两次保养之间的期限很短。

装用的滤清器应尺寸小、流体阻力小（在发动机的平均使用转速下其压力降不应超过 0.2 MPa），其保养期与传动装置整体的保养期一致。此外，它们不应影响传动装置的寿命及降低油的质量。

1）滤油器的评价指标

（1）过滤系数 ψ。它说明滤清的细度，也就是说滤油器阻截粒子粗细的能力，即

$$\psi = \frac{n_1 - n_2}{n_1}$$

式中，n_1，n_2——过滤前、后的一定大小的脏物粒子数。

滤油器应标明其一次过滤中阻截 98% 脏物粒子的额定尺寸。

（2）滤清系数 φ。它说明过滤的充分性，即

$$\varphi = \frac{G_1 - G_2}{G_1}$$

式中，G_1，G_2——滤油器进、出口处脏物的质量百分率。

2）滤油器的类型

所用的滤油器分为机械式和动力式两种。机械式滤油器分为网式、篾式、陶瓷式和滤纸式；动力式滤清器分为液涡流式和离心式。

在机械式滤清器中用得最广的是网式滤油器。这种滤油器在堵塞以前可保证一次过滤的高细度。但是，其两次保养之间的使用期短、尺寸比较大。例如，这种滤油器的滤面面积是供油道面积的 500～2 000 倍。由于受外形尺寸和保养期的限制，迫使在传动装置的液压系统中采用带滤网的滤清器，滤网的净滤孔不小于 0.1～0.8 mm。在静液换挡的传动装置内有用更细的滤油器的，它们与传动装置在同一系统内工作。机械式滤油器在军用履带式车辆的动力装置中得到了广泛应用。

在俄制传动装置中主要采用液涡流式滤油器，它们的结构简单，不需要保养，有稳定的滤清特性并且外形尺寸小。但是，它们一次过滤只能完成部分滤清。工作液体通过液涡流滤油器多次过滤之后，才可以收集 95% 的、粒子大小在 10 μm 以上的脏物。

一般来说，在液压系统内，一个液涡流滤清器直接装在油箱吸油泵的后面，如果操纵系统要求供给清洁度比润滑用油更高的油液，那么要用两个滤清器：对于泵后面的油液用粗滤油器，例如液涡流滤油器；而对于供给操纵系统用的油液则用细滤油器，例如网式滤油器。这样可以延长细滤油器在两次保养之间的使用期，或是减小它的外形尺寸，因为通过它只流通部分工作用油液。

3. 阀

1）阀控压力

根据液压操纵系统子系统的不同用途，工作液体在不同的固定压力下流通，这些固定压

力的大小由安装在液体油路内相应的阀来决定。

例如，各种传动装置内的主压力阀使主油管内的控制压力，在泵的全部油温和流量变化的工作区内保持在0.8～1.8 MPa。在许多现代传动装置内有两个压力值：高速挡的压力值为0.8～1.2 MPa，低速挡和倒挡的压力值为1.5～1.8 MPa。在某些液压系统内还根据发动机载荷，判断是否接通转向机构来调整主压力。主压力阀的结构基本上都是柱塞式（滑阀）的。

液力变矩器的补给阀用来防止出现空穴现象。根据液力变矩器的结构，工作液体的压力保持在0.3～0.7 MPa。补给阀一般也制成柱塞式的。

除了上述阀门之外，在液压系统内还普遍使用安全阀和单向阀。安全阀的作用是限制压力超过规定值，常常制成球形的。单向阀保持液流的规定方向并断开不工作的主油管。它们有刚度较弱的弹簧，只是将阀保持在阀座内，有锥形、蝶形和球形的。

一般要求车辆液压操纵系统的换挡阀、转向阀、定压阀等结构紧凑和布置合理，故都要自行设计。

2）对阀的要求

工作时，阀应在各种液体流量下具有稳定的开启压力、较高的灵敏度且没有自振现象。

阀的调整压力 p 与流量 q 的关系曲线，称为阀的静态特性曲线，通常用它来评价阀的使用性能，如图8－22所示。由压力增量 Δp 与流量增量 Δq 的比例系数 Δc，即 $\Delta c = \Delta p / \Delta q$ 来确定稳定的开启压力，其范围为 $\Delta c = 0.004～0.025$ MPa·min/L。

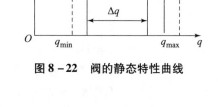

图8－22 阀的静态特性曲线

压力调整的准确度能够表明阀的灵敏度 δ：

$$\delta = \frac{\Delta p}{p_e}$$

式中，Δp——阀开启时偏离额定压力的最大值；

p_e——额定压力。

阀的灵敏度范围 $\delta = 0.03～0.1$，主要与弹簧的刚度和阀零件之间的摩擦有关。

阀的自振发生在压力峰值变化（如换挡时或发动机转速急剧变化时），以及泵的干扰脉冲频率与阀的固有频率相重合而在液压系统产生共振的工况下。由于自振会破坏配合表面而造成故障，所以要对其进行控制。

4. 分配器

在传动装置的液压操纵系统内，主要使用两种形式的分配器：柱塞式（滑阀式）和转塞式（转阀式）。它们通常用于变速箱换挡和有级转向机构的转向工况。如果挡数和转向级数少于或等于4个，那么最好采用滑阀式分配器（如图8－14的M46液压操纵阀盒）；如果多于4个，则用转塞式分配器（图8－23）。为了控制液力机械传动装置中的换挡，一般来说会采用滑阀式分配器，而在机械行星式变速箱内，则采用转塞式分配器。例如，在所有的行星式变速箱内均装用转阀式的分配器。

在滑阀式分配器中，依靠滑阀纵向移动一定距离，此时滑阀的柱塞使增压油管与被接通的液压助力操纵器的相应油腔连接而实现挂挡，其余液压助力操纵器则排油。

在转塞式分配器中，依靠转塞相对于阀体（套筒）转动一定螺距（角度）来达到换挡

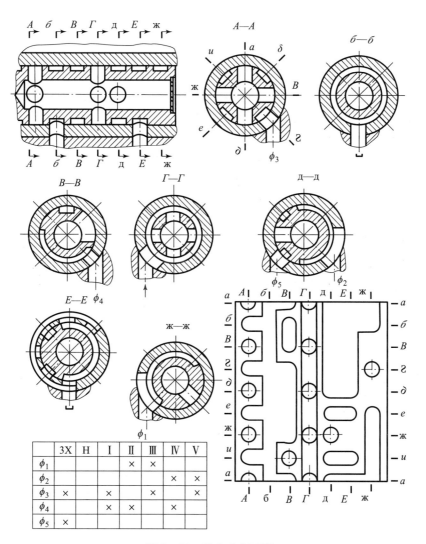

图 8 – 23 转塞式分配器

	3X	H	I	II	III	IV	V
ϕ_1				×	×		
ϕ_2						×	×
ϕ_3	×		×		×		×
ϕ_4			×	×	×		
ϕ_5	×						

的目的。转塞和阀体有许多油孔和油路，借助这些油孔和油路，液体在压力作用下被送入转塞的中央孔；接着，根据所挂挡位（转动角度），液体从中央孔经油路进入工作的那个液压助力操纵器的相应油腔内，而非工作的液压助力操纵器的油液则排入油箱。

在设计分配器时，必须知道液压助力操纵器的数量及其接通顺序。分配器的方案和移动的节距通常用图解法确定。为此，预先绘出阀体和柱塞的简图，标上泵向液压助力操纵器供油到排油的油路，给出柱塞凸缘和槽的尺寸。根据挂挡顺序移动柱塞来选出柱塞行程的最小距离，明确保证阀在全部控制工况时的工作能力。也可采用这种方法来选择转塞式分配器的方案，即只有在这种情况下，才能通过转动转塞适当的螺距（转角）来选择每个截面。为达此目的，通常采用转塞的展开图（图 8 – 23）。

分配器的流通截面应选择得尽可能大些，因为截面太窄会拖延液压助力操纵器的接通。在滑阀式分配器中，流通截面面积是供油油路面积的 1.2 ~ 2.0 倍；在转塞式分配器中，要稍小一点。分配器中的径向间隙为 0.02 ~ 0.06 mm，凸缘的宽度比槽的宽度每边大 0.5 mm。

一般来说，分配器有固定销，用以保证滑阀或转塞相对于阀体的正确安装。

滑阀和转塞常常与阀箱配合工作。在用短滑阀时，有时采用套筒。滑阀和转塞用的材料，以及对表面硬度的要求与阀箱的材料和要求一样。

5. 油路和管道

液压系统的工作效率在很大程度上取决于系统各部件和机构的布置位置，也取决于连接管道（油路）的质量和形式。部件和机构必须布置得紧凑、模块化，并尽可能接近工作油液的储存和消耗处。例如，液压系统的主要部分安装在传动装置箱体的内侧和外侧。

内部和外部敷设的连接油管制成油路式、管道式和软管式，在零件和箱体壁的内部以油路形式实现油管的内部敷设，油路通过钻、铣或铸造方式制成。这种敷设提高了液压系统的工作可靠性，消除了对外部介质大量密封的必要性。但与此同时，制造这种油路在工艺上也存在极大的难度。

用管道或软管实现油管的外部敷设，并连接布置在传动装置箱体外部的部件和机构上。刚性管道（钢的）用于液压传动装置固定件之间的液体流通。软油管（弹性管道）主要用于向活动件供油，以及在需要对组装不精确进行补偿时向固定件供油。

值得提出的是，最近出现了一些将油管敷设在箱体内部的传动装置，这样可以将管道内部敷设的可靠性与外部敷设的简单性结合起来。

1）油路内的流通面积

连接油管的设计工作主要是选择它们的流通截面，保证按所要求的压力和最小液体流动阻力的流量供给工作用油。减小压力损失对于向液压助力操纵器供油的油路特别重要，其决定着助力操纵器的快速作用，从而也决定着操纵系统的质量。

通常根据液流在管道、油路和软管内的流动速度来选择相应的流通截面积。流速不应超过：

（1）在低压头循环的油管内（润滑油油管），流速为 3 m/s；

（2）在中等压头循环的油管内（液力变矩器和液力偶合器的冷却和补给油管），流速为 6 m/s；

（3）在高速作用的控制油管内（转向机构、停车制动器操纵系统的），流速为 5 ~ 6 m/s；

（4）在低速、中等快速作用的油管内（变速箱操纵系统的），流速为 10 ~ 12 m/s。

按下式求出管道的流通截面的直径（内径）：

$$d = 4.6 \sqrt{q/v}$$

式中，d ——管道流通截面的直径，mm；

q ——流量，L/min；

v ——工作液体在管道内的流速，m/s。

2）油路内压力损失

液体在油路内的流动伴有压力损失，它们是摩擦损失和局部阻力损失之和。

按以下顺序计算压力损失。先求出油路内的流速，其任意截面的流速为

$$v_1 = 16.7q/A$$

式中，A ——流通截面面积，mm^2。

圆截面的流速为

$$v_2 = 21.2q/d^2$$

液体流动工况的雷诺数 Re 为

$$Re = 10^3 \frac{v_2}{\nu} = 21.2 \times 10^3 \frac{q}{d^2\nu}$$

式中，ν ——运动黏度，mm^2/s（当 $T=100℃$ 时，$\nu = 10\ mm^2/s$）。

如果计算出的 Re 值大于临界值，即 $Re > Re_{cr}$，为紊流；当 $Re \leqslant Re_{cr}$ 时，为层流。刚性表面管道的临界值 $Re_{cr} = 2\ 300$，弹性软管的临界值 $Re_{cr} = 1\ 600$。

管道中的摩擦压力损失为

$$\Delta p_m = \lambda \frac{\rho l}{2d} v^2$$

式中，λ ——摩擦损失系数；

ρ ——工作液的密度，kg/m^3；

l，d ——管道的长度和直径，m。

按下式用液体流量（L/min）求摩擦压力损失比较容易：

$$\Delta p_m = 225 \times 10^3 \lambda \frac{\rho l}{d^5} q^2$$

液体层流时，$\lambda = 64Re^{-1}$；液体紊流时（光面管道），$\lambda = 0.316Re^{-0.25}$。

局部阻力损失为

$$\Delta p_j = \xi \cdot \rho \frac{q^2}{2}$$

或

$$\Delta p_j = 225\xi \cdot \rho \frac{q^2}{d^4}$$

式中，ξ ——局部阻力系数，其典型取值如下：在液流90°急转弯时，$\xi = 2.0$；在液流以转弯半径为 3~5 倍管直径进行平稳转弯时，$\xi = 0.12 \sim 0.15$。

以局部的摩擦损失和局部阻力损失之和求油路的压力损失，即

$$\Delta p = 225 \times \rho q^2 \left(\sum_1^n 10^3 \frac{\lambda_i l_i}{d_i^5} + \sum_1^k \frac{\xi_i}{d_i^4} \right)$$

即总压力损失应不超过泵压力的 10%。

刚性管道用无缝薄壁钢管制造，壁厚一般为 1mm。为了消除振动，油管用卡箍每隔 700~800 mm 卡紧在箱体的固定件上。弹性胶布软管应经受住 5.0 MPa 以内的压力。为了避免管路受大气压力的过分挤压，吸油管采用加强的软管。

6. 液压系统方案

由于各种坦克装甲车辆对于液压系统提出了多种要求，所以现代液压系统有各种方案和形式。其设计要求，首先应保证坦克装甲车辆在各种使用条件下，液压系统具有合乎标准的工作油液，并在适当的压力下保证所要求的流量；其次，液压系统应该结构简单，由少量元件组成，并且保证液压系统在紧急情况下具有最大的流量。

1）液压系统的供油形式

在液压系统设计之前，必须先确定液压系统的供油形式，一般有开式供油系统和闭式供油系统两种。

开式液压供油系统如图8-24所示，它由主油泵1、回油泵2、滤油器3、散热器4等元件组成，由主油泵1泵入的工作用油流经各工作元件后被排出。在开式方案中，常采用一个增压泵（即本例中的主油泵1），其结构简单、工作可靠，但体积大、流量较小，且对液压系统各元件的尺寸影响不大。在机械传动装置的液压系统中广泛采用开式方案。

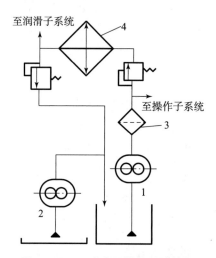

图8-24　开式液压供油系统简图
1—主油泵；2—回油泵；3—滤油器；4—换热器

该方案流经换热器的流量为

$$q_s = q_{B1} - q_{c1}$$

式中，q_{B1}——主油泵1的流量；

q_{c1}——操纵子系统的流量。

当满足下列条件时，将保证液压系统的正常工作：

$$q_{B1} > q_r + q_{c1}$$

式中，q_r——润滑油流量。

回油泵2的流量为

$$q_{B2} > q_r + q_{c1}$$

闭式液压系统如图8-25所示，它由主油泵1、补给油泵2、回油泵3、液力变矩器4、滤油器5、散热器6和其他元件组成。其中由主油泵1、液力变矩器4、散热器6和其他元件组成封闭循环回路。该方案在结构上比较复杂，并要求各元件有精确的协同工作。但是在液流量大和压力多级调整的情况下，它在外形尺寸和效率方面具有很大的优势，因此闭式液压系统在液力机械传动装置的液压系统中有广泛的应用。一般来说，在这种方案内装用两个增压泵——主油泵1和补给油泵2，以及一个或两个回油泵3。

在闭式液压系统中流经散热器的流量为

$$q_s = q_y + q_{B2} - q_{c2}$$

式中，q_y——流经液力变矩器的流量，$q_y = q_{B1} - q_{c1}$；

q_{B2}——补给泵流量；

q_{c2}——操纵油路和液力变矩器内的渗漏。

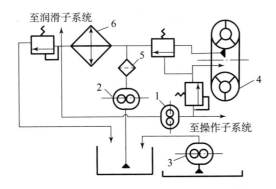

图 8 - 25　带循环回路的闭式液压供油系统简图
1—主油泵；2—补给油泵；3—回油泵；4—液力变矩器；5—滤油器；6—散热器

主油泵的流量为

$$q_{B1} = q_y + q_{c1}$$

补给油泵的流量为

$$q_{B2} = q_r + q_{c1} + q_{c2}$$

液压系统正常工作的条件为

$$q_{B2} > q_r + q_{c1} + q_{c2}$$

其他液压系统的流量平衡与此相同。

液压系统的作图顺序可以有多种方案，但是从泵部分开始作图比较方便，为此需确定润滑、冷却和操纵子系统的用油需求量。

2）润滑系统用油量

为了保证润滑所需要的工作用油量，应合理确定泵应具有的流量。这里所说的润滑用油主要用于润滑下列部件：摩擦片、行星排、齿轮、滚动和滑动轴承等，并同时应有确定的供应量。油量过剩，会导致多余的飞溅损失和降低效率；油量不足，会引起零件的提前磨损。实践证明，功率为 350 ~ 650 kW 的传动装置需要的润滑用油量为：行星排的行星齿轮支承座 0.5 ~ 1.6 L/mim；太阳齿轮与行星齿轮的啮合处 1.0 ~ 3.0 L/mim；粉末冶金摩擦片的每一对摩擦面 0.5 ~ 1.3 L/min。

此外，还应向高负载高速轴承，以及不能实现飞溅润滑的轴承处供应润滑用油。

润滑子系统内的压力比较低，通常为 0.2 ~ 0.3 MPa，有时达到 0.45 MPa，这一压力可以保证将机油沿直径比较大的油路送到最远的润滑点。为了防止润滑油路的堵塞，油路的直径应不小于 2 mm。

已知润滑子系统的用油量和油压，并给出具有规定直径与长度的油路和油孔简图后，即可求出油路的总流量及其阻力。

这样，在由润滑子系统阀门保持一定油压的条件下，即可用油路的阻力求出润滑用流量。润滑用流量根据发动机转速和所挂的排挡而变化，但是这种变化一般不大（不超过 10%），所以把润滑用流量近似看成是不变的，即 $q_r = C$。

从另一方面讲，泵的流量 q_B 相对于发动机轴的转速几乎成线性变化，所以在发动机低转速时，会出现泵流量低于所要求的润滑用流量，即 $q_B < q_r$。为了消除这种状况，应把

$q_B = q_r$ 的发动机轴的转速 n_{cr} 定得比相应于最大转矩时的转速 n_T 低得多。在大多数机械传动装置的液压系统中，n_{cr} 比 n_T 低 25% ～ 30%。

在液力机械传动装置中，发动机轴的转速在很大程度上与液力元件负荷抛物线的匹配情况有关，因而对与液力机械传动装置一起工作的液压系统来说，建议选用车辆于 30°～35° 上坡行驶工况时泵的流量，而且应考虑到传动装置液力变矩器的闭锁。

3）散热器用油量

散热器是液压系统中大量用油的第二个主要部件，通过散热器的工作液体被泵送去冷却机械传动装置和液力变矩器。为了确定流过散热器的油量，必须求出发热量，而发热量本身是由传动装置部件和组件内的功率损耗来确定的。例如，液力变矩器释放的热量为

$$Q_y = P_y(1 - \eta_y)$$

式中，Q_y——液力变矩器释放的热量，kJ/s；

P_y——液力变矩器消耗的功率；

η_y——液力变矩器的效率。

在流经散热器的下列流量 q_s（单位 L/min）条件下，求出散热器取走的热量 Q_y：

$$q_s = \frac{Q_y}{\rho C \Delta T}$$

式中，ρ——机油密度，kg/m^3；

C——机油的质量热容，$C = 2.1\ kJ/(kg \cdot K)$；

ΔT——散热器进口处和出口处的机油温度差，通常 $\Delta T = 15 \sim 20℃$。

同样，还可以求出散热器为吸走减速装置释放的热量所需要的机油量。

对于机械传动装置来说，最大的发热量发生在发动机输出轴转速最高时的高速挡，而这与泵的最大流量是一致的，所以与流经散热器的最大油量也是一致的。

对于液力机械传动装置来说，还有两个高的发热工况。第一个发热工况是在液力变矩器向液力偶合器工况的过渡点（发动机的中等转速）及液力变矩器的效率为 0.90～0.85 时；第二个发热工况是在液力变矩器的效率降低（0.85～0.80）和发动机的输出轴转速低的情况下，在共同工作区最左边的点上。在这两种情况下，流过散热器的油量都不大，并且在选择泵流量时就可以确定发热工况。

吸收液力变矩器和机械传动装置发热量的油量之和，即为流经散热器的工作油量。

4）操纵用油量

需要大量工作油液的最重要的系统之一是操纵系统。操纵系统的固定用油量不大（1%～2%），其用油量主要取决于滑阀的缝隙和密封处的渗漏。注满变速机构、转向机构和停车制动器的液压助力操纵器需要大量油液。液压助力操纵器注满油的快慢，决定了液压系统的快速作用，而它又在很大程度上决定了坦克装甲车辆的操纵性。经验证明，转向机构和停车制动器的液压助力操纵器注满油的时间不应超过 0.15～0.2 s。为了保证这一与液压助力操纵器的容量有关的快速作用，要求泵的相应流量如表 8-4 所示。

表 8-4 操纵器容量与泵的流量

液压助力操纵器的容量/cm^3	200	300	400	500
泵的流量/(L·min^{-1})	60～80	90～120	120～160	150～200

　　因为需要在所有的工作速度范围内行驶时保持这种快速作用，所以应该在发动机输出轴的最低转速条件下保证泵的这种流量。在发动机最大转速时，泵的流量增大 1.5 ~ 2 倍，这会产生发动机的过剩载荷，可以通过在操纵子系统内安装液压蓄压器来达到减小泵流量的目的。

　　变速器的液压助力操纵器注满油的时间允许比 0.15 ~ 0.2 s 稍长，但需要考虑到如果液压助力操纵系统注满油的时间慢于 0.2 s，就会影响车辆的机动性。

　　5）选择液压系统的供油形式和编制液压系统方案

　　选择液压系统的供油形式（开式还是闭式）后，确定所有用油部件的需用油量，然后编出液压系统的整个方案，绘制各个部件的结构，并将各部件布置在最方便的位置上。对发动机输出轴额定转速下的液压系统进行初步计算。在校正和确切规定各种具体参数之后，完成液压系统在各种工况下的全部计算工作。

8.4　自动换挡操纵系统

电液自动操纵系统

　　换挡技术及其操纵系统随着车辆传动技术与装置的发展而发展。手动换挡操纵系统越来越多地被自动换挡操纵系统所取代，究其原因在于手动换挡存在以下缺点：

　　（1）换挡操作技术复杂，每次换挡都要求驾驶员准确地根据道路条件和发动机的工作状态选择最佳的换挡时刻，对主离合器踏板、节气门踏板及变速杆手柄等元件的操作动作要求准确并配合恰当。

　　（2）换挡操作频繁、费力，极大地分散了驾驶员的注意力，降低了乘员的战斗能力。

　　（3）如果换挡时刻选择不当，偏离了发动机最大功率点，就会使经济性能变坏；同时由于换挡期间切断动力，造成速度损失，也会使车辆的平均行驶速度下降。

　　（4）换挡过程中有不同程度的换挡冲击，过大的换挡冲击会使乘员感到不适，降低其战斗力，并影响坦克行进间的命中精度，同时也会给发动机和传动装置的零部件带来很大的动载，降低其使用寿命。

　　早在 20 世纪 40 年代，轿车传动装置上就开始应用了自动换挡技术。早期的自动换挡操纵系统采用的是液压操纵系统。随着近代坦克装甲车辆电子技术的广泛发展与应用，形成了电子控制、液压执行的电液自动换挡操纵系统。各种型号的电液自动换挡操纵系统不断研制成功，其技术水平和可靠性也大大提高，在一些发达国家中的坦克和装甲车辆上得到了广泛的应用。如美国的 M1A1/M1M2、德国的"豹"2、法国的 AXM - 30、英国的"挑战者"等，以及德国 ZF 公司的综合变速箱 LSG 系列，均采用了电液自动换挡操纵系统。

8.4.1　系统组成

1. 基本原理

　　自动换挡操纵系统的任务是根据坦克装甲车辆行驶状况自动地换上合适的排挡。这些坦克装甲车辆行驶状况的参数是车速、节气门开度、发动机转速、变矩器涡轮轴转速和车辆加速度等。按参与自动换挡控制的参数，现代车辆自动换挡系统可分为两类：一类是一个参数控制的自动换挡系统，最常用的参数是车速，当车速达到预定值时，换挡系统自动起作用，换上合适的排挡；另一类是两个参数控制的自动换挡系统。最常用的两个参数是车速和节气门开度。在这种系统中，当两个参数（具有一定的比例关系）达到一定值时，换挡系统就自动起作用，换上合适的排挡。

现代车辆的传动装置中，应用最为广泛的是由两个参数控制的自动换挡系统，它的结构比一个参数控制的自动换挡系统复杂些，但能保证坦克装甲车辆具有满意的动力性能和经济性能。

2. 基本组成

目前车辆的自动变速器基本上都采用了电液自动换挡操纵系统，利用微电子元件传递信号快、消耗功率小以及便于模块化的特点，作为系统信号的检测、数据处理和传输控制机构，特别是采用微型计算机技术后，使系统达到了智能化；利用液压传动传递的能量大、便于控制、结构紧凑和工作可靠等特点，作为系统的执行机构。因而，电液自动换挡操纵系统也是一个机、电、液一体化的系统。

ZF 公司工程车辆上的电液自动换挡操纵系统原理简图如图 8 - 26 所示。该操纵系统为双参数控制，具有经济型和动力型两种模式供选择。

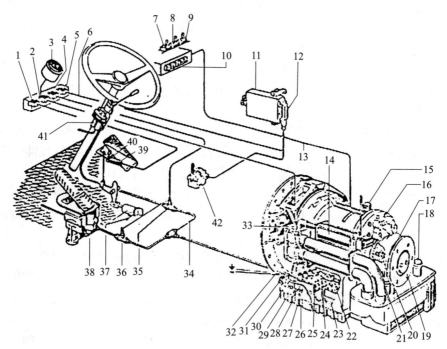

图 8 - 26　ZF 电液自动换挡变速箱操纵系统原理简图

1，2，4，5—继电器；3—温度显示仪器；6，13—连接信号线；7—液力减速器 ON/OFF 开关；
8—动力取出开关；9—应急开关；10—选挡控制器；11—AEM - 6 ECU；12—信号接口；
14—压力调节手柄；15—液力减速器充油油箱；16—油标尺；17—液力减速器油箱电磁阀；
18—冷却接口；19—动力输出；20—输出电磁传感器；21—齿圈；22—涡轮电磁传感器；
23—液压控制系统；24—控制阀；25—电磁阀；26—变矩器前压力检测点；
27—节气门压力检测点；28—液力减速器压力检测点；29—供油压力检测点；30—液力减速器
控制阀；31—液力减速器控制电磁阀；32—电磁阀连接线；33—温度传感器连线；
34—液力减速器控制的压缩空气机构；35，36—接头；37—连接压缩空气的加速度
联锁缸；38—液力减速器或制动机构的制动阀；39—液力减速器阀；40—Kick - down 开关；
41—液力减速器操作选择器；42—负荷传感器

电液自动换挡操纵系统的基本形式简图如图 8 - 27 所示，主要由三部分组成：

（1）以微机为核心的电子控制单元（ECU），完成对车辆状态的检测，接收驾驶员的控制命令和车辆状态传感信号，进行分析和处理，并向液压控制系统发出控制信号，进行升挡和降挡。需要不同的控制方式时，可对 ECU 进行重新编程，以适应不同使用条件的需要，因而便于使系统模块化，以及产品的更新换代。

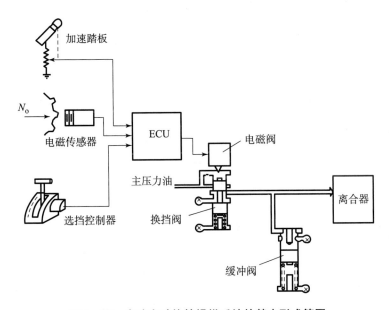

图 8 - 27　电液自动换挡操纵系统的基本形式简图

（2）执行控制信号的液压系统，主要由接收电信号的电磁换向阀、实现不同挡位控制的换挡阀、实现平稳换挡所必需的品质控制阀，以及为系统提供能源的供油系统和系统定压阀等组成。通常将换挡阀、电磁阀、品质控制阀及定压阀等做成集成阀块的形式，以便于安装和布置。

（3）选择不同自动换挡范围的选挡控制器。

电液自动换挡操纵系统的 ECU 原理框图如图 8 - 28 所示。

系统的供电电源采用 12VDC 或 4VDC，CPU 多用 16 位或以上，如 Intel 公司的 51 系列和 96 系列单片型微型计算机，已被较为广泛地采用。在信号的输入端，有：

（1）转速信号。该信号由变速箱输出轴的传感器产生，如图 8 - 26 中的 20，它是电磁型传感器。如果该传感器损坏，则会使变速系统保持在发生故障之前的挡位。

（2）涡轮转速信号。该信号也由电磁传感器产生，如图 8 - 26 中的 22。

（3）挡位选择信号。该信号由选挡控制器产生，如图 8 - 26 中的 10。在发动机启动时，只能选择在空挡位置。

（4）负荷位置传感信号。该信号由图 8 - 26 中的负荷传感器 44 产生，该信号反映发动机负荷的状态和节气门的状态，它将影响换挡点和下坡及欠负载上坡时的延迟升挡。

（5）制动信号。该信号由制动踏板产生。

（6）驱动工况信号。该位置有两个开关信号，即选择按经济型方式还是按动力型方式进行换挡。

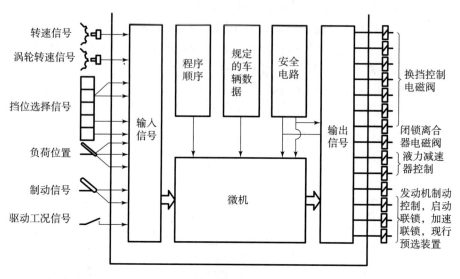

图 8 –28 ECU 原理框图

8.4.2 自动换挡过程及其品质控制

1. 换挡平稳性的概念

所谓换挡品质，就是指换挡过程中的平稳性。对换挡过程中品质控制的要求，就是要求换挡过程中能平稳而没有冲击地进行。无论是自动变速箱还是手动力变速箱，都属于有级变速系统，所不同的是：手动力换挡变速箱是靠驾驶员手的动力，通过复杂的操作来控制的；而自动变速箱则是靠液压执行机构的机动力来实现的。换挡过程是多个转动惯量系统的转矩冲击过程，换挡平稳性是衡量换挡过程中传动装置所产生的转矩冲击大小的指标。

1）对换挡过程的要求

（1）换挡过程应尽量迅速完成。减少由于换挡时间长而使摩擦元件的磨损增加，减少因换挡期间输入功率降低或中断引起的速度损失。

（2）换挡过程应尽量缓慢平稳地过渡。车速过渡应当平稳圆滑，不应有过高的瞬时加速度，或过高的瞬时减速度，避免使乘员感到不舒适的颠簸或冲击及在动力传动装置各机件中产生过大的冲击动载，以提高火炮的命中精度。

很显然，上述两个方面的要求是相互矛盾的。换挡过程进行得急促，就不可避免地产生较大的冲击和动载，破坏了换挡过程的平稳性；反之，如果改善了换挡品质而延长换挡时间，则摩擦元件的滑转时间延长，累计滑摩功增加，最终导致温度升高、磨损增加。实践表明，摩擦片打滑时间在 0.4 ~ 1.0 s 较为合适。

2）换挡冲击的原因

以四挡升五挡为例，说明其换挡过程，如图 8 – 29 所示。它是一个五挡自动变速箱，换挡过程中执行机构的动作如表 8 – 5 所示。换挡前的四挡，变速箱的离合器 L_1 与制动器 Z_4 都接合，其他操纵件分离。这些执行机构都为液压操纵的片式摩擦元件，由于油压的作用，各摩擦元件能够产生足够的摩擦力矩，保证无滑转地工作。在进行换挡时，通过换挡阀将通向制动器的供油通道切断，并立即开始泄油，制动器 Z_4 分离。同时也开始向离合器 L_2 供油，随着充油过程中油压的不断升高，摩擦片之间的间隙被消除并逐渐压紧，产生的摩擦力矩逐渐增大，直到摩擦力矩足以传递输入转矩并终止打滑为止。从制动器与离合器供油通路的瞬间切断及接通，到摩擦元件的完全分离和接合，都需要经过一段时间的打滑过程，直到最后制动器 Z_4 安全分离、离合器 L_2 完全接合时，这个四挡升五挡的换挡过程才告完成。

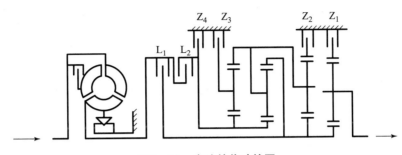

图 8 - 29　变速箱传动简图

表 8 - 5　换挡工况

操纵件 挡位	L_1	L_2	Z_1	Z_2	Z_3	Z_4	i
N				+			
一	+		+				5.183
二	+			+			3.190
三	+				+		2.067
四	+					+	1.400
五	+	+					1.000
R		+		+			-4.476

进一步详细地分析这个换挡过程，可以看出引起换挡冲击的原因。

（1）换挡机构动作的定时问题。

在上述换挡过程中，制动器 Z_4 的分离与离合器 L_2 的接合，在时间配合上必须恰当。理论上要求两者的动作正好同时发生，即制动器 Z_4 分离的同时，离合器 L_2 正好接合。这种换挡过程中动力无中断的情况，在实际控制中常常是难以办到的。一般情况下，不是出现两者交替重叠，就是两者动作之间的间断，即使重叠或间断时间很短，也会由此而产生换挡冲击。

两个执行机构重叠工作：在重叠期间，有 L_1、L_2 及 Z_4 三个执行机构同时接合，其效果好比挂上双挡，L_2 与 Z_4 两个元件互相抵触、互相制动，结果是对发动机及车辆都产生强烈的制动作用，使人感受到由于转矩和转速急剧变动所引起的冲击，严重时还会损坏机件。

两个执行机构动作间断：在间断期间，只有一个离合器 L_1 接合，其效果好比挂上空挡。因此对车辆的作用先是动力中断、车辆减速，然后再次接合挂挡，出现正向的冲击，产生颠簸或加速度。在这种情况下，乘员就会感受到一次前冲后仰的颠簸。

（2）惯性能量所引起的冲击。

由表8−5可知，四挡时速比为1.40，五挡时为1.00，如果此时变矩器处于闭锁状态，则成为直接机械传动。如果车速在换挡瞬间保持不变或基本不变，那么发动机转速在升挡的瞬间要降低40%，此时从发动机到变速箱间的全部旋转件都将有很大的惯性能量释放出来，而转换成转矩扰动传递给车辆，使车辆感受到较大的换挡冲击。同样，在降挡过程中速比变化要求发动机转速陡增，发动机的转动惯量将使得车辆经受一次反向的转矩冲击。可以看出，车辆发动机的惯量越大，则冲击也越大。

（3）执行机构中摩擦力矩的剧变。

离合器是靠摩擦力矩来传递转矩的，其摩擦力矩 T 的数值由下式确定：

$$T = \mu p A r_e z$$

式中，μ ——摩擦系数；

    p ——离合器油缸的油压；

    A ——离合器油缸的承压面积；

    r_e ——作用半径；

    z ——摩擦副数。

显然，除了结构的几何参数外，摩擦力矩主要与摩擦系数和油压有关，而且这两个因素在离合器接合过程中都是变动的。从换挡阀接通油道开始，到压力油充满离合器液压缸及全部油道的过程，是一个动态的过渡过程。由于流体的摩擦、惯性以及液压系统的弹性变形等影响，充油升压过渡过程中伴有一定的压力波动。当油压波动很大时，会引起换挡冲击。摩擦系数随相对滑摩速度而变，动摩擦系数随着摩擦速度减小而增加，当停止滑转时静摩擦系数急剧增大。虽然这种变化规律因油及衬面材料而异，但多数情况下由动摩擦转为静摩擦时，摩擦系数值都有明显变化。这就使得在摩擦片接合过程末尾、滑转消失之时，将出现摩擦力矩的急剧变化。

摩擦离合器的接合过程如图8−30所示。由此可见，在离合器接合过程中，传递转矩的变化过程伴有一定的转矩扰动，相应地会在换挡过程中产生换挡冲击。换挡过程中总会发生一定程度的冲击，并且都表现为换挡过程中变速箱输出轴上的转矩扰动，所以可用输出轴的转矩扰动来描述换挡过程的品质。

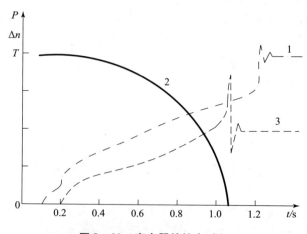

图8−30 离合器的接合过程

1—油压特性；2—离合器主、被动摩擦片间的转速差；3—离合器的转矩

由此可见，对换挡平稳性控制的理想要求可归纳如下：

（1）换挡过程迅速，平稳换挡的打滑时间最少，动力尽量不中断，有合适的换挡重叠。

（2）油压压紧机构的冲击转矩最小，但能保持油压平稳增长。

（3）油压增长的规律随传动工况而变，使不同节气门开度和车速下的换挡冲击都最小。

2. 自动换挡的过渡过程

为了分析各种因素对换挡过程平稳性的影响，需对自动换挡的过渡过程作力学分析。以图 8-31 为例加以说明。这是一个只有两个挡的行星变速箱传动简图，由单级三元件液力变矩器和一个单行星排组成，可以得到两个排挡：当接合制动器 Z 时为低挡，如改为接合离合器 L，则得高挡（直接挡）。下面分析由 Z 换 L 或由 L 换 Z 的换挡过渡过程。

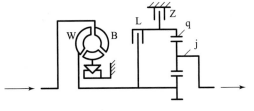

图 8-31　传动系统简图

1）力学模型与基本公式

将图 8-31 所示的结构简图分解成如图 8-32 所示的力学模型，共分为 4 个自由体，其受力情况如图 8-32 所示。这里忽略了机件刚度、间隙及摩擦阻力等因素的影响，以便简化分析计算。

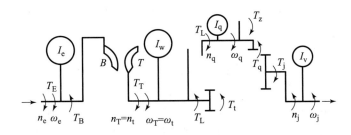

图 8-32　传动系统动力学模型

（1）发动机—泵轮构件。

泵轮构件的转速和角速度等于发动机的转速 n_e 和角速度 ω_e。构件所受转矩有：发动机转矩 T_e，泵轮转矩 T_B，构件转动惯量 I_e 的惯性力矩 $I_e\dot{\omega}_e$。其受力平衡方程式为

$$T_e = T_B + I_e\dot{\omega}_e$$

式中，$\dot{\omega}_e$——发动机的角加速度。

（2）涡轮—太阳齿轮构件。

涡轮转速为 n_T，角速度为 ω_T，角加速度为 $\dot{\omega}_T$。所受转矩有：涡轮转矩 T_T，离合器摩擦力矩 T_L（若离合器打滑则为 T_L'），太阳齿轮的传输转矩 T_t，此外还有构件转动惯量 I_T 的惯性力矩 $I_T\dot{\omega}_T$。其受力平衡方程式为

$$T_T = T_L + T_t + I_T\dot{\omega}_T$$

由变矩器工作原理得

$$T_T = KT_B$$

$$\omega_e = \frac{\omega_T}{i}$$

$$\dot{\omega}_{e} = \frac{\dot{\omega}_{T}}{i} - \frac{\omega_{T}\dot{i}}{i^{2}}$$

式中，K——变矩器的变矩比；

i——变矩器速比。

（3）制动器—齿圈构件。

齿圈转速为 n_{q}，角速度为 ω_{q}，角加速度为 $\dot{\omega}_{q}$。所受转矩有：离合器摩擦力矩 T_{L}（若离合器打滑则为 T'_{L}），制动器力矩 T_{Z}（制动器打滑时为 T'_{Z}），齿圈输出转矩 T_{q}，以及构件惯量 I_{q} 的惯性力矩 $I_{q}\dot{\omega}_{q}$，即

$$T_{L} + T_{Z} = T_{q} + I_{q}\dot{\omega}_{q}$$

（4）行星架—输出轴构件。

行星架转速为 n_{j}，角速度为 ω_{j}，角加速度为 $\dot{\omega}_{j}$。所受转矩有：行星架输出转矩 T_{j}，车辆所得的牵引转矩 T_{V}，构件转动惯量 I_{V} 的惯性力矩 $I_{V}\dot{\omega}_{j}$。这里的惯量 I_{V} 应考虑与变速箱输出轴相连的整个车辆惯性的换算转动惯量。受力的平衡方程式为

$$T_{j} = T_{V} + I_{V}\dot{\omega}_{j}$$

另外，由行星排的转速与内部转矩平衡关系式得

$$\omega_{t} + k\omega_{q} + (1 + k)\omega_{j} = 0$$
$$\dot{\omega}_{t} + k\dot{\omega}_{q} - (1 + k)\dot{\omega}_{j} = 0$$

式中，k——行星排特性参数。

$$T_{t} + T_{q} = T_{j}$$
$$T_{t} : T_{q} : T_{j} = 1 : k : -(1 + k)$$

将上述各构件的基本运动方程联立求解，即可推导出换挡中车辆所得输出转矩 T_{j} 的变动情况，并由此来分析所产生的转矩扰动及各种因素对换挡过程平稳性的影响。

为了正确应用上述公式，可以把换挡过渡过程区分为转矩阶段和惯性阶段两种状态进行处理。在转矩阶段状态下，各构件之间只有转矩的分配和变化，没有急剧的转速变化，因而惯性的影响可以忽略；另一种状态是惯性阶段，在这种状态下，不仅有转矩变动，同时伴有转速或速比的急剧变动，因而惯性的影响不能忽略。

此外，根据换挡期间的动力状况，可把换挡过程分为有动力驱动的升挡和降挡及非动力驱动的升挡和降挡四种工况。

所谓有动力驱动工况，就是指发动机处于正常驱动车辆的工况。这时，换挡期间发动机保持正常的功率输出，一般情况下的自动升挡和降挡都属于有动力驱动工况下的换挡。

所谓非动力驱动工况的升挡，通常发生在干预升挡的情况下，即驾驶员突然关闭节气门而使得升挡。在此换挡期间发动机输出转矩变成负值，发动机没有功率输出。所谓非动力驱动工况的降挡，一般只有在松开加速踏板、车速大幅度下降，以致发动机在接近于怠速运转情况下才发生。这时发动机基本没有功率输出，发动机的转矩很小，而且可能是负值转矩。

以下分析有动力驱动工况升挡和降挡的过渡过程。

2）动力驱动工况的升挡过程

一般情况下，自动换挡的过程可分成五个阶段：升挡前的低挡阶段；低挡转矩阶段；惯性阶段；高挡转矩阶段；升挡后的高挡阶段。

根据各阶段的不同情况，联立各式可得到过渡过程中离合器 L 和制动器 Z 的转矩 T_{L}、

T_Z 及输出转矩 T_j 的变动情况，并借此分析换挡过程中各个阶段转矩扰动的情况，也可以用图解的方法分析各阶段的转矩扰动情况，如图 8 – 33 所示。

图 8 – 33 定性地描述了动力驱动工况的升挡过程。图 8 – 33 中自下而上地分别用四个图形表示了升挡过程中三元件转速、变速箱输出转矩、摩擦转矩、各构件的油压随时间变化的示意图。为了说明方便起见，示意图中作了某些简化：假定发动机及变矩器涡轮输出转矩是不变的（实际上随其转速变化是有变动的），并且都用直线示意地代替曲线，图线中的尺度比例也只是粗略的。

首先，在图 8 – 33（d）中，用折线绘制成离合器 L 和制动器 Z 在充、放油过程中的油压特性 p_L 与 p_Z，由此可以计算得到各构件的摩擦力矩 T'_Z、T'_L，如图 8 – 33（c）所示。在图中，各构件传递转矩 T_Z、T_L 用实线表示，而摩擦转矩则用虚线表示。

（1）升挡前的低挡阶段。

如图 8 – 33 所示，在 A 点之前变速箱处于低挡工作区。按照前面讨论中低挡阶段有关各式，在变矩器涡轮转矩 T_T 的作用下，计算得到 T_Z、T_j 各值，并用直线绘制在图 8 – 33（b）和图 8 – 33（c）中。

（2）低挡转矩阶段。

在 A 点以后，开始了充、放油过程，进入了低挡转矩阶段。在此阶段，制动器摩擦转矩的计算值 T'_Z 大于其实际传递转矩 T_Z，所以制动器仍然保持接合状态。但是，由于离合器滑转摩擦力矩不断增加，故制动器传递转矩 T_Z 也逐渐下降，直到 B 点时，摩擦力矩 T'_Z 小于传递转矩 T_Z，制动器开始出现打滑，低挡转矩阶段才告终止。在这个阶段输出转矩 T_j 可用图 8 – 33（b）中折线表示。考虑到整个换挡过程中车速基本不变，所以三元件的转速 n_t、n_q 及 n_j 都保持不变，如图 8 – 33（a）所示。

（3）惯性阶段。

在 B 点以后，进入惯性阶段。离合器与制动器都处于打滑阶段，各构件的转速都在变化，转速 n_t 下降，n_q 则增高，而输出轴转速 n_j 基本保持不变。经过一定时间，直到行星排三元件达到同步旋转（$n_t = n_q = n_j$）时，惯性阶段方才终止。在此阶段中，充、放油过程继续进行，各转矩如图 8 – 33（b）和图 8 – 33（c）所示。

（4）升挡后的高挡阶段。

在 C 点以后，由于离合器 L 停止打滑而接合，而制动器则已分离，所以直接进入了高挡阶段工作，因此这种升挡过程中没有高挡转矩阶段，其转矩曲线如图 8 – 38（b）和图 8 – 38（c）所示。

从上述计算示意图中，由输出转矩图线变动的情况可对换挡过程中的转矩扰动进行分析。在 B 点与 C 点处，输出转矩有很大的变动，这就是引起换挡冲击的转矩扰动。这种转

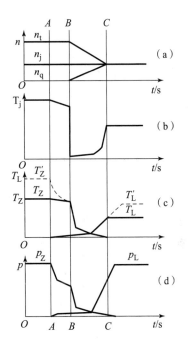

图 8 – 33　动力驱动工况的升挡过程
（a）三元件转速；（b）变速箱输出转矩；
（c）摩擦转矩；（d）油压特性

矩扰动的幅度越大，对时间的导数越大，换挡过程的冲击就越剧烈。在车辆行驶中，在 B 点时乘员能感觉到减速度，随后在 C 点则能感觉到加速度。

由分析可知，B 点与 C 点的转矩扰动与过渡过程阶段的状态转换有关。由于转矩阶段与惯性阶段之间互相转化，输出转矩的表达关系式也发生变化，因而会出现输出转矩的骤变。从前述讨论可知，过渡过程中各阶段（或状态）的变化取决于各执行机构充、放油过程，所以改变两个执行机构充、放油的油压特性，即可极大地改变输出转矩扰动的情况。

自动变速箱实际升挡过程中所测得的油压特性曲线及输出转矩曲线如图 8－34 所示。图 8－34（b）中表示的是两个执行机构的油压特性，p_L 是直接挡离合器的油压特性，而 p_Z 则表示制动器的换算油压特性。图 8－34（a）中的曲线表示了换挡过程中输出转矩的变动情况，实线表示计算结果，而虚线则为试验结果。

3）动力驱动工况的降挡过程

与上述升挡过程相似，动力驱动工况的降挡过程也可分成五个阶段，可通过图解法分析各阶段转矩扰动的情况，如图 8－35 所示。

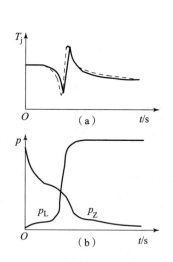

图 8－34 升挡过程转矩变化及油压特性曲线

（a）输出转矩；（b）油压特性

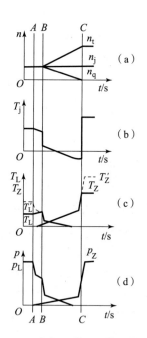

图 8－35 动力驱动工况的降挡过程

（a）三元件转速；（b）输出转矩；
（c）摩擦转矩；（d）油压特性

在图 8－35 中，采用了与图 8－33 相同的绘图方法，同样都用直线来定性地说明复杂的曲线变化过程。

（1）降挡前的高挡阶段。

如图 8－35 所示，在 A 点之前变速箱处于高挡工作区。按照前面讨论中、高挡阶段有关各式，在变矩器涡轮转矩 T_T 的作用下，计算得到 T_Z、T_j 各值，并用直线绘制在图 8－35（b）和图 8－35（c）中。

（2）高挡转矩阶段。

如图 8 – 35 所示，从 A 点开始降挡，在 A 点之前处于高挡工作阶段。从 A 点开始，根据充、放油的油压特性可绘制摩擦力矩 T'_L 及 T'_Z 的图线，如图 8 – 35（c）所示。T'_L 折线与离合器实际传递转矩曲线 T_L 相交于 B 点。AB 之间为高挡转矩阶段。根据此阶段的计算式，可绘制输出转矩 T_j 的图线，如图 8 – 35（b）所示。

（3）惯性阶段。

从 B 点开始，进入惯性阶段。在此阶段内，由于齿圈构件做正向旋转，所以制动器的摩擦力矩 T'_Z 取 " – " 号，于是涡轮构件开始增速，而齿圈构件则降速，直到 C 点惯性阶段终止时为止。按照此阶段的计算式，可绘制输出转矩 T_j 的图线［图 8 – 35（b）］，此时转矩迅速下降。

（4）降挡后的低挡阶段。

从 C 点开始是低挡阶段。这时各构件不再有转速变化，如图 8 – 35（a）所示。根据各计算式绘制得到的转矩图线如图 8 – 35（c）所示。由于在惯性阶段中离合器 L 已经完全泄油卸压，所以在此降挡过程中没有低挡转矩阶段。

与图 8 – 33 相类似，从图 8 – 35 中也可看到：动力驱动工况的降挡过程中，在惯性阶段的始末点，输出转矩出现较大的扰动，先是下降，然后是突变性的骤增，形成了影响过渡过程品质的转矩扰动，乘员会先感到减速度，随后又感到加速度的冲击。这种转矩扰动很大程度上取决于充、放油过程的油压特性。当油压特性设计不当时，还会出现负值的输出转矩，使得换挡过程中传动轴出现转矩反向冲击的噪声。

自动变速箱动力驱动工况降挡时的实测输出转矩曲线和压力曲线如图 8 – 36 所示。图 8 – 36（a）所示为输出转矩曲线，其中实线表示计算结果，虚线为实测结果；图 8 – 36（b）所示为油压特性曲线。

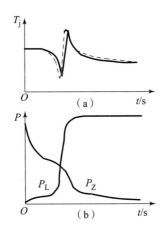

图 8 – 36　降挡过程转矩变化及油压特性曲线

（a）输出转矩特性曲线；（b）油压特性曲线

3. 缓冲控制过程

既然产生换挡冲击的根本原因是输出转矩的扰动，故换挡过程品质控制的基本原理也在于限制发生过于剧烈的转矩扰动。从前面的换挡过渡过程分析可知，限制转矩扰动的基本途径有三点：对保证离合器平稳接合的缓冲油压进行控制；对摩擦元件（离合器、制动器）交替过程的定时进行控制；对液压执行元件的最大作用力进行控制。

从换挡过渡过程的分析可知，输出转矩的扰动与摩擦元件的接合过程有关。一般情况下接合过程中升压越是急促，则输出转矩扰动越剧烈。因此，若能使摩擦元件缓慢升压、平稳地接合，就能改善换挡过程的品质。换挡时，在离合器的接合过程中，离合器整个充油升压过程可用图 8-37 所示的曲线来说明，共分五个阶段。

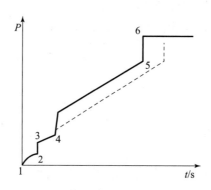

图 8-37　离合器的充油过程

1）充油开始阶段（线段 1-2）

换挡阀移位接通离合器供油通路，立即开始向离合器的剩余空间及油道充油。通常，这段时间极短，有时可以认为是在瞬时完成的，而且油压很低。

2）初步升压阶段（线段 2-3）

离合器的剩余空间充满油后，油压陡然上升，直到能使活塞克服回位弹簧预压力而开始移动为止。通常这段过程的时间更短，所用的时间可以忽略不计。

3）自由行程阶段（线段 3-4）

活塞克服弹簧预压力而开始移动，直到消除离合器摩擦片之间的间隙，达到接触为止。自由行程所需的时间也较小，可由行程所对应的容积与供油量来计算。

4）升压接合阶段（线段 4-5）

这段时间内，摩擦片间隙已经消除，活塞停止移动，油压则不断升高，一直达到能够满足离合器摩擦元件的主、被动边同步而完全接合为止。由于油压的作用，摩擦片的压紧程度逐渐增加，所产生的摩擦力矩也逐渐增加，同时也由于主、被动边存在转速差而产生滑摩，直到完全接合，主、被动边达到同步而转速一致。由于油液基本上是不可压缩的，所以如果无特殊控制，升压过程将极其急促，并出现油压波动，使输出转矩扰动较大。

5）充油结束阶段（线段 5-6）

当主、被动边达到同步以后，说明离合器已完全接合，因而急促升压不会影响平稳性。因此，该阶段油压较陡，直到达到主油压力为止，其目的是保证离合器有足够的摩擦力矩储备。这段时间也极短，基本上可忽略不计。

缓冲控制过程，主要是在升压接合阶段，如果油压急剧增高，也会引起摩擦力矩的急剧增加，使变速箱的输出轴上产生很大的转矩扰动。升压越急促，摩擦力矩增加也越急促，最后引起的转矩冲击也就越大。因而，如果能把升压阶段控制成图 8-37 中虚线所示的情形，则延缓了升压速度，同时也避免了升压阶段压力陡升的现象，使摩擦力矩较缓慢地升高，离合器主、被动边的转速差经过打滑也就会平稳地消除，所得到的输出转矩的扰动也就减小了。但若这段时间过长，则会导致滑摩功增加、磨损加大、发热增高。一般这段时间在 $0.5 \sim 1.5$ s 较为合适。

基于上述缓冲控制原理，实用中控制缓冲的方法有多种，结构也不同，主要包括节流孔控制、蓄压器控制以及在两者基础上的单边节流控制、双边节流控制等。

4. 节流孔缓冲控制

在执行油缸的进油路中串入节流孔，可以起到节流和降压的作用。图 8 – 38（a）所示为节流孔简图，节流孔直径为 d，其壁厚为 l，两边的压力分别为 p_2 和 p_1。由流体力学可知，当节流孔为薄壁孔〔孔长与孔径比 $(l/d) < 0.5$〕时，通过节流孔的流量可由下式计算：

$$q_{\mathrm{v}} = C_{\mathrm{d}} A \sqrt{\dfrac{2}{\rho} \Delta p}$$

式中，C_{d}——流量系数，当 $\dfrac{D}{d} \geqslant 7$ 时，可取 $C_{\mathrm{d}} = 0.62$；

　　　A——节流孔通流面积，m^2；

　　　Δp——节流孔前后压差，$\Delta p = p_1 - p_2$，Pa；

　　　ρ——工作液密度，$\mathrm{kg/m}^3$。

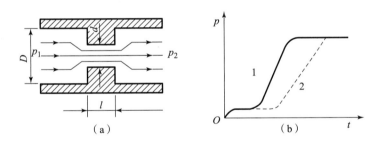

图 8 – 38　节流孔及其缓冲特性

1—大的节流孔流通面积；2—小的节流孔流通面积

节流孔的油压增长特性如图 8 – 38（b）所示。油缸开始充油时流量大，压降大，执行油缸内的油压小；油液逐渐充满油缸时，流量减小，压降也减小，油压增大，最后压降为零，油压增到最大。改变节流孔截面积可改变缓冲特性，通流面积变小（曲线 2 所示），则压力增长较平缓。

节流孔的缓冲作用不能满足最佳的平稳换挡要求。首先，它的降压作用主要在离合器消除自由间隙阶段（即大流量时），但在离合器接合摩滑过程中，油压增长很快。其次，节流孔后的油压对油温很敏感。因此，油温不同时，油压增长快慢（接合时间）有明显差别。最后，节流孔不能随节气门大小调节。因此小节气门时，由于油泵流量小，故缓冲作用很小。

节流孔的最大优点是结构简单，常用在要求不高的缓冲油路中，特别是控制分开离合器的松开过程，以保证合适的换挡重叠。

5. 定时控制

从换挡过渡过程分析可知，输出转矩扰动与两个相互替换的摩擦元件的摩擦转矩有很大的关系。在常见的离合器换离合器或离合器换制动器的换挡过程中，摩擦转矩替换过程的定时不当，会引起输出转矩的急剧变化。一般来说，若能准确、及时地在两个离合器之间进行替换，就能减少输出转矩的扰动。但在实际中，通常都是难以实现的，总是会有或多或少的重叠或中断间隔。出现重叠不足或重叠过多，都会产生不应有的换挡冲击。

重叠不足，就是待分离的离合器过快地泄油分离，而待接合的离合器未能有足够的油压，因而出现两个离合器传递转矩间断的情况。在这个重叠不足的时间内，输出转矩下降过多，随后又急剧上升，形成较大的转矩扰动。

重叠过多，如图8-39（b）中点画线3所示，就是待接合的离合器已经能传递很大的转矩，待分离的离合器仍未很好地泄油分离，因而出现两个执行机构重叠工作的情况。在一个短暂的瞬间，有两个排挡重叠工作，使发动机和输出轴都受到制动的作用，因而使输出轴的转矩扰动很大，随后又因待分离的离合器分离，使输出轴的转矩又急剧升高。所以，转矩扰动比重叠不足时更大。在此期间，发动机的转速先是急降，然后又回升，表现出很不稳定的现象，这种升挡过程是最不稳定的。

图8-39（a）~图8-39（c）分别表示离合器替换过程中，发动机的转速、离合器的油压以及输出转矩随时间变化的情况。图8-39中实线1是正好准时替换的换挡过程，虚线2是重叠不足时的情况，点画线3是重叠过多的情况。

所谓定时控制，就是对两个摩擦元件充、放油过程的协调控制。它不仅是单纯控制某一个离合器的充油过程或另一个离合器的充油过程，而是把两种过程协调配合起来，使其有最满意的交替衔接。定时控制最常用的方法是采用定时阀和缓冲定时阀。图8-40所示为某轿车三挡自动变速箱中二挡升三挡的定时阀。在进行二挡升三挡时，二挡的制动器分离，三挡的离合器接合；在进行三挡降二挡时，三挡离合器分离，二挡制动器接合。

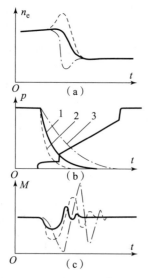

图8-39　离合器替换过程中
n_e、p_1、T_j 随 t 变化的关系

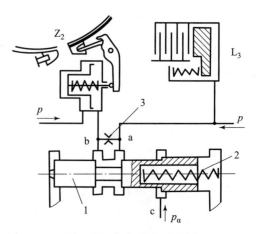

图8-40　定时阀工作原理
1—滑阀；2—弹簧；3—节流孔

定时阀由滑阀1和弹簧2组成。油道a与三挡离合器相通，油道b则与二挡制动器带的伺服油缸松腔相通。从油道a向b的通道有两条，即节流孔3和滑阀1的环槽。

当二挡升三挡时，换挡阀接通三挡离合器的供油通道，同时向油道a输送主油压p。经过定时阀又向二挡制动器带的伺服油缸松腔送油，当松腔的油压达到一定的压力时，能克服紧腔油压使活塞向左移动，二挡制动带被松开，完成由二挡制动带向三挡离合器的替换过程，实现二挡升三挡。定时阀的功用在于控制油道a、b之间的通流能力，从而控制制动带松开的时间，达到定时控制的目的。

如图8-40所示，定时阀受c油道的速度信号油压p_α的控制，这个油压作用于滑阀的台阶形环面上，产生液压推力并与弹簧2的张力相平衡。当车速小时，定时滑阀1在弹簧2的推动下处于左端位置，环槽油道a、b接通，可以保证迅速地松开二挡制动带。随着车速的提高，滑阀1逐渐右移，a、b油道之间的油道被滑阀切断，这时a、b之间的油液必须经过节流孔3，因而，使二挡制动带的松释滞缓，这就在二、三挡之间形成较多的重叠。这种重叠可以使发动机或涡轮的转速较快地降低，以便接近同步转速时接合三挡，改善换挡品质。同理，在三挡降二挡过程中，定时阀也能进行类似的控制。

6. 执行油压控制

所谓执行油压就是执行机构中的工作油压。通常在设计摩擦元件时，总是按照摩擦力矩储备系数的要求，把执行油压定得很高，超过了执行机构传递功率的需要。这就使得执行机构在接合过程中会产生过大的摩擦力矩，形成较大的转矩扰动，影响换挡过程的平稳过渡。为了改善换挡品质，可采用控制执行油压的方法，使之根据传递功率大小的需要而变动，避免出现偏高的工作油压。常用的控制方法有以下几种：

1）调节主压力的大小

采用主压力可变的调节系统，使主压力随节气门开度、车速大小以及排挡变换而自动调节变化，这样可以在换挡接合时得到与传递功率基本相适应的摩擦力矩，保证较平稳地进行换挡。

2）调节执行力的大小

当主压力固定不变时，可在执行机构中使实际执行力随实际需要而变化。对此可采用以下方法：

双面积活塞——油缸中的活塞由两个面积大小不同的活塞组成，当需要较大的执行力时，使用较大面积的活塞；当需要较小执行力时，使用较小面积的活塞。

带补偿油腔的伺服油缸——补偿油腔直接接通节气门油压，因而能使实际制动力矩随节气门开度而变。节气门开度增大，制动力矩也增大。

通常，通过执行油压的控制来改善换挡品质的方法，主要用于功率储备极大的轿车上，因为它们经常处于小节气门开度下行驶，经常用的执行油压不需要达到最高的设计极限。采用这种控制方法可以使经常处于小节气门开度下行驶的汽车得到满意的换挡接合过程。

进行执行油压控制，是通过专用的执行力调压阀来实现的。图8-41所示为一个执行力调压阀工作原理，可将它串联在通往执行机构的供油通道中，油道a为输入口，油道b为通往执行机构的输出油道口。

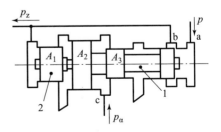

图8-41　执行力调压阀工作原理

1—滑阀；2—柱塞

输入油道口 a 的油压为主油压 p，而出口的油压为执行油压 p_z。执行力调压阀由滑阀 1 和柱塞 2 组成。自油道 c 将节气门信号油压 p_α 作用于台阶形环面上。由滑阀 1 的受力平衡条件可以导出执行油压的计算式：

$$p_z A_1 = p A_3 + p_\alpha (A_2 - A_3)$$

式中，A_1，A_2，A_3——柱塞和滑阀相应处的截面积。由此可得执行油压：

$$p_z = \frac{1}{A_1} [p A_3 + p_\alpha (A_2 - A_3)]$$

该式说明执行油压应小于主压力，而且随节气门开度的增大而升高。

当切断供油时，由于进油口油道 a 接通泄油，柱塞 2 推动滑阀右移，将出口油道 b 与滑阀中部的泄油道接通，故使执行机构立即卸压分离。

7. 缓冲阀换挡过程油压特性的计算

设计一个品质满意的换挡过程，基本途径是保证执行机构的充、放油过程有合理的油压特性。各控制阀的功能也取决于控制所需的油压特性，所以正确设计计算换挡过程的油压特性，对换挡品质控制是极其重要的。

由于控制系统油路比较复杂，经常采用节流孔，且在油路计算中增加了非线性的困难，故实际计算工作十分复杂。通常为简化计算作某些假设，在设计完后，再据试验结果对系统的某些参数进行修正。通常，油压特性计算过程可分为三个步骤：建立并绘制系统的计算简图；根据运动学及动力学原理建立方程式；求解方程组，计算油压特性。

现以单边节流型缓冲阀为例进行介绍，如图 8-42 所示，图中的符号意义如下：

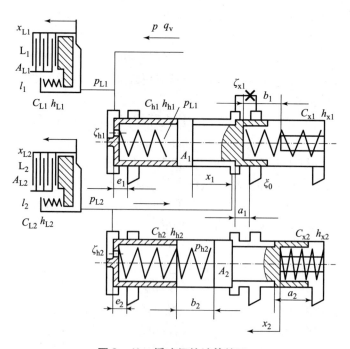

图 8-42 缓冲阀的计算简图

离合器 L_1、L_2 的有关参数：

q_V——供油系统的流量；

p——供油系统的主压力；

P_{L1}，P_{L2}——两个离合器 L_1、L_2 油缸的压力；

A_{L1}，A_{L2}——两个离合器的活塞面积；

C_{L1}，C_{L2}——两个离合器的弹簧刚度；

h_{L1}，h_{L2}——两个离合器弹簧的初始压缩量；

x_{L1}，x_{L2}——两个离合器的活塞位移量；

l_1，l_2——两个离合器的活塞自由行程。

缓冲阀的有关参数：

A_1，A_2——两个缓冲阀的阀颈截面积；

ζ_{h2}，ζ_{h2}——两个缓冲阀的节流孔导流率；

C_{h1}，C_{h2}——两个缓冲阀的缓冲弹簧刚度；

h_{h1}，h_{h2}——两个缓冲阀的缓冲弹簧初始压缩量；

e_1，e_2——两个缓冲滑阀对溢流口的遮盖量。

缓冲阀蓄压器的有关参数：

C_{x1}，C_{x2}——两个缓冲阀蓄压器的弹簧刚度；

h_{x1}，h_{x2}——两个缓冲阀蓄压器的弹簧初始压缩量；

x_1，x_2——两个缓冲阀蓄压器的柱塞位移；

b_1，b_2——两个缓冲阀蓄压器的柱塞总行程；

a_1，a_2——两个缓冲阀蓄压器的柱塞对泄油口的遮盖量；

ζ_{x1}——排油节流孔的导流率；

ζ_0——细长孔型泄油道的导流率。

为了简化计算，我们作了一些假设：

（1）整个系统处于稳定状态工作，各零件的惯性可以忽略不计；

（2）各部分的流体黏性阻力、机件的机械摩擦力都很小，可以忽略不计；

（3）系统内的液体漏损很小，可予以忽略；

（4）离合器油缸中一般都有卸荷装置，并且为了计算方便，假设离合器油缸中的离心油压不大，所产生的离心油压推力暂可略去不计。

1）离合器 L_1 的充油特性计算

充油过程包括初始充油升压、自由行程及升压接合几个阶段，但是构成整个过程的主要是两个阶段，即离合器的自由行程及缓冲升压阶段，其他阶段基本是在瞬间完成的，可以忽略不计。因此，充油特性计算可按这两个阶段进行，分别建立其计算方程式。

（1）离合器 L_1 的自由行程阶段。

在这个阶段中，离合器自由行程之初，需要克服离合器弹簧预压力才能推动活塞移位。自由行程中油缸所增大的容积需要供油系统连续供油补充，并且始终要保持足够的油压，以保证在活塞两侧保持受力平衡。

由活塞受力平衡条件可建立方程式

$$p_{L1} A_{L1} = C_{L1}(h_{L1} + x_{L1}) \tag{8-1}$$

将该式微分，可得油压增量与位移增量的关系式为

$$A_{L1} \mathrm{d} p_{L1} = C_{L1} \mathrm{d} x_{L1} \tag{8-2}$$

由活塞位移的流量平衡可建立方程式

$$A_{L1} \frac{dx_1}{dt} = q_v \qquad (8-3)$$

积分，可得自由行程时间

$$t_{11} = \int_0^{t_1} dt = \int_0^{x_{L1}} \frac{A_{L1}}{q_v} dx_{L1} = \frac{A_{L1}}{q_v} x_{L1} \qquad (8-4)$$

由此可推导出充油油压的表达式

$$p_{L1} = \frac{C_{L1}}{A_{L1}}(h_{L1} + x_{L1}) = \frac{C_{L1}}{A_{L1}}\Big(h_{L1} + \frac{q_v}{A_{L1}} t_{11}\Big) \qquad (8-5)$$

根据上式，可绘制出这一阶段的油压特性。显然，式（8-5）所得的是一条直线。将 x_{L1} 的初始值（$x_{L1} = 0$）及终值（$x_{L1} = l_1$）代入式（8-1）及式（8-4），可得这一阶段有关参数的初值与终值，如表 8-6 所示。

表 8-6　离合器 L_1 自由形成阶段的初值和终值

项目	x_{L1}	t_{L1}	P_{L1}
初值	0	0	$\frac{C_{L1}}{A_{L1}} h_{L1}$
终值	l_1	$\frac{A_{L1}}{q_v} l_1$	$\frac{C_{L1}}{A_{L1}}(h_{L1} + l_1)$

（2）离合器 L_1 的缓冲升压阶段。

自由行程结束后，由于油压 p_{L1} 升高，缓冲阀右移一个距离（大约相当于溢流口的遮盖量 e_1）并开始溢流。从此开始，由于节流孔（ζ_{h1}）的作用，蓄压器柱塞开始缓慢移动，并由蓄压器弹簧张力控制缓冲阀左端的离合器油压 p_{L1} 缓慢上升，直到蓄压器柱塞位移等于总行程 b_1 时，p_{L1} 急剧上升至等于主压力 p 为止。

由缓冲滑阀受力平衡，可建立方程式

$$p_{L1} A_1 = p_{h1} A_1 + C_{h1}(h_{h1} - x_1) \qquad (8-6)$$

由蓄压器柱塞受力平衡关系可得

$$p_{h1} A_1 + C_{h1}(h_{h1} - x_1) = C_{x1}(h_{x1} + e_1 + x_1) \qquad (8-7)$$

联立式（8-6）及式（8-7），并微分，可得

$$A_1 dp_{L1} = C_{x1} dx_1 \qquad (8-8)$$

由柱塞位移与节流孔的流量平衡关系得

$$A_1 \frac{dx_1}{dt} = \zeta_{h1} \sqrt{p_{L1} - p_{h1}} \qquad (8-9)$$

联立式（8-6）、式（8-8）和式（8-9），并解之，可得

$$t_{12} = t_{11} + \int_{t_{11}}^{t_{12}} dt = t_{11} + \int_0^{x_1} \frac{A_1}{\zeta_{h1} \sqrt{p_{L1} - p_{h1}}} dx_1$$

$$= t_{11} + \frac{2A_1^2}{\zeta_{h1} C_{h1}} \Big[\sqrt{\frac{C_{h1}}{A_1} h_{h1}} - \sqrt{\frac{C_{h1}}{A_1}(h_{h1} - x_1)} \Big] \qquad (8-10)$$

由此可推导得充油油压 p_{L1} 的特性表达式为

$$p_{L1} = \frac{C_{x1}}{A_1}(h_{x1} + e_1 + x_1)$$

$$= \frac{C_{x1}}{C_{h1}}\Big[\frac{C_{h1}}{A_1}(h_{x1} + e_1) + \frac{(t_{12} - t_{11})\zeta_{h1}C_{h1}}{A_1^2}\sqrt{\frac{C_{h1}}{A_1}h_{h1}} - \frac{(t_{12} - t_{11})\zeta_{h1}^2 C_{h1}^2}{4A_1^4} \Big] \tag{8-11}$$

将 $x_1 = 0 \sim (b_1 - e_1)$ 的边界值代入式（8-10）及式（8-11），可得这一阶段的初值与终值，见表 8-7。

表 8-7 离合器 L_1 缓冲升压阶段的初值和终值

项目	x_1		t_{12}	p_{L1}
初值	0		$t_{11} = \dfrac{A_{L1}}{q_{v1}}l_1$	
终值 $b_1 - e_1$	$\dfrac{C_x}{A_1}(h_{x1} + e_1)\dfrac{A_{L1}}{q_v}l_1 + \dfrac{2A_1^2}{\zeta_{h1}C_{h1}}\Big[\sqrt{\dfrac{C_{h1}}{A_1}h_{h1}} - \sqrt{\dfrac{C_{h1}}{A_1}(h_{h1} - b_1 + e_1)} \Big]$		$\dfrac{C_{x1}}{A_1}(h_{x1} + b_1)$	

在缓冲行程终止后，充油系统的油压将急剧上升至与主压力相等的数值。

这样，由式（8-5）及式（8-11），可以分别在时间为 $0 \sim t_{11}$ 及 $t_{11} \sim t_{12}$ 的范围内绘制出充油过程的油压特性曲线。

2) 离合器 L_2 的放油特性计算

当换挡阀切断离合器供油通路的同时，立即开始放油过程。放油过程主要包括两个阶段：节流孔 ζ_{x1} 放油阶段及离合器分离行程阶段。

（1）节流孔 ζ_{x1} 放油阶段。

在此期间，只有缓冲阀经节流孔 ζ_{h2} 排放的流量超过节流孔 ζ_{x1} 的排放流量时，才有可能使离合器 L_2 油缸内的油液不外泄，才能使油缸内保持足够的油压 p_{L2}，只有在这个条件下，离合器 L_2 的放油特性才能受离合器 L_1 的充油缓冲阀的控制。这一条件要求两个节流孔导流率有一定的缩小比 ψ：

$$\psi = \frac{\zeta_{h1}}{\zeta_{h2}} \tag{8-12}$$

显然 ψ 的值在 $0 \sim 1$。ψ 的大小将影响到放油过程中离合器 L_2 的油压 p_{L2}。

由两节流孔的流量平衡可得

$$\zeta_{h2}\sqrt{p_{h2} - p_{L2}} = \zeta_{x1}\sqrt{p_{L2}} \tag{8-13}$$

将式（8-12）代入式（8-13），可得

$$p_{L2} = \frac{1}{1 + \psi^2}p_{h2}$$

由蓄压器柱塞复位位移与流量平衡可得

$$A_2\frac{dx_2}{dt} = \zeta_{h2}\sqrt{p_{h2} - p_{L2}} \tag{8-14}$$

由蓄压器柱塞受力平衡可得

$$p_{h2}A_2 + C_{h2}(h_{h2} - b_2 + x_2) = C_{x2}(h_{x2} + b_2 - x_2) \tag{8-15}$$

整理可得

$$p_{h2} = \frac{1}{A_2} [C_{x2}(h_{h2} + b_2) - C_{h2}(h_{h2} - b_2) - x_2(C_{x2} + C_{h2})]$$

当 $x_2 = 0$ 时，得 $p_{h2} = p_{h20}$ ，即

$$p_{h20} = \frac{1}{A_2} [C_{x2}(h_{x2} + b_2) - C_{h2}(h_{h2} - b_2)] \tag{8-16}$$

将式（8-15）微分后，可得

$$A_2 dp_{h2} = -(C_{x2} + C_{h2}) dx_2 \tag{8-17}$$

联立式（8-13）~式（8-17），并解之，可得

$$
\begin{aligned}
t_{21} &= \int_0^t dt = \int_0^x \frac{A_2}{\zeta_{h2} \sqrt{p_{h2} - p_{L2}}} dx_2 \\
&= \frac{2A_2^2 \sqrt{1 + \psi^2}}{\zeta_{h2} \psi (C_{x2} + C_{h2})} \left[\sqrt{p_{h20}} - \sqrt{p_{h20} - \frac{x_2}{A_2}(C_{x2} + C_{h2})} \right]
\end{aligned}
\tag{8-18}
$$

整理得到 p_{L2} 特性的表达式

$$p_{L2} = \frac{1}{1+\psi^2} p_{h2} = \frac{1}{1+\psi^2} \left[p_{h20} - \frac{t_2 \zeta_{h2} \psi (C_{x2} + C_{h1})}{A_2^2 \sqrt{1+\psi^2}} \sqrt{p_{h20}} + \frac{t_2^2 \zeta_{h2}^2 \psi^2 (C_{x2} + C_{h2})^2}{4A_2^2 (1+\psi^2)} \right]$$

$$\tag{8-19}$$

将 $x_2 = 0 \sim b_2$ 的边界值代入式（8-18）及式（8-19），可得这一阶段的初值及终值，如表 8-8 所示。

表 8-8 离合器 L_2 放油时节流孔放油阶段的初值和终值

项目	初值	终值
x_2	0	b_2
t_{21}	0	$\dfrac{2A_2^2 \sqrt{1+\psi^2}}{\zeta_{h2} \psi (C_{x2} + C_{h2})} \left[\sqrt{p_{h20}} - \sqrt{p_{h20} - \dfrac{b_2}{A_2}(C_{x2} - C_{h2})} \right]$
p_{L2}	$\dfrac{1}{A_2(1+\psi^2)} [C_{x2}(h_{x2} + b_2) - C_{h2}(h_{h2} - b_2)]$	$\dfrac{1}{A_2(1+\psi^2)}(C_{x2} h_{x2} - C_{x2} h_{h2})$

但是，离合器 L_2 的节流孔放油阶段早在表 8-7 中终值之前就终止了，因为它受离合器 L_1 充油过程的控制，当 L_1 的缓冲阀行程 x_1 达到 $a_1 - e_1$ 时，L_1 缓冲阀的蓄压器柱塞已经把节流孔 ζ_{x1} 短路，离合器 L_2 及其缓冲阀即可急速放油，并使离合器 L_2 迅速分离。所以，节流孔 ζ_{x1} 放油终止时的时间和油压值的计算如下：

由式（8-10）可得

$$t_{21} = t_{11} + \frac{2A_1^2}{\zeta_{h1} C_{h1}} \left[\sqrt{\frac{C_{h1}}{A_1}} h_{h1} - \sqrt{\frac{C_{h1}}{A_1}(h_{h1} - a_1 + e_1)} \right] \tag{8-20}$$

由式（8-18）及式（8-20）可得

$$x_2 = \frac{t_{21} \zeta_{h2} \psi}{A_2 \sqrt{1+\psi^2}} \left[\sqrt{p_{h20}} - \frac{t_{21} \zeta_{h2} \psi (C_{x2} - C_{h2})}{4A_2^2 \sqrt{1+\psi^2}} \right] \tag{8-21}$$

由式（8-19）可得终止时的油缸油压

$$p_{12} = \frac{1}{1+\psi^2}\left[p_{h20} - \frac{t_{21}\zeta_{h2}\psi(C_{x2}+C_{h2})}{A_2^2\sqrt{1+\psi^2}}\sqrt{p_{h20}} + \frac{t_{21}^2\zeta_{h2}^2\psi^2(C_{x2}+C_{h2})^2}{4A_2^4(1+\psi^2)}\right] \tag{8-22}$$

把这些数值与表 8-8 中的终值相对照，显然表中 x_2、t_{21} 的终值应大于式（8-20）及式（8-21）的计算值，而表 8-8 中的 p_{12} 值则低于式（8-22）的计算值，否则将出现定时控制上的混乱：在离合器 L_1 缓冲阀柱塞行程尚未使 L_2 的泄油通道畅通前，离合器 L_2 的缓冲阀行程已经终了，离合器 L_2 油缸中油压已降低，并开始向外排放油液，离合器 L_2 分离。显然，这样就达不到预定的定时控制的目的，是设计所不希望的。

所以，离合器 L_2 节流孔 ζ_{x1} 放油阶段，其放油特性应根据式（8-20）及式（8-22）绘制。

（2）离合器 L_2 的分离行程阶段。

自离合器 L_1 缓冲阀的柱塞将节流孔 ζ_{x1} 短路开始，离合器 L_2 的放油就必经泄油道 ζ_0 进行。由于 $\zeta_0 \gg \zeta_{x1}$，可以保持畅通，所以离合器 L_2 油压急速下降，其活塞在弹簧的推动下返位，离合器开始分离行程，直到最后油压下降至 0。

由活塞位移及流量平衡关系可建立方程式

$$-A_{12}\frac{dx_{12}}{dt} = \zeta_0 p_{12} \tag{8-23}$$

由活塞受力平衡方程式可得

$$A_{12}p_{12} = C_{12}(h_{12}+x_{12}) \tag{8-24}$$

微分上式后得

$$A_{12}dp_{12} = C_{12}dx_{12} \tag{8-25}$$

联立解式（8-23）~式（8-25），可得

$$t_{22} = t_{21} + \int_0^t dt = t_{21} - \int_{l_2}^{x_{12}} \frac{A_{12}}{\zeta_0 p_{12}}dx_{12} = t_{21} + \frac{A_{12}^2}{\zeta_0 C_{12}}\ln\left(\frac{h_{12}+l_2}{h_{12}+x_{12}}\right) \tag{8-26}$$

$$p_{12} = \frac{C_{12}}{A_{12}}(h_{12}+l_2)e^{-\frac{\zeta_0 C_{12}}{A_{12}^2}(t_{22}-t_{21})} \tag{8-27}$$

式中，l_2——x_{12} 的初值。

将 x_{12} 的初值（l_2）及终值（0）代入，可得这一阶段的初值及终值，见表 8-9。

表 8-9 离合器 L_2 分离行程阶段的初值和终值

项目	x_{12}	t_{22}	p_{12}
初值	l_2	$t_{21} = t_{11} + \frac{2A_1^2}{\zeta_{h1}C_{h1}}\left[\sqrt{\frac{C_{h1}}{A_1}h_{h1}} - \sqrt{\frac{C_{h1}}{A_1}}(h_{h1}-a_1+e_1)\right]$	$\frac{C_{12}}{A_{12}}(h_{12}+l_2)$
终值	0	$t_{21} + \frac{A_{12}^2}{\zeta_0 C_{12}}\ln\left(\frac{h_{12}+l_2}{h_{12}}\right)$	$\frac{C_{12}}{A_{12}}h_{12}$

根据式（8-22）及式（8-27）可绘制这一阶段的放油特性曲线。

3）计算实例

现有一个换挡品质的控制系统，其系统计算简图仍以图 8-42 为例。在进行从离合器 L_2 换至离合器 L_1 的换挡过程中，试计算其充、放油过程的油压特性，并绘制成油压特性曲线。已知数据如下：

离合器有关参数：两个离合器的结构参数完全相同，即油缸活塞面积 $A_L = 200\ \text{cm}^2$；摩擦片间隙自由行程 $l = 0.25\ \text{cm}$；弹簧总的刚度 $C_L = 2\ 520\ \text{N/cm}$；弹簧的初始压缩量 $h_L = 1.0\ \text{cm}$；工作主油压 $p = 1.373\ \text{MPa}$；油泵供油排量 $q_V = 0.4 \times 10^{-3}\ \text{m}^3/\text{s}$。

缓冲阀有关参数：两个缓冲阀的结构参数完全相同，即阀径截面积 $A = \dfrac{\pi}{4}d^2 = 2.27\ \text{cm}^2$；节流孔（$\phi 1.0$）导流率 $\zeta_h = 2.498 \times 10^{-2}\ \text{cm}^3/(\text{s} \cdot \text{Pa}^{\frac{1}{2}})$；缓冲阀弹簧刚度 $C_h = 10.8\ \text{N/cm}$；缓冲阀弹簧的初始压缩量 $h_h = 2.6\ \text{cm}$；缓冲阀对溢流口的遮盖量 $e = 0.6\ \text{cm}$。

蓄压器的有关参数：蓄压器弹簧刚度 $C_x = 83.4\ \text{N/cm}$；蓄压器弹簧的初始压缩量 $h_x = 1.0\ \text{cm}$；蓄压器柱塞的总行程 $b = 2.4\ \text{cm}$；蓄压器柱塞对泄油口的遮盖量 $a = 0.9\ \text{cm}$；排油节流孔的导流率 $\zeta_x = 1.676 \times 10^{-2}\ \text{cm}^3/(\text{s} \cdot \text{Pa}^{\frac{1}{2}})$；泄油道的导流率 $\zeta_0 = 4.08 \times 10^{-3}\ \text{cm}^3/(\text{s} \cdot \text{Pa}^{\frac{1}{2}})$。

计算过程如下：

（1）离合器 L_1 的充油特性。

①自由行程阶段：

按式（8-5）可得油压特性表达式

$$p_{L1} = 0.126(1 + 2t_1)$$

按表（8-6）计算可得：

初值：$x_{L1} = 0$，$t_{11} = 0$，$p_{L1} = 0.126\ \text{MPa}$；

终值：$x_{L1} = 0.25\ \text{cm}$，$t_{11} = 0.125\ \text{s}$，$p_L = 0.157\ 5\ \text{MPa}$。

②缓冲升压阶段：

按式（8-11）可得油压特性表达式：

$$p_{L1} = 0.587 + 1.442(t_{12} - t_{11}) - 0.529\ (t_{12} - t_{11})^2$$

按表（8-7）可计算得：

初值：$x_1 = 0$，$t_{12} = 0.125\ \text{s}$，$p_{L1} = 0.587\ \text{MPa}$；

终值：$x_1 = 1.8\ \text{cm}$，$t_{12} = 0.723\ \text{s}$，$p_{L1} = 1.249\ \text{MPa}$。

可将上述结果绘制成离合器 L_1 的充油特性曲线，如图 8-43 所示。

（2）离合器 L_2 的放油特性。

①节流孔放油阶段：

按式（8-19）可得油压特性表达式

$$p_{L2} = 0.855 - 1.953t_2 + 1.115t_2^2$$

按表（8-8）计算可得：

初值：$x_2 = 0$，$t_{21} = 0$，$p_{L2} = 0.855\ \text{MPa}$；

终值：$x_2 = 2.4\ \text{cm}$，$t_{21} = 0.488\ \text{s}$，$p_{L2} = 0.168\ \text{MPa}$。

但是，按式（8-20）及式（8-22）计算得实际节流孔放油阶段终止时的参数为

$$t_{21} = 0.205\ \text{s}, \quad p_{L2} = 0.501\ 5\ \text{MPa}$$

②离合器 L_2 的分离行程阶段：

由式（8-27）可得油压特性的表达式

$$p_{L2} = 0.157\ 5\mathrm{e}^{-2.57(t_2 - t_{21})}$$

按表（8-9）计算可得：

初值：$x_{L2} = 0.25$ cm，$t_2 = 0.205$ s，$p_{L2} = 0.157\ 5$ MPa；

终值：$x_{L2} = 0$，$t_2 = 0.292$ s，$p_{L2} = 0.126$ MPa。

根据上述结果，可绘制得离合器 L_2 的放油特性曲线，如图 8-43 所示。

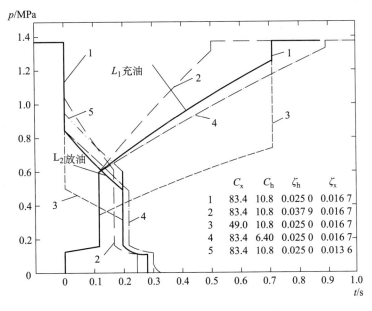

图 8-43　离合器充、放油特性曲线

在图 8-43 中，分别用两条实线绘制了上述计算所得的离合器 L_1 的充油特性和离合器 L_2 的放油特性曲线。如图 8-43 所示，两个离合器在一个很小的时间间隔（0.08 s）内重叠工作。

为了说明结构参数对充、放油特性的影响，在图 8-43 中还绘制了各种结构参数变动后的油压特性曲线，由此可看出：

①改变蓄压器弹簧刚度 C_x，将能得到使充、放油的油压特性都在沿纵坐标方向做近似平移的变化。减小弹簧刚度使特性曲线下移（如图 8-43 中虚线所示），而增大弹簧刚度则使曲线上移。

②改变缓冲阀弹簧刚度 C_h，将使充、放油过程中油压的速率变化，缓冲过程的时间也产生变化。如图 8-43 所示，当缓冲弹簧刚度减小时，升压缓慢，升压过程时间加长（如图 8-43 中点画线所示）；反之，则使升压加快，升压过程时间缩短。同时，这对放油过程也有相似的影响。

③改变缓冲阀节流孔的大小。由于节流孔的导流率 ζ_h 变动，明显地会使充油过程的升压速率及时间变动。增大节流孔导流率，则升压过程加快，过程时间缩短（如图 8-43 中长虚线所示）；反之，则升压缓慢，升压过程时间加长。同时，它对放油过程也有明显影响，如图 8-43 所示，增大节流孔导流率，使放油过程中所控制的油压数值提高，而降压过程加快。

④改变泄油节流孔导流率 ζ_x，将使得放油过程中的油压大小改变。如图 8-43 所示，

泄油节流孔减小时，放油过程中所控制的油压提高（如图 8 - 43 中双点画线所示），反之则降低。

8. 换挡平稳性的评价

换挡平稳性的评价可分为主观评价和客观评价两类。

1）主观评价方法

这种方法是靠一些有经验的驾驶员和试验技术人员，根据其主观感觉来评定的。进行评价的道路试验应按照严格规定的条件（包括路面状况、车速大小、节气门开度及其操纵方法等）进行。表 8 - 10 所示为一种等级划分标准的实例，它采用了 7 个等级，3.5 级以上是可以接受的换挡，5 级是品质最好的换挡，1~3 级则是实际不允许的换挡品质等级。这种划分方法尚无统一标准，所以只能用作对比性的分析比较。

表 8 - 10 主观评价表

等级	主观感觉	评价
5	换挡时实际上无感觉，但有时在发动机转速变动时能感觉到换挡	可以接受的换挡
4.5	注意力集中时能感觉到换挡	
4	能感觉到换挡，但没有不舒服的感受	
3.5	能感觉到换挡，而且感受到不大的前冲或减速度	
3	感觉到换挡，而且有不舒服的冲击或振动	不满意的换挡
2	感觉到换挡，伴有撞击，并使人生气	
1	感觉到换挡，伴有很大的冲击，非常令人恼怒	

主观评价方法比较直观、简便易行，不需要复杂的检测仪器，可以方便地用于对比性评价。但也有很大的缺点：

（1）评价结果有很大的主观随意性，同样的自动换挡过程，其评价结果常常可能因人、因时而异。

（2）这种方法常常不能区分由于道路、发动机等因素及换挡过程对行驶平稳性的影响。在道路试验中，这几种因素都很频繁地对行驶平稳性起作用，而主观评价方法难以从这些复杂现象中把换挡过程的影响分离出来。

（3）这种评定工作必须在道路试验中进行，而在自动变速箱的研制过程中，难以在实验室条件下进行主观评价。

2）客观评价方法

（1）对客观评价指标的要求。

作为客观评价换挡品质的指标，应满足下列要求：

①换挡平稳性的评价指标应与换挡平稳性的物理学作用原理相符合。在换挡过程中，由于转矩扰动产生的换挡冲击主要表现在对人头部和颈部有某种动力学的作用。过度的冲击扰乱了人体定位平衡的机能，引起一系列不舒服及头晕等生理反应，所以评价指标应能反映这种冲击状态的剧烈程度。

②换挡平稳性的评价指标应能把道路条件和驾驶员对发动机的控制等非换挡因素的影响排除在外。因为车辆在不换挡情况下行驶时，由于道路条件、悬挂系统性能等因素的影响，

车辆也会发生垂直方向的颠簸。因此，作为换挡平稳性的评价指标，应当能把这些非换挡因素排除在外。

③换挡平稳性的评价指标应与主观评价的结果相一致。在等级划分标准与指标量值之间应有确定的比例关系，而且这种比例关系不应当因人而异。

（2）冲击度和冲击度曲线。

目前倾向于采用冲击度来作为客观评价的指标，并研制出了专门供在道路试验中进行冲击度测定的仪器——冲击度仪。所谓冲击度，实质上就是车辆纵向加速度的变化率，这是一个很独特的概念，它可由纵向加速度对时间取一阶导数而得到。假设纵向加速度为 a，车辆行驶速度为 v，则冲击度 j 由下式表示：

$$j = \frac{\mathrm{d}a}{\mathrm{d}t} = \frac{\mathrm{d}^2 v}{\mathrm{d}t^2} \tag{8-28}$$

冲击度的计量单位采用 g/s，其中 g 为重力加速度，$g = 9.81\ \mathrm{m/s^2}$。

车辆的纵向加速度 a 与变速箱输出轴的角加速度 $\dot{\omega}_\mathrm{j}$ 有关，即

$$a = \dot{\omega}_\mathrm{j} \frac{r_\mathrm{z}}{i_\mathrm{c}}$$

式中，r_z——主（驱）动轮半径；

i_c——从变速箱输出轴到主动轮间的传动比。

将式（8-6）代入式（8-28），然后对时间取一阶导数，即可得

$$j = \frac{\mathrm{d}a}{\mathrm{d}t} = \frac{r_\mathrm{z}}{i_\mathrm{c} I_\mathrm{V}} \frac{\mathrm{d}(T_\mathrm{j} - T_\mathrm{V})}{\mathrm{d}t} = \frac{r_\mathrm{z}}{i_\mathrm{c} I_\mathrm{V}} \frac{\mathrm{d}T_\mathrm{j}}{\mathrm{d}t}$$

该式表明，冲击度 j 与输出轴转矩对时间的一阶导数成正比，可以用它来反映输出转矩扰动的情况。输出转矩变化越快，换挡冲击就越剧烈，冲击度也越大。从理论上看，冲击度这个概念能较好地反映换挡过程的动力学本质。根据这个原理，已经制成了测量冲击度的专用仪器。

图 8-44 所示为一个自动变速箱升挡过渡过程的实验曲线。图 8-44 中共有 4 条曲线：曲线 a 表示升挡过程中发动机转速变化的情形；曲线 b 则表示输出转矩的变化情形；曲线 c 与 d 则分别表示车辆纵向加速度及冲击度情况。由图 8-44 中输出转矩曲线 b 可知，换挡过程是从 1 点开始的。线段 1 至点 2 是低挡转矩阶段，在此期间输出转矩逐渐下降。从点 2 开始，进入惯性阶段，直到点 3 时为止。在惯性阶段，发动机转速发生变化。在惯性阶段终止时，点 3 处的输出转矩发生急剧变化，直到点 4 才恢复到稳定状态。从点 1 至点 4 的整个时间为 t_1，它就是换挡时间，而惯性阶段的时间仅为点 2 至点 3 之间的

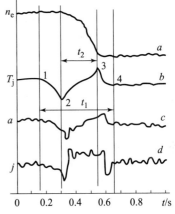

图 8-44　升挡过渡过程的实验曲线

t_2。比较曲线 b 及 c 的形状可知，加速度的变化规律与输出转矩的变化规律基本相似，只是加速度的变化较转矩的变化有一个很小的滞后（大约 0.05 s），这是由于轴系存在弹性变形。由冲击度曲线 d 可见，只是在点 2、点 3 处由于输出转矩急剧变化而出现冲击度的最大值。

实测图形表明，冲击度不仅可以用仪器测定，并且其变化图线同理论分析是一致的，能

够反映换挡过程中产生冲击变化的情形。

用冲击度评价换挡过程，升挡过程的冲击度示波图形曲线如图8-45所示。换挡过程从点1开始，到点6结束。点1至点2是换挡后出现的减速行驶阶段；点2至点3表示车辆由减速急剧转变为加速行驶的过程，高度 H_1 表示换挡初始的冲击度数值；点4至点5表示换挡过程中高挡摩擦元件接合时出现的由加速度转变为减速度行驶的转变过程，高度 H_2 表示了这一阶段的冲击度。整个过程所需的时间由 t 表示。由此可见，可以利用冲击度示波图形的三个参数评定换挡过程的品质：

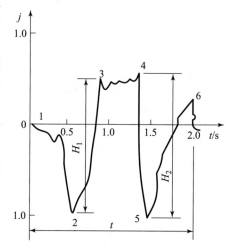

图8-45 升挡过程的冲击度曲线

①冲击度 H_1、H_2 是评定换挡冲击大小的主要指标。H_1、H_2 值越大，则换挡冲击也越大，而且它与主观评定的感觉基本一致。

②换挡时间 t 越大，打滑时间也越长。在相同的输出转矩变化范围内，其变化率也可能低些，因此有利于减小冲击度；但是增大打滑时间会使滑摩功增加，摩擦片局部的温升和磨损都会相应地增加。

国外有研究报告提出，冲击度的实测值经过频率修正后，可以很好地与主观评定的感觉相一致，并且指出：当频率修正后的冲击度值小于 $2.6g/s$ 时，认为换挡品质是适用的、可以接受的；如果其值大于 $3.6g/s$，则换挡过程的品质被认为是不适用和不满意的。

8.4.3 换挡规律及其对车辆性能的影响

自动换挡控制是自动换挡控制系统的核心，其主要功能如下：

（1）自动选择排挡。能够按照换挡规律的要求，随着控制参数（车速 v、节气门开度 α）的变化，选择最佳的换挡时刻，发出换挡信号。

（2）完成换挡操纵。操纵换挡执行机构（离合器或制动器）完成分离或闭锁接合动作，实现换挡。

（3）实现换挡挡区范围内的人工选择。

在换挡控制系统中，前两项功能由电液自动换挡系统中的ECU和换挡阀来完成，后一项则由选挡控制器（或称挡区选择器）来完成。在全液压的自动换挡系统中，完成上述控制功能的元件全部由液压控制阀控制。

1. 换挡规律及其类型

排挡之间自动换挡点的控制参数（车速 v、节气门开度 α）变化规律，称为换挡规律。ECU的作用就是按照换挡规律的要求进行换挡控制，按车速、节气门中的一个或两个参数，根据设计要求的换挡时刻自动换挡，才能保证车辆获得良好的动力性能和经济性能。

换挡规律可用图形表示。图8-46（a）所示为一个参数（车速）控制的换挡规律图。图示换挡点只与车速一个参数有关。当车速达到 v_2（直线 AA'）时换入二挡，反之当车速又降至 v_1（直线 BB'）时才换回一挡。图8-46（b）所示为按两个参数控制的换挡规律，这个规律表明了换挡时刻与节气门开度和车速之间的关系。图8-46中曲线 AA' 决定了从一挡换入二挡的时刻。曲线 BB' 是从二挡换回一挡的时刻，在这两条曲线之间，升挡时一挡可工作，降挡时二挡可工作。AA' 线的右边只能用二挡工作，而 BB' 线左边则只能用一挡工作。水平线 1 表示节气门全开，水平线 2 相当于发动机惰转时的节气门开度。

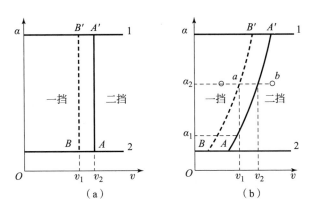

图 8 - 46　换挡规律

每一个自动换挡系统都有一个换挡规律，它的曲线形状取决于车辆传动的要求，由自动换挡系统的结构和参数来实现。图 8 - 46（b）可以说明它的换挡过程。节气门开度不变，假设为 α_2，当车速小于 v_1 时，例如在 a 点，则以一挡行驶；当行驶阻力减小，车速增加超过 v_2 时，自动换入二挡，例如在 b 点工作。如果车速 v_2 降低，则当车速降至 v_1 时才重新换入一挡。若车速不变，假设为 v_1，当节气门开度小于 α_1 时，用二挡行驶。当行驶阻力增加，节气门开度加大到 α_2 时，自动换入一挡行驶；当行驶阻力减小，节门开度 α 减小到小于 α_1 时，则又重新自动换回二挡。这就使驾驶员有可能控制节气门开度 α 来干预自动换挡，即松节气门提前换高挡、紧节气门强制换低挡。

由此可见，在控制参数相同的情况下，升挡和降挡的换挡时刻是不同的。降挡的换挡时刻比升挡的晚，即有延迟，这种现象称为换挡延迟，延迟的程度根据传动性质要求确定。

换挡延迟对自动换挡系统是十分必要的，其作用有下列 4 点：

①保证换挡自动控制的稳定性。当自动换新挡后，不会由于加速踏板振动或车速稍降而重新换回原来排挡。

②有利于减小换挡循环对车辆行驶的不良影响。

③使驾驶员可以对自动换挡进行干预，可以提前升挡或强制降挡。

④变化换挡延迟可改变换挡规律，以适应动力性、经济性、使用性等方面的要求。

综上所述，换挡规律只是说明了自动换挡机构本身的特性，即换挡时刻与控制参数之间的关系，还不能用来说明车辆行驶牵引力变化、换挡的动力学过程以及燃料消耗经济性问题。

2. 换挡规律对车辆性能的影响

1）对动力性能的影响

换挡规律规定了每一种节气门开度下各挡所能工作的车速范围，因而也就限定了各挡工作时发动机或涡轮轴的转速范围，进而影响到车辆所能实际得到的发动机功率和转矩，致使其动力性能受到影响。

在图8-47中表明了换挡规律对功率发挥的影响，图中是研究两个相邻排挡的情况。图8-47（a）所示为在某种节气门开度下两相邻排挡的功率特性曲线 AB 和 GD。如果换挡规律设计在 B 点升挡，那么升挡前变速箱所得输入功率为曲线 AB，升挡后高挡的功率曲线为 CD，即总的功率曲线为 $ABCD$。如果升挡点设计得提前些，在 B' 点升挡，则所得功率曲线为 $AB'C'D$。显然，两者相比，由于升挡点提前，在 $B'B$ 区域内，只能改用高挡的功率曲线 $C'C$，其功率发挥不好，实际所得功率较低，因而动力性能较差。

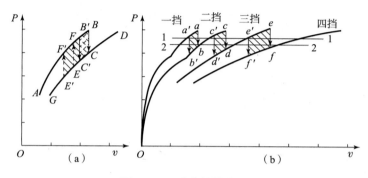

图 8-47 功率特性曲线

同理，由于降挡速差的存在，降挡时的功率发挥比升挡时还差。如图8-47（a）所示，降挡点如设计在 E 点，则降挡时实际功率曲线为 $DEFA$，在 $BCEF$ 这个区域的功率不能得到发挥利用。如果降挡点设计在更晚点的 E' 点，增大降挡速差，如图8-47（a）中的 $E'F'$ 所示，则不能发挥利用的功率区更大。所以，增大降挡速差会使车辆降挡时的动力性能变坏。

在一个多挡自动变速箱中，车辆自起步后连续地换至高挡。因此，不同换挡规律设计可以影响到实际利用的平均功率。图8-47（b）表示了一个四挡自动变速箱在某个节气门开度下各挡的功率特性曲线。在这个例子中，一、二挡为液力传动工况，三、四挡为闭锁后的机械传动工况。图8-47（b）中分别表示了两种不同的升挡规律：$abcdef$ 与 $a'b'c'd'e'f'$。很显然，按照前一种方案升挡时，由于发动机以较高的转速运转，发动机发出的功率也较大，车辆可以获得较多的输出功率，其平均功率可用 $1-1$ 线表示。如果采用后一种方案升挡，则图8-47所示各挡阴影区内的功率潜力就发挥不出来，发动机的潜力没有得到充分利用，所得平均功率较低［如图8-47（b）$2-2$线所示］。

从牵引特性的利用情况也可看出换挡规律对加速性和爬坡度等性能的影响。图8-48所示为一个三挡液力自动变速箱的牵引特性曲线，它只表示了某一种节气门开度下的情况。图8-48中分别用 $a_1b_1c_1d_1$ 及 $a_2b_2c_2d_2$ 表示了两种不同的换挡规律。如图8-48所示，按前一种规律升挡时，可利用的牵引特性曲线是 $Aa_1a_1'b_1b_1'B$，而降挡时的特性曲线为 $Bc_1c_1'd_1d_1'A$；如果改用后一种换挡规律，升挡时利用的牵引特性曲线为 $Aa_2a_2'b_2b_2'B$，而降挡时为 $Bc_2c_2'd_2d_2'A$。两种换挡规律相比较，可以看出后一方案得到的牵引特性较差。如图8-48所示的牵引特性阴影区，在后一方案升挡时不能加以利用，即在 $v_1\sim v_2$、$v_3\sim v_4$ 的车速范围内，后一方案所得到的牵引力较小。

2）对燃料经济性的影响

衡量车辆燃料经济性的好坏，通常用百公里油耗 Q（kg/100 km）作为指标，这个综合指标与发动机的油耗率 g_e［g/（kW·h）］之间的关系可用下式表示：

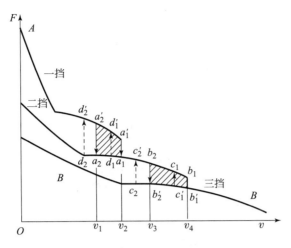

图 8 – 48　牵引特性曲线

$$Q = \frac{g_e P_e}{10v}$$

$$= \frac{g_e P_e}{3.77 n_e r_z} \frac{i_c i_{bi}}{i_y} \qquad (8-29)$$

式中，P_e——发动机功率，kW；

　　　n_e——发动机转速，r/min；

　　　r_z——主动轮半径，m；

　　　v——车速，km/h；

　　　i_c——侧传动比；

　　　i_{bi}——变速箱的某挡速比；

　　　i_y——液力变矩器的转速比，如为机械传动或液力变矩器闭锁，$i_y = 1$。

由此可见，对于一个具体的车辆来说，其燃料经济性主要受油耗率和传动比两个方面的影响，而且这两者都与换挡规律有关。

（1）发动机的油耗率。

发动机的油耗特性可用发动机负荷特性或万有特性来表示，图 8 – 49 所示为两极调速式柴油发动机万有特性，在该特性中画出了不同油耗率 g_e 的等值线，从这些等值线可以很清晰地看出发动机的最小油耗率为 $g_e = 155$ g/（kW·h）。图 8 – 49 中虚线表示了不同节气门开度 α 时的发动机扭矩特性。根据对多种发动机油耗特性的统计，可知一般柴油发动机的经济工作区为：功率范围为最大功率的 80% ~ 90%；转速范围为最大转速的 60% ~ 85%。如果换挡规律设计能保证各挡充分利用这个经济区运转，就能得到最佳油耗，有利于提高车辆的燃料经济性。

（2）传动比。

当传动比减小而其他值不变时，由式（8 – 29）可知，相应地 Q 值将下降，燃料经济性得到提高。可用图 8 – 50 来说明各挡传动比对经济性的影响。图 8 – 50 中画出了 Q 与 i_y 的关系曲线，分别用 1、2、3 三条曲线表示变速箱三个传动比时的关系曲线。从图 8 – 50 中可看出，为提高燃料经济性，应当采取两种措施：

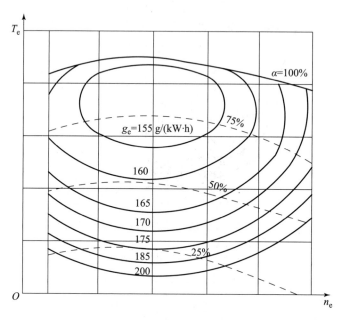

图 8－49　发动机万有特性

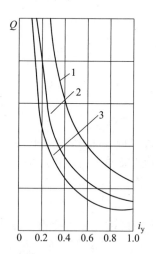

图 8－50　传动比对油耗的影响

1—变速箱一挡传动比 2.45；2—变速箱二挡传动比 1.45；3—变速箱三挡传动比 1.0

　①尽早地换入道路条件所许用的高速挡，高速挡的速比 i_{b3} 小，可以在相同的发动机工作时间内使车辆驶过较大的行程，因而百公里耗油量也较低，相应地提高了燃料经济性。

　②尽量使变矩器处于较高的转速比下工作，i_y 越大，越接近 1，则涡轮转速与泵轮转速越接近。在相同的发动机转速工作时间内，车辆的行驶距离越大，其经济性越好。换挡规律如果能符合这两条要求，就能提高经济性。

　3）对液力传动效率的影响

　通过发动机与变矩器的匹配，即可知道不同节门开度下各种涡轮转速时的传动效率，为正确设计换挡规律提供可靠的依据。图 8 – 51 中列举了一个四挡液力传动的效率曲线。为了清晰起见，这里只画出了一种节气门开度下的情形，图中分别比较了两种不同换挡规律所得到的传动效率平均值。如图 8 – 51 所示，当按 1、2、3 点实现 Ⅰ ~ Ⅳ 挡升挡时，实际平均效率较高，可达 $\eta_p = 0.92$ ；如果按 4、5、6 点升挡，则平均效率较低，$\eta_p = 0.86$ 。由此可见，通过正确设计换挡规律，可以在提高实际效率方面得到很好的效果，尤其是在变矩器可闭锁的情况下，换挡规律设计在提高效率方面的潜力更大。

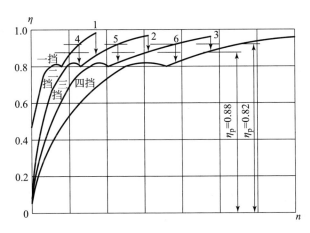

图 8 – 51　四挡液力传动效率曲线

4）对换挡次数的影响

应该避免过分频繁和不必要的换挡，因为它会加速机件的磨损和动载疲劳损坏，增加因换挡冲击所引起的不舒适感。因而，除了起步、加速、超车、爬坡和路面改变等需要外，平常行驶中应减少不必要的换挡次数，特别是要避免反复往返换挡的循环现象。

图 8 – 52 说明了产生循环换挡的原因，图中只有二、三两个排挡的牵引特性曲线，同时画出了某一路面上的行驶阻力曲线（以点画线表示）。如果开始时以二挡行驶，由于牵引力超过了行驶阻力，车辆便加速行驶。由 a 点起，当车速增大到 b 点时，由于达到换挡规律所规定的换挡点的车速 v_1，故自动升入三挡，改以三挡的牵引特性曲线 cd 工作。但是由于换挡后 c 点的牵引力小于行驶阻力，故车辆将开始减速。当车速减至 v_2 后，又达到了预定的降挡点 e，车辆重新降至二挡工作。降至二挡后 f 点的牵

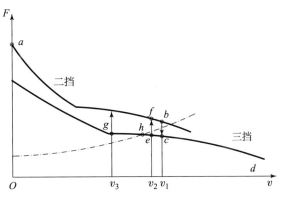

图 8 – 52　循环换挡示意图

引力超过了行驶阻力，又开始加速行驶。如此循环，就形成了循环换挡的现象。为了消除这种循环现象，可以通过以下两种途径：

（1）在实际使用中遇到循环换挡时，可以通过改变节气门开度予以消除。这是因为改变节气门开度可以极大地改变输出的牵引力，消除循环换挡。

（2）在换挡规律的设计中，增大降挡速差能减轻或消除循环换挡现象。

仍以图8-52为例，如果把降挡点改为v_3处的g点，就能消除此时的循环换挡现象。如图8-52所示，牵引特性曲线与行驶阻力曲线相交于h点，而h点的车速又大于v_3，就不可能产生自动降挡，因此，就不会出现反复换挡的循环现象。

3. 变矩器的闭锁控制

采用带闭锁离合器的变矩器，把变矩器由液力传动工况闭锁成为机械传动工况，也是一种换挡控制。在重型车辆及坦克装甲车辆的自动变速箱中，为了改善传动效率，提高功率利用率以及车辆的动力性能，广泛地采用了可闭锁的液力变矩器。变矩器的闭锁控制包括两种情况：

（1）变矩器的闭锁。当变矩器进入偶合器工况或者涡轮转速达到某一范围时，把变矩器的涡轮与泵轮用离合器闭锁成一体，由液力传动工况变成整体旋转的机械传动工况。反过来，当以机械传动工况进入发动机"吃力"状态，涡轮转速下降到一定值时，应解脱闭锁离合器而恢复液力传动工况，以便充分发挥变矩器增大转矩的作用，以改善车辆的牵引性能。

（2）变矩器的缓冲解锁。每当变速箱换挡期间，为了利用液力元件的缓冲作用，则在一个短暂的时间内使变矩器的闭锁离合器解锁，恢复液力传动工况以改善换挡过程的品质。

从理论上讲，一般可把闭锁点设计在偶合器工况点附近，以保证得到较高的效率和牵引力。闭锁点应随节气门开度而变，节气门开度越小，闭锁点的转速则越低。

在闭锁点与解锁点之间，也要有一定的解锁速差，以免过于频繁的闭锁—解锁循环。常见的闭锁控制方法有以下几种：

（1）按变矩器涡轮转速与泵轮转速的转速比进行闭锁控制。

每当转速比达到一定值，例如为偶合器工况点转速比i^*时［图8-53（a）］，适时地实现闭锁。图8-53中阴影区就是各种节气门开度下闭锁工况的工作区。显然，这种控制原理比较合理，在各种节气门开度下都可得到合理的效率及动力性能。

（2）按单参数（涡轮转速）进行闭锁控制。

只要涡轮转速达到某个固定不变的数值时，变矩器就闭锁成机械传动，如图8-53（b）所

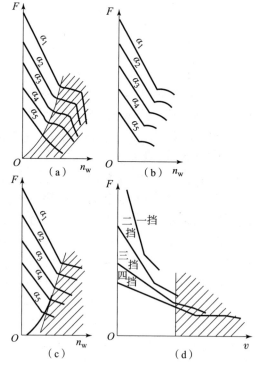

图8-53 变矩器的闭锁控制

示。很明显，这种控制方法只能在少部分节气门开度下保证有合理的动力性与经济性；但是这种控制方法比较简单，控制阀的结构易于实现。

（3）按照涡轮转速及节气门开度两个参数进行控制。

如图8-53（c）所示，在节气门全开时，可把闭锁点设计在偶合器工况点附近，随着

节气门开度减小，闭锁点转速也随之降低。显然，这种方法只要设计得当，可以在很大的节气门开度范围内得到比较合理的闭锁点。这种控制方法也较简单，结构上易于实现。

4）按照车速进行闭锁控制

与前述第 2 和第 3 两种方法相比，这种方法把涡轮转速改成变速箱输出轴转速，只要车速达到某一定值时，就能实现变矩器闭锁。图 8 - 53 (d) 表示了一种四挡变速箱按此法进行闭锁控制的情形。从图 8 - 53 (d) 中闭锁后的阴影区可看到，只有二～四挡才可得到闭锁工况，而以四挡的比例为最大，这样可以避免低挡范围内频繁闭锁，并减少由此引起的冲击和磨损。

5）按排挡范围进行闭锁控制

只有在某些排挡范围内才能实现闭锁，例如前进挡或高挡范围内，而在其他排挡工作时，不论其转速多大，都只能用液力工况工作。

4. 换挡油路的逻辑控制

在一个自动变速箱中，除了要保证按最佳的换挡规律接合或分离有关排挡的执行机构（离合器或制动器）外，还必须使换挡遵循一定的规则和动作关系，以免由于违反这些规则而出现事故性的操作，造成事故或严重破坏。

对于一个多挡自动变速箱，对逻辑控制的要求常见的有以下几点：

（1）防止挂双挡。如果变速箱同时挂上两个排挡，则将造成严重的事故，或者使车辆被制动，而遭受到巨大冲击，或者使变速箱被完全损坏。

（2）实现顺序换挡，包括顺序升挡和降挡。跳跃式的非顺序换挡，会使动力性和经济性变坏，甚至出现发动机超速运转或熄火，使换挡过程的冲击加剧。

（3）高速行驶中禁止接合倒挡、低挡或锁止挡。高速前进行驶中突然接合倒挡会引起巨大的冲击，甚至造成事故。

（4）升挡和降挡时采用不同的泄油通道。因升挡、降挡时对换挡品质有不同的要求，故同一排挡的液压执行机构元件在升、降挡时应有不同的泄油通道，以便得到不同的控制要求。

（5）应有控制失效保护，避免造成事故。通常在电液控制系统中，电磁阀可能因线路等故障而出现控制失效，这时应有一定的保护措施，使之不发生换挡操纵混乱，或是中断车辆行驶等事故，应能使变速箱继续工作，以便让车辆能回厂修理。

在电液自动操纵的自动变速箱中，上述的要求有些需由 ECU 完成，有的要由液压控制油路来完成，有的需二者相结合完成。在液压控制油路上的逻辑控制方法主要有并联油路逻辑控制和串联油路逻辑控制两种。

1）并联油路

图 8 - 54 所示为一个四挡位液压执行元件并联控制油路，当油路系统中某一个控制阀动作时，则使相对应的离合器分离或接合，而不受其他控制阀的影响。各个控制阀的进油油路分别与主油路相通，由各自的电磁换向阀来控制其动作。很明显，一旦某个控制阀所对应的电磁阀得到信号后，即可使该阀所对应的离合器接合，所以这种油路本身不能防止挂双挡，需由 ECU 来保证。如果换挡信号错误，则有挂双挡的危险。此外，它不能从油路上保证顺序换挡，因为这种并联油路是各自独立的，可以按任意顺序进行换挡。其优点是系统的通用性较强，增加或减少挡位控制都比较方便。ZF 公司的 LSG - 3000 自动变速箱的电液自动操纵系统就是采用这种方案进行油路逻辑控制的。

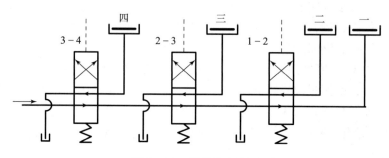

图 8－54　并联油路简图

2）串联油路

图 8－55 所示为一个四挡液压执行元件串联控制油路，和并联油路相比，在同一时刻只能使一个离合器接合，所以从油路的逻辑控制上，防止了挂双挡的可能性。但不能保证顺序换挡，顺序换挡应由 ECU 来完成。这种控制方案，当需增加所需控制的离合器数量时，需要重新设计液压控制阀系统，因而通用性差，不便于产品的更新换代。ZF 公司的 LSG－1000 自动变速箱的电液自动操纵系统就是采用这种控制方案进行油路逻辑控制的。

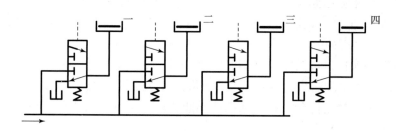

图 8－55　串联油路简图

8.4.4　自动换挡操纵系统设计的基本内容

自动换挡操纵系统设计是十分复杂的，在此只简述其基本内容。自动换挡操纵系统是自动变速箱的一个组成部分，它的设计与自动变速箱其他部分的设计之间，既有一定的联系又有相对的独立性。自动换挡操纵系统的设计依据是自动变速箱传动简图、基本结构参数及要求等。但就其总的设计过程来讲，基本上可以独立地与其他部分平行地进行。自动换挡操纵系统的设计过程概括地讲，可分为三个阶段。

1. 方案设计

这个阶段中包括三项工作：初步选择方案；设计系统总图；计算性能及控制参数。

1）初步选择方案

根据自动变速箱的结构、车辆使用情况以及生产制造等方面对操纵的要求，来确定：操纵系统是单参数控制还是双参数控制；是全液压控制还是电液控制；自动换挡的挡区范围及其选择方法；各部分控制功能的要求及其控制方法，等等。

2）设计系统总图

在方案选择过程中及最后，应绘制出设计方案的操纵系统总图。对于一个复杂的控制系统，绘制控制系统时可分几个步骤：首先画出方块图，表示出需要哪些控制元件，它们在控制关系上相互间有些什么关系；然后再进一步用符号图（液压符号和电气符号）来取代方块图，以便更具体地说明各部分的结构原理和动作关系；最后，再进一步把符号图完善成结构图，以便落实各种控制要求的具体结构方案，完成控制系统油路图的设计工作。在系统图的设计过程中，可以根据选择方案绘制几种不同简图，进行比较分析和研究，最后集中成最佳方案系统图，作为进一步工作的基础。

3）计算性能及控制参数

在方案设计阶段，对重要性能及控制参数进行计算，可根据不同控制方案系统图的要求进行，例如：

（1）供油及其调压控制部分，应计算确定各种供油所需的油压、流量，以及流量的分配和各部位流量的漏损和消耗，计算油泵所需提供的总流量，选定油泵的类型，计算油泵所需的功率等。

（2）控制参数部分，首先确定是单参数还是双参数的控制方式，要确定参数信号、油压的数值范围，以及考虑在结构上如何布置等。

（3）换挡控制部分，要确定换挡规律的基本类型，初步设计确定几种典型节气门时的换挡点，并根据换挡规律要求设计确定各换挡阀的结构形式，根据挡区选择方法确定各种情况下的换挡控制要求，设计其油路结构。

（4）如采用电-液控制的换挡方法，则应分别对电控及液压部分提出要求。对电控部分，应提供有关换挡动作表和换挡逻辑要求的说明，提供所涉及的换挡规律。此外，还应对电控器件的布置提出要求。对于液压部分，则应根据换挡动作表及其逻辑要求初步设计各换挡阀，以及有关的连接油路结构。

（5）换挡过程品质的控制部分，应根据车辆使用特点及变速箱的结构，确定品质控制的基本方案。在条件具备时，可对各种工况下的换挡过渡过程进行理论分析和计算，并由此对控制方案设计提出具体的指导意见。在此基础上设计控制元件的结构，并完善系统图中有关部分的结构。

2. 结构设计

控制系统的结构设计包括下列三项内容。

1）元件设计

包括各种阀的结构参数设计，并绘制成零件图。对于所选定的标准件，则应确定其规格型号和尺寸大小。各控制元件的设计应满足方案设计的要求，必要时可对方案设计提出修改意见。

2）阀体设计

可将各种控制阀组合成一个或若干个组合式控制总成，构成在结构上独立的装配组件，以便能直接参与变速箱的总装配。确定控制阀组合方案之后，再进行阀体设计。

3）连接油道设计

在控制阀体与各被控制机构（如离合器、制动器、变速箱及其闭锁离合器、冷却润滑等）之间，用各种形式的油道进行连接。这些连接油道的设计应与变速箱的有关设计工作一起进行，在此不单独讨论。

3. 调试与修改设计

在液压系统的设计中，目前应用较多的，还是在稳态分析的基础上进行的设计。由于对某些复杂因素的简化和假设，再加上多种误差的积累，都可能造成控制上的误差。因此，试制品的台架调试就成为控制系统设计过程中必不可少的阶段。

在此阶段中，需通过对控制系统各个部件的测试，测定各项控制参数及其稳态和动态特性，并把测定结果与理论设计值进行对比研究，以便对原设计做出鉴定和必要的修改。

第9章　悬挂系统

9.1　概　述

悬挂系统概述

9.1.1　悬挂装置的功用、类型与要求

坦克和履带式车辆的悬挂装置是指将车体和负重轮连接起来的所有部件的总称。该装置的功用是把车体和负重轮弹性地连接起来；传递作用在负重轮和车体间的一切力和力矩；缓和车辆行驶时经负重轮传到车体的冲击力，并减少车体的振动，保证车辆以较高的速度行驶。

悬挂装置包括弹性元件、减振元件、限制器、导向装置及其他辅助零件。

履带式车辆行驶在不平地面或通过障碍时，负重轮沿着不平的地面上下运动，如负重轮和车体是刚性连接的，则负重轮承受的强烈颠簸与冲击将直接传给车体，这会造成乘员受伤，车体内安装的机件、仪器仪表等也将因动负荷超载而损坏。因此，必须在负重轮和车体之间安置弹性元件。由于弹性元件具有弹性，所以负重轮便可以相对于车体上下运动，弹性元件便发生压缩与伸展（或扭转）变形。因弹性元件的变形会吸收车体振动的能量，从而缓和、避免或减轻了平衡肘对限制器的刚性撞击。但弹性元件还不能完全消除所储存的能量，这部分能量会转化为车体的振动，进而影响坦克行进间的射击精度，使观察发生困难并使乘员疲劳。

为吸收车体的振动能量，衰减车体的振动，提高坦克行驶的平稳性，在现代坦克和履带式装甲车辆上，车体与负重轮间都装有减振器。减振器的作用是吸收振动能量并将其转化为热量而散发掉。

限制器的功用是限制负重轮的行程及车体振动的幅度，以避免弹性元件因过度变形而损坏。装有弹性元件的限制器还可以在负重轮行程末端吸收部分冲击能量；也有的采用液压限制器，这类限制器可以吸收较大的冲击能量。

导向装置的功用是确定负重轮相对于车体的运动方向并传递纵向力、横向力及各种力矩，坦克和履带式装甲车辆常采用平衡肘作为导向装置。

此外，还有连杆等，它们是车体和弹性元件、减振器之间的连接件和支承件。

悬挂装置根据不同的分类方法可以分为不同的类型，以车体振动能否控制，分为不可（固定的）控制的和可以控制的（主动的）；以弹性元件的类型不同，分为弹簧式的、扭杆式的和油气式的；以负重轮和车体连接方式不同，分为独立式的和非独立式的。为了增加悬挂装置的能量，可以在主要弹性元件上增加缓冲弹簧、橡胶缓冲垫或液压缓冲器等。20世纪高速履带式车辆基本上都是采用不可控制的、单扭杆为弹性元件的独立式悬挂装置。在现代坦克装甲车辆上油气悬挂也得到了应用。

目前提高坦克平均行驶速度受悬挂性能的限制。坦克在一定路面以一定速度行驶时，车

体的颠簸和振动的大小取决于悬挂装置的结构和性能的好坏。坦克高速行驶时常因悬挂装置性能较差、颠簸很大而不得不降低车速，即使装有大功率的发动机，也不能充分利用发动机的功率，只能以道路阻力所允许的速度行驶，这样就降低了坦克的重要战斗性能——最大车速的发挥，也降低了平均行驶速度。试验表明，性能良好的悬挂装置不仅能提高行进间的射击精度和首发命中率，还能减小乘员处的振动加速度，提高乘员持续工作的能力，改善乘员工作的舒适性。

对悬挂装置的基本要求如下：

（1）行驶平稳。当坦克以一定的速度沿不平路面行驶时，不应有很大的颠簸和振动，乘员处加速度应较小，从而使乘员能持久工作，并能保证观察、瞄准和射击的准确性。

（2）工作可靠耐久。当坦克在恶劣条件下行驶时（包括超越各种障碍），悬挂装置应有足够的强度和缓冲能力，工作可靠；应有足够的疲劳强度和耐磨性，可长期使用；个别部分被冲击损坏时，不应妨碍继续行驶。

（3）质量轻、体积小。现代坦克悬挂装置重力为坦克全重的 3.7% ~ 7%，在保证性能的条件下，减轻质量是很有必要的。

（4）便于维护修理。

9.1.2　行驶平稳性

所谓坦克行驶的平稳性（或称平顺性），是指坦克对地面不平度的隔振性能，它关系到乘员的疲劳、行进间的射击精度、机件的惯性过载以及平均行驶速度。对坦克的行驶平稳性学者们提出了各种不同的评价指标，曾用过的评价指标有：车体的振动频率 ω，车体纵向角振幅 φ，垂直线振动振幅 Z，振动的速度 $\dot{\varphi}$ 和 $\dot{Z}$，振动的加速度 $\ddot{\varphi}$ 和 $\ddot{Z}$，振动的冲击度 $\dddot{\varphi}$ 和 $\dddot{Z}$，振动加速度的均方根等。

汽车的平顺性常用车身振动固有频率（低频）和振动加速度来评价。车身固有频率应为人体所习惯的步行时身体上下运动的频率，为 1 ~ 1.6 Hz，加速度的极限容许值为 3 ~ 4 m/s²。为保证运时不损坏货物，车身振动加速度极限容许值为 0.6 ~ 0.7g（g 为重力加速度）。

国际标准化组织（大组）提出人体感受振动极限的国际标准（ISO/TC108/DIS2631），把乘员振动的疲劳界限表示为加速度均方根值的频率函数，并与承受的振动时间有关。这种评价振动的国际标准目前正在使用中，但工程计算中尚未推广。

在军用履带式车辆上还没有一个公认的行驶平稳性的评价指标和由此规定的设计依据。一般来说，车辆的振动频率越低，振幅越小，振动的加速度和速度越小，则车辆行驶的平稳性就越好。为此要求悬挂刚度要适当小一些（即悬挂稍软一些），纵向角振动周期 T_{φ} 和垂直线振动周期 T_z 适当大一些。

本节根据振动理论，讨论坦克车体自由振动和衰减振动时悬挂参数的影响。

1. 自由振动

车体自由振动时垂直线振动和纵向角振动的微分方程式为

$$\ddot{Z} + \omega_z^2 Z = 0$$

$$\ddot{\varphi} + \omega_\varphi^2 \varphi = 0$$

式中，$\ddot{Z}$——车体垂直线振动的加速度；

　　　Z——车体垂直线振动的位移；

　　　$\ddot{\varphi}$——车体纵向角振动的角加速度；

　　　φ——车体纵向角振动的角位移；

　　　ω_z——车体垂直线振动的固有圆频率，

$$\omega_z = \sqrt{\dfrac{2\sum\limits_{i=1}^{n} C_{xi}}{m_x}} \tag{9-1}$$

　　　m_x——坦克悬挂装置的质量（全章，下同），kg；

　　　ω_φ——车体纵向角振动的固有圆频率，

$$\omega_\varphi = \sqrt{\dfrac{2C_{xi}\sum\limits_{i=1}^{n} l_i^2}{J_y}} \tag{9-2}$$

式中，n——坦克一侧负重轮的数目；

　　　C_{xi}——第 i 个负重轮处悬挂装置的刚度（全章，下同），N/m；

　　　l_i——第 i 个负重轮到坦克质心的距离，m；

　　　J_y——悬挂装置质量对过质心横轴 y 的转动惯量（kg·m²），可用下列经验公式确定：

$$J_y = 1.2\beta^2 m_x(L_C^2 + H_C^2)$$

式中，L_C——车体长度，m；

　　　H_C——车体高度，m；

　　　β——质量分配系数，取 $\beta = 1.05 \sim 1.15$（对长炮管的坦克取上限）。

坦克垂直线振动周期为

$$T_Z = \dfrac{2\pi}{\omega_Z} = 2\pi\sqrt{\dfrac{m_x}{2\sum\limits_{i=1}^{n} C_{xi}}}$$

当各负重轮的悬挂刚度相等时，上式可写为

$$T_Z = 2\pi\sqrt{\dfrac{m_x}{2nC_x}} \tag{9-3}$$

坦克纵向角振动周期为

$$T_\varphi = 2\pi\sqrt{\dfrac{J_y}{2\sum\limits_{i=1}^{n} C_{xi}l_i^2}} \tag{9-4}$$

现代坦克 $T_Z = 0.5 \sim 1$ s，$T_\varphi = 0.9 \sim 1.6$ s。

车体自由振动时振动速度：

$$\dot{Z} = -A\omega_Z\sin(\omega_Z t + \alpha_1)$$

$$\dot{\varphi} = -B\omega_\varphi\sin(\omega_\varphi t + \alpha_2)$$

式中，A，B——垂直线振动和纵向角振动的振幅；

　　　α_1，α_2——初始相位角；

t——时间。

故车体自由振动的最大速度（绝对值）为

$$\dot{Z}_{\max} = A_{\max}\omega_Z = \frac{2\pi A_{\max}}{T_Z}$$

$$\dot{\varphi}_{\max} = B_{\max}\omega_\varphi = \frac{2\pi B_{\max}}{T_\varphi}$$

车体自由振动的加速度为

$$\ddot{Z} = A\omega_Z^2\cos(\omega_Z t + \alpha_1)$$

$$\ddot{\varphi} = B\omega_\varphi^2\cos(\omega_\varphi t + \alpha_2)$$

故车体自由振动的最大加速度（绝对值）为

$$\ddot{Z}_{\max} = A_{\max}\omega_Z^2 = A_{\max}\left(\frac{2\pi}{T_Z}\right)^2$$

$$\ddot{\varphi}_{\max} = B_{\max}\omega_\varphi^2 = B_{\max}\left(\frac{2\pi}{T_\varphi}\right)^2$$

为了提高坦克的行驶平稳性，应该减小 $Z_{\max}$、$\varphi_{\max}$、$\dot{Z}_{\max}$、$\dot{\varphi}_{\max}$、$\ddot{Z}_{\max}$、$\ddot{\varphi}_{\max}$ 值。从上面的公式中可以看出，要减小这些数值，可以用增大周期的办法来实现。但是必须指出，在坦克的质量和尺寸一定的情况下，要增大坦克的振动周期，必须减小悬挂装置中弹性元件的刚度。可是，弹性元件的刚度减小时，悬挂装置所吸收的冲击能量也将减小，这会使行驶性能变坏。由此可知，行驶平稳性对振动周期和刚度的要求是相互矛盾的，因此在设计中必须处理好这两者之间的关系。由于坦克经常是以静平衡位置为中心振动的，因此可把静置时的自由振动周期作为设计的依据和行驶平稳性的评价指标。

2. 衰减振动

坦克车体衰减振动时纵向角振动的微分方程式：

$$\ddot{\varphi} + 2p_\varphi + \omega_\varphi^2 = 0$$

式中，p_φ——车体纵向角振动的衰减指数。

p_φ 可由下式求出，其他符号和自由振动的一样：

$$p_\varphi = \frac{\mu\sum\limits_{i=1}^{r}l_i^2}{J_y} \tag{9-5}$$

式中，μ——换算到负重轮上的减振器的阻力系数；

r——坦克一侧减振器的数目。

纵向角振动的衰减振动频率和周期分别为

$$\omega_R = \sqrt{\omega_\varphi^2 - p_\varphi^2}$$

$$T_R = \frac{2\pi}{\omega_R} = \frac{2\pi}{\sqrt{\omega_\varphi^2 - p_\varphi^2}}$$

由该式可见，增加减振器和加大阻尼系数可以增大振动周期，而不必减小悬挂刚度。

对乘员疲劳有影响的主要是振动加速度，在极限情况下，它由下式决定：

$$\ddot{Z} = \ddot{Z}_{\max} + l_0 \cdot \ddot{\varphi}_{\max}$$

式中，l_0——由悬置质量的振动中心（简称振心，近似计算时可用质心代替）至驾驶员座位处的距离。

在极限情况下，要求振动加速度应在 $\ddot{Z} \leqslant (1.5 \sim 3)g$ 范围内，g 为重力加速度。

由于路面复杂，因此多轮车辆的振动周期和振幅很难用理论公式来精确计算，只有通过试验来确定。根据多种履带式车辆的试验结果，可得出下面结论：

（1）当其他条件相同时，车辆的质量越大，线振动的周期越大；转动惯量越大，角振动周期也越大。

（2）当车辆的质量和悬挂刚度等相同时，负重轮数越多者，其振幅越小。

（3）安装减振器可以大大减小振动的冲击及其平均振幅。

9.1.3　缓冲可靠性

表征评价缓冲可靠性能的指标有两项：

（1）各个受到刚性冲击零件的强度储备及弹性元件的疲劳强度储备。

（2）行动部分弹性元件的总比位能储备。

坦克在最恶劣的地面条件下所进行的高速行驶试验证明，当发生刚性撞击时，平衡肘、负重轮和平衡肘轴等零件，所受的最大动负荷可达到静负荷的 8～11 倍，上限适用于高速车辆，下限适用于低速车辆。若地面不平度较小，平衡肘撞击限制器时，则悬挂零件所承受的最大负荷取决于弹性元件的最大变形量，其最大负荷约为静负荷的 3 倍。

试车表明，当坦克超越障碍、车首部分受到猛烈冲击时，冲击力达到最大值。弹性元件及其他缓冲零件的变形所吸收的冲击动能越大，则限制器受到刚性撞击的机会便越小。可用车体垂直位移时的总比位能作为可靠性的评价指标。所谓车体垂直位移的总比位能是指，全部弹性元件的总位能与车辆悬挂装置重力的比值，也称位能储备系数，用 λ 表示。

例如扭杆悬挂，它的特性大致是线性的，扭杆悬挂装置的弹簧力换算到负重轮上的垂直作用力（弹簧力）用 F 表示，F 与负重轮位移 h 成正比（图 9-1）。因此，车体垂直位移的总比位能 λ 可表示为

$$\lambda = \frac{2\sum_{n=i}^{n} E_i}{G_x} = \frac{\sum_{n=i}^{n} C_{xi}(h_j + h_d)^2}{G_x} = \frac{\sum_{n=i}^{n} C_{xi} h_i^2}{G_x} \tag{9-6}$$

式中，E_i——某个弹性元件的最大总位能，$E_i = E_{ji} + E_{di}$，E_{ji} 和 E_{di} 分别为某弹性元件的静态和动态位能；

$\quad C_{xi}$——某个负重轮上悬挂装置的悬挂刚度；

$\quad h_j$——某个负重轮的静行程；

$\quad h_d$——某个负重轮的动行程；

$\quad n$——每侧负重轮个数；

$\quad G_x$——悬挂装置的重力，即位于弹性元件以上、参与振动的车体和各个机件的全部重力，它为车辆总重的 85%～90%。

当每个负重轮的刚度相同时，式（9-6）变为

$$\lambda = \frac{nC_x(h_j + h_d)^2}{G_x} = \frac{nC_x h^2}{G_x} \tag{9-7}$$

式中，$h = h_j + h_d$——负重轮的全行程。

如 h 的单位为 mm，刚度 C_x 的单位为 N/mm，则 λ 的单位为 mm，λ 的物理意义可以近似地这样理解：λ 是一个高度，当车辆（不计非悬挂质量）从该高度垂直落在不变形的地面上时，刚刚不会使车体上的限制器受到刚性撞击，此时车体落下所释放的位能恰好被弹性元件变形所吸收，即 λ 相当于不发生刚性撞击的最大高度。

一般独立式悬挂车辆的总比位能值为 $400 \sim 500$ mm，现代主战坦克的总比位能已超过此数。λ 越大，弹性元件吸收冲击能量越大，限制器发生刚性撞击的机会越小，车辆沿不平路面的行驶速度就越高。因此可把总比位能 λ 作为车辆可靠性的一个评价指标。

但是，用总比位能 λ 评价车辆的缓冲可靠性也有不全面的地方，因为弹性元件在负重轮静行程范围内变形所储存的位能是用来支承悬挂装置重力的，这一部分位能不起缓冲作用，故用动比位能 λ_d 来作为车辆弹性元件吸收冲击能的评价指标较为合理。动比位能用下式表示：

$$\lambda_d = \frac{2\sum_{i=1}^{n} E_{di}}{G_x} \tag{9-8}$$

式中，E_{di}——图 9-1 中梯形 $CABD$ 的面积，即在负重轮动行程中弹性元件所做的功。

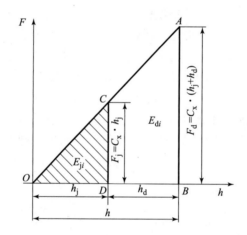

图 9-1　线性悬挂装置的特性

式（9-6）只考虑弹性元件的变形功，实际上车辆吸收冲击能量的元件不仅有弹性元件，而且还有减振器、弹性限制器、负重轮的橡胶轮缘及履带板上的橡胶滚道面等，这些元件也有缓冲作用，是不能忽视的。因此可提出更精确的公式来计算总比位能：

$$\lambda' = \frac{1}{G_x}\left[\sum_{i=1}^{2n} E_i + 2\left(\sum_{i=1}^{z} E_{xi} + \sum_{i=1}^{r} E_{ji} + \sum_{i=1}^{n} E_{li}\right)\right]$$

式中，E_{xi}——弹性限制器吸收的变形功；

Z——每侧弹性限制器的个数；

E_{ji}——压缩行程垂直振动时最大速度下减振器的阻尼功；

r——每侧减振器的个数；

E_{li}——在动载作用下橡胶轮缘的变形功。

图 9-2 所示为"豹" 2 坦克悬挂装置综合特性和扭杆、摩擦减振器、液压限制器所吸

收功的能容量图。O 点为动行程的起始位置。14 根扭杆（直径 $d=63$ mm）吸收功的能容量为 184 000 N·m，10 个液压限制器（第 1、2、3、6、7 负重轮处）当相对速度 $v=2.94$ m/s 时吸收功的能容量为 169 000 N·m，10 个摩擦减振器（第 1、2、3、6、7 负重轮处）吸收功的能容量为 61 000 N·m。总的吸收功的能容量为 414 000 N·m，如图 9-2 中曲线下面积所示。

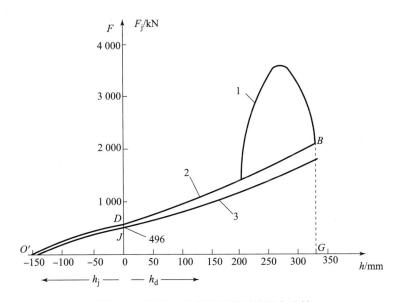

图 9-2　"豹"2 坦克悬挂装置的综合特性

减振器仅在压缩行程中起缓冲作用，黏性阻尼的液压减振器其缓冲作用和车体间相对速度值有关，有些库仑阻尼的摩擦减振器则与负重轮和车体的相对位移量有关。弹性限制器吸收的冲击能量和弹性元件的行程及其刚度有关，有些限制器（如液压限制器）吸收冲击能量的大小还与负重轮和车体间的相对速度有关。要精确计算所有弹性元件和阻尼元件的全部冲击位能比较麻烦，因此一般还是用弹性元件的动比位能 λ_d 或总比位能 λ 作为车辆缓冲可靠性的指标。几种坦克的有关数据见表 9-1。

表 9-1　几种坦克的 λ 和 λ_d

车辆名称	T54A	M41	T76	M46	"豹"1	"豹"2	M1
λ/mm	323.7	364	364	530	427		
λ_d/mm	293				—	>500	>500

现代坦克如"豹"2：$n=7$，$h_d=350$ mm；M1：$n=7$，$h_d=381$ mm。λ 和 λ_d 有显著的增加。

9.1.4　行驶平稳性与缓冲可靠性的矛盾

为提高 λ 和 λ_d 的值，则应要求悬挂装置的刚度 C_x 增大，而刚度增大会引起车体固有频率的增大，固有频率的增大势必会使振动周期减小，振动周期减小又将使车辆的平稳性变坏，所以缓冲可靠性与行驶平稳性这两个方面对悬挂装置的刚度 C_x 的要求是相互矛盾的。

　　怎样做到既行驶平稳又缓冲可靠呢？我们看到当坦克沿微小不平路面行驶时，平稳性是矛盾的主要方面，希望安装刚性较小即较软的悬挂装置；而当安装较软悬挂装置的坦克沿起伏地面行驶时，平衡肘就会经常撞击限制器，这时可靠性是矛盾的主要方面。为了吸收较大的冲击能量，悬挂装置应具有较大的位能储备，这在较软的悬挂装置中只有增大负重轮的动行程（即限制器的位置应提高）才有可能实现。图 9-3（a）表示动行程 h_d 增大 Δh 时，弹性元件吸收的位能增加了 $bced$ 梯形面积，位能储备量显著增加。但是增大动行程同时也增加了弹性元件的变形量和应力值，过分增大动行程会使弹性元件损坏，因此这个方法常受弹性元件最大许用应力的限制。故弹性元件都采用优质弹簧钢，经过热处理并采取滚压等强化工艺，来尽量提高其最大许用应力。

　　解决行驶平稳性与缓冲可靠性矛盾的另一个方法是：当坦克沿微小不平路面行驶，即负重轮行程较小时，相当于在静平衡位置附近工作，如图 9-3（b）曲线上 a 点所示，采用较小的悬挂刚度，以保证行驶平稳性。而当坦克沿起伏地面行驶，负重轮行程较大时，使悬挂刚度也较大（即越接近行程末端 b 点，曲线斜率越大，即弹簧较硬），因此位能储备也较大，以保证可靠性。这种比较理想的悬挂特性如图 9-3（b）中 ab 曲线所示，因其刚度是可变的，所以称为非线性悬挂特性。

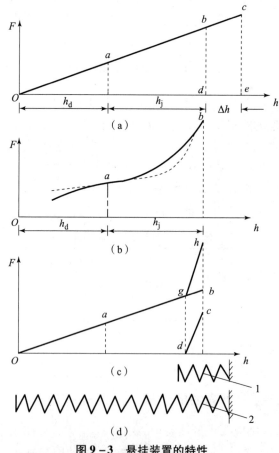

图 9-3　悬挂装置的特性

1—弹性限制器；2—弹性悬挂

在线性悬挂特性（Oagb 直线）的基础上，再加上弹性限制器也可以改善行驶平稳性和可靠性的矛盾，如图 9 - 3（c）和图 9 - 3（d）所示。在动行程的末端设置弹性限制器（图 9 - 3（d）中小弹簧），其特性曲线为 dc。设置了这种限制器后的效果很好，如与原来的悬挂弹簧（图 9 - 3（d）中大弹簧）并联，得到综合特性曲线 Oagh，即小弹簧特性曲线 dc 和大弹簧特性曲线 Oagb 的叠加。这样，既能增大行程末端的悬挂刚度和位能储备，又不会影响静平衡位置附近的悬挂刚度。弹性限制器通常只能在动行程末端很小的一段行程内起作用。

9.2　扭杆悬挂系统

扭杆式悬挂设计

9.2.1　扭杆悬挂装置的方案和类型

军用履带式车辆的扭杆（扭力轴）悬挂装置是利用圆形扭杆在扭转时的弹性变形实现车体和负重轮之间的弹性连接的。扭杆的一端用花键固定在车体上，另一端固定在悬挂装置的平衡肘内。平衡肘转动时，扭杆就发生扭转。

现在已设计出许多扭杆式悬挂装置结构，按照它们的不同特点可以分为不同的类型。按弹簧的结构形式分，有一根扭杆的单扭杆式悬挂装置；有两根实心扭杆或一根实心的、一根管状的扭杆组成的双扭杆式悬挂装置；有由一些并在一起的小直径扭杆组成的束状扭杆式悬挂装置。

按左、右两侧悬挂装置扭杆的布置，分为不同轴心布置和同轴心布置的扭杆式悬挂装置。

扭杆悬挂装置的各种方案示于图 9 - 4 中。在军用履带式车辆上用得最广的扭杆是不同轴心布置的单扭杆式悬挂装置，因为这种扭杆式悬挂装置的结构最简单，与同轴心布置的扭杆相比，由于它的长度较长（利用车体的整个宽度），故能够保证悬挂装置有较小的刚度和较小的剪切应力。

扭杆同轴心布置的优点是可以减小悬挂装置占用车内的空间；减少车辆直线行驶时的驶偏倾向，因而改善了车辆的可操纵性。但是，这种方案难以实现大的悬挂装置行程，且车体底部的可能弯曲会使花键的工作条件变坏。

在有两根扭杆的弹簧内，两根扭杆可以依次或同时扭转。依次扭转时在负重轮行程大的情况下，能降低悬挂装置的等效刚度和扭杆内的应力；同时扭转时会增加悬挂装置的刚度。图 9 - 4（f）所示的方案为由一根实心扭杆和两根管状扭杆组成的复式弹簧，其中的一根管状扭杆用来作为副钢管弹簧来保证非线性特性。

束状扭杆弹簧以其一束细而短的扭杆来保证大的扭转角和相应的负重轮行程，但应力却比较小。双扭杆和束状扭杆的主要缺点是：它们的结构复杂，可靠性差，外部直径较大，为了将它们安装在车体底部，需要较大的车底距地高度。

目前，通过选用高强度材料和相应的制造工艺，对扭杆加以强化以及选择适当长度的平衡肘等措施以后，采用结构简单、工作可靠、不同轴心布置的单扭杆式悬挂装置，就可以实现足够大的负重轮行程（580 mm 以上）。

另外，扭杆式悬挂装置还可以按导向元件（平衡肘）的结构特点，按它们在车体内固

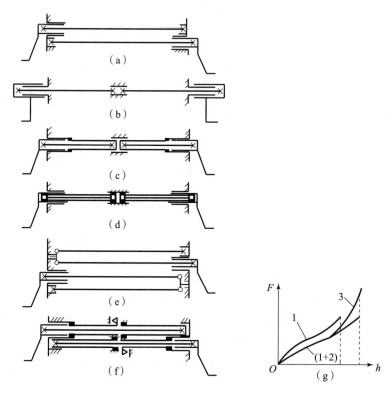

图 9 – 4 扭杆悬挂装置方案简图

（a）两轴不同心布置的单扭杆式悬挂装置；（b）两轴同心布置的单扭杆式悬挂装置；
（c）两轴同心布置的管—杆式悬挂装置；（d）束状扭杆式悬挂装置；（e）有两个实心
扭杆的悬挂装置；（f）两轴不同心布置的管—杆式悬挂装置：
1—实心扭杆；2—串接的管状扭杆；3—并接的管状扭杆（副弹簧）；
（g）按方案（f）制造的悬挂装置的特性：
1—实心扭杆工作时；2—实心扭杆和管状扭杆共同工作时；3—副弹簧工作时

定座的结构，按平衡肘的轴向固定方法及减振器与平衡肘的连接方法等来进行分类。

9.2.2 扭杆悬挂装置主要参数的计算

1. 扭杆悬挂装置的刚度

1）悬挂装置的平均刚度

悬挂装置的平均刚度是按照保证所需要的车体固有角振动的频率或周期求出的。由 8.1 节求出的固有角振动的频率和相应的周期可知

$$\omega_\varphi^2 = \frac{2C_{xp} \sum\limits_{i=1}^{n} l_i^2}{J_y}$$

式中，C_{xp}——悬挂装置的平均刚度；

l_i——从车辆质心到第 i 个负重轮的距离；

J_y——坦克车辆的悬挂质量对于通过质心的横轴 y 的转动惯量；

n——每侧负重轮的数目。

在有减振器的条件下，固有角振动的周期为

$$T_\varphi = \frac{2\pi}{\omega_\varphi} = \frac{2\pi}{\sqrt{1 - \sigma_\varphi^2}}$$

式中，σ_φ——阻尼系数，它是衰减振动的衰减指数和固有频率的比值：

$$\sigma_\varphi = \frac{p_\varphi}{\omega_\varphi}$$

式中，p_φ——角振动的衰减指数，由式（9-5）求得；
ω_φ——角振动的固有频率，由式（9-2）求得。

对于履带式输送车在有减振器的情况下，$\sigma_\varphi = 0.25 \sim 0.3$，其所需要的平均刚度值 C_{xp} 与 T_φ 有关，即

$$C_{xp} = \frac{2\pi^2 J_y}{T_\varphi(1 - \sigma_\varphi^2)\sum_1^n L_i^2} \tag{9-9}$$

在现有的军用履带式车辆的悬挂装置结构中，$T_\varphi = 0.9 \sim 1.6 \text{ s}$。

2）扭杆悬挂装置的刚度

对于每一个具体的悬挂装置结构来说，通常用弹簧的刚度、杠杆系统的尺寸和换算到负重轮轴上的载荷来求出悬挂装置的刚度。可以按照图9-5所示的运动学简图来确定扭杆式悬挂装置的刚度。图9-5中 O 点为平衡肘的转动中心，R_p 为平衡肘长度，R_f 为负重轮半径。过 O 点作一条辅助水平线 $t-t$，平衡肘位于 Oa 位置时为平衡肘安装位置，它与水平线的夹角为 β_y；平衡肘转过 α_j 角到达 Ob 位置时为车辆静止状态的平衡肘位置，该位置称为平衡肘的静止（态）位置，相应的负重轮行程称为静行程 h_j，此时平衡肘与辅助水平线的夹角为 β_0。

根据计算，用悬挂装置的弹簧力换算到负重轮上的垂直力 F 的增量 dF，与它的垂直位移的增量 dh 之比，来求出负重轮在任意位置上的悬挂装置的刚度：

$$C_x = \frac{dF}{dh} = \frac{dF/d\alpha}{dh/d\alpha} \tag{a}$$

式中，α——平衡肘的角位移。

根据计算简图9-5可知，当平衡肘转动 α 角时，平衡肘位于 Oc 位置（现时位置），相应负重轮轴的垂直位移为

$$h = H_0 - H = R_p[\sin\beta_0 - \sin(\beta_0 - \alpha)] \tag{b}$$

式中，H_0，H——在静（态）止位置和现时位置时，负重轮中心与辅助水平线 $t-t$ 之间的距离。

平衡肘转过角为 α，负重轮的行程为 h，其导数值为

$$\frac{dh}{d\alpha} = \frac{d[R_p\cos\beta_0 - R_p\cos(\beta_0 - \alpha)]}{d\alpha} = R_p\cos(\beta_0 - \alpha) \tag{c}$$

为了求导数 $dF/d\alpha$，需要求出作用于负重轮上的垂直力 F 与平衡肘转角 α 的变化关系式。扭杆转过 α 角后受到的转矩为

$$T_T = C_T(\alpha_j + \alpha) = FR_p\cos(\beta_0 - \alpha) \tag{9-10}$$

式中，C_T——扭杆的刚度；

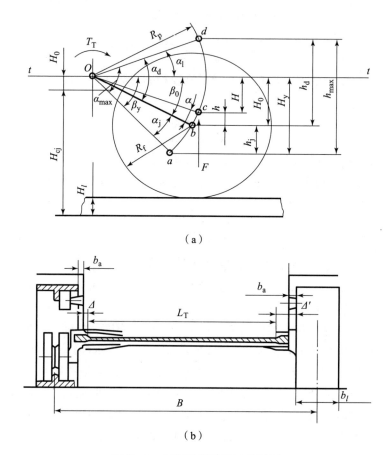

（a）

（b）

图 9 - 5 扭杆悬挂装置计算简图

（a）扭杆悬挂的运动学简图；（b）求扭杆工作长度的简图

α_j ——相应于负重轮静行程 h_j 时平衡肘转动角；

F ——悬挂装置弹簧力换算到负重轮上的垂直作用力（图示 F 为该力的地面反力）；

α ——平衡肘离开静态位置的转动角；

R_p ——平衡肘长度，几种坦克装甲车辆的平衡肘长度见表 9 - 2。

表 9 - 2 几种坦克装甲车辆平衡肘的长度   mm

车辆名称	T - 54A	M113	M41	ΠT76	M46	"豹" 1	M1
R_p	250	321	330	360	365	400	510

对于圆截面的扭杆，刚度值 C_T 是一常数：

$$C_T = \frac{I_\rho G}{L_T} = \frac{0.1 d_T^4 G}{L_T} \tag{d}$$

式中，I_ρ ——极惯性矩，$I_\rho = 0.1 d_T^4$；

G ——剪切时的弹性模量（第二类弹性模量）；

d_T ——扭杆的外径；

L_T ——扭杆的工作长度。

变换式（9-10）即可得出换算到负重轮轴上的垂直力 F：

$$F = \frac{C_T(\alpha_j + \alpha)}{R_p \cos(\beta_0 - \alpha)}$$

$$\frac{dF}{d\alpha} = \frac{C_T}{R_p} \frac{d\left[\dfrac{\alpha_j + \alpha}{\cos(\beta_0 - \alpha)}\right]}{d\alpha} = \frac{C_T\left[\cos(\beta_0 - \alpha) - (\alpha_j + \alpha)\sin(\beta_0 - \alpha)\right]}{R_p \cos^2(\beta_0 - \alpha)} \tag{e}$$

将式（c）和式（e）代入式（a），得负重轮轴上用 C_T 表示的悬挂装置的刚度：

$$C_x = \frac{dF}{dh} = \frac{dF/d\alpha}{dh/d\alpha} = \frac{C_T\left[\cos(\beta_0 - \alpha) - (\alpha_j + \alpha)\sin(\beta_0 - \alpha)\right]}{R_p^2 \cos^3(\beta_0 - \alpha)} \tag{9-11}$$

由式（9-11）可知，对于一定的悬挂装置，C_T、β_0、α_j 和 R_p 都为定值，所以 C_x 只随 α 的变化而变化。

3）扭杆悬挂装置刚度的一般式

为了求出悬挂装置刚度的一般式，引入悬挂装置杠杆系统杠杆比的概念，所谓杠杆比是指负重轮受到的垂直力 F 和扭杆转矩 T_T 之比，用 i 表示。对于扭杆式悬挂装置，由式（9-10）求得

$$i = \frac{F}{T_T} = \frac{1}{R_p \cos(\beta_0 - \alpha)} \tag{f}$$

由式（9-10）已知扭杆的刚度为

$$C_T = \frac{F R_p \cos(\beta_0 - \alpha)}{(\alpha_j + \alpha)} \tag{9-12}$$

将式（f）和式（9-12）代入式（9-11），得悬挂装置刚度的一般式：

$$C_x = C_T i^2 - F \frac{di}{i \, dh} \tag{9-13}$$

式中，$\dfrac{di}{dh}$ 由下式表示：

$$\frac{di}{dh} = \frac{\sin(\beta_0 - \alpha)}{R_p \cos(\beta_0 - \alpha)}$$

式（9-13）为换算到负重轮轴上的悬挂装置刚度的一般式，它取决于弹性元件的刚度、杠杆系统的杠杆比，也取决于来自负重轮行程、负重轮上载荷和杠杆比的变化。式（9-13）对于任何一种形式的悬挂装置都可适用。

为了计算扭杆式悬挂装置的刚度，将式（9-12）代入式（9-11）得到用 F 表示的悬挂装置的刚度：

$$C_x = \frac{dF}{dh} = \frac{F\left[\cos(\beta_0 - \alpha) - (\alpha_j + \alpha)\sin(\beta_0 - \alpha)\right]}{(\alpha_j + \alpha) R_p \cos^2(\beta_0 - \alpha)} \tag{9-14}$$

4）车辆静态位置扭杆悬挂装置的刚度

当车辆处于静态位置，$F = F_j$ 和 $\alpha = 0$ 时，由式（9-14）即可得到车辆在静态位置悬挂装置的静态刚度：

$$C_{xj} = \frac{F_j\left[\cos\beta_0 - \alpha_j \sin\beta_0\right]}{\alpha_j R_p \cos^2\beta_0}$$

式中，F_j——车辆处于静态位置时，悬挂装置弹簧力换算到负重轮上的垂直力；

α_j——车辆处于静态位置时，负重轮静行程对应平衡肘的静态位置转动角。

将 $C_T = (J_\rho G)/L_T$ 代入式（9-10），得

$$\alpha_j = \frac{T_{Tj}}{C_T} = \frac{F_j R_p \cos\beta_0}{C_T} = \frac{F_j R_p \cos\beta_0 L_T}{0.1 d_T^4 G} \tag{g}$$

将式（g）代入前 C_{xj} 的表达式中，得静态位置悬挂装置的刚度：

$$C_{xj} = \frac{0.1 d_T^4 G}{L_T R_p^2 \cos^2\beta_0} - F_j \frac{\sin\beta_0}{R_p \cos^2\beta_0} \tag{9-15}$$

静态位置悬挂装置刚度的大小取决于悬挂装置的机构参数、静态安装位置参数以及静态位置时负重轮上的垂直力，对于已知车辆，它是一个定值。

2. 扭杆的直径和长度

所需要的扭杆直径由下式求出：

$$d_T = \sqrt[4]{\left(C_{xj} + F_j \frac{\sin\beta_0}{R_p \cos^2\beta_0}\right) \frac{L_T R_p^2 \cos^2\beta_0}{0.1 G}} \tag{9-16}$$

式中，各参数符号同前边的规定一样。

在选择扭杆尺寸时可以认为：已经选定履带行驶装置的方案，已经确定车辆每侧的负重轮数 n，已经求出平衡肘的长度 R_p。其他未知数按下述各式求出。

静态位置时平衡肘的倾角 β_0 由下式求出：

$$\beta_0 = \arcsin \frac{H_0}{R_p} = \arcsin \frac{H_{ej} + H_a - H_1 - R_f}{R_p}$$

式中，H_{ej}——在组装悬挂装置时必须保证给定的静态车底距地高；

H_a——车体底部到平衡肘转轴中心 O 的距离；

H_1——履带板厚度；

R_f——负重轮半径，几种坦克负重轮的直径 D_f 见表 9-3。

作用于负重轮的静态静载荷平均值由下式求出：

$$F_j = \frac{0.5 m_x + F_{yz}}{n}$$

式中，F_{yz}——履带的预张紧力；

m_x——车辆悬挂质量，它由下式求出：

$$m_x = m - 2m_{ld}L - 2nm_f + 1/3 m_p$$

式中，m——车辆质量；

m_{ld}——履带的单位长度质量；

L——履带接地长；

m_f——负重轮质量；

m_p——平衡肘质量。

表 9-3　几种坦克负重轮的直径　　　　　　　mm

坦克名称	T-54A	"豹" 2	M1	M48	T-72
D_f	810	700	640	670	750

如果没有为重新设计行动部分所需要的履带推进装置各元件的质量数据，则可以按下式求出车辆悬挂装置的质量：

$$m_x = (0.85 \sim 0.92)m$$

悬挂装置的静态刚度由式（9-9）悬挂装置的平均刚度求得：$C_{xj} = C_{xp}$，或根据专门的计算结果或行驶平稳性研究的结果得出。

根据扭杆的安装图和车体的宽度来取扭杆的工作长度，如图9-5（b）所示。

根据尺寸链，有

$$l_T \geqslant B - b_1 - 2b_a - \sum \Delta$$

式中，$\sum \Delta = 60 \sim 100$ mm ——考虑到位于车体内部分花键头长度的尺寸。

俄罗斯用特种钢制造扭杆。在工作应力比较小的情况下，用60Si2A钢制造；而对于承受大的动载荷的悬挂装置，则用45CrNi2MoVA-G钢制造。为了提高强度和周期稳定性，对扭杆进行专门的热—机械处理和预加强处理。对于用6OSi2A钢制造经过预加强处理的扭杆，其弹性模量为$G = 8.1 \times 10^{10}$ Pa，而对于用45CrNi2MoVA-G钢制造经过预加强处理的扭杆，其弹性模量为$G = 7.65 \times 10^{10}$ Pa。

3. 负重轮的行程

在确定了扭杆工作部分的长度以后，求出悬挂装置的静行程、平衡肘必需的装配角β_y和扭杆的最大应力τ_{max}。考虑到作用于悬挂装置上的静载荷F_j有变化，必须根据负重轮相对于质心的布置和平衡肘支座的不同固定方法，为每一个悬挂装置计算出以下参数。相应于负重轮静行程的平衡肘转角由式（g）求出：

$$\alpha_j = \frac{F_j R_p \cos\beta_0 l_T}{0.1 d_T^4 G}$$

由图9-5知，静行程为

$$h_j = R_p[\sin\beta_y - \sin(\beta_y - \alpha_j)] \tag{9-17}$$

式（9-17）中，α_j值必须加上负号（-），以表示平衡肘从静态位置向下移动。悬挂装置平衡肘在安定位置时，角度位置$\beta_y = \beta_0 + |\alpha_j|$；高度位置$H_y = H_0 + |h_j|$。平衡肘由$Oa$转到位置$Od$时，其转角为最大转角$\alpha_{max}$，相应的负重轮的行程为最大行程$h_{max}$。平衡肘由$Ob$转到$Od$位置时，其转角为$\alpha_d$，相应的行程为动行程$h_d$。

相应于负重轮动行程h_d（表9-4）的平衡肘角位移为

表9-4　几种坦克装甲车辆负重轮动行程和车底距地高　　　　　　　　　　mm

车辆名称	T-54A	M113	ПТ76	M46	"豹"1	"豹"2	M1
h_d	142	210	203	206	279	350	381
H_{cj}	479.7	430	444	450	450	490 (540)	480
h_d/H_{cj}	0.296	0.488	0.457	0.457	0.62	0.714	0.793

$$\alpha_d = \beta_0 + \alpha_1$$

式中，α_1——平衡肘转到Od位置时与水平线间的夹角。

总的角位移为

$$\alpha_{\max} = |\alpha_j| + \alpha_d = \alpha_j + \beta_0 + \alpha_1$$

负重轮的总行程为

$$h_{\max} = |h_j| + h_d = R_p \sin\beta_y + R_p \sin\alpha_1$$

过去有些车辆采用大负重轮、短平衡肘，其动行程较小，悬挂性能较差。现在许多车辆的 h_d/H_{cj} 已超过了 0.5，"豹" 2 和 M1 的 h_d/H_{cj} 值都超过了 0.7，悬挂性能有了很大提高。

4. 剪切应力

扭杆的剪应力由扭矩和扭杆的抗扭截面模量求出：

$$\tau_{\max} = \frac{T_T}{W_T} = \frac{C_T \alpha_{\max}}{0.2 d_T^3} = \frac{0.5 d_T^3 G \alpha_{\max}}{l_T}$$

式中，$W_T = \dfrac{\pi d_T^3}{16}$——扭杆抗扭截面模量。

制造扭杆用钢的剪切力屈服点 $\tau_s = 850$ MPa。当 $\tau_{\max} > \tau_s$ 时，必须通过预加强处理对扭杆进行专门的强化工艺处理。现在，在工艺上可以保证许用工作应力 $[\tau_{\max}]$ 达到 1 600 MPa。几种坦克扭杆的最大剪切应力见表 9-5。

表 9-5　几种坦克扭杆的最大剪切应力　　　　　　　　　　　　　MPa

坦克名称	T-54A	M46	"豹" 1	M1	T-72
$\tau_{\max}$	872.81	1 110.13	1 157.2	1 240.55	1 289.79

三种坦克扭杆悬挂装置的各项参数见表 9-6。

表 9-6　三种坦克扭杆悬挂装置的各项参数

车辆名称 数据		T-54A		ИC-2	ПT76	
		后负重轮	其他负重轮		首负重轮	尾负重轮
基本数据	坦克全重 G/kN	352.8		450.8	137.2	
	悬挂重力 G_x/kN	320.48		423.36	123.97	
	每侧负重轮数 n	5		6	5	
	车底距地高 H_{cj}/mm	479.7		400	444	
	负重轮外径 D_f/mm	810		550	670	
	平衡肘长度 R_p/mm	250		480	360	
	扭杆直径 d_T/mm	52		70	38	
	扭杆工作长度 G/m	1 945		1700	1990	
静置状态	负重轮静行程 h_j/mm	62　61.3		78	117　139	
	平衡肘静倾角 β_y/(°)	17°52′			21°15′　21°	
	扭杆静扭角 α_j/(°)	15°30′　15°19′		10°15′	22°15′　27°10′	
	悬挂静刚度 C_{xj}/(N·cm^{-1})	5 145　5 232.2		4 508	607.6	
	负重轮静负荷 F_j/kN	32.05		35.28	9.31　11.37	
	扭杆静应力 τ_j/MPa	282.24　280.28		248.2	291.06　354.76	

续表

	车辆名称 数据	T-54A		ИС-2	ПТ76	
		后负重轮	其他负重轮		首负重轮	尾负重轮
动力状态	负重轮动行程 h_d/mm	140	142	145	195	203
	扭杆总扭角 α_{max}/(°)	48°	48°20′	28°20′	55°20′	60°
	悬挂刚度 C_x/(N·cm^{-1})	5 105.8	37.2	3 920	803.6	
	负重轮最大负荷 F_{max}/kN	103.35	2.5	109.76	22.08	23.94
	扭杆最大应力 τ_{max}/MPa	880.04		784	723.83	784.9
其他性能参数	线振动周期 T_Z/s	0.497		0.50	0.72	
	角振动周期 T_φ/s	0.937		0.79	1.61	
	动比位能 λ_d/mm	293		330	—	
	总比位能 λ/mm	323.7		360	408	
	动力系数 F_{max}/F_j	3.22		3.11	2.36	2.11

9.2.3 扭杆的结构设计

1. 端部结构

为安装、连接及承扭需要，扭杆端部可制成花键形或细齿形及多角形，其中以花键形用得较多。多角形一般为正六边形。为减少花键根部的应力集中，根部采用较大的圆弧半径（如 $R=0.5\sim0.75$ mm）及较大的键齿角（一般为60°），并在键齿槽中滚压强化以提高键齿的疲劳寿命。

当端部为花键齿时，为弥补齿根应力集中对连接部分强度的减弱，花键或细齿的根部直径 D 比扭杆的工作直径 d_T 应适当加粗。根据经验，$D/d_T=1.09\sim1.25$，下限适用于直径较小的一端。键齿长度 $l=(0.4\sim0.6)D$，在挤压应力许可的条件下，键齿不宜过长，否则反而会因接触不良而减少扭杆的有效工作长度 L。图 9-6 所示为 T-54A 和 M46 坦克扭杆两端的结构，表 9-7 所示为其尺寸参数。M46 键齿长度与根径比 l/D 较小，而 T-54A 的相应值较大；M46 的键齿角较大，而 T-45A 的键齿角则较小。

表 9-7 T-54A 和 M46 坦克扭杆参数

参数 车辆	大端			小端			键齿角 /(°)
	外径 D_1 /mm	键齿长 l_1 /mm	l_1/D_1	外径 D_2 /mm	键齿长 l_2 /mm	l_2/D_2	
M46	72.3	30.1	0.46	69.8	34.9	0.5	900~100
T-54A	67	79	1.18	62	59	0.95	60

为减轻扭杆工作直径 d_T 到花键部分过渡处的应力集中，可采用过渡圆弧面或过渡圆锥面，过渡圆弧半径 $R=(3\sim4)d_T$ 较为合适。过渡圆锥面角一般为15°，连接处圆弧半径为 $r=1.5d_T$，如图 9-6 所示。

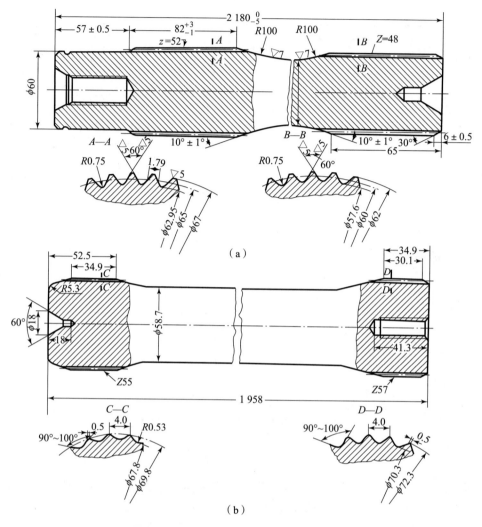

图9-6 T-54坦克和M46坦克的扭杆结构

（a）T-54坦克的扭杆；（b）M60坦克的扭杆

2. 扭杆的典型结构

扭杆的典型结构表示于图9-7中，在选择扭杆各部位的尺寸时必须熟悉有关资料。

在用滚子滚压后必须保证表面粗糙度$Ra \leqslant 1.25$ μm。杆的外部尺寸的容许公差为$d_T \pm 0.3$。颈部（杆到花键头的过渡处）半径$R = 100 \sim 110$ mm，扭杆的小头倒角为$5 \times 30°$，大头倒角为$2 \times 45°$。扭杆的两端有中心孔和螺纹孔，螺纹的直径为M16或M24。扭杆为细长杆状件，为防止热处理过程中产生较大的弯曲，加热时应按轴线方向吊挂在炉内，淬火时应沿轴线方向进入油池，因此在扭杆的一端应有一个供安装吊挂工具的螺纹孔，它也是装卸用的工艺孔。

为了保证悬挂装置的组装高度精确，采用三角形细花键固定扭杆较好。当扭杆工作部分的直径$d_T < 44$ mm时，花键模数$m_n = 1$ mm，花键槽角度$\gamma = 82°30'$，花键槽修圆半径$r = 0.74$ mm。当直径$d_T \geqslant 44$ mm时，$m_n = 1.25$ mm，$\gamma = 82°30'$，$r = 1$ mm。

花键的计算工作包括求出花键的节圆直径$d_{j1(2)}$、外径$d_{1(2)}$、花键槽直径$d_{c1(2)}$和花键

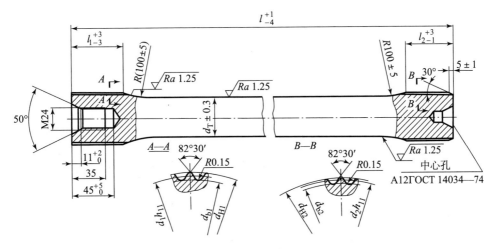

图 9 – 7　扭杆结构

的长度 $l_{1(2)}$。这里下标"1"表示大头花键的参数，下标"2"则表示小头花键的参数。

根据扭杆直径 d_T 给出小头的节圆直径 $d_{j2} = (1.155 \sim 1.355)d_T$。

求出小头的花键数 $z_2 = d_{j2}/m_n$，将 z_2 值化整后，确定直径 $d_{j2} = z_2 m_n$。

给出大头和小头的花键差数 $\Delta z = 2 \sim 4$ 个齿，大头的齿数 $z_1 = z_2 + \Delta z$，大头的节圆直径 $d_{j1} = z_1 m_n$。

按下列关系式求出花键的外径：

$$d_{1(2)} = m_n(z_{1(2)} + 1.2)$$

内径（花键槽直径）则为

$$d_{c1(2)} = m_n(z_{1(2)} - 0.94)$$

花键的长度为

$$l_{1(2)} = \frac{8T_{Tmax}}{0.75 z_{1(2)} (d_{1(2)}^2 - d_{c1(2)}^2) [\sigma_j]}$$

式中，T_{Tmax}——作用于扭力轴的最大转矩，$T_T = m_T \alpha_{max}$；

$[\sigma_j]$——许用挤压应力，对扭杆的花键取 $[\sigma_j] \leqslant 300$ MPa。

9.2.4　扭杆的材料、热处理及工艺措施

扭杆是履带式车辆悬挂装置的主要弹性元件，它经常在大应力、大应变和冲击及脉动应力作用下工作，疲劳损坏常是工作失效的主要形式。为提高扭杆的性能及使用寿命，在材料选择、应力确定、结构设计、工艺要求以及技术措施等方面都有严格的要求。

1. 材料和热处理

扭杆材料应是具有较高的抗拉强度、屈服极限、疲劳强度、一定的冲击韧性及良好淬透性的优质弹簧钢，对高应力扭杆还要求杂质含量较少，通常用 60Si2A、70Si3、8660、45CrNiMoVA、60Cr、50CrVA、9260、9262、En45（中碳硅锰钢）等钢制造。《美国车辆悬挂扭杆军用规范》规定：材料应没有缩孔、白点、裂纹及任何疵病，磷、硫每种含量应小于 0.04%。其材料常采用电渣熔炼钢或真空熔炼钢。

为使扭杆整个截面具有比较均匀的力学性能，必须选择具有良好淬透性的弹簧钢，即不

仅要求表面而且中心部位也必须淬透，淬火、回火后表面和中心的硬度差不能太大。表9-8所示为几种弹簧钢在油中能淬透的尺寸。

表9-8 几种弹簧钢能淬透的尺寸

钢材料名称	65Mn	60Si2Mn	50CrMn	50CrVA	45CrNiMoVA
能淬透的尺寸/mm	15	25	30	45	60

各种钢材的淬透性不同。根据试验，60Si2A对于直径大于40 mm的扭杆就不能淬透，而45CrNiMoVA在较大直径时仍有较好的淬透性，如某装甲输送车的扭杆，其工作直径为 $d=38$ mm，开始选用60Si2A，性能达不到要求，之后改用了45CrNiMOVA。我国军用履带式车辆的扭杆大多采用这种弹簧钢。

热处理是高应力扭杆的重要工艺，美国军标规定：扭杆应在可控气氛炉或中性盐浴炉中加热，以防表层氧化、脱碳。淬火的油温应为43.3～47.2℃，淬火后冷却到室温之前应立即回火，回火后，扭杆杆身截面半径1/2处到外表面的硬度值应达到HRC47～51，截面半径1/2处到中心处的硬度可低到HRC45，但任何截面间的硬度差应不大于HRC5。显微金相检查（250倍放大率）不允许有脱碳和残余奥氏体存在。近年来，美国高应力扭杆采用低温回火（204 ℃）将杆身硬度提高到HRC85，许用最大剪应力也相应加大。

2. 扭杆加工工艺措施及要求

扭杆的工作应力较高，故制造技术要求较严，它有特殊的要求及工艺措施。

美国军标MIL-S-45387（AT）推荐扭杆的加工工序如下：

（1）顶锻。

（2）退火（HB207～262）。

（3）热校直。

（4）清理喷砂。

（5）加工中心孔。

（6）铣两端端面。

（7）钻孔并攻螺纹。

（8）精加工，使表面尺寸在图纸公差范围内。

（9）加工键齿（冷挤、铣切或成型磨削）。

（10）热处理：

①在可控气氛炉或中性盐浴炉加热以控制脱碳，然后在43.3～47.2 ℃的油中淬火；

②冷却到室温之前立即回火。

（11）热校直。

（12）在镦粗表面上检查最终硬度。

（13）磁力探伤。

（14）杆体喷丸处理。

（15）强扭。

（16）作永久性标记。

（17）键齿喷丸处理。

（18）退磁。

（19）清理。

（20）涂底漆。

（21）缠带。

由上述可知，扭杆从毛坯到精加工采取了一系列提高疲劳寿命的工艺措施。此外还有一些特殊的要求：

（1）毛坯采用杆料两端镦粗工艺，其目的是得到连续、均匀的与已制成扭杆表面形状相似的晶体流线，使在杆身到键齿过渡的金属晶体流不被切断。

（2）车削及磨削时采用靠模，保证过渡圆弧（或锥面），并避免车削、磨削划痕，减少应力集中。

（3）疲劳裂纹的起源可能是原始存在于扭杆中的细微裂纹，为了防止扭杆表面层疲劳裂纹的形成与发展，防止扭杆早期疲劳损坏，扭杆表面不允许有裂纹、细缝、划痕和机械损伤，精加工后要用磁力探伤检查。同时扭杆毛坯材料在加工前应严格检查。

（4）为增强表层抵抗疲劳裂纹的形成与发展的能力，要求对杆部、轴端过渡部分及键齿底部进行表面强化处理，主要是强扭、滚压或喷丸。

（5）为防止锈蚀，扭杆要做表面处理，如磷化、涂漆等。有的扭杆为防止机械损伤，在其表面缠有橡胶或帆布的保护层（如 M46 和 M48 坦克的扭杆），也有在表面涂环氧树脂的。

（6）为防止表层氧化及脱碳，扭杆应在可控气氛炉或中性盐浴炉内加热。

3. 扭杆强化的方法

扭杆强化的方法有下述三种：

淬火和回火可以保证材料内部结构均衡，降低材料内部应力，提高材料的强度。俄罗斯用 $45 \times H2MA\phi\phi A - Ⅲ$ 制造的扭杆经热处理后，硬度达到 HB401~444，$\sigma_s = 1\ 400$ MPa，$\sigma_B = 1\ 500$ MPa。

表面机械强化能保证提高扭杆的周期稳定性，可用喷丸处理来保证表面硬化，深度为 0.2~0.8 mm；或用滚子滚压，深度在 2.0 mm 以内。在俄罗斯的扭杆制造中，用滚子滚压花键槽、杆和颈部（杆到花键的过渡部分）。滚子的直径为 80~95 mm，顶部圆角半径为（5±1）mm。作用于滚子的力等于 10~11 kN，每圈辊子的进给量不大于 0.2 mm，并注足机油。

强扭处理也称预应力处理，是制造高应力扭杆的主要工艺措施。高应力扭杆具有较大的许用应力和承载能力，而且在使用中基本上消除了残余变形。目前国外军用车辆采用的高应力扭杆其最大剪切应力已达到 1 172.82~1 274.88 MPa。

强扭是热处理后在扭杆工作方向上（顺时针或逆时针）施加一个大于使用时最大扭角的强扭角，使扭杆表面的应力超过屈服极限，但低于强度极限，使表层及其下部材料产生塑性变形。它可以使扭杆在强扭方向上提高弹性极限、承载能力和疲劳寿命，并且在使用中不会产生显著的残余变形。

强扭处理一般是连续加载和连续卸载多次进行（图 9-8），每次卸载后的残余变形角为 α_1 和 α_2。例如，T-54A 坦克扭杆最大工作扭角为 48°20′，规定强扭角为 50°±1°且扭转 6 次后不得有残余变形。又如某履带式输送车的扭杆，最大工作扭角为 57°17′，规定的强扭角为 69°，强扭 6 次后（最后一次强扭角为 67°）不得有残余变形。以上两种车辆的扭杆都是按图 9 – 8（a）所示方式进行强扭的。再如美国 M60 坦克的扭杆最大工作扭角为 50.5°，强扭角为 83°，扭转 3 次后总的残余变形角不得大于 30°，它是按图 9 – 8（b）所示方式进行强扭的。

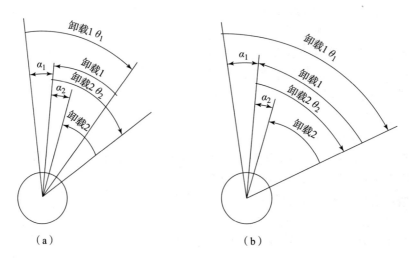

图 9 – 8 扭杆的强扭方式

什么叫扭杆的残余变形？它有什么影响？残余变形角即扭杆卸载后不能恢复到原始位置而留下的塑性变形角。刚装配后平衡肘的静倾角为 α_j，车底距地高为 H，使用一段时间后，平衡肘的静倾角变小为 α_j'，$\alpha_j' < \alpha_j$，即不能恢复到原位，$\Delta\alpha$ 即为扭杆的残余变形角，车底距地高相应地减少了 ΔH，显然，这是不允许的，如图 9 – 9 所示。

为什么扭杆经过强扭后能在强扭方向上提高弹性极限并消除了使用中的残余变形呢？这可以由扭杆的剪应力—剪应变曲线得到解释，如图 9 – 10 所示。

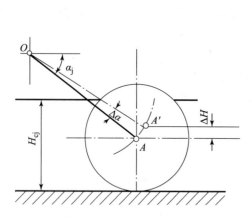

图 9 – 9 扭杆的残余变形角对车底距地高的影响

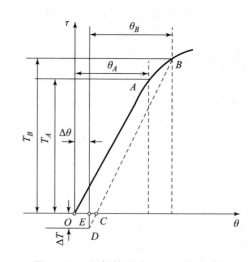

图 9 – 10 扭杆的剪应力 – 剪应变曲线

图 9 – 10 中 A 点为弹性极限，OA 为直线，当扭杆扭转使其表层应力超过弹性极限而从

A 点加载到 B 点时，扭杆的表层产生塑性变形，而其芯部则产生弹性变形。当扭杆卸载时，其表层应力不是按 BAO 曲线恢复到原始位置 O，而是按 BCD 到达平衡位置 D，此时扭杆残余变形角为 $\Delta\theta$，表层的反向应力为 $-\Delta\tau$。扭杆再次加载或卸载，则应力按 DCB 上升或下降，即其弹性极限由 A 点提高到 B 点。由于剪应变响应的扭角 θ_B 大于扭杆的最大工作扭角，所以在扭杆使用时避免了显著的残余变形，保证了所要求的车底距地高。

通常，弹性元件的应力超过了弹性极限时就会出现残余变形。通过扭杆的多次反复强扭可以消除残余变形，稳定强扭后的效果。

应当指出，强扭只能在一定范围内提高扭杆的承载能力，但不能提高材料的强度极限。

9.3　油气悬挂系统

油气悬挂

9.3.1　油气悬挂装置的工作原理

坦克装甲式车辆的平均行驶速度常常受到悬挂装置性能的限制。车辆在一定地面上以一定的速度行驶时，车体的颠簸和振动的大小取决于悬挂装置的结构和性能的好坏，当高速行驶时，常因悬挂装置性能较差、颠簸很大而不得不降低车速，即使装备了大功率的发动机也不能充分利用发动机的功率，只能以道路阻力所能允许的速度行驶，因而限制了车辆最大速度的发挥，也降低了平均行驶速度。因此，改进悬挂装置的结构、提高其性能，对提高坦克的性能具有重大意义。

1. 扭杆悬挂装置的缺点

目前坦克装甲式车辆大多数采用扭杆弹簧，其悬挂特性基本上是线性的，悬挂刚度基本是不变的。具有这种悬挂的车辆在平坦路面行驶时，悬挂的刚度就显得较大，振动频率较高，行驶平稳性差，持续行驶时乘员容易疲劳。当车辆在凹凸起伏不平的地面上行驶时，来自地面的冲击很大，车体振动剧烈，要求有足够大的悬挂刚度和动行程来吸收振动能量，而此时悬挂刚度又显得太小，吸收振动能量不大，缓冲性能太差，因此经常发生平衡肘撞击限制器的现象。此时振动加速度达到 $5g$ 以上，影响了行驶速度的提高。

2. 油气悬挂装置的应用和特点

当车辆在较好的路面行驶时，负重轮行程较小，悬挂的刚度较低，此时行驶平稳性较好。当车辆在凹凸起伏不平的地面上行驶时，负重轮行程较大，悬挂的刚度较大，则吸振缓冲能力较强，允许高速行驶，此时的行驶平稳性也较好。这种悬挂装置是理想的悬挂装置，它的悬挂刚度是可变的，悬挂特性是非线性的。油气悬挂装置就具有这种特性。

油气悬挂装置是利用密闭容器内的高压气体来作为弹性元件的一种悬挂装置，在重型载重汽车以及工程机械上应用得较早，近年来已被广泛采用，瑞典的 Strv103B 和日本的 74 式主战坦克装有油气悬挂装置，并且已装备部队。苏联 БМП 的空降坦克也装有油气悬挂装置，在空降时有较好的缓冲能力。1985 年，英国在奇伏坦坦克基础上改进的"挑战者"主战坦克上装有固定缸筒、单蓄压器油气悬挂装置。法国的 AMX－40 坦克也装有油气悬挂装置。美国曾在 T－95 坦克及 M48、M46 坦克系列上，进行改装油气悬挂的试验和研究。美国和德国合作研制的 MBT－70 坦克上采用了油气悬挂装置。我国也对油气悬挂装置在坦克和导弹发射车上的应用进行了研制和试验。

油气悬挂装置的性能优点很多：

（1）油气悬挂装置具有非线性、变刚度和渐增性的特性。在平坦的地面上行驶时，动行程较小，悬挂刚度较小，行驶平稳性较好；而在起伏地面行驶时，则随着负重轮动行程的增大，悬挂刚度变大，故能吸收较多的冲击能量，避免了产生刚性撞击，较好地满足了行驶平稳性和缓冲可靠性的要求，并提高了行驶速度，改善了坦克的机动性能。

（2）采用油气悬挂装置，使车辆振动周期增大，振动频率降低，有较好的行驶平稳性，因而搜索和跟踪目标平稳，减小了火炮稳定系统所要求的功率。在长度为 1 000 km 的越野跑道上试验表明，装有油气悬挂装置的 M60A1 坦克以 28.96 km/h 的速度行驶，比装扭杆的 M60A1 坦克以 19.3 km/h 的速度行驶时的射击命中精度还要高。

（3）装有可调式油气悬挂装置的坦克车体，可以上下升降及前后俯仰和左右倾斜，因此可以提高车辆的通过性和扩大火炮的射角范围，并且有利于车辆隐蔽。如日本 74 式坦克车体在正常高度时可升降 200 mm，前后俯仰 6°，左右倾斜 9°。

（4）油气悬挂装置还可以实现悬挂闭锁及车体调平。液压闭锁可使弹性悬挂变成刚性悬挂，可消除射击时车体的振动，提高射击精度，在车辆爬坡和紧急制动时还可防止横向侧滑，这些对坦克、自行火炮、火箭发射车和工程车都是很有意义的。MBT – 70 试验车能实现悬挂闭锁。

（5）油气悬挂装置改善了乘员的舒适性，能防止精密电子仪器因振动加速度过大而损坏或失效。装油气悬挂装置的车辆在起伏地面上行驶时，振动频率较小，振动周期较大，振动加速度较小。作对比试验，以三挡同一速度行驶时，试验车某部位的振动加速度为 2.5 ~ 5g，对比的同型车则为 4.6 ~ 6.3g。

装备扭杆悬挂与装备油气悬挂的 M60 坦克在越过高度为 304.8 mm 和 406.4 mm 障碍的对比试验表明，前者车速小于 16.1 km/h 时，驾驶员位置的加速度已达到 2.5g，而后者车速在 48 km/h 时同一位置加速度都小于 2.5g，如图 9 – 11 所示。

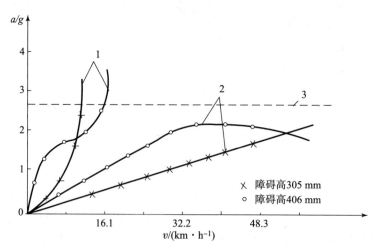

图 9 – 11　M60 坦克装备扭杆与油气悬挂时加速度的对比
1—扭杆；2—油气悬挂；3—冲击许可极限

（6）与扭杆悬挂相比，油气悬挂在压缩行程终点前段有较大的弹力。如压缩行程阻尼力较小，履带的松弛度减到最小，改善了对履带的诱导作用，使履带不易脱落。

（7）油气悬挂可省去单独的减振器。在油气弹簧内部油液往返流动的通道上，设置阻尼阀和限压阀，就具有了减振器的功能。

（8）车外安装的油气悬挂，无须占用炮塔回转底板至车底甲板之间安装扭杆所需的空间高度，此高度需 80 ~ 150 mm。采用油气悬挂可减少车体的高度及其质量。

（9）油气悬挂只要改变油气弹簧蓄压器的充气压力，就可以在不同负载的变型车辆上应用，故部件的通用性较好。

（10）可调式油气悬挂可使行动部分维修方便，如车辆在野外需要拆卸某个负重轮时，只需使该负重轮处的油气悬挂处于放油位置，无须液压千斤顶即可拆装负重轮。

但油气悬挂装置也有些不足之处：

（1）油气悬挂布置在车外，防护性较差。如其外有负重轮及屏蔽装甲，防护就有所改善。

（2）油气悬挂成本一般较扭杆悬挂要高，据国外资料统计，其成本高出 20% ~ 25%，并且其可靠性与寿命都不如扭杆悬挂。

（3）油气悬挂中的油压和气压力都较高。MBT - 70 试验车其压力高达 80 MPa，对油和气的密封装置要求较高，零件加工精度要求较严，否则会漏油、漏气而不能使用。

（4）油气悬挂一般较难以在 - 40℃ 以下的气温下正常工作，它对油液和橡胶低温性能要求较高。

3. 筒式油气悬挂工作原理

油气悬挂中的弹簧称为油气弹簧（简称弹簧），它由液压油缸 1、控制机构 2 和蓄压器 3 组成。油气悬挂的特性为非线性特性，如图 9 - 12 （a）~ 图 9 - 12 （c）所示。

油气悬挂装置是以液压油缸内的油液传递压力，它将负重轮和平衡肘系统传来的压力再传给密闭容器（蓄压器，蓄气筒，气室），蓄压器内具有高压气体；高压气体作为弹性元件起到缓冲剂吸收振动的作用。而油液除传递压力外，还具有调节车体高度、衰减车体振动、刚性闭锁悬挂、辅助密封气体、润滑零件以及调节蓄压器容积等多种功能。

以下以具有单蓄压器（蓄气筒，气室）的筒式油气悬挂装置为例，说明其工作原理。

图 9 - 13 所示为与车体、平衡肘及负重轮相联系的单蓄压器式油气悬挂装置工作原理简图。悬挂装置由动力缸 6、主活塞 7、蓄压器 3、充气阀 1、浮动活塞 2 和高压软管 4 等组成。蓄压器 3 中浮动活塞（分隔活塞）2 的右端通过充气阀 1 充入高压氮气，其左端是油腔，与动力缸（油缸）6 的油腔相通；浮动活塞 2 用来隔离油液和氮气，防止油气混合、气体溶到油中形成乳化。动力缸和蓄压器是油气悬挂的主要部件。油气悬挂中气体压力很高，最高压力甚至达到 80 MPa 以上，一般充有氮气，其目的是防止油液的氧化变质，工作也较为稳定。

当车辆行驶时，负重轮 10 驶上凸台 11，主活塞 7 随着平衡肘 9 向上运动，油液受压经高压软管 4 流向蓄压器 3，蓄压器中氮气被压缩，压力增大、体积缩小，氮气吸收能量起缓冲作用。当负重轮驶过凸台后，气压减小放出能量，氮气体积膨胀，将油液压回油缸，推动主活塞 7 向下运动。如此往复工作，蓄压器中的密闭气体压缩时吸收能量，膨胀时放出能量，其作用相当于一个刚性可变的弹性元件，而油液只是起传递压力和辅助密封气体及润滑零件的作用。

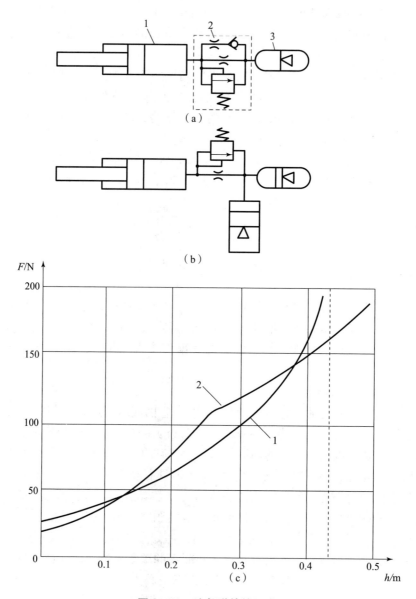

图 9 – 12　油气弹簧的组成

（a）有一个蓄压器的弹簧；

1—液压油缸；2—控制机构；3—蓄压器

（b）有两个蓄压器的弹簧；（c）油气悬挂装置的特性曲线

　　为了避免油液和气体混合及乳化，从而降低气体的可压缩性和油液的阻尼性能，有些蓄压器在油气间安装有弹性的橡皮隔膜以代替浮动活塞2，如图9 – 13（b）所示。

　　如在油液往返的通道上（动力缸或蓄压器内）设置一个阻尼阀座，在阀上设有常通孔和限压阀，就构成了带阻尼阀的蓄压器，如图9 – 14所示。当油液往返通过阻尼阀座时即产生阻力，其作用与通常的液压减振器相同。由于气体的可压缩性，气室可起补偿作用，可省去通常减振器中的补偿室、吸入阀与排出阀，故可简化结构，因此油气悬挂无须再装单独的

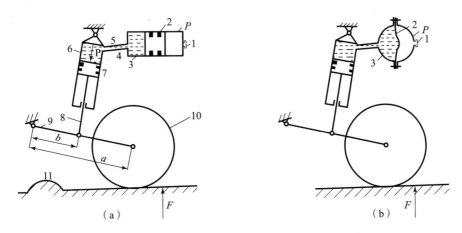

图 9 − 13　油气悬挂工作原理简图

1—充气阀；2—浮动活塞；3—蓄压器；4—高压软管；5—铰链；

6—动力缸；7—主活塞；8—主；9—平衡肘；10—负重轮；11—凸台

液压减振器。有阻尼阀的油气悬挂装置一般安装在与首、尾端负重轮连接的平衡肘上，因它们对衰减车体角振动作用较大，故中间负重轮处的油气悬挂装置一般不装阻尼阀。

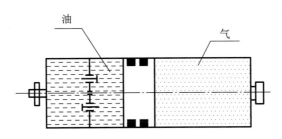

图 9 − 14　带阻尼阀的蓄压器

9.3.2　油气悬挂装置的类型

根据油气悬挂装置液压油缸和蓄压器的不同特点，可以分为不同的类型。

1. 按液压油缸的结构形式

1）筒式（活塞式）油气悬挂装置

筒式油气悬挂简图，如图 9 − 15（a）～图 9 − 15（e）所示。按蓄压器数目，筒式油气悬挂装置又可分为单蓄压器油气悬挂［图 9 − 15（a）～图 9 − 15（e）和图 9 − 16］和双蓄压器油气悬挂［图 9 − 15（d）和图 9 − 17］。

2）叶片式油气悬挂装置

叶片式油气悬挂简图如图 9 − 15（f）所示，采用同轴叶片式液压机构的油气悬挂装置方案，具有较小的非悬挂质量，可以很容易地将它制成整体式，很方便地布置在车上，对来自液压系统液体的输送十分简单。采用同轴叶片式液压机械的油气悬挂装置的主要缺点是密封装置很复杂。

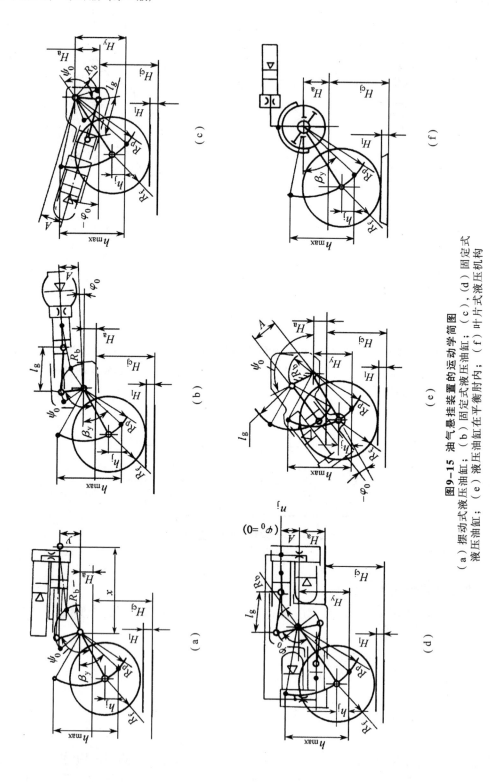

图9-15 油气悬挂装置的运动学简图

（a）摆动式液压油缸；（b）固定式油缸在平衡肘内；（c）、（d）固定式液压油缸；（e）液压油缸在平衡肘内；（f）叶片式液压机构

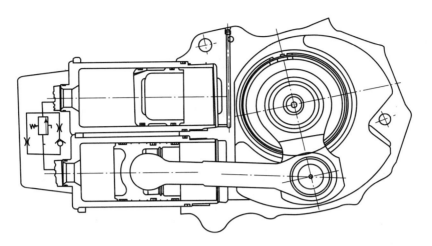

图 9 – 16　M60 改装车单蓄压器油气悬挂

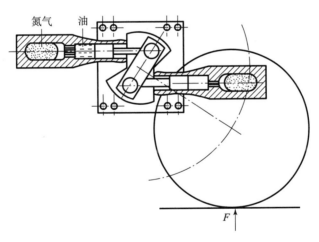

图 9 – 17　MBT70 双蓄压器油气悬挂

2. 按筒式液压缸的固定方式

1）固定式液压油缸

固定式液压缸油气悬挂简图如图 9 – 15（b）~图 9 – 15（e）和图 9 – 16 所示。带固定式动力液压缸的方案常常制造成整体式的，这种方案能简化油气悬挂装置的保养和修理工作，使悬挂装置的结构更加紧凑，可以布置在车体外部，用固定的管道将油气弹簧与液压系统连接起来，用曲柄—连杆传动时，再加上侧向力作用于活塞，会造成缸壁和密封件的不均匀磨损。在这种油气弹簧结构中要求有专门连接活塞与连杆接头用的轴承，而在那里接头的尺寸又受到限制。固定式动力液压缸的油气悬挂装置，由于有平衡肘的轴承支架而比较重。

有一种固定式动力液压缸的方案，如果它的臂向下布置［图9－15（c）］，那么将这种液气悬挂布置在车辆的侧面是比较简单的，尤其是对于前面几个负重轮的悬挂。有两个动力液压缸的方案［图9－15（d）］，能够减小弹簧的宽度尺寸（在相等的工作压力和载荷条件下，减小动力液压缸的直径），保证减小作用于连杆轴承和平衡肘轴的负荷。在有两个蓄压器的情况下，可以使负重轮静态条件下的悬挂特性具有较高的刚度，但是这种悬挂装置也比较复杂。

将弹簧布置在平衡肘内的油气悬挂装置［图9－15（e）］，在车体内部所占空间最小，但使平衡肘的质量增加，从而增加非悬挂质量，并相应地增加对负重轮和履带的动载荷。这种结构要实现对悬挂装置的控制是很复杂的。

2）摆动式液压油缸

摆动式液压缸油气悬挂简图如图9－15（a）和图9－18（a）所示。

用于汽车和轻型军用履带式车辆油气悬挂装置摆动式动力液压缸方案的优点是：弹簧的质量小；动力液压缸活塞的密封工作条件好（它们不受侧向载荷作用）；接头的轴承尺寸不受限制。但是，在大的负重轮行程的情况下，将这种弹簧组装在车体外是很复杂的，而且摆动式缸体会使来自控制系统液体的输送（常常是通过一根软管）复杂化。

3. 按蓄压器内油、气分隔元件

根据蓄压器内液体和气体的分隔方法，油气悬挂装置蓄压器可以制成无隔片式的、有隔片式或浮动活塞式的，如图9－15所示。如果没有给油气悬挂装置规定控制和补偿外部液压传动的渗漏，那么蓄压器没有隔片是可以的（如卡迪拉克仪表公司研制油气悬挂装置14K）。如果蓄压器内用膜式隔片，那么可以将蓄压器设计得紧凑一点，因为隔膜的质量小，工作无摩擦。用浮动活塞作隔片时，其工作比较可靠，但为了布置它，要求蓄气筒的长度尺寸较大。

4. 按车体位置能否调节

（1）可调式。

（2）不可调式。

9.3.3　油气悬挂装置的刚度

理想气体状态方程式是计算油气悬挂装置特性的基础。气体受压缩时压力、体积和温度之间存在以下关系：

$$\frac{pV^n}{T} = 常数$$

式中，p ——蓄压器内的气体压力；

$\quad\quad V$ ——压力为 p 时蓄压器内的气体体积；

$\quad\quad T$ ——气体温度（热力学温度）；

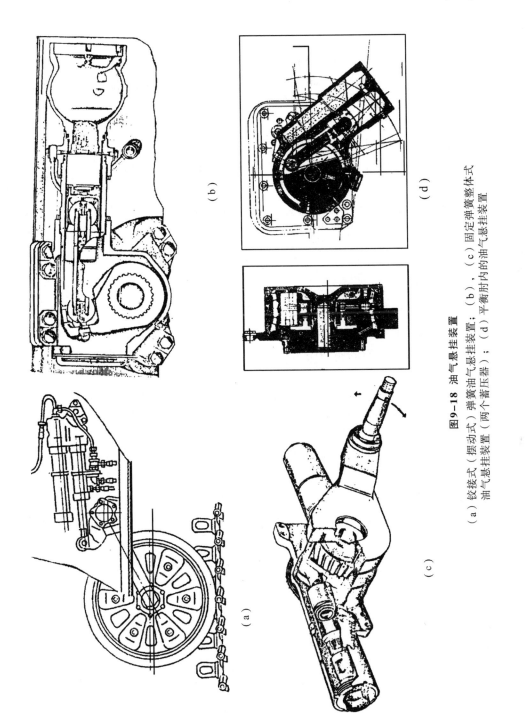

图9-18 油气悬挂装置

(a) 铰接式(摆动式)弹簧油气悬挂装置;(b)、(c) 固定弹簧整体式油气悬挂装置(两个蓄压器);(d) 平衡肘内的油气悬挂装置

n——多变指数数，其值取决于气体和外界的热交换条件。当活塞移动速度很慢，蓄压器内气体受压缩后产生的热量有充分时间与外界交换，工作状态相当于等温过程，$n = 1$；当活塞移动速度很快，气体产生的热量来不及与外界交换，工作状态接近于绝热过程，$n = 1.4$。实际上气体工作于上述两个过程之间，一般计算可取 $n = 1.2 \sim 1.3$。

1. 车辆静态时气体的参数

假设在一个压缩和膨胀周期内，气体的温度变化不大。这时，考虑到当车辆处于静止状态时，负重轮处于静态情况下的气体各参数，可以将上述方程式写为

$$pV^n = p_j V_j^n \tag{9-18}$$

式中，p_j——车辆处于静态时气体的压力，根据车辆静态时悬挂装置弹性作用力换算到负重轮轴上的静载荷 F_j 来确定：

$$p_j = \frac{F_j}{i_j A_h} + p_a \tag{9-19}$$

式中，i_j——负重轮静态时杠杆系统的杠杆比；

A_h——动力液压缸的活塞面积；

p_a——大气压力；

V_j——车辆静态时气体的体积：

$$V_j = V_n \frac{p_3 T_p}{p_j T_3}$$

式中，V_n——蓄气筒的总容积；

p_3——充气时空气压力；

T_3——油气弹簧充气时的气体温度；

T_p——悬挂装置工作时的气体温度。

2. 气体弹簧的刚度

为了简化求气体体积随动力液压缸活塞位移而引起的变化关系，假设引入以下概念和符号（图 9-19）：

（1）$f = \Delta V/A_h = (V_j - V)/A_h$，假设忽略液体的可压缩性和渗漏，换算到动力液压缸活塞面积上的气体柱高度 $(V_j - V)/A_h$ 的变化等于活塞的位移量 f；

（2）$f_{Vj} = V_j/A_h$ 为静态时蓄气筒的气体柱换算高度；

（3）$f_{Vn} = V_n/A_h$ 为蓄气筒内气体柱总的换算高度；

（4）$f_{Vmin} = V_{min}/A_h$ 为蓄气筒内气体柱的许可最小换算高度。

用液压油缸活塞位移代替蓄气筒内气体体积，此时方程式（9-18）可写为以下形式：

$$p(f_{Vj} - f)^n = p_j f_{Vj}^n \tag{a}$$

根据动力缸活塞的现时位移量 f，蓄气筒内现时气体压力为

$$p = \frac{p_j f_{Vj}^n}{(f_{Vj} - f)^n} \tag{b}$$

气体弹簧作用于动力液压缸活塞上的弹簧力为

$$F_T = (p - p_a)A_h \tag{c}$$

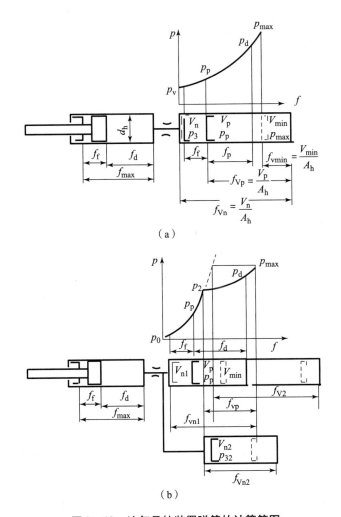

图 9 - 19 油气悬挂装置弹簧的计算简图

（a）单蓄压器弹簧；（b）双蓄压器弹簧

式中，A_h——动力液压缸活塞的面积；

p_a——大气压力。

气体弹簧力换算到负重轮轴上的垂直作用力 F 为

$$F = F_T i \tag{d}$$

式中，i——悬挂装置杠杆系统的杠杆比，是指负重轮的垂直力和动力液压缸活塞上的气体弹簧力之比。

气体弹簧的刚度为活塞上的气体弹簧力和活塞位移之比，由式（c）和式（b）求得：

$$C_T = \frac{dF_T}{df} = A_h \frac{dp}{df} = A_h p_j f_{Vj}^n \frac{d\left(\dfrac{1}{(f_{Vj} - f)^n}\right)}{df}$$

$$= -\frac{A_h p_j f_{Vj}^n n (f_{Vj} - f)^{n-1}(-1)}{(f_{Vj} - f)^{2n}}$$

$$= \frac{A_h p n}{f_{vj} - f} \tag{9-20}$$

由式（c）知：$A_h p = F_T + p_a A_h$，代入上式后变为

$$C_T = \frac{(F_T + p_a A_h) n}{f_{vj} - f} \tag{e}$$

3. 油气悬挂装置的刚度

换算到负重轮轴上的悬挂装置刚度，为负重轮的垂直力 F 和负重轮垂直位移 h 之比：

$$C_x = dF/dh = \frac{dF/df}{dh/df} \tag{f}$$

式中，$dh/df = 1/i$，dF/df 由式（d）求出：

$$dF/df = \frac{d(F_T i)}{df} = \frac{dF_T}{df} i + F_T \frac{di}{df}$$

将上述两式 dh/df 和 dF/df 代入式（f）后，可得

$$C_x = \frac{dF_T}{df} i^2 + F_T \frac{di}{dh} = C_T i^2 + F_T \frac{di}{dh}$$

式中，$dh = df/i$。将式（e）代入上式，得

$$C_x = \frac{(F_T + p_a A_h) n}{f_{vj} - f} i^2 + F_T \frac{di}{dh} \tag{9-21}$$

当车辆处于静止状态位置时负重轮也处于静态位置，此时 $f = 0$，悬挂装置的刚度为静态刚度：

$$C_{xj} = \frac{(F_{Tj} + p_a A_h) n}{f_{vj}} i_j^2 + F_{Tj} \frac{di}{dh} \Big|_{h=h_j} \tag{9-22}$$

分析式（9-21）和式（9-22）后可以发现，悬挂装置的刚度随作用于负重轮的载荷、多变指数、杠杆比的增大和气体体积的减小而提高。

在油气悬挂装置内装两个蓄气筒，可以使 C_{xj} 值增大到所要求的值，并且能同时保证较大的负重轮行程。这种弹簧的计算简图如图 9-19（b）所示。在这一方案中根据保证所要求的静态刚度 C_{xj} 的条件，选择第一蓄气筒的容积和充气压力；规定第二蓄气筒的充气压力大于弹簧的静压力，$p_{32} > p_j$，而它的容积则根据在负重轮全行程时弹簧的压力不超过给定值 p_{max} 的条件进行选定。

9.3.4 用图解分析法计算油气悬挂装置的特性

1. 油气悬挂装置的运动学简图

1）原始数据

计算用的原始数据有悬挂装置的运动学简图的各种尺寸和油气弹簧的外形尺寸［图 9-20（a）］：平衡肘的长度 R_p；摆臂的长度 R_b；过平衡肘轴中心 O 点的水平线 OD 到过负重轮中心 M 的水平线 MX' 之间的垂直距离 H_y；平衡肘与摆臂之间的夹角 ψ_0；摆臂与活塞的连杆长度 l_g；动力液压缸中心线对水平线 OD 的倾角 φ_0；沿动力缸的法线方向，过平衡肘中心的 Ox 线与动力缸中心线之间的距离 A；负重轮的全行程 h_{max}；动力液压缸活塞直径 d_h。

在保养悬挂装置时和在它的工作过程中可能发生变化的使用参数有：充气压力 p_3；充气时的气体温度 T_3；负重轮上的静载荷 F_j；负重轮的静行程 h_j；多变指数 n；弹簧工作时气

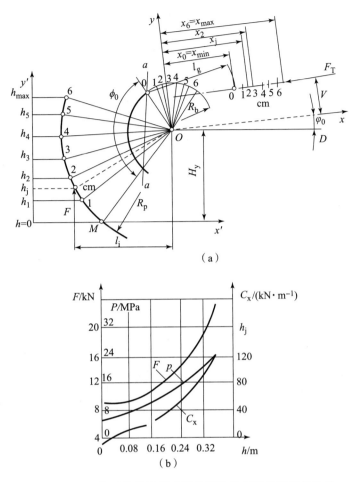

图 9 – 20　油气悬挂装置运动学简图和油气悬挂装置的特性

体的温度 T_p；蓄气筒气腔的总容积 V_n。

2）作油气悬挂装置的运动学简图

在开始确定平衡肘位置时要作油气悬挂装置的运动学简图。为此，画出坐标系 $x'Oy'$ ［图 9 – 20（a）］。在 Ox' 坐标轴上选定负重轮中心的位置 M。在离坐标轴 ox' 的垂直距离 H_y 上，画一条通过平衡肘轴中心 O 点的水平直线 OD。然后，依次画平衡肘的长度线 R_p；角度 ψ_0；摆臂的长度 R_b；从平衡肘轴中心 O 引一条直线 Ox，它和 OD 夹角为 φ_0，平行于直线 Ox 并在距离 A 上画出动力液压缸的中心线；从平衡肘轴中心 O 画一条与直线 Ox 相垂直的直线 Oy，得出 xOy 坐标系；画出连杆的长度线 l_g。

作负重轮在中间位置的悬挂装置简图时，在 Oy' 坐标轴上画出负重轮的全行程 h_{max}，并把它分成 i 个中间值（h_i）。从平衡肘轴中心点 O 画半径为 R_p 的弧线，该弧线相当于负重轮中心线的位移轨迹线。用水平线将负重轮行程的各个中间值 h_i 移到该轨迹线上，然后作负重轮中心点在中间位置时的油气悬挂装置简图：将负重轮中心 M 与平衡肘轴中心 O 连接起来（长度 R_p）；画出角度 ψ_0、摆臂的长度 R_b 和连杆的长度 l_g。如果负重轮的静态位置与任何一个中间位置 h_i 都不重合，则需要再单独作负重轮在静态位置 h_j 时的简图。

2. 用图解分析法计算悬挂装置的特性

用图解分析法计算悬挂装置特性的顺序如表9-9所示，分图解和计算两部分。

1）用图解法求表9-9中的测量参数

按照作图结果，根据不同负重轮行程 h_i，测量表9-9内的两个参数：一个是从负重轮中心到平衡肘轴中心 O 的水平距离 l_i；另一个是沿动力缸的中心线方向，从坐标轴线 y 到活塞内连杆接头的中心 O 的距离 x_i。

2）用解析关系式求表9-9中的计算参数

固定式动力缸方案的杠杆比为

$$i_i = F/F_T = A/l_i$$

将计算的 i_i 值填入表9-9中。

表9-9　油气悬挂装置特性计算表

测量参数			计算参数					
h_i /mm	x_i /mm	l_i /mm	i_i	f_i /mm	p /MPa	F_T /kN	F /kN	C_x /(kN·m^{-1})
0	172	244	0.574	−50	5.72	15.9	9.1	−5
40	194	282	0.496	−28	6.55	18.2	9.0	0
80	211	310	0.452	−11	7.34	20.5	9.2	12
120	232	331	0.423	10	8.58	24.0	10.1	22
…	…	…	…	…	…	…	…	…
350	319	349	0.401	97	22.4	63.1	25.3	120
100	222	320	0.437	0	7.95	22.2	9.7	22.5

为了求出 Δf 和 Δh 值，按表9-9的数据作曲线 $f = F(h)$，此处 f 为动力液压缸活塞的位移，通过作图方法确定：$f_i = x_i - x_j$，它与给定的负重轮静行程 h_j 有关，将计算的 f_i 值填入表9-9中。

气体弹簧内的气体压力由8.3.3节"油气悬挂装置的刚度"中已讨论过的式（b）知

$$p = \frac{p_j}{\left(1 - \dfrac{f}{f_{Vj}}\right)^n} \tag{9-23}$$

由该式可知，对于一定的油气悬挂，气体弹簧内的气体压力只随液压油缸活塞的位移 f 而变化；p_j 和 f_{Vj} 值在确定杠杆比 i_j 之后进行计算，如下式：

$$p_j = \frac{F_j}{i_j A_h} + p_a, \quad f_{Vj} = \frac{V_n P_3 T_p}{A_h P_j T_3}$$

气体弹簧作用于动力缸活塞上的弹簧力 F_T，只随气体压力 p 而变化（p 随 f 变化）：

$$F_T = (p - p_a) A_h \tag{9-24}$$

气体弹簧力换算到负重轮上的作用力 F 随 p 和 i 而变化：

$$F = F_T i \tag{9-25}$$

按式（9-23）～式（9-25）计算液压油缸活塞不同位移 f_i（h_i）时的 p、F_T 和 F 值，

并将它们填入表 9-9 中。

悬挂装置的刚度按式（9-21）求出。为此，必须先作杠杆比随负重轮行程的变化曲线 $i = F(h)$，并求出负重轮行程的静态值和现时值 h_i 的导数 $\Delta i / \Delta h |_{h_i}$。式（9-21）中的其他参数按上述有关公式求出，并将计算的刚度填入表 9-9 中。根据表 9-9 所列的数据作悬挂装置的特性曲线，如图 9-20（b）所示。

在评价使用参数的变化对油气悬挂装置特性的影响时，对几个方案进行计算，为了研究不同的静态车底距地高（相应于静行程 h_j），先求出动力缸活塞的位移 f；而在研究 p_j、p_3、T_p 和 n 的影响时，则先求出气体弹簧内的气体压力 p。

9.3.5 油气悬挂装置特性的解析计算

如果不用作图法计算悬挂装置的特性，则必须有杠杆比 i 和动力液压缸活塞位移 f 的解析关系式。固定式动力液压缸油气悬挂装置的计算简图和所用的符号如图 9-21 所示。

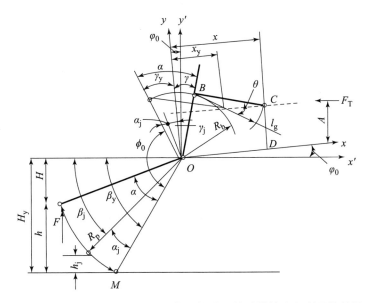

图 9-21　固定式动力液压缸油气悬挂装置的计算简图和所用的符号

平衡肘轴中心为 O 点，以 O 点为原点作出两个坐标系 xOy 和 $x'Oy'$。Ox 轴和 Ox' 轴的夹角为 φ_0，Ox' 为水平直线。平衡肘安装位置为 OM，M 点为负重轮中心。

平衡肘相对安装位置的转角 α 取决于负重轮的行程 h，二者有以下关系：

$$\alpha = \beta_y - \arcsin(\sin\beta_y - h/R_p)$$

式中，β_y ——平衡肘的安装位置与过 O 点的水平轴线 Ox' 延长线的夹角。

1. 活塞位移和气体柱换算高度的关系式

由前一节讨论可知，动力液压缸活塞的位移由下式表示：

$$f_i = x_i - x_j \tag{a}$$

为了计算距离 x_i，在 Ox 和 Oy 轴上作外形矢量投影 $OBCD$，据此有

$$\begin{cases} \sum Ox = l_g\cos\theta - R_b\sin(\gamma_y - \alpha) = x \\ \sum Oy = l_g\sin\theta + R_b\cos(\gamma_y - \alpha) = A \end{cases}$$

式中，l_g——摆臂与活塞的连杆长度（BC 线段）；

$\quad\quad\theta$——动力油缸中心线与连杆之间的夹角；

$$\gamma_y = \frac{\pi}{2} - \psi_0 - \varphi_0$$

对 Ox 解该方程组，可得

$$x = \sqrt{l_g^2 - \left[A - R_b\cos(\gamma_y - \alpha)\right]^2} - R_b\sin(\gamma_y - \alpha) \tag{b}$$

对于负重轮静态位置有

$$x_j = \sqrt{l_g^2 - \left[A - R_b\cos(\gamma_y - \alpha_j)\right]^2} - R_b\sin(\gamma_y - \alpha_j) \tag{c}$$

2. 杠杆系统的杠杆比

根据相对于平衡肘轴的力矩等式，求出杠杆比：

$$FR_p\cos(\beta_y - \alpha) = F_T/\cos(\theta)R_b\cos(\gamma_y - \alpha - \theta) \tag{d}$$

式中，$\cos(\gamma_y - \alpha - \theta)$ 由下式表示：

$$\cos(\gamma_y - \alpha - \theta) = \cos(\gamma_y - \alpha_j)\cos(\theta) + \sin(\gamma_y - \alpha_j)\sin(\theta)$$

式中，$\sin(\theta),\cos(\theta)$ 分别由下式表示：

$$\sin(\theta) = \frac{A - R_b\cos(\gamma_y - \alpha)}{l_g}$$

$$\cos(\theta) = \sqrt{1 - \sin^2(\theta)} = \sqrt{\frac{l_g^2 - \left[A - R_b\cos(\gamma_y - \alpha)\right]^2}{l_g^2}}$$

将上述三式代入式（d），得杠杆比表示式：

$$i = \frac{F}{F_T} = \frac{R_b\cos(\gamma_y - \alpha)}{R_p\cos(\beta_y - \alpha)}\left\{1 + \frac{\tan(\gamma_y - \alpha)\left[A - R_b\cos(\gamma_y - \alpha)\right]}{\sqrt{l_g^2 - \left[A - R_b\cos(\gamma_y - \alpha)\right]^2}}\right\} \tag{9-26}$$

化简后，得到更简单的杠杆比形式：

$$i = \frac{R_b\cos(\gamma_y - \alpha)}{R_p\cos(\beta_y - \alpha)}\left[1 + \tan(\gamma_y - \alpha)\tan\theta\right] \tag{9-27}$$

根据前面引用的式（9-23）~式（9-25），求出气体弹簧内的气体压力 p、活塞上的弹簧作用力 F_T 和负重轮上的作用力 F。

3. 悬挂装置的刚度

1）用 CT 表示的悬挂刚度

悬挂装置的刚度由其定义可知

$$C_x = \mathrm{d}F/\mathrm{d}h = \frac{\mathrm{d}F/\mathrm{d}\alpha}{\mathrm{d}h/\mathrm{d}\alpha} \tag{e}$$

由图 9-20 可知，平衡肘转过 α 角后，负重轮位移为

$$h = H_y - H = R_p\sin\beta_y - R_p\sin(\beta_y - \alpha)$$

其导数为

$$\mathrm{d}h/\mathrm{d}\alpha = R_p\cos(\beta_y - \alpha) \tag{f}$$

负重轮位移 h 后受到的垂直作用力为 F，F 对 α 的导数由 $F = iF_T$ 求出：

$$\frac{\mathrm{d}F}{\mathrm{d}\alpha} = \frac{\mathrm{d}(F_\mathrm{T}i)}{\mathrm{d}\alpha} = \frac{\mathrm{d}F_\mathrm{T}}{\mathrm{d}\alpha}i + F_\mathrm{T}\frac{\mathrm{d}i}{\mathrm{d}\alpha} \tag{g}$$

式（g）中有两个导数，第一个导数 $\mathrm{d}F_\mathrm{T}/\mathrm{d}\alpha$ 为

$$\mathrm{d}F_\mathrm{T}/\mathrm{d}\alpha = (\mathrm{d}F_\mathrm{T}/\mathrm{d}f)/(\mathrm{d}f/\mathrm{d}\alpha) \tag{h}$$

式中，$\mathrm{d}F_\mathrm{T}/\mathrm{d}f = C_\mathrm{T}$ 为弹簧刚度，由方程（9-20）求出；

$\mathrm{d}f/\mathrm{d}\alpha$——将式（b）和式（c）代入式（a）后求得：

$$\mathrm{d}f/\mathrm{d}\alpha = \frac{\mathrm{d}\left[\sqrt{l_\mathrm{g}^2 - [A - R_\mathrm{b}\cos(\gamma_\mathrm{y} - \alpha)]^2} - R_\mathrm{b}\sin(\gamma_\mathrm{y} - \alpha) - x_\mathrm{j}\right]}{\mathrm{d}\alpha}$$

$$= \frac{-2[A - R_\mathrm{b}\cos(\gamma_\mathrm{y} - \alpha)]R_\mathrm{b}\sin(\gamma_\mathrm{y} - \alpha)(-1)}{2\sqrt{l_\mathrm{g}^2 - [A - R_\mathrm{b}\cos(\gamma_\mathrm{y} - \alpha)]^2}} + R_\mathrm{b}\cos(\gamma_\mathrm{y} - \alpha)$$

变换化简后可得

$$\mathrm{d}f/\mathrm{d}\alpha = \frac{[A - R_\mathrm{b}\cos(\gamma_\mathrm{y} - \alpha)]R_\mathrm{b}\sin(\gamma_\mathrm{y} - \alpha)}{\sqrt{l_\mathrm{g}^2 - [A - R_\mathrm{b}\cos(\gamma_\mathrm{y} - \alpha)]^2}} + R_\mathrm{b}\cos(\gamma_\mathrm{y} - \alpha)$$

或

$$\mathrm{d}f/\mathrm{d}\alpha = R_\mathrm{b}\cos(\gamma_\mathrm{y} - \alpha)[1 + \tan(\gamma_\mathrm{y} - \alpha)\tan\theta] = iR_\mathrm{p}\cos(\beta_\mathrm{y} - \alpha) \tag{i}$$

式（g）中的第二个导数 $\mathrm{d}i/\mathrm{d}\alpha$ 由式（9-26）求得：

$$\frac{\mathrm{d}i}{\mathrm{d}\alpha} = \frac{\mathrm{d}\left[\dfrac{R_\mathrm{b}\cos(\gamma_\mathrm{y} - \alpha)}{R_\mathrm{p}\cos(\beta_\mathrm{y} - \alpha)}\right]\left\{1 + \dfrac{\tan(\gamma_\mathrm{y} - \alpha)[A - R_\mathrm{b}\cos(\gamma_\mathrm{y} - \alpha)]}{\sqrt{l_\mathrm{g}^2 - [A - R_\mathrm{b}\cos(\gamma_\mathrm{y} - \alpha)]^2}}\right\}}{\mathrm{d}\alpha}$$

$$= \frac{\mathrm{d}\left[\dfrac{R_\mathrm{b}\cos(\gamma_\mathrm{y} - \alpha)}{R_\mathrm{p}\cos(\beta_\mathrm{y} - \alpha)}\right]}{\mathrm{d}\alpha}\left\{1 + \frac{\tan(\gamma_\mathrm{y} - \alpha)[A - R_\mathrm{b}\cos(\gamma_\mathrm{y} - \alpha)]}{\sqrt{l_\mathrm{g}^2 - [A - R_\mathrm{b}\cos(\gamma_\mathrm{y} - \alpha)]^2}}\right\}$$

$$+ \frac{R_\mathrm{b}\cos(\gamma_\mathrm{y} - \alpha)}{R_\mathrm{p}\cos(\beta_\mathrm{y} - \alpha)}\frac{\mathrm{d}\left\{1 + \dfrac{\tan(\gamma_\mathrm{y} - \alpha)[A - R_\mathrm{b}\cos(\gamma_\mathrm{y} - \alpha)]}{\sqrt{l_\mathrm{g}^2 - [A - R_\mathrm{b}\cos(\gamma_\mathrm{y} - \alpha)]^2}}\right\}}{\mathrm{d}\alpha} \tag{j}$$

式（j）第一部分中的导数：

$$\frac{\mathrm{d}\left(\dfrac{R_\mathrm{b}\cos(\gamma_\mathrm{y} - \alpha)}{R_\mathrm{p}\cos(\beta_\mathrm{y} - \alpha)}\right)}{\mathrm{d}\alpha} = \frac{R_\mathrm{b}\cos(\gamma_\mathrm{y} - \beta_\mathrm{y})}{R_\mathrm{p}\cos^2(\beta_\mathrm{y} - \alpha)} \tag{k}$$

式（j）第二部分中的导数：

$$\frac{\mathrm{d}\left\{1 + \dfrac{\tan(\gamma_\mathrm{y} - \alpha)[A - R_\mathrm{b}\cos(\gamma_\mathrm{y} - \alpha)]}{\sqrt{l_\mathrm{g}^2 - [A - R_\mathrm{b}\cos(\gamma_\mathrm{y} - \alpha)]^2}}\right\}}{\mathrm{d}\alpha}$$

$$= \frac{\dfrac{A - R_\mathrm{b}\cos(\gamma_\mathrm{y} - \alpha)}{\cos^2(\gamma_\mathrm{y} - \alpha)} - \tan(\gamma_\mathrm{y} - \alpha)R_\mathrm{b}\sin(\gamma_\mathrm{y} - \alpha)}{\sqrt{l_\mathrm{g}^2 - [A - R_\mathrm{b}\cos(\gamma_\mathrm{y} - \alpha)]^2}}$$

$$- \frac{\tan(\gamma_\mathrm{y} - \alpha)[A - R_\mathrm{b}\cos(\gamma_\mathrm{y} - \alpha)]^2 R_\mathrm{b}\sin(\gamma_\mathrm{y} - \alpha)}{\left\{\sqrt{l_\mathrm{g}^2 - [A - R_\mathrm{b}\cos(\gamma_\mathrm{y} - \alpha)]^2}\right\}^3} \tag{l}$$

将式（k）和式（l）代入式（j）变换后得

$$\frac{\mathrm{d}i}{\mathrm{d}\alpha} = \frac{R_b}{R_p\cos(\beta_y - \alpha)}\left\{\frac{\sin(\gamma_y - \beta_y)}{\cos(\beta_y - \alpha)}[1 + g(\gamma_y - \alpha)\cdot\tan\theta]\right\}$$

$$+ \frac{\tan\theta}{\cos(\gamma_y - \alpha)} + \frac{R_b\sin^2(\gamma_y - \alpha)}{l_g\cos(\theta)}(1 - \tan^2\theta) \tag{m}$$

将式（h）、式（i）和式（m）代入式（g），得

$$\frac{\mathrm{d}F}{\mathrm{d}\alpha} = C_T i^2 R_p\cos(\beta_y - \alpha) + F_T\frac{R_b}{R_p\cos(\beta_y - \alpha)}$$

$$\left\{\frac{\sin(\gamma_y - \beta_y)}{\cos(\beta_y - \alpha)}[1 + g(\gamma_y - \alpha)\cdot\tan(\theta)]\right\}$$

$$+ \frac{\tan\theta}{\cos(\gamma_y - \alpha)} + \frac{R_b\sin^2(\gamma_y - \alpha)}{l_g\cos(\theta)}(1 - \tan^2\theta) \tag{n}$$

将式（n）、式（f）代入式（e）后，得到作用于负重轮轴用 F_T 表示的悬挂装置刚度：

$$\frac{\mathrm{d}F}{\mathrm{d}\alpha} = C_T i^2 + F_T\frac{R_b}{R_p^2\cos^2(\beta_y - \alpha)}\left\{\frac{\sin(\gamma_y - \beta_y)}{\cos(\beta_y - \alpha)}[1 + g(\gamma_y - \alpha)\cdot\tan\theta]\right\}$$

$$+ \frac{\tan\theta}{\cos(\gamma_y - \alpha)} + \frac{R_b\sin^2(\gamma_y - \alpha)}{l_g\cos(\theta)}(1 - \tan^2\theta) \tag{p}$$

由于上式中 $\tan\theta$ 和 $\sin^2(\gamma_y - \alpha)$ 的值很小，可以忽略，并且用 F 代替 F_T，则由式（9-27）得

$$F = F_T\frac{R_b\cos(\gamma_y - \alpha)}{R_p\cos(\beta_y - \alpha)}[1 + \tan(\gamma_y - \alpha)\cdot\tan\theta]$$

式（p）经过化简后，变成用 C_T 表示的更简单的悬挂装置刚度公式，这一公式通常用于设计计算：

$$C_x = C_T i^2 + F\frac{\sin(\gamma_y - \beta_y)}{R_p\cos^2(\beta_y - \alpha)\cos(\gamma_y - \alpha)}$$

2）最后的悬挂装置的刚度

将气体弹簧刚度公式（9-20）代入上式后，得到最后的悬挂装置的刚度：

$$C_x = \frac{nA_h p}{f_{Vj} - f}i^2 + F\frac{\sin(\gamma_y - \beta_y)}{R_p\cos^2(\beta_y - \alpha)\cos(\gamma_y - \alpha)} \tag{9-28}$$

3）悬挂装置的静刚度

当车辆处于静止状态时，负重轮也处于静止状态，平衡肘转角 α_j、$f = 0$，可得油气悬挂装置的静态刚度：

$$C_{xj} = \frac{nA_h p_j}{f_{Vj}}i_j^2 + F_j\frac{\sin(\gamma_y - \beta_y)}{p\cos^2\beta_j\cos\gamma_j} \tag{9-29}$$

式中，$\beta_j = \beta_y - \alpha_j$；$\gamma_j = \gamma_y - \alpha_j$。

对于具有另外一些运动学简图的油气悬挂装置参数的计算关系式，可用类似的方法导出。用这些关系式进行计算的顺序与用图解分析的方法是相同的，但其计算精确度更高。

9.3.6　油气悬挂装置的设计计算

在设计计算油气悬挂装置时要计算出杠杆系统的尺寸，动力液压油缸、蓄压器的尺寸以

及充气时的气体压力。

计算用的原始数据有：平衡肘长度 R_p；过平衡肘轴中心的水平线和过（安装位置时）负重轮中心的水平线间的距离 H_y；负重轮的全行程 h_{max}；负重轮的静行程 h_j（根据履带推进装置简图求出该值）；作用于负重轮的静载荷 F_j；悬挂装置的平均刚度值 C_{xp}。

（1）选择油气悬挂装置的方案及其在车上的布置。根据初步的强度计算结果，求出平衡肘轴的尺寸、摆臂及将摆臂固定到平衡肘上的花键尺寸、弹簧臂深沟球轴承的尺寸。作运动学简图，并用图解法检查负重轮在静态时接地段两端位置悬挂装置各元件的相互位置。用作图法确定摆臂的长度 R_b，并求出它在平衡肘上的安装角度 ψ_0。根据悬挂装置在车体上的布置条件可知，为固定式动力液压缸的油气悬挂装置方案，给出动力液压缸中心线对水平线的倾角 φ_0 和距离 A，如图 9 - 15（b）~图 9 - 15（d）所示。在作悬挂装置简图时求出连杆的长度 l_g，确定摆动式动力缸油气悬挂装置的弹簧体固定到车体上的坐标 x 和 y，如图 9 - 15（a）所示。

（2）根据悬挂装置的运动学简图，用图解法求出负重轮安装位置、静态位置和最上边缘位置（$h = 0$，$h = h_j$ 和 $h = h_{max}$）时的杠杆比 i，以及动力缸活塞分别在负重轮静行程 h_j 和动行程 h_d 时的位移量（f_j，f_d），活塞在动力缸内的最大位移 $f_{max} = |f_j| + f_d$。动力油缸的工作长度为

$$l_d \geqslant f_{max} + l_h$$

式中，l_h——活塞长度，根据密封装置的结构求出。

在已有的结构中，摆动式动力液压缸的油气悬挂装置弹簧的最小长度 $L_{min} \geqslant$（2.0 ~ 2.5）f_{max}。

（3）为了求出蓄气筒内气腔的容积，开始时先取得静态位置上的气体柱换算高度 f_{Vj}。当直接给出静态位置时的悬挂装置刚度 C_{xj}（图 9 - 22）时，由方程（9 - 22）或（9 - 29）就能求出气体柱的高度 f_{Vj}，代入运动学和载荷参数的数值后，这些方程式变为以下形式：

$$C_{xj} = \frac{A_p n}{f_{Vj}} - B_p \qquad (a)$$

由此可以求得静态位置时蓄气筒内气体换算高度：

$$f_{Vj} = \frac{A_p n}{C_{xj} + B_p} \qquad (b)$$

式中，A_p，B_p——当 $h = h_j$ 时的常系数。

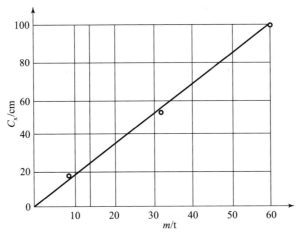

图 9 - 22　具有单蓄压器弹簧油气悬挂装置的刚度和车辆质量的关系

如果按悬挂装置的平均刚度 C_{xp} 进行计算，那么对于油气悬挂装置来说，平均刚度由静态位置时的悬挂刚度 C_{xj} 和负重轮行程 $h_x \approx (2/3)\ h_d$ 时的刚度 C_{xx} 的算术平均值计算：

$$C_{xp} = (C_{xj} + C_{xx})/2 \tag{9-30}$$

由方程（9-21）或当 $\alpha = \alpha_x$ 和 $f = f_x$（相应于负重轮行程 $h_x = 3h_j \sim h_{max}$）时按方程（9-28）求出刚度值 C_{xx}。在这种情况下，悬挂装置换算到负重轮上的作用力由 $F_x = F_j + C_{xp}h_x$ 确定，代入 α_x、f_x 和 F_x 后，悬挂装置的刚度方程改写为

$$C_{xx} = \frac{A_x n}{f_{Vj} - f_x} - B_x \tag{c}$$

式中，A_x 和 B_x——常系数。

将式（a）和式（c）代入式（9-30）后，式（9-30）变为

$$2C_{xp} = \frac{A_p n}{f_{Vj}} - B_p + \frac{A_x n}{f_{Vj} - f_x} - B_x \tag{d}$$

将此式整理成以 f_{Vj} 为变量的二次三项式，求解后得静态位置时蓄气筒内气体换算高度：

$$f_{Vj} = \frac{b + \sqrt{b^2 - 4ac}}{2a} \tag{e}$$

式中，$a = 2C_{xp} + B_p + B_x$；
$\quad\ \ \ b = af_x + (A_p + A_x)n$；
$\quad\ \ \ c = A_x f_x n$。

按 $f_{Vj} > f_{max}$ 的条件，检查所取得的 f_{Vj} 值。如果没有实现这一条件（排出的液体量大于气体量），则必须增大作用于油气弹簧的载荷 F_T、减小负重轮的行程 h_d，并在油气弹簧内安装第二个蓄气筒。在确定气腔的总容积时应考虑到气体受热时的膨胀，并且同时保持这一给定的静行程值。气体柱的换算总高度为

$$f_{Vn} = |f_j| + f_{Vj} + \Delta f$$

式中，$\Delta f = f_{Vj}(T_{max}/T_p - 1)$；
$\quad\ \ \ T_{max}$——根据密封材料和工作液体的特性给出的油气弹簧内的气体许可加热温度，$T_{max} = 423 \sim 473K$；
$\quad\ \ \ T_p$——车辆在最典型的行驶条件下行驶时规定热工况的平均温度值，在专门的热工况计算时加以评价，通常 $T_p = (353 \sim 373)\ K$。

蓄气筒气腔的总容积为 $V_{Vn} = f_{Vn}A_h$。

（4）根据油气弹簧的许用工作压力，计算动力缸活塞的面积和直径。选择悬挂装置中有控制系统的泵的各种参数，并考虑到液压传动装置内的损失；给出负重轮上的静载荷许用压力 $[p_j]$，根据负重轮上载荷的许用压力求出活塞面积：

$$A_h = \frac{F_j}{i_{min}[p_j]} \tag{f}$$

式中，i_{min}——在负重轮全行程范围内，杠杆系统杠杆比的最小值。

此外，为了保证油气弹簧的结构强度，给出悬挂装置工作过程中气体最大压缩时的许用压力值 $[p_{max}]$。图 9-23 给出了在气体不同程度受热时，与控制方法有关的悬挂装置特性曲线。在没有控制系统的情况下，或者如果周期性地接通控制系统，则由于负重轮动行程的增大和气体受热，油气弹簧内的气体压力将增大，如图 9-23（a）所示。根据悬挂装置工

作过程中气体受到最大压缩时的最大许用压力 $[p_{max}]$ 求出活塞的面积:

$$A_h \geqslant \frac{F_T}{100[p_{max}]} \frac{f_{Vj}f_{Vn}^{n-1}}{(f_{Vn}-f_{max})^n} \frac{T_{max}}{T_p} \qquad (g)$$

式中, A_h 以 cm^2 为单位; F_T 以 N 为单位; p_{max} 以 MPa 为单位。

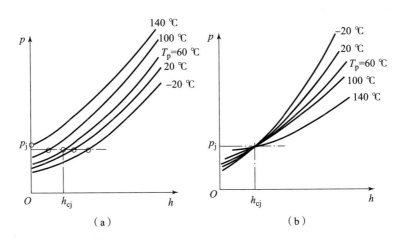

图 9-23　油气悬挂装置工作时气体的温度 T_p 对气体压力的影响

（a）车底距地高 h_{cj} 不稳定的悬挂系统；（b）车底距地高 h_{cj} 稳定的悬挂系统

当借助控制系统使车底距地高保持不变、负重轮的动行程也保持不变时, 由于气体的冷却, 使气体的压力大大提高而体积 (f_{Vj}) 相应缩小, 在这种情况下活塞面积为

$$A_h \geqslant \frac{F_T}{100[p_{max}]\left[1 - \dfrac{f_d}{f_{Vj}\left(\dfrac{T_{min}}{T_p}\right)}\right]^n} \qquad (h)$$

式中, T_{min} ——悬挂装置使用中气体的最低许用温度。

从上述已取得的式（f）~式（h）中, 选取活塞面积的最大值者为最后值。

活塞的外径（动力缸的内径）为

$$D_h = \sqrt{4A_h/\pi} = 1.13\sqrt{A_h}$$

（5）当有第二个蓄气筒时, 用以下方法求出它的容积: 作第一蓄气筒工作时所希望的悬挂装置部分特性曲线图（图 9-19）; 在该曲线图上给出第二蓄气筒将开始工作时的压力 p_2 和活塞离开静态位置的位移 f_2; 给出 $h = h_{max}$ 时悬挂装置对负重轮最大作用力

$$F_{max} = K_d F_j$$

式中, K_d ——动态系数, $K_d = 3.5 \sim 4.0$。

气体的最大压力为

$$p_{max} = \frac{F_{max}}{A_h i_d}$$

气体状态方程为

$$p_2(f_{Vj} + f_{Vn2} + f_2)^n = p_{max}(f_{Vj} + f_{Vn2} - f_d)^n$$

解方程得到第二个蓄气筒的气体柱换算高度为

$$f_{Vn2} = \frac{f_d p_{max}^{1/n} - f_2 p_2^{1/n}}{p_{max}^{1/n} - p_2^{1/n}}$$

第二个蓄气筒的容积为

$$V_{n2} = f_{Vn2} A_h$$

（6）根据蓄气筒的形状和隔片的形式，按蓄气筒总容积 V_n（V_{n2}）值求出蓄气筒的尺寸。例如，对于有隔膜片的球形蓄气筒，它的内径为

$$D_q = \sqrt[3]{6V_n / \pi}$$

在用活塞式分隔器的情况下，根据弹簧在车上的布置条件，给出蓄气筒圆柱部分的直径 D_{fh}、分隔器活塞的面积 $A_{fh} = \pi D_{fh}^2 / 4$，则工作部分的最小长度为

$$L_{min} = \left(f_{max} + f_j + f_{Vj} \frac{T_{max} - T_{min}}{T_p} + l_{fh} \right) \frac{A_h}{A_{fh}}$$

式中，l_{fh}——活塞式分隔器活塞的长度。

装有活塞式分隔器的蓄压器结构如图 9-24 所示。

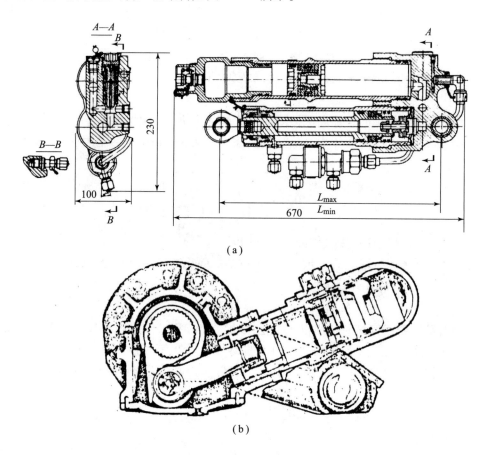

（a）

（b）

图 9-24　装有活塞式分隔器的蓄压器结构

（a）空降战车的油气悬挂装置；（b）邓禄普公司的油气悬挂装置

圆柱形部分的体积 $V_{yz} = L_{min}A_{fh}$。从便于弹簧在车辆上布置的观点出发，蓄气筒总体积的其余部分 $\Delta V = V_n - V_{YZ} + l_{fh}A_{fh}$，可以放在任意形状的副蓄气筒内。同时，它的体积应不小于在弹簧内许用压力 $[p_{max}]$ 条件下所许可的最小体积，即

$$V_{min} = f_{Vj}\frac{T_{max}}{T_p}\left(\frac{P_j}{[p_{max}]}\right)^{1/n}A_h$$

（7）计算充气压力，对于主蓄气筒有

$$p_a = \left(\frac{F_T}{100A_h} + 0.1\right)\frac{f_j T_3}{f_{Vn}T_p}$$

式中，F_T 以 N 为单位；A_h 以 cm² 为单位；对于副蓄气筒，$p_{32} = p_2 T_3/T_p$。

9.3.7　油气弹簧结构元件的材料及壁厚

1. 油气弹簧的材料

制造油气弹簧主要零件用的材料应具有足够高的强度，以保证在给定载荷和工作压力下的工作能力。压力大于 20 MPa 的液压油缸用 $\sigma_B \geqslant 900$ MPa 的材料。摩擦副的材料除了要有高的强度以外，还应在高速往复运动下具有良好的抗磨特性。液压油缸各零件的加工精确度和表面粗糙度要求，主要以密封件和摩擦表面的工作条件来确定，可从有关的专业手册中取得。

俄罗斯制造的油气悬挂装置结构中，蓄压器筒体和活塞式分隔器用 40Cr、45Cr 钢制造，摆臂和挺杆用 20Cr2Ni4A 钢和 40CrNi2MoA 钢制造。液压油缸用 20Cr2Mo41 钢制造（国内用 38CrSi 和 40Cr 钢制造）。液压油缸的内表面和挺杆的外表面渗碳并表面镀铬。俄罗斯用 В–14Д 和 Ty38–405–265–76 橡胶（俄标）作为隔膜的材料；蓄气筒内充氮；工作液为脱水变压器油；密封材料为 ИРП–1316 和 Ty38–5–275–67 橡胶（俄标）、MPTY6–05–953–65 氟塑料–4（俄标），这些密封材料可保证温度在 –20～+200 ℃范围内组件的密封性能。

动力油缸活塞和活塞式分隔器的密封可用复式密封装置。复式密封装置采用灰铸铁弹性金属密封环。

2. 油气弹簧元件的壁厚

油气悬挂装置的动力液压油缸的壁厚 S 和液压油缸的内径 D_h 有关。

当 $S/D_h < 0.1$ 时，液压油缸的最小壁厚按下式求出：

$$S = \frac{p_{max}D_h}{2[\sigma]}$$

式中，$[\sigma]$——许用应力，由下式求出：

$$\varphi\sigma_{0.2}/n$$

式中，φ——焊缝的强度系数，$\varphi = 0.8 \sim 1$；
　　　n——强度储备系数，工作波动和压力变化剧烈的液压系统各元件，$n = 6$；
　　　$\sigma_{0.2}$——拉伸时比例极限的最大值。

当 $S/D_h > 0.1$ 时，壁厚为

$$S \geqslant 0.5D_h\left(\sqrt{\frac{[\sigma]}{[\sigma] - 1.73p_{max}}} - 1\right)$$

液压油缸底部厚为

$$S \geqslant 0.1 D_{\mathrm{h}} \left(\sqrt{\frac{K p_{\max}}{[\sigma]}} \right)$$

式中，K——底部形状系数，$K = 0.3 \sim 0.5$。

9.3.8　关节轴承

为了固定摆动式动力液压缸油气悬挂装置的油气弹簧，采用关节轴承。按最大载荷从手册内选取它们的尺寸。

$$F_{\mathrm{Tmax}} = p_{\max} A_{\mathrm{h}} / K_{\mathrm{z}}$$

式中，K_{z}——考虑到周期数的修正系数，当周期数 $> 50\,000$ 时，取 $K_{\mathrm{z}} = 0.2640$。

当采用球形支座时，应保证关节的最小尺寸。有青铜衬瓦的球形支座的许用压力为

$$[p_{\mathrm{q}}] = \frac{4 F_{\mathrm{Tmax}}}{\pi D_{\mathrm{q}}} \tag{9-31}$$

式中，$[p_{\mathrm{q}}]$——球形支座的许用压力，应不超过 60 MPa；

　　　F_{Tmax}——动力油缸活塞上气体弹簧的最大作用力；

　　　D_{q}——球形支座的外径。

9.4　减　震　器

液压减振器

9.4.1　减振器的功用、类型和要求

减振器是安装在车体和负重轮之间的一个阻尼部件，用来消耗坦克的振动能量，衰减坦克的振动，并限制共振情况下增大的车体的振幅。由于坦克纵向角振动（前、后俯仰振动）最显著，并且对射击准确性影响最大，而这种振动在最前端和最后端两个负重轮处的运动加速度最大。所以，现代坦克多在最前、最后负重轮处安装减振器，以便有效地衰减坦克纵向角振动。由于减振器能够减小车体振动的振幅和次数，因而能延长弹性元件的使用寿命。目前，坦克上大多采用液压减振器。近年来，也有采用摩擦减振器的。

减振器吸功缓冲与弹性元件吸功缓冲不同。弹性元件变形吸功储存能量，随后还要释放出来，是个可逆的能量转换过程；而减振器将吸收的能量转化为热能耗散掉，因而是一个不可逆的过程。可见减振器吸振能力最终还是取决于散热效果及密封件耐高温的性能。

按不同的分类方法，减振器可分为不同的类型。

1. 按传力介质分

1）机械式（摩擦式）减振器

通常机械式（摩擦式）减振器是利用外部摩擦阻尼的形式消耗振动能量、衰减车体振动。摩擦式减振器结构十分简单，但是由于摩擦材料表面的耐磨性较差，磨损较快，摩擦阻力不稳定，致使这种减振器的使用性能不稳定，后被液压减振器所代替。但随着高温耐磨性能良好材料的问世，同轴式摩擦减振器应运而生。例如"豹"2 坦克（图 9-25）和 M1 坦克的摩擦减振器。

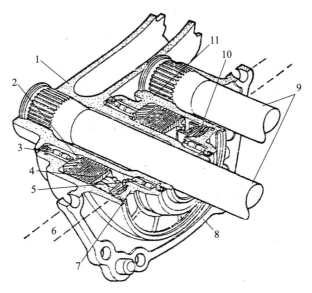

图 9 – 25 "豹" 2 坦克摩擦式减振器

1—平衡肘；2—外齿摩擦片；3—平衡肘支承轴承；4—内摩擦片；5—平衡肘轴承；
6—侧装甲板；7—支承盘；8—平衡肘支架壳体；9—扭杆；10—碟形弹簧组；11—扭杆支架

2）液压减振器

在功率相等的情况下，液压减振器的金属用量最少，结构最紧凑，并具有比较稳定的性能，易于调整。液压减振器按结构分为筒式、摆动活塞式和叶片式的，如图 9 – 26 所示。

2. 按减振器与平衡肘连接形式

根据从平衡肘到减振器的传动装置的运动学简图，减振器又可以分为筒式、杠杆式（杠杆—活塞式、杠杆—叶片式或杠杆摩擦式）和同轴式（叶片式或摩擦式）的。

杠杆—活塞式液压减振器在一些已经过时的车辆上可以见到。由于它们的尺寸小，所以将它们布置到车体上很容易，并且有良好的防护。但同时也由于它们的能量小、使用寿命短，所以不能满足现代高速履带式车辆对减振器的各种要求。

筒式液压减振器结构简单，制造工艺性好，可以互换，密封性好，工作性能高度稳定，在适当的外形尺寸和结构条件下能吸收较高的能量。筒式减振器在军用履带式车辆的悬挂装置中获得了广泛的应用。但是，在完善悬挂系统中由于负重轮行程的加大，在履带推进装置的现有外形尺寸条件下，要将筒式减振器布置在车体外面是件复杂的事情。此外，筒式减振器的防护性最差。

叶片式减振器有密封的和不密封的两种。密封的叶片式减振器的性能比较稳定。叶片式减振器在车上的布置和防护性都很好，与车体的大面积接触可保证它们有良好的散热条件。同轴布置的减振器没有杠杆的关节式连接，所以它们的布置实际上不受负重轮行程的限制，提高了悬挂装置的可靠性，不要求在车体上另开减振器安装孔。同轴减振器的结构组合保证了悬挂装置的优质保养和修理。值得指出的是，叶片式减振器的制造比较复杂，质量和尺寸比较大。由于叶片的密封困难、隔板的形状复杂以及减振器体容易变形，所以高度的不稳定是这种减振器的特点。在减振器同轴布置的情况下，当经过强扭处理的扭力轴受热时，它们的强度可能会下降。

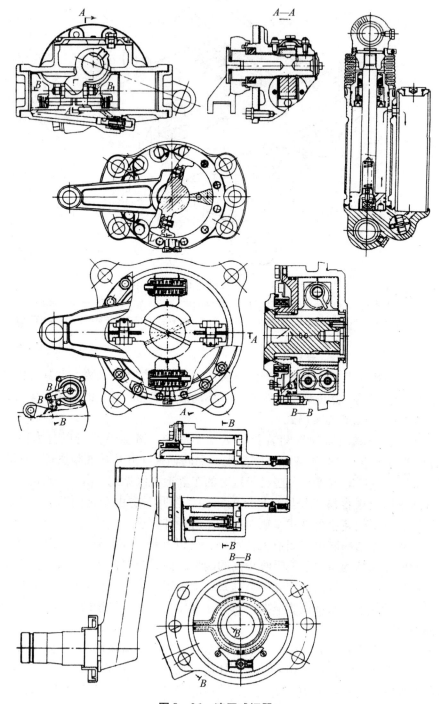

图 9 – 26　液压减振器

对减振器的基本要求如下：

（1）高速履带式车辆悬挂装置的减振器应保证对车体振动具有高的衰减率，要达到这一点，首先要选择合适的减振器形式、特性、数量以及在悬挂装置上的布置形式。通常在最前、最后端负重轮悬挂装置上布置减振器，因为那里的位移幅度和速度最大。

（2）为了限制振动加速度，减振器的特性应具有小的正行程（压缩行程）阻力，并且保证它们有高的能量，防止车辆以高速在不平度较大的地面上行驶时发生悬挂装置的"击穿"现象。要实现这些要求，首先采用液压减振器；合理分配负重轮正、反行程上的阻力；安装限制减振器阻力的阀门；最后采用其阻力既与速度有关，也与负重轮位移有关的减振器（弛张可控的减振器）。

（3）减振器应在 -40 ~ +50 ℃ 的温度范围内和发热温度达到 +200 ℃ 的条件下工作可靠。液压减振器性能上的波动在工作温度 100 ℃ 时在节流段不应超过 35%，而在泄压阀（限压阀）开启时不超过 15%。要实现这些要求，采用的工作液体应具有平缓的黏度—温度特性（曲线），具有较高的润滑和防磨伤特性；依靠选用的材料和工作面的相应加工工艺，保证密封装置具有较高的工作寿命；采用短的节流孔，它的长度与直径比 $L/d \leqslant 3$，在节流孔处，紊流状态下阻力与液体的黏度关系不大，因而与液体的温度关系也不大；采用具有大的进液孔面积的正行程差动阀；为保证减振器的良好散热，增加冷却面（通过加大外形尺寸和增加散热肋条），并安排吹风散热或使减振器表面与车体有良好的接触；采用液体补偿室，建立减振器内工作液体的循环系统。

（4）减振器的使用期应不短于整车规定的寿命。

（5）通过选择减振器的型号来保证它们的结构工艺性与互换性，并且能方便地布置在车体上。

9.4.2 筒式液压减振器的工作原理

以双筒式液压减振器为例（图 9 - 27）说明其工作原理。该减振器由内缸筒 3、外缸筒 2、活塞和活塞杆 11、补偿阀座 8、密封部分和两端连接部分等组成。它的关键部件是一室、两孔和四阀。"一室"即内、外缸筒间的补偿室 12，"两孔"即起节流作用的活塞上常通孔 9（面积为 A_9）和补偿阀座 8 上排出常通孔 7（面积为 A_7），"四阀"即

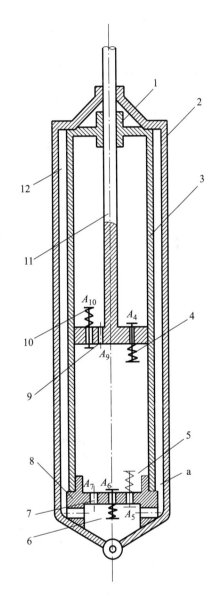

图 9 - 27　筒式液压减振器工作原理简图
1—密封件；2—外缸筒；3—内缸筒；4—压缩限压阀；
5—排出限压阀；6—吸入阀；7—排出常通阀；
8—补偿阀座；9—活塞上常通阀；
10—拉伸限压阀；11—活塞杆和活塞；12—补偿室

四个单向阀（活塞上的压缩限压阀 4、拉伸限压阀 10、补偿阀座 8 上的排出阀 5 和吸入阀 6）。

1. 活塞相对速度较低时的工况

当减振器活塞以不大的速度相对于缸筒做往复运动时，缸筒中的油液经活塞上的常通孔 9（面积为 A_9）往返流动，产生节流压降，形成减振阻力。

1）正行程

活塞的正行程就是压缩行程，如图 9 – 28（a）所示（图中只画了常通阀），活塞 11 向下运动，由位置 Ⅰ 到 Ⅱ，移动距离为 S，活塞下移 S 距离后，在活塞的上部形成了一个环形体积空间（假设油液暂时不流动），活塞下部油液压力增加，油液自下腔经常通孔 9（面积为 A_9）流到活塞上部，填补了因活塞下移空出的环形体积空间，其中流过的油液体积等于 $V_h = \dfrac{\pi}{4}(D^2 - d^2)S$。而活塞下移后在活塞的下部排开一个圆柱体积，它等于 $V_z = \dfrac{1}{4}\pi D^2 S$，这个圆柱体积的油液中有一部分 V_h 流入活塞的上腔，剩余的部分油液在活塞杆下移 S 距离后占据油缸的体积 $V_g = V_z - V_h = \dfrac{\pi}{4}d^2 S$，油缸必须排出这部分油液。通常这部分油液通过补偿阀座 8 上的排出常通孔 7（面积为 A_7）流到补偿室 12，如图 9 – 28（b）所示。正行程完成后活塞上、下腔都应充满油，缸筒内、外液面位置如图 9 – 28（c）所示。为保证正常工作，上腔应先充满油，排出常通孔 7 的断面积 A_7 与活塞上常通孔 9 的断面积 A_9 的比值应稍小于通过两小孔油量的比值，即 $A_7 : A_9 \leqslant d^2 : (D^2 - d^2)$，$D$、$d$ 分别为活塞和活塞杆的直径。

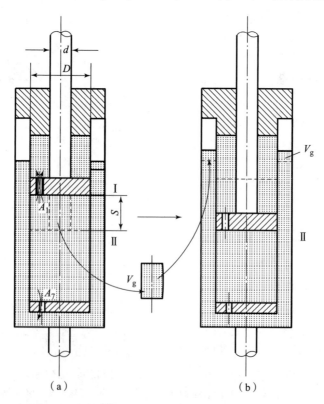

（a） （b）

图 9 – 28 正行程工况

如果排出常通孔 7（面积为 A_7）过大，则经此孔排出的油量就会过多，除排出体积为 V_g 的油量外，还会多排出体积为 V_2 的油量。此时由 A_9 流到上腔的油量只有 V_1（$V_1 < V_h$），它不足以充满活塞下移 S 后在缸筒上部所腾出的空间，活塞上部就造成一段空隙 S_1〔图 9-29（b）〕。当活塞随后向上运动时，在长度为 S_1 的行程内将没有阻力，这种不正常的现象称为"空程现象"。

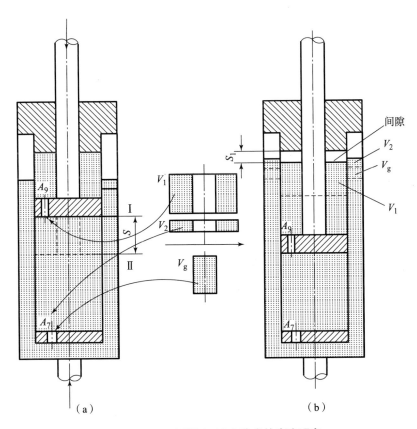

图 9-29 正行程 A_7 过大造成的真空现象

如 A_9 过小，为使体积 V_g 的油在一定时间内从内缸筒排出就需很大的压力，这会使正行程的阻力过大，也是不正常的。

2）反行程

反行程就是拉伸行程或复原行程，如图 9-30 所示，活塞向上运动，由位置 Ⅱ 到 Ⅰ，移动距离为 S，活塞上移 S 距离后，和正行程时的道理一样，在活塞的下部形成一个圆柱体积空间 $V_z = \dfrac{1}{4}\pi D^2 S$，活塞上部的液力增大，油液自上腔经常通孔 9（面积为 A_9）流到活塞下部，去填补因活塞上移空出的柱形体积空间，流过的油液体为环形体积 $V_h = \dfrac{\pi}{4}(D^2 - d^2)S$，因为环形体积小于圆柱体积，故剩余的部分空间等于活塞杆下移 S 距离后占据油缸的体积 $V_g = V_z - V_h = \dfrac{\pi}{4}d^2 S$，为使下腔充满油液不致出现真空，必须从补偿室经吸入阀 6

（面积为 A_6）补入体积为 V_g 的油液，如图 9 – 30（b）所示。反行程完成后活塞上、下腔都充满油液，缸筒内、外液面位置如图 9 – 30（c）所示。吸入阀 6 应很容易打开（加压弹簧很软）且具有足够的开度，否则不能补入足够的油量以充满下腔。

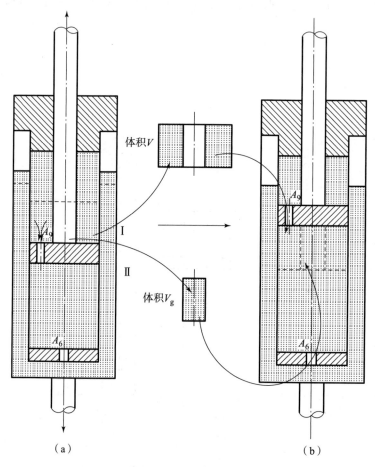

（a）　　　　　　　　　　　　　　　　（b）

图 9 – 30　反行程工况

　　当吸入阀开度不大且吸油阻力较大致使补油不足时，在活塞下部就会造成 S_1 的局部空隙。当活塞接着向上运动时，在 S_1 行程内将因没有阻力而出现不正常的"空程现象"。

　　上述情况活塞速度和阻力都不大，油液大部分经常通孔 9（面积为 A_9）上、下流动，少部分在内、外缸筒间经排出常通孔 7（面积为 A_7）和吸入阀 6（面积为 A_6）往返流动，而拉伸阀、压缩阀和排出阀这三个阀当油压不大时始终是关闭的（在图中未表示出）。

2. 活塞相对速度较大时的工况

　　当活塞相对于缸筒的运动速度较大时，如没有单向限压阀 4、5 和 10（图 9 – 27），减振器阻力和油压必将猛增。为避免这种情况并控制减振器正、反行程阻力不超过允许值，三个单向阀应分别适时开启。

正行程时（图 9 – 28），当压缩阻力和油压达到某一定值，油压克服了弹簧的预压力使压缩阀 4（面积为 A_4）打开，流通面积增大到 $A_9 + A_4$，油液迅速经压缩阀 4 和常通孔 9 由下腔流入上腔，限制了压缩阻力的增长。

如活塞杆进入油缸的速度过高，致使油液来不及从排出常通孔 7（面积为 A_7）流出，会造成活塞下腔油压过高，此时排出限压阀阀门 5 打开，则油液迅速流到补偿室 12，限制了油缸油压的增长。

排出阀 5 的开阀压力应稍大于压缩阀 4 的开阀压力，这样可保证优先充满上腔，避免下个行程出现空程现象。除此之外，排出阀 5 的开阀面积 A_5 与压缩阀 4 的开阀面积 A_4 的比值也应符合以下关系：

$$A_5 : A_4 \leqslant d^2 : (D^2 - d^2)$$

反行程，当拉伸阻力达到某一规定值时，拉伸阀 10 打开，油液迅速经此阀门由上腔流入下腔，限制了拉伸阻力的增长。

补偿室 12 应有足够大的体积，不能只考虑往返补偿的油量 $\left(V_g = \dfrac{\pi}{4} d^2 s \right)$，还要考虑散热要求及对油液（在拉伸行程）经活塞正常渗出量的补充。

吸入阀 6 用来在拉伸行程时补偿油液，正行程时关闭要严，反行程时开阀要容易，流通面积要大，开阀压力要小。为此吸入阀阀片质量不要太重，阀门弹簧压紧力要小，有些减振器把阀门弹簧取消也能得到满意的效果。

上述减振器为双筒双作用式的减振器，所谓双筒是指结构上有内缸筒和外缸筒；所谓双作用是指减振器在正行程和反行程时都起减振作用。

9.4.3　减振器的特性曲线

摩擦式减振器的特性曲线是指负重轮垂直位移 h 与减振器摩擦阻力换算到负重轮上的垂直作用力 F_j（F_j 仅限本部使用）的关系曲线，如图 9 – 31（a）所示。摩擦式减振器的摩擦阻力（阻尼）有定摩擦阻力和变摩擦阻力之分。变摩擦阻力的大小与负重轮行程成正比，通常是借助专门机构或液压装置使摩擦片的压紧程度发生变化而产生的。

液压减振器的特性曲线是指负重轮垂直位移速度 $\dot{h}$ 与减振器阻力换算到负重轮上垂直作用力 F_j 的关系曲线，如图 9 – 31（b）所示。通常用实验的方法来取得此曲线，并用它来计算减振器的吸振能量，或用它来评价行驶平稳性。

在液压减振器特性曲线图上包括正行程（压缩行程）和反行程（拉伸行程、复原行程、松开行程）两条特性曲线，而每一条曲线都由节流孔节流阻力工作线段和泄压阀（限压阀）开启工作线段组成。

按照泄压阀的数量，减振器包括在正行程和反行程上都装有泄压阀的，或只在正行程上装有泄压阀的。

在控制减振器的特性时，可以通过改变节流孔面积的方法，也可以借助泄压阀的弹簧力，或者是用两者相结合的方法改变减振器的阻力，如图 9 – 31（c）所示。

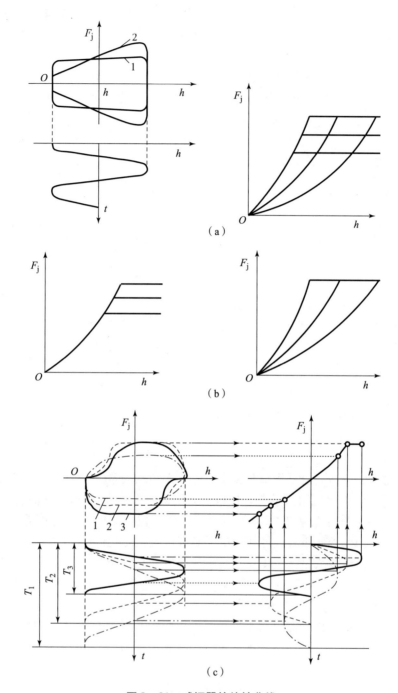

图 9 - 31　减振器的特性曲线

（a）摩擦式减振器

1—摩擦元件有定压紧力；2—摩擦元件有变压紧力

（b）液压减振器

1—减振器阻力与负重轮位移的关系曲线；2—减振器阻力与负重轮位移速度的关系曲线

（c）对减振器进行控制时减振器可能的特性曲线

1—节流孔尺寸变化；2—泄压阀开启力变化；3—用两者相结合的方法控制的减振器

9.4.4 减振器的阻力系数

1. 减振器的阻力系数

减振器的特性本质上具有非线性的特点，所以选择它的不同区段的最佳阻力，是一个需与行驶平稳性计算同时解决并且最后在行驶试验中加以验算的十分复杂的课题。在设计计算时用第一近似法选择减振器的特性，给出每侧减振器的数量 K 和阻尼系数值（ $\sigma_\varphi = 0.25 \sim 0.30$ ）。阻尼系数可由带阻尼的车体自由角振动微分方程求出：

$$\sigma_\varphi = \frac{p_\varphi}{\omega_\varphi}$$

式中，ω_φ——角振动的固有频率，$\omega_\varphi = 2\pi/T_\varphi$，$T_\varphi$ 为车体角振动的固有周期；

p_φ——角振动的衰减指数，

$$p_\varphi = \mu_p \sum l_i^2 / J_y$$

式中，J_y——悬挂装置对车体质心横轴的转动惯量。

减振器的平均阻力系数为 μ_p 由上述可以求出：

$$\mu_p = \frac{2\pi\sigma_\varphi J_y}{T_\varphi \sum_1^K l_i^2}$$

对于摩擦式减振器，用 μ_p 值求出换算到负重轮轴上的减振器作用力的平均值：

$$F_{jp} = \frac{\pi^2 \mu_p h_d}{T_\varphi}$$

式中，h_d——负重轮的动行程。

专门的研究表明，为了避免振动，在负重轮接近静态时摩擦减振器阻力换算到负重轮上的作用力 $F_{jj} = (0.25 \sim 0.5)F_{xj}$，其中 F_{xj}（F_{xj} 仅限本部分使用）为车辆静态时悬挂装置的弹簧力换算到负重轮上的垂直作用力。当 $F_{jp} > F_{xj}$ 时，必须选择其作用力随负重轮行程而变化的减振器特性。在这种情况下负重轮动行程结束时，减振器的最大作用力

$$F_{jmax} = 2F_{jp} - F_{xj}$$

对于液压减振器来说，首先应力求保证反行程时的最大阻力，这一阻力以可能中止负重轮行程为限度。减振器的平均阻力系数值为

$$\mu_p = (\mu_z + \mu_f)/2$$

式中，μ_z，μ_f——正行程和反行程时减振器的阻力系数。

根据不中止（不悬停）负重轮反行程的条件确定 μ_f：

$$\mu_f = \frac{t_f C_{xg}}{l_n \dfrac{h_{qg}}{h_{jg}}}$$

式中，t_f——负重轮反行程时下降的时间，$t_f = 0.2$ s；

C_{xg}——规定的悬挂装置刚度，$C_{xg} = (F_{max} - F_{xj})/h_d$；

h_{jg}——规定的静行程，$h_{jg} = F_{xj}/C_{xg}$；

h_{qg}——规定的负重轮全行程，$h_{qg} = h_{jg} + h_d$。

正行程时减振器的阻力系数 $\mu_z = 2\mu_p - \mu_f$。为了降低车辆在轻度起伏不平地面上行驶时

的振动加速度，在正行程时减振器作用于负重轮的最大作用力（达到这一作用力时泄压阀开始工作）限制在 $F_{jmax} = (1.5 \sim 2.0)F_{xj}$ 的范围内。

2. 换算到负重轮上的减振器阻力系数

液压减振器在节流区的特性是非线性的，在正行程和反行程时换算到负重轮上减振器的阻力由下式求出：

$$F_{jz(f)} = \beta_{z(f)} \dot{h}^2 \tag{9-32}$$

式中，β_z，β_f——正行程和反行程时换算到负重轮上的减振器流体阻力系数。

为了使减振器的线性特性向非线性过渡，利用下述条件：在规定的频率上减振器的线性特性和非线性特性工作的效率应该是一样的。在这些条件下可充分实现负重轮的动行程，则在规定的频率上负重轮的速度为

$$\dot{h}_p = 0.7 \cdot \omega_\varphi h_d$$

式中，ω_φ——车体振动的固有角振动频率。

线性特性的减振器产生的功率为

$$P_\mu = 0.5\mu_z \dot{h}_p^2$$

对于非线性特性的减振器，当 $\dot{h}_p > \dot{h}_f$ 时（$\dot{h}_f$ 为负重轮的速度，在该速度时减振器的阀门打开）产生的功率为

$$P_\beta = \int_0^{\dot{h}_f} \beta_z \dot{h}^2 d\dot{h} + F_{jz}(\dot{h}_p - \dot{h}_f)$$

$$= \beta_z \frac{\dot{h}_f^3}{3} + F_{jzmax}(\dot{h}_p - \dot{h}_f)$$

式中，

$$\dot{h}_f = \sqrt{\frac{F_{jzmax}}{\beta_z}}$$

使 $P_\mu = P_\beta$，改写后可得

$$\beta_z = \frac{4F_{jzmax}^3}{9(F_{jzmax}\dot{h}_p - 0.5\mu_z\dot{h}_p^2)^2}$$

当 $\dot{h}_p < \dot{h}_f$ 时有

$$\beta_z = \frac{1.5\mu_z}{\dot{h}_p}$$

反行程的阻力系数为

$$\beta_f = \frac{1.5\mu_f}{\dot{h}_p}$$

这样，用式（9-32）求出 β_z 和 β_f 值以后，可以计算减振器的特性，该特性将在以后用于计算行驶平稳性。为了下一步评价减振器的发热程度，应该根据这些计算结果以及车体的加速度求出车辆在各种行驶条件下被减振器吸收的功率。

应该指出，为了降低车体的振动加速度，必须在一定程度上提高减振器的阻力，这会相应地增加减振器释放的功率，并且造成减振器过热。要降低功率，就不得不减小减振器的阻力，而这又会使车辆的行驶平稳性变坏。在对减振器原始性能的各参数进行修正时，要对

β_z、β_f 和 F_{jmax} 的另一些数值进行计算，从计算结果中选取既保证车辆的最大行驶速度又不使减振器过热的最佳性能数据。减振器表面散掉的功率与减振器的尺寸及其在车体上的布置条件有关。

9.4.5 减振器主要尺寸的计算

1. 筒式减振器

为了保证减振器有较大的散热面积，根据负重轮与车体侧壁之间的距离选择活塞的直径。给出缸筒的壁厚，以及减振器与负重轮之间和减振器与侧装甲之间的间隙为 7 ~ 10 mm 后，找出油缸最大可能的内径尺寸（也是活塞的直径 d_h），如图 9-32 所示。活塞直径应为 $d_h \leqslant 125$ mm，活塞面积 $A_h = \pi d_h^2/4$。

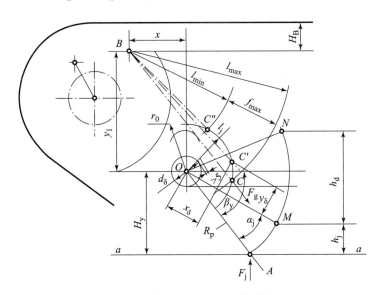

图 9-32　用作图法确定筒式减振器的尺寸

超轻型和轻型车辆的活塞挺杆直径 $d_g = 27$ mm；中型和重型车辆在挺杆行程 $f_g \leqslant 225$ mm 的条件下，挺杆的直径 $d_g = 40$ mm；当 $f_g > 225$ mm 时，$d_g = 45$ mm。用图解法确定挺杆的行程 f_g、减振器的最小长度 l_{min} 和最大长度 l_{max}；确定减振器固定在车体和平衡肘上的坐标时，应考虑到它在布置上受到的限制和减振器内的许用压力。设计时通常给出 F_{jzmax} 条件下正行程时减振器内的工作压力值 $[p]_z = 12 \sim 14$ MPa。根据对平衡肘轴中心 O 点的力矩等式 $F_j R_p \cos(\beta_y - \alpha) = F_g l$，求出固定减振器杠杆系统的杠杆比，如图 9-32 所示。

$$i = \frac{F_j}{F_g} = \frac{l}{R_p \cos(\beta_y - \alpha)} \tag{9-33}$$

式中，F_j——换算到负重轮轴上的减振器阻力；

　　　F_g——减振器作用于挺杆的阻力；

　　　l——力 F_g 与平衡肘轴之间的垂直距离（力臂）。

考虑到振动时负重轮的最大速度出现在负重轮的静态位置区内，所以减振器作用于负重轮的最大阻力值 F_{jzmax} 和最大压力值 p_{max} 也在这里。由式（9-32）求出需要的力 F_{jzmax} 的作用臂 $l = l_j$。如果取 $F_{jzmax} = [p]_z A_h$，则当 $\alpha = \alpha_j$ 时可得

$$l_{\mathrm{j}} = \frac{F_{\mathrm{jzmax}} R_{\mathrm{p}} \cos(\beta_y - \alpha_{\mathrm{j}})}{[p]_z A_{\mathrm{h}}}$$

为了确定挺杆在车体侧壁上固定的坐标点 x 和 y（图 9-32）以及减振器体在平衡肘上固定的坐标点 x_δ 和 y_δ，用以下步骤作运动学简图：

作一条水平线 $a-a$，从水平线 $a-a$ 向上截取 h_{j}、H_y 和 $h_{\max}$（$h_{\mathrm{j}} + h_{\mathrm{d}}$），并过它们的上端点画水平行直线。在 $a-a$ 线上选取点 A，以该点为圆心、以 R_{p} 为半径画弧线，该弧线与距离为 H_y 的水平直线相交，交点 O 便是平衡肘轴中心点。以 R_{p} 为半径、以 O 点为圆心，画出负重轮位移的轨迹，然后画出负重轮在安装位置 $h = 0$、静态位置 $h = h_{\mathrm{j}}$ 和最大行程 $h = h_{\max}$ 时的平衡肘体的中心线 OM 和 ON。

确定减振器挺杆在车体上的固定点 B。为此，以平衡肘轴中心点 O 为圆心，以 r_0 为半径画弧线，r_0 用下式表示：

$$r_0 = 0.5 D_{\mathrm{p}} + 0.5 D_{\mathrm{a}} + (5 \sim 7)\,\mathrm{mm}$$

式中，D_{p}——平衡肘大头的外径；

　　D_{a}——减振器的外径，$D_{\mathrm{a}} = d_{\mathrm{h}} + 2S$；

　　S——减振器的壁厚。

作一条与平衡肘体的中心线 OA 相平行的直线，使它与以 r_0 为半径的弧线相切；该切线与距离上支履带段为 H_B 的水平线相交，其交点 B 就是减振器挺杆在车体上的固定点 B。

确定减振器体在平衡肘上的固定点 C'。为此，以平衡肘的转动中心点 O 为圆心，以 l_{j} 为半径画弧线。从 B 点画一条平行于静态时平衡肘体的纵轴线 OA，这一直线与半径为 l_{j} 的弧线的相交点便是减振器体在平衡肘上的固定点 C'，该点的坐标为 x_δ 和 y_δ。

为了求出减振器的最小长度 $l_{\min}$ 和最大长度 $l_{\max}$，以及挺杆的最大行程 $f_{\max}$，以平衡肘的转动中心点 O 为圆心，以 OC' 线段为半径画出减振器在平衡肘上固定点的位移轨迹线。找出负重轮不同位置时减振器固定点的位置：当负重轮在最下位置（安装位置）时，减振器固定点位于点 C；当负重轮在最上位置（最大行程）时，减振器固定点位于点 C''。长度 BC'' 为挺杆完全缩进去时减振器的最小长度，而长度 BC 则为减振器的最大长度。挺杆的最大行程 $f_{\max} = l_{\max} - l_{\min}$。

高速履带式车辆用的筒式减振器的结构长度在 $l_{\min} \geqslant (1.8 \sim 2.2) f_{\mathrm{g}}$ 范围内，汽车减振器的结构长度为 $l_{\min} = f_{\mathrm{g}} + (3 \sim 5) d_{\mathrm{h}}$。如果不能实现这一条件，那么只能通过减小负重轮的静行程或动行程来减小负重轮的全行程值、增加履带环的高度，或者在最坏的情况下选用其他形式的减振器。

筒式减振器的结构简图如图 9-33 所示。给出补偿室的体积 V_{b}，它应该不小于挺杆体积 V_{g} 的 2 倍，$V_{\mathrm{b}} > 2 V_{\mathrm{g}}$，其中 $V_{\mathrm{g}} = f_{\mathrm{g}} \cdot A_{\mathrm{g}}$。考虑到液体的可能渗漏、液体的沉淀以及为了良好的冷却所需要的液体储备量，通常给出补偿室的体积为 $V_{\mathrm{b}} \geqslant 4 V_{\mathrm{g}}$。

求出反行程时减振器内的最大压力 $p_{\max}$。当 $h = h_{\max}$，负重轮可能脱离地面时：

$$F_{\mathrm{jfmax}} \approx F_{\max}$$

式中，$F_{\max}$——悬挂装置弹簧力换算到负重轮的最大作用力。

由此可求得

$$p_{f\max} = \frac{F_{\max}}{i_{\mathrm{d}}(A_{\mathrm{h}} - A_{\mathrm{g}})}$$

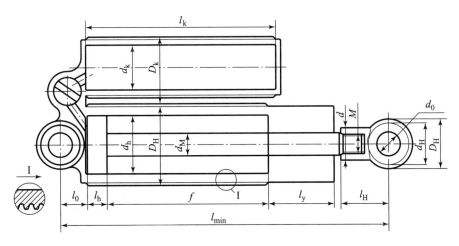

图 9 – 33　筒式减振器的结构简图

式中，i_d——当 $h = h_{max}$ 时，杠杆系统的动杠杆比，由下式表示：

$$i_d = \frac{l_d}{R_p \cos(\beta_y - \alpha_{max})}$$

式中，l_d——当 $h = h_{max}$ 时，减振器作用于挺杆的最大阻力 F_{gmax} 相对于平衡肘轴中心的力臂，如图 9 – 32 所示。

根据 F_{jfmax} 值，用类似于计算油气悬挂装置动力缸壁厚的方法，计算减振器缸壁的厚度 S 和缸底的厚度 S_d。

根据减振器的阻力，可以用胶皮衬套（特别是采用汽车减振器的轻型履带式车辆），以关节轴承或专门的球形支座来作为各关节的轴承（图 9 – 34）。在计算液气悬挂装置时选出关节轴承。在现有的带球形支座（钢—钢）的筒式减振器结构内，支座内的压力一般不超过 70 MPa。

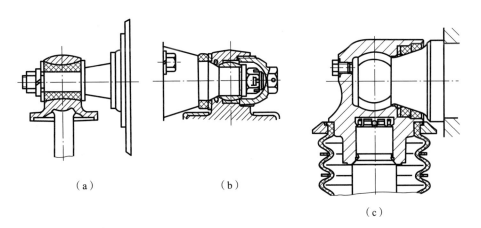

（a）　　　　　　　　（b）　　　　　　　　　（c）

图 9 – 34　筒式减振器各种支座的结构

挺杆的密封用专门的复式密封装置（图 9 – 35），内部的高压密封装置一般由胶皮密封圈或带保护圈的胶皮碗组成。外部的低压密封装置由一组橡胶和氟塑料制成的皮碗组成，由弹簧通过钢质特形环将胶皮碗压紧来补偿它们的磨损。为了泄掉外密封装置提高了的压力，密封装置前的空腔有专门的孔与补偿室相通。

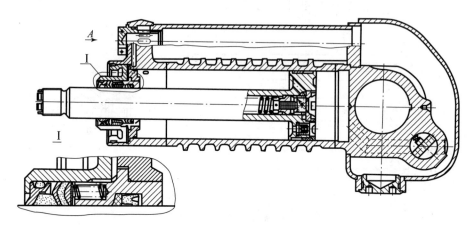

图 9 – 35　筒式减振器挺杆的密封

为了保证筒式减振器的性能稳定，它们的活塞用由抗磨铸铁或氟塑料和青铜制造的密封环进行密封。采用氟塑料密封装置可以减小摩擦和缸壁的磨损，并能防止擦伤。

密封装置的工作寿命在很大程度上取决于密封表面的质量。筒式减振器的油缸俄罗斯用 40Cr、20Cr、12CrNi3A、12Cr2Ni4A、20Cr2Ni4A 钢制造，而挺杆则用 20Cr2Ni4A、12Cr2Ni4A、12CrNi3A、45CrNi、40CrNiMoA 等钢制造。密封面进行高频电流表面淬火（挺杆）或渗碳（油缸和挺杆），硬度 HRC≥48。镀铬层的厚度不小于 100 μm，挺杆的表面粗糙度 $Ra = 0.16$ μm，以保证密封装置有高的使用寿命。使用的密封材料为 ИРП – 1316 和 ИРП – 1287 号橡胶及氟塑料 – 4（俄标），其许可工作温度范围达 +200℃ 以上。高速履带式车辆筒式减振器使用的工作液是透平油和变压器油的温合油，两种油的比例为 1:1。

在选出减振器的主要尺寸和对草图进行审查以后，计算冷却表面的面积：

$$A_{lq} = A_{gb} + A_{gd} + A_{gg} + A_{bw} + A_{bd} + A_g$$

式中，A_{gb} ——可能有筋条加强的油缸表面面积；

$\quad\quad A_{gd}$ ——缸的底部面积；

$\quad\quad A_{gg}$ ——缸盖的面积；

$\quad\quad A_{bw}$ ——补偿室外表面面积；

$\quad\quad A_{bd}$ ——补偿室底部面积；

$\quad\quad A_g$ ——挺杆在 $0.5f_g$ 长度上的外表面面积。

在稳定的温度条件下减振器可能耗散的功率为

$$P_a = K_T A_{lq}(T_{max} - T_h) \tag{9 – 34}$$

式中，t_{max} ——减振器的许可最大发热温度；

$\quad\quad T_h$ ——环境温度，一般取 $T_h = 30℃$；

$\quad\quad K_T$ ——散热系数。在专门研究热应力的基础上，取得散热系数的平均值：对于安装在车体外部的、有补偿室的筒式减振器，在以空气流速不小于 6.2m/s 对它们进行风冷的条件下，$K_T \geq 80W/(m^2 \cdot K)$。对于双缸筒的筒式减振器以及叶片式减振器，$K_T = $（56 ~ 60）W/（$m^2K$）。在将减振器布置在车体内部的条件下（无空气冷却），K_T 值下降 50% ~ 60%。

对于密封材料和所采用的工作液的许可最大温度 T_{max}，K_T 取工作温度范围的上限值。

P_a 值与车体加速度和负重轮的最大行程一样，是在悬挂系统的计算中必须加以考虑的限制条件之一。

2. 叶片式减振器

叶片式和摩擦式减振器是具有角位移的减振器，可能的方案如图 9 - 36 所示。

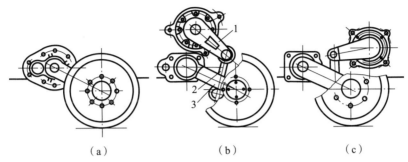

（a）　　　　　　　　　（b）　　　　　　　　　（c）

图 9 - 36　旋转减振器的几种方案
1—连接器；2—拉杆；3—平衡肘

同轴减振器方案 ［图 9 - 36（a）］，没有杠杆臂的关节连接，因而可以保证它们有大的阻力。这种方案对负重轮行程没有限制，悬挂组件具有整体结构，减振器的防护性好；其结构上的缺点是减振器的外形尺寸和质量较大，这与它的各元件围绕着平衡肘轴布置以及工作压力比较低有关。大的外形尺寸使这种减振器在车上的布置，特别是将它布置在车首部分发生困难，因为悬挂装置支架的凸出部分太大。减振器的大尺寸还会加大扭杆的离地高度和它们互相间的相对位移。此外，减振器发热引起扭杆的发热，这也是不希望的。

杠杆式减振器可能有两种安装方案：一是布置在平衡肘轴的上方，如图 9 - 36（b）所示，减振器通过连接器 1、拉杆 2 和平衡肘 3 上固定臂的销耳相连（图上未画出）；二是布置在平衡肘轴的纵向方向，如图 9 - 36（c）所示。第一种方案实际上对负重轮行程没有限制，但是为了不削弱悬挂装置与车体本身的固定位置，要求在负重轮与车体侧装甲之间有足够大的距离来安装减振器。减振器相对于平衡肘支座的下部纵向布置方案的特点是防护性比较好，并且要求负重轮与车体之间的距离也不大。为了安装这些减振器，要求在车体上开孔增加安装座。由于受杠杆臂系统运动学简图的限制，不会总能保证负重轮的最大行程。在上述方案中，增加弹性元件和限制器是件十分复杂的事情。

从平衡肘轴和减振器旋转轴的阻力矩方程中，求出旋转型减振器杠杆臂传动装置的杠杆比，如图 9 - 37（a）和图 9 - 37（b）所示。

由换算到负重轮上的减振器作用力 F_j 对平衡肘转动中心 O 的转矩，等于减振器的拉杆力 F_{lg} 对 O 点的转矩，可以求出减振器杠杆系统的杠杆比 i：

$$\begin{cases} F_j R_p \cos(\beta_y - \alpha) = F_{lg} r_d \cos\psi \\ T_j = F_{lg} R_1 \cos\theta \end{cases}$$

由此得

$$i = \frac{F_j}{T_j} = \frac{r_d \cos\psi}{R_p \cos(\beta_y - \alpha) R_1 \cos\theta}$$

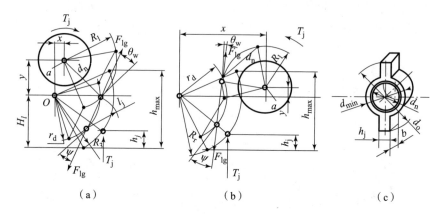

图 9 – 37　旋转减振器的计算简图

（a）安装在悬挂装置上方的减振器；（b）沿车体纵向安装的减振器；

（c）叶片式减振器的叶片尺寸

式中，F_j——换算到负重轮轴上的减振器作用力；

T_j——减振器阻力转矩，它为拉杆上的作用力 F_{lg} 对减振器转动中心 a 点的转矩；

F_{lg}——减振器作用于拉杆上的力；

r_d——平衡肘上与拉杆相连接的固定臂的长度；

R_l——减振器连接臂的长度；

ψ——拉杆与平衡肘上的固定臂的垂线之间的夹角；

θ——拉杆与减振器连接臂的垂线之间的夹角；

R_p——平衡肘长度；

l_l——拉杆长度；

$\beta_y - \alpha$ 的定义见图 9 – 32。

对于同轴减振器有

$$T_j = F_j R_p \cos(\beta_y - \alpha)$$

$$i = \frac{F_j}{T_j} = \frac{1}{R_p \cos(\beta_y - \alpha)}$$

在设计计算时，选出叶片式减振器的形式和它在车上的布置方案。作负重轮在不同位置时的悬挂装置运动学简图，用图解法确定连接臂的尺寸 r_d 和 R_l、拉杆的长度 l_l，以及减振器轴转动中心 a 点在车体上相对于平衡肘转动中心 O 点的坐标 x 和 y。与按照图 9 – 36 所示的方案安装的减振器杠杆系统的运动学简图相一致，首先应保证它们安装在相邻悬挂装置支架之间的可能性，并排除拉杆与减振器连接臂处于同一条直线上的可能。为了减小关节损失，最好有角度值（负重轮在静态或中间位置时的）$\psi \approx 0°$ 和 $\theta \approx 0°$。根据已作出的减振器的一些布置方案图，具体明确杠杆臂系统的尺寸，并求出负重轮静态时的杠杆比 i_j 和最大行程时的杠杆比 i_d。

按 F_{jzmax} 值求出正行程（泄压阀打开）时减振器的最大阻力矩：

$$T_{jzmax} = F_{jzmax}/i_j$$

反行程（泄压阀不起作用）时减振器的最大阻力矩为

$$T_{\text{jfmax}} = F_{\text{jfmax}}/i_d$$

为了求出叶片机构的尺寸，给出正行程时减振器内的许用压力值。由于叶片式减振器的叶片和隔板密封的难点，取 $[p_{\max}] = 7 \sim 10$ MPa。

叶片机构必需的单位容积为

$$q = T_{\text{jzmax}}/[p_{\max}]$$

叶片式液压机构的单位容积与它的尺寸有关，即

$$q = \frac{b_y n_y (d_w^2 - d_n^2)}{8} \tag{9-35}$$

式中，b_y——叶片宽度 [图 9-37 (c)]；

　　　n_y——机构内叶片的数量；

　　　d_w，d_n——叶片的外径和内径。

反行程时减振器内的最大压力为

$$p_{\max} = T_{\text{jfmax}}/q$$

根据减振器轴的直径 d_{zh}、花键和轮毂的尺寸，求出叶片的内径。在同轴减振器内，平衡肘轴就是减振器的轴。

对于杠杆—叶片式减振器，根据在有最大阻力矩 T_{jmax} 作用于轴的条件下的许用剪切应力计算 d_{zh} 值：

$$\tau = \frac{T_{\text{jmax}}}{0.2 d_{zh}^3}$$

由此求得减振器轴的直径为

$$d_{zh} = \sqrt[3]{\frac{T_{\text{jmax}}}{0.2[\tau]}}$$

按照通用关系式计算花键。由 $d_n = (1.3 \sim 1.6) d_{zh}$ 给出轮毂的尺寸。

用式 (9-35) 计算出叶片的外径 d_w 和叶片宽度 b_y。如果结构方案已给出了叶片宽，求外径的计算式为

$$d_w = \sqrt{\frac{8q}{n_y b_y} + d_n^2}$$

如果已给出直径 d_w，叶片宽的计算式为

$$b_y = \frac{8q}{n_y (d_w^2 - d_n^2)}$$

叶片和隔板的最小厚度按许用剪切应力 $[\sigma]_j$ 求出，即

$$h_{\min} = \frac{d_w - d_n}{2} \sqrt{\frac{3p_{\max}}{[\sigma]_j}}$$

根据所得到的尺寸审查减振器结构，并检查按运动学简图取得的连接臂的转角是否符合机构内叶片的可能转角。计算出减振器体外表面的面积（连接臂长的表面也计算在内），然后按式 (9-32) 计算出减振器在给定的温度 $T_{\max}$ 条件下、稳定热工况内可能耗散的功率值 P_a。

叶片式减振器内的叶片和隔板的密封用抗磨材料（青铜）做成弹性密封片，如图 9-38 所示。采用胶皮碗 [图 9-38 (b)]，可减小叶片式减振器内部的渗漏约 60%（与密封金属

片相比），但是它们的制造比较复杂，并且由于在大的相对滑动速度下很快磨损，所以它们的使用寿命也比较短。

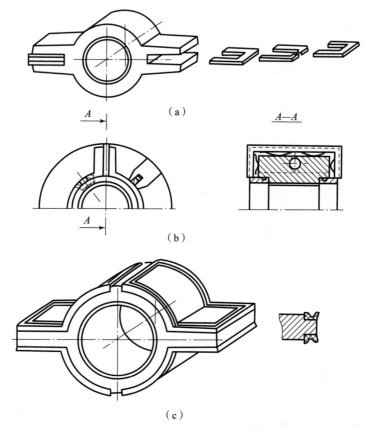

图 9 – 38　叶片式减振器活动部分的密封

用合金结构钢制造叶片式减振器的各种零件：俄罗斯在现有的结构中减振器体用 38CrNi 钢制造；叶片用 20cr2Ni4A 钢制造；隔板用 45CrNi 钢制造，等等。密封的减振器用的工作液为 TC – 10 – OTH 机油、TY38 – 101148 – 71 机油，或 TC3Π – 8 和 MT – 16Π 机油的混合油（俄标），两者的比例为 1∶1。

3. 摩擦式减振器

现有的高速履带式车辆用的摩擦式减振器多为同轴式的，而按照摩擦表面通常又分为盘式的和套筒式的。套筒式结构中的专用套筒，同时完成平衡肘支座的轴承和摩擦减振器两种功能。

与计算叶片式减振器时一样，摩擦减振器的计算工作也是从作运动学简图及计算负重轮静行程 h_j 与全行程 h_{max} 时的杠杆比 i_{aj} 和 i_{ad} 开始的。

负重轮静行程时的减振器阻力矩为

$$T_j = F_{jj}/i_{aj}$$

动行程结束时的最大阻力矩为

$$T_{max} = F_{jmax}/i_{ad}$$

式中，F_{jj}，F_{jmax}——当 $h = h_j$ 和 $h = h_{max}$ 时换算到负重轮轴上的减振器阻力。

在结构上，根据轴的直径，考虑到花键和对减振器外形尺寸方面的限制，选择摩擦盘的内径 d_n 和外径 d_w，并计算出摩擦盘的面积：

$$A_p = \pi(d_w^2 - d_n^2)/4$$

给出摩擦盘上的许用压力 $[p_p]$，并求出为建立最大阻力矩 T_{max} 所需要的摩擦盘的压紧力：$F_P = p_p A_P$。

需要的摩擦副数量为

$$n = \frac{T_{max}}{2\pi\mu_{min}p_p b_p R_{pp}^2}$$

式中，μ_{min}——最小摩擦系数值；

　　b_p——摩擦盘工作表面的宽度，$b_p = 0.5(d_w - d_n)$；

　　R_{pp}——摩擦盘摩擦表面的平均半径，$R_{pp} = 0.25(d_w - d_n)$。

为建立静行程时的摩擦力矩 T_j，需要的摩擦盘压紧力为

$$F_{pj} = \frac{T_j}{n\mu_{min}R_{pp}}$$

给出压紧装置的行程 λ，并求出弹簧的刚度为

$$C_t = \frac{F_{pmax} - F_{pj}}{\lambda n_t}$$

式中，n_t——弹簧的数量，按结构选择。

对于液压压紧装置，计算出必需的液压助力器的面积 A_y，考虑到在静行程时弹簧对摩擦盘的预压紧力，有

$$A_y = (F_{pmax} - F_{Pj})/p_{max}$$

式中，p_{max}——减振器操纵系统内的最大压力。

9.4.6　液压减振器阀门和节流孔的计算

1. 液压减振器的阀门

减振器在车辆平稳行驶时阻力应较小；在负重轮受到猛烈冲击时则要求阻力增大，以迅速吸振及缓和冲击。但阻力过大将引起过载使零件损坏。对减振器的这些性能要求应通过具体结构来实现，其中阀门结构与尺寸对性能起决定性的作用。

1）阀门结构形式

减振器阀门结构形式是常通孔加限压阀（泄压阀）。常通孔是通路面积不变的小孔、窄缝或环形间隙，它起节流作用。只有常通孔的简单结构不能满足性能要求，因其阻力与活塞速度的平方成正比（$F_h = \mu_h v_h^2$），其缺点是：如按恶劣行驶条件决定常通孔面积，为了使阻力不致过大、冲击不致过猛，常通孔的面积就应当取得大些；但在较平坦路面行驶时，减振器阻力就显得太小，熄振能力太弱。反之，如按平坦路面熄振要求决定常通孔面积，常通孔面积应取小些；但是在坏路面上行驶时减振器阻力就会过大。故一般采用常通孔加限压阀，前者断面不变，经常开放；后者当压力增大到一定限度时打开，随着开度不断增大，阻力增长减缓，不致过载。这样常通孔面积可取较小值，保证低速有足够的阻力熄振。

2）常通孔形式

选择常通孔结构时，其断面易于加工，面积误差最小，阻力稳定，并且能准确测量。所谓阻力稳定性是指当温度变化时，其阻力不变或变化很少。

常通孔基本形式有短孔［图9-39（a）］、长孔［图9-39（b）］、环形间隙［图9-39（c）］。

试验结果表明：长孔与环形间隙阻力不稳定，这主要是由于沿程阻力的影响较大；而短孔和窄缝则阻力较稳定，这主要是由于局部阻力的影响较小。

此外其还可分为单式和复式，前者如图9-39（a）~图9-39（c）所示，后者如图9-39（d）和图9-39（e）所示，液流通路段面积改变，经过两次节流的中部有较宽的中间腔，中间腔液体可受到冷却，对防止局部过热有利，并且可提高阻力稳定性。

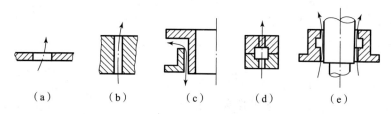

（a）　　　　（b）　　　　（c）　　　　（d）　　　　（e）

图9-39　常通孔的结构形式

3）限压阀结构形式

限压阀通常是被一定预压力的弹簧压紧的阀门，一般由三部分组成，即开阀通路、阀门、弹簧。对其基本要求是：开启高度可靠，结构应保证压力达到一定范围内立即开阀；保证减振器阀门区有平缓的特性；阀门尺寸较小，且易于制造、装配及调整；同时正、反行程开阀压力不同，以控制正、反行程阻力的比例关系。开阀通路有圆孔和环形槽两种。开阀件有圆盘和钢球。锥形支承面较好，这种阀门阻力系数较小，能够保证开阀后液流的稳定，但容易磨损。加压件一般用螺旋弹簧。

由于阀门要布置在减振器内，所以弹簧的尺寸和阀门的尺寸都要小。筒式减振器的限压阀安装在挺杆或活塞内。叶片式减振器的限压阀安装在叶片上、隔板内或减振器体内。而在油气悬挂中阀门则安装在油气弹簧体内。图9-40给出了各种限压阀的方案。图9-40（a）所示为平板阀，其具有较大的阻力，减振器阀门区有较大的曲线斜率。由于它的活塞尺寸较大，故在高速车辆上很少应用。图9-40（b）和图9-40（e）所示为衬套式阀，保证透孔的尺寸大和弹簧尺寸小，但是由于锥形面磨损和衬套偏斜，有可能卡在导向件上，使这种阀的可靠性变差。图9-40（c）所示为差动阀，现在应用最广，它能保证减振器阀门区有十分平缓的特性，因为它有较大的透孔并可以安装刚度小、尺寸也小的弹簧，阀内没有锥形面。

试验表明，采用圆盘加螺旋弹簧，则开阀压力容易控制；用钢球作阀门虽然是现成的，但易引起液压的高频振动，使减振性能变坏；锥形阀可靠性差。

4）筒式减振器活塞的阻力和速度关系曲线

减振器内有两个常通孔，即活塞上的常通孔（面积为A_9）和补偿阀座上的常通孔（面积为A_7）如图9-27所示。无论是正行程还是反行程，活塞的运动阻力F_h与活塞的运动速

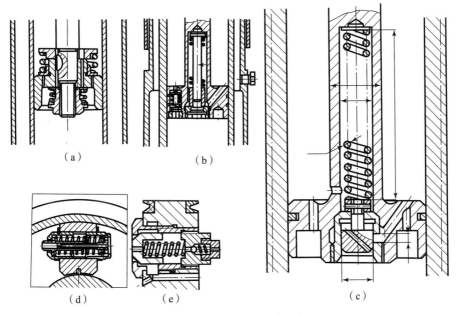

图 9 – 40　限压阀的结构形式

度 v_h 的二次方成正比，阻力—速度特性曲线为一条抛物线，为简化计算可近似看作直线，如图 9 – 41（a）所示。

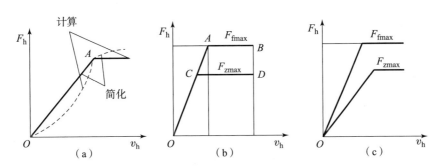

图 9 – 41　简化计算的 $F_h – v_h$ 曲线

通常正、反行程常通孔截面积相同 [图 9 – 41（b）]，OC 为正行程常通孔工作区段，为不使正行程阻力过大，限压阀在 C 点开放。OA 为反行程常通孔工作区段，限压阀在 A 点开放，因正、反行程常通孔截面积相同，故 OC 与 OA 重叠。

如正、反行程常通孔面积不同，设反行程常通孔面积小、正行程面积大，则减振器的特性曲线如图 9 – 41（c）所示。

5）限压阀的弹簧力

限压阀限制油压不超过预定值，其结构和尺寸应保证一定的开阀压力和良好的限压效果，拉伸和压缩限压阀应在规定阻力时开阀。如图 9 – 41 中 A 点和 C 点，排出限压阀开阀压力应比压缩限压阀的压力稍大（即迟一点开阀），以保证油液首先充满上腔，避免出现空程现象。

阀门全开后，弹簧的作用力为

$$F_{Tmax} = C_T(h_0 + h_{max}) = p_{max}A$$

式中，p_{max}——开阀后最大油压；

　　　C_T——阀门弹簧的刚性；

　　　h_0——弹簧预压缩量；

　　　h_{max}——阀门附加最大行程；

　　　A——开阀时阀门的油压作用面积。

阀门弹簧的计算应考虑其安装空间，刚度不宜太大，弹簧压力应能调整，阀门与阀座的接触面应配对研磨，其表面所受的压强为 $p = 29.4 \sim 78.4$ MPa。

2. 补偿室油液双向流动的筒式减振器节流孔的计算

筒式减振器活塞缸筒与补偿室之间油液的流动有两种通过节流孔限制液体流动的方案，如图 9 – 42 所示。

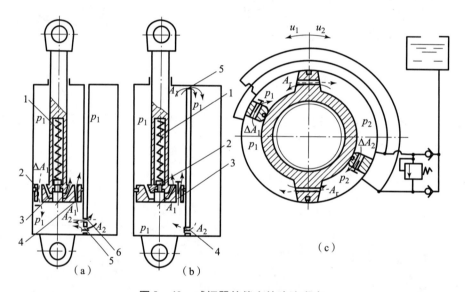

图 9 – 42　减振器补偿室的液流方案

（a）补偿室油液双向流动的筒式减振器；

（b）补偿室油液单向流动的筒式减振器；（c）叶片式液压减振器

1—压缩限压阀；2—拉伸限压阀；3—节流孔；4，6—常通孔；5—拉伸吸入阀

一种是减振器缸筒与补偿室之间的液流为双向的方案，如图 9 – 42（a）所示。压缩限压阀 1 装在活塞杆和活塞上（可变流量节流孔 3），拉伸限压阀 2 装在活塞上，拉伸吸入阀 5 装在缸筒与补偿室之间，两个常通孔 4 和 6 分别装在活塞和缸筒与补偿室之间，依靠单向阀 1 的附加孔 3 来保证 β_z 和 β_f 的阻力差。为了补偿挺杆的体积在正行程时部分液体经过体内的常通孔 6 流入补偿室内，该孔的尺寸应该保证具有像活塞的主孔 4 一样的阻力。

节流孔尺寸的计算，以液压传动理论中液体流经孔时的压力传递的关系式为基础，如下式所示：

$$\Delta p = \xi \frac{\gamma}{2}v_y^2 \tag{9 – 36}$$

式中，$\Delta p = p_1 - p_2$；

p_1，p_2——孔的进口与出口处的压力；

ξ——管道段的阻力换算系数；

γ——液体的密度；

v_y——液体流经过孔时的流速。

1）正行程节流孔的计算

由图 9－42 所知，p_1 为活塞前减振器腔内的压力，p_2 为挺杆腔内的压力。正行程时活塞向下移动，液体流经活塞的正行程节流孔时的压力降（当 $p_2 \approx 0$ 时）$\Delta p = p_1$，根据活塞受力平衡条件有

$$p_1 = \frac{F_g}{A_h} = \frac{F_{jz}}{iA_h} \tag{9－37}$$

式中，F_g——减振器作用于活塞杆上的力；

A_h——活塞面积；

F_{jz}——正行程时换算到负重轮上的减振器的作用力；

i——负重轮与减振器之间杠杆系统的杠杆比。

根据被活塞排入挺杆腔后流量与流经节流孔的液体流量相等的关系，可以写出关系式：

$$Q = (A_h - A_g)v_h = A_z v_y \tag{9－38}$$

式中，A_g——挺杆的面积；

v_h——活塞的速度；

A_z——正行程时孔的总面积。

用式 $v_h = i \cdot \dot{h}$ 将活塞速度与负重轮速度 $\dot{h}$ 联系起来。根据式（9－38），孔内的液体流速为

$$v_y = \frac{A_h - A_g}{A_z}i\dot{h}$$

将 Δp 和 v_y 的表达式代入式（9－36），经改写后，得出正行程时负重轮速度与减振器的作用力 F_{jz} 的关系式：

$$F_{jz} = \frac{\xi_z \gamma A_h (A_h - A_g)^2 i^3}{2A_z^2}\dot{h}^2 \tag{9－39}$$

式中，ξ_z——正行程孔的阻力换算系数。

使式（9－37）与表示式 $F_{jz} = \beta_z \dot{h}^2$ 相等，得出换算到负重轮轴上的减振器流体阻力系数的关系式：

$$\beta_z = \frac{\xi_z \gamma A_h (A_h - A_g)^2 i^3}{2A_z^2}$$

在验算时利用这一关系式，根据减振器各零件的尺寸及其在车体上的安装方案，来计算减振器在正行程时的特性。在设计计算中，按该式求出正行程孔 4 需要的面积：

$$A_z = \sqrt{\frac{\xi_z \gamma A_h (A_h - A_g)^2 i^3}{2\beta_z}} \tag{9－40}$$

在计算节流孔面积 A_z 时，代入在计算悬挂系统时取得的值 β_z。取静行程时的杠杆比 $i = i_j$，液体的密度则根据液体的特性来取。关于阻力系数值 ξ_z 可查阅有关资料，用类似的

方法计算通向补偿室的反行程孔的总面积 A_{bf}。

2）反行程节流孔的计算

活塞向上移动，当 $p_1 \approx 0$ 时，则有

$$\Delta p = p_2 = \frac{F_g}{A_h - A_g} = \frac{F_{jf}}{i(A_h - A_g)}$$

式中，F_{jf}——换算到负重轮轴上减振器在反行程时的作用力。

根据流量相等关系求出液体通过反行程孔的流速为

$$v_y = \frac{A_h - A_g}{A_f} i \dot{h}$$

将上述 Δp 和 v_y 的表达式代入式（9-36），得出减振器在反行程时作用于负重轮的阻力：

$$F_{jf} = \frac{\xi_f \gamma (A_h - A_g)^3 i^3}{2A_f^2} \dot{h}^2$$

式中，ξ_f——反行程孔的换算阻力系数；

　　A_f——反行程孔 4 的面积。

使上式与式 $F_{jf} = \beta_f \dot{h}^2$ 相等，得到用减振器尺寸求 β_f 的关系式：

$$\beta_f = \frac{\xi_f \gamma (A_h - A_g)^3 i^3}{2A_f^2}$$

反行程孔需要的面积为

$$A_f = \sqrt{\frac{\xi_f \gamma (A_h - A_g)^3 i^3}{2\beta_f}}$$

比较上述两个行程中的 A_z 和 A_f，从大的值中减去小的，两者之差应为单向阀门挡住的副孔的面积。求出孔的数量和尺寸。如果 $A_z > A_f$，则反行程孔即为主孔（在正、反行程上都工作），反行程孔的直径为

$$d_f = 1.13 \sqrt{A_f / n_f}$$

式中，n_f——反行程孔的数量。

正行程副孔的面积 $\Delta A_z = A_z - A_f$，其直径为

$$d_{zf} = 1.13 \sqrt{\Delta A_z / n_{zf}}$$

式中，n_{zf}——正行程副孔的数量。

同样的方法，当 $A_f > A_z$ 时，正行程孔是主孔，求出正行程主孔的直径为

$$d_z = 1.13 \sqrt{A_z / n_z}$$

式中，n_z——正行程孔的数量。

反行程副孔的面积 $\Delta A_f = A_f - A_z$，其直径为

$$d_{ff} = 1.13 \sqrt{\Delta A_f / n_{ff}}$$

式中，n_{ff}——反行程副孔的数量。

3）正行程时补偿室节流孔（常通孔）的计算

正行程时使部分液体经节流孔 6 流入补偿室，补偿室内的压力忽略不计，则有

$$\Delta p = p_1 = \frac{F_{jz}}{iA_h}$$

由流量相等关系式，求出负重轮的位移速度与液体经节流孔流入补偿室流速的关系式：

$$Q = A_g \upsilon_h = A_{bz}\upsilon_y = iA_g\dot{h}$$

$$\upsilon_y = \frac{A_g i}{A_{bz}}\dot{h}$$

式中，A_{bz}——在正行程工作时补偿室节流孔 6 的面积。

将 Δp，υ_y 代入式（9–34），得出

$$F_{jz} = \frac{\xi_{bz}\gamma A_h A_g^2 i^3}{2A_{bz}^2}\dot{h}^2$$

将式 $F_{jz}/\dot{h}^2 = \beta_z$ 代入，可得到补偿室节流孔的面积：

$$A_{bz} = \sqrt{\frac{\xi_{bz}\gamma A_h A_g^2 i^3}{2\beta_z}}$$

式中，ξ_{bz}——补偿室节流孔的阻力换算系数。

当 $\xi_{bz} \approx \xi_z$ 时，有

$$A_{bz} = A_z\frac{A_g}{A_h - A_g}$$

补偿室节流孔 6 的直径为

$$d_{bz} = 1.13\sqrt{A_{bz}/n_{bz}}$$

式中，n_{bz}——补偿室节流孔的数量。

4）反行程时补偿室吸入阀节流孔的计算

这里给出负重轮反行程最大速度时空气进入补偿室的许用值，$\Delta p = [p]_b = (0.05 \sim 0.04)$ MPa，可以按下式求出负重轮的最大速度：

$$\dot{h}_{fmax} = \sqrt{R_{jfmax}/\beta_f} \tag{9-41}$$

由流量相等关系式得

$$Q = A_g\upsilon_h = iA_g\dot{h} = A_{bf}\upsilon_y$$

由此可得到反行程时通过补偿室节流孔 4 的液体流速：

$$\upsilon_y = \frac{A_g i}{A_{bf}}\dot{h}$$

式中，A_{bf}——反行程时工作的补偿室排液孔 4 面积。

将上述 Δp 和 υ_g 代入式（9–34），可得出

$$[p]_b = \frac{\xi_{bf}\gamma A_g^2 i^2}{2A_{bf}^2}\dot{h}_{fmax}^2$$

将式（9–41）代入上式，得到节流孔 4 的面积 A_{bf}：

$$A_{bf} = \sqrt{\frac{\xi_{bf}\gamma A_g^2 i^2 F_{jfmax}}{2\beta_f[p]_b}} \tag{9-42}$$

式中，ξ_{bf}——补偿室排液孔的阻力换算系数。

在没有阀门的条件下，取 F_{jfmax} 等于动行程结束时悬挂装置的作用力 $F_{jfmax} = F_{max}$。补偿室节流孔 4 的直径为

$$d_{bf} = 1.13\sqrt{A_{bf}/n_{bf}}$$

式中，n_{bf}——补偿室节流孔数量。

3. 补偿室油液单向流动的筒式减振器节流孔的计算

减振器缸筒与补偿室之间液流为单向流动的筒式减振器方案，如图 9 – 42（b）所示。压缩限压阀 1 装在活塞杆和活塞上（可变流量的节流孔 3），拉伸限压阀 2 装在活塞上，吸入阀 5 装在缸筒与补偿室之间，一个常通孔 4（面积 A_f）装在缸筒与补偿室之间的顶部，保证工作油通过补偿室循环并相应地改善工作油的冷却。为此，反行程的节流孔 4 置于筒体的上部并直接与补偿室相通。正行程时全部工作液流经位于活塞内的正行程孔 2 和 3，这些孔在反行程时被单向阀 1 和 3 关闭，依靠部分液体从挺杆腔经反行程孔流入补偿室来保证补偿挺杆的体积。为了减小这种减振器的自由行程，必须保证将空气和进入补偿室的液体隔离。

按式（9 – 40）求反行程孔 4 的面积 A_f，如图 9 – 42（b）所示。

考虑到在正行程时部分液体经反行程孔流入挺杆腔内，使挺杆腔内压力提高的情况下，计算正行程孔的面积 A_z。正行程时活塞所受力的平衡方程为

$$F_{jz}/i + p_2(A_h - A_g) = p_1 A_h \tag{a}$$

由此式得挺杆腔内的压力

$$p_2 = \frac{\xi_f \gamma A_g^2 i^2}{2A_f^2}\dot{h}^2 \tag{b}$$

活塞上正行程孔 2 和 3 内的压力降为

$$p_1 - p_2 = \xi \frac{\gamma}{2}\upsilon_y^2 = \frac{\xi_z \gamma A_h^2 i^2}{2A_z^2}\dot{h}^2 \tag{c}$$

由式（a）得

$$p_1 = \frac{F_{jz}}{iA_h} + \frac{p_2(A_h - A_g)}{A_h} \tag{d}$$

将式（b）、式（d）代入式（c），经整理后得

$$F_{jz} = \left(\frac{\xi_f \gamma A_g^3 i^3}{2A_f^2} + \frac{\xi_z \gamma A_h^3 i^3}{2A_z^2}\right)\dot{h}^2$$

使该式与式 $F_{jz} = \beta_z \dot{h}^2$ 相等，可得

$$\beta_z = \beta_{z1} + \beta_{z2}$$

式中，β_{z1}——换算到负重轮轴上的正行程时反行程孔的流体阻力系数：

$$\beta_{z1} = \frac{\xi_f \gamma A_g^3 i^3}{2A_f^2}$$

β_{z2}——换算到负重轮轴上的正行程主孔的流体阻力系数：

$$\beta_{z2} = \beta_z - \beta_{z1} = \frac{\xi_z \gamma A_h^3 i^3}{2A_z^2}$$

需要的正行程孔的面积为

$$A_z = \sqrt{\frac{\xi_z \gamma A_h^3 i^3}{2(\beta_z - \beta_{z1})}}$$

补偿室的排液孔只有在反行程时工作，A_{bf} 按式（9 – 42）求出。

4. 叶片式减振器节流孔的计算

叶片式减振器的液流方案如图 9 – 42（c）所示。节流孔内的压力降为

$$\Delta p = p_{1(2)} = \frac{T_j}{q} = \frac{F_{jz(f)}}{i} \tag{a}$$

式中，T_j ——减振器的阻力矩；

　　　q ——叶片机构的比容积。

根据叶片转动时排出和经过节流孔流出的液体流量相等的关系，列出关系式

$$Q = q\omega = qi\dot{h} = A_{z(f)}v_y$$

式中，ω ——叶片角速度。

由此式可求出经节流孔的液流速度：

$$v_y = \frac{qi}{A_{z(f)}}\dot{h} \tag{b}$$

将式（a）、式（b）代入式（9-36）得

$$F_{jz} = \frac{\xi_{z(f)}\gamma q^2 i^3 \dot{h}^2}{2A_{z(f)}}$$

使上式与式 $F_{jz(f)} = \beta_{z(f)}\dot{h}^2$ 相等，得到减振器流体阻力系数的关系式：

$$\beta_{z(f)} = \frac{\xi_{z(f)}\gamma q^2 i^3}{2A_{z(f)}^2}$$

需要的节流孔面积为

$$A_{z(f)} = \sqrt{\frac{\xi_{z(f)}\gamma q^2 i^3}{2\beta_{z(f)}}}$$

9.5　平　衡　肘

平衡肘在履带式车辆的悬挂装置中起导向作用，它决定负重轮相对于车体的位移轨迹，并将来自履带作用于负重轮的力的分量传递给弹性元件、减振器或直接传递给车体，或者相反。平衡肘结构应该坚固而无弹性，并尽可能减轻质量。

从保证平衡肘的强度观点，悬挂装置最危险的工况是悬挂装置被"击穿"工况，所谓"击穿"工况是指，平衡肘与限制器发生刚性撞击，并将来自负重轮的力刚性地传递到车体上。此时，负重轮上的动载荷可能超过负重轮静载荷的 20 多倍。

在研制悬挂装置各部件时，平衡肘的形状和尺寸在结构上主要取决于与其相配合的零件的尺寸。因为负重轮轴的尺寸与轴承和密封件的尺寸有关，是在设计负重轮时选定的。扭杆的尺寸、轴承与密封件的外径以及整个支承座的结构决定了平衡肘在车体上的固定轴的内径。平衡肘体的形状取决于它的长度、负重轮的尺寸和负重轮离车体侧面的距离。

设计好悬挂装置的图纸以后，作计算简图，标上必需的尺寸，并对危险截面内的应力和强度储备进行计算。必要时，主要依靠改变平衡肘的内径和平衡肘体（在平衡肘体上没有钻孔的情况下改变它的外部尺寸）来调整截面的尺寸。

9.5.1　作用于平衡肘的外力

1. 地面作用于负重轮上的法向反力

车辆停于水平地面时，地面作用于履带的法向反力（合力）通过履带也作用于负重轮

上，用 F 表示（F 仅限本部分使用），该力既垂直于履带的平面也垂直于负重轮的轴线；该力的作用点在负重轮的中分平面（即过负重轮宽度中心并垂直于负重轮轴线的纵向平面）上。当负重轮沿其轴线方向发生倾斜时，地面的法向反作用力只垂直于履带平面，不再垂直于负重轮的轴线，它和负重轮的中分平面之间有一个夹角 γ，该夹角随负重轮倾斜角的大小而变化，地面法向反力的作用点也将向倾斜方向偏移。这时地面法向反力可以分解为两个力：沿平行于负重轮纵向平面的径向分力 F_j 和垂直于负重轮纵向平面的侧向力 F_c（侧向力即沿橡胶圈切线方向的力）。当悬挂装置"击穿"时，地面法向反力达到最大值，如图 9 - 43（b）所示。

当车辆行驶时，地面法向反力的大小和方向是变化的，径向力作用点的位置和侧向分力的方向也是随机的。侧向力的大小取决于法向反力的大小。

为了给定侧向力 F_c 的方向与负重轮径向力 F_j 作用点的位移方向和位移值 s 大小，一般认为，履带板处在刚性的基底上，而且地面法向反作用力 $F_{\max}$ 垂直于履带板平面。由于在最大载荷时平衡肘的变形及其支座是在车体内，所以地面法向反力将向车体方向偏移，如图 9 - 43（b）所示。从简图可以看出，在这种情况下，侧向力 F_c 的作用方向将指向远离车体侧甲板的方向。

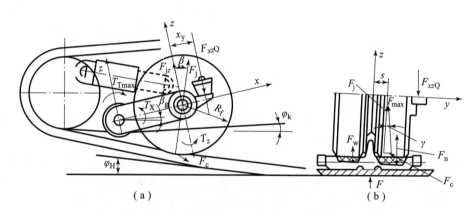

图 9 - 43　在悬挂装置"击穿"时作用于平衡肘上的外力

（a）在负重轮纵向平面内的受力；（b）在负重轮横向平面内的受力

当刚性轮缘的负重轮倾斜时，地面反作用力 $F_{\max}$ 的作用点移向轮缘边缘的倾斜面上。有外橡胶圈的负重轮的倾斜将使内侧橡胶圈（双排负重轮的）变形增大，在内侧橡胶圈上将有较大的接触斑点，负重轮内侧轮缘的合成载荷 F_n 大于负重轮外侧轮缘的载荷 F_w。

目前尚无悬挂装置"击穿"时负重轮橡胶圈载荷方面的实验数据。在计算数据的基础上，可以求出负重轮倾斜角 γ 和外部载荷在负重轮橡胶圈上作用点的位移 s。

单排负重轮的倾斜角为

$$\gamma \approx K_1 F_{\max} B_f$$

式中，$K_1 = 3.6 \times 10 \dfrac{\text{rad}}{\text{kN} \cdot \text{m}}$；

　　　B_f——负重轮的宽度。

由此可得位移 s：

$$s = K_c \gamma$$

式中，$K_c \approx 0.2 \dfrac{m}{rad}$。

双排负重轮的倾斜角为

$$\gamma \approx (K_0 + K_2 F_{max}^2) B_f$$

式中，$K_0 = -0.1 \dfrac{rad}{m}$；

$\qquad K_2 = 0.4 \times 10^{-6} \dfrac{rad}{kN^2 \cdot m}$。

由此可得位移 s：

$$s = K_c \gamma$$

式中，$K_c \approx 0.6 \dfrac{m}{rad}$。

当平衡肘和限制器发生刚性撞击（悬挂装置"击穿"）时，地面对负重轮法向反作用力的径向分力 F_{jmax} 可由下式求出：

$$F_{jmax} = \frac{F_{gmax}}{\cos(\varphi_{Kmax} + \varphi_H)}$$

式中，φ_{Kmax}——车体对履带支承面的最大倾角；

$\qquad \varphi_H$——不平地面的坡度角；

$\qquad F_{gmax}$——平衡肘和限制器发生刚性撞击（悬挂装置"击穿"）时，地面作用于前面几个负重轮的最大的法向反作用力，其方向垂直于车底平面，可由下式求出：

$$F_{gmax} = F_{wmax} + \frac{A\ddot{Z}_{js} + B}{C}$$

式中，F_{wmax}——相应于弹性元件完全变形时，悬挂装置作用于负重轮的最大作用力；

$\qquad \ddot{Z}_{js}$——驾驶员座位处车体的许用加速度；

$\qquad A，B，C$——三个系数，由下式求出：

$$\begin{cases} A = 0.5 J_y m_x \\ B = C_{xp} \varphi_{Kmax} \left(J_y \sum\limits_1^n l_i + m_x l_{js} \sum\limits_1^n l_i^2 \right) \\ C = J_y + m_x l_1 l_{js} \end{cases}$$

式中，J_y——车辆悬挂质量相对于穿过质心横轴 y 的转动惯量；

$\qquad m_x$——车辆的悬挂质量；

$\qquad l_1, l_i, l_{js}$——从质心分别到第 1 个和第 i 个负重轮和到驾驶员座位的距离。

2. 作用于平衡肘上的外力和外力矩

由图 9 - 43（b）知，地面法向反作用力在负重轮上分解为两个分力：侧向分力 $F_c = F_{max} \sin\gamma$ 和径向分力 $F_j = F_{max} \cos\gamma$。作用于负重轮轴的径向分力 F_j 沿 x 轴和 z 轴分解为两个分力：沿 x 轴 $F_{jx} = F_j \cdot \sin\beta$ 和沿 z 轴 $F_{jz} = F_j \cdot \cos\beta$，式中 $\beta = \beta_g + \varphi_{Kmax} + \varphi_H$，$\beta_g$ 为平衡肘对车体纵向轴线的倾斜角，根据 $h = h_{max}$ 时的悬挂装置运动学简图求出。

侧向力 F_c 对负重轮轴有两个力矩，相对于 x 轴：

$$T_x = F_c R_f \cos\beta$$

相对于 z 轴

$$T_z = F_c R_f \sin\beta$$

式中，R_f——负重轮半径。

当平衡肘和限制器发生刚性撞击时，限制器作用于平衡肘上的外力为 F_{xzQ}。

3. 限制器和平衡肘轴轴承的作用力

根据平衡肘受力计算简图 9 – 44，列出力和力矩的方程组，从这些方程组中求出外轴承 A 和内轴承 B 上的作用力。

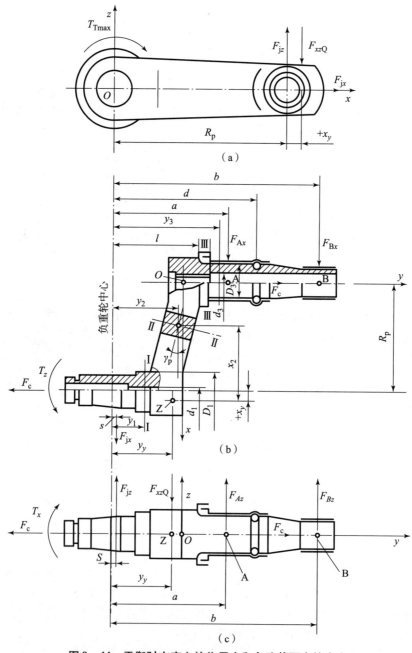

图 9 – 44 平衡肘支座上的作用力和危险截面内的应力

（a）xz 平面内的各种力；（b）xy 平面内的各种力；（c）zy 平面内的各种力

在 xz 平面内 ［图 9-44（a）］，对平衡肘转动中心 O 点取力矩平衡方程：

$$\sum T_o = T_{Tmax} + F_{xzQ}(R_p + x_y) - F_{jz}R_p = 0$$

由此得限制器 Z 上的反作用力：

$$F_{xzQ} = \frac{F_{jz}R_p - T_{Tmax}}{R_p + x_y}$$

式中，R_p ——平衡肘长度；

T_{Tmax} ——弹性力的最大力矩，$T_{Tmax} = F_{wmax}R_p\cos\beta$，对于扭杆式悬挂装置，$T_{Tmax} = C_T\alpha_{max}$；

x_y ——从负重轮轴心线到（沿 x 轴方向）限制器的距离。

在 xy 平面内 ［图 9-44（b）］有

$$\begin{cases} \sum F_x = F_{Ax} + F_{Bx} + F_{jx} = 0 \\ \sum T_A = -T_Z + F_cR_p - F_{jx}(a - s) + F_{Bx}(b - a) = 0 \end{cases}$$

分别解上述二式可得

$$F_{Bx} = \frac{T_Z - F_cR_p + F_{jx}(a - s)}{b - a} \tag{a}$$

$$F_{Ax} = -F_{Bx} - F_{jx} \tag{b}$$

式中，F_{Ax}, F_{Bx} ——平衡肘轴外轴承 A 和内轴承 B 沿 x 轴方向的反作用力；

a, b ——从负重轮中心线沿 y 轴方向分别到外轴承 A 和内轴承 B 中心的距离。

在 yz 平面内 ［图 9-44（c）］有

$$\begin{cases} \sum F_z = F_{jz} - F_{xzQ} + F_{Az} + F_{Bz} = 0 \\ \sum T_A = -T_x + F_{jz}(a - s) - F_{xzQ}(a - y_y) - F_{Bz}(b - a) = 0 \end{cases}$$

联立上述方程式可得

$$F_{Bz} = \frac{T_x + F_{jz}(a - s) - F_{xzQ}(a - y_y)}{b - a} \tag{c}$$

$$F_{Az} = -F_{Bz} - F_{jz} + F_{xzQ} \tag{d}$$

式中，F_{Az}, F_{Bz} ——平衡肘轴的轴承 A 和 B 沿 z 轴方向的反作用力；

y_y ——在 y 轴方向上，从负重轮中心线到平衡肘与限制器 Z 的距离。

由已取得的式 （a）~式 （d），可以求出外轴承 A 和内轴承 B 的载荷。

外轴承上的载荷为

$$F_A = \sqrt{F_{Ax}^2 + F_{Az}^2}$$

内轴承上的载荷为

$$F_B = \sqrt{F_{Bx}^2 + F_{Bz}^2}$$

9.5.2　平衡肘危险截面内的应力

1. 负重轮轴

按照计算简图 ［图 9-44（b）］，负重轮轴截面 I-I 处所受的总应力为

$$\sigma_1 = \sigma_{p1} + \sigma_{w1} = \frac{F_c}{A_1} + \frac{T_{w1}}{W_{w1}}$$

式中，σ_{p1}——由于压缩力 F_c 引起的截面 I-I 内的法向应力；

σ_{w1}——弯曲总力矩 T_{w1} 的应力；

A_1——截面 I-I 的面积，$A_1 = \pi(D_1^2 - d_1^2)/4$，$D_1$，$d_1$ 分别为截面 I-I 处负重轮轴的外径和内径；

W_{w1}——该截面的抗弯截面模量，

$$W_{w1} = 0.1D_1^3(1 - \alpha_1^4)$$

式中，$\alpha_1 = d_1/D_1$。

在 I-I 截面内轴的弯曲总力矩为

$$T_{w1} = \sqrt{T_{wx1}^2 + T_{wz1}^2}$$

式中，T_{wx1}——相对于 x 轴的弯曲力矩，$T_{wx1} = T_x + F_{jz}(y_1 - s)$；

T_{wx1}——相对于 z 轴的弯曲力矩，$T_{wz1} = T_z + F_{jx}(y_1 - s)$；

y_1——沿 y 轴方向，从负重轮中心线到截面 I-I 处的距离；

s——负重轮的径向力 F_j 和负重轮中心线之间的距离。

2. 平衡肘体

按照计算简图，计算平衡肘体危险截面（II-II）（图 9-44）内的应力，在外力的作用下，平衡肘体截面 II-II 处产生拉伸应力 σ_{p2}，弯曲应力 σ_{wy2}、σ_{wz2}，扭转应力 τ_{y2} 和 τ_{z2}，如图 9-45 所示。平衡肘体的外层经受最大的应力，并且在沿 y 轴和 z 轴方向上的值将是不相等的，所以必须按每个轴线单独验算它们的组合。

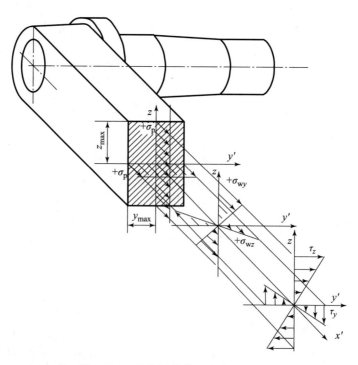

图 9-45　平衡肘体截面内的各种应力

沿 y 轴的应力为

$$\sigma_{y2} = \sqrt{(\sigma_{p2} + \sigma_{wz2})^2 + 3\tau_{y2}^2}$$

沿 z 轴的应力为

$$\sigma_{z2} = \sqrt{(\sigma_{p2} + \sigma_{wy2})^2 + 3\tau_{z2}^2}$$

式中，σ_{p2}——沿 x 轴拉力的合力 F_x 与衡肘体 II–II 截面法线的夹角为 γ_p（图 9–44），其法向应力为

$$\sigma_{p2} = \sum F_x \cos\gamma_p / A_2$$

式中，$\sum F_x \cos\gamma_p = F_{jx}\cos\gamma_p + F_c\sin\gamma_p$；

$\qquad A_2$——截面 II–II 的面积；

$\qquad \sigma_{wz2}$——相对于 z 轴的弯曲力矩的法向应力：

$$\sigma_{wz2} = T_{wz2} / W_{wz2}$$

式中，$T_{wz2} = -F_{jx}(y_2 - c) + F_c x_2 - T_z$；

$\qquad W_{wz2}$——在 II–II 截面内相对于 z 轴的抗弯截面模量。

σ_{wy2} 为相对于 y 轴的弯曲力矩的法向应力，由下式表示：

$$\sigma_{wy2} = T_{wy2} / W_{wy2}$$

式中，$T_{wy2} = F_{jz}x_2' - F_{xzQ}x_y'$，$x_2' = x_2\cos\gamma_p + (y_2 - c)\sin\gamma_p$；$x_y' = (x_2 + x_y)\cos\gamma_p + (y_y - y_2)\sin\gamma_p$；

$\qquad W_{wy2}$——相对于 y 轴的抗弯截面模量；

$\qquad \tau_{y(z)2}$——在 $y(z)$ 轴方向扭转力矩的剪切应力：

$$\tau_{y(z)2} = \eta \frac{T_{Kp}}{W_{Kp2}}$$

式中，$T_{Kp} = -T_x + F_{jz}y_2' + F_{xzQ}y_y'$，$y_2' = (y_2 - c)\cos\gamma_p - x_2\sin\gamma_p$；$\quad y_y' = x_2\sin\gamma_p + (y_y - y_2)\cos\gamma_p$；

$\qquad W_{Kp2}$——在 II–II 截面内的抗扭截面模量；

$\qquad \eta$——决定截面各边关系的系数。

当平衡肘体的截面具有复杂形状时，用惯性矩求出它的抗弯截面模量：

$$W_{wy} = \frac{I_y}{Z_{max}}, \quad W_{wz} = \frac{I_z}{Y_{max}}$$

式中，I_y，I_z——相对于 y 轴和 z 轴的截面惯性矩；

$\qquad Z_{max}$——从 y 轴到截面外表面的最大距离；

$\qquad Y_{max}$——从 z 轴到截面外表面的最大距离。

3. 平衡肘轴

根据悬挂装置和平衡肘的计算简图已知：沿 y 轴，从负重轮的中心线到所研究的截面 III–III 的距离 y_3；在该截面处平衡肘轴的外径和内径分别为 D_3 和 d_3 ［图 9–44（b）］。

在 III–III 截面内的总应力为

$$\sigma = \sqrt{(\sigma_{p3} + \sigma_{w3})^2 + 3\tau_3^2}$$

式中，σ_{p3}——侧向力 F_c 的法向应力（考虑到平衡肘轴上有轴向固定，如果 $d > y_3$，此处 d 为沿 y 轴的从负重轮中心线到推力轴承的距离）：

$$\sigma_{p3} = F_c/A_3$$

式中，A_3——截面Ⅲ-Ⅲ的面积，$A_3 = \pi(D_3^2 - d_3^2)/4$；

τ_3——剪切应力；

σ_{w3}——弯曲力矩的法向应力：

$$\sigma_{w3} = T_{w3}/W_{w3}$$

式中，$T_{w3} = \sqrt{T_{wx3}^2 + T_{wz3}^2}$

如果 $y_3 > a$（则图 9-44），则有

$$T_{wx3} = F_{Bx}(b - y_3)，T_{wz3} = F_{Bz}(b - y_3)$$

如果 $y_3 < a$，则有

$$T_{wx3} = F_{Bx}(b - y_3) + F_{Ax}(a - y_3)$$
$$T_{wz3} = F_{Bz}(b - y_3) + F_{Az}(a - y_3)$$

W_{w3}——抗弯截面模量：

$$W_{w3} = 0.1D_3^3(1 - \alpha_3^4)$$

式中，$\alpha_3 = d_3/D_3$。

在平衡肘轴上有花键（沿 y 轴离负重轮中心线 $l > y_3$ 的距离上，固定扭杆或油气悬挂装置的臂）的条件下，估算Ⅲ-Ⅲ截面内的剪切应力 τ_3 为

$$\tau_3 = T_{Kmax}/W_{K3}$$

式中，$T_{Kmax} = F_{max}R_p\cos\beta$；

W_{K3}——抗扭截面模量，$W_{K3} = 0.2D_3^3(1 - \alpha_3^4)$。

9.5.3 许用应力

军用履带式车辆悬挂装置的平衡肘，俄罗斯用 38CrSi、45CrNi、38CrNi3MoVA、40crNi2MoA 等合金结构钢制造。用体积热模锻法取得平衡肘的毛坯，以先淬火随后高温回火进行热处理。对平衡肘上装轴承的工作轴颈，通过表面淬火进行进一步强化，然后再进行磨削。配合成的（焊接成的）平衡肘也使用模锻毛坯，其加工不要求用大功率的锻压设备，所以毛坯和进一步加工的费用比较低。用铸造法获得的平衡肘毛坯，因为比较容易使它们具有合理的形状坯，故可简化加工工艺，特别是比较长和形状比较复杂的平衡肘更是如此。但是这样的平衡肘比较重。为了降低铸造的平衡肘的质量和成本，可以采用高强度铸铁。为了减小悬挂装置的质量，在一些军用履带式车辆上用铁合金制造平衡肘。

在计算平衡肘强度时，通常用决定淬火合金钢弹性变形范围的规定屈服点作为许用应力 $[\sigma]_{0.2}$。根据钢的牌号、截面的尺寸和回火温度，按专用参考文献中的有关表格确定 $\sigma_{0.2}$ 值。在这些表格中列有图纸内注明的材料硬度和抗冲击强度值。对于硬度 HB≥150 的合金结构钢来说，规定屈服点与硬度的关系式用方程 $\sigma_{0.2} = 0.267$ HB 来表示。用上述合金结构钢制造的平衡肘的布氏硬度为 255~341 HB，抗冲强度为 50~80 J/cm^2。

根据驾驶员座位处的车体过载许用值给出的最大载荷计算平衡肘强度时，可以按下式取强度储备。

$$n = \frac{\sigma_{0.2}}{\sigma} = 2.43.0$$

制造军用履带式车辆平衡肘用合金钢的力学性能见表 9-10。

表 9 – 10　军用履带式车辆平衡肘用的各种钢材与合金的力学性能
（样件截面在 100 mm 以内；加工、锻造、淬火和 500 ~ 600 ℃的回火）

牌号	淬火温度 /℃	$\sigma_{0.2}$	σ_B	冲击韧性 /(J·cm^{-2})	硬度 HB
		MPa			
38CrSi	900	700	980	56	320
45CrNi	820	640	785	59	248 ~ 283
38CrW3MoVA	870	785	930	59	293 ~ 331
40Cr2Ni2MoA	870	735	880	59	277 ~ 321
40CrNi2MoV	850	875	930	59	293 ~ 331
33CrSi	910	685	870	59	262
钛合金		950	1000	30 ~ 60	

9.5.4　平衡肘支座的结构

履带式输送车悬挂装置的平衡肘安装在支架内的轴承上，支架沿车辆侧装甲焊在车体的下部。平衡肘的安装方向一般是顺着车辆的行驶方向，因为这样能够降低对轴承组件的冲击载荷，提高轴承的使用寿命。此外，对平衡肘支座的结构有以下要求：

（1）平衡肘在车体内的嵌固应该是刚性的，以免使负重轮有过大的倾斜。

（2）平衡肘在车体内部不应占用大的空间，以免使车辆的总体布置发生困难。

（3）平衡肘支座在结构上必须保证当车辆沿斜坡行驶或车辆转向时会有较大的侧向力作用于负重轮，平衡肘相对于车体应有轴向定位。

（4）支座的结构应十分简单，便于悬挂装置的安装、保养和修理。

（5）必须规定在平衡肘支座的结构中，具有调整负重轮使其沿车辆履带轨道（相对于履带诱导齿）归正的可能性。

图 9 – 46 给出了扭杆式悬挂装置平衡肘支座的各种结构方案。将轴承安装在车体内并且轴承之间的距离比较大［图 9 – 46（a）和图 9 – 46（d）］，可以保证平衡肘嵌固在车体内的刚度较高。将平衡肘安装在从车体内伸出来的轴上［图 9 – 46（c）］，其嵌固刚度比较低。但是这种结构的平衡肘支座占的车内空间最小。图 9 – 46（b）所示的结构为一种中间方案，有一个平衡肘轴的外支座伸出车体。为了减小轴承组件的径向尺寸，在平衡肘的支座内安装滑动轴承或滚针轴承。如果将平衡肘布置在同轴的减振器体内［图 9 – 46（e）］或油气悬挂装置的体内，则减小轴承组件的轴向尺寸就更为重要，因此，在这种情况下可以采用其他形式的滚动轴承。

轴承用塑性润滑脂润滑，润滑滑动轴承用黄油，润滑滚针轴承用润滑脂。

用迷宫式密封和胶皮碗密封组成的复式密封装置从外面密封轴承组件。内滑动轴承用毛毡密封，滚针轴承则用胶皮碗密封。

为了便于平衡肘支座的轴承组件以及悬挂装置整体的安装和修理，最好将轴承安装在可拆卸的支架内［图 9 – 46（d）］，或安装在可拆卸的轴上［图 9 – 46（c）］。

采用滚动轴承的条件下组成的整体式结构可简化组件的组装工作，并可十分迅速地进行悬挂部件的安装与拆卸。

实现平衡肘相对于车体定位的方法有：用卡钉定位［图 9 - 46（a）］，通过在轴向上固定平衡肘和车体上的扭杆［图 9 - 46（b）］，再用推力球轴承［图 9 - 46（c）和图 9 - 46（d）］或推力锥滚子轴承定位。现在实际上已不用第一种定位方法，因为卡钉的磨损会造成平衡肘和负重轮的轴向位移，这会直接增加负重轮橡胶圈和平衡肘轴承的磨损。后一种通过扭杆轴向定位的方法会增加压缩力和张力的法向应力的载荷，所以要求有足够大的强度储备。用滚球是比较理想的平衡肘轴向定位的方法。

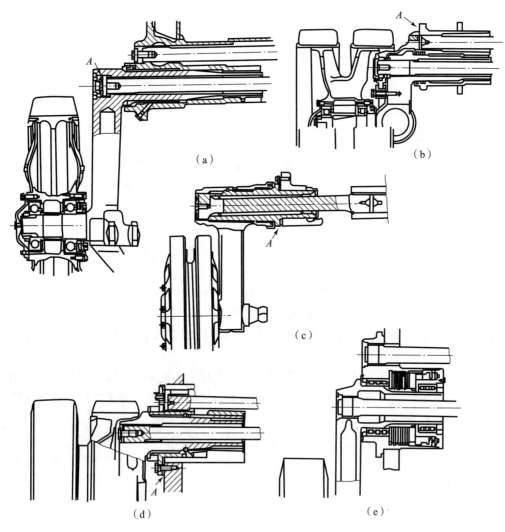

图 9 - 46　扭杆式悬挂装置平衡肘支座的结构

（a）滑动轴承在悬挂装置的不可拆卸的支架内，通过扭杆轴向定位；（b）组合轴承（圆柱轴承和层压胶布板滑动轴承的组合），中间支座伸出车体外，用卡钉实现轴向定位；（c）滚针轴承，滚球式轴向定位器，平衡轴支座伸出车体外；（d）滚针轴承在可拆卸的体内，滚球式定位器；（e）平衡肘支座在同轴的摩擦减振器内
A—负重轮轨道的调整垫安装位置

有一种用于调整负重轮轨道的可更换的金属垫片，图 9-46 中用箭头表示了它们在不同的平衡肘支座结构内的安装位置。

9.5.5　平衡肘支座轴承的计算

根据悬挂装置作用到负重轮轴上的平均静载荷 F_{jp} 对平衡肘支座的轴承进行计算。外轴承 A 计算静载荷 F_A 和内轴承 B 计算静载荷 F_B 分别为

$$F_A = F_{jp}\frac{b}{b-a}, F_B = F_{jp}\frac{a}{b-a}$$

式中，a，b——从负重轮的中心线分别到外轴承和内轴承中点的距离，如图 9-47 所示。

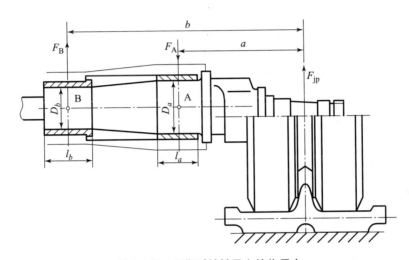

图 9-47　平衡肘轴轴承上的作用力

按平衡肘轴颈上的单位压力估算滑动轴承的工作能力：

$$p_a = \frac{F_A}{D_a l_a}, p_b = \frac{F_B}{D_a l_b} \tag{9-43}$$

式中，D_a，D_b——平衡肘轴轴承 A 和 B 的轴颈的外径；

l_a，l_b——轴承 A 和 B 的长度。

对于青铜滑动轴承，许用单位压力 $[p] \leqslant 5$ MPa；对于层压胶布板滑动轴承，$[p] \leqslant 2.4$ MPa；对于聚合材料（特种塑料）滑动轴承，$[p] \leqslant 50$ MPa。滑动轴承的许用磨损不应超过 2 mm，否则密封装置的工作条件会被破坏。

用别亚耶夫-格尔措公式验算滚针轴承的接触应力：

$$\sigma_{jA} = 0.42 \sqrt{\frac{F_A E_{np}}{l_a \rho_A}}$$

和

$$\sigma_{jB} = 0.42 \sqrt{\frac{F_B E_{np}}{l_b \rho_B}} \tag{9-44}$$

式中，σ_{jA}，σ_{jB}——外轴承 A 和内轴承 B 的接触应力；

E_{np}——换算的弹性模量；

l_a，l_b——外轴承和内轴承滚针的总长度。

换算的弹性模量为

$$E_{np} = \frac{2E_1 E_2}{E_1 + E_2}$$

式中，E_1——滚针滚道（轴颈）材料的弹性模量；

　　　E_2——滚针材料的弹性模量。

外轴承 A 与内轴承 B 的换算曲率半径 ρ_A 和 ρ_B 由下式表示：

$$\rho_A = \frac{r_{za} r_a}{r_{za} + r_a} , \rho_B = \frac{r_{zb} r_b}{r_{zb} + r_b}$$

式中，r_{za}，r_{zb}——外滚针轴承 A 的半径和内轴承 B 的半径；

　　　r_a，r_b——外滚针轴承 A 轴颈的半径和内轴承 B 轴颈的半径。

按静载荷计算时，许用接触应力取 $[\sigma]_j \leqslant 3\,000$ MPa。

在设计计算中根据式（9-43）求出滑动轴承的长度，根据式（9-44）求出滚针的总长度，按照标准的规格选用滚针的尺寸。

9.6　车体位置控制系统

9.6.1　概述和要求

车体位置控制系统的功用是改变履带式车辆的车体相对于地面支承面的位置。通常，车体位置控制系统安装在具有油气悬挂装置的车辆上。在这种情况下，油气悬挂装置本身起车体位置控制系统执行机构的作用，由驾驶员用手操纵机构实现车体位置的变化。

车体位置控制系统具有以下功能：改变车辆的车底距地高度（从静态位置向上和向下），改变纵倾角（向车首和车尾），改变车体的侧倾角（向左侧和右侧）。此外，车体位置控制系统还可以使车辆呈水平状态；闭锁悬挂装置（断开弹性元件），实现弹簧的液压闭锁；顶紧负重轮（全部负重轮一起顶紧或每个负重轮分别顶紧）；补偿油气悬挂装置的液体渗漏和用用更换液体的方法来冷却液气悬挂装置。

上述功能在很大程度上能提高车辆的技术和使用性能。例如，增加车底距地高度可以增加负重轮的动行程，提高车辆在起伏路面的行驶速度和通过能力；减小车底距地高度可以减少装卸工作量；降低车辆的质心可以提高车辆的稳定性，保证车辆通过较低的拱门和大门。改变纵倾角可以提高车辆下坡和上坡行驶时的稳定性，如在完成工程作业时调整推土铲的切土深度，在限定条件下射击时赋予火炮一个仰角、俯角和补角。例如，瑞典 STRV-103 坦克上的火炮是刚性固定在车体上的，它的高低向瞄准装置就是依靠控制油气悬挂装置来调整车体的纵倾角实现瞄准的。为了提高射击精度和使用专用设备（钻架、吊车等）作业，可使悬挂装置呈水平状态和闭锁状态。在车辆浮渡时为了减小水上行驶阻力，以及用其他运输工具（如飞机、运输车辆）运输时减少高度，可将负重轮顶紧。为了修理和保养行动部分（如更换负重轮）方便，也可将个别负重轮顶紧。

在车体位置控制系统中使车体与支承地面之间的高度保持不变的系统，叫作车底距地间隙稳定器，通常是利用专门的调整器自动地实现稳定的调整。这些系统在高级小轿车和某些型号的载重车上得到广泛的应用。但是目前履带式车辆上暂时还没有装用这种系统，原因在于，在装用油气悬挂装置的情况下，车底距地高会自然地随弹性元件的温度变化而变化，车底距地高度的这种变化会使车辆的行驶平稳性、通过性和其他使用性能变坏。

车底距地高间隙稳定器可以避免上述不良现象的发生。与油气悬挂装置一起工作的车底距地高稳定器控制系统工作原理如图 9 - 48 所示。系统用以下方式工作：当车底距地高 H_c 增大时，油气悬挂 1 的活塞杆下移，同时滑阀阀芯 4 也下移；当阀芯 4 下移到一定的位置时，阀芯 4 将放油管路打开；油气悬挂装置 1 内油液经出油口流出，它的压力下降，车体下降，直到降至规定的车底距地高为止。当车底距地高减小时，阀芯 4 和油气悬挂 1 的活塞上移；当阀芯 4 和油气悬挂 1 的活塞上移到一定位置时，阀芯 4 将进油管路打开，压力油经进油口进入油气悬挂 1，油气悬挂 1 的压力上升，使车底距地间隙增大，直到增至规定的高度为止。当阀芯 4 正好将进油口和出油口同时挡住时，车底距地高不变，无法进行高度调节。可以用杆臂 5 移动滑阀体 2 来强迫改变车底距地高。

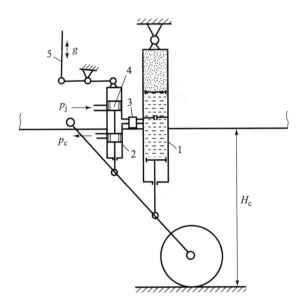

图 9 - 48　车底距地高稳定器控制系统工作原理
1—油气悬挂；2—滑阀体；3—单向阀；4—阀芯；5—臂

应该指出，车体位置控制器与油气悬挂装置组合在一起使用，使这一组合体比较复杂和昂贵，但是可大大提高油气悬挂装置本身的工作能力。实际上，与其他形式的悬挂装置相比，油气悬挂装置具有很多的优点，同时也有很大的缺点，即可靠性差和弹性特性不稳定，这两个缺点在很大程度上是由于液体的渗漏和液体温度状况的变化所决定的。然而这两个缺点在很大程度上又可以通过更换车体位置控制系统、补充油气弹簧内的液体来加以消除，也就是从一定容积的油箱向油气弹簧内注入温度比较低的油液。这些都说明了为什么现在成批生产的履带式车辆，既装油气悬挂装置，同时又装车体位置控制系统。

对车体位置控制系统的要求：

（1）保证所要求的功能；

（2）在任何地面支承面上都能工作；

（3）保证车体准确地处在所规定的状态中；

（4）车体位置控制系统不能影响行驶平稳性的其他各项参数；

（5）车体位置控制系统的辅助操纵系统（该系统有手工操纵的泵）操作简便；

（6）功能动作十分快速并且能量消耗较低；

（7）结构简单、质量和外形尺寸较小；

（8）在规定的使用期限内工作可靠。

9.6.2 车体位置控制系统的液压传动简图

在大多数的履带式车辆车体位置控制系统中，都带有电控分配装置的液压传动装置。最简单的车体位置控制系统的液压传动原理简图如图9-49所示，包括泵、分配装置和执行机构。所有列举的装置都用液压管路连接，图上未表示出系统的控制面板和导线。

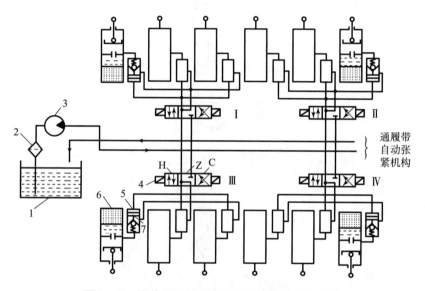

图9-49 车体位置控制系统的液压传动原理简图

1—油箱；2—滤清器；3—泵；4—三位开关；5—单向阀；6—油气弹簧；7—活塞

油泵组件包括油箱1、滤清器2和保证供给所需要液体流量和压力的泵3。分配装置将三位开关4和单向阀5连接起来。油气弹簧6（蓄压器和油缸）作为执行机构使用。

系统的工作方式如下：系统不工作时，三位开关的电磁线圈断路，开关处在中间位置"Z"。单向阀关闭，因为单向阀活塞上腔和活塞下腔接通排油，油气弹簧与控制系统断开，它们以普通的单个悬挂装置的状态工作。

升高车体时（增大车底距地高），电压加在全部四个三位开关中左边的电磁线圈上，它们的滑阀向右移动并使"H"部分与管道接通。单向阀的活塞上腔接通排油。油液从压力总管进入活塞下腔，顶开球形阀后进入弹簧的液体腔。随着液体注入弹簧内，车体向上移动。车体的升高一直进行到车体碰到上限止器和终端开关断开电压时为止。车底距地高增大一个负重轮的静力程值（12~20 cm）。

降低车体时，控制电压加在所有四个三位开关中右边的电磁线圈上，它们的滑阀移向右边移动并使"C"部分与管道接通。油液从泵出来进入单向阀的活塞上腔内，活塞向下移动并用挺杆顶开球形阀，气体弹簧内的液体和油箱接通。在车体重力的作用下液体被从弹簧内压出进入回油箱内。车体的下降一直进行到车体坐在下限止器上、终端开关断开控制电压为止。车体在降低位置时车底距地高等于 10～15 cm，也就是说车体离开静态位置下降了一个负重轮的动行程。

通过接通前面两个三位开关（Ⅰ和Ⅱ）来排出弹簧内的液体，而使后面两个三位开关（Ⅲ和Ⅳ）注入液体，便可使车体向车首纵倾。车体向车尾纵倾时则相反，后面两个开关保证排油，而前面两个开关向弹簧注油。纵倾时，车体倾斜度为 7°～8°。

通过分别按动车辆两侧的三位开关，即车辆一侧的开关接通排油而另一侧的开关接通注油，来实现车体的侧倾。车体的最大侧倾斜度为 9°～10°。

通过不断地控制纵倾和侧倾来使车体保持水平状态。

为了保证其他功能，例如，使悬挂装置闭锁、顶紧负重轮等，控制系统就要复杂得多，例如要压送油液到弹簧活塞的下腔，还要安装相应的分配阀和闭锁阀等。在给出的液压传动原理简图上没有规定这些功能。

应该指出，所研究的工作原理简图是最简单的，其只用来说明工作原理。为了使系统在各种道路条件下都能工作良好，车体位置控制系统应再增加别的装置，如节流阀、定量器、调节器等。这些装置能够根据具体情况，向所有的油气弹簧压送和排出所需要的油量，而与总管的阻力和弹簧的背压差无关。这样的控制系统在任何地面条件下都能确实保证车体的静止的或任何别的中间位置。

9.6.3　车体位置控制系统的计算原理

车体位置控制系统计算的原始数据是：车辆的质量、转动惯量和行动部分的参数及特性，以及车体位置控制系统液压传动的主要参数（泵组件的功率、流量和压力，管道的直径和阻力系数）等。如果没有后面的一些参数，则可以根据已有的液压传动计算公式求出。

主要方程是车体振动位移微分方程和液压传动的液体流量微分方程。为了简化计算，只研究在纵向平面内的车体运动，即只研究车体垂直位移和车体绕其横向轴线的纵向角位移运动。

在外力和外力矩作用下的车体振动微分方程有以下形式：

$$\left.\begin{array}{l} m_x\ddot{z} - \sum_{i=1}^{2n} F_{Ti} - \sum_{i=1}^{2k} F_{ji} + \sum F_1 = 0 \\ J_y\ddot{\varphi} - \sum_{i=1}^{2n} F_{Ti}l_i - \sum_{i=1}^{2k} F_{ji}l_i + \sum F_1 l_1 = 0 \end{array}\right\} \tag{9-45}$$

式中，m_x——车辆的悬挂质量；

　　　z——车体的垂直位移；

　　　F_{Ti}——第 i 个悬挂装置的弹性力；

　　　n——每侧负重轮数量；

　　　k——每侧悬挂装置减振器数量；

　　　F_{ji}——第 i 个悬挂装置减振器的阻力；

　　　F_1——履带倾斜段履带张紧力的垂直分力；

J_y——悬挂装置质量相对于横轴 y 的转动惯量；

φ——车体相对于过质心横轴 y 的纵向角位移；

l_i——从车辆质心至第 i 个负重轮的距离；

l_1——从质量中心到履带张力垂直分的距离。

方程（9-45）中必须用车体的垂直位移和角位移代替弹性力和减振器阻力。为此，根据通用的分析或图解特性曲线，弹性力只与弹性元件的变形有关，即

$$F_{Ti} = f(h_{Ti})$$

则减振器阻力与位移速度有关，即

$$F_{ji} = f(\dot{h}_{Ti}, \dot{h}_i)$$

式中，h_{Ti}，$\dot{h}_{Ti}$——与弹性元件变形有关的负重轮位移和位移速度；

h_i，$\dot{h}_i$——负重轮相对于车体的位移和位移速度。

h_{Ti} 和 h_i 的位移之差与车体位置控制系统的工作有关，即

$$\left. \begin{aligned} h_{Ti} &= h_i + h_{ri} \\ \dot{h}_{Ti} &= \dot{h}_i + \dot{h}_{ri} \end{aligned} \right\} \tag{9-46}$$

式中，h_{ri}，$\dot{h}_{ri}$——车体位置控制系统工作时，与油气弹簧内的液体容量变化有关的负重轮位移和速度。

按已有的计算道路纵断面的关系式求出位移 h_i，即

$$\left. \begin{aligned} h_i &= -z + \varphi l_i + h_{1i} \\ \dot{h}_i &= -\dot{z} + \dot{\varphi} l_i + \dot{h}_{1i} \end{aligned} \right\} \tag{9-47}$$

式中，h_{1i}，$\dot{h}_{1i}$——与路面不平度变化有关的负重轮相对的位移和速度。

式（9-46）和式（9-47）允许将车体在纵向平面内的角位移与垂直位移和车体位置控制系统液压传动装置的工作联系起来。

与路面不平度有关的位移值 h_{1i} 是计算用的原始数据，用下述方法之一求出，例如，用各个离散的路面不平高度的形式，或用路面的正弦式断面形式，或者用对具体道路进行谱分析的结果中取得的相关函数等方法求出该位移值。

根据来自车体位置控制系统泵组件流入油气悬挂装置的液体流量来确定位移 h_{ri}，为了用流量来表示位移 h_{ri}，必须解积分方程：

$$h_{ri} = \int_0^t \dot{h}_{ri} \, \mathrm{d}t \tag{9-48}$$

如果不计液体的渗漏和可压缩性，则可以用流量来表示 $\dot{h}_{ri}$ 值，即

$$\dot{h}_{ri} = \frac{Q_i}{iA_h} \tag{9-49}$$

式中，Q_i——进入油气弹簧缸筒的液体流量；

i——悬挂装置杆臂系统的杠杆比；

A_h——油气弹簧动力活塞的面积。

按液压传动文献中已有的流量公式，求出液体的流量 Q_i：

$$Q_i = \mu_i A_d \sqrt{\frac{2}{\rho}(p_o - p_i)} \tag{9-50}$$

式中，ρ——油液的密度；

μ_i ——相应油道的流量系数；

A_d ——油道横截面面积；

p_o ——油道前的压力（泵的换算压力）；

p_i ——油道后的压力（油气弹簧内的压力）。

考虑到各悬挂装置内的阻力相等，第 i 个悬挂装置油气弹簧内（液体腔内）的压力由油道前的压力 p_o 求出：

$$p_i = p_o + \frac{\sum F_i}{iA_h} \tag{9-51}$$

式中，F_i ——第 i 个悬挂装置的弹性力和减振器阻力共同换算到负重轮上的作用力。

这样，在求出位移 h_1、h_{ri} 以及解出方程（9-47）~（9-51）以后，可以得到坐标 z 和 y，即车体位置控制系统在规定的路面上工作时任一时刻内，车体质心相对于支承地面的位移（车底距地高）和车体的纵倾角以及其他参数，如流量、压力和悬挂装置内的作用力。根据所取得的图解，可以评价车体位置控制系统的工作质量，即车体所呈现的位置的准确性、快速作用和能耗，等等。这样，在车体位置控制系统的设计阶段就可以作出其有关工作是否符合（前面提到过的各种）要求的结论。

第10章　履带行驶装置

10.1　概　　述

履带行驶装置由主动轮、履带、负重轮、诱导轮、履带张紧机构、托带轮（或托边轮）、张紧轮及诱导轮补偿张紧机构等部件组成，其基本功能是把动力传动装置传来的转矩经主动轮、履带转变成为坦克的牵引力，推动坦克行驶；制动时，传递地面传来的地面制动力实现坦克制动；负重轮支承坦克的质量；履带为负重轮提供一条连续滚动的轨道（支承面），从而使坦克有良好的通过性。

履带推进装置的概述及
主动轮及其与履带的啮合

10.1.1　对履带行驶装置的基本要求

（1）通过性能良好。

坦克在松软地面、泥泞地面、沼泽地带、水稻田和起伏地等野外地面行驶时应有良好的通过性能，在超越垂直墙、攀登纵坡和侧倾坡时应具有良好的稳定性能。这些性能不仅和履带对地面的单位平均压力、车底距地高、履带的前轮中心高度、履带接地长、履带板的结构和花纹等有关，还和地面的附着条件有关。

（2）工作可靠。

履带行驶装置应有足够的强度、耐磨性和防护性。因它暴露在车体外边，工作条件极为恶劣，经常承受冲击负荷，并且容易遭受炮火、弹片和地雷的攻击，故应具有足够的强度、耐磨性和防护性。

（3）质量尽可能减轻。

履带行驶装置一般占整车质量的 14% ~ 20%，其中影响最大的是负重轮和履带。各组件的质量与结构形式有关，减轻质量对提高坦克的机动性能有重大意义，且可减轻对路面的破坏程度。

（4）噪声尽可能小。

（5）制造工艺简单，检查和维修方便。

10.1.2　履带行驶装置的方案

实现上述要求，既与履带行驶装置各部件的结构有关，也与履带的外形有关。履带行驶装置各部件的相互位置取决于它的结构方案。图 10-1 给出了履带行驶装置的各种方案，这些方案被用在一些运输用或专用的履带式车辆上。军用履带式车辆最常用的方案是每侧有一条履带的履带行驶装置［图 10-1（a）］，因为这种形式的履带行驶装置最简单，最能保证车辆在各种路面条件下的高度机动性。但是，随着车辆质量和尺寸的加大，这种行驶装置越来越难以保证对地面单位压力的要求，因而使越野通过性变坏，并且还成为对动力转向能力的限制。有的履带式车辆每侧有两个以上的行驶装置，这种车辆不是用制动履带的方法实现转向，而是靠前面的转向导车相对于车架（图 10-1（b），方案 2）转向，或者借助操纵系统的专用液压动力缸使前、后两节车（铰接车，见图 10-1（b），方案 1）做相对转动来实现转向，这样，转向性能就不会受到限制。此外，这类车辆还增加了行驶装置的总有效面积，改善了牵引特性和越野通过性。但是，履带行驶装置本身变得比较复杂，质量大，致使最小转向半径加大，并使传动装置复杂化。

一个行驶装置的履带包括上支段履带、两端的倾斜段履带和接地段履带。它的形状可能影响到车辆的越野性能、功率损失、履带的使用寿命以及履带脱落的概率。可以按照某些特征，将各种履带行驶装置进行分类。

例如，依据上支段履带的支承方法，可将履带行驶装置分为无托带轮方案（图 10-1（a），方案 2 和方案 3）和有托带轮方案（图 10-1（a），方案 1 和方案 4）。

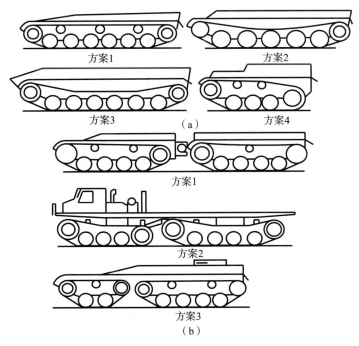

图 10-1　各种履带式车辆履带行驶装置的方案

（a）每侧有一条履带；（b）每侧有两条履带

有托带轮方案的优点是：减小上支段履带的摆动，从而减小履带铰接处的功率损失，并且可以采用小直径负重轮。采用小直径负重轮有助于降低非悬挂质量并增加负重轮的行程。

无托带轮方案是计划采用大直径负重轮，负重轮直接支承上支段履带，这样就增加了履带行驶装置的质量。这种方案的优点是：履带脱落的趋势小，车内噪声小。后一点对于薄壁车体来说是很重要的。

依据主动轮安装的位置，可将履带行驶装置分为主动轮前置和主动轮后置两种方案。主动轮后置方案的优点是：车辆用前进挡行驶时可降低履带行驶装置的功率损失，保证它对战斗车辆的武器有较好的防护作用，并且当车体振动时避免主动轮对地面的可能撞击。当动力传动舱位于车体前部时，往往采用主动轮前置方案。这种方案在某种程度上改善了车辆在松软地面上的通过性，因为在牵引力作用下，履带对地面的单位压力分配比较均匀。

把履带分成两部分的方案（图10-1（b），方案3）的优点是：当一部分履带行驶装置损坏时，包括被地雷炸坏后，仍能保持其机动性。

10.2　履　　带

10.2.1　功用、类型和要求

履带是履带行驶装置的主要部件之一，它的功用是保证车辆在无路的地面上的通过性，降低车辆的行驶阻力；它支承负重轮并为其提供一条连续滚动的轨道，通过和地面的相互作用，将地面的牵引力、附着力和地面制动力传给车体，保证车辆的正常运动。

履带由相互间用履带销连接起来的履带板组成。按所用的材料，履带分为全金属履带板、着地面（底面）挂胶的履带板、滚道面（负重轮与履带相接触的平面）挂胶的履带板及滚道面和着地面都挂胶的履带板。销耳、着地面和滚道面只要有一处挂胶，就称为挂胶履带板。着地面挂胶的履带板在沥青公路日益增多的今天，其优点尤为显著。滚道面挂胶的履带板能缓解负重轮的冲击，并能提高负重轮轮缘的寿命，但同时也增加了行驶阻力。美国坦克几乎都采用滚道面挂胶履带板。销耳挂胶可以提高履带板的使用寿命和效率，降低噪声，并能改善啮合副的啮合质量，T-72坦克就只采用销耳挂胶履带板。按金属履带板板体的制造方法，履带分为铸造的、模锻的和焊接的。按履带板间的连接形式，履带分为单销式和双销式。按铰链（履带销）的结构，履带分为金属铰链履带和橡胶金属铰链履带（又叫销耳挂胶履带）。

对履带的要求，概括起来应有以下几点：

（1）履带应在质量比较轻的条件下具有高的强度和长的使用寿命。这一要求首先要靠采用高强度材料制造的履带板和履带销来保证。

（2）在选择履带板结构时，必须力求降低行动部分的动载荷和功率损失。要实现这一点首先应降低履带的质量，其次是采用小啮合节距和使用橡胶金属铰链。

（3）履带应有足够大的纵向刚度和扭转刚度，以便降低预紧力和减小履带脱落的可能性。采用不对称的橡胶衬套和具有橡胶径向变形限制的履带销，可部分提高橡胶金属铰链履带的纵向刚度。

（4）履带板着地面上的肋、履齿的形状与高矮应保证：当直线行驶阻力和转向阻力达到最小时，履带在纵向和横向上对地面有可靠的啮合力，并且善于排泥并对路面有尽可能小的破坏，必要时使用可更换的辅助结构来实现。

（5）履带板的结构和工艺应简单，成本低，能投入自动化生产，且组装、维修、保养和更换简便易行等。

10.2.2　作用于履带环上的力

坦克的履带是由许多块履带板组成的一条封闭的链形带，讨论问题时为了方便，将链形履带简化成一条无质量、无厚度、不可拉伸、封闭的环形软带子，称为履带环。当车辆静止时，履带环被履带的预张力均匀地张紧；而当车辆行驶时，履带环受到复杂力的作用。车辆行驶时作用于履带上的力分为恒定力（预张力、牵引力和由于离心力产生的张力）和交变力（由于履带、负重轮和车体的纵向和横向振动，以及啮合不均匀及履带的板块结构等产生的动载荷）。张力的恒定分量在很大程度上决定行驶部分各元件的载荷、履带寿命、功率损失和履带脱落的概率，可以用计算方法十分精确地计算出张力的恒定分量。

车辆匀速行驶时，履带环各段有不同的张紧恒定力作用，如图 10－2 所示。沿逆行驶方向看，从主动轮到接地段之间传递牵引力的那一段履带叫作履带的工作段（紧边），它的长度为 L_j；沿顺行驶方向看，从主动轮到接地段之间没有牵引力载荷的那一段叫作履带的非工作段（松边），它的长度为 L_s。这两段履带长度与履带接地段长度 L 加在一起便是履带环的总长度。

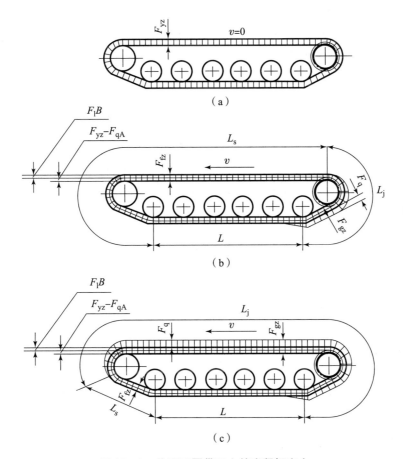

图 10－2　作用于履带环上的张紧恒定力
（a）无牵引力作用时的预张力；（b）主动轮后置车辆行驶时的张力；
（c）主动轮前置车辆行驶时的张力

1. 离心力对预张力的影响

车辆在静态状况下，履带环被预张力 F_{yz} 拉紧［图 10－2（a）］。当车辆行驶时，由于履带板位移方向的变化产生离心力 F_l，该值用下式求出：

$$F_l = m_d v^2 \tag{10－1}$$

式中，m_d——履带的单位长度质量；

v——车辆行驶速度。

离心力产生的张力与履带环全长上的预张力相加。采用弹性履带的行驶部分，在离心的作用下使履带变长，在诱导轮位置固定的情况下会使预张力变小，如下式所示：

$$F'_{yz} = F_{yz} - \frac{F_1}{(1 + K)} \tag{10-2}$$

式中，F_{yz}——履带的预张力；

$\qquad F'_{yz}$——装用弹性履带的车辆行驶时，履带的预张力；

$\qquad K$——说明履带挠度和行驶部分结构的系数，对于装用弹性履带的履带行驶装置来说，$K = 0.2 \sim 0.5$。

2. 非工作段和工作段的张力

预张力的变化与履带的形式无关，但与牵引力 F_q 有关。

履带环非工作段张力的恒定分量为

$$F_{fz} = F'_{yz} + F_1 - \frac{F_q}{(1 + L_s/L_j)} \tag{10-3}$$

将式（10-2）代入式（10-3）后变为

$$\begin{aligned}
F_{fz} &= F_{yz} - \frac{F_1}{(1 + K)} + F_1 - \frac{F_q}{(1 + L_s/L_j)} \\
&= F_{yz} - \frac{F_q}{(1 + L_s/L_j)} + F_1 - \frac{F_1}{(1 + K)} \\
&= F_{yz} - \frac{F_q}{(1 + L_s/L_j)} + F_1\left(\frac{K}{1 + K}\right) \\
&= F_{yz} - F_q A + F_1 B
\end{aligned} \tag{10-4}$$

式中，$A = \dfrac{1}{(1 + L_s/L_j)}$；

$\qquad B = \left(\dfrac{K}{1 + K}\right)$。

非工作段张力的恒定分量，对于刚性履带来说，$F_{yz} = F'_{yz}$；而对于弹性履带来说 F'_{yz}，则按式（10-2）求出。

履带环工作段的张力由非工作段的张力恒定分量和牵引力组成，如下式所示：

$$F_{gz} = F_{fz} + F_q$$

非工作段的张力和工作段的张力的分布如图 10-2（b）和图 10-2（c）所示，图示张力幅值大小的方向与张力本身的方向是相互垂直的。

当 $F_{fz} \approx 0$ 时，最可能出现履带脱落或履带啮合不良的现象。首先是在最大的牵引力（F_{qmax}）作用时，可能出现这种履带松弛的现象。假定此时的行驶速度不高，并假设式（c）中 $F_1 \approx 0$，即可得到求预张力的条件方程：

$$F_{yz} \geq \frac{F_{qmax}}{(1 + L_s/L_j)}$$

在主动轮后置的条件下，比值 $L_s/L_j = 7 \sim 12$，所以 $F_{yz} \geq 0.08 \sim 0.12$。在主动轮前置的条件下，比值 $L_s/L_j = 0.08 \sim 0.14$，相应地要求较大的预张力 $F_{yz} \approx 0.9 F_{qmax}$。

履带环较大的张力恒定分量会导致行驶部分较大的功率损失，所以在没有履带自动张紧机构的情况下，对于军用履带式车辆最可能的使用工况来说，通常根据张力来确定预张力，必要时将该值提高到能消除履带脱落现象和不破坏啮合为止。

行驶部分采用刚性履带时，履带的预张力不超过 8kN。对于装用弹性履带的，按其质量确定，对于轻型车辆来说，预张力达到 20kN；而对于其质量为中型和重型军用履带式车辆来说，预张力在 30kN 或 30kN 以上。要减小预张力，通常同时采取预防履带脱落的专门措施，例如：采用具有大静行程的悬挂装置；安装专门的补偿机构或履带自动张紧机构。

计算张力的可变分量有一定难度，它们的影响一般是在确定强度储备系数时加以考虑。

10.2.3　金属铸造履带板结构设计

1. 材料选择

用高锰钢（ZGMn13）铸造的履带板，其优点是韧性较高，能承受冲击负荷，有裂纹时不易产生脆性断裂，且有一定的耐磨性；缺点是淬火后其屈服极限较低，极易产生永久变形，此时强度较低。在一定冲击或压力作用下，表层由于金属变形造成加工硬化，硬度可达 HB400 左右，使其具有较高的耐冲击及耐磨损的能力；但它在颗粒磨损条件下由于表层未得到加工硬化，因而耐磨性极低。故高锰钢履带板只有行驶在崎岖不平的硬石路面才显出耐磨性的优越性，如长期行驶在软质砂土或土路上则其耐磨性并不显著。高锰钢有加工硬化的特点，故机械加工较为困难。此外，它的铸造工艺性也较差。在实际中使用高锰钢履带板，由于强度不够高，耐磨性不能充分发挥，极易产生变形、裂纹、过度磨损及断裂损坏，其使用寿命仅为 2 000 ~ 3 000 km，不能满足使用要求。

曾经试用过低合金高强度钢，如 30SiMnMo V、28SiMnTi 等，铸造后的履带板要经过正火、淬火和低温回火，这样履带板具有较高的强度和耐磨性，其寿命可达 6 000 km；缺点是韧性较差。

俄罗斯军用履带式车辆的履带多用 110Г13Л（Г13Л，Г13ФЛ）钢铸造履带板，而模锻的履带板上焊有 20CrMnSiNiMoA 钢的齿。双销式橡胶金属链的履带板用 38CrSi 钢模锻并随后等温淬火，以保证其硬度达到 HB341 ~ 441。多数履带的履带销用 38CrSi 钢制造。T - 64 和 T - 80 坦克的双销式橡胶金属链的履带销用 30CrMnSiNiA 钢制造，硬度为 HB415 ~ 514。双销式橡胶金属链履带的连接件也用 38CrSi 钢制造。

2. 基本结构

在履带和主动轮设计中，已确定了履带板的宽度、节距、啮合孔数以及啮合方式等。履带板的基本结构包括板体、啮合孔、诱导齿、销耳、连接肋和着地肋等。图 9 - 3 所示为 T - 54A 坦克金属履带板的结构。

履带板的各部分通过板体连成一体，滚道面即为板体的一个平面，板体应有合适的厚度，可按刚度、强度要求和材料的铸造流动性来确定。坦克履带式车辆履带板体厚度和车辆的质量有关，轻型车辆的厚度为 6 ~ 7 mm，中型车辆为 7 mm，重型车辆为 7 ~ 8 mm。例如，履带式输送车为 7 mm，T - 54A 坦克为 7 mm。

3. 金属铰链设计计算

1）履带的最大牵引力

金属铰链的设计应以履带受到的最大拉力为依据。履带最大的拉力由最大的牵引力确定，最大牵引力受附着力限制，可由下式求出：

$$F_{qmax} = 0.65mg\varphi$$

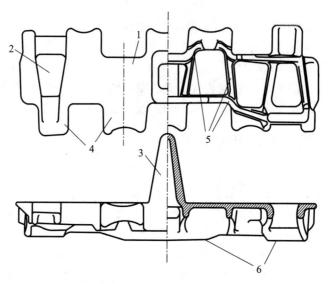

图 10－3 T－54A 坦克金属履带板的结构

1—板体；2—啮合孔；3—诱导齿；4—销耳；5—连接肋；6—着地肋

式中，m——战斗全质量，kg；

$\quad g$——重力加速度，m/s^2；

$\quad \varphi$——履带对地面的附着系数，通常取 $\varphi = 0.8 \sim 1.0$。

在进行车辆的总体布置时，根据保证对地面的单位平均压力 p_p 的要求，需确定重新设计的履带的宽度 b_1；确定了主动轮的直径后，选定履带的节距 t_1，履带节距应与主动轮的节距相一致；最后，确定履带铰链的尺寸。

2）金属铰链

金属铰链履带的计算简图如图 10－4 所示。

金属铰链（履带销）的直径由保证铰链的抗磨性为原则来确定。根据铰链的抗磨性计算销耳内的平均压力值 p_p：

$$p_p = \frac{2F_{qmax}}{d_p b_1} \qquad (10-5)$$

式中，b_1——履带板的宽度（图 10－4）；

$\quad d_p$——履带销直径。

用履带销耳内许用的压力 $[p_p]$，由式（10－5）可以求出履带销的直径：

$$d_p = \frac{2F_{qmax}}{b_1 [p_p]}$$

现有金属铰链履带的结构中，p_p 值不超过 38 MPa。对于高速履带式车辆的履带，销耳内的许用压力值可以在 30～35 MPa 范围选取内。

履带板被包容一边的销耳的最小数量 n_p，由保证履带销的抗剪强度为原则来确定。由履带销的横截面积求出抗剪强度：

$$\tau_c = \frac{K F_{qmax}}{2 n_p A_p} \qquad (10-6)$$

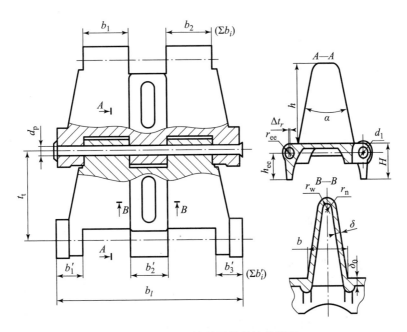

图 10 - 4　金属铰链履带的计算简图

式中，K——考虑履带销复杂应力状态的系数，$K = 4/3$；

A_p——履带销的横截面面积，对于圆截面的履带销，$A_p = \pi d_p^2/4$。

用许用剪切强度 $[\tau_c]$ 由式（10 - 6）求出 n_p：

$$n_p = \frac{2KF_{qmax}}{\pi d_p^2} [\tau_c]$$

对于金属铰链的履带，$[\tau_c] \leqslant 70\text{MPa}$。

为了保证履带销耳与履带销两者的强度相等和磨损均匀，相连接的两块履带板的销耳总长度应尽量相等，即

$$\sum b_i = \sum b_i' = 0.5 b_l$$

式中，b_i，b_i'——被包容一边和包容一边的销耳的长度（图 10 - 4）。

为了保证滑动配合，销耳的内径 d_1 稍大于履带销的直径 d_p，通常 $d_1 = d_p + 0.5 \text{ mm}$。履带板孔经过挤光加以强化和定径。为了提高履带销的强度和铰链的抗磨性，对履带销进行淬火处理，并在某些情况下进行表面强化（渗硼）。

根据销耳的许用断裂应力 $[\sigma]_d$，求出销耳的外半径 r_{ee}：

$$\sigma_d = \frac{F_{qmax}}{2(r_{ee} - 0.5 d_p) \sum b_i} \qquad (10 - 7)$$

由此得销耳的外半径

$$r_{ee} = 0.5 d_p + \frac{F_{qmax}}{2 \sum b_i [\sigma]_d}$$

在现有的金属铰链的履带结构中，$[\sigma]_d < 50 \text{ MPa}$。在选择销耳的厚度时，必须考虑到，为了使铸造履带板具有较高的铸造质量，销耳的厚度应不小于 6 ~ 7 mm。另外，给金属铰

链的履带板销耳的外尺寸在张力作用的方向上增加一个许可磨损值。在保持啮合能力的情况下，铰链的许可磨损量为 $\Delta t \approx 0.08t_L$（t_L履带板节距）。

通常，在设计说明书内，按照车辆的使用条件，给出一条新履带的履带板数量和一条磨损后的履带板的最少数量。销耳的磨损量 Δt_{ee} 和销的磨损量 Δt_p 之比为 $\Delta t_{ee}/\Delta t_p = 1.3 \sim 1.6$。

4. 履带板的肋、履齿和诱导齿的尺寸

履带板体的厚度主要与取得毛坯的方法有关。履带板的肋、履齿和诱导齿如图 10 - 4 所示。

加强肋的厚度 δ_p 不大，$\delta_p = (1.2 \sim 1.4)\delta_o$，$\delta_o$ 为履带板体厚度。铸造斜度的圆角半径按有关规定选取。模锻履带板体的厚度为 4～5 mm。模锻履带板的销耳边缘有宽 8～12 mm 的加强凸缘，其厚度比销耳的壁厚大 1～2 mm。

履齿（防滑肋）的高度，建议从铰链轴心线算起取 1/3 履带节距，过大会增加地面的变形阻力，过小会降低履带对地面的附着性能。由于受工艺上的限制，模锻履带板履齿凸出部分的高度一般不超过 15 mm，所以不是总能保证这种履带板所要求的履齿高度，特别是对金属铰链的履带更是如此。基底（接地面）处履齿的厚度为 8～10 mm，它们的长度选择条件是：当负重轮的静载荷作用于履带板时，保证与地面的接触区内的单位平均压力为 5～9 MPa。

在负重轮有外部减振器的条件下，履带板诱导齿的高度是负重轮橡胶圈厚度的 2.0～2.5 倍；当负重轮带有金属轮缘时，履带板诱导齿的高度 h_{tn}（离滚道表面的高度）应不小于 60～85 mm。履带板基底处履带板齿的长度尽量沿着履带板基底的整个宽度。履带板诱导齿在纵向平面内的倾斜角应保证在履带弯曲角达到最大值时，相邻诱导齿不会发生干涉。铸造履带板齿厚度为 6^{+1} mm，其侧面的倾斜角为 2°（单面齿）和 5°～8°（空心齿）。空心诱导齿基底处的宽度为

$$b_{tn} \approx 2(h_{tn} - r_{tn,e}) \cdot \tan\alpha_{tn} + r_{tn,e}$$

式中，h_{tn}——诱导齿齿高；

$r_{tn,e}$——诱导齿齿顶圈角的外半径，$r_{tn,e} = \delta_{tn} + r_{tn,i}$，其中 δ_{tn} 为诱导齿齿的壁厚，$r_{tn,i}$ 为诱导齿齿顶圆角的内半径，按有关资料，$r_{tn,i} = 0.5\delta_{tn}$；

α_{tn}——诱导齿齿侧倾斜角。

为了给出双销式橡胶金属铰链履带的模锻履带板中央诱导齿基体的宽度，建议用综合关系式：

$$b_{tn} = 20 + 0.5m + 2(\text{mm})$$

式中，m——坦克质量（以吨为单位）。

这种诱导齿的齿侧倾斜角为 0°～7°。

根据双销式橡胶金属铰链履带的中间连接的固定方法，可将齿设计成实心的、叉形的或 U 形的。

行动部分用单排负重轮时，履带板上用两侧单向诱导齿。

10.2.4 挂胶履带板设计

挂胶履带的基本板体、材料和金属铸造履带板是一样的，不再重复。

1. 橡胶金属铰链基本结构

1）单销式橡胶金属铰链

单销式橡胶金属铰链的计算简图如图 10 – 5 所示。

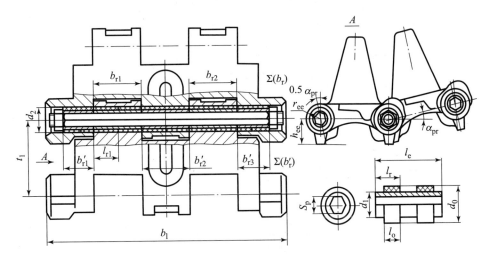

图 10 – 5　单销式橡胶金属履带的计算简图

连接履带板的销耳在铰链（销）的纵向上连续排列。为了保证单销式橡胶金属铰链履带的可分解性，常常将铰链设计成由橡胶金属衬套和连接销构成的一个组件。衬套的内孔和销做成一定形状（通常是六角形的），以防止它们相互间转动。用螺帽在轴向上将橡胶金属衬套压紧，以消除它们之间的端面间隙，防止磨料进入衬套和销之间的间隙内，并且将销子做轴向定位。

2）双销式橡胶金属铰链

双销式橡胶金属铰链（图 10 – 6）相邻履带板的销耳与履带销相互间平行布置，用端连器体和连接片连接，端连器体和连接片本身借助楔体夹板或锥体螺栓连接固定在履带销上，如图 10 – 7 所示。

在橡胶金属铰链内，橡胶圈被黏结在销或金属衬套上，并且被一起压入履带销耳内，其压紧度要求达到橡胶圈在销耳内即使有足够大的摩擦力也不能转动的程度。组装好的铰链上，橡胶应填满销耳的全部空间。

橡胶金属铰链履带的使用期首先取决于橡胶金属铰链的寿命。铰链的橡胶圈不仅承受压装时的径向压缩，还承受着大小不断变化着的作用于履带的张力的单向压缩。此外，当一块履带板相对于另一块履带板转动时，将使橡胶圈产生扭转，并且在它们的同心层又受到方向变化的剪切应力 τ 的作用。在这样复杂力的作用下，橡胶疲劳会破坏橡胶金属铰链。一般来说，橡胶疲劳破坏的发展过程是：先从橡胶圈的内部有张力作用的一面开始，它与作用应力的大小、频率、振幅和它们的符号变化以及温度有关。

2. 对履带选型和设计铰链的要求

1）力求减小各种应力

在选择履带的形式和设计铰链时，首先力求减小各种应力。例如，单销式橡胶金属铰链由于履带销是可活动的，所以橡胶圈的扭角可减小约 50%，相应的剪切应力 τ 也就减小。

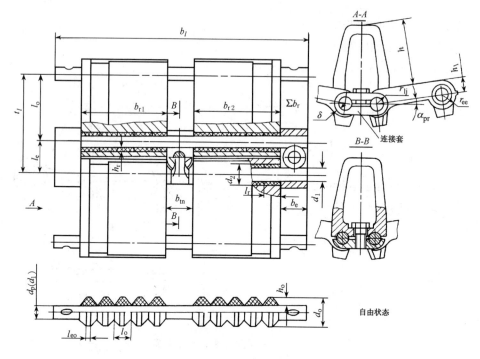

图 10 - 6　双销式橡胶金属履带

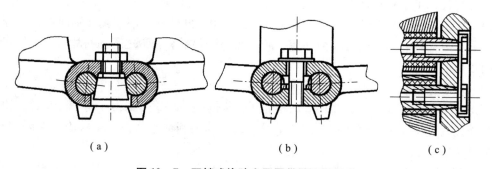

图 10 - 7　双销式橡胶金属履带销连接形式
（a）楔体夹板连接；（b）夹板连接；（c）锥体螺栓连接

同时，这种形式铰链的履带内，传递张力的橡胶衬套的总长度比履带板的宽度小 50%，即 $\sum b_r < 0.5 b_l$（图 10 - 5），所以它们具有比较高的应力。对于双销式铰链的履带来说，传递张力的橡胶衬套的宽度要大得多，这可以减小法向应力值，或者相应地在履带宽度相等的条件下可以传递较大的牵引力。双销式橡胶金属铰链履带，当它弯曲时其橡胶衬套内的剪切应力要比单销式的大得多。

2）铰链应具有较高的纵向刚度、扭转刚度和较小的角刚度

在设计橡胶金属铰链履带时，除了限制橡胶件的最大应力之外，还必须要求它具有较高的纵向和扭转刚度，并且尽可能使铰链具有较小的角刚度。在张力的作用下，履带的节距变大。履带的节距越大，橡胶衬套的刚度就越小，它们的总长度也就越小。由于单销式橡胶金属铰链履带橡胶衬套的总长度比较短，所以它们的纵向刚度也比双销式橡胶金属铰链履带

的小。

履带的扭转刚度说明履带的纵向抗扭转强度特性。通常从整条履带来看，首先是考虑负重轮下面的那一段履带的稳定性。由于橡胶金属铰链履带的扭转刚度较低，所以会出现较大的扭曲。

对于橡胶金属铰链的履带来说，不希望增大角刚度，因为这样会增加履带推进装置的功率损失。双销式橡胶金属铰链履带由于其橡胶衬套的总长度大，所以它的角刚度比单销式铰链履带的高。

橡胶金属铰链张紧和扭转时的弹性特性在很大程度上与温度有关。车辆行驶时，铰链内的橡胶发热，伴随而来的是各层橡胶的热滞摩擦。试验表明，通常情况下这种发热的温度不高（10～15 ℃）。如果发热温度不超过 80℃，那么仍能保持铰链的寿命。低温对橡胶金属铰链的工作影响特别大。随着温度的下降，橡胶的弹性模量变大，相应地会增加铰链的纵向刚度和角刚度。此时，如果从履带节距的稳定性观点看，增加履带的纵向刚度是有利的，而增加角刚度却会增加推进装置的功率损失。当气温极低时，铰链的刚度可能增长到为了使履带板做相对转动而非将橡胶圈损坏不可的地步。

3. 橡胶金属铰链设计计算

根据在履带的使用和在专门的试验研究中取得的近似式和比较数据，计算橡胶金属铰链履带的强度和使用寿命。在计算中型和重型军用履带式车辆用橡胶金属铰链的各元件的尺寸时，必须遵守有关标准和规定。

1）橡胶衬套内的挤压应力

在橡胶衬套内由于张力而产生的挤压应力为

$$\sigma_{\mathrm{j}} = \frac{K_{\mathrm{r}} F_{\mathrm{qmax}}}{d_1 \sum b_{\mathrm{r}}} \tag{10-8}$$

式中，K_{r}——当履带销弯曲时橡胶衬套挤压力的不均匀系数，对于单销式橡胶金属铰链 K_{r} = 1.1～1.3，对于双销式 K_{r} = 1.5～2.0；

　　d_1——橡胶衬套的内径；

　　$\sum b_{\mathrm{r}}$——每侧履带板橡胶衬套的总长度（图 10-5 和图 10-6），在设计单销式橡胶金属铰链的履带时可以取 $\sum b_{\mathrm{r}}$ =（0.47～0.48）b_1，在设计双销式橡胶金属铰链履时取 $\sum b_{\mathrm{r}}$ =（0.6～0.7）b_1。

在现有的橡胶金属铰链履带的结构中，橡胶衬套内由于张力而产生的附加挤压应力为 $\sigma_{\mathrm{j}} \leqslant 40$ MPa。

2）橡胶衬套的内径

根据式（10-9）进行设计计算，得到橡胶衬套的内径：

$$d_1 = \frac{K_{\mathrm{r}} F_{\mathrm{qmax}}}{\sum b_{\mathrm{r}} [\sigma]_{\mathrm{j}}} \tag{10-9}$$

式中，$[\sigma]_{\mathrm{j}}$——履带内由于张力而产生的橡胶挤压应力许用值。

单销式橡胶金属铰链衬套的内径 d_1 相应于金属衬套的外径，为了便于组装，可采用由橡胶金属衬套和一定形状的销组成的铰链。俄罗斯的重型和中型军用履带式车辆的单销式橡胶金属铰链履带的履带销是六角形的，金属衬套用外径为 30 mm 的钢管制造，衬套有六角形内孔，对角线 $S = 22$ mm。

轻型车辆的单销式橡胶金属铰链采用挂胶的圆截面履带销，与双销式橡胶金属铰链的履带销相同。在这种情况下，直径 d_1 相当于销的外径。

3）橡胶衬套压装后的外径

按照许用的剪切应力值 $[\tau]$ 求出橡胶衬套在挤压状态下的厚度，并相应地求出销耳的内径 d_2。计算橡胶衬套在扭转时的变形简图，如图 10－8 所示。

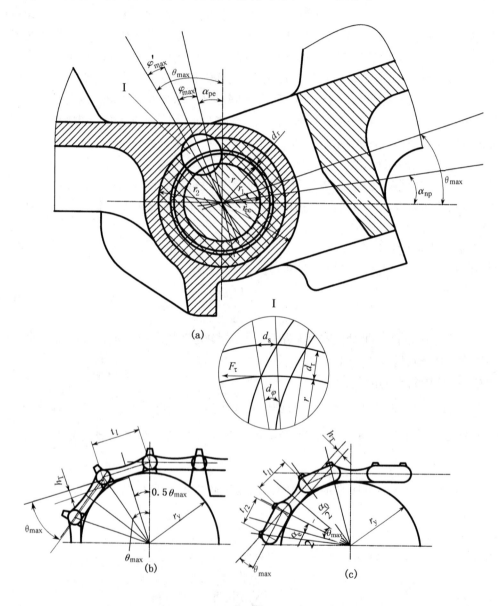

图 10－8　橡胶金属铰链的计算简图

（a）铰链简图；（b）单销式铰链的履带板转角计算简图；（c）双销式铰链的履带板转角计算简图

履带销的外径为 d_1（外半径 r_1），销耳的外半径为 r_{ee}，销耳的内径为 d_2（内半径 r_2），挤压状态下橡胶衬套的厚度为 $r_2 - r_1$。

为了得到所需要的剪切应力关系式，作如下假设：

（1）扭转时橡胶的同心层保持自身的圆柱形，而它们的母线平行地位移；

（2）截面之间的距离不变；

（3）每个截面内的抗剪阻力矩相等，并且等于外部所加的使履带弯曲的力矩。

在任一半径 r 上的抗剪阻力矩为

$$T = F_\tau r$$

式中，F_τ——切向力。

对于半径为 r 的选定的同心截面的剪切应力为

$$\tau = \frac{F_\tau}{A} = \frac{T}{2\pi r^2 \sum b_r} \qquad (10-10)$$

式中，A——半径为 r 的圆柱表面的总面积，$A = 2\pi r \sum b_r$。

当橡胶圈内表面 $r_{min} = r_1$ 时，最大剪切应力为

$$\tau_{max} = \frac{T}{2\pi r_1^2 \sum b_r} \qquad (10-11)$$

为了求出与橡胶扭转角有关的力矩值，写出剪切应力的虎克定律公式：

$$\tau = G\frac{\mathrm{d}s}{\mathrm{d}r}$$

使这一公式与上面取得 τ 的式（10-9）相等，并用 $\mathrm{d}s = r\mathrm{d}\varphi$ 代入，可得

$$\mathrm{d}\varphi = \frac{T}{2\pi \sum b_r G}\frac{1}{r^3}\mathrm{d}r$$

相应于阻力矩值 T 的橡胶扭转角为

$$\varphi_r = \int_0^{\varphi_r}\mathrm{d}\varphi = \frac{-T}{2\pi \sum b_r G}\int_{r_1}^{r_2}\frac{1}{r^3}\mathrm{d}r$$

或

$$\varphi_r = \frac{T}{4\pi \sum b_r G}\frac{r_2^2 - r_1^2}{r_1^2 r_2^2}$$

与橡胶扭转角有关的阻力矩为

或

$$\begin{cases} T = \dfrac{4\pi \sum b_r G r_1^2 r_2^2}{r_2^2 - r_1^2}\varphi_r \\ T = C_r \sum b_r \varphi_r \end{cases} \qquad (10-12)$$

式中，C_r——扭转时铰链的相对刚度：

$$C_r = \frac{T}{\varphi_r \sum b_r} = \frac{4\pi G r_1^2 r_2^2}{r_2^2 - r_1^2}$$

双销式橡胶金属铰链履带的相对角刚度为 $C_\varphi = C_r$，而单销式的为 $C_\varphi \approx 0.5 C_r$。

将力矩公式（10-12）代入式（10-11），可以求出与铰链尺寸和扭转角有关的最大剪切应力：

$$\tau_{\max} = \frac{2Gd_2^2}{d_2^2 - d_1^2}\varphi_{r,\max} \tag{10-13}$$

剪切弹性模数 G 取决于橡胶的品种以及压装时的压缩程度和工作温度。初步计算时，建议取 $G = 0.8 \sim 1.0\text{MPa}$。

考虑到扭转初始角 α_{pr} 和铰链形式的情况下，按履带的最大弯曲值 $\theta_{\max}$ 来求橡胶的最大扭转角。

单销式橡胶金属铰链履带的最大扭转角为

$$\varphi_{r,\max} = \frac{\theta_{\max} - \alpha_{pr}}{2}$$

双销式橡胶金属铰链履带的最大扭转角为

$$\varphi_{r,\max} = \theta_{\max} - \alpha_{pr}$$

根据履带卷绕在半径最小的轮子上的简图［图 10-8（b）和图 10-8（c）］，求出 $\theta_{\max}$。

在诱导轮尺寸最小的情况下，单销式橡胶金属铰链履带的 $\theta_{\max}$ 为

$$\theta_{\max} = 2\arctan\frac{t_1}{2(r_y + h_T)}$$

双销式橡胶金属铰链履带的 $\theta_{\max}$ 为

$$\theta_{\max} = \arctan\frac{t_{l1}}{2(r_y + h_T)} + \arctan\frac{t_{l2}}{2(r_y + h_T)}$$

式中，t_{l1}，t_{l2}——履带板静节距和连接套的节距。

对于主动轮来说，单销式橡胶金属铰链履带的 $\theta_{\max}$ 为

$$\theta_{\max} = \alpha$$

式中，α——主动轮齿的圆心角。

双销式橡胶金属铰链履带的 $\theta_{\max}$ 为

$$\theta_{\max} = \arcsin\frac{t_{l1}}{d_o} + \arcsin\frac{t_{l2}}{d_o}$$

式中，d_o——主动轮节圆直径。

为了保证剪切应力 τ 具有对称的符号变化周期，建议给定 $\alpha_{pr} \approx 0.5\theta_{\max}$。现有的橡胶金属铰链履带结构的 $\tau_{\max}$ 值不超过 $0.3 \sim 0.45\text{ MPa}$。

求出橡胶最大扭转角 $\varphi_{r,\max}$ 和给出剪切应力许用值 $[\tau_{\max}]$ 且已知 d_1 后，用式（10-13）求出橡胶衬套压装后的外径 d_2（它也是销耳的内径）。

中型和重型军用履带式车辆的橡胶金属履带橡胶圈压缩状态下的厚度 h_r（图 10-6）建议取 4 mm，由此即可由式 $d_2 = d_1 + 2h_r$ 求得橡胶衬套压装后的外径（销耳的内径），再按式（10-13）验算 $\tau_{\max}$ 值。

4）橡胶衬套自由状态的尺寸

根据所要求的橡胶圈压紧程度，选取橡胶圈在自由状态下的外径等尺寸参数，如图 10-6 所示。用压紧前的橡胶圈厚度 h_0 与压紧后的厚度 h_r 之比，求出所要求的橡胶圈压紧程度 $K_h = h_0/h_r$。对于直角橡胶圈，$K_h = 1.6 \sim 1.7$；对于梯形橡胶圈，$K_h = 1.7 \sim 1.9$。此时，自由状态下的橡胶圈外径为

$$d_0 = d_1 + 2K_h h_r$$

在现有的橡胶金属铰链的履带结构中，直角橡胶圈或梯形橡胶圈在压紧状态下的宽度为 $28 \sim 44.5$ mm。根据这一范围给出橡胶圈在压缩状态下的宽度 l_r，可以求出一侧履带板销耳内的橡胶圈的数量 n_r，即

$$n_r = \frac{\sum b_r}{l_r}$$

将 n_r 取整后，便可确定橡胶衬套的总宽度。此时，应注意到中间连接的双销式橡胶金属铰链履带的 n_r 值应该是偶数。在选择单销式橡胶金属铰链履带的履带板销耳的长度和数量时，必须力求减少橡胶金属衬套的规格数量，并保证便于将它们压装到中间的销耳内。

橡胶圈在自由状态下底面的长度 l_0 按照填满销耳空间的程度求出，直角橡胶圈在自由状态下的长度为

$$l_o = K_v l_r \frac{d_2^2 - d_1^2}{d_0^2 - d_1^2}$$

式中，$K_v = V_1/V_0$；

　　V_1 ——销耳内的间隙量；

　　V_0 ——橡胶圈的总体积。

对于单销式橡胶金属铰链履带的直角形橡胶圈，$K_v = 1.03 \sim 1.05$；对双销式橡胶金属铰链履带的直角形橡胶圈，$K_v = 1.1 \sim 1.2$。梯形橡胶圈 $K_v = 0.95$。

梯形橡胶圈的下底长度通常规定为 $l_o = l_r$，上底长度可用下式求出：

$$l_{eo} = l_r \left(2K_v \frac{d_2^2 - d_1^2}{d_0^2 - d_1^2} - 1 \right)$$

5）销耳的厚度和外径

销耳的厚度 δ 和外半径 r_{ee}，由保证抗断强度的条件来求出（图 10 - 6）：

$$\delta = r_{ee} - d_2/2 = \frac{F_{qmax}}{2 \sum b_r [\sigma_d]}$$

在计算没有像金属铰链履带的那种磨损的橡胶金属铰链履带的履带板销耳时，允许有较大的应力值 σ_d。不必计算橡胶衬套的压缩应力，其许用应力 $[\sigma_y] \leq 100$ MPa，所取得的销耳厚度值必须与制造履带板的工艺要求一致。

按许用剪切应力计算橡胶金属铰链履带销的强度，该许用剪切应力与计算金属铰链履带的剪切应力时一样，用式（10 - 10）求出。对于没有摩料磨损的橡胶金属铰链的履带销，取许用应力 $[\tau_c] \leq 150$ MPa。当强度储备大时，橡胶金属铰链的履带销可以制成空心的。

4. 橡胶衬套压入销耳过盈量的确定

履带卷绕时，橡胶衬套内、外层产生一个相对转角，衬套承受转矩。此外，车辆转向时，衬套还承受一定的轴向力，为此在保证衬套内表面与钢套管（或履带销）有足够黏结强度的同时，还应保证衬套压入销耳孔有合适的过盈量，使衬套外表面和相配合表面间具有一定的摩擦阻力矩和摩擦阻力，以防止在转矩和轴向力的作用下，径向产生相对滑转和轴向产生相对滑移。一旦衬套相对销耳产生滑转或滑移，则衬套销耳内孔摩擦发热，衬套会很快损坏。

橡胶衬套压入销耳内孔的过盈量如图 10 - 9 所示，假设压入前自由状态衬套外径为 d_0，

内径为 d_1，销耳内径为 d_2，则衬套壁厚为 $(d_0 - d_1)/2$，径向绝对过盈量为 $\delta' = \dfrac{d_0 - d_2}{2}$。相对过盈量即半径方向绝对过盈量与压缩前衬套壁厚的比值：

$$\delta = \frac{(d_0 - d_2)/2}{(d_0 - d_1)/2} = \frac{d_0 - d_2}{d_0 - d_1}$$

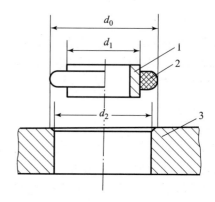

图 10 – 9　橡胶衬套压入销耳内孔过盈量的确定
1—履带销；2—橡胶衬套；3—销耳

当 δ 较小时，衬套压入较容易，但工作时衬套外表面与销耳内孔间可能产生滑转和滑移，甚至在压入过程中就将衬套压坏。

相对过盈量的大小决定衬套预压缩应力的大小。为降低预压缩应力以提高使用寿命，δ 值在保证上述要求（工作时不滑转、滑移）的条件下应取下限值。

过盈量不仅和结构尺寸参数有关，而且和橡胶材料的物理力学性能有关。因此合适的过盈量应通过计算特别是应通过试验来确定。M113、M41A3 及"豹"2 坦克的 δ 值分别为 24%、27.5% 和 33%。

5. 橡胶衬套预扭角的确定

两块履带板装配后在自由状态下，按工作时的卷绕方向扭转成一定角度，该角即为装配预扭角 θ_1，如图 10 – 10 所示。其作用是减少履带板卷绕时胶套的扭角和剪应力，减少循环疲劳载荷以延长胶套寿命，同时还可以减少胶套变形时消耗的能量，以提高车辆行驶系的效率。

双销式履带在齿圈上卷绕的简图如图 10 – 10 所示，齿圈反时针旋转时，1、2、3 分别为链销 A 的拉直、自由和绕紧位置。在自由位置时，预扭角为 θ_1，此时链销 B 处胶套扭角为 0；牵引力将履带拉直时，胶套反向扭角为 $-\theta_1$，链销 B 处胶套在进入啮合过程，扭角为 $-\theta_1 \rightarrow 0 \rightarrow \theta - \theta_1$。

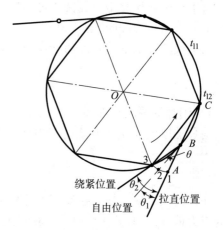

图 10 – 10　双销式履带在齿圈上卷绕的简图

虽然由 1 至 3 链销 B 处胶套向正、反两方向的相对扭角不变，但扭角的绝对值却减少了，$|-\theta_1| < \theta$。如不采用预扭角，则链销 A 在位置 1 为自由位置，链销 B 处胶套的扭角为 $0 \rightarrow \theta$，显然增大了扭角的绝对值。

如上所述，增大预扭角对履带卷绕时减小胶套的扭角有利，但预扭角会使坦克停放时履带着地区段胶套产生静置扭角 $-\theta_1$。由于静置时胶套不承受履带的牵引力，因此主要应考虑减少胶套卷绕时的剪应力。若装配预扭角等于胶套工作时转角的 $1/2$，则胶套扭角的绝对值为最小。

现分析单销式履带板在主动轮上卷绕时胶套相对于销耳的转角，先假设相邻履带板安装时没有预扭角，且忽略履带的悬垂量，当齿圈转过一个齿间角 θ 时（图 10 – 11），链销 B 处胶套的相对转角等于齿间角 $\theta(\theta = 2\pi/Z_z)$。

单销其相邻履带板连接销耳处都有胶套，当两侧胶套扭转刚性相同时，每侧胶套相对销耳孔的转角为 $\theta/2 = \pi/Z_z$，预扭角应取为可能转角的 1/2，即应取为 $\dfrac{\theta}{4} = \dfrac{\pi}{2Z_z}$。如 $Z = 13$，$\theta = 360°/13 = 27.7°$，则预扭角可取为 $7°$。

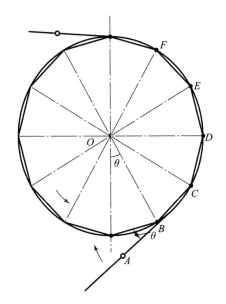

图 10-11　不采用预扭角时橡胶衬套的转角

双销式履带板两个胶套的实际转角不等，$\theta_2 > \theta_1$ 且 $\theta = \theta_1 + \theta_2$，这是由于双销式履带板具有两个不等的节距。因 θ_1 与 θ_2 相差不大，故可以取预扭角等于 $\theta/4$，即 $\dfrac{\pi}{2Z_z}$。

由上述可见，对于单销式和双销式履带，其预扭角均可取为 $\dfrac{\pi}{2Z_z}$（即齿间角的 1/4）。表 10-1 列出了几种履带板装配预扭角及胶套的验算数据和实际转角。

表 10-1　几种履带板装配预扭角及胶套的验算数据和实际转角

履带板型号	所用车辆	类型	主动轮齿数	齿间角 $2\pi/Z_z$	无预扭时胶套转角	装配预扭角	胶套实际转角
T97E2	M48A3	双销式	11	32.7°	16.35°	7°	+9.35° −7°
T84E1	M46	双销式	13	27.7°	13.85°	8°	+5.85° −8°
T91E2	M41A2	单销式	12	30°	15°	7.5°	±7.5°
T84E1	M4A3E8	双销式	13	27.7°	13.85°	8	+5.85° −8°
	M113	双销式	10	36°	18°	8°~9°	+（9°~10°） −（8°~9°）

10.3 主 动 轮

10.3.1 功用、类型与要求

主动轮由齿圈、轮毂、轮盘和导向盘等元件组成，如图 10－12 所示。

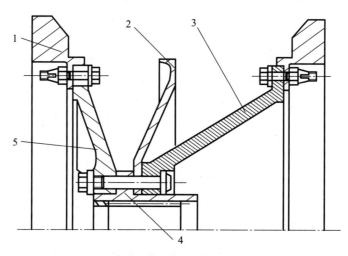

图 10－12 主动轮的组成
1—齿圈；2—导向盘；3，5—轮盘；4—轮毂

主动轮的功用：在驱动工况时，驱动履带将由发动机经传动装置传到主动轮上的驱动转矩转换成履带的拉力；在制动工况时，制动履带将制动器的制动转矩转换成履带的拉力。

主动轮与履带的啮合形式按主动轮与履带的啮合传递方式分为板齿啮合、齿啮合和板孔啮合三类，如图 10－13 所示；按主动轮与履带的啮合副，分为单销式啮合副和双销式啮合副，如图 10－14 和图 10－15 所示。

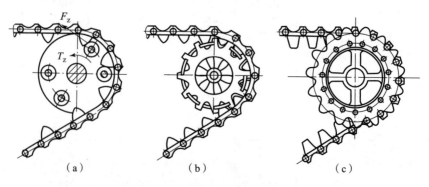

（a）　　　　　　　（b）　　　　　　　（c）

图 10－13 履带与主动轮的啮合形式
（a）板齿啮合；（b）齿啮合；（c）板孔啮合

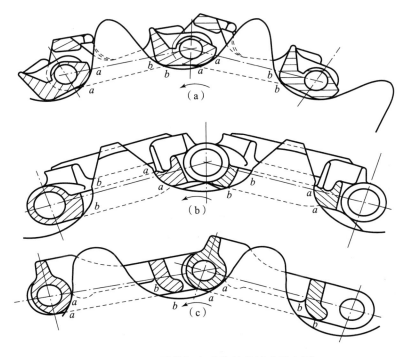

图 10 - 14　履带与主动轮的单销式啮合副

（a）T - 54A；（b）M113；（c）装甲输送车

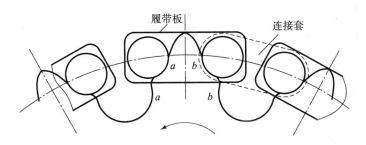

图 10 - 15　履带与主动轮的双销啮合副

对主动轮的基本要求：

（1）在推进装置的各种工况以及履带铰链和各种啮合件的不同磨损程度下，能够可靠、无冲击地传递牵引力和制动力。

（2）有较高的耐磨性，并且便于更换磨损元件（如齿圈）。

（3）使用寿命长。

（4）组装、分解简便。

（5）能够自清泥土。

（6）质量和尺寸较小。

10.3.2　主动轮的主要参数计算

一般在绘制履带推进装置简图时选取主动轮的直径。对于质量在 10 t 以上的履带式车辆，如果负重轮的动行程大，再加上在推进装置中有托带轮，那么主动轮轮齿的节圆直径 d_0 要在 $0.6 \sim 0.7$ m 范围内。已知履带节距 t_1 后，即可求出主动轮的齿数：

$$Z_z = \frac{\pi}{\arcsin(t_1/d_0)} \qquad (10-14)$$

在主动轮直径已选定的情况下，如果又给定履带的尺寸或履带节距 t_1，将 Z_z 值化整以后，便可以具体确定主动轮的节圆直径 d_0。

如果履带销露在外面，那么主动轮的宽度 b_z 通常等于履带的宽度；而当履带销在履带板的孔内时，主动轮的宽度 b_z 略小于履带宽度。用以下关系求出它的最小宽度：

$$b_Z \geqslant b_f + 2b_t + 2b_d$$

式中，b_f——负重轮宽度；

　　　b_t——主动轮齿宽；

　　　b_d——轮毂的支承面宽。

主动轮的齿宽与发动机最大功率 P_{emax} 有关：

$$b_t \geqslant \frac{K_t P_{emax}}{n_z}$$

式中，K_t——系数，该值为 $0.1 \sim 0.2$ mm/kW，与双销式橡胶金属铰链履带一起工作的主动轮的 K_t 值比较大；

　　　P_{emax}——发动机的最大功率；

　　　n_z——主动轮的齿圈数。

如果齿圈上有支承轮毂，那么它们的宽度对于单销式橡胶金属铰链履带，约等于 $1.4b_t$；对于双销式，大于 $0.3b_t$。

通常在计算侧传动输出轴时，求出主动轮轮毂的花键尺寸和它们在主动轮宽度上的位置。轮毂和轮盘的厚度取决于材料的强度和制造的方法。对于铸造件，例如加强肋的最小厚度，以及修圆半径和铸造斜度按照有关的规定。主动轮的内轮盘一般将侧传动箱包围，在外形上与侧传动箱一致。外轮盘上的开孔不应降低轮盘的强度。

计算主动轮的齿圈与轮盘的固定螺栓所受的力，如图 10-16 所示，其力矩的平衡方程如下：

$$F_{ch} \frac{d_0}{2} = F_{ly} \frac{d_{ly}}{2}$$

式中，F_{ch}——主动轮齿圈节圆（d_0）上一个齿所受的最大的切向力；

　　　d_0——齿圈节圆直径；

　　　F_{ly}——固定齿圈的螺栓圆周方向的切向力；

　　　d_{ly}——螺栓所在圆周的直径。

为了防止轮盘和齿圈的法兰盘连接平面滑动，两者之间需要有足够的摩擦力 F_m，该摩擦力需要由螺栓的拧紧力 F_{ln} 来保证，即

$$F_m = F_{ln} \mu n_1 \geqslant F_{ly}$$

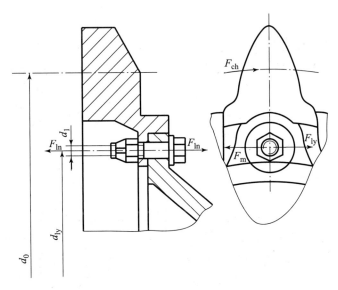

图 10 - 16　主动轮齿圈螺栓受力简图

或

$$F_{ln} \geqslant F_{ly}/\mu n_1$$

式中，μ ——摩擦系数，对于法兰盘的钢质表面，$\mu = 0.15 \sim 0.25$；

　　　　n_1 ——齿圈的固定螺栓数。

　　根据螺栓的抗断强度条件求出螺栓的直径：

$$d_1 = 1.13 \sqrt{F_{ln}/[\sigma]}$$

式中，$[\sigma]$ ——许用拉应力，$[\sigma] = (0.5 \sim 0.7) \sigma_s$（$\sigma_s$ 为螺栓材料屈服极限）。

10.3.3　履带与主动轮的啮合

1. 对主动轮与履带啮合形式的要求

　　通过正确选择啮合形式和建立啮合元件的相应工作面来保证在推进装置的各种工况下，主动轮能够将力可靠地传递给履带。同时必须考虑以下基本要求：

　　（1）啮合形式应保证各元件顺利地进入啮合和退出啮合。

　　（2）实现无冲击传递力。

　　（3）在载荷作用下啮合面的滑动最小并且在啮合处的应力也不大。

2. 各种啮合形式的特点

　　在 T - 34 和 T - 44 坦克上采用的是板齿啮合，如图 10 - 17（a）所示。现在已很少采用这种啮合方式，因为它有以下严重缺点：这种啮合方式的履带应有两种外形的履带板（带齿的和不带齿的）以及较大的节距；由于传递牵引力的啮合元件的数量少，所以履带铰链、履带板齿和主动轮滑轮的磨损较大。这种啮合方式中作用于履带板齿上的牵引力对铰链的轴线产生一种力矩，使履带板与主动轮轮缘分离，造成在履带板齿脱离啮合时产生冲击载荷。

　　在俄制履带式输送车 гт - с 和拖拉机 Kд - 35 上采用齿啮合 ［见图 10 - 13（b）］。这种啮合形式对于高速履带式车辆来说是不够完善的，因为在主动轮的齿槽内会填满泥土，功率

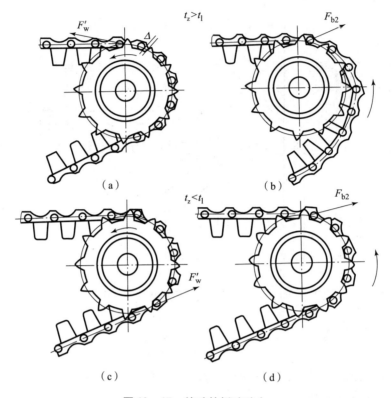

图 10 – 17　特殊的板孔啮合

（a）一条新的履带在牵引状态；（b）一条新的履带在制动状态；
（c）一条磨损的履带在牵引状态；（d）一条磨损的履带在制动状态

损失和磨损较大。与板齿啮合一样，作用于履带板齿上的牵引力对铰链轴产生一种力矩，使履带板脱离主动轮轮缘。

在现代履带式车辆上，履带与主动轮的基本啮合方式是板孔啮合 ［图 10 – 13（c）］。板孔啮合方式在履带的铰链平面内实现力的传递，这就从根本上保证了降低其工作的不均匀性和减小噪声。较小的履带啮合销尺寸可以使主动轮设计成齿距小而齿数多的主动轮，这也使啮合更加平稳并降低了各元件的磨损。按照履带节距 t_1 与主动轮齿距 t_z 的比值，板孔啮合分为特殊的和法向的两种啮合。

3. 特殊的板孔啮合

特殊板孔啮合的特点是主动轮的齿距稍大于一条新履带的节距 $t_z > t_1$。特殊的板孔啮合应用在许多履带式输送车上，其目的是在金属铰链磨损的情况下延长履带的使用寿命。为达此目的，主动轮的齿距稍大于一条新履带的节距 $t_z > t_1$。这种啮合（图 10 – 17）的工作特点是用主动轮齿圈的一个齿来传递牵引力。这样，伴随而来的是大的啮合应力和大的磨损。因为当 $t_z > t_1$ 时，将使一个齿处于脱离啮合状态（后一个齿处在包容弧线上），而随着铰链的磨损，履带节距逐步增大；当履带节距大于主动轮齿距（$t_z < t_1$）时，将使一个齿处于啮合状态。由于节距与齿距不相等（$t_z > t_1$），前、后的齿与相应的啮合销相距一个间隙 Δ（图 10 – 17），因而在进入下一次啮合时发生某种撞击。在制动状态，主动轮已停止转动，而履带却还在惯性力的作用下继续向前运动，其中的一个啮合销从包容弧线上第一个齿的背面带撞击地进入啮合，如图 10 - 17（b）所示。前面几块履带板的啮合销由于履带节距与主动轮齿距不相等而向齿顶滑移，其结果可能脱离啮合。

第二种情况，当 $t_z < t_1$ 时，随着履带铰链的磨损，啮合销向主动轮齿顶滑移的现象可能发生在牵引工况，如图 10 - 17（c）所示。当履带节距增大 10 ~ 15 mm 时，啮合完全被破坏，需要更换履带。

为了防止在制动工况时，$t_z > t_1$ 的情况下出现履带隆起现象，制造过一种双齿距的特殊啮合。它与一般的特殊啮合的区别是，在主动轮的齿槽内制有齿距等于节距 t_1 的特殊凹槽（图 10 - 18），当主动轮制动时，履带啮合销被顺利地带入凹槽内。应该指出的是，这种啮合形式的齿形不对称，不能实现为了延长齿圈的使用寿命而进行换位修理。

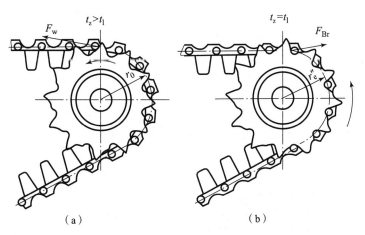

图 10 - 18　双齿距板孔啮合

（a）牵引工况；（b）制动工况

4. 法向板孔啮合

法向板孔啮合的特点是主动轮的齿距大体上等于履带的节距。橡胶金属铰链履带的特点是，它的节距变化不大，主动轮的节圆直径 d_0 的变化也不大。这实际上保证了啮合近于法向。正如所指出过的那样，金属铰链履带的销耳和销受到磨料磨损，使履带节距 t_1 扩大。随着履带节距的增大，履带板啮合销在向齿顶滑移时，在大直径上进入与主动轮齿的啮合。如果在这种情况下，凭借特殊的齿形，按铰链的磨损程度在大直径上保证分别实现 $t_z = t'_e$，$t_z = t''_e$ 等，则这种啮合叫作多齿距法向板孔啮合，如图 10 - 19 所示。

法向板孔啮合的优点是，不只用一个齿来传递牵引力，而是用在包容弧线上的几个齿来传递牵引力，这有助于减小啮合区的力。为了减小齿和啮合销接触区的磨损，重要的是不但要保证减小力，而且要保证它们在相互作用时无滑动。在进入啮合或退出啮合时销子不可避免地要沿齿面滑动。对于单销式铰链履带，力的传递可以有两种方法：推进法和牵引法。用推进法传递力时，主动轮的齿顺履带板移动方向作用在后面几个销耳的啮合销子上；用牵引法传递力时，主动轮的齿将力传递在前面几个销耳的啮合销子上。

对双销式橡胶金属铰链履带最常见的是通过端连器体实现力的传递，这种履带有压力差，所以能保证端连器体有较为稳定的啮合姿态。此外，应指出的是，采用与齿圈制成一体

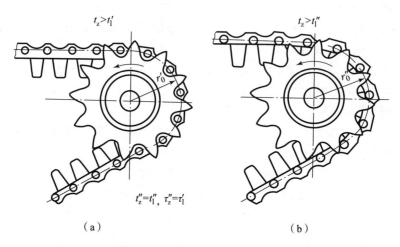

$t_z'' = t_1'$, $\tau_z'' = \tau_1$

（a）　　　　　　　　　　（b）

图 10 - 19　法向多齿距板孔啮合

（a）新履带；（b）已磨损的履带

的支承鼓，不但能降低主动轮齿上的载荷，而且相应地可提高啮合寿命 50% 以上。现在，双销式橡胶金属铰链履带采用双重啮合。所谓双重啮合，就是在支承鼓上制有不高的特形齿，它们与基本履带节销耳的外表面啮合，如图 10 - 20 所示。

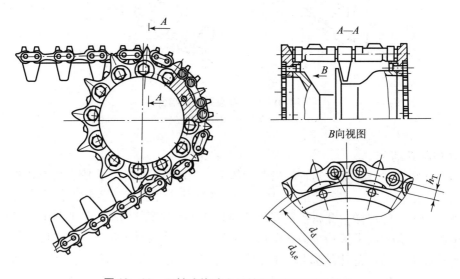

图 10 - 20　双销式橡胶金属铰链履带的双重啮合

10.3.4　单销式履带啮合副

所谓单销式啮合副，是指凡相邻两块履带板都由一根履带销连接起来的履带，这类履带与主动轮齿圈的啮合副称为单销式啮合副。例如 T - 54A 坦克、M113 装甲输送车、T - 72 坦克等都采用了单销式啮合副。目前多数吨位较小的军用履带式车辆仍然采用单销式啮合副，但也有例外，如 T - 72 也采用单销式啮合副。

1. 啮合工况

单销式履带啮合副的主动轮齿圈和履带的啮合形式与链轮和链条啮合相类似，图 10 – 14 表示的是主动轮齿圈与履带的相互啮合情况。当车辆前进时，齿圈插入履带板的啮合孔内拨动履带，齿圈与履带板啮合孔处链销在 aa 处相啮合；当车辆倒驶时，齿圈反方向拨动履带，齿圈与履带板啮合孔链销在 bb 处相啮合。以上两种情况齿圈是主动件，履带是被动件。当车辆转向时，低速侧的齿圈成为被动件，低速侧的履带拨动齿圈在 bb 处相啮合，此时履带为主动件；当切断动力使车辆减速行驶或制动时，情况与上述相同，即履带为主动件、齿圈为被动件。

根据主动轮齿圈与履带板的啮合部位不同，单销啮合副可以分为内啮合和外啮合两种：当啮合部位在该块履带板两履带销之间时，这种啮合形式称为内啮合，此时主动轮齿圈插入该块履带板啮合孔内拨动该块履带板，如 M113 等，车辆前进及倒车时，其履带啮合副均为内啮合，即其啮合部位 aa 与 bb 均在该块履带板的两履带销之间，如图 10 – 14（b）和图 10 – 14（c）所示。

若啮合部位在该履带板两铰履带销之外，则这种啮合形式称为外啮合（图 10 – 21），此时主动轮齿圈 1 从后一块履带板 4 的啮合孔 2 中插入，推动前一块履带板 5 的履带销 3。如 T – 54A 坦克前进挡，其履带啮合副即为外啮合，啮合部位 aa' 在该块履带板两铰链之外 [图 10 – 21（a）]，但倒挡时则为内啮合，啮合部位 bb' 在该块履带板两履带销之内。

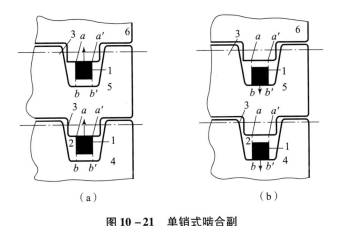

图 10 – 21　单销式啮合副

（a）外啮合（前进挡）；（b）内啮合（倒挡）

1—主动轮齿圈；2—啮合孔；3—履带销；4，5，6—履带板

多数车辆的单销式啮合副在前进挡与倒挡都采用内啮合，只有 T – 54A 坦克在前进挡采用外啮合。实践证明，这种啮合形式在车辆转向履带承受横向力时，履带在齿圈上的啮合位置不够稳定。因为此时齿圈在啮合孔的较宽一侧与链销相啮合，容易产生横向移动使履带板与侧装甲板上的销铁产生摩擦，使履带销头部很快磨损。曾有人将履带调向使用，即前进挡改为内啮合，倒挡改为外啮合，这样齿圈在啮合孔较窄的一侧与链销相啮合，其啮合位置比较稳定，因而改善了啮合性能，提高了履带的使用寿命。

2. 单销啮合副各项结构参数

为简明起见，履带板的啮合部位不画出实际形状，而只以小圆圈表示，如图 10 – 22 所示。单销式啮合副的结构参数主要有以下几个：

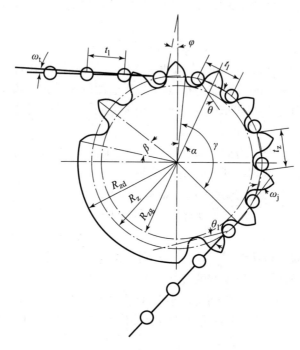

图 10 – 22 履带与主动轮啮合副简图

（1）履带节距 t_1——相邻两履带链销中心的距离。

（2）主动轮齿（节）距 t_z——相邻两齿与履带链销相啮合点之间的距离。t_z 只有在齿圈与链销相互啮合时才有意义。

（3）主动轮（相当）节圆半径——齿圈与履带链销啮合点所在圆的半径，即

$$R_z = \frac{t_1}{2\sin\dfrac{\beta}{2}} = \frac{t_1}{2\sin\dfrac{180°}{Z_z}} \tag{10 – 15}$$

式中，Z_z——主动轮的齿数。

（4）齿间角 β——相邻两齿对称轴线间的夹角：

$$\beta = \frac{360°}{Z_z} \tag{10 – 16}$$

（5）齿形角 φ——齿的对称轴线与齿和链销啮合点处齿面切线间的夹角。在进入与离开履带的支段时，齿形角应保证链销在齿上的位置稳定。

（6）压力角 θ——链销中心连线与啮合点齿面法线间的夹角。

（7）齿顶圆半径 R_{zd}。

（8）齿根圆半径 R_{zg}。

（9）包角 γ——进入与离开主动轮的履带板的垂直线间的夹角。

3. 单销式啮合副啮合图

作单销式铰链履带的法向板孔啮合图的原始数据有：主动轮齿数 Z_z，履带节距 t_1，销耳的最小外径 r_1，销耳的许可磨损值 W_c，啮合销的极限磨损值 W_1。在有支承轮毂的情况下，

给出它的许可磨损值 W_d 和从链销中心到支承在轮毂上的履带板表面的距离 h_T。

按以下顺序计算啮合参数并作齿形和链销的外形图，如图 10 –23 所示。

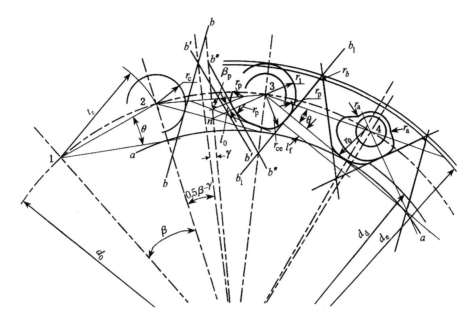

图 10 –23　单销式铰链履带法向板孔啮合简图

（1）求齿的齿间角：

$$\beta = \frac{360°}{Z_z}$$

主动轮的节圆直径：

$$d_0 = \frac{t_z}{\sin(\beta/2)}$$

式中，t_z——主动轮的齿距。

对于橡胶金属铰链履带取 $t_z = t_1$，对于新的金属铰链的履带取 $t_z = t_1 + a_c$，此处 a_c 为履带节距与主动轮齿距之差，$a_c \leqslant 0.006t_1$。

从主动轮的中心 O 点（图 10 –23）画出节圆直径为 d_0 的圆周，在该圆周上选取链销中心 1，2，3，…，i 等点。从这些中心点依次地截取主动轮齿距 t_z，然后用几段直线将各个相邻链销的中心连接起来，再用辐射线将链销中心 1、2、3…点与主动轮中心 O 点连接起来。

选取压力角 θ（链销中心连线与齿形的法线之间的角度）。对于质量为中型和重型的履带式车辆，$\theta = 15° \sim 20°$，质量越大的车，该值就越小。该压力角是顺时针方向的，以 1、2、3…点为压力角顶点作出该角度。为了便于作图，画出辅助圆周其部分轨迹为 $\overset{\frown}{aa}$ 弧线。

（2）绕各个链销的中心画出具有啮合销半径 r_c 的各个圆。

对于金属铰链履带：

$$r_c = r_1 + W_1 + W_c$$

对于橡胶金属铰链履带：

$$r_{c} = W_{1} + W_{c}$$

在这些圆与角 θ 的下辐射线的相交点处，画出与这些圆相切的切线：bb，b_1b_1，$b'b'\cdots$ 这些切线是齿传递正行程时力的工作面。

（3）求出消除齿的背面卡住履带的间隙中心角：

$$\gamma = \arctan\left(\frac{2\Delta t_1}{t_1} + \tan\frac{\beta}{2}\right)$$

式中，Δt_1——磨损了的金属履带铰链的节距增量，或在橡胶金属铰链履带的载荷作用下被拉长了的履带节距增量。对于金属铰链履带，在保证啮合的条件下，允许节距增量 $\Delta t_1 = (0.06 \sim 0.09)\, t_1$；对于橡胶金属铰链履带，取 $\Delta t_1 = 2 \sim 6 \text{ mm}$。

沿主动轮节圆弧线上的间隙为

$$\delta_{r} = d_0\sin(\gamma/2)$$

连接辐射线 $2o$，以该线为边作中心角（$0.5\beta - \gamma$），即可得出齿的对称轴心线，相对于该轴心线作齿的背面 $b'b'$ 线。

齿高受主动轮外径 d_e 的限制，对于金属铰链履带有

$$d_{e} \geqslant \frac{t_{z} + \Delta t_1}{\sin(\beta/2)}$$

对于橡胶金属铰链履带有

$$d_{e} = \frac{t_{z} + \Delta t_1}{\sin(\beta/2)} + (2 \sim 3)r_{c}$$

（4）作啮合销的外形图。

绕链销中心点 3 作半径为 r_1 的圆。根据啮合销与齿的啮合表面的挤压应力的限制条件，求出在正行程时传递力的啮合销的直线段的长度 l_f：

$$l_{f} \geqslant \frac{K_{f}F_{ch}}{b_{t}\sigma_{s}}$$

式中，K_f——储备系数，$K_f = 3 \sim 4$；

b_t——齿宽；

F_{ch}——齿的计算载荷；

σ_s——履带板或齿圈所用材料中较小者的屈服极限。

作用于齿的计算载荷在以下给定的范围内：

橡胶金属铰链履带为：$F_{ch} = 0.2mg$；

金属铰链履带为：$F_{ch} = (0.3 \sim 0.4)\, mg$。

沿齿形线 b_1b_1 从 θ 角的下辐射线向下截取长度 l_f；以铰链中心 3 为中心画出圆弧，将销的直线段 l_f 的下部转换到具有销顶半径 r_{ce} 的圆弧内。r_{ce} 值按下式求出：

$$r_{ce} = \sqrt{r_{c}^{2} + l_{f}^{2}}$$

以链销中心 2 点为角顶点的 θ 角的上辐射线上的一个点为圆心，画出具有啮合销的工作半径 $r_p = (0.6 \sim 0.7)\, r_c$ 的圆弧，将销的直线段的上部移到该圆弧内。然后，将半径为 r_p 的弧线与从中心 3 引出的销耳 r_1 的外圆共轭。

为了作啮合销在反行程时的工作面，应再补充作齿的背面齿形线 $b''b''$，规定主动轮向铰链一边转一个间隙角 γ。从铰链的中心 3 到齿的背面 $b''b''$ 画一条法线 $3n$。沿齿形线 $b''b''$

从它与法线 $3n$ 的交点向上截取直线段，其长度 $L_0 = (0.5 \sim 0.75) l_f$。直线段 L_0 的上端和下端以半径为 r_p 的弧度修圆，上圆弧以任意方式与销耳的外圆 r_1 共轭。

（5）将齿顶修圆。

修齿顶圆的半径为 $r_b = 8 \sim 10$ mm。将齿根修圆，修圆半径 $r_0 = r_{ce} + W_d + (3 \sim 5)$ mm，半径的中心在齿槽的中心线上。将齿和啮合销各段工作面的过渡处修圆，修圆半径为 $r_a = 5 \sim 10$ mm。

用下式求出轮毂的直径：

$$d_d = t_z \text{ctan}(\beta/2) - 2h_T$$

（6）对单销式主动轮齿形设计的要求。

主动轮和链销啮合部位的齿形可分为凸面、平面和凹面。凹面齿形与前两种相比，在同样工作条件下与链销相互作用时，其接触表面的挤压应力较小，磨损也较小，目前坦克主动轮齿圈的齿形基本上都采用凹面齿形。

设计齿形时应满足以下条件：

①链销可自由地进入和退出啮合。

②由这个齿转为另一个齿来传递力时，应尽可能减少冲击。

③在变化载荷作用下，链销在齿上的位置应尽可能保持稳定，滑移应尽可能少。

坦克上主动轮齿圈一般和侧传动相连，传递的转矩较大，车辆换挡时齿圈上载荷也相应改变。车辆前进及制动转向时，齿圈可由主动转变为被动。齿圈暴露在车外，与泥、水、灰、砂相接触，啮合副没有密封润滑的可能。此外，在使用过程中履带节距不断增长。由此可见，齿圈工作条件既困难又复杂。齿圈和链轮都有设计标准；但车辆包括工程机械的主动轮齿圈，至今还没有设计标准，还停留在经验设计的阶段，并且缺乏理论的指导。实际中，常参考链轮、基准车辆主动轮齿圈和链销的外形轮廓及尺寸参数（压力角等）绘制图形，然后做出齿圈和履带的平面模型进行转换，看是否发生干涉，模型经多次修改后再试制出样品进行试验，再按试验中发现的问题进行修改。

10.3.5 双销式履带啮合副

所谓双销式履带啮合副，是指相邻两块履带板由两根履带销及连接套连接起来的履带啮合副，如图 10 - 15 所示，如 M4A3、M48、M1、"豹" 1 和 "豹" 2 坦克等。目前主战坦克采用双销式啮合的越来越多，而吨位较小的车辆仍采用单销式啮合。但也有例外，从减轻质量出发，T - 72 坦克仍采用单销式啮合副。

1. 结构和性能特点

双销履带板每块履带板有两根履带销，相邻履带板的两根履带销通过连接套、两侧带斜面的螺栓和螺母连接起来。每根履带销的一端都铣有一个平面，带斜面的螺栓与履带销端部的平面配合。带橡胶衬套的履带销按一定的相对位置压入履带板的销耳孔内，装配后，履带板在自由状态下有一个预扭角。如 M48 坦克预扭角为 7°，M4A2 坦克为 8°，M48 采用单诱导齿，M4A2 采用双诱导齿，M4A2 将连接套和诱导齿合为一体。

双销啮合副的啮合工况如图 10 - 15 所示。当车辆前进时，齿圈主动拨动链销（即连接套的啮合圆弧面），两者在 aa 处相啮合。当车辆倒驶时，齿圈反方向拨动履带并与链销在 bb 处相啮合。在以上两种工况中，齿圈是主动件、履带为被动件。当车辆减速、制动转向时，在低速侧履带是主动件，齿圈为被动件。

双销啮合副有如下的性能特点：

（1）用前进挡及倒挡行驶时，每块履带板的两个链销均能同时与齿圈的两个凹面相接触（图10-15），同时在 aa 和 bb 处相接触，由于啮合孔较宽，前进挡齿圈主动，啮合副在 aa 处相啮合，此时齿圈另一侧与倒挡时链销接触处 bb 间存在较大间隙；当履带主动时，在消除这段间隙的瞬时不可避免会出现冲击，从而使传动系统承受较大的动载，并且易使主动轮在固定轴上发生松动。当齿圈和链销磨损后，这个问题更为严重。

（2）同样总长和块数的履带，双销的活动关节比单销的多1倍，履带节距近似缩小1倍，提高了履带的挠性，对减少冲击和噪声有利。

（3）啮合可靠并且稳定，容易实现多齿啮合。双销式啮合副其连接套在齿面上的啮合是两边托住的，啮合位置比较确定，不易产生滑移；同时，由于连接套和齿圈工作表面经过机械加工，故几何形状较精确，这对保证多齿啮合、降低单齿负荷、提高工作平稳性和寿命较为有利。

（4）啮合副接触处的挤压应力较小，链销不仅与齿的凹面相啮合（有些单销也如此），并且链销圆弧面曲率半径与齿凹面曲率半径近似相等（如M60坦克齿面曲率半径 $R=24.6$ mm，链销圆弧面曲率半径 $r=23.9$ mm）。齿面与链销接触处的挤压应力 σ_j 为

$$\sigma_j = 0.42 \sqrt{\frac{F_{zy}}{b} E \left(\frac{1}{r} \pm \frac{1}{R} \right)}$$

式中，F_{zy}——正压力；

      b——齿圈宽度；

      E——材料的弹性模数；

      r——链销曲率半径；

      R——接触点齿形曲率半径，对凹齿括号内取负号，因 $r \approx R$，故 σ_j 较小。

（5）为减小橡胶衬套所承受的剪应力和挤压应力，以提高使用寿命，应尽可能增大压入销耳孔的橡胶衬套的长度。当履带板宽度 b_1 相同时，双销式在结构上可配置较长的胶套。由图10-24可见，双销式 $\sum l = 2l_4 \approx 0.9 b_1$，而单销式 $\sum l = 2l_1 + l_2 \approx 0.5 b_1$。

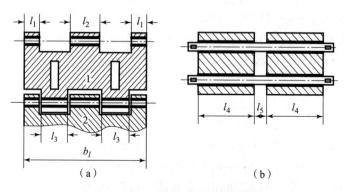

图10-24 橡胶衬套配套长度

（a）单销式；（b）双销式

（6）双销式履带板在进入及退出啮合的过程中，铰链（橡胶衬套）处相对转角比单销式的小。这可从啮合副进程来分析。

由图 10-25 可见，双销式进入啮合端链销位置分别由 0、1、2、3 点进入啮合，齿圈沿逆时针方向转动，相当于履带板向顺时针方向转动搭到齿圈上。链销 2、3 所在履带板绕 O_1 转动，O_2 转到 O'_2 与齿圈相啮合，使链销 1 处的橡胶衬套转动 θ_1 角，此时 O_3 转到 O'_3，随后 O'_3 绕 O'_2 转到 O''_3，使链销 2 处的橡胶套转动 θ_2 角。

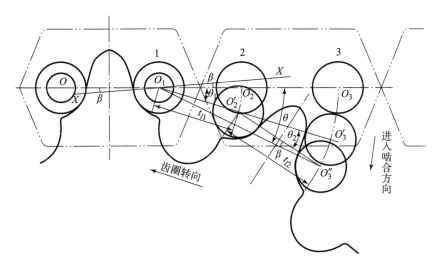

图 10-25　进入和退出啮合时衬套的转角变化

1，2，3—链销

对于单销式，相邻两个链销即 1 与 3（无链销 2），链销中心为 O_1 及 O_3 点，在进入啮合过程中链销 1 处的衬套转角为 θ，链销 3 由 O_3 点转到 O''_3（$\theta = 2\pi/Z$），且有

$$\theta = \beta + \theta_1 + \alpha = \theta_1 + \theta_2$$

双销式退出啮合的过程与进入啮含的过程相反。由图 10-25 可见，O''_3 转到 O'_3，使链销 2 处衬套转过 θ_2 角，随后又使链销 1 处的衬套转过 θ_1 角。

双销式啮合副的缺点是履带较重、成本较高。

2. 双销式啮合副主要几何参数

双销式啮合副的特点是有两个节距。其主要几何参数如下：

1）履带板静节距 t_{l1}

t_{l1} 为履带板上两根履带销耳孔的中心距，当履带受拉时，由于衬套压缩变形，t_{l1} 将有少量伸长。

2）连接套中心距 t_{l2}

t_{l2} 为相邻履带板两根履带销连接套的中心距。有关车辆的 t_{l1} 和 t_{l2} 的数据为：对于 M3L，$t_{l1} = 76.2$ mm，$t_{l2} = 63.5$ mm；对于 M4A2，$t_{l1} = 88.9$ mm，$t_{l2} = 63.5$ mm；对于 M46，$t_{l1} = 91.7$ mm，$t_{l2} = 63.5$ mm；对于 M48，$t_{l1} = 112.8$ mm，$t_{l2} = 63.5$ mm。

3）主动轮齿圈相当节圆半径 R_z

由图 10-26 可见，R_z 即各链销与各齿相互啮合时链销中心所在圆的半径，当已确定 t_{l1}、t_{l2} 及齿数 Z_z 后，R_z 可通过计算求得。在图 10-26 中，a、b、c、e、g 点为链销中心，t_{l1}、t_{l2}

及 t_l 相对应的圆心角分别为 β_1、β_2 和 β，并且 $\beta = \beta_1 + \beta_2$。它们间有下列关系：

$$\beta = \beta_1 + \beta_2 = \frac{2\pi}{Z_z}$$

$$\sin\frac{\beta_1}{2} = \frac{t_{l1}}{2R_z} \qquad \sin\frac{\beta_2}{2} = \frac{t_{l2}}{2R_z}$$

$$t_l = \sqrt{t_{l1}^2 + t_{l2}^2 + 2t_{l1}t_{l2}\cos\left(\frac{\pi}{Z_z}\right)}$$

$$\sin\frac{\pi}{Z_z} = \sin\frac{\beta}{2} = \frac{t_l}{2R_z}$$

$$R_z = \frac{1}{2\sin\left(\dfrac{\pi}{Z_z}\right)}\sqrt{t_{l1}^2 + t_{l2}^2 + 2t_{l1}t_{l2}\cos\left(\frac{\pi}{Z_z}\right)}$$

4）齿圈的相当齿距 t_z 和履带的相当节距 t_l

t_z 为齿圈相当节圆上的弦齿距，当 t_{l1} 和 t_{l2} 确定后，通过上述计算或作图，t_z 和 t_l 即可确定。

一般情况下 $t_z = t_l$，t_l 即图 10－26 中的 ac 或 cg 线段。

5）齿圈齿数 Z_z

该项参数由总体设计确定，Z_z 与 t_{l1} 和 t_{l2} 的关系为

$$v_{max} = \frac{Z_z(t_{l1} + t_{l2})n_{max}}{i_{min}}$$

式中，v_{max} ——车辆的最大速度；

　　　i_{min} ——传动系统的最高挡传动比；

　　　n_{max} ——发动机的最大转速。

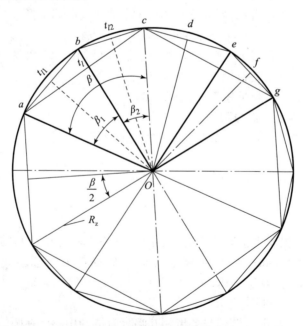

图 10－26　双销式啮合副几何参数

6）连接套半径 r_{lj}

连接套外半径 r_{lj} 为履带销半径（$d_1/2$）与连接套侧壁厚 δ 之和 $\left(r_{lj} = \dfrac{d_1}{2} + \delta \right)$，如图 10 – 6 所示。

7）齿圈啮合部位曲率半径 R

一般情况下齿圈啮合部位曲率半径 R 稍大于连接套外半径 r_{lj}。例如，M60 坦克 $R = 24.6$ mm，而 $r_{lj} = 23.9$ mm。

8）压力角

压力角为啮合点齿面法线和啮合点所在圆的切线间的夹角，亦可简化为啮合点齿面法线和相应链销中心线之间的夹角，如图 10 – 25 所示。

9）齿圈及齿间各圆半径

图 10 – 27 所示为 M4A2 坦克双销式齿圈的齿形，它由四段圆弧组成，其中两段为齿面工作区段，即 ab 和 bc。ab 的曲率半径为 R_6，圆心在 O_6；bc 的曲率半径为 R_7，圆心在 O_7。工作区段 abc 为凹面。齿顶区段 cd 为凸面，曲率半径为 R_8，称为齿顶圆弧半径，圆心在 O_8。齿根凹槽区段 ef 曲率半径为 R_9，称为齿根凹槽圆半径，其圆心为 O_9。ef 和 ab 区段由一段圆弧 ae 连接而成。

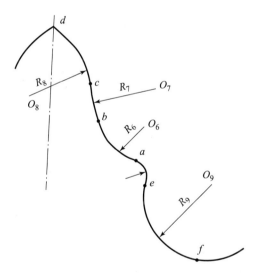

图 10 – 27　M4A2 坦克双销式齿圈局部齿形图

3. 双销式橡胶金属铰链履带的啮合图

作双销式橡胶金属铰链履带法向板孔啮合图的原始数据有：主动轮齿数 Z_z；履带静节距 t_{l1} 和连接套节距 t_{l2}，连接套（销）的外半径 r_c；从链销中心线到支承在轮鼓上的履带板表面的距离 h_T；轮毂的许可磨损值 W_d。

按以下顺序计算啮合参数并作齿形图（图 10 – 28）。

（1）齿圈的齿间角：

$$\beta = \frac{360°}{Z_z}$$

主动轮的节圆直径为

$$d_{\circ} = \frac{t_z}{\sin(\beta/2)}$$

式中，t_z——主动轮轮齿的节距，由下式求出：

$$t_z = \sqrt{t_{l1}^2 + t_{l2}^2 + 2t_{l1}t_{l2}\cos(\beta/2)}$$

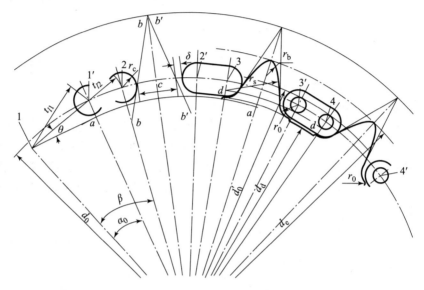

图 10 - 28　双销式橡胶金属铰链履带板孔啮合简图

以主动轮的中心 O（图 10 - 28）为圆心，作节圆直径为 d_0 的圆，在该圆圆周上选取其中的一个链销中心 1 点。从这一点出发，依次在直径为 d_0 的圆周上截取履带板静节距 t_{l1} 和连接套节距 t_{l2}，取得的所有相邻点为 1、1′、2、2′、3、3′…将这些点用直线段连接起来，得到 11′、22′、33′…线段，再用辐射线将上述各点 1、1、2、2、3、3′…与主动轮的中心 O 点连接起来。

选取压力角 θ，该压力角是顺时针方向的，以 1、2、3…点为压力角顶点，作出各个链销中心相对于履带平面的夹角。为便于作图，画出辅助圆周弧线 $\widehat{aa}$。

（2）以铰链中心 1、1′、2、2′…为圆心，以 r_c 为半径画圆。

以铰链中心 1、1′、2、2′…为圆心，以连接套外半径 r_c 为半径画出各个连接套的半圆弧；然后，在以 2 点为圆心的圆弧与 θ 角的下辅助线相交处，画一条与该圆相切的切线 bb，切线 bb 便是在正行程时传递力的齿的工作面。为了消除卡住连接套的现象，沿履带节距平面，在连接套（以 2、3′点为圆心，以 r_c 为半径的）圆周的左边量取间隙 $\delta = 2 \sim 6$ mm。将沿节圆 d_0 的齿厚（图 10 - 28 上的线段 C）的中心与主动轮中心 O 相连，得出齿的对称轴线，然后作齿的背面齿形图 $b'b'$。其他的各个齿形图依此类推。

（3）主动轮齿顶圆和轮鼓圆的确定：

$$d_e = \frac{t_z + \Delta t}{\sin(\beta/2)} + (2 \sim 3)r_c$$

用半径 $r_b = 8 \sim 10$ mm 修圆齿顶。在选取从直线段到齿顶的过渡半径 r_s 时，应考虑到通

常直线段的顶部高出于圆 d_4' 的弧线。齿槽的修圆半径为

$$r_o = (0.75 \sim 1.0)r_c$$

轮毂的直径为

$$d_d = t_z \cot(\alpha_0/2) - 2h_T$$

式中，α_0——$2\arcsin(t_{11}/d_0)$。

对于制成平面多边体的轮鼓，d_d 是它的内切圆直径。多边体的顶以及轮毂上的辅助齿的齿顶位于主齿的齿槽中心线上。这些齿的齿高及其修圆半径在考虑到局部凸缘的情况下，取决于履带板销耳的尺寸和位置，如图 10-23 所示。

4. 双销式啮合副齿圈的材料

美国坦克双销式齿圈大多采用 WD4140 铬钼钢，其主要成分为：$w(\text{C}) = 0.38\% \sim 0.43\%$；$w(\text{Mn}) = 0.75\% \sim 1.0\%$；$w(\text{Cr}) = 0.81\% \sim 1.10\%$；$w(\text{Mo}) = 0.15\% \sim 0.25\%$，齿面局部淬火，淬硬层深度为 6.35 ~ 12.7 mm，表面硬度为 HRC55 ~ 60。齿圈由轧制的钢板经机械加工制成，齿形在加工后可得到较高的几何精度，有利于提高啮合质量。采用这种材料和热处理方法，使齿圈有较高的强度、韧性和耐磨性。美国一些工厂在制造这种齿圈时其外廓形状由气割直接得到，啮合部位的工作表面用立式拉床或仿形铣的方法。据资料介绍，美国克莱斯勒和底特律坦克厂由于改进了淬火装置，使 M60 坦克主动轮齿圈的淬火层深度提高了一倍，原 HRC50 处深度为 6.35 mm，HRC55 处的深度为 3.18 mm，改进后前者深度提高到了 12.7 mm，后者提高到了 6.35 mm，显著提高了齿圈的耐磨性和使用寿命。

M46、M48 坦克履带板的连接套为精铸件，材料为 WD4140 铬钼钢，铸件经处理后其表面硬度为 HRC30 ~ 39。

10.4　负　重　轮

10.4.1　功用、类型与要求

负重轮的功用是支承车辆车体在履带接地段上滚动，并将车辆的重力较均匀地分配在整个履带接地段上。负重轮（图 10-29）由轮毂 1、螺栓 2、轮盘 3、轮缘和橡胶减振件 4、护缘 5、密封件 6、负重轮轴 10、轴承 8 和 11 及盖 13 等组成。当轮缘用轻金属制造时，为了保护它不被履带齿磕坏而在它的外面装有钢圈（护缘 5）。

在现代履带式装甲车辆的履带推进装置中，每侧有 4 ~ 7 个负重轮。增加负重轮的数量，可以使履带支承面上的压力分布均匀，使车辆在承载力差的地面上的通过性变好，使负重轮橡胶圈以及轴承和悬挂装置各元件上的载荷减小，也可以将负重轮的尺寸设计得小一点。

按不同的原则，负重轮可分为以下两大类：

（1）按轮缘的数量分为单排的和双排的；

（2）按减振程度分为无减振件的（全金属的），以及内部减振的和外部减振的（有外橡胶圈的），如图 10-30 所示。

对于军用履带式车辆负重轮的结构有以下要求：保证在履带上的滚动阻力最小；在各种条件下的使用寿命较长；负重轮在履带上滚动时的动负载和噪声较小；维修简便；尺寸小，质量轻。

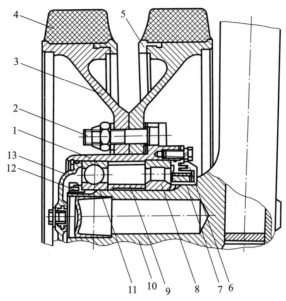

图 10 – 29　负重轮的组成

1—轮毂；2—螺栓；3—轮盘；4—橡胶减振件；5—护缘；6，7—密封件；8—滚柱轴承；
9—支承套；10—负重轮轴；11—球轴承；12—螺母；13—盖

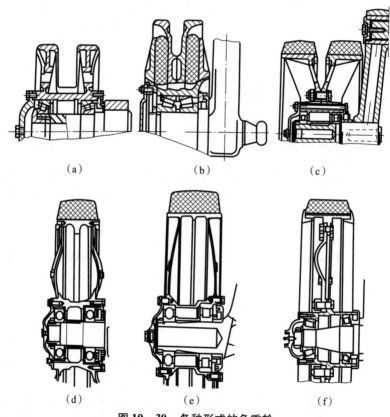

（a）　　　　　　　　（b）　　　　　　　　（c）

（d）　　　　　　　　（e）　　　　　　　　（f）

图 10 – 30　各种形式的负重轮

（a）全金属的；（b）内部减振的；（c）双排外橡胶圈的；
（d），（e），（f）轮毂内有不同形式轴承的单排外橡胶圈的

在轻型军用履带式车辆上采用单排式负重轮，它们的结构简单，在水陆两用车辆上它们具有辅助排水的功能，当负重轮倾斜时，外侧橡胶圈的过载比较小。但是，在使用这种负重轮时由于履带必须用有两个导向齿的履带板，从而可能增加履带的质量；履带难以自动清除进入履带板与导向齿之间的脏杂物；由于橡胶圈的侧面小，使负重轮下的履带稳定性变坏；它们的散热条件也较差。军用履带式车辆最适宜于用双排式负重轮。

刚性轮缘的负重轮在履带板滚道上的滚动阻力最小。但是它们具有将动载荷传递到轴承、履带板和履带销上的特性，特别是当车辆高速行驶时更是如此。采用内部减振的负重轮的优点是，可以使动载荷下降 33% ~ 50%，减小减振件的橡胶体积并且减振体的防护不易损坏。但是，内部减振的负重轮结构复杂，而且也并不一定能保证动载荷和噪声有较大的下降。

外部减振的负重轮（实心的外橡胶圈），虽然其相对质量大和橡胶圈极易损坏，但与内部减振的负重轮相比，它的优点是将传递到轴承和履带上的动载荷降低 5/6 ~ 6/7，并且有助于提高行驶平稳性和降低噪声。合理地选择负重轮数量及其尺寸，增加外橡胶圈的刚度，正确地布置轮距，减小轴承部件内的摩擦损失，都可以达到减小外橡胶圈负重轮的滚动阻力的目的。通过降低静载荷和动载荷，用高强度材料制造轮毂、轮盘和轮缘，来达到提高负重轮的寿命、减小尺寸和质量的目的。俄罗斯负重轮轮毂用 32Cr06Li 钢铸造，或用 38CrSi 钢模锻。轮辋和轮盘用 38CrSi 钢制造。如果为了减轻负重轮的质量，可用 W - 93、W - 95 轻合金（俄制）制造轮辋和轮盘。护缘用 38CrSi 钢制造。全金属负重轮用 27SiMnTi 钢铸造。减振橡胶圈使用的是 34Ри - 12 和 34Ри - 14 橡胶（俄制），用专用黏结剂将橡胶圈黏结在轮缘上。

为了改进负重轮的维修性，最好将负重轮的轮盘在结构上设计成可拆卸的。为了减小负重轮的尺寸，一些车辆采用滚道挂胶的履带。履带滚道挂胶还可以降低对外橡胶圈的压力，减小它的变形和发热，但也同时会使负重轮在挂胶履带上的滚动阻力增大 25% ~ 50%。

10.4.2　负重轮静载荷平均值

按照悬挂装置作用于每个负重轮上的静载荷平均值来计算负重轮的尺寸、强度和寿命：

$$F_{jp} = K_1 \frac{(0.5m - Lm_{ld})g + F_{yz}}{n}$$

式中，K_1——沿一侧履带接地段各个负重轮作用力分布的不均匀系数，通常取 $K_1 = 1.05$；

　　m——车辆的质量；

　　L——履带接地长；

　　m_{ld}——履带的单位长度质量；

　　g——重力加速度；

　　F_{yz}——车辆静止时履带的预张紧力；

　　n——每侧负重轮数目。

10.4.3　全金属负重轮和内部减振的负重轮的计算

按格尔措—别利亚耶夫公式求出的接触应力值 σ_j 计算全金属负重轮和内部减振的负重轮轮缘的强度（图 10 - 31）：

$$\sigma_{\rm j} = 0.42 \sqrt{\frac{F_{\rm jp} E_{\rm red}}{n_{\rm o} b_{\rm o} r_{\rm f}}}$$

式中，$E_{\rm red}$ ——换算的第一类弹性模量，如果是金属履带，$E_{\rm red} = 2.1 \times 10^5 {\rm MPa}$；

　　　　$n_{\rm o}$ ——每个负重轮的轮缘数；

　　　　$b_{\rm o}$ ——轮缘的宽度；

　　　　$r_{\rm f}$ ——负重轮的外半径，这种负重轮的轮缘用钢制造。

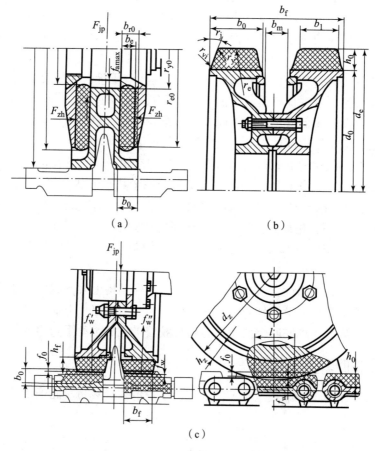

图 10 – 31　负重轮受力计算简图

（a）内部减振的负重轮；（b）外部减振的负重轮；（c）履带滚道挂胶的外部减振负重轮

在现有的结构中 $\sigma_{\rm j}$ 一般不超过 225 MPa。

在设计计算中，按许用接触应力值（$[\sigma_{\rm j}] \leqslant 225$ MPa）求负重轮的外径：

$$d_{\rm f} = 2r_{\rm f} \geqslant \frac{0.35 F_{\rm jp} E_{\rm red}}{[\sigma_{\rm j}]^2 n_{\rm o} b_{\rm o}}$$

轮缘的宽度 $b_{\rm o} \leqslant 0.06 \sim 0.08$ m。为了提高轮缘工作面的耐磨性，轮缘经过整个淬火和表面淬火，在 7 ~ 9 mm 深度处的硬度为 HB388 ~ 477，包括磨损储备在内的轮缘厚度不小于15 mm。

按照橡胶的压缩应力值（$\sigma_{\rm y}$）、剪切应力值（τ）及其发热温度计算内部减振的负重轮的内橡胶圈的工作能力。内部减振的负重轮的计算示于图 10 – 31（a）中。内橡胶圈用胶黏剂和硫化胶合法胶固在轮缘的侧面和压板上。此外，为了提高黏固的可靠性，以及为建立承受径向载荷所必需的摩擦力，内橡胶圈被大的轴向力 F_{zh} 所压缩。此时，用下式计算出内橡胶圈与金属件之间的必需的摩擦力：

$$F_m = \beta F_{jp} = \mu F_{zh} n_K$$

式中，β——传递径向载荷的储备系数，$\beta = 3 \sim 4$；

　　μ——橡胶与金属之间的摩擦系数，取 $\mu = 0.15 \sim 0.3$；

　　n_K——负重轮的内橡胶圈数目。

大的轴向力 F_{zh} 引起压板的变形，也会导致内橡胶圈各层的过载。为此，轴向力不得超过 $200 \sim 250$ kN。

因轴向力造成的内橡胶圈的压缩应力为

$$\sigma_y = \xi \frac{F_{zh}}{A} \qquad\qquad (10 – 17)$$

式中，ξ——因压板翘曲而造成各层橡胶过载的系数，取 $\xi = 1.1 \sim 1.2$；

　　A_r——内橡胶圈在压缩状态下的面积，$A_r = \pi(r_e^2 - r_i^2)$。

悬挂装置静载荷平均值作用于负重轮时的切向应力为

$$\tau = \frac{F_{jp}}{n_k A_r} \qquad\qquad (10 – 18)$$

内部减振的负重轮的径向刚度为

$$C_r = \frac{\mathrm{d}F}{\mathrm{d}f_r} = \frac{n_k A_r G}{b_r}$$

式中，$\mathrm{d}F$——作用于负重轮上的力的增量；

　　$\mathrm{d}f_r$——内橡胶圈的变形（轮缘相对于轮毂的位移）增量；

　　G——抗剪弹性模量；

　　b_r——内橡胶圈在压缩状态下的宽度。

负重轮的减振元件俄罗斯用 34PH – 12 和 34PH – 14 号橡胶制造，其平均压缩模量值 $E_r \approx 9$ MPa。剪切模量与压缩模量的关系为 $E_r = 3G$。

轮缘相对于轮毂的最大位移量为

$$f_{r,max} = \frac{F_{jp,max}}{C_r}$$

式中，$F_{jp,max}$——负重轮上的最大静载荷平均值。

减振元件与轮缘和轮盘固定处的最大剪切应力为

$$\tau_{r,max} = \psi\eta \frac{Gf_{r,max}}{b_r} \qquad\qquad (10 – 19)$$

式中，ψ——因橡胶老化而引起的橡胶刚度增量系数，$\psi = 1.1 \sim 1.45$；

　　η——刚度动态增长系数，$\eta = 1.3 \sim 1.5$。

在现有的内部减振的负重轮结构中，按式（10 – 17）~ 式（10 – 19）计算出的内橡胶圈的各种应力：$\sigma_y < 3.0$ MPa；$\tau < 0.1$ MPa；$\tau_{rmax} < 0.9$ MPa。

在设计计算橡胶减振元件时，给出它们在压缩状态时的厚度为 $b_r = 35 \sim 45$ mm，取得许

用压缩应力 $[\sigma_y]$ 和切向应力 $[\tau]$ 后，求出橡胶圈的面积：

$$A_r = \xi \frac{F_{zh}}{[\sigma_y]}, A_r = \frac{F_{jp}}{n_k[\tau]}$$

从得到的两个 A_r 值中取大的一个值。

内橡胶圈在自由状态下的面积和厚度分别为

$$A_{ro} = A_r\left(1 - \frac{F_{zh}}{A_r E_r}\right)$$

$$b_{ro} = \frac{b_r}{1 - F_{zh}/A_r E_r}$$

可以按近似关系式，计算出内橡胶圈的稳定热工况时的温度：

$$T = T_0 + K_T \frac{b_r}{d_f}\left(\frac{F_{jp}}{n_k A_r}\right)v_p$$

式中，T_0——环境温度，取 30℃；

v_p——平均公路行驶速度（以 km/h 为单位）；

K_T——系数，当橡胶内摩擦的平均系数值 $\psi = 0.3$，压缩模量 $E_r = 9$ MPa，橡胶对轮盘的传热系数 $\alpha = 4$ kcal/(m^2·h·K)，并且考虑到力和面积的量纲 F_{jp}（kN）和 A_r（m^2），则该系数值为 $K_T = 0.00167$（K·Mψ·h/kN^2·km）。

按照该关系式求出的温度值不应超过 100℃。

10.4.4　外部减振的负重轮的计算

外部减振的负重轮的工作期限，首先取决于外橡胶圈的使用寿命。在计算这种负重轮的尺寸时，外橡胶圈在规定压力下的机械强度的关系式［图 10 - 31（b）］：

$$p_w = \frac{F_w}{b_t d_e}$$

式中，F_w——外橡胶圈上的载荷；

b_t——外橡胶圈的宽度；

d_e——外橡胶圈的外径。

作用于外橡胶圈上的载荷为

$$F_w = \frac{K_e F_{jp}}{n_k}$$

式中，K_e——负重轮相对于履带基底倾斜时的橡胶过载系数；

n_k——每个负重轮的外橡胶圈数。

在设计计算时，根据设计方案给出 b_t，还要考虑到履带滚道的宽度限制，以及负重轮和车体侧装甲之间安装悬挂元件的可能性。对于单排负重轮，取 $K_e = 1.0 \sim 1.07$；对于双排负重轮，$K_e = 1.05 \sim 1.15$。当外部减振的负重轮沿履带滚道滚动时，作用于外橡胶圈上的规定压力 $p_w \leqslant 0.19 \sim 0.20$ MPa；而当履带的滚道是挂胶的时，$p_w \leqslant 0.22$ MPa。

在设计计算时，按下式求出外部减振的负重轮外径：

$$d_e = \frac{F_w}{b_t p_w}$$

式中，p_w——所取的外橡胶圈上的许用规定压力值。

外橡胶圈的厚度给定在 $h_t = 0.035 \sim 0.055$ m 范围内。减小外橡胶圈的厚度会增加它的刚度和对轴承的动载荷，而增加外橡胶圈的厚度则会提高它的发热量。所以在对外橡胶圈进行热工况计算时，要正确地确定 h_t 值。

在俄罗斯军用履带式车辆上，负重轮的外橡胶圈用 34PM – 12 或 34PM – 14 橡胶制造。外橡胶圈用胶黏剂——白铜酸盐直接黏结固定在负重轮的轮缘上，然后用专用压模进行硫化处理。

在验算时，用下述经验关系式求出外橡胶圈与履带滚道接触点内的压力：

$$p_{wl} = 0.95\delta \sqrt[3]{\frac{K_p E_t F_w^2}{6 d_e b_t^2 h_t}}$$

式中，δ——考虑到履带弹性基底影响的系数［图 10 – 31（b）和图 10 – 31（c）］。

用以下公式计算出系数值 δ：

$$\delta = \frac{1}{\sqrt[3]{1 + \dfrac{h_o}{h_t}\dfrac{E_t}{E_o}}}$$

式中，h_o——履带弹性基底的橡胶厚度；

E_t，E_o——外橡胶圈和履带弹性基底的压缩模量：

$$E_t = \left(2 + 0.7\frac{b_t}{2h_t}\right)E_r$$

$$E_o = \left(1 + \frac{b_t}{2h_o}\right)E_r$$

式中，E_r——橡胶的压缩模量，$E_r \approx 9$ MPa。

按下式求出经验系数 K_p：

$$K_p = \sqrt[3]{\frac{E_r b_t h_t K_e}{F_w}}$$

可以用下式计算出外橡胶圈在机械强度方面的使用寿命：

$$S_t = K_s 10\left(\alpha_t - \frac{p_{wl}}{K_t}\right)$$

式中，S_t——外橡胶圈到损坏前的使用公里数（km）；

K_s——修正系数，$K_s = 2.25$；

$\alpha_t = 5.25$，$K_t = 0.8$ MPa——固定系数。

外橡胶圈在径向载荷作用方向上的变形为

$$f_w = 0.9\delta \sqrt{\frac{9}{16}\frac{h_t^2 F_w^2 K_p}{d_e b_t^2 E_t^2}}$$

外橡胶圈的实际刚度 $C_w = \Delta F_w / \Delta f_w$。

用下式对外部减振的负重轮橡胶元件进行热计算：

$$T = T_0 + \frac{0.008 K_T F_w v}{b_t E_r} \tag{10-20}$$

式中，T_0——环境温度，$T_0 = 30℃$；

K_T ——外橡胶圈的几何尺寸系数：

$$K_T = \frac{1 - A^2}{1 - B^2}\left[0.5 - \frac{2A^2}{(1 + A)^2}\right]$$

式中，$A = 1 - \xi \dfrac{h_t}{\gamma_t}$；

$B = 1 - \dfrac{h_t}{\gamma_t}$；

ξ ——考虑最高温度中心状态的系数，取 $\xi = 0.555$；

v ——车辆行驶速度（km/h），按照车辆行驶最大速度进行计算。

俄罗斯用 34Ри – 12 和 34Ри – 14 橡胶制造的外橡胶圈，负重轮沿金属履带板滚道滚动时的发热温度允许在 190 ℃ 以内；负重轮沿挂胶履带板滚道滚动时的发热温度允许在 200 ~ 220 ℃ 以内。在一定程度上加大外橡胶圈的宽度和外径，以及减小它的厚度可以降低外橡胶圈的温度。

10.4.5 负重轮轴承的计算

在负重轮的轮毂内装有滚动轴承。在轻型和一些中型车辆上负重轮装在两个深沟球轴承上，如图 10 – 30（d）所示。这种轴承可以保证负重轮在轴向上固定，滚动的阻力系数小，并且对倾斜不太敏感。在俄制的中型和重型车辆上，最常见的安装方案是负重轮的外侧用深沟球轴承，内侧用圆柱滚子轴承，如图 10 – 32（c）和图 10 – 30（e）所示。深沟球轴承承受轴向力和部分径向载荷，而圆柱滚子轴承则只承受径向载荷。与用两个都是深沟球轴承的轮毂方案相比，本方案可以使轮毂的尺寸比较小，不需要专门调整轴承的轴向游隙，借助滚子在轴承内的位移来补偿热膨胀。为了让圆柱滚子轴承承受大部分的径向载荷，常常将它安装得靠近负重轮的中心。

在汽车和拖拉机轮子的轮毂内，以及在外国的一些军用履带式车辆的负重轮轮毂内普遍地装用两个圆锥滚子轴承，如图 10 – 32（a）、图 10 – 32（b）和图 10 – 32（f）所示。这种结构可以承受较大的径向力和轴向力，也便于组装。它的缺点是对轴向间隙敏感，因此需要经常检查和调整轴向间隙；车辆行驶时的滚动阻力大，发热量也高。

根据轴承的静载荷，假设在克服（圆木型的）障碍时，整车质量（m）由两个负重轮承受，每个负重轮的静载荷为

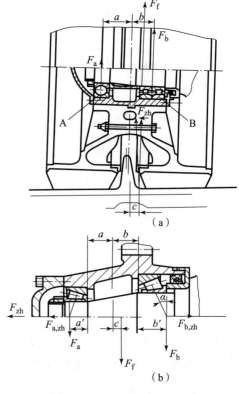

图 10 – 32 负重轮轴承受力计算

（a）深沟球轴承和圆柱滚子轴承；（b）圆锥滚子轴承

$$F_\mathrm{f} = F_\mathrm{f,max} = 0.5mg$$

作用于外轴承 A 上的换算径向载荷［图 10 – 32（a）］为

$$F_\mathrm{a} = F_\mathrm{f}\frac{b - c}{a + b} \tag{10 – 21}$$

作用于内轴承 B 上的换算径向载荷为

$$F_\mathrm{b} = F_\mathrm{f}\frac{a + c}{a + b} \tag{10 – 22}$$

式中，c——径向载荷 F_f 的施加点对负重轮垂直轴线的偏移量。

对于外橡胶圈的单排负重轮有

$$c = \frac{b_\mathrm{t}}{4}\left(\frac{K_\mathrm{e} - 1}{K_\mathrm{e} + 1}\right)$$

对于外橡胶圈的双排负重轮有

$$c = \frac{b_\mathrm{f} - b_\mathrm{t}}{2}\left(\frac{K_\mathrm{e} - 1}{K_\mathrm{e} + 1}\right)$$

式中，b_f——负重轮的宽度；

b_t——外橡胶圈的宽度；

K_e——外橡胶圈的过载系数。

轴承上的等效静载荷为

$$F_\mathrm{dj} = X_\mathrm{c}F_\mathrm{jx} + Y_\mathrm{c}F_\mathrm{zh}$$

式中，F_jx——轴承上的径向载荷；

F_zh——轴承上的轴向载荷。

外轴承的径向载荷 $F_\mathrm{jx} = F_\mathrm{a}$；相应地，内轴承的径向载荷 $F_\mathrm{jx} = F_\mathrm{b}$。在计算负重轮的轴承时，根据负重轮上的径向载荷给出 F_zh，即

$$F_\mathrm{zh} = (0.1 \sim 0.12)F_\mathrm{f}$$

X_c 与 Y_c 分别为径向载荷和轴向载荷系数，系数 X_c 和 Y_c 根据参考资料来确定：

深沟球轴承：$X_\mathrm{c} = 0.6$，$Y_\mathrm{c} = 0.5$；

圆柱滚子轴承：$X_\mathrm{c} = 1$，$Y_\mathrm{c} = 0$；

圆锥滚子轴承：$X_\mathrm{c} = 0.5$，$Y_\mathrm{c} = 0.22\cot\alpha$，$\alpha$ 为接触角［图 10 – 32（b）］。

当 $F_\mathrm{dj} < F_\mathrm{jx}$ 时，按照径向载荷（取 $F_\mathrm{dj} = F_\mathrm{jx}$）选择轴承，将取得的等效静载荷 F_dj 与产品目录中列出的轴承许可载荷 C_o 作比较。从目录内选出合适的轴承，记下它们的编号、尺寸和动载荷 C 的值。

计算轴承的使用寿命，当 $F_\mathrm{f} = F_\mathrm{jp}$ 时，按式（10 – 21）和式（10 – 22）计算换算载荷，此时，$F_\mathrm{a} = F_\mathrm{a,jp}$，$F_\mathrm{b} = F_\mathrm{b,jp}$。

用下式计算深沟球轴承和圆锥滚子轴承的当量动载荷：

$$F_\mathrm{dd} = (XK_\mathrm{k}F_\mathrm{jx} + YF_\mathrm{zh})K_\mathrm{g}K_\mathrm{T}$$

式中，K_k，K_g，K_T——旋转、安全和温度系数；

X，Y——径向和轴向载荷系数。

而圆柱滚子轴承的当量动载荷为

$$F_\mathrm{dd} = F_\mathrm{jx}K_\mathrm{k}K_\mathrm{g}K_\mathrm{T}$$

式中，外轴承的径向载荷 $F_{jx} = F_{a,jp}$；内轴承的径向载荷 $F_{jx} = F_{b,jp}$。

深沟球轴承的轴向载荷为：$F_{zh} = (0.1 \sim 0.12)F_{jp}$。确定圆锥滚子轴承的轴向载荷时应考虑轴向分量 S_a［图 10-32（b）］：

$$S_a = 1.3F_{jx}\tan\alpha$$

考虑到作用于负重轮的侧向力的方向，对于装有需要调整轴间隙的圆锥滚子轴承，当 $F_b > F_a$ 时，外轴承上的轴向载荷为

$$F_{a,zh} = (0.1 \sim 0.12)F_{jp} + S_{aa}$$

而当 $F_a > F_b$ 时，内轴承上的轴向载荷为

$$F_{b,zh} = (0.1 \sim 0.12)F_{jp} + S_{ab}$$

式中，S_{aa}，S_{ab}——外轴承和内轴承径向载荷的轴向分量。

根据轴承的轴向载荷系数 e、轴承型号和比值 $F_{zh}/(K_kF_{jx})$，按产品目录确定径向和轴向载荷系数。对于轻系列和中系列的深沟球轴承，$X = 0.56$，$Y = 2.0 \sim 2.3$。对于圆锥滚子轴承，轴向载荷系数 $e = 1.5\tan\alpha$，并且当 $\dfrac{F_{zh}}{(K_kF_{jx})} \leqslant e$ 时，$X = 1$，$Y = 0$，而且当 $\dfrac{F_{zh}}{(K_kF_{jx})} > e$ 时，$X = 0.4$，$Y = 0.4\cot\alpha$。

当负重轮内轴承的外圈旋转时，$K_k = 1.2$；考虑负重轮上有较大的动载荷，给出 $K_g = 2.0 \sim 3.0$；当轴承发热温度达到 100℃时，$K_T = 1.0$。

深沟球轴承的名义寿命（以 h 为单位）为

$$L_h = \frac{10^6}{60n}\left(\frac{C}{F_{dd}}\right)^3$$

滚子轴承的名义寿命为

$$L_h = \frac{10^6}{60n}\left(\frac{C}{F_{dd}}\right)^{10/3}$$

式中，n——负重轮的转速（r/min），按车辆的平均行驶速度计算，$v_p \approx 0.7v_{max}$（km/h），两者关系为

$$n = 5.3\frac{v_p}{d_f}$$

式中，d_f——负重轮的直径（m）。

10.5 诱导轮和履带张紧机构

诱导轮和履带张紧机构（履带调整器）通常是一个部件，它的功用是支承、引导上支履带段运动，并且张紧和调节履带的松紧程度。

10.5.1 诱导轮

诱导轮的功用是支承上支履带段和改变上支履带段的运动方向。诱导轮安装在履带张紧机构的曲臂轴上，靠张紧机构移动诱导轮来张紧和调节履带的松紧程度。

对诱导轮的基本要求与对负重轮的基本要求相同，因为它们在结构上有许多共同点，以致在一些军用履带式车辆上二者是可以互换的。

诱导轮的位置可以抬高，也可以降低。当下降到地面的位置上时，它们同时也起负重轮的作用。诱导轮按结构不同可分为单排和双排两类，而按减振程度分为全金属的、内部减振的和外部减振的。在履带式车辆上，用得最广泛的是金属轮缘的诱导轮，它们的尺寸比较小，并能较好地自动清除履带滚道上的污泥和杂物，有时为此而赋予诱导轮以特殊形状，如图 10-33 所示。橡胶轮缘可以减小诱导轮轴承上的动载荷和降低车辆行驶时的噪声。

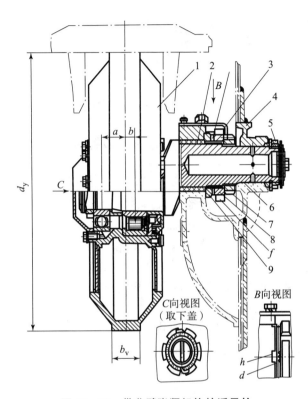

图 10-33　带曲臂张紧机构的诱导轮
1—诱导轮；2—抗磨衬套；3—止动片；4—焊接架；5—端螺母；
6—张紧机构的曲臂轴；7—压紧螺母；8—活动环；9—固定环

诱导轮抬起位置的高度和它的外径（d_y），在作履带推进装置的计算简图时，以保证诱导轮不可能碰地为条件来确定。

根据诱导轮轮缘许用压力 $[p_y]$ 给出诱导轮轮缘的宽度：

$$b_y = \frac{F_y}{0.5(\pi - \gamma_l)n_y d_y [p_y]}$$

式中，γ_l——履带上支段与倾斜段之间的角度；

$\quad\quad n_y$——每个诱导轮的轮缘数量；

$\quad\quad F_y$——换算到诱导轮轴上的履带张紧力（图 10-34）。

F_y 可用下式求出：

$$F_y = 2F_l\cos(\gamma_l/2) \tag{10-23}$$

式中，F_l——履带的张紧力。

当诱导轮处于前面位置时，取履带的最大张紧力为

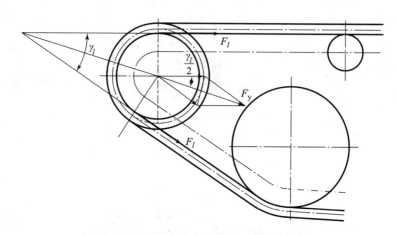

图 10 – 34　履带张紧力和曲臂轴作用力的关系

$$F_l = F_{l\max} = 0.5mg$$

当诱导轮处于后面位置时，取履带的最大张紧力为

$$F_l = F_{l\max} = 0.65mg$$

在现有的军用履带式车辆的诱导轮结构中，采用金属轮缘时规定的许用压力为 $[p_y] \leqslant 2.2 \sim 2.6 \text{ MPa}$，而采用橡胶轮缘时为 $[p_y] \leqslant 0.9 \sim 1.1 \text{ MPa}$。

用设计负重轮橡胶圈时所用的方法来选择诱导轮外橡胶圈的厚度。同样，也用内部减振的负重轮所引用的关系式，来选择相同结构诱导轮的橡胶减振件的尺寸。

在对诱导轮的橡胶圈进行热计算时，用式（10 – 22）求出计算载荷，此时，履带的预张紧力为：当诱导轮处于前面位置时，$F_l = F_{yz}$（车辆静止时履带的预张紧力）；当诱导轮处于后面位置时，$F_l = F_{yz} + 0.1mg$（m 为车辆的质量，g 为重力加速度），按照这一载荷计算诱导轮轴承的寿命。在此之前，考虑到与牵引力有关的履带最大张紧力 $F_l = F_{l\max}$ 的情况下，选择诱导轮轴承的尺寸。

10.5.2　履带张紧机构

1. 功用和组成

张紧机构的功用是通过移动诱导轮来张紧或放松履带。张紧机构包括导向装置、张紧装置、释荷或定位装置、张紧机构的传动装置及缓冲或补偿装置，如图 10 – 35 所示。

导向装置：它决定诱导轮的移动方向，并将部分履带张紧力传递给车体。

张紧装置：按诱导轮轴的移动轨迹形式，张紧装置分为曲臂型和直线型两种。第一种情况，诱导轮的轴沿圆弧移动；第二种情况，诱导轮的轴沿直线移动。在军用履带式车辆上用得最多的是曲臂型张紧装置，因为它的结构比较简单，故使用比较方便。直线型张紧装置，现在基本上用于诱导轮在低位（放下位置）的履带推进装置中。

张紧机构的传动装置：移动诱导轮可以直接用手工方式（没有专门机构，如 пT – 76，见图 10 – 33），但更多的是用张紧机构的传动装置来移动诱导轮。张紧机构可以保证乘员在张紧履带时省力，而在某些情况下还可保证远距离或自动张紧履带。后一种张紧机构配有专门的传动装置和操纵系统。

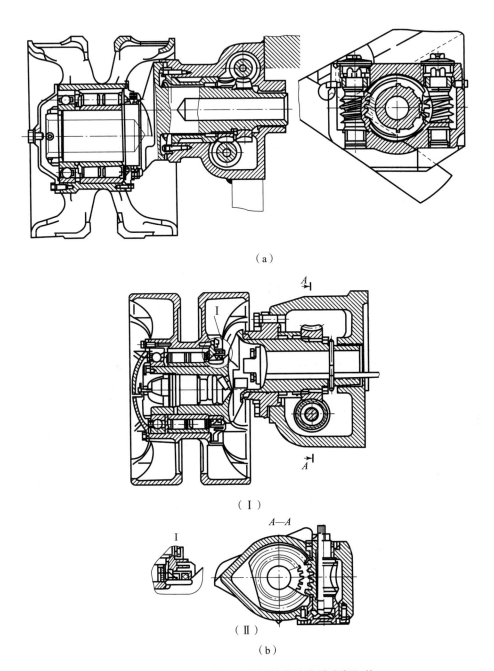

（a）

（I）

（II）

（b）

图 10 - 35　诱导轮和具有蜗轮传动曲臂张紧机构
（a）有助力双蜗轮传动的张紧机构；
（b）诱导轮（I）和带球面蜗轮副传动的张紧机构（I）

　　张紧机构的传动装置可以分为螺杆型和蜗杆型（圆柱面释荷型或球面蜗杆非释荷型），以及液压传动型。螺杆传动机构的结构比较简单，工作可靠，可保证自动制动，所以只要固定诱导轮的位置就足够了。其缺点是效率低，并且由于受曲臂转角的限制而使它的尺寸比较大。蜗杆机构［图 10 - 35（a）和图 10 - 35（b）］的结构最为紧凑，所以在有限的空间内便于布置。圆柱面蜗杆传动（T – 55，БМП – 1）有一个齿处于啮合状态，这就限制了传递大力的可能性，而要求专门的释荷装置。在 T – 55 坦克上有专门的、与附加蜗杆传动机构相连接的齿轮联轴节式的释荷装置，这种装置使张紧机构复杂化，并且在进行定期检修工作时也费时间。现在重型军用履带式车辆上常采用不带释荷装置的球面蜗杆传动装置的、比较简单的张紧机构，如图 10 – 35（b）所示。带液压传动的张紧机构保证工作轻便，能远距离张紧履带，比较容易按压力表检查履带预张紧力的大小和有实现自动张紧的可能性（保持履带的后部张紧并随行驶条件改变张紧程度）。由于液压机构的尺寸大，所以需要有较大的空间来布置它们。在有液压张紧机构的轻型军用履带式车辆上，可以用液压锁将诱导轮固定在履带张紧后的位置上。在比较重型的车辆上，液压张紧机构也同样需要专门的机械式释荷机构，如图 10 – 36 所示。

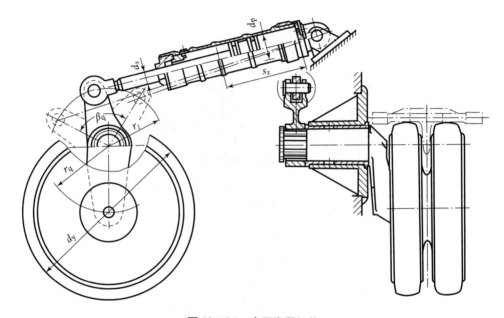

图 10 – 36　液压张紧机构

缓冲装置：保证降低作用于诱导轮、履带和张紧机构上的动载荷。在军用履带式车辆的推进装置中，由于处在高位的诱导轮碰地的可能性不大，所以不采用缓冲装置。同时，如果在使用油气悬挂的车辆上采用缓冲装置，不但可以降低履带的动载荷，而且当悬挂装置发热和车底距地高度大时，可以部分地补偿履带的预张紧力。

补偿装置：在带有补偿装置的张紧机构中，诱导轮或主动轮通过杆臂系统与前后边缘负重轮连接，可以补偿履带倾斜段的松弛程度，使履带较好地保持稳定的形状，减小推进装置内的动载荷和更加充分地实现负重轮的静行程。但是，不管是缓冲装置还是补偿装置，都使张紧装置的结构复杂化，所以现在军用履带式车辆上都采用比较简单的、体积比较小的、能在履带预张紧之后将诱导轮定位的张紧机构。

2. 履带张紧机构的计算

履带张紧机构的运动学计算，主要是计算张紧机构的曲臂半径和张紧机构传动装置的传动比。根据以下条件来选择曲臂半径：为了放松履带，或随后又张紧履带，并且考虑到履带铰链可能磨损，相应地加大节距，去掉一块履带板；在车底距地高发生变化时由于履带环形形状的改变，而必须移动诱导轮。

通常认为，为了放松一条新履带的张紧程度，要求移动诱导轮的移动量大约相当于履带周长，变化量为一个履带板的节距。如果再考虑到可能去掉一块履带板，那么诱导轮的总移动量相当于履带周长（$\Delta = \Delta_e + \Delta_i$），变化量为两个履带板的节距，$\Delta = 2t_l$。

如果假定在移动诱导轮时，履带的上支段和倾斜段之间的夹角 γ_l 变化不大，并且诱导轮轴心沿着弧线 $\overset{\frown}{cd}$ 移动，履带上支段延长 Δ_e，倾斜段延长 Δ_i，而弧线 $\overset{\frown}{cd}$ 的弦 λ（图 10 – 37）在角 γ_l 的等分线上，那么可以通过延长履带的周长 Δ 并根据曲臂的转动角 β_q 求出弦的长度 λ：

$$\lambda = \frac{\Delta}{2\cos(\gamma_l/2)}$$

和

$$\lambda = 2r_q\sin(\beta_q/2)$$

使上两个等式的右边相等，可得出所需要的曲臂半径：

$$r_q = \frac{\Delta}{4\cos(\gamma_l/2)\sin(\beta_q/2)}$$

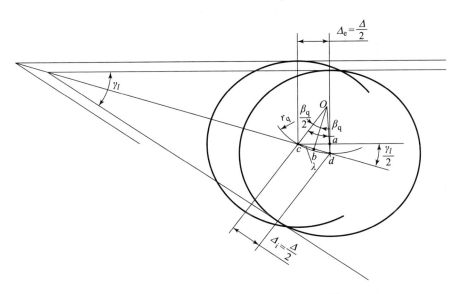

图 10 – 37   诱导轮位移和曲臂半径的计算

对于曲臂做圆周运动的蜗杆机构，取 $\beta_q = 180°$。通常张紧机构的 β_q 和 r_q 由图解法求出，如图 10 – 37 所示。

根据在预张紧履带时人工扳动手柄力量的限制条件来确定手工操纵的张紧机构的传动比，$F_l = F_{yz}$。由图 10 – 38 知，换算到曲臂轴上的力矩为

$$F_y r_q = F_H l_H i_M \eta_M$$

式中，F_y——换算到诱导轮轴上的履带预张紧力；

$\quad\quad r_q$——曲臂半径；

$\quad\quad F_H$——作用于扳手柄上的力，给定在不大于 0.3 ~ 0.5kN 范围内；

l_H ——手柄的长度；

i_M ——张紧机构的传动比；

η_M ——张紧机构的效率。

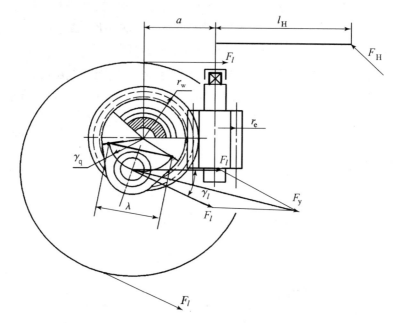

图 10 – 38　张紧机构传动比的计算简图

作用于诱导轮上的力由式（10 – 23）得

$$F_y = 2F_l\cos(\gamma_l/2)$$

扳手手柄的长度以能够用扳手在车上操作为条件。蜗杆机构的效率在考虑到支座损失的情况下为 $\eta_M = 0.35 \sim 0.45$。

需要的张紧机构传动比为

$$i_M = \frac{F_y r_q}{F_H L_H \eta_M}$$

对于蜗杆传动，

$$i_M = Z_{wl}/Z_{wg}$$

式中，Z_{wl} ——蜗轮的齿数；

Z_{wg} ——蜗杆螺旋线数。

当 $Z_{wg} = 1$ 时，$i_M = Z_{wl}$。

10.6　履带行驶装置布置方案设计

确定履带行驶装置布置方案的原始数据有：车辆的战斗全重和最大行驶速度。根据车辆的总布置给定主动轮和诱导轮的布置位置。此外，在技术任务书中还规定负重轮和悬挂装置的形式。

10.6.1　履带行驶装置各主要部件尺寸的确定

确定履带行驶装置各主要部件的尺寸，需结合图 10 – 39 进行。

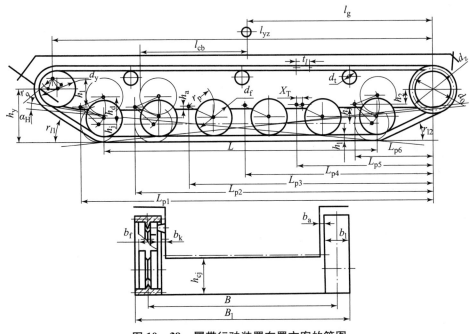

图 10 – 39　履带行驶装置布置方案的简图

1. 两侧履带外缘间的宽度、履带中心距和履带接地长

两侧履带外缘间的宽度受铁路运输对货物宽度尺寸的限制，对于坦克和履带式自行火炮的允许极限宽度为 3.45 m，两侧履带外缘间的宽度由下式表示：

$$B_t = B + b_l$$

式中，B——两侧履带接地面纵向轴线之间的距离，简称履带中心距；重型和中型军用履带式车辆的履带中心距为 $B = 2.7 \sim 2.8$ m，轻型履带式车辆的履带中心距为 $B = 2.4 \sim 2.6$ m。在选择不同型号车辆的履带中心距时，必须保证它们互相能沿压痕通过（即在两履带的内缘之间有相等的距离）；

　　b_l——履带板宽度。

按照评价车辆转向性能的履带接地长 L 与履带中心距 B 的比值 $L/B \leqslant 1.6 \sim 1.8$，求出履带的接地长 L。

2. 履带宽度

履带宽度与履带接地长，车辆的质量、型号、功用以及地面的单位平均压力有关，可由下式求出履带宽度：

$$b_e = \frac{mg}{2Lp_p}$$

式中，m——车辆的质量；

　　g——重力加速度；

　　p_p——地面的单位平均压力，该值通常根据车辆的质量、用途和使用条件来确定。

对于质量在 10t 以内的车辆和在雪地、沼泽地使用的履带式车辆，$p_p = 10 \sim 30 \, \text{kPa}$；对于质量小于或等于 20 t 的普通用途的车辆，$p_p = 40 \sim 70 \, \text{kPa}$；对于质量在 20 ~ 30 t 的车辆，$p_p = 60 \sim 80 \, \text{kPa}$；对于质量大于 35 t 的车辆，$p_p = 80 \sim 90 \, \text{kPa}$。

在选择履带的尺寸时，为了减小履带单位长度的质量和增加车体的宽度，最好是选用较窄的履带，然后进行履带的初步计算。在初步计算过程中，计算出履带板的厚度 h_1。

3. 负重轮的数量和尺寸

负重轮数量越多，分布在接地段支承面上的载荷越均匀，因而车辆在松软地面上的通过性也越好，同时作用于负重轮上的载荷会减轻、负重轮的尺寸也会减小。按照接地段支承面的长度，在轻型履带式车辆上安装的负重轮数量为每侧 $n = 4 \sim 6$ 个，在中型履带式车辆上 $n = 5 \sim 6$ 个，在超过 40 t 的车辆上 $n = 6 \sim 7$ 个。根据负重轮数量计算负重轮静载荷平均值 F_{jp}，而根据静载荷便可求出负重轮的尺寸、负重轮外径 d_f 及轮宽 b_f。

4. 车底距地高、负重轮的静行程和动行程

对于现代高速军用履带式车辆，通常根据车辆通过车辙道、沼泽地和雪地等地面的需要，以及使负重轮有较大的动行程和车底不会产生托地现象，来决定车底的静态距地高度。

动行程与静态的车底距地高的变化关系为

$$h_d = h_{cj} - h_{cmin}$$

式中，h_{cj}——车辆静态时车底距地高；

h_d——负重轮动行程；

h_{cmin}——最小的车底距地高，在现有的履带式车辆结构中 $h_{cmin} = 0.1 \sim 0.2 \, \text{m}$。

以保证有满意的行驶平稳性为条件，确定所需要的动行程值。在第一次近似计算中，建议为克服一定高度的地面不平度，而又不发生悬挂装置"击穿"所必需的动行程为

$$h_d \geqslant \frac{0.5 h_H L_1}{2\psi}$$

式中，h_H——要克服的地面不平度的高度；

L_1——从车辆质心到第 1 个负重轮的距离（在作简图时可以取 $L_1 \approx 0.5L$）；

ψ——相对熄灭系数，对于纵向角振动，$\psi = 0.2 \sim 0.25$。

为了保证车辆能够沿地面不平高度为 $h_H = 0.15 \sim 0.2 \, \text{m}$ 的地面行驶，而又对行驶平稳性方面的各种参数没有限制，必须保证履带推进装置的动行程 $h_d > 0.3 \, \text{m}$。现在，在个别型号的军用履带式车辆上，动行程超过了 0.35 m（M-1 坦克的 $h_d = 0.381 \, \text{m}$，бмп、M-2 坦克的 $h_d = 0.356 \, \text{m}$）。

同时，要求静态的车底距地高不应小于：$h_{cj} = h_{cmin} + h_d$。现有的履带式车辆的静态车底距地高（与动行程的大小有关）$h_{cj} = 450 \sim 500 \, \text{mm}$。

5. 平衡肘轴的高度

为了作履带行驶装置简图，以平衡肘支座的结构为对象，给出从车底到平衡肘轴间的距离 h_a。对于无减振器的扭力轴悬挂（中间负重轮的悬挂）和有外露式减振器的扭力轴悬挂，$h_a = 40 \sim 70 \, \text{mm}$。对于水陆车辆不希望在车底有凸出部分，应有较大的 h_a 值。在用同轴的减振器的情况下，h_a 值增大到 $100 \sim 140 \, \text{mm}$ 以上。对于活塞式油气悬挂，如果弹簧的臂从车底朝上安装，则 $h_a \geqslant 70 \, \text{mm}$；如果弹簧臂朝下安装，则尺寸 h_a 可以在 $160 \sim 220 \, \text{mm}$ 范围内。必须考虑到，在设计悬挂装置和使悬挂装置与车辆的总布置相协调的过程中，应对从车底到

平衡肘轴的距离值 h_a 进一步确定，它有可能与在作简图时给出的值不相等。

履带行驶装置各主要部件的其余尺寸，建议在作它们的简图时直接确定。

10.6.2 履带行驶装置布置方案简图的确定

确定履带行驶装置布置方案简图的大致步骤如图 10 – 40 所示。

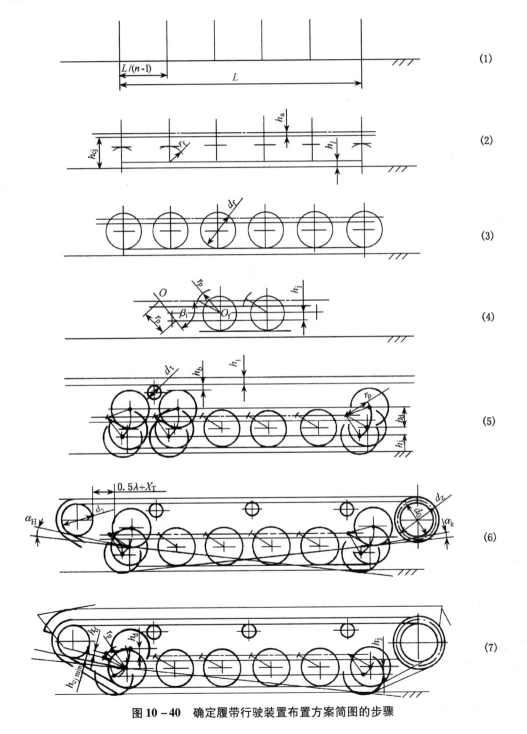

图 10 – 40 确定履带行驶装置布置方案简图的步骤

（1）以选定的比例画出履带接地段支承面的长度线 L 和各个负重轮轴线之间的距离。如果在第一次近似计算时没有规定悬挂装置在车体上的布置特点，那么各个负重轮轴线之间的距离 $L_f = L/(n-1)$，以 L_f 为长度，确定负重轮垂直轴线间的距离。

（2）首先画一条地面水平线，从地面水平线向上量取履带板的厚度 h_1。画出履带接地段滚道支承面水平线，从地面水平线向上量取静态车底距地高 h_{cj}。画出车底水平线，从车体底水平线向上量取尺寸 h_a。画出水平点画线，平衡肘的转轴中心就位于这一水平点画线上。从履带接地段滚道支承面向上量取负重轮的半径 r_f，并标出负重轮轴的中心。

（3）画出负重轮的外轮廓圆，并检查它们有没有相互接触。

（4）确定平衡肘的长度 r_p 及其位置。在选择平衡肘的长度时，必须考虑到随着平衡肘长度的减小，在同样的静载荷条件下，作用于悬挂装置各元件的力矩减小，它的体积—质量指标也就相应地减小。从另一方面看，较小的平衡肘长度难以保证增大负重轮的全行程，而增大负重轮全行程又是为改善行驶平稳性所需要的。

此外应注意，在负重轮的尺寸小且平衡肘又短的情况下，在用倒挡行驶中克服障碍物时，会发生后面的负重轮曳出去的危险，所以平衡肘的安装位置要用倾斜角来限定，不同位置的平衡肘有不同的倾斜角：中间位置负重轮平衡肘倾斜角为 $\beta_i = 50° \sim 55°$，前后两端的负重轮平衡肘为 $\beta_i \leqslant 60°$。根据这样的条件来选择平衡肘的长度 r_p。为此，从负重轮轴心水平线向下量取静行程值 h_j。在平衡肘转轴中心线上任意一点 O 处向下量取倾斜角度 β_i，使角的下边射线与静行程 h_j 的水平线相交，该交点和 O 点之间的距离就是平衡肘的长度 r_p。以负重轮的中心为圆心，以平衡肘的长度为半径 r_p 画圆弧，圆弧与平衡肘转轴中心的水平点画线相交点就是平衡肘的转轴中心，将该点与负重轮的轴心连起来，便得到平衡肘静态时的位置。

（5）检查当负重轮做相对位移时有无互相接触的现象。为此，从负重轮轴心向上量取动行程值 h_d。以 r_p 为半径，以平衡肘转轴中心为圆心画圆弧，该圆弧与负重轮的静行程 h_j 和动行程 h_d 值的水平限制线有两个交点；以这两个交点为圆心，画出负重轮在最低位置和最高位置的轮廓圆。检查一下并排分布的负重轮有没有互相接触，画出履带的上支段。在大多数现代高速履带式车辆上，有托带轮的履带行驶装置的高度为 $1.05 \sim 1.3$ m，首先用负重轮的尺寸和动行程值来确定这一高度。负重轮处于最高位置时和上支履带之间应有一定的空隙 h_b，用以消除两者碰撞，改善悬挂元件和限制器的布置条件，保证当改进悬挂装置时在不改变履带推行驶装置各主要元件的位置的情况下，增加动行程的可能性。

（6）以车体处于最大纵向倾角时，车首或车尾的诱导轮或主动轮不碰地为条件，确定诱导轮和主动轮的位置和尺寸。为此，在车体向车首或车尾倾斜时，画出履带支承面与处在两端位置的负重轮相切的切线。在车体向车首纵倾的情况下，用迎角 $\alpha_H > 6° \sim 8°$ 给出所需要的诱导轮离履带支承面的高度储备；相应地，在车体向车尾纵倾情况下，用角度 $\alpha_K > 2°$ 给出所需要的主动轮离履带支承面的高度储备。在履带的上支段与角 α_H 的上辐射线之间，在与最边缘负重轮相隔 $X \geqslant 0.5\lambda + X_T$ 的距离上画诱导轮，此处 λ 为诱导轮沿车体的最大纵向位移；X_T 为在非同轴悬挂的条件下扭力轴的偏移，如果对面一侧向诱导轮方向偏移，则要考虑 X_T 值的变化。

金属轮缘诱导轮的最小直径，在中型和重型军用履带式车辆上为 $d_y > 0.51$ m，在轻型车辆上为 $d_y > 0.4$ m。

主动轮布置在上支履带与角 α_K 的上辐射线之间。此时，应考虑到为了保证能够在用倒挡行驶时克服障碍，主动轮的齿应该超出车体的轮廓。

还必须指出，在选择主动轮和诱导轮的尺寸时，必须力求尽可能使它们的直径尺寸大些，这样可以减小履带的弯曲角度，也就相应地增加了履带铰链的使用寿命及减小了履带行驶装置内的功率损失。此外，在大直径的主动轮上可以布置较多的齿，相应地提高主动轮的使用寿命和增加啮合的可靠性。在有托带轮的履带行驶装置中，主动轮的分度圆直径 $d_0 = 0.6 \sim 0.65$ m。在给定齿数和履带的节距后，最终确定主动轮分度圆的直径。

（7）在作履带行驶装置布置简图的同时，确定车首部分车底的形状，以防止当车体向车首纵倾时它的凸出部分碰地。为此，车首部分的车底甲板做成倾斜的，其倾斜角 φ_H 最好不小于 $\varphi_H = \varphi_k + \alpha_H$，其中 φ_k 为车体向车首的最大纵倾角，$\varphi_k = \arctan\left[(h_j + h_d)/L\right]$。此外，必须规定当车体在 $h_{c\,min}$ 极限内向车首纵倾时，在倾斜甲板的下方距离履带支承面有一个空隙。在确定车首部分底甲板的形状之后，确定前几个负重轮的平衡肘的位置。为此，从静态位置的负重轮中心画半径为 r_p 的弧线，使该弧线与从车首倾斜甲板引出的直线相交并有一交点，由此交点量取 h_a 线段与前述弧线相交，这个新交点就是平衡肘转轴的新中心，作接地段端点位置负重轮的轮廓线并检查它们互相间有无接触。

（8）选择托带轮的尺寸，$d_t = 0.18 \sim 0.25$ m，它们位于履带上支段的下面，在纵向位于负重轮之间的间隔空间内。

（9）在作履带行驶装置布置方案的横向投影图时（图 10-40），给出从履带到车体的距离 $b_a = 0.03 \sim 0.05$ m。确定负重轮与车体之间的距离 b_k，该距离的大小决定悬挂元件可能的外形尺寸和它们在车体外部的布置。

根据行驶装置和悬挂装置各元部件的设计结果、它们在车上的布置以及在计算完悬挂系统后，再进一步确定履带行驶装置布置方案简图的各种尺寸。

习　　题

1. 简述坦克战术技术要求。
2. 简述机动性能。
3. 简述防护性能。
4. 简述总体设计的任务和基本流程。
5. 简述动力传动的布置方案和特点。
6. 简述炮塔基本尺寸的确定。
7. 根据风扇和散热器的布置方案分析动力舱的特点。
8. 由德马尔公式来分析提高坦克装甲车辆火炮火力性能和装甲防护性能的措施。
9. 解释跳弹现象。
10. 三自由度变速箱如何按某挡摩擦元件摩擦转矩确定计算载荷？
11. 如习题图 1 所示，一挡时，对于根据摩擦元件打滑和路面附着确定的计算载荷，应选哪个？

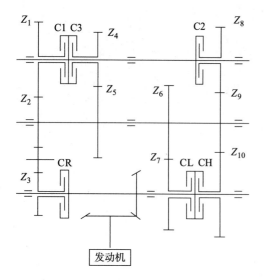

挡位	CL	CH	CR	C1	C2	C3
1	●			●		
2		●		●		
3	●				●	
4		●			●	
5	●					●
6		●				●
R1			●	●		
R2			●		●	

习题图 1

12. 多级定轴传动机构传动比如何分配？
13. 前传动环节中有液力变矩器时，如何分配前传动比？
14. 论述电传动技术在履带式坦克装甲车辆上的应用和发展。

15. 请根据目前电传动技术水平，构建几种履带式坦克装甲车辆电传动布置形式，并分析其优缺点。

16. 推导除内外啮合单星行星排外的其他六种基本行星机构转速转矩关系式。

17. 已知行星排特性参数 $k = 4.77$，配齿时允许 δ_k 的范围为 $\pm 2\%$。粗估模数 $m = 6$，齿圈尺寸不大于 $\phi560$，轴的尺寸不小于 $\phi75$，试进行配齿。

18. 某装甲输送车变速机构传动简图如习题图 2 所示，求各挡传动比，并对倒挡进行转速、转矩、功率和效率分析，然后回答下列问题：

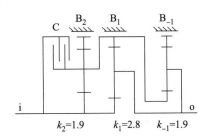

习题图 2

（1）有无循环功率？何时产生、何时消灭？

（2）循环功率有多大？

（3）循环功率能否对外做功？

（4）循环功率有没有损耗？

（5）循环功率给传动带来了哪些问题？

19. 设计小客车自动传动方案，已知各挡传动比：

$$i_1 = 2.4，i_2 = 1.47，i_3 = 1，i_R = 1.8 \sim 2.2$$

要求：先设计二自由度行星变速机构，采取换联法实现倒挡。

20. 简述摩擦片作用半径的确定。

21. 简述湿式离合器带排转矩。

22. 简述液力变矩器和发动机的共同工作特性。

23. 简述液力变矩器液压补偿系统。

24. 简述二级行星转向机基本方案及其确定流程。

25. 如习题图 3 所示，根据行星轮为锥齿轮的双差速器原理图，画出行星轮为直齿轮的双差速器原理图，并计算转向最大制动器制动力矩（计算所需力矩、传动比、效率等，用符号表示并注明）。

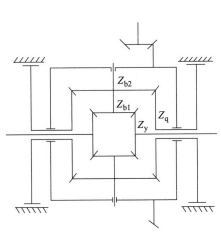

习题图 3

26. 某双流传动系统如习题图 4 所示，试计算双流传动比 i 和两路功率分配比 P'/P。

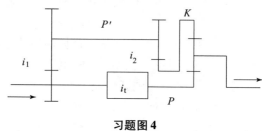

习题图4

27. 阐述零差速式液压无级转向系统中液压功率的确定方法。

28. 简述换挡延迟及其作用。

29. 简述自动换挡规律。

30. 简述等延迟、增延迟、减延迟等换挡规律的特点。

31. 简述换挡品质及其影响因素。

32. 简述换挡过程中的转矩相和惯性相。

参 考 文 献

[1] 闫清东，张连第，赵毓芹，等．坦克构造与设计（下）［M］．北京：北京理工大学出版社，2007.

[2] 郑慕侨，冯崇植，蓝祖佑．坦克装甲车辆［M］．北京：北京理工大学出版社，2003.

[3] 项昌乐，马彪．坦克设计［M］．北京：北京理工大学出版社，1994.

[4] 刘修骥．坦克系统设计［M］．北京：国防工业出版社1988.

[5] 刘修骥，王秉愚，王书镇．坦克设计［M］．北京：国防工业出版社，1976.

[6] 魏巍，闫清东．液力元件设计［M］．北京：北京理工大学出版社，2015.

[7] 项昌乐，闫清东，魏巍．液力元件三维流动设计优化［M］．北京：北京理工大学出版社，2017.

[8] 董明明，边楠．军用车辆悬挂设计［M］．北京：北京理工大学出版社，2016.

[9] 冯益柏．坦克装甲车辆设计总体设计卷［M］．北京：化学工业出版社，2014.

[10] 冯益柏．坦克装甲车辆设计武器系统卷［M］．北京：化学工业出版社，2015.

[11] 曾毅，赵宝荣．装甲防护材料技术［M］．国防工业出版社，2014.

[12] 张相炎．装甲车辆武器系统设计［M］．北京：北京理工大学出版社，2019.

[13] 王志军，尹建平．弹药学［M］．北京：北京理工大学出版社，2005.

[14] 汪明德，赵毓芹，祝嘉光．坦克行驶原理［M］．北京：国防工业出版社，1983.

[15] 李宏才，闫清东编．装甲车辆构造与原理［M］．北京：北京理工大学出版社，2016.

[16] 张洪图，姜正跟，赵家象．坦克构造学［M］．北京：北京理工大学出版社，1986.

[17] ［俄］尤·帕·沃尔科夫，阿·弗·巴伊科夫．履带车辆的设计与计算［M］．刘太来，郭兆雄，吴雪英，译．北京：北京理工大学出版社，1997.

[18] 余志生．汽车理论［M］．北京：机械工业出版社，2003.

[19] 毕小平，王普凯．坦克动力－传动装置性能匹配与优化［M］．北京：国防工业出版社，2004.

[20] 杨振寰．动力系统原理与设计［M］．北京：兵器工业出版社，2015.

[21]《12150L柴油机》编写组．12150L柴油机［M］．北京：国防工业出版社，1976.

[22] 姚仲鹏，王新国．车辆冷却传热［M］．北京：北京理工大学出版社，2001.

[23] 章慧锦，李仁业．车辆冷却系统设计手册［M］．北京：国防工业出版社，1984.

[24] 毛明，周广明，邹天刚．液力机械综合传动装置设计理论与方法［M］．北京：兵器工业出版社，2015.

[25] 刘修骥．车辆传动系统分析［M］．北京：国防工业出版社，1998.

［26］项昌乐. 装甲车辆传动系统动力学［M］. 北京：国防工业出版社，2007.

［27］王书镇. 高速履带车辆行驶系［M］. 北京：北京工业学院出版社，1988.

［28］丁华荣. 车辆自动换挡［M］. 北京：北京理工大学出版社，1992.

［29］朱经昌，魏宸官，郑慕侨. 车辆液力传动［M］. 北京：国防工业出版社，1982.

［30］徐志伟，黄炳祥，钟振才，张启良. 世界战车博览［M］. 北京：兵器工业出版社，1992.

［31］钟振才，郭正祥，谢国华，夏梅芳. 世界坦克100年［M］. 北京：国防工业出版社，2003.

［32］李龙，吕金明，严安，等. 铝合金装甲材料的应用及发展［J］. 兵器材料科学与工程，2017，40（6）.

［33］魏巍，闫清东，王涛. 全虚拟设计评价体系在坦克设计中的应用探讨［J］. 系统仿真学报，2008，20（S1）：88－92.

［34］Hunnicutt 1995 – Sheridan – A History of the American Light Tank［M］，Volume 2.

［35］Hunnicutt 1990 – Abrams – A History of the American Main Battle Tank［M］，Volume 2.

［36］崔星. 机电混合驱动系统特性与参数匹配研究［R］. 北京：北京理工大学，2009.

［37］韩立金. 机电复合传动系统设计与控制策略研究［R］. 北京：北京理工大学，2011.